Schimmel und andere Schadfaktoren am Bau

Schimmel und andere Schadfaktoren am Bau

Von

Dr. rer. nat. Gerhard Führer

Dr. jur. Bernd Kober

Bibliografische Information der Deutschen Nationalbibliothek
Die Deutsche Nationalbibliothek verzeichnet diese Publikation in der Deutschen Nationalbibliografie; detaillierte bibliografische Daten sind im Internet über http://dnb.d-nb.de abrufbar.

Ihre Meinung ist uns wichtig!
http://www.bundesanzeiger-verlag.de/Meinung

Bundesanzeiger Verlag GmbH
Amsterdamer Straße 192
50735 Köln
Internet: www.bundesanzeiger-verlag.de

Weitere Informationen finden Sie auch in unserem Themenportal unter www.betrifft-bau.de

Beratung und Bestellung:
Tel.: +49 221 97668-306
Fax: +49 221 97668-236
E-Mail: bau-immobilien@bundesanzeiger.de

ISBN (Print): 978-3-8462-0691-1
ISBN (E-Book): 978-3-8462-0692-8

Herstellung: Günter Fabritius

Satz: rdz GmbH, St. Augustin
Druck und buchbinderische Verarbeitung: Medienhaus Plump, Rheinbreitbach

Printed in Germany

Inhaltsverzeichnis

Abkürzungsverzeichnis 13

Teil 1 Bautechnik 15

1 Einführung in die Innenraumhygiene und Schadstoffthematik 15

1.1 Schimmel und Schadstoffe 18

1.2 (Unheilvolle) Gedankenexperimente mit realem Hintergrund 20

1.2.1 Ein nicht fachgerecht sanierter Wasserschaden und seine Folgen . 20

1.2.2 Abnahme eines Neubaus trotz Neubaufolgeschaden 21

1.3 Das Problemfeld Schimmel 22

1.3.1 Eine andere Art der Herangehensweise an das komplexe Thema Schimmel 23

1.3.2 Schimmel, Intuition und Wahrscheinlichkeit nach Kahneman 24

1.4 Zahlen, Daten und Fakten versus Meinungen, Behauptungen und subjektive Einschätzungen 26

1.5 Märchenstunde oder „Wahrheit“: Glauben heißt nicht wissen 27

2 Gesundheitliche und wirtschaftliche Risiken durch Schadfaktoren in Innenräumen 29

2.1 Aufnahme von Schadstoffe und deren Auswirkungen 30

2.2 Beispiele für die Auswirkung von Schimmelpilzen auf die Gesundheit . . . 32

2.2.1 Dokumentierte Einzelfälle 32

2.2.1.1 Junge, sportlich aktive Bauherren 32

2.2.1.2 Der Dudelsackspieler 34

2.2.1.3 Der Fluch des Pharao 35

2.2.2 Studien und medizinische Erkenntnisse 35

2.2.3 Wirkungen von Schimmelpilzen 38

2.2.4 Neue Studie: Europaweite Erkenntnisse zu Atemwegserkrankungen durch Schimmel 39

2.3 Wie ist eine gebäudebedingte Erkrankung zu erkennen? 40

2.4 Was sind die häufigsten Schadfaktoren in Innenräumen? 43

2.5 Gebäudebedingte Erkrankungen und erhöhte Ausfallzeiten von Mitarbeitern 44

2.6 Wirtschaftliche Aspekte von Schadstoffen in Innenräumen 46

2.6.1 Gewerblicher Mieter von Falschsanierung des Vermieters betroffen 46

2.6.2 Holzschutzmittelbelastung und das Gesundheitswesen 47

2.6.3 Energetische Sanierung von Privathäusern oder öffentlichen Gebäuden – und dann . . .? 49

3 Feuchtigkeit als Grundlage für jede mikrobielle Aktivität oder Schimmel fällt nicht vom Himmel . . . 50
3.1 Wo treten sichtbare oder verdeckte (nicht sichtbare) Schimmelschäden auf? . . . 52
3.2 Problem Neubaufeuchte . . . 54
3.2.1 Ein fiktiver aber realistischer Bauablauf . . . 54
3.2.2 Neubaudetails . . . 56
3.2.2.1 Fallbeispiel Fußbodenkonstruktionen . . . 56
3.2.2.2 Estriche . . . 59
3.2.2.3 Faserplatten als Befestigungsgrundlage für Fußbodenheizungen . . . 60
3.2.2.4 Nachstoßende Feuchtigkeit aus jungen Rohbetonfußböden . . . 62
3.2.2.5 Kondensationsfeuchte beim Transport, nass gelagertes Material, tropfender Baustellenwasserhahn, undichte Putzmaschine, . . . 62
3.2.2.6 Führt Einbaufeuchte in schwimmenden Estrichkonstruktionen im Neubau zu Feuchteschaden? . . . 65
3.2.2.7 Dachkonstruktionen und Neubaufeuchte . . . 66
3.2.3 Neubaufeuchte führt zu Schimmel . . . 69
3.2.4 Vertrauen beim Bauen ist gut, Kontrolle ist besser . . . 69
3.3 Leitungswasserschäden . . . 70
3.3.1 Häufigkeit und Umfang . . . 70
3.3.2 Neues zum Trocknen von Wasserschäden . . . 72
3.3.2.1 Erkenntnisse von Praktikern . . . 72
3.3.2.2 Systematische Untersuchungen zum Trocknungsverhalten schwimmend verlegter Estriche nach Leitungswasserschaden . . . 74
3.3.3 Die räumliche horizontale Verbreitung von Wasser am Beispiel von Fußbodenkonstruktionen . . . 76
3.3.4 Flüssiges Wasser, Feuchtigkeit und Wasserdampf . . . 77
3.3.5 Vertikale Verteilung von bestimmungswidrig freigesetztem Wasser 79
3.3.6 Fallbeispiele: Wasserhochzüge und Wandschimmel auf Höhe der Fußbodenkonstruktion . . . 79
3.4 Hochwasser und Fäkalschäden . . . 82
3.5 Wärmebrücken und die Folgen der Wasserkondensation . . . 85
3.6 Luftdichtheit speziell in Dach- und Holzständerkonstruktionen . . . 90
3.6.1 Flachdachkonstruktion mit raumseitigen Durchdringungen der Luftdichtheitsebene . . . 90
3.6.2 Kleine Lecks, große Wirkung . . . 92
3.7 Aufsteigende Feuchtigkeit im Mauerwerk . . . 93

3.8 Feuchtemessungen: Sinnvoll, nötig oder unsinnig? . . . 96
3.8.1 Messmethoden . . . 96
3.8.2 Mögliche systematische Schwierigkeiten bei Feuchtemessungen . . . 98
3.9 Klassische (Beweis-)Frage bei Mieter-Vermieter-Auseinandersetzungen: Nutzungs- oder baubedingte Feuchtigkeit . . . 98
4 Mikrobiologische Schadfaktoren . . . 100
4.1 Sichtbare Schimmelschäden . . . 100
4.1.1 Salzausblühungen . . . 101
4.1.2 Schwarzstaubablagerungen . . . 102
4.1.3 Umfang sichtbarer Schimmelschäden in deutschen Wohnungen . 103
4.1.4 Bewertung sichtbarer Schimmelschäden . . . 104
4.2 Sichtbare Schimmelschäden sind nur die Spitze des Eisberges . . . 107
4.3 Verdeckte Schimmelschäden . . . 108
4.4 Nicht sichtbare Schimmelschäden und Kontaminationen . . . 112
4.5 Das „System Schimmel" . . . 115
4.5.1 Was ist Schimmel? . . . 116
4.5.2 Wie wächst Schimmel? . . . 117
4.5.3 Beteiligte Organismengruppen und Entwicklung eines Schimmelschadens im zeitlichen Verlauf . . . 119
4.6 Was passiert in Hohlräumen nach Feuchteeinwirkung im Rahmen eines (Leitungs-)Wasserschadens? Oder: Die Dynamik mikrobieller Prozesse . . 122
4.7 Tierische Bioindikatoren zur Erhärtung eines Anfangsverdachtes zu verdeckten oder nicht sichtbaren Schimmelschäden . . . 125
4.7.1 Milben (Acari) . . . 125
4.7.2 Staubläuse (Psocoptera) . . . 126
4.7.3 Wohnungsfischchen (Zygentoma) . . . 128
4.7.4 Kellerassel (Isopoda) . . . 129
4.7.5 Hundert- und Tausendfüßer (Myriapoda) . . . 129
4.7.6 Bioindikatoren und deren Relevanz für praktische Innenraumuntersuchungen . . . 131
5 Mikrobiologische Untersuchungsmethoden . . . 132
5.1 Untersuchungsmethoden bei sichtbaren Schimmelschäden . . . 133
5.2 Wie lassen sich verdeckte und nicht sichtbare Schimmelschäden erkennen? 135
5.2.1 Wie wird heute typischerweise nach verdecktem oder nicht sichtbarem Schimmel gesucht? . . . 136
5.2.2 Wie wäre die Raumluft alternativ zu Sporenuntersuchungen für eine eindeutige Klärung mikrobiologisch zu charakterisieren? . . . 139
5.2.3 Was passiert nach Wassereintrag in der Dämmebene unter einem schwimmend verlegten Estrich? . . . 141
5.2.4 Zur Klärung einer möglichen Schimmelquelle sind letztendlich Materialuntersuchungen nötig . . . 144

5.2.5 Ein neuer Ansatz zum schnellen Erkennen oder Ausschließen von mikrobiellen Schäden in Wohnungen, Büros oder Gebäuden 146
5.2.6 Zwei Schimmelspürhunde – zwei Ergebnisse? 149
5.2.7 Was sagen Gerichte zum Einsatz von Schimmelspürhunden? 150
5.2.8 Ermittlung und Lokalisierung des Schimmelbefalls in Innenräumen 151
5.3 Materialuntersuchungen und Bewertung der Befunde 156
5.3.1 Direktmikroskopie 156
5.3.2 Gesamtzellzahlmethode 158
5.3.3 Kultivierungstechnische Untersuchungen 159
5.3.4 Weitere Methoden für Materialuntersuchungen 160
5.3.5 Bewertung von Materialbefunden und Gesamtbewertung nach einer mikrobiologischen Bestandsaufnahme 160

6 Mikrobiologische Sanierungsmöglichkeiten 165
6.1 Was ist eine fachgerechte Schimmelsanierung? 165
6.1.1 Die missglückte Sanierung 167
6.1.2 Die unvollständige Sanierung 168
6.1.3 Die Sanierung der Sanierung 170
6.1.4 (Mögliche) Psychologische und gesellschaftliche Gründe für eine Falschsanierung 172
6.1.5 (Mögliche) Gründe für Sanierungsfehler 173
6.1.5.1 Überschätzung der eigenen Fachkompetenz 173
6.1.5.2 Lockerer Umgang mit Wasser beim Neubau 174
6.1.5.3 Fehlende mikrobiologische Bestandsaufnahme vor Beginn der Sanierung 174
6.1.5.4 Trocknen von Bauteilen/Fußbodenkonstruktionen und dann (nicht) gut? 175
6.1.5.5 Desinfektionsmaßnahmen oder Biozideinsätze 175
6.2 Fachgerechte Sanierungsmaßnahmen 177
6.2.1 Komplettrückbau belasteter Bauteile 180
6.2.2 Rückbaumaßnahmen in der Praxis 182
6.2.2.1 Übliches Entfernen des Schimmelschadens mit Verteilen von Biomasse 182
6.2.2.2 Hoher Luftwechsel minimiert Arbeitsschutzmaßnahmen bei Schimmelschäden 183
6.2.2.3 Sanierungsverfahren nach D-MIR® Qualitätsstandard ... 184
6.2.3 Randfugenabdichtungen bei Schimmelschäden an der Fußbodenkonstruktion bei schwimmend verlegten Estrichen 186
6.2.3.1 Vermeintlich gasdichte Ausführungen 186
6.2.3.2 Diffusionsoffene Ausführungen mit einem Partikelfilter sind 1-stufige Lösungen 187

6.2.4 Diffusionsoffene 2-stufige Randfugenausführung mit einem Partikel- und zusätzlichen Gasfilter bei Schäden an der Fußbodenkonstruktion . . . 188
6.2.4.1 Vorbereiten der Randfuge . . . 189
6.2.4.2 Das diffusionsoffene Estrichfugensystem SCHIMMEL-STOPP . . . 190
6.2.4.3 Beispiel: Wasserschaden in einer Arztpraxis . . . 192
6.2.4.4 Beispiel: Abgetrockneter Altschaden in einem Schulgebäude 194
6.2.4.5 Beispiel: Gesundheitliche Beschwerden und Geruchsauffälligkeiten . . . 195
6.2.5 Das Differenzdruckverfahren bei mikrobiell belasteten Hohlräumen 197
6.2.6 Feinreinigung und Überprüfung des Sanierungserfolges . . . 198
6.2.6.1 Feinreinigung zur Beseitigung von Sekundärkontaminationen . . . 199
6.2.6.2 Systematische Überprüfung des Sanierungserfolges . . . 199
6.2.6.3 Sanierungskontrolle nach WTA . . . 201
6.3 Kosten für fachgerechte Schimmelsanierungen anhand von Beispielen. . 203
6.3.1 Fallbeispiele . . . 204
6.3.1.1 Bauablaufstörungen in einem neu errichteten Wohnhaus 205
6.3.1.2 Verdeckter Schimmel in der Fußbodenkonstruktion einer Wohnung eines Mehrfamilienwohnhauses mit ca. 15 Wohnungen . . . 206
6.3.1.3 Wasserschäden in Fußbodenkonstruktionen eines Bürogebäudes . . . 208
6.3.2 Die Sanierung von Schimmelschäden in der Zukunft . . . 211
6.4 Methoden der Prävention vor dem Hintergrund von Kosten und Häufigkeit von Schimmelschäden . . . 212
6.4.1 Im Neubau und bei größeren Umbaumaßnahmen: Feuchtemanagement beherzigen . . . 213
6.4.2 Ausmaß von Leitungswasserschäden und daraus resultierende Kostenextreme minimieren: Schottung von Fußbodenkonstruktionen, um flächige Schimmelschäden zu vermeiden . . . 216
6.4.3 Präventive Fugenabdichtung für Schimmel unter Fußbodenkonstruktionen . . . 218

7 Spezielle mikrobiologische Gesichtspunkte . . . 222
7.1 Unsichtbare Gefahr und schlummernde Risiken . . . 222
7.1.1 Wasser fließt nach unten . . . 222
7.1.2 Formen- und Strukturvielfalt von „Schimmel" . . . 223
7.1.3 Belastung der Raumluft in der Theorie . . . 223
7.1.4 . . . und in der Praxis . . . 224
7.1.5 Welche Konsequenzen entstehen aus der Freisetzung von Schimmel aus Fußbodenkonstruktionen? . . . 228

7.2 Energetische Sanierungen und Schimmel 229
7.2.1 Auftretende Probleme bei energetischen Sanierungen 229
7.2.2 Ein Praxisbeispiel 231
7.2.3 Kommunalinvestitionsprogramm KIP 232
7.3 Eine nicht repräsentative Umfrage bei Planern und Architekten 232
7.4 Ein Interview in der Süddeutschen Zeitung 234

8 Biologisch-chemische Überschneidungen 237
8.1 Analytik und MVOC 237
8.2 Verseifungsreaktionen nach Feuchteeintrag 239
8.3 Von Umbaumaßnahmen, Wasserschäden, Holzschutzmitteln und Mikroorganismen 241
8.3.1 Modernisierungsmaßnahmen und Wasserschaden im Anbau 241
8.3.2 Mikrobiologische und chemische Bestandsaufnahme im Bestandsgebäude 242
8.3.3 Vermeintlicher Widerspruch im Dachgeschoss 245
8.3.4 Gesundheitliche Relevanz und Architektenhaftung 245
8.4 Mikroorganismen als Ursache für die Bildung von Chloranisolen 246
8.5 Der Fogging-Effekt als Zusammenspiel verschiedener Faktoren 249
8.6 Schadstoffe rechtzeitig erfassen 251

9 Chemische Verbindungen in Innenräumen 254
9.1 Vorkommen und Nachweis 254
9.1.1 Mögliche Verbindungen und deren Vorkommen 255
9.1.2 Chemisch-physikalische Eigenschaften der Einzelverbindungen . . 258
9.1.3 Standardisierte Erfassung von chemischen Verbindungen 259
9.1.4 Vorteile einer standardisierten Vorgehensweise 264
9.2 Bewertungsgrundlagen und Bewertung 264
9.3 Überblick über Sanierungsmethoden 266
9.3.1 Wohngesundheit und (technische) Wohnungslüftung 266
9.3.2 Sanierung chemischer Belastungen 267
9.3.3 Sanierungsbeispiele 268
9.3.3.1 Bürorenovierung wegen Mottenschutzmittel 269
9.3.3.2 Schadstoffbelastete Einrichtungsgegenstände 270
9.3.3.3 Im Jahr 1995 errichtete Schule 271
9.4 Einige weitere Schadfaktoren in Innenräumen und Gebäuden 273
9.4.1 Polyzyklische Aromatische Kohlenwasserstoffe (PAK) 273
9.4.2 Pentachlorphenol (PCP) und andere Holzschutzmittelwirkstoffe . . 275
9.4.3 Polychlorierte Biphenyle (PCB) 276
9.4.4 Einige weitere Schadfaktoren in Innenräumen und Gebäuden . . . 277
9.5 Ansätze zur Verbesserung der chemischen Raumluftqualität 278
9.5.1 Volldeklaration aller Inhaltsstoffe 278

9.5.2 Prüfkammeruntersuchungen ... 279
9.5.3 Chemisch-analytische Bestandsaufnahme von Musterwohnungen 280
9.5.4 Baustoffauswahl unter innenraumhygienischen bzw. gesundheitlichen Gesichtspunkten ... 282
9.5.5 Kosten und Nutzen ... 286

10 Literatur ... 288

Teil 2 Recht ... 299

Vorbemerkung ... 299

1 Schadfaktoren an Gebäuden und deren rechtliche Bedeutung ... 301
1.1 Der Begriff des Mangels oder des Schadens in rechtlicher Hinsicht ... 303
1.1.1 Grundlegende Überlegungen, wie Gebäude zu errichten sind ... 304
1.1.1.1 Gesetzliche Regelungen ... 304
1.1.1.2 Vergabe- und Vertragsordnung für Bauleistungen ... 315
1.1.1.3 Öffentlich-rechtliche Bauvorschriften ... 318
1.1.1.4 Zusammenfassung ... 321
1.1.2 Ursachen und Symptome ... 321
1.1.3 Umfang der Mangelansprüche ... 325
1.1.3.1 Zurückbehaltungsrecht und Leistungsverweigerungsrecht ... 326
1.1.3.2 Mangelbeseitigungsansprüche ... 327
1.1.3.2.1 Grundsätzliche Überlegungen ... 327
1.1.3.2.2 Unverhältnismäßigkeit ... 330
1.1.3.3 Minderung ... 336
1.1.3.4 Schadensersatz ... 339
1.1.3.5 Rücktritt, Kündigung ... 342
1.2 Wirtschaftliche Folgekosten, merkantiler Minderwert ... 344
1.2.1 Steuer- und bilanzrechtliche Konsequenzen ... 344
1.2.2 Merkantile Wertminderung ... 347

2 Besondere Rechtsverhältnisse ... 351
2.1 Werkvertrag ... 352
2.2 Kaufvertrag ... 356
2.3 Miet- und Pachtvertrag ... 356
2.3.1 Abgrenzung Mietvertrag zu Pachtvertrag ... 358
2.3.2 Dauerstreit Heizen und Lüften im Wohnungsmietrecht ... 359
2.4 Versicherungsvertrag ... 361
2.4.1 Ansprüche gegen den Versicherer eines Dritten ... 361
2.4.2 Ansprüche gegen die eigene Versicherung ... 365
2.5 Gemischte Vertragsverhältnisse ... 367

3 Geltendmachung und Durchsetzung von Ansprüchen 370
3.1 Außergerichtliche Geltendmachung 370
3.1.1 Grundlagen 371
3.1.1.1 Anspruchsteller 373
3.1.1.2 Anspruchsgegner 375
3.1.2 Privatgutachten 375
3.1.3 Kostenerstattung 377
3.2 Gerichtliche Durchsetzung 382
3.2.1 Hauptsacheverfahren 383
3.2.2 Selbständiges Beweisverfahren 385
3.2.3 Einstweiliger Rechtsschutz 388
3.3 Schiedsgerichtliche Streitbeilegung, Mediation 390
4 Literatur 393

Stichwortverzeichnis 395

Abkürzungsverzeichnis

ABN 2011	Allgemeinen Bedingungen für die Bauleistungsversicherung durch Auftraggeber
AHB	Allgemeine Versicherungsbedingungen für die Haftpflichtversicherung
ATV	Allgemeine Technische Vertragsbedingungen
Aufl.	Auflage
BauPG	Bauproduktengesetz
BerHG	Beratungshilfegesetz
BGB	Bürgerliches Gesetzbuch
BGH	Bundesgerichtshof
BioStoffV	Biostoffverordnung
BMF	Bundesministerium der Finanzen
ChemG	Chemikaliengesetz
DIN	Deutsches Institut für Normung
DS	Der Sachverständige
Einf.	Einführung
EN	Europäische Norm
EStG	Einkommensteuergesetz
EU	Europäische Union
f.	folgende (Einzahl)
ff.	fortfolgende, fortfahrende (Mehrzahl)
GBl.	Gesetzblatt
GefStoffV	Gefahrstoffverordnung
GKG	Gerichtskostengesetz
GVG	Gerichtsverfassungsgesetz
GWB	Gesetz gegen Wettbewerbsbeschränkungen
Hrsg.	Herausgeber
LBO	Landesbauordnung
LG	Landgericht
MDR	Monatsschrift für Deutsches Recht
MSVO	Mustersachverständigenordnung

m.w.N.	mit weiteren Nachweisen
NJW	Neue Juristische Wochenschrift
NZBau	Neue Zeitschrift für Baurecht und Vergaberecht
OLG	Oberlandesgericht
PKH	Prozesskostenhilfe
Rn.	Randnummer
RVG	Rechtsanwaltsvergütungsgesetz
S.	Seite
Überbl.	Überblick
v.	vor
vgl.	vergleiche
Vorb.	Vorbemerkung
VVG	Versicherungsvertragsgesetz
ZPO	Zivilprozessordnung

Teil 1 Bautechnik

1 Einführung in die Innenraumhygiene und Schadstoffthematik

Viele bauwillige und wohnungserwerbende Menschen gehen davon aus, dass beim Bauen alles gesundheitlich unproblematisch sei, eine lückenlose Überprüfung der hergestellten Materialien und errichteten Bauteile erfolgt, alle möglichen Schadfaktoren von den Bauschaffenden erkannt und vermieden werden und der Gesetzgeber alles geregelt habe. Diese Denkweise ist dem Grunde nach leider falsch:

- Was nicht eindeutig wissenschaftlich geklärt ist, ist nicht von Gesetzen geregelt.
- Was nicht verboten ist, ist erlaubt.
- Was nicht kontinuierlich überprüft wird, wird u.U. nicht regelkonform umgesetzt.
- Was nicht aufgeklärt wird, führt zu keiner Strafe.
- Was nicht zu empfindlichen Strafen führt, ist nicht wirklich zur Vermeidung geeignet.

Alleine aus diesen wenigen Zusammenhängen ist ersichtlich, dass Bauen in Bezug auf Gesundheit und Innenraumhygiene ein weitgehend unbeackertes Feld fern der Realität ist. Eine Qualitätssicherung in der Bauwirtschaft wie beispielsweise in der Automobilbranche ist mehrheitlich unbekannt, die Aufdeckungsquote elementarer Baufehler hinkt den Erfordernissen weit hinterher und die Abhängigkeitsverhältnisse bei allen am Bau Beteiligten zusammen mit den hohen Gegenstandswerten tun ein Übriges zur Verschleierung, Vertuschung, Täuschung und zum Aussitzen der verursachten Baufehler und Baumängel. Diese sind es letztendlich, die durch ihre Folgeschäden zu ungenügenden innenraumhygienischen Verhältnissen und zu gesundheitlichen Belastungen führen.

Das Thema Innenraumhygiene und Schadstoffe wird beispielsweise in der Bayerischen Bauordnung berücksichtigt. Im Artikel 3 heißt es: *„Anlagen sind unter Berücksichtigung der Baukultur, insbesondere der anerkannten Regeln der Baukunst so anzuordnen, zu errichten, zu ändern und instand zu halten, dass die öffentliche Sicherheit und Ordnung, insbesondere Leben und Gesundheit und die natürlichen Lebensgrundlagen nicht gefährdet werden. Sie müssen bei ordnungsgemäßer Instandhaltung die allgemeinen Anforderungen des Satzes 1 ihrem Zweck entsprechend dauerhaft erfüllen und ohne Missstände benutzbar sein."*

Damit ist zumindest für Bayern eigentlich alles gesagt. Nur: Theorie und Praxis klaffen weit auseinander. Der technisch-wissenschaftliche Teil dieses Buches fußt auf den langjährigen und intensiven Erfahrungen eines ausgebildeten Naturwissenschaftlers und öffentlich bestellten und vereidigten Sachverständigen für Schafstoffe in Innenräumen. Trotz (hoch-)komplexer Zusammenhänge wagen sich manche für allgemeine Bauschäden zuständige Bauingenieure und Sachverständige in die Fachrichtungen von Mikrobiologie und Chemie vor. Dies ist vergleichbar einem Allgemeinarzt, der am offenen Herzen operiert, was in diesem medizinischen Zusammenhang selbstredend und unverantwortlich ist. Zusätzlich sind Pfusch, Gedankenlosigkeit, Desinteresse, mangelnde Einsichten und überholte Denkweisen an der Tagesordnung. Belohnt werden diese nicht akzeptablen Sachverhalte und Vorgehensweisen durch hohe Unternehmergewinne. Stabilisiert wird dieses BauWesen bzw. BauUnwesen (Lauber et al., 2014) durch Sachverständige, denen scheinbar weniger an Sachlichkeit und mehr an weiteren Aufträgen vom Schadensverursacher oder dessen Versicherung gelegen ist. Vor diesem Hintergrund ist es nur noch ein kleiner Schritt zu sagen, dem Wissenden fehlen die Worte und diesem unsäglichen Treiben ist nicht mehr zuzuschauen (Abb. 1-1).

***Abbildung 1-1:** Vielfach fehlen die Worte beim Bauen wider die Vernunft, und das Zuschauen beim „baulichen Basteln" tut weh (Plastik aus dem Skulpturenpark Sigulda, Lettland)*

Aber fangen wir an diesem Punkt doch noch einmal ganz von vorne an: Bauen heißt in seiner einfachsten und ursprünglichsten Form, Wasser abhalten. Darauf sollten wir uns wieder an erster Stelle konzentrieren, damit vorhersehbare Bauschäden vermieden werden (Abb. 1-2).

Alles andere wie Schönheit, Pflegeleichtigkeit, Komfort, . . . sollte demgegenüber in den Hintergrund treten. Die Realität sieht aber anders aus: Wesentliches wird unterschätzt, auf Nebensächlichkeiten wird Wert gelegt. Weil dem so ist, muss auf Seiten der Bauherren, Immobilienerwerber und Wohnungsbewirtschafter eine andere, angepasste Strategie zur Anwendung kommen: Bei der Abnahme von Wohnung, Gebäude oder Immobilienkomplex ist eine Überprüfung der innenraumhygienischen Situation nötig, um wirtschaftliche und gesundheitliche Risiken zu erkennen oder auszuschließen. Erfolgt dies nicht konsequent, gehen alle Folgen auf den Erwerber oder Bauherrn über. Das wird für die Bauabnahme im § 640 des Bürgerlichen Gesetzbuches (BGB, 2002) eindeutig geregelt. Dort heißt es:

Abbildung 1-2: Bauen in seiner einfachsten Form heißt Wasser abhalten

(1) Der Besteller ist verpflichtet, das vertragsmäßig hergestellte Werk abzunehmen, sofern nicht nach der Beschaffenheit des Werkes die Abnahme ausgeschlossen ist. Wegen unwesentlicher Mängel kann die Abnahme nicht verweigert werden. Der Abnahme steht es gleich, wenn der Besteller das Werk nicht innerhalb einer ihm vom Unternehmer bestimmten angemessenen Frist abnimmt, obwohl er dazu verpflichtet ist.

(2) Nimmt der Besteller ein mangelhaftes Werk gemäß Absatz 1 Satz 1 ab, obschon er den Mangel kennt, so stehen ihm die in § 634 Nr. 1 bis 3 bezeichneten Rechte nur zu, wenn er sich seine Rechte wegen des Mangels bei der Abnahme vorbehält.

Bei der Abnahme im Bau(werk)vertrag nimmt der Auftraggeber beziehungsweise Bauherr also ein im Wesentlichen vertragsgerechtes (Bau-)Werk entgegen. Tut er dies, wird (a) der Werklohn beziehungsweise die vereinbarte Vergütung fällig, beginnt (b) die Verjährung eventueller Mängelansprüche und kehrt (c) sich die Beweislast um. Deshalb kommt es spätestens dabei darauf an, die Qualität(en) des Gebauten richtig einzuschätzen, beziehungsweise einschätzen zu können (Riedl, 2015).

1.1 Schimmel und Schadstoffe

Im Prinzip könnte man nach dem Lesen dieses Buches zu der Schlussfolgerung gelangen, dass Schimmel und Schadstoffe überall in jeder Wohnung und in jedem Büro vorhanden sind, immer zu juristischen Auseinandersetzungen führen und grundsätzlich die Gesundheit gefährden. Das ist dem Grunde nach richtig, aber doch nicht so einfach. Schließlich klagt nicht jeder vor Gericht und das menschliche Immunsystem hat sich im Laufe der Evolution an eine Hintergrundkonzentration an Schimmel und chemische Verbindungen gewöhnt bzw. angepasst. Diejenigen, deren biochemische Ausstattung bzw. Gene zu stark auf (natürliche) Schadfaktoren reagiert haben, wurden evolutionär aus dem Genpool entfernt.

Wir möchten Ihnen keine Angst machen, aber die Sinne schärfen für ein weitgehend unterschätztes, weil häufig nicht sichtbares Problem. Schließlich haben wir es u.a. mit Mikroorganismen = Klein(st)lebewesen zu tun, die regelmäßig nicht mit bloßen Augen erkennbar sind oder aber in nicht einsehbaren Hohlräumen wachsen. Da der Mensch aber ein „Bildertier" ist, neigt er dazu, unsichtbare Dinge im wahrsten Sinne des Wortes auszublenden. Wer aber nur das glaubt oder annimmt, was er sieht, dem wird im Leben so manche Überraschung nicht erspart bleiben.

„Wir sehen und glauben das, was in unser Weltbild passt", sagte Prof. Dr. Frank Schwab, Lehrstuhlinhaber Medienpsychologie an der Universität Würzburg in einem Presse-Interview. Schimmel und Schadstoffe als Negativ-Faktoren und Schmuddelthemen passen nicht in unsere ach so heile und aufgeräumte Welt. Was nicht sein darf, ist nicht. Hinter den oftmals verschlungenen persönlichen Motiven verbirgt sich bei diesem Thema eine Debatte, die eine jahrelange Tradition hat – hier die echten Fachleute und dort die vermeintlichen Fachleute und Lobbyisten unterschiedlichster Institutionen. Dabei werden pseudofaktische Erkenntnisse, Meinungen, Einschätzungen, Gefühle, Wünsche und subjektive Wahrnehmungen als Wahrheiten kundgetan, obwohl die Datenlage nach vollkommen anderen Schlussfolgerungen verlangt. Kurzum: Zahlen, Daten und Fakten sind nötig, die dann einer Bewertung zugänglich sind. Zahlenmaterialien können nachfolgend unterschiedlich bewertet werden, beispielsweise nach Werkvertrags-, Versicherungs- oder Mietrecht, nach innenraumhygienischen oder gesundheitlichen Gesichtspunkten, aus bautechnischen oder mikrobiologischen Sichtweisen.

Aber heutzutage werden Fakten unwesentlicher. Die „Trumpisierung" schreitet in der Lebenswelt voran und gegen Stimmungsmache hat es die Wahrheit schwer (wie es in dem Leitartikel der Tageszeitung MAIN-POST vom 28. 9. 2016 ausgedrückt wurde). Was aktuell zählt sind gefühlte, emotionale Komponenten und keine Tatsachen oder gar Problemdiskussionen. Denn unsere gesellschaftlichen Probleme sind mittlerweile hinsichtlich vielfältiger Forschungen und Erkenntnisgewinne viel zu komplex geworden, um einfache Antworten zu finden. Mit komplizierten Sachverhalten hat nicht nur die große Politik ihre Schwierigkeiten, auch im Schimmel- und Schadstoffgeschehen wird nicht immer tiefgründig gedacht und systematisch gearbeitet. Ein wenngleich extremes Beispiel möge das beleuchten: Nach einem Wasserschaden traten an Wandoberflächen grauschwarze Verfärbungen auf. Der fachliche Vertreter des Schädigers tat diese Verfärbungen als Verschmutzung ab. Selbst nach Laboruntersuchungen und dem eindeutigen Nachweis eines Schimmelwachstums antwortete der Schädigervertreter sinngemäß: „Das Ergebnis der Laboruntersuchung ist mir egal, die Oberfläche ist verschmutzt und nicht verschimmelt."

Darüber kann man lachen oder sehr nachdenklich werden. Wenn man Schimmel an der Wand akzeptiert, wird es kompliziert. Da ist es viel simpler, auf Verschmutzung zu beharren, da dies mit dem geringsten Aufwand verbunden ist. Es geht um einfache Formeln für schwierige Sachverhalte. Keine Zumutungen mit allzu komplizierten Erklärungen. Jetzt darf es bitte etwas simpler sein, wie es verschiedene Autoren formuliert haben. Und weiter: Was man verdrängt, ist aber nicht weg. Was man nicht sehen, riechen oder wissen will, kann man versuchen wegzusperren und in den hintersten Winkel des Gedächtnisses zu verbannen. Doch dort schlägt es Wurzeln, wächst und ist eines Tages wieder da – dann aber umso wirkmächtiger und lässt sich nicht mehr vertreiben: Schimmel oder Schadstoffe. Und: Das Verdrängen schmeckt zunächst süß, die Wahrheit aber oft bitter. Herr Alard von Kittlitz hat es in DIE ZEIT vom 25. 8. 2016 so formuliert: „Die Erde ist eine Scheibe. Stimmt nicht? Ist doch egal. In politischen Debatten zählt ja auch immer weniger, was faktisch richtig ist." Was in der politischen Diskussion (mittlerweile) üblich ist, ist auf viele Schimmel- und Schadstoffdiskussionen übertragbar (Abb. 1-3).

Abbildung 1-3: Schimmel und Schadstoffe – Fakt contra Fake

Eventuellen Kritikern dieses Buches sei vor diesem Hintergrund gesagt, dass Zahlen, Daten und Fakten benötigt werden. Wer kein derartiges Zahlenmaterial hat, möge sich bei einer naturwissenschaftlich-technischen Diskussion zurückhalten: Meinungen, Einschätzungen und subjektives Empfinden sind woanders gefragt. Weil man aber nicht wahrhaben will, was nicht zur eigenen Weltsicht passt, sind Schimmel und Schadstoffe in Innenräumen im Prinzip ein Krieg gegen die Wahrheit.

1.2 (Unheilvolle) Gedankenexperimente mit realem Hintergrund

Wie sich Meinungen, Einschätzungen und subjektives Schönreden von Innenraumproblemen zu einem späteren Zeitpunkt als Bumerang erweisen können mit existentiellen persönlichen Bedrohungen, wird anhand zweier Beispiele aufgezeigt. Diese sind typisch für ein immer häufigeres böses Erwachen von Betroffenen, weil zu einem früheren Zeitpunkt der Kopf in den Sand gesteckt wurde und keine systematische Aufarbeitung von Schäden erfolgt ist. Im Rahmen dessen bleibt der Schadensverursacher oftmals unbehelligt, weil er sich beispielsweise über den Gewährleistungszeitraum hinüber „retten" konnte.

1.2.1 Ein nicht fachgerecht sanierter Wasserschaden und seine Folgen

Sie haben sich kundig gemacht und meinen nach dem Trocknen eines Wasserschadens einen verdeckten Schimmelfolgeschaden in der Fußbodenkonstruktion ihres Wohnhauses zu haben. Die Führungsebene des verantwortlichen Sanierungsunternehmens beschwichtigt: „Es sei alles in Ordnung, schließlich habe man viel Erfahrung und saniere schon immer so." Ihr persönlich-familiäres Umfeld schätzt die Lage ferndiagnostisch mehr oder weniger kritisch ein, sagt, man könne sich das aber gar nicht vorstellen, schließlich sei das ausführende Unternehmen eine bekannte Fachfirma gewesen und es wird schon nicht so schlimm sein. Schließlich kommentiert noch ein guter Bekannter aus dem Bauhandwerk Ihre geäußerte Meinung bezüglich eines verdeckten (nicht sichtbaren) Schimmelschadens: Die Schimmelproblematik würde häufig übertrieben dargestellt. Es wird schon alles seine Richtigkeit haben und was könne man denn sonst schon machen?

Vor diesem Hintergrund werden Sie ganz nachdenklich – und wohnen mit Ihrer Familie weiter in einem möglichen bis hochwahrscheinlichen Schimmelhaus. Die Jahre gehen ins Land, Allergien und asthmatische Erkrankungen können auch durch Schimmel begünstigt oder ausgelöst werden, aber gesundheitliche Probleme (außer den genannten) haben sich bei den Familienmitgliedern nach dem Wasserschaden nicht eingestellt. Wegen eines Arbeitsplatz- und eines damit verbundenen Ortswechsels wollen Sie Ihr Haus verkaufen. Potenzielle Käufer fragen u.a., ob es denn einen Wasserschaden gegeben habe, was sie bejahen. Die folgende Frage, ob denn eine fachgerechte Sanierung stattgefunden habe, bejahen sie weniger überzeugend und machen sich damit die subjektive Einschätzung von Sanierungsunternehmen, Verwandten und Bekannten zu Ihrer eigenen Meinung – entgegen Ihrer ursprünglichen Überzeugung. Jetzt nimmt das Unheil seinen Lauf: Beim Notar drängt der Käufer darauf, dass der Wasserschaden urkundlich erfasst wird, der ja fachgerecht saniert sei. Zu diesem Zeitpunkt können Sie ohne Gesichtsverlust und ohne Ersatz entstandener Kosten nicht mehr „aussteigen" und unterschreiben den Vertrag.

Der Käufer hat sich (genau wie Sie direkt nach dem Wasserschaden) fachlich vorinformiert und seine möglichen Chancen und Risiken im Vorfeld klar überlegt. Nach dem Hauskauf überprüft er die Innenraumqualität und kommt durch einen Fachgutachter zu dem Schluss, dass ein umfangreicher verdeckter Schimmelschaden in der Fußbodenkonstruktion des ehemals von dem Wasserschaden betroffenen Bereiches vorliegt. Die Schlussfolgerung liegt auf der Hand, dass der Wasserschaden bezüglich des Schimmelfolgeschadens nicht fachgerecht saniert wurde. Die Schadensbeseitigungskosten belaufen sich auf einen mittleren fünfstelligen Betrag. Der Käufer überlegt sich, ob er eine Rückabwicklung des Kaufes mit Erstattung aller entstandenen Kosten oder auf Zahlung der Schadensbeseitigungskosten klagt. Beide Varianten sind als äußerst erfolgversprechend einzuschätzen.

1.2.2 Abnahme eines Neubaus trotz Neubaufolgeschaden

Ein weiterer Fall mit realem Hintergrund: Sie stehen (endlich) kurz vor dem Einzug in Ihr neu errichtetes Wohnhaus. Darauf haben Sie lange Zeit gewartet und viel Zeit, Geld und Nerven investiert. Aus wirtschaftlichen Gründen (hier die Miete, da die Rückzahlungsraten) musste schnell gebaut werden. Das wurde von dem Bauträger wie vereinbart umgesetzt, auch wenn die Trocknungszeiten aus Termingründen nicht immer vollständig einhaltbar waren. Im Untergeschoss hat die zeitweise abgestellte Putzmaschine getropft und 10 Liter Wasser verloren, im Bad des Obergeschosses kam es in der Endphase des Innenausbaus bei Handwerksarbeiten zum Anbohren einer wasserführenden Leitung. Schließlich gab es bei diesem Winterbau eine Kondensation von Wasserdampf an kalten Oberflächen. Es kam zu grauschwarzen Verfärbungen an der Wand, die irgendwie nicht nachvollziehbar entfernt wurden. Gleichzeitig gelangte freigesetztes Wasser über die Randfugen in die Fußbodenkonstruktionen. Mehr zufällig haben Sie von diesen Vorgängen erfahren und erhielten von den beteiligten Handwerkern folgende Angaben, die sogleich mit einer subjektiven Bewertung versehen wurden: Die sichtbar durchfeuchteten Bereiche seien getrocknet worden. Da ja kein Wasser (auf Nachfrage zumindest nicht viel Wasser) in die Fußbodenkonstruktion gelaufen sei, ist das unerheblich und im Übrigen solle man sich freuen, dass trotz aller handwerklicher Hektik der Umzug termingerecht stattfinden könne.

Alle von Ihnen befragten Personen bestätigen, dass derartige Vorfälle doch fast auf jeder Baustelle vorkämen, und es deswegen schon gar nicht so schlimm sein könne. Ihre geäußerte Meinung bezüglich eines verdeckten (nicht sichtbaren) Schimmelschadens, wird von einem guten Freund mit der Bemerkung abgetan, er selbst habe in seiner Wohnung immer wieder Schimmel an der Wand, den er regelmäßig wegmache und bei Ihnen sähe man ja gar nichts. Wo soll denn da das Problem sein? Und würde das stimmen, wären ja viele Wohnhäuser mit Schimmel belastet und das könne er sich überhaupt nicht vorstellen. Vor diesem Hintergrund ziehen Sie mit Ihrer Familie in ein mögliches bis hoch wahrscheinliches Schimmelhaus ein. Nach dem Einzug treten bei Ihnen und Ihrem/r Partner/in immer wieder Kopfschmerzen und Schleimhautreizungen auf. Auch die überdurchschnittliche Häufigkeit von Atemwegserkrankungen und Infekten bei den Kindern sind von den beratenden Ärzten nicht erklärbar. Die Beschwerden bessern sich bei Aufenthalten außer Haus und im Urlaub deutlich und treten nach der Rückkehr erneut auf. Dass hier verdeckte (nicht sichtbare) Schimmelschäden beteiligt oder ursächlich sein könnten, wird von niemandem erkannt oder in Erwägung gezogen.

Wegen familiärer Probleme und einer Trennung von Ihrem/Ihrer Partner/in wollen Sie das Haus verkaufen. Potenzielle Käufer fragen, ob es denn einen Feuchte- bzw. Schimmelschaden gegeben habe. Wegen der durch die Handwerker dargestellten vermeintlichen Kleinheit der ehemaligen Schäden in der Neubauphase verneinen Sie dieses. Die Fragen nach einer schnellen Bauweise und einer Fertigstellung in den Wintermonaten beantworten Sie wahrheitsgemäß aber mit einem unguten Gefühl. Jetzt nimmt das Unheil seinen Lauf . . .

Was lehren uns diese Fälle, die auch auf andere Feuchteereignisse und Belastungen mit chemischen und physikalischen Schadfaktoren übertragbar sind: Wenn der Verursacher a) nicht zur Beseitigung des Schadens nach dessen Eintritt herangezogen wird und b) keine dokumentierte fachgerechte Sanierung erfolgt, gehen alle nachfolgenden gesundheitsrelevanten und finanziellen Risiken auf den bzw. die Betroffenen über – mit unkalkulierbaren möglichen Auswirkungen auf der monetären und gesundheitlichen Ebene.

Und dabei wäre es so einfach, das „Glauben" und „Einschätzen" durch ein „Wissen" mit entsprechendem Zahlenmaterial zu ersetzen. Beim Nachweis von Schadfaktoren wäre der Schadensverursacher einstandspflichtig – sogar die Kosten für die gutachterlichen Untersuchungen wären zu erstatten. Was wäre in den beiden aufgezeigten Fällen konkret zu tun gewesen? Bei der Abnahme eines Neubaus muss die Neubaufeuchte und die daraus resultierenden möglichen Schimmelfolgeschäden genauso berücksichtigt werden wie bei einem Wasserschaden. Wird dieser nur getrocknet, verbleibt in ehemals feuchten Hohlräumen und Dämmebenen von Fußbodenkonstruktionen regelmäßig die gebildete Schimmelbiomasse mit wirtschaftlich und gesundheitlich riskanten Potenzialen. Wie derartige Schimmelschäden zunächst zerstörungsfrei mit einer 95 %igen Sicherheit lokalisiert oder ausgeschlossen werden können, und wie die Schäden schließlich eindeutig diagnostizierbar und zu bewerten sind, wird in den folgenden Kapiteln beschrieben.

1.3 Das Problemfeld Schimmel

Ein Sachverständigenkollege outete sich zum Thema Schimmel in Innenräumen: „Häufig kommt es zu Kompromissen auf der Ebene der Ignoranz" und „der gesunde Menschenverstand ist der Feind des Ingenieurs". Auch wenn diese Aussagen übertrieben erscheinen, sind darin doch ein Quäntchen Wahrheit enthalten und können bei der täglichen Sachverständigentätigkeit im Einzelfall bestätigt werden. Dazu kommt die Aussage eines Planers: „Schlag die Handwerker tot", was natürlich auch nicht die Lösung des Problems sein kann. Diese Kurzformeln verdeutlichen vielmehr, dass es an verschiedenen Ecken und Enden mangelt und darüber hinaus die Ausbildung und praktische Fortbildungen an das Schimmelthema angepasst werden müssen. Der Handwerker, der ohne fachliche Begleitung eine fachgerechte Schimmelsanierung durchführen soll, ist damit schlicht überfordert. Er muss von der Gefährdungsbeurteilung über Sekundärkontaminationen, Spezialwerkzeuge und Spezialmaschinen, Feinreinigungen, staubarmem Arbeiten, dem Einschätzen von Desinfektionsmaßnahmen, Arbeits- und Materialschutz bis hin zu spezialisierten Abnahmen seines Gewerkes vieles wissen, Praxiserfahrung mitbringen und sich noch gegen unterschiedliche Auffassungen in der akademischen Fachwelt behaupten: Das kann für einen durchschnittlichen Handwerker eigentlich nur zum Schiffbruch bzw. zu einem Haftungsfall führen.

Für die bei Schimmelschäden eingeschalteten Sachverständigen, Bauingenieure und Architekten hat ein Kollege Folgendes sinngemäß geäußert: „Es besteht eine Trägheit des Geistes, eine mangelnde Bereitschaft sich intellektuell zu öffnen und die Risiken für das eigene Tun bzw. die eigene Haftpflichtversicherung zu erkennen." Und weiter: „Dazu kommt, dass Schimmelschäden häufig nicht unter marktwirtschaftlichen Gesichtspunkten abgearbeitet werden, sondern vor dem Hintergrund eines Raubkapitalismus mit Ausbeutung der Unwissenden bzw. Betroffenen." Mit Vertuschung, Vermeidung, Verleugnung, Verharmlosung und Gegenangriff bis hin zur Aggression ist so manche Schimmelauseinandersetzung treffend beschrieben.

Vom Bund der Versicherten stammt diese Weisheit: „Als Geschädigter sollte man sich nie in die Hände der gegnerischen Haftpflichtversicherung begeben", sagt Thorsten Rudnik. „Das ist der Gegner, der meint es nicht gut mit mir." Und weil eine fachgerechte Feuchte-/Schimmelsanierung in aller Regel sehr aufwändig und damit kostenintensiv ist, behandeln wir mittlerweile die Schimmelsymptome so wirksam, dass wir unwissentlich deren Feuchteursachen stabilisieren. Was im Baubereich gang und gäbe ist, würde in anderen Branchen wie der Autoindustrie in kürzester Zeit zum Supergau mutieren: Bei jedem Fahrzeug erfolgt eine Freigabe erst dann, wenn alles abgeprüft und sicher ist. Anders beim Hausbau: Probieren und schauen wir mal, und wenn es nicht funktioniert, dann sehen wir schon.

1.3.1 Eine andere Art der Herangehensweise an das komplexe Thema Schimmel

Beim Thema Schimmel glaubt jeder mitreden zu können: Denn jeder Mann und jede Frau hat mit Schimmel bereits seine einschlägigen Erfahrungen gemacht. So trivial diese Erkenntnis ist, so diffus wird es, wenn man sich dem Thema auf einer technisch-fachwissenschaftlich-juristischen Ebene nähert. Die nachfolgende, nicht in allen Teilen ernst gemeinte Darstellung der aktuellen Sichtweise stammt von Prof. Dr. Wolfgang Nellen in der Kolumne „Moment mal!" in der Fachzeitschrift Biologie in unserer Zeit (3/2015). Sie wurde auf das Schimmelthema angepasst.

Aussage eines Kunden zu Experten: Als ich neulich einen Schimmelschaden hatte, habe ich mir zuerst kompetenten Rat bei meinem Astrologen geholt. Er hat mir erklärt, dass die Desinfektion unbedingt in Kongruenz zu meinem Aszendenten eingestellt werden muss – das verbessere den Energiefluss. Solches Wissen können nur Experten haben! Ein Bekannter hat ähnliche Erfahrungen bei der „Heilung" seines Schimmelschadens erfahren. Die Sachverständigen waren hilflos, aber die Schwester seines Rechtsanwaltes (eine international anerkannte Kartenlegerin) wusste sofort, dass die Aura von Stachybotrys chartarum mit der von Aspergillus versicolor konkurriert und empfahl eine multiple Therapie mit EM (effektiven Mikroorgansimen) bei gleichzeitigem Einsatz von levitierten Silberkugeln.

Absurd? Nein! Manchmal hat man den Eindruck, dass in der Öffentlichkeit der Rat von „solchen" Experten mehr zählt, als der von Fachgutachtern, Wissenschaftlern und Juristen. Egal ob es um Schimmel, Bauphysik und Chemie in Innenräumen geht: Die Öffentlichkeit ist gern bereit, die Ansichten selbst ernannter Experten zu übernehmen. Vielleicht sollten wir als Sachverständige, Wissenschaftler und Juristen Traumfänger im Büro aufhängen, Problemkerzen im Gerichtssaal anzünden und die Berufskleidung gegen federgeschmückte Zeremonialgewänder tauschen. Oder wir versuchen gemeinsam und solidarisch, der mikrobiologischen Fachkompetenz den Stellenwert zu verschaffen, der ihr zusteht – dazu gehört aber auch, dass wir immer wieder die Anstrengung unternehmen, unsere Erkenntnisse allgemeinverständlich mitzuteilen, auch wenn die Zusammenhänge kompliziert sind.

1.3.2 Schimmel, Intuition und Wahrscheinlichkeit nach Kahneman

Die nachfolgenden Zeilen sind eine Zusammenfassung unter dem Tenor Schimmel und Kognitionspsychologie. Die Ideen stammen aus dem Buch „Schnelles Denken, langsames Denken" von Daniel Kahnemann, Professor für Psychologie an der Princeton University und einer der weltweit einflussreichsten Kognitionspsychologen (Kahneman, 2012). Für seine Arbeiten erhielt er zahlreiche Auszeichnungen namhafter Universitäten und wurde 2002 als erster Nicht-Ökonom mit dem Wirtschaftsnobelpreis ausgezeichnet. Dieses Buch sei all denjenigen empfohlen, für die Schimmel noch immer eine vorübergehende Modeerscheinung, ein übertriebenes und selbstverschuldetes Übel ist und alle seriösen Schimmelgutachter elendige Geldschneider sind.

Statistisches Denken bereitet uns Schwierigkeiten. Unser übermäßiges Vertrauen in das, was wir zu wissen glauben, und unsere scheinbare Unfähigkeit, das ganze Ausmaß unseres Unwissens und der Unbestimmtheit der Welt zuzugeben. Ein moderner Ausdruck hierfür ist „Kompetenzillusion". Wir überschätzen tendenziell unser Wissen über die Welt, und wir unterschätzen die Rolle, die der Zufall bei Ereignissen spielt. Was benötigt wird, sind einfache Regeln, um Subjektives von Objektivem zu trennen.

Ein Beispiel möge das veranschaulichen: Bei einer schwimmend verlegten Fußbodenkonstruktion meint man zu wissen, dass kein Schimmel in der Dämmebene unter dem Estrich vorliegt, obwohl es häufig anders ist. Dieses vermeintliche Wissen wird von einer mächtigen Berufskultur gestützt, womit solche subjektiven Überzeugungen nur schwer zu relativieren sind.

Und dabei sind die „wahren" Verhältnisse oftmals ganz einfach zu erkennen. In Kahnemanns Buch findet sich folgendes Beispiel zur Kindersterblichkeit: Bis zum Jahr 1953 verließen sich Ärzte und Hebammen auf ihr klinisches Urteil, um festzustellen, ob ein Neugeborenes in akuter Lebensgefahr schwebte. Verschiedene Praktiker konzentrierten sich auf verschiedene Symptome. Einige achteten auf Atemprobleme, während andere überwachten, wie schnell das Neugeborene zu schreien anfing. Ohne ein standardisiertes Verfahren wurden Gefahrenzeichen oft übersehen und viele Neugeborene starben.

Eines Tages fragte ein Assistenzarzt Frau Dr. Apgar, wie sie den Gesundheitszustand eines Neugeborenen systematisch beurteilen würde. „Das ist leicht", antwortete sie. „Man würde folgendermaßen vorgehen." Apgar schrieb fünf Variablen (Herzschlag, Atmung, Reflex, Muskeltonus und Hautfarbe) und drei Punktwerte auf (0, 1 oder 2, je nach Robustheit jedes Zeichens). Als Apgar erkannte, dass sie womöglich eine bahnbrechende Entdeckung gemacht hatte, die in jedem Kreißsaal angewendet werden könnte, begann sie, Neugeborene eine Minute nach der Geburt nach dieser Regel zu beurteilen. Ein Neugeborenes mit einer Gesamtpunktzahl von mindestens acht war rosig, strampelte, schrie, grimassierte und hatte einen Herzschlag von mindestens 100 Schlägen pro Minute – war also in guter Verfassung. Ein Neugeborenes mit einer Punktzahl von höchstens vier war wahrscheinlich bläulich, schlaff, passiv und hatte einen langsamen oder schwachen Puls – es musste also sofort intensivmedizinisch behandelt werden. Der Apgar-Test wird noch heute tagtäglich in jedem Kreißsaal angewendet und gilt als bedeutender Beitrag zur Senkung der Säuglingssterblichkeit.

Zurück zum Thema Schimmel unter dem Estrich: Man könnte sich folgende fünf Variablen vorstellen: (Ehemaliger) Wasserschaden, „Winterbau", (ehemalige) Geruchsauffälligkeiten, (ehemalige) Wasserhochzüge, (ehemaliger) sichtbarer Schimmel. Je nach Robustheit oder Umfang wären diesen Variablen drei Punktwerte zuzuordnen (0, 1 oder 2). Bei wenigen Punkten wäre ein Schimmelschaden weniger wahrscheinlich, aber nicht auszuschließen. Ab einer noch zu bestimmenden Punktzahl sollte man von einem verdeckten (nicht sichtbaren) Schimmelschaden in der Fußbodenkonstruktion ausgehen. Mit einer mikrobiologischen Bestandsaufnahme kann dann dieser Wahrscheinlichkeitstest überprüft und durch Schimmelnachweis bestätigt oder bei negativem Befund verworfen werden. Diese Vorgehensweise erfolgt regelmäßig am Sachverständigen-Institut peridomus: Wird ein erster Verdacht (Nennung einer oder mehrerer Variablen) geäußert und werden Fragen zur Vorgeschichte des Gebäudes gestellt, entsteht daraus typischerweise durch erste zerstörungsfreie Untersuchungen eine Konkretisierung hin zu einem begründeten Verdacht. Dieser bestätigt sich dann mit (sehr) hoher Wahrscheinlichkeit nach Bauteilöffnungen und Laboruntersuchungen.

Zitat aus Kahnemann: „*Wenn man der subjektiven Überzeugung nicht trauen kann, wie können wir dann die wahrscheinliche Gültigkeit einer intuitiven Aussage beurteilen? Wann spiegelt sich in Urteilen wahre Expertise wider? Wann manifestiert sich in ihnen eine Illusion der Gültigkeit? Die Antwort darauf lautet, dass zwei grundlegende Voraussetzungen für den Erwerb von Expertise erfüllt sein müssen:*

- *Eine Umgebung, die hinreichend regelmäßig ist, um vorhersagbar zu sein* (Anmerkung des Autors: Dies ist durch Schimmelbelastungen unter schwimmend verlegten Estrichen vorliegend).
- *Eine Gelegenheit, diese Regelmäßigkeiten durch langjährige Übung zu erlernen* (Anmerkung des Autors: Das war am Sachverständigen-Institut peridomus durch vielfältige und vielzählige Begutachtungen mit Bauteilöffnungen und Laboranalysen seit 20 Jahren gegeben).

Wenn diese beiden Bedingungen erfüllt sind, sind Intuitionen vermutlich sachgerecht." Gleichzeitig ist das Eingestehen von Fehlern in der Vergangenheit nötig. Aber es ist ja nicht verboten, weiter zu lernen. Allerdings sind theoretische Überzeugungen robust, und es bedarf mehr als eines widerlegenden Befundes, damit anerkannte Theorien ernsthaft angezweifelt werden.

Wie die kognitiven Wissenschaften „*. . . immer wieder gesehen haben, wird eine wichtige Entscheidung von einem völlig belanglosen Merkmal der Situation bestimmt. Das ist beschämend – wir würden wichtige Entscheidungen lieber anders treffen."* . . . „*Sie* (gemeint sind die Festhalter an alten, überholten Gedanken, der Autor) *interessieren sich nicht einmal dafür, das Problem zu erforschen – und so müssen wir uns oft mit suboptimalen Ergebnissen begnügen."*

Viele der Optionen, denen wir uns im Leben gegenübersehen, sind „gemischt": Es gibt ein Verlustrisiko und eine Gewinnchance. Dabei müssen wir uns entscheiden, ob wir das Risiko eingehen oder nicht. Das Grundprinzip nennt sich Verlustaversion und angewandt auf die fachgerechte Sanierung unseres Schimmelproblems unter dem Estrich bedeutet dies häufig: Der Verlust (in Euro) ist größer als der Gewinn (an Gesundheit). Deshalb lebt man lieber mit seinem Schimmel unter dem Fußboden, als dass man ihn fachgerecht saniert.

1.4 Zahlen, Daten und Fakten versus Meinungen, Behauptungen und subjektive Einschätzungen

Beide Autoren sind von Berufswegen zur Verschwiegenheit verpflichtet. Deswegen müssen die dargelegten Beispiele teilweise unscharf oder undetailliert bleiben, auch weil einige gerichtliche Verfahren zum Zeitpunkt der Drucklegung noch nicht abgeschlossen sind. Die aufgezeigte Detail- und Schadenstiefe reicht aber aus, um Wesentliches und Grundsätzliches herauszuarbeiten. Hinsichtlich der in den letzten 20 Jahren bearbeiteten Vielzahl an ähnlichen und vergleichbaren Einzelfällen haben sich auf der technisch-wissenschaftlichen Ebene Regelmäßigkeiten erkennen lassen. Als Quintessenz aus diesen sich wiederholenden Einzelereignissen wurden neue Untersuchungs- und Sanierungsverfahren entwickelt, in der Praxis erprobt, mit Kollegen abgestimmt und bei gerichtlichen Auseinandersetzungen teilweise intensiv diskutiert.

Die über viele Jahre gesammelten Daten wurden ausgewertet und aufbereitet. Aus diesem Datenpool konnten neue Erkenntnisse gewonnen und Gesetzmäßigkeiten abgeleitet werden. Durch universitäre Forschung und Lehre wurden Fragen gestellt, Hypothesen überprüft und nachfolgend akzeptiert oder verworfen. Teilweise entstanden daraus patentierte Verfahren oder Produkte, teilweise befinden sich Neuerungen in der Pilotphase der praktischen Umsetzung. Letztendlich geht es darum, die derzeitigen unsystematischen bis unstrukturierten Vorgehensweisen und Praktiken zu standardisieren, um auch unter Kostengesichtspunkten zukünftig Schimmel in Innenräumen zu vermeiden oder Schimmelschäden in geordneten Bahnen abarbeiten zu können.

Dieses Fachgebiet steht über Jahre hinweg im Zentrum der Gutachtertätigkeiten und Forschungen einer der Autoren. Es ist Gegenstand heißer Diskussionen. Die fachlich-technische Darstellung ist ein wissenschaftlich-technischer Frontbericht. So werden die Vorgaben des zuständigen Umweltbundesamtes (höchste deutsche Fachbehörde für das Thema Schimmel in Innenräumen) von „Bauleuten" unzureichend berücksichtigt, Vorgaben umgangen und Erkenntnisse ausgeblendet. Bestehende Wissenslücken werden stets in Richtung Unbedenklichkeit von Schimmel interpretiert. Wenn ich aber etwas nicht weiß, besteht eine Wahrscheinlichkeit von 50 % für Unbedenklichkeit und die gleichen 50 % für Bedenklichkeit. Dies ist eine unbequeme und mit Kosten verbundene Wahrheit, die viele Nörgler und Besserwisser lieber verdrängen. Und ob etwas richtig oder falsch ist, wird nicht mehr an der gebauten Wirklichkeit in realen Büro- und Wohnumwelten überprüft.

Zusammenfassend haben „gesunde" Innenräume (noch) keine Lobby, weil das Wissen, die Einsicht und wirtschaftliche Anreize fehlen. Denn der Ehrliche ist der Dumme, weil er den wahren Wert angibt und deshalb hinsichtlich unseres Ausschreibungswesens keine Aufträge bekommt (weil vermeintlich zu teuer). Aber Vorsicht: Teuer muss nicht prinzipiell gut sein, was zu der Frage führt, wie denn seriöse, fachlich gute und preisreale Geschäftspartner bezüglich innenraumhygienischer Qualitätsansprüche zu finden sind. Dazu meint eine Volksweisheit: Erfahrungen bezahlt man oft teuer, obwohl man sie gebraucht preisgünstig haben könnte.

1.5 Märchenstunde oder „Wahrheit": Glauben heißt nicht wissen

Wollen Sie eine Märchenstunde hören (oder besser lesen), oder wollen Sie auf Wissen und Erfahrungen beruhende Wahrheiten erfahren? Bei Ersterem empfehlen wir Ihnen das Buch beiseite zu legen, bei Letzterem ist Interessantes zu erfahren. Glauben heißt nicht wissen, und wer nichts weiß, muss alles glauben. Vor diesem Hintergrund sind die Ausführungen in diesem Buch faktenbasierte und überprüfbare Sachverhalte. Selbst aufgeklärte und informierte Menschen neigen allerdings dazu, Dinge eher glauben als wissen zu wollen, vor allem, wenn es um negatives Erleben in eigener Sache geht – wie z.B. einen selbst verursachten oder nicht richtig sanierten Schimmelschaden. Verweigerung, Einfachheit und Lüge werden der Welt aber nicht (mehr) gerecht. Letztendlich haben diese Entwicklungen zum Leben in Parallelwelten geführt, was auch oder speziell für das Thema „Schimmel und Schadstoffe in Innenräumen" gilt. In diesem Fachbereich arbeiten Akteure mit unterschiedlichsten Ausbildungen, Kenntnissen und Erfahrungen incl. verschiedensten wirtschaftlicher Interessen und Abhängigkeiten. Kompetenzillusion, Komplexitätsreduktion, Realitätsverdrehung und Illusionskünstler sind nur einige Stichworte im Gesamtzusammenhang. Speziell vor diesem Hintergrund ist dieses Buch auch oder gerade als Weckruf gedacht. Verschiedene Zitate mögen diese Absicht unterstreichen:

- Wandere dem Licht der Erkenntnis entgegen, dann lässt du die Schatten der Unwissenheit hinter dir. (Unbekannter Autor)
- Der eine wartet, bis dass die Zeit sich wandelt, der andere packt sie/es kräftig an und handelt. (Dante Allighieri)
- Die reinste Form des Wahnsinns ist es, alles beim Alten zu belassen und zu hoffen, dass sich etwas ändert. (Albert Einstein)

Dieses Buch gliedert sich in seinem naturwissenschaftlich-technischen Teil in die Abschnitte biologische, chemische und physikalische Innenraumbelastungen. Der Schwerpunkt liegt bei den biologischen Schadfaktoren. Dies beruht auf mehreren Gründen: Nach aktuellen Erkenntnissen ist „Schimmel" derart dominant, dass alles andere vernachlässigbar erscheint. Und bei fachgerechter Schimmelsanierung werden viele andere Schadfaktoren gleich mit saniert. Aber Achtung: Eine Pauschalierung ist nicht möglich, da jeder Einzelfall anders aussieht und die jeweilige Vor-Ort-Situation und die Fragestellung zu berücksichtigen sind. Chemische und physikalische Komponenten treten gegenüber Schimmel hinsichtlich aktueller Erkenntnisse deutlich in ihrer Häufigkeit und in ihrem Umfang zurück.

Auch lässt sich ein chemischer oder physikalischer Schadfaktor relativ schnell auf den Punkt bringen: Nach Übersichtsanalysen und nachfolgenden Materialuntersuchungen ist ein Formaldehyd- oder Holzschutzmittelproblem schnell erkannt und – wenn der Wille besteht

– genauso schnell gelöst (sogar wenn bei schwerflüchtigen Komponenten die sogenannten Sekundärbelastungen zu berücksichtigen sind).

Asbest- und Faserbelastungen sind „Auslaufmodelle", wenngleich heute immer noch Menschen an Asbestose sterben, einer durch Asbestfasern ausgelösten Lungenerkrankung. Die Aufnahme von Fasern in den menschlichen Körper bis zur Ausprägung der gesundheitlichen Beschwerden ist überaus lang. Aber mittlerweile wurde der Umgang mit dieser Art von Innenraumschadstoffen durch die Asbestrichtlinie eindeutig definiert. Trotzdem kommt es immer wieder zu Überraschungen wie die aktuelle Diskussion zur Beaufschlagung von (alten) Farbanstrichen mit Asbest zeigt.

Erkannte Schimmelschäden sind regelmäßig sehr aufwändig bezüglich einer fachgerechten Sanierung, weshalb dem Thema Schimmel damit eine große wirtschaftliche Bedeutung zukommt. Zudem handelt es sich bei „Schimmel" um einen Folgeschaden: Wenn keine Feuchtigkeit aus einem Baumangel vorliegt, wird es auch zu keinem Schimmelschaden kommen. Natürlich vorausgesetzt, dass das Nutzerverhalten nicht zu beanstanden ist, was beispielsweise bei einem Neubau vor der Abnahme ausgeschlossen werden kann. Insoweit sind die Komplexität und die sich daraus ergebenden Verwicklungen bei Schimmelschäden regelmäßig hoch, weshalb hier dem naturwissenschaftlich-technischen und dem baurechtlich-juristischen Sachverstand eine besondere Bedeutung zukommt.

Im zweiten Teil des Buches geht es darum, die bei einer fachgerechten Sanierung entstehenden hohen bis sehr hohen Kosten bei innenraumhygienischen Schadensbildern gegenüber dem Verursacher durchzusetzen, weshalb regelmäßig Baujuristen an dem Thema beteiligt sind. Für diese wiederum gibt es das Problem, darzulegen und notfalls auch zu beweisen, dass die Voraussetzungen für die Durchsetzung von Schadenersatz- und sonstigen Gewährleistungsansprüchen gegeben sind. Im Hinblick auf die Komplexität der Fragen ist dies in der Regel nur mit fachtechnischer Unterstützung möglich. Für den Juristen soll das Buch daher Unterstützung sein sowohl bei der außergerichtlichen Bearbeitung von Ansprüchen im Zusammenhang mit Schimmelerscheinungen, chemischen Phänomenen oder physikalischen Wirklichkeiten, als auch bei der gerichtlichen Durchsetzung oder Abwehr von Ansprüchen im Zusammenhang mit Schadfaktoren in Innenräumen.

In dem rechtlichen Teil des Buches werden die unterschiedlichen Rechtsgebiete abgedeckt, die bei beim Vorliegen von Innenraumschadstoffen typischerweise betroffen sind bzw. sein können: Primär sind das Werkvertrags-, Miet-, Kauf- und Versicherungsrecht zu nennen. Dabei sind mehrere Möglichkeiten der Fallgestaltungen und Vorgehensweise gegeben, von der außergerichtlichen Geltendmachung über das selbständige Beweissicherungsverfahren bis hin zu Hauptsacheverfahren. Letztendlich ergeben erst die interdisziplinären Denk- und Arbeitsweisen mehrerer Fachgebiete ein großes Ganzes, um im konkreten Fall Klarheit in der Sache zu erhalten.

2 Gesundheitliche und wirtschaftliche Risiken durch Schadfaktoren in Innenräumen

Wir sind tagtäglich verschiedensten Schadfaktoren ausgesetzt: Ob am Arbeitsplatz oder in der Wohnung, durch Emissionen aus Industrieanlagen oder Kraftfahrzeugen, durch die Nahrungsmittelzusätze oder chemische Ausrüstungen von Kleidung. Wir sehen sie nicht, wir fühlen sie nicht, wir riechen sie selten und hören sie kaum: Warum also über Luft reden? Ganz einfach: Weil wir täglich 10.000 bis 30.000 l Luft über unsere Atemwege aufnehmen mit all in ihr enthaltenen Inhaltsstoffen. Üble Zungen sagen: Schadstoffhaltige Luft gelangt in unsere Lungen, wird dort gefiltert und als gereinigte Luft wieder ausgeschieden. Das mag übertrieben dargestellt sein, bringt die Problematik aber auf den Punkt: Alleine durch die aufgenommene Menge an Luft ist diese unser Lebensmittel Nr. 1, auf das wir nur wenige Minuten verzichten können.

Bereits vor vielen Jahren wurde von Nutzern neuer oder renovierter Amts- oder Bürogebäude über eine Reihe von Beschwerden geklagt, die in ihrer Gesamtheit als „Sick-Building-Syndrom" (SBS) bezeichnet werden. Im Gegensatz zu Bürogebäuden fehlt in Privatwohnungen wegen der individuellen Unterschiede die Grundlage für wissenschaftliche Studien. Deshalb werden diese üblicherweise nicht mit SBS in Verbindung gebracht. Die häufigsten Beschwerden bei SBS sind Reizung von Augen, Nase oder Rachen, Hautreizungen, neurotoxische Symptome, unspezifische Überempfindlichkeit, Geruchs- und Geschmackswahrnehmungen. Die beschriebenen Symptome sind dabei sehr schwer objektiv nachprüfbar. Viele Menschen, die darunter leiden, haben große Probleme, die Zusammenhänge glaubhaft zu machen (Höppe, 1994). Bis zu 40 % an Gebäudenutzern klagen über solche Befindlichkeitsstörungen (Bullinger, 1994).

Die Enquete-Kommission „Schutz des Menschen und der Umwelt" des 13. Deutschen Bundestages hat im Jahr 1998 eine Studie veröffentlicht mit dem Titel „Bauprodukte und gebäudebedingte Erkrankungen" (Radünz, 1998). Vor dem Hintergrund auftretender Befindlichkeitsstörungen in Gebäuden leitete die Studie Grundlagen für Empfehlungen zum künftigen Umgang mit Bauprodukten ab. Wir reden demgemäß über ein lange bekanntes Problem.

Unbestritten war die Zunahme von Erkrankungen, die früher unbekannt waren oder äußerst selten vorkamen. Eine Zusammenfassung bot Frau Dr. Petra Thorbrietz bereits im Jahr 2002 in Natur + Umwelt, Ausgabe 2/2002: „Zum Beispiel Allergien, Asthma, Neurodermitis und Heuschnupfen: Über 30 Millionen Deutsche müssen eines oder mehrere dieser Leiden ertragen. Mindestens jeder Vierte, so das Robert-Koch-Institut in Berlin, ist Allergiker – Tendenz immer noch steigend. Das Immunsystem streikt angesichts der Vielzahl chemischer Reize: Etwa 30.000 Schadstoffe, schätzen Experten, belasten Boden, Luft und Wasser in sehr unterschiedlichen Konzentrationen. Jeder Sechste reagiert besonders empfindlich auf das lungenschädliche Ozon, wie es vor allem im Sommer durch Abgase und intensive Sonneneinstrahlung entsteht. 60 bis 70 % der Bevölkerung werden durch Schadstoffe in Gebäuden krank, so die Schätzungen des Frankfurter Instituts für Ökotoxikologie. Allein auf zwei Drittel der industriellen Klebstoffe, so Arbeitswissenschaftler, reagieren viele Menschen überempfindlich. Waren Allergien in Ostdeutschland vor der Wende kaum bekannt, haben sie nach 10 Jahren mit Westdeutschland gleichgezogen. Über die Gründe für dieses Phänomen wurde viel spekuliert, schienen doch die Ost-Kinder einer viel höheren Umweltverschmutzung durch die DDR-Industrie ausgesetzt. Das Beispiel zeigt, dass unter Umwelteinflüssen nicht nur Abgase und verseuchtes Wasser zu verstehen sind, sondern auch veränderte Innenraumverhältnisse."

Vielfältige Bücher und Fachpublikationen sind seitdem erschienen zum Thema Innenraum, Schadstoffe und Gesundheit. Beispiele für biologische Luftinhaltsstoffe sind Mücke & Lemmen, 2008, und Wiesmüller & Heinzow, 2013. Chemische Schadstoffe wurden schwerpunktmäßig beispielsweise vom Gesamtverband Schadstoffsanierung, 2010, bei Zwiener & Lange, 2012 und bei Bossemeyer et al., 2016 behandelt. Dass das Thema nach wie vor (hoch)aktuell ist, zeigt auch die Studie „Schadstoffe und Public Health – Ein gesundheitswissenschaftlicher Blick auf Wohn- und Arbeitsumwelt" (Hien & Obenland, 2017).

2.1 Aufnahme von Schadstoffe und deren Auswirkungen

Je nach Größe, Geometrie, chemisch-physikalischen Eigenschaften und anderen Faktoren gelangen die Luftinhaltsstoffe mehr oder weniger tief in den menschlichen Körper: Schwerer Staub incl. Pollen werden im oberen Nasen-/Rachenraum u.a. durch die Nasenhärchen zurückgehalten bzw. aus dem Luftstrom ausgefiltert. Lungengängiger Staub geht wie der Name bereits sagt von der Luftröhre über die Bronchien bis in die Lunge. Kleinstteilchen, Schwebstoffe und Gase können in den Lungenbläschen ähnlich wie Sauerstoffe aus dem Luftstrom in das Blutgefäßsystem übertreten und damit im gesamten Körper verteilt werden. Ein Effekt auf Zell- und Organebene oder gar eine systemische Wirkung durch weiträumige Verteilung im Organismus ist dann gegeben. In Abb. 2-1 ist der Luftaufnahmepfad von Fremdstoffen dargestellt. Als weiß-schwarze Symbol-Dreiecke soll der (eher) gasförmige oder (eher) partikelartige Charakter der aufgenommenen Stoffe symbolisiert werden. Diese Einteilung ist für das später zu behandelnde Erkennen von Schimmelschäden und für deren Sanierung wesentlich.

Im Vergleich zur inhalativen, luftgetragenen Aufnahme von Schadstoffen in Innenräumen ist die dermale (über die Haut) oder orale (über den Verdauungstrakt) Eintrittspforte in den Körper von untergeordneter Bedeutung.

Typische Erkrankungen oder Krankheitsbilder bei gebäudebedingten Erkrankungen leiten sich aus den betroffenen Geweben oder Zielorganen für Innenraumschadstoffe ab: Reizungen von Augen, Nase und Rachen, ein trockener Mund und Reizungen der Haut sind die ersten oberflächig am menschlichen Körper von Schadstoffen betroffenen Körperregionen. Bei Atemwegserkrankungen, asthmatischen Beschwerden, allergischen Reaktionen und verstopfter oder laufender Nase sind Wirkungen von tiefer in den Organismus eingetretenen Schadstoffen vorstellbar. Kopfschmerzen, Antriebslosigkeit, Abgeschlagenheit, rasche Ermüdbarkeit, Konzentrationsschwierigkeiten und Schlafstörungen sind Hinweise, dass das gesamte System Mensch betroffen ist, also die Schadstoffe über den Blutkreislauf an verschiedenen Stellen im Körper ihre Wirkung zeigen.

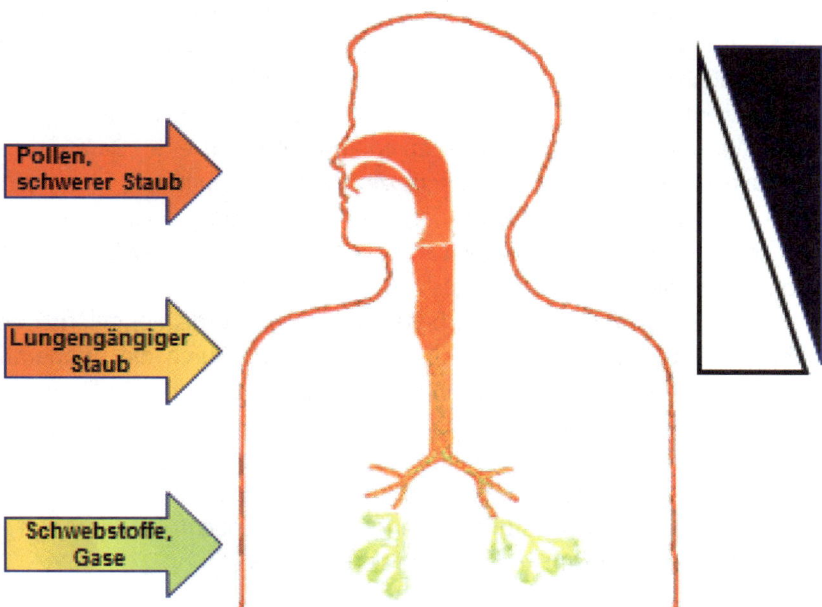

Abbildung 2-1: Der luftgetragene Aufnahmepfad von Fremdstoffen in den Körper – mit den weiß-schwarzen Dreieckssymbolen ist der (eher) gasförmige oder (eher) partikelartige Charakter der aufgenommenen Stoffe symbolisiert

In der Regel sind es unspezifische Symptome, wie sie auch nach einigen Glas Bier oder Schoppen Wein auftreten können. Oftmals sind die auftretenden Beschwerden gerade am Beginn einer Schadstoffeinwirkung von kurzer Zeitdauer und treten in unregelmäßigen Abständen erneut auf, ohne dass man einen Zusammenhang herstellen könnte. Schließlich kann der menschliche Körper gegensteuern, ist weiteren Schad- oder Stressfaktoren außerhalb der Innenräume ausgesetzt und kann vieles regulieren und kompensieren. Auch ist jeder Mensch biochemisch gesehen ein Unikat, hat eine unterschiedliche genetische Ausstattung erhalten, eine individuelle Schadstoffhistorie hinter sich, andere Ernährungsgewohnheiten, bevorzugt ein mehr oder weniger immobiles Verhalten (Stichwort: Bewegung tut not, von der Windel bis zum Tod) und hat u.U. gesundheitsrelevante Freizeitgewohnheiten. Trotz all dieser Unwägbarkeiten ist es gelungen, für bestimmte Beschwerdebilder und chemische Schadfaktoren relativ klare Prognosen zu erarbeiten, was in der Ableitung toxikologisch begründeter Richtwerte für Wohnungen und Büroarbeitsplätze gemündet ist (siehe unten).

Am Sachverständigen-Institut peridomus wurden in den letzten ca. 20 Jahren u.a. viele Projekte mit mehreren Hundert umweltbedingt Erkrankten bearbeitet. Häufig waren die Patienten austherapiert, waren bei spezialisierten Umweltmedizinern in Behandlung oder hatten sich informiert, dass die Beschwerden „hausgemacht" sein könnten. Bei systematischen Untersuchungen und strukturierten Vorgehensweisen waren häufig Schadfaktoren in auffälligen bis sehr hoher Konzentrationen nachweisbar. In den unzähligen Fällen, in denen sich eine fachgerechte Sanierung anschloss, gingen die Beschwerden deutlich zurück oder waren wie durch Zauberhand verschwunden. Dass dabei „nur" die VOC-abgebenden Büromöbel entfernt, die Holzschutzmittelbelastung beseitigt oder verdeckte Schimmelschäden saniert wurden, war in der Anfangszeit bei den ersten erfolgreichen Projekten kaum zu „glauben". Nachdem sich aber die Krankheitsbilder und unspezifischen Symptome in ähnlicher Weise wiederholten und mit angepassten Methoden Abhilfe geschaffen werden konnte, wurden bestimmte Regelmäßigkeiten erkannt und abgeleitet. Daraus ergaben sich Gesetzmäßigkeiten bezüglich der Vorgehensweise zum Erkennen und Beseitigen von Schadfaktoren in Innenräumen. Dazu kam, dass im Rahmen von größeren Projekten auch versicherungsrechtliche und haftungsrelevante Sachverhalte incl. Gewährleistungsansprüchen berücksichtigt werden mussten, weshalb oftmals eine sehr hohe Untersuchungstiefe nötig war. Bei solchen intensiv zu bearbeitenden Fällen wurde viel gelernt, was zu einem sehr hohen Erfahrungswissen führte. Zusätzlich konnte durch die Kooperation mit Kollegen aus benachbarten Fachdisziplinen wie Bauschadenssachverständigen, Architekten, Baujuristen und Umweltmedizinern das Wissen weiter verfeinert werden. Schließlich konnten durch Lehr- und Forschungsarbeiten zusammen mit Hochschulen einige Hypothesen überprüft und verifiziert, abgelehnt oder angepasst werden. Aus der Vielzahl an dokumentierten Auswirkungen von Schadstoffbelastungen werden nachfolgend und in weiteren Kapiteln einzelne herausgegriffen und anonymisiert dargestellt.

2.2 Beispiele für die Auswirkung von Schimmelpilzen auf die Gesundheit

Schimmelschäden sind in den letzten Jahren verstärkt in den Blickpunkt der Öffentlichkeit geraten, auch weil das Umweltbundesamt als höchste deutsche Fachbehörde für dieses Thema die existierenden Schimmelleitfäden überarbeitet, zusammengefasst und aktuell vorgestellt hat (Umweltbundesamt, 2017).

2.2.1 Dokumentierte Einzelfälle

Wegen individueller Bauweisen und unterschiedlicher Qualitätsansprüche lassen sich unter dem Gesichtspunkt Innenraumhygiene selten zwei Einfamilienhäuser miteinander vergleichen. Trotzdem gibt es Gemeinsamkeiten, die oftmals nur erkannt werden müssen, beispielsweise bei einer Belastung mit Schadfaktoren. Nachfolgende Beispiele stehen für eine Vielzahl an ähnlichen Fällen. Sie werden beschrieben, weil sie gut dokumentiert sind.

2.2.1.1 Junge, sportlich aktive Bauherren

Die Bauherren freuten sich auf den Einzug in das neu errichtete alpenländische Einfamilienhaus. Durch umfangreiche Eigenleistungen wurde das Gebäude in den Jahren 2003 bis 2006 erbaut. Bei der Materialauswahl war man behutsam vorgegangen und hatte neben Holz mehrheitlich ökologische Materialien wie Lehmputze und Naturöle, -harze und -wachse verwendet (Abb. 2-2).

Abbildung 2-2: Für den Innenausbau wurden mehrheitlich ökologische (Bau-)Materialien verwendet

Zeitgleich mit dem Einzug stellten sich bei dem Bauherrn gesundheitliche Beschwerden wie Atemnot und Erstickungsängste ein, die sich nachfolgend verstärkten. Trotz jahrelanger ärztlicher Behandlung besserten sich die Beschwerden nicht. Allerdings ging es dem Betroffenen deutlich besser, wenn er einige Tage bei Dienstreisen oder Urlauben außer Haus verbrachte. Schließlich zog er zunächst vorübergehend in die Garage, worauf eine Besserung eintrat. Nach dem Umzug in eine andere, gemietete Wohnung stellte sich Beschwerdefreiheit ein.

Nach Angabe benötigten die eingebrachten Lehmputze mehrere Wochen, bis sie vollständig trocken waren. Mit dieser Information zusammen mit dem Wissen, dass Feuchtigkeit die Grundlage für jeden Schimmelschaden ist, erfolgte eine mikrobiologische Bestandsaufnahme des Gebäudes. Im Ergebnis war eine mikrobielle Belastung aller mit Lehmputzen versehenen Wände vorhanden (Abb. 2-3).

Das Tragische an diesem Fall war, dass im Vorfeld ein Sachverständiger Raumluftuntersuchungen auf Schimmelsporen durchgeführt und im Hinblick auf die Ergebnisse „Entwarnung" bezüglich eines möglichen Schimmelschadens gegeben hatte. Das führte zu einer 8-jährigen Odyssee des Betroffenen. Die Sanierungsempfehlung war einfach: Ersetze die schimmelbelasteten Lehmputze durch mikrobiell unbelastetes Material. Die Umsetzung unter (finanziellem) Einbezug des schadensverursachenden Lehmputzers incl. dessen Versicherung gestaltete sich demgegenüber schwierig (Heumann, 2015).

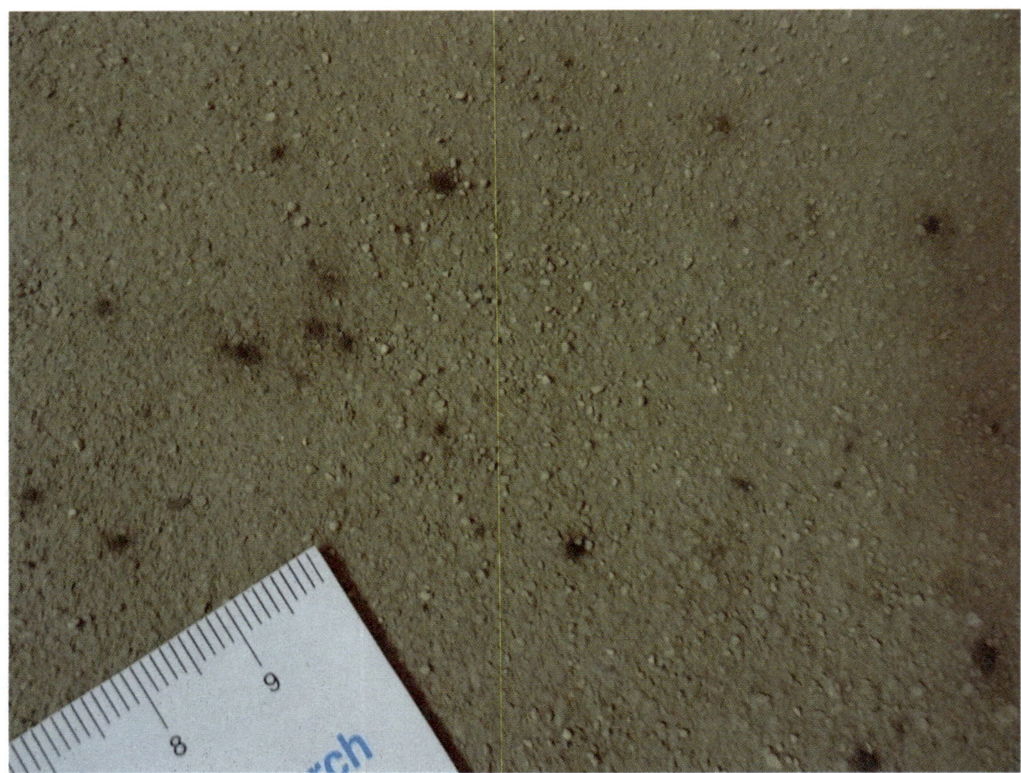

Abbildung 2-3: Lange Trocknungszeiten und kleinflächige, kaum zu erkennende Verfärbungen gaben erste Hinweise auf eine Schimmelbelastung des flächig verbauten Lehmputzes

2.2.1.2 Der Dudelsackspieler

„Musiker stirbt an Schimmel im Instrument" und „Musizieren kann lebensgefährlich sein" lauteten reißerische Überschriften in den Medien. Was war geschehen? Ein Dudelsackspieler hatte über Jahre trockenen Husten und fortschreitende Atemnot, die während einer dreimonatigen Reise im Jahr 2011 ohne Dudelsackspielen weitgehend abklangen und nach der Rückkehr in die Heimat erneut auftraten. Bereits im Jahr 2009 war bei ihm eine allergisch bedingte Entzündung der Lungenbläschen (exogen-allergische Alveolitis) diagnostiziert worden. Deshalb nahm er Medikamente, die die Immunreaktion in seiner Lunge mildern sollten. Im Jahr 2014 verschlechterte sich der gesundheitliche Zustand des Mannes, sodass er erneut stationär in einem Krankenhaus aufgenommen werden musste. Die Vernarbung seiner Lunge war weiter fortgeschritten. Zu diesem Zeitpunkt erfolgten mikrobiologische Untersuchungen an dem Musikinstrument, bei denen verschiedene Schimmelarten und Hefen an verschiedenen Teilen des Dudelsacks entdeckt wurden. Für den Patienten kamen diese Erkenntnisse zu spät. Er starb an den Folgen der Schimmeleinwirkung. Die Obduktion brachte große Risse in der Lunge zum Vorschein. Zum ersten Mal sei entdeckt worden, dass derartige Beschwerden auf das Einatmen von Pilzen aus einem Dudelsack zurückzuführen seien, hieß es in der Publikation des Fachblattes Thorax (King et al., 2017). In der Studie werden zwei weitere dokumentierte Fälle genannt, in denen mit Schimmelpilzen verunreinigte Blasinstrumente (Saxofon und Posaune) eine exogen-allergische Alveolitis auslösten. Was zunächst makaber klingt, hat einen realen Hintergrund. Und die Moral von der Geschicht: Unterschätze verdeckten Schimmel nicht.

2.2.1.3 Der Fluch des Pharao

Der Engländer Howard Charter hat im Jahr 1922 im Tal der Könige das Grab des Tutanchamun gefunden. Voller Begeisterung stürzte sich das Grabungsteam an die Freilegung. Zunächst wurde der Vorraum mit Beigaben entdeckt. Am 16. 2. 1923 erfolgte die Öffnung der Wand zwischen dem Vorraum und der eigentlichen Sargkammer mit Sarkophag. In der engen Grabkammer wurde auch der Sarkophag eröffnet und die Mumie mit reichhaltigen Mengen kostbarer Grabbeigaben gefunden, u.a. der bekannten Goldmaske.

Nach der Begeisterung für den Fund kam es nachfolgend zu weniger schönen Ereignissen: Mitglieder des Grabungsteams und Besucher der Grabkammer erkrankten, einige starben sogar. Erst nach Jahrzehnten fing man an, nach Erklärungen zu suchen. Der Fluch des Pharao könnte entsprechend einer Hypothese ein Schimmelpilz namens Aspergillus flavus gewesen sein. Bestandteile von ihm oder Abbauprodukte hätten über Jahrtausende in der Grabkammer überdauert, wurden freigesetzt und aufgewirbelt, wodurch sie in den menschlichen Lungen teilweise heftige allergische Reaktionen hätten auslösen können. Für immungeschwächte und ältere Personen hätte dies u.U. tödlich sein können, während gesunde Menschen symptomlos blieben. Letztendlich muss es mit heutigem Kenntnisstrand und der ca. 100 Jahre zurückliegenden Ereignisse bei einer Schimmeltheorie bleiben, wenngleich die äußeren Umstände durchaus möglich gewesen wären.

Was lernen wir aus den aufgezeigten Beispielen?

1. Gesundheitsrelevante Schimmelbestandteile können u.U. lange Zeiten überdauern.
2. Schimmelbestandteile können hochgradig gesundheitsgefährdend sein und im Extremfall zum Tode führen.
3. Beim Umgang mit biologischen (Schad-)Stoffen sind im Sinne einer gesundheitlichen Vorsorge persönliche Schutzmaßnahmen empfehlenswert.

2.2.2 Studien und medizinische Erkenntnisse

In der Studie „Vorkommen, Ursachen und gesundheitliche Aspekte von Feuchteschäden in Wohnungen – Ergebnisse einer repräsentativen Wohnungsstudie in Deutschland" (Brasche et al. 2003) wurden 5.530 Wohnungen begutachtet. Ziel war es, einen repräsentativen Überblick über die Situation in deutschen Wohnungen hinsichtlich Feuchteschäden und insbesondere sichtbarem Schimmelbefall zu schaffen. Dabei wurden Angaben zur Allergie- und Asthmahäufigkeit von 12.132 Bewohnern erfasst. In der Gesamtschau der Ergebnisse konnte ein Zusammenhang zwischen den Schadensmerkmalen und der Häufigkeit von selbst berichteten Allergie- und Atemwegserkrankungen nachgewiesen werden.

Johanning und Kollegen konnten im Rahmen von epidemiologischen Untersuchungen einen Zusammenhang zwischen gesundheitlichen Beschwerden und einer Schimmeleinwirkung herstellen und objektivieren: Einerseits ergaben sich subjektive Befunde, die die Betroffenen als Beschwerden angaben wie Kopfschmerzen, Müdigkeit, Konzentrationsschwäche, Gedächtnisstörungen, allgemeines Unwohlsein und Infektanfälligkeit. Andererseits ergaben sich nach ärztlichen Untersuchungen objektivierbare Symptome wie rezidivierende Sinusitis (wiederkehrende Nasennebenhöhlenentzündung), Heiserkeit und Kratzen in der Kehle, Husten, Kurzatmigkeit, Bronchitis, Verschlechterung von Asthma, brennende Augen, verstopfte/laufende Nase (Johanning et al., 1999). Den Zusammenhang zwischen Schimmelpilzeinwirkung und möglichen gesundheitlichen Auswirkungen zeigt Abb. 2-4.

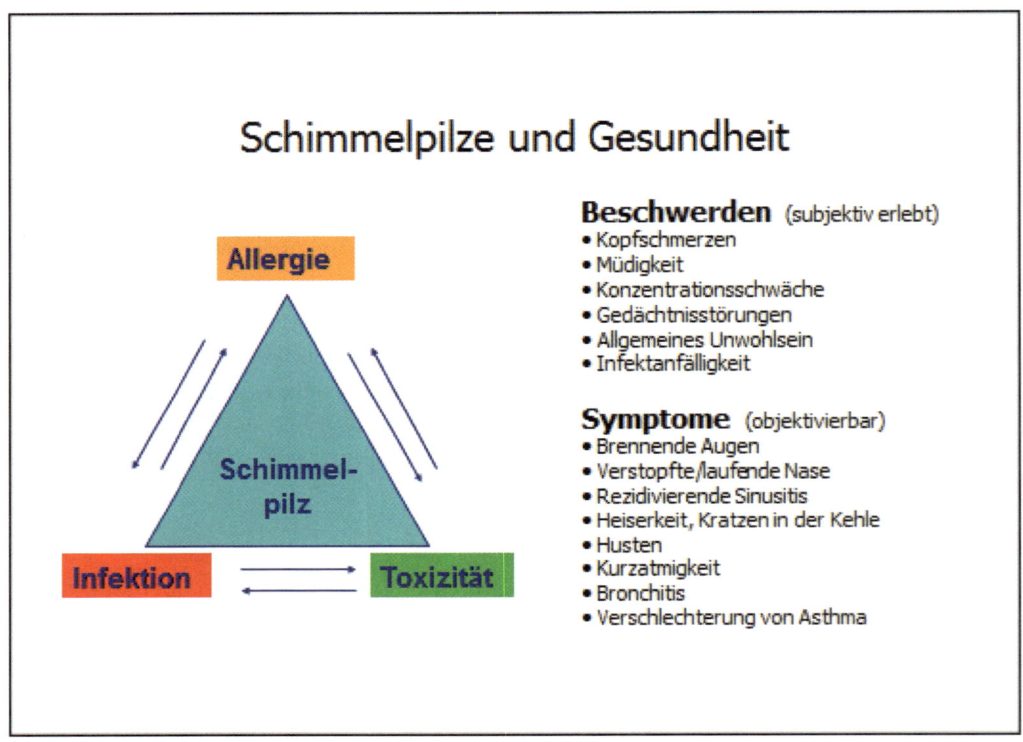

Abbildung 2-4: Schimmelpilzeinwirkung und mögliche gesundheitliche Auswirkung

Die Weltgesundheitsorganisation (WHO) hat im Jahr 2009 umfangreich auf die Zusammenhänge zwischen Feuchtigkeit, Schimmel und Gesundheit hingewiesen (WHO, 2009). Im neuen Schimmelleitfaden (Umweltbundsamt, 2017) werden die von der WHO aufgeführten Ergebnisse zusammenfassend dargestellt. Bevölkerungsbezogene Studien haben hinreichend gezeigt, dass Menschen, die Feuchte/Schimmel ausgesetzt sind, einem erhöhten Risiko vielfältiger Atemwegserkrankungen unterliegen. Dies gilt vor allem für Kinder, bei denen nach neueren Studien ein kausaler Zusammenhang von Schimmelbefall mit einer Verschlimmerung eines bestehenden Asthmas einhergeht (siehe Tab. 2-1).

Ausreichende Hinweise für einen ursächlichen (kausalen) Zusammenhang	– Verschlimmerung und Verstärkung der Symptome einer bestehenden Asthmaerkrankung bei Kindern
Ausreichende Hinweise für einen Zusammenhang (Daten lassen Zusammenhang als wahrscheinlich erscheinen)	– Verschlimmerung und Verstärkung der Symptome einer bestehenden Asthmaerkrankung – Symptome der oberen Atemwege – Husten – Keuchende Atemgeräusche – Entwicklung einer Asthmaerkrankung – Atemnot – Aktuell bestehendes Asthma – Atemwegsinfektionen
Begrenzte Hinweise für einen Zusammenhang (Daten lassen Zusammenhang als möglich, aber nicht gesichert erscheinen)	– Vorkommen von Bronchitis – Vorliegen von Symptomen des allergischen Schnupfens (Heuschnupfen)
Unzureichende Hinweise für einen Zusammenhang (Daten wurden geprüft, sind aber nicht ausreichend, um einen Zusammenhang zu belegen)	– Veränderte Lungenfunktion – Auftreten einer Allergie oder Atopie – Auftreten von Asthma jemals im gesamten Leben (muss nicht aktuell vorliegen und Symptome verursachen)

***Tabelle 2-1:** Stärke der Zusammenhänge zwischen einem Feuchte-/Schimmelbefall in Innenräumen und gesundheitlichen Beschwerden, die in epidemiologischen Studien beobachtet wurden (aus Umweltbundesamt, 2017 nach WHO, 2009 ergänzt durch Kanchonkittiphon et al., 2015)*

In Deutschland haben verschiedene medizinische Fachgesellschaften die Leitlinie „Medizinisch klinische Diagnostik bei Schimmelpilzexposition in Innenräumen" erarbeitet, um den aktuellen Kenntnisstand zusammenzutragen (AWMF, 2016): Nur selten sind kausale Zusammenhänge herstellbar nach dem Motto „Einwirkung von Stoff X führt zu dem Symptom oder der Erkrankung Y". Was aber geleistet wurde, ist das Ableiten von Wahrscheinlichkeiten, die auf einen Feuchte-/Schimmelschaden zurückführbar sind. Ein Beispiel zeigt Abb. 2-5.

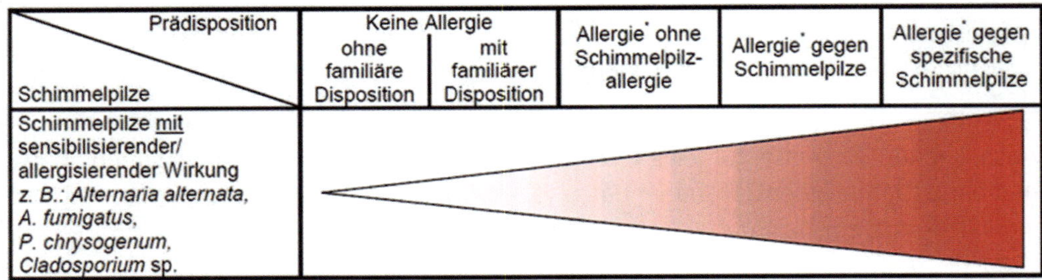

Abbildung 2-5: Wahrscheinlichkeitsfaktoren für eine Schimmelallergie (aus AWMF, 2016)

2.2.3 Wirkungen von Schimmelpilzen

Grundsätzlich können alle Schimmelpilzarten Allergien hervorrufen. Es gibt vier Typen von allergischen Reaktionen, die sich bezüglich ihres Krankheitsmechanismus und des klinischen Bildes unterscheiden. Davon ist der durch IgE-Antikörper vermittelte Typ I am wichtigsten (Sofortreaktion 10 bis 20 Minuten nach Exposition). Von Bedeutung sind auch Typ III (vermittelt durch IgG-Antikörper, Spättyp nach 3 bis 4 Stunden Exposition) und Typ IV, verursacht durch die Sensibilisierung von T-Lymphocyten (verzögerter Typ, Kontaktallergie). Schimmelpilze können ebenso wie Zerfallsprodukte aus ihrer Zellwand (Glucane) toxische Wirkungen auf Haut und Schleimhäute haben. Infektionen durch Schimmelpilze sind sehr selten und erfolgen am ehesten über die Atemwege. Betroffen sind überwiegend Personen mit einer Abwehrschwäche des Immunsystems.

Eingeatmete Sporen von vielen Schimmelpilzen können bei entsprechend sensibilisierten Personen zu Allergie-Symptomen (z.B. Asthma, Schnupfen, Augenreizungen) führen. Bei Personen, die eine Veranlagung zur Allergie haben (sogenannte Atopiker), können sie eine Sensibilisierung bewirken. Auch bei Bakterien wie beispielsweise den überwiegend myzelbildenden Aktinomyceten sollte ebenfalls mit einem allergenen Potenzial von Sporen gerechnet werden. Das Risiko einer Allergie gegen Schimmelpilze in Innenräumen zu entwickeln, hängt neben den vorhandenen Schimmelpilzarten und Stoffkonzentrationen auch von der Prädisposition der Raumnutzer ab.

Beim Auftreten von verschiedenen Schimmelpilzen wie Aspergillus versicolor und Penicillium- und Chaetomium-Arten ist davon auszugehen, dass eine zusätzliche Gesundheitsgefährdung durch produzierte Giftstoffe (Mykotoxine) besteht. Für Vertreter aus verschiedensten Gattungen ist bekannt, dass sie durch die Bildung von flüchtigen organischen Substanzen (MVOC = microbial volatile organic compounds) zu Geruchsauffälligkeiten führen (u.a. modrige, erdige Gerüche). Personen mit besonderer Überempfindlichkeit gegenüber Gerüchen können durch MVOC erheblich belästigt werden. Der Grad einer Gesundheitsgefährdung hängt ab unter anderem vom Schadensausmaß bzw. den Konzentrationen an gasförmigen Emissionen und partikelartigen Strukturen in der Raum- und Atemluft, von der Aufenthaltsdauer in einem befallenen Raum und von dem Grad der Vorschädigung der Raumnutzer.

Ein internationaler Überblick über den Zusammenhang zwischen Schimmel und Gesundheit findet sich bei Stahl, 2017. Letztendlich besteht eine allgemeine Übereinstimmung darin, dass Schimmelwachstum im Innenraum ein potenzielles Gesundheitsrisiko darstellt. Ein Feuchteschaden oder ein Schimmelwachstum in Innenräumen ist aus gesundheitlicher Sicht immer ein hygienisches Problem, das nicht hingenommen werden darf (auch wenn keine Gesundheitsstörungen vorhanden sind).

2.2.4 Neue Studie: Europaweite Erkenntnisse zu Atemwegserkrankungen durch Schimmel

Atemwegserkrankungen, verursacht durch zu feuchte oder schimmelige Wohnungen, kosten Europa 82 Milliarden Euro pro Jahr. So das Ergebnis der neuen Studie des Fraunhofer-Instituts für Bauphysik IBP. Feuchtigkeit ist einer der größten Mängel von Gebäuden sowohl in Deutschland als auch in Europa. Die daraus entstehenden Schimmelschäden sind bei fachgerechter Sanierung sehr kostenintensiv. Prof. Dr.-Ing. Gunnar Grün vom Fraunhofer-Institut für Bauphysik IPB in Holzkirchen erläuterte beim 7. Würzburger Schimmelpilz-Forum in seinem Vortrag „Schimmel und Atemwegserkrankungen: eine Meta-Studie" (Grün, 2017) die Ergebnisse der aktuellen Studie „Mould and dampness in European homes and their impact on health" (Urlaub & Grün, 2016).

Aus erster Hand informierte er über den Zusammenhang und die daraus resultierenden Kosten. Um die Auswirkungen von Schimmel und Feuchtigkeit auf die Krankheitshäufigkeit (Prävalenz) von Asthma in europäischen Haushalten aufzuzeigen, wurde eine Meta-Studie durchgeführt. Für diese wurde mit über 200 Publikationen eine große Anzahl wissenschaftlicher Veröffentlichungen herangezogen.

Bei einer Projektion auf die Bevölkerung ergaben sich folgende Zahlen: 16,1 % der europäischen Bevölkerung leben in feuchten Wohnungen (ca. 83,5 Millionen Menschen). 7 % ist die Prävalenzrate von Asthma in Europa, und das Risikoverhältnis von Asthma in einer feuchten und schimmeligen Wohnung ist 1,4 (Querschnittsdaten). Das ergibt rund 7,7 Millionen Menschen, die in einer feuchten oder schimmeligen Wohnung leben und Asthma haben, was eine Häufigkeitsrate von 9,2 % der Bevölkerung ist, die in feuchten oder schimmeligen Wohnungen wohnt. Da der Anteil der Bevölkerung, die nicht in feuchten oder schimmeligen Wohnungen wohnt, 6,6 % beträgt, gibt es 2,6 % mehr Menschen mit Asthma in feuchten oder schimmeligen Wohnungen. Damit kann geschlossen werden, dass dieser Anteil an einer höheren Prävalenz von Asthma auf den Umstand zurückzuführen ist, in feuchten oder schimmeligen Wohnungen zu leben. Bezogen auf die absolute Bevölkerung gibt es also rund 2,2 Millionen Menschen mit Asthma in ganz Europa, weil sie in feuchten oder schimmeligen Wohnungen leben.

Die Grundlagenstudie konzentriert sich auf den Zusammenhang zwischen Schimmel in Innenräumen und dessen Auswirkungen auf die Gesundheit der Bewohner. Sie untermauert den Bedarf an kontinuierlicher Forschung sowie an weiteren innovativen Lösungen. Grün, stellvertretender Institutsleiter am Fraunhofer IBP und Leiter der Abteilung Energieeffizienz und Raumklima: „Grundsätzlich sind wir der Überzeugung, dass Schimmel und dessen Verhinderung ein wichtiges Thema in Forschung und Entwicklung für das Gesunde Wohnen sind. Die grundlegende Erhebung, die wir durchgeführt haben, hat dies einmal mehr bestätigt."

Und die Schlussfolgerung des Fraunhofer-Instituts für Bauphysik IBP lautet: „Um dieser Krankheitsursache von mangelhafter Bausubstanz entgegenzuwirken, muss bei den anstehenden Sanierungsanstrengungen Wert auf eine fachgerechte Ausführung gelegt werden. Würde man bei der Sanierung die raumklimatischen und bautechnischen Bedingungen verbessern, ließe sich die Anzahl der Betroffenen reduzieren. Legt man konservativ eine Modernisierungsrate von zwei Prozent pro Jahr zugrunde und eine höhere Qualität, sodass statt 16 Prozent nur noch 8 Prozent der sanierten Gebäude von Feuchteproblemen betroffen sind, so wird sich die Anzahl der Betroffenen bis zum Jahr 2050 um cirka 25 % reduzieren. Speziell beim Krankheitsbild Asthma bedeutete dies einen Rückgang um cirka 550.000 betroffene Personen, was einhergehend auch die Kosten im öffentlichen Gesundheitswesen senkt."

2.3 Wie ist eine gebäudebedingte Erkrankung zu erkennen?

Gebäudebedingte Erkrankungen sind teilweise einfach, teilweise aber auch schwer zu erkennen. Manche Betroffene verbringen einige Stunden bis wenige Tage außer Haus und fühlen sich deutlich besser bzw. sind beschwerdefrei. Treten die Symptome nach der Rückkehr in die Wohnung oder das Büro erneut auf, dann sind die Probleme mit hoher Wahrscheinlichkeit „hausgemacht". Belastungen mit Schimmelpilzen, Lösemitteln oder Flammschutzmitteln können kurzfristige Reaktionen des Organismus auslösen (Abb. 2-6). Die wirksamste Therapie ist in diesen Fällen eine Expositionsaussetzung oder das Durchführen von expositionsmindernden Maßnahmen.

Abbildung 2-6: Schadstoffe in der Luft können eine konzentrierte Büroarbeit zur Qual machen (aus Artikel „Dicke Luft im Büro", MAIN-POST vom 8. 5. 2010)

Schwieriger wird es bei jahrelanger Einwirkung z.B. von Holzschutzmitteln oder mehreren Faktoren – auch längere Aufenthalte außer Haus müssen keine Linderung nach sich ziehen:

Was sich über Jahre im Körper anreichern konnte, benötigt unter Umständen ebenso lange, bis therapeutische Konzepte greifen. Liegen unspezifische Symptome vor, besteht eine chronische Erkrankung, ist eine Heilbehandlung bisher erfolglos geblieben und/oder ist die Ursache der Erkrankung unbekannt, dann sind das erste Hinweise auf eine möglicherweise vorliegende Innenraumproblematik. Zeitliche oder räumliche Zusammenhänge sind weitere Indizien, dass die Ursache der Beschwerden in den eigenen vier Wänden vorliegen könnte. Manchmal helfen auch medizinische Untersuchungen von Körpergeweben oder Körperflüssigkeiten zur Diagnose einer Gebäudebedingten Erkrankung. Aber Vorsicht: Häufig wird die Aussagekraft von medizinischen Untersuchungen überschätzt oder werden Untersuchungsergebnisse vom Arzt überinterpretiert. Zwei Beispiele von bekannten chemischen Verbindungen mögen das beleuchten, wie sie bereits vor vielen Jahren vorgestellt wurden (Führer 2005):

> *„Holzschutzmittelwirkstoff Pentachlorphenol (PCP): Wenn PCP nicht im Blut nachgewiesen werden kann, heißt das nicht, dass in der Wohnung kein Holzschutzmittel-Problem besteht. Nur beim Vorkommen von gasförmigen PCP-Molekülen in der Raumluft sind diese auch im Blut nachweisbar. Liegt dagegen beispielsweise das PCP in Salzform vor, dann ist dieses fest im Material gebunden und kann entsprechend nicht in das Blut gelangen. Die produktionsbedingt mit PCP und PCP-Salzen vergesellschafteten Ultragifte Dioxine und Furane werden bei der medizinischen Diagnostik nicht erfasst und das Innenraumproblem nicht erkannt. Um bei einem Holzschutzmittelverdacht ein falsches negatives Ergebnis aus Humanproben zu vermeiden, muss verdächtiges und großflächig verbautes Material auf Holzschutzmittelwirkstoffe untersucht werden. Bei erhöhten Materialkonzentrationen an PCP oder PCP-Salzen kann eine Gebäudebedingte Erkrankung vorliegen – unter innenraumhygienischen Gesichtspunkten besteht Handlungsbedarf.*
>
> *Formaldehyd kann im Organismus zu Ameisensäure umgewandelt und über den Urin ausgeschieden werden: Wegen des fehlenden Nachweises erhöhter Ameisensäurekonzentrationen im Urin wird von Medizinern häufig geschlussfolgert, dass in den Innenräumen des Patienten keine hohen Formaldehyd-Konzentrationen vorhanden sind. Formaldehyd kann aber auch über andere Stoffwechselwege (via Atmung) aus dem Körper ausgeschieden werden. Darüber hinaus sind auch falsche positive Ergebnisse möglich. Fazit: Erst durch die Untersuchung der Raumluft kann in einer Wohnung ein Formaldehyd-Problem belegt oder ausgeschlossen werden."*

Dass dem Human-Biomonitoring bzw. dem anamnestisch-diagnostischen Erkennen von Innenraumbelastungen über medizinische Untersuchungen am Betroffenen enge Grenzen gesetzt sind, hat ein vielköpfiges Autorenkollektiv im Rahmen einer Stellungnahme erarbeitet (Amend et al., 2004). Dabei handelt es sich um einen Qualitätszirkel am Landesgesundheitsamt Baden-Württemberg, der sich mit der analytischen Qualitätssicherung im Bereich chemischer Innenraumschadstoffe befasst. Dessen Ergebnis: Erst das Zusammenspiel zwischen Ambient-Monitoring und Human-Biomonitoring ist zielführend zum Erkennen einer Gebäudebedingten Erkrankung.

Unabhängig davon wird von den meisten Ärzten der Innenraum als möglicher Krankheitsauslöser oder -verstärker nicht wahrgenommen oder nicht erkannt. Dabei ist es oft einfach, über wenige gezielte Fragen ein potenzielles Innenraumproblem zu erkennen oder einzugrenzen (siehe Tab. 2-2).

Gesundheitliche Beschwerden und Befindlichkeitsstörungen		
Die Ursache für die Krankheit ist unbekannt?	nein	ja
Eine Heilbehandlung ist bisher (weitgehend) erfolglos geblieben?	nein	ja
Handelt es sich um eine chronische, langandauernde Erkrankung?	nein	ja
Besteht eine unspezifische Symptomatik?	nein	ja
Wie z.B. allergische Symptome wie Heuschnupfen, asthmaähnliche Beschwerden, erhöhte Infektneigung, Reizung von Augen/Nase/Rachen, Schlafstörungen, Kopfschmerzen, rheumaähnliche Beschwerden, Haut-/Schleimhautreizungen, Neurodermitis, Vergesslichkeit, Konzentrationsstörungen, unklare Angstzustände, . . .		
Besteht ein zeitlicher Zusammenhang zwischen Beschwerdebeginn und . . .		
Umbaumaßnahmen oder Renovierung?	nein	ja
Einzug in eine andere Wohnung?	nein	ja
Einzug in neu gebautes Haus?	nein	ja
Energetischer Sanierung bzw. Einbau neuer Fenster?	nein	ja
Kauf neuer Einrichtungsgegenstände?	nein	ja
Besteht ein räumlicher Zusammenhang zwischen Beschwerden und Aufenthaltsort		
• Bessern sich die Beschwerden nach Verlassen der Wohnung und treten sie nach der Rückkehr wieder auf?	nein	ja
• Bessern sich die Beschwerden im Urlaub und stellen sich nach der Rückkehr in alter Stärke erneut ein?	nein	ja
• Treten gesundheitliche Beschwerden am Arbeitsplatz auf und sind am Wochenende deutlich geringer?	nein	ja

Tabelle 2-2: Wie ist eine gebäudebedingte Erkrankung zu erkennen? Wenn Sie eine oder mehrere dieser Fragen mit ja *beantworten können, sollten Sie Innenraumbelastungen als Ursache für Ihre gesundheitlichen Beschwerden in die Überlegungen mit einbeziehen*

Auch wurden bereits vor einiger Zeit von der Bayrischen und der Berliner Ärztekammer umfangreiche Fragebögen entwickelt, um im Rahmen der ärztlichen Anamnese die Wohnung als Krankheitsursache mit zu erfassen. Gleiches gilt für das Robert-Koch-Institut, 2007.

2.4 Was sind die häufigsten Schadfaktoren in Innenräumen?

Experten schätzen, dass bis heute ca. 8.000 chemische Verbindungen in Innenräumen nachgewiesen wurden und jede zweite Wohnung einen sichtbaren oder verdeckten (nicht sichtbaren) Schimmelschaden aufweisen könnte. Während Faserbelastungen in den letzten Jahren rückläufig sind, nehmen elektromagnetische Faktoren u.a. wegen der modernen Kommunikationstechnologie zu. Weder Panikmache noch eine Verharmlosung im Umgang mit Schadfaktoren in Innenräumen ist der richtige Weg zur Lösung des Problems. Wesentlich ist der fachgerechte Umgang mit dem Thema auf einer wissenschaftlich-technischen Grundlage, verbunden mit fachübergreifendem Denken und Handeln.

Die optisch schönste Wohnung kann unsichtbare Gefährdungspotentiale enthalten – Wohnraumqualität ist demzufolge relativ und jeweils auf den Bezugsparameter zu beziehen. Schön ist somit nicht gleichbedeutend mit schadstoffarm, und ökologisch nicht zwangsläufig gesund. Für das Erkennen von Schadfaktoren in Wohnungen, an Büroarbeitsplätzen und in Gebäuden ist eine mikrobiologische und chemisch-analytische Bestandsaufnahme der Innenräume nötig, ggf. ergänzt durch physikalisch-messtechnische Untersuchungen. Erst mit diesem Wissen kann der Faktor Innenraum als Ursache für eine Erkrankung ausgeschlossen oder in den therapeutischen Ansatz einbezogen werden.

Deshalb ist zunächst zu klären, was denn die häufigsten Schadfaktoren sind, die zur Erkennung einer möglichen Schadstoffproblematik primär abgeprüft werden sollten? Bewährt hat sich die Durchführung eines „Innenraumchecks", bei dem kosteneffizient auf eine Vielzahl an relevanten Schadfaktoren getestet wird (siehe Kapitel 9.1.3.). Das dabei erhaltene Zahlenmaterial ist nachfolgend einer Bewertung unter innenraumhygienischen bzw. gesundheitlichen Gesichtspunkten zugänglich. Im Rahmen einer Master-Thesis (Klaudusz, 2012) wurde eine aus Auftragsarbeiten abgeleitete „Hitliste" für Schadstoffe in Innenräumen erstellt. Dabei stellte sich heraus, dass bei etwa 80 % der untersuchten Wohnungen und Büros ein begründeter Verdacht auf Schimmelschäden bestand. Mit Abstand folgten Flammschutzmittel (vom typ organische Phosphorsäureester, 63 %), Weichmacher vom Typ Phthalate (32 %) und Formaldehyd mit ca. 30 % (Abb. 2-7).

Im Hinblick auf diese Ergebnisse zusammen mit dem Erfahrungswissen und dem Erfahrungsaustausch mit spezialisierten Fachsachverständigen ergab sich im Laufe der Jahre folgende Erkenntnis: Schimmelschäden kommen nicht nur am häufigsten in Innenräumen vor (Führer, 2006; Führer, 2009), sondern sind auch bezüglich einer fachgerechten Sanierung am kostenträchtigsten. Deshalb wird in diesem Buch der Schwerpunkt bei den zu behandelnden Innenraumschadstoffen bei mikrobiellen Schäden liegen. Wo und wie häufig vor allem verdeckte (nicht sichtbare) Schimmelschäden zu erwarten sind, wurde bei Führer, 2013 andiskutiert und bei Führer, 2017 aktualisiert. Dazu aber später.

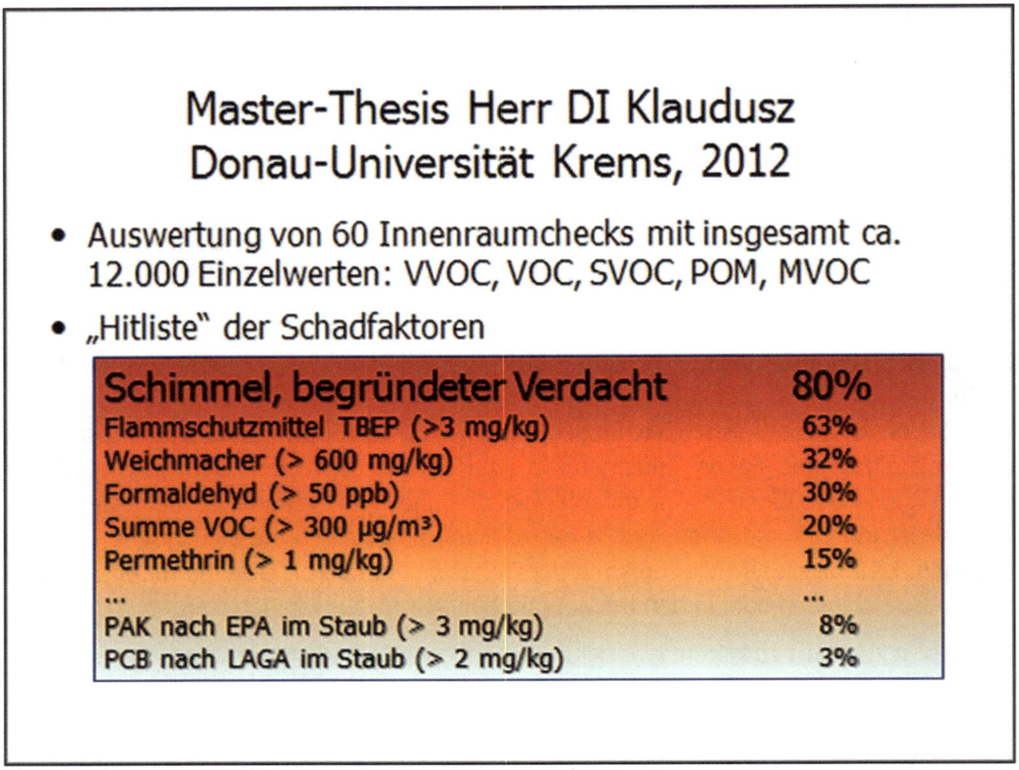

Master-Thesis Herr DI Klaudusz
Donau-Universität Krems, 2012

- Auswertung von 60 Innenraumchecks mit insgesamt ca. 12.000 Einzelwerten: VVOC, VOC, SVOC, POM, MVOC
- „Hitliste" der Schadfaktoren

Schimmel, begründeter Verdacht	80%
Flammschutzmittel TBEP (>3 mg/kg)	63%
Weichmacher (> 600 mg/kg)	32%
Formaldehyd (> 50 ppb)	30%
Summe VOC (> 300 µg/m³)	20%
Permethrin (> 1 mg/kg)	15%
...	...
PAK nach EPA im Staub (> 3 mg/kg)	8%
PCB nach LAGA im Staub (> 2 mg/kg)	3%

Abbildung 2-7: „Hitliste" der Schadfaktoren in Innenräumen, Details siehe Kapitel 5.2 und 9

2.5 Gebäudebedingte Erkrankungen und erhöhte Ausfallzeiten von Mitarbeitern

Die Relevanz von Schadstoffen an Büroarbeitsplätzen wird regelmäßig unterschätzt. Dabei sind drei wesentliche Faktoren zu berücksichtigen:

1. Eine verminderte Arbeitsleistung
2. Erhöhte Ausfallzeiten von Mitarbeitern
3. Reduzierte Motivation und Leistungsbereitschaft

Freigesetzte chemische Verbindungen gibt es in Büroräumen mehr als genug: Ältere Schreibtische, Aktenschränke und Regale (oftmals aus Pressspanplatten gefertigt) geben häufig Formaldehyd an die Raumluft ab. Neuere Möbel sind Quellen für leichtflüchtige lösemittelartige Verbindungen. Fußbodenbeläge sind zur Schmutzabweisung und besseren Fleckentfernung u.U. mit Chemikaliengemischen ausgerüstet. Weichmacher vom Typ Phthalate, die Auswirkungen auf das Hormonsystem haben können, finden sich in Wandfarben, Lacken und Teppichböden. Flammschutzmittel vom Typ organische Phosphorsäureester wirken „reizend" auf Haut oder Schleimhäute. Sie werden in Textilien, Fußbodenversiegelungen/-pflegemitteln, Montageschäumen, PCs, Druckern, Faxgeräten und Kopierern eingesetzt. Letztere erzeug(t)en u.U. zudem Toner-Stäube, die bei Freisetzung in die Atemwege und die Lunge gelangen. Mit Leder bezogene Chefsessel oder Sitzpolster weisen meist Biozide auf. Selbst Büroutensilien wie wasserfeste Filzstifte und Kleber enthalten VOCs (Volatile Organic Compounds = flüchtige organische Verbindungen), wobei diese Quelle wegen der vergleichsweise geringen Menge – im Verhältnis zu Baumaterialien – nur als ein Tröpfchen auf dem heißen Stein zu bezeichnen ist.

Um die Jahrtausendwende wurden in Dänemark am International Centre für Indoor Environment and Energy der Technischen Universität in Lyngby oder unter Beteiligung der dortigen Forschergruppe verschiedene Versuchsserien durchgeführt, um mögliche Zusammenhänge zwischen chemischen Innenraumschadstoffen und Büroarbeitsplätzen zu erfassen oder auszuschließen (u.a. Wargocki et al., 1999; Wargocki et al., 2000; Tham et al., 2003; Bako-Biro, 2004).

In einer Versuchsreihe wurden in einem Büro mit Computerarbeitsplätzen verschiedene chemische Verbindungen abgebende Materialien hinter einer Abtrennung in einer für Büroräume relevanten Menge deponiert und unter Einsatz von Gebläsen mittels gerichteter Luftführung in den Büroraum geleitet. Durch entsprechende Analysen war die chemische Luftzusammensetzung bekannt. Wegen dazwischengeschalteter Blindversuche wussten die Probanden bzw. Büroarbeiter(innen) nicht, wann sie von „kontaminierter" oder „sauberer" Luft umgeben waren. Als Schadstoffquellen wurden unterschiedliche, aber für Büroräume typische Materialien wie Teppichböden eingesetzt. Der Versuchsaufbau ist in Abb. 2-8 dargestellt.

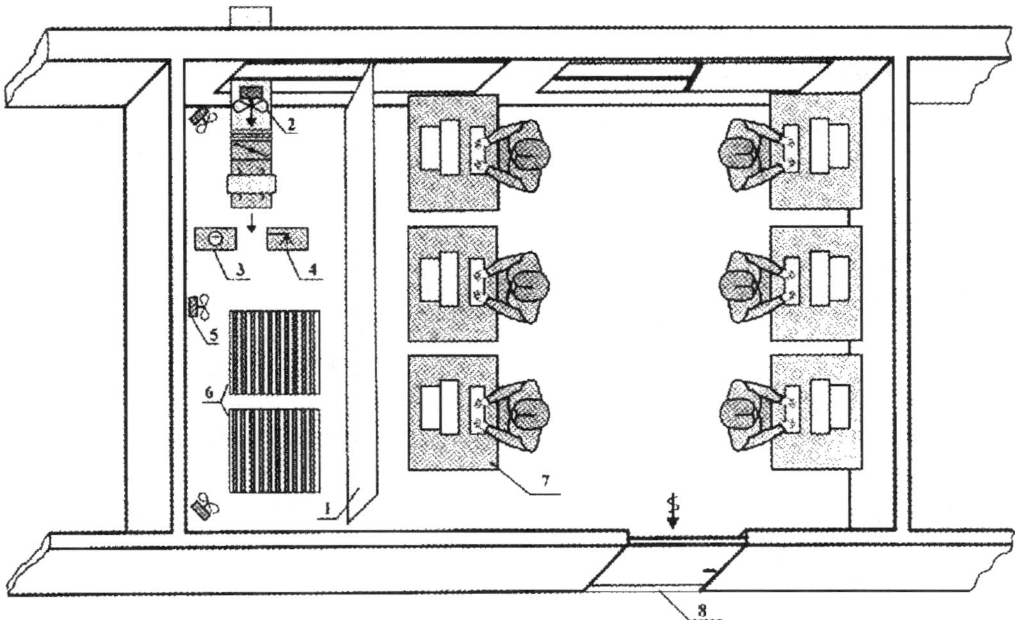

Abbildung 2-8: In dem nicht einsehbaren linken Bereich erfolgte die Luftzuführung über typische Büroausstattungsmaterialien wie Teppichböden – nach dem Durchströmen der Büroarbeitsplätze wurde die Luft über einen Schlitz in der Türe abgeführt (aus Wargocki et al., 1999)

Im Gesamtzusammenhang wurden eindeutige Ergebnisse derart erhalten, dass die Einwirkung von schadstoffbelasteter Luft zu Auswirkungen bei den Raumnutzern führt. Beispielsweise nahmen bei belasteter Raumluft die Häufigkeiten von Tippfehlern signifikant zu. Unter Schadstoffeinwirkung verminderte sich die Produktivität der exponierten Mitarbeiter, das Wohlbefinden und die Behaglichkeit am Arbeitsplatz verschlechterten sich. Was ist daraus zu schlussfolgern? Etwa 17 Millionen Berufstätige in Deutschland arbeiten in Büros und Verwaltungen, so die Schätzung von Experten für das Jahr 2010. Schadstoffe in Büroräumen mindern die persönliche Lebensqualität der Beschäftigten und deren Arbeitsleistung in den Unternehmen. Zudem erhöhen sich die krankheitsbedingten Ausfallzeiten. Zusammengenommen sind gebäudebedingte Erkrankungen ein nicht zu unterschätzender volks- und betriebswirtschaftlicher Kostenfaktor, der gerade auch bei großen Unternehmen das Interesse an der Thematik wecken sollte.

2.6 Wirtschaftliche Aspekte von Schadstoffen in Innenräumen

Schäden durch Schadstoffe in Innenräumen können wertmindernde, haftungsrelevante, werkvertragliche, gesundheitsgefährdende, miet- und versicherungsrechtliche, nutzungseinschränkende und/oder andere Folgen haben. Unabhängig von alledem werden in aller Regel größere finanzielle Aufwendungen nötig, um den vermeintlich kleinen und oftmals nicht einmal sichtbaren Schaden fachgerecht zu beseitigen. Aus der Fülle möglicher Konstellationen werden nachfolgend Beispiele beschrieben. Dass vermeintliche Kleinigkeiten zu großen Schäden führen und für das schadenverursachende (Bau-)Unternehmen das Ende bedeuten können, wird an einem Beispiel in Kapitel 6.3.1.2) vorgestellt.

2.6.1 Gewerblicher Mieter von Falschsanierung des Vermieters betroffen

Eine Falschsanierung oder eine nicht durchgeführte Schimmelsanierung kann für Mieter einer Wohnung zu gesundheitlichen Beschwerden führen. Diese sind in der Regel auf der monetären Ebene nicht quantifizierbar – der finanzielle Schaden bleibt typischerweise unbestimmt oder gänzlich im Dunkeln. Anders kann die Situation aussehen, wenn ein Unternehmen betroffen ist. Ein durch Feuchtigkeit entstandener Schimmelschaden kostet dieses nicht nur Zeit und viel Geld. Im schlimmsten Fall droht die Insolvenz. Beispielhaft wird dieses Risiko bei dem Unternehmen D. aus W. aufgezeigt. Das gemietete und frisch renovierte Lager schien bestens geeignet, um die hochwertigen sterilen Medizinprodukte und medizinischen Geräte aufzunehmen, zu verwalten und bis zum Verkauf zu lagern. Bereits einige Tage nach dem Einräumen stellten sich erste unscheinbare und kleinflächige Verfärbungen ein, die von leichten Geruchsauffälligkeiten begleitet wurden. Vor dem Hintergrund der sensiblen Handelsware war zeitnah zu klären, wodurch diese oberflächigen Verfärbungen und die Geruchsbildung entstanden. Im Rahmen einer Begutachtung der Räumlichkeiten und eines gezielten Eröffnens eines Bauteiles (unter Berücksichtigung von Materialschutz u.a. durch Einsatz von Luftfiltergeräten) fanden sich in dem gemieteten Lagerraum eindeutige Befunde für einen verdeckten und zunächst nicht sichtbaren Schimmelschaden (Abb. 2-9).

Abbildung 2-9: Durch eine „kosmetische" Sanierung ausgelöster verdeckter Schimmelschaden

Jetzt war schnelles Handeln angezeigt: Durch sofortiges Auslagern aller Materialien und medizinischen Geräte und einer dabei erfolgten intensiven Feinreinigung konnte der größte Schaden abgewendet werden. Wären durch freigesetzte Schimmelbestandteile die gelagerten wertvollen Materialien und Geräte kontaminiert worden oder wären im Rahmen von mikrobiologischen Oberflächenuntersuchungen an der Lagerware Auffälligkeiten aufgetreten, hätte das Gewerbeaufsichtsamt die Waren aus dem Verkehr gezogen – mit einem enormen Verlust für das Unternehmen, das dessen Insolvenz bedeutet hätte.

2.6.2 Holzschutzmittelbelastung und das Gesundheitswesen

Jahrelang ging Frau Z. aus B. wegen verschiedener unspezifischer gesundheitlicher Beschwerden zu Fachärzten. Verschiedenste Anamnesen, vielfältige medizinische Untersuchungen (manche mehrfach) und unzählige Arztgespräche mit unterschiedlichen Therapieversuchen schlossen sich an. Zwischen den insgesamt ca. 50 nachweislich erfolgten Facharztbesuchen wurde sie in drei Universitätskliniken überwiesen. Die Diagnose war jeweils gleichlautend: Wir können nichts nachweisen – sie sind gesund. Im Jahr 1994 wurde sie auf das Thema Innenraumschadstoffe aufmerksam. Im Rahmen einer Begutachtung der Wohnung fand der Sachverständige großflächig verbaute Holzbauteile. Die Frage, ob diese mit Holzschutzmitteln gestrichen worden seien, wurde mit ja beantwortet. Eine chemische Analyse bestätigte das gesundheitsrelevante Vorhandensein u.a. von dem Holzschutzmittelwirkstoff Pentachlorphenol (PCP) in hoher Konzentration.

Hinsichtlich dieses Ergebnisses war eine Nutzungsaussetzung der belasteten Räume empfehlenswert, was auch zeitnah umgesetzt wurde. Einige Wochen Expositionsmeidung führten zu einer Verbesserung des Gesundheitszustandes bei Frau Z. Das war der Auslöser dafür, eine Sanierung der Wohnung bezüglich der Holzschutzmittelbelastung durchzuführen. Die Genesung setzte sich auch nach dem Wiedereinzug in die schadstoffsanierte Wohnung fort. Dieser Fall ist keine Seltenheit, sondern wird von engagierten Sachverständigen immer wieder bestätigt und gleichartig bearbeitet: Erkennen und Beseitigen des wesentlichen Schadfaktors führt zu einer deutlichen Verbesserung des Krankheitsbildes bis hin zur vollständigen Beschwerdefreiheit. Heute sind weniger die alten Holzschutzmittelwirkstoffe relevant, sondern eher lösemittelartige Verbindungen oder Schimmelschäden.

Was an dem geschilderten Fall so einzigartig ist, sind die vielfältigen Arztbesuche und Therapieversuche, die im Hinblick auf das vorhandene Problem allesamt zum Scheitern verurteilt waren. Interessant ist auch der finanzielle Aufwand der ärztlichen Anamnesen, medizinischen Untersuchungen und Krankenhausaufenthalte, der jeweils von der Solidargemeinschaft der Krankenversicherten getragen wurde. Erst die Privatinvestitionen der Betroffenen in das Erkennen der Problematik (Schadstoffuntersuchung) und deren Beseitigung (Sanierung) führten zu dem gewünschten Erfolg, nämlich zu einer deutlichen Verbesserung des Wohlbefindens. Abb. 2-10 zeigt in relativen Einheiten den Aufwand bezüglich Arztkosten, Innenraumuntersuchungen und Holzschutzmittelsanierung.

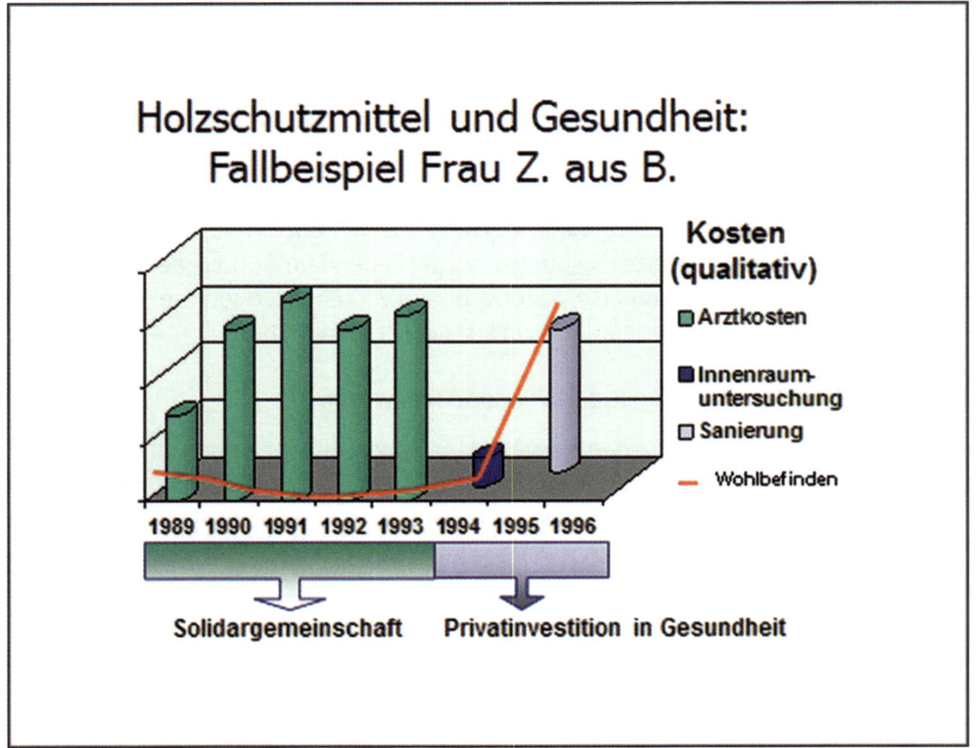

Abbildung 2-10: Qualitativer Kostenvergleich und Lösung der Innenraumproblematik am Beispiel eines mit Holzschutzmittelwirkstoffen belasteten Raumnutzers

2.6.3 Energetische Sanierung von Privathäusern oder öffentlichen Gebäuden – und dann . . .?

Durch verschiedene Konjunkturprogramme wurden und werden Privathäuser und öffentliche Gebäude energetisch bzw. wärmetechnisch saniert. Was einerseits sinnvoll zur Energieeinsparung und zur Minimierung des CO_2-Ausstoßes ist, kann andererseits zum Bumerang und finanziellen Risiko des Bauherrn bzw. Eigentümers werden: Durch das Abdichten der Bausubstanz reichern sich vorhandene Schadfaktoren an. Dies kann zu gesundheitlichen Beschwerden der Raumnutzer führen. Treten derartige unvorhergesehene Probleme auf, sind umfangreiche Aufwendungen auf der zeitlichen, emotionalen, finanziellen und juristischen Ebene nötig – was bei Kenntnis der prinzipiellen Problematik vermeidbar wäre. Im Kapitel 7.2 werden energetische Sanierungen unter dem Gesichtspunkt Schimmel näher beleuchtet. Dabei wird auch die Kostenexplosion im Rahmen eines Praxisbeispiels vorgestellt.

In einem aktuellen Diskurs wurden das Risiko einer Wärmedämmung im Allgemeinen und die Risiken falscher Wärmedämmung im Besonderen in einem lokalen Umfeld thematisiert. Das Fazit zur Vermeidung der Risiken falscher Wärmedämmung lautete:

- Zur Sicherheit sollte die Abnahme der Maßnahme auch unter innenraumhygienischen Gesichtspunkten erfolgen, denn
- häufig bleiben Fehler unentdeckt, weil verdeckt.
- Fehler bei Dämmung, Dampfbremse oder Luftdichtheit kosten Gesundheit und viel Geld.

Das Fazit zur Vermeidung des Risikos Wärmedämmung im Bestand lautete:

- Chemische und mikrobiologische Bestandsaufnahme vor Maßnahmenbeginn sind zwingend notwendig.
- Erst dann gibt es Planungs- und Kostensicherheit.
- Die Problemlösung ist wie folgt: Wenn A = energetische Sanierung, dann auch B = stoffliche Sanierung (falls nötig).

In der einschlägigen Fachliteratur wird schon seit Jahren auf mögliche Schadfaktoren in Innenräumen und die daraus resultierende Beratungspflicht des Planers hingewiesen (z.B. BayLfU, 2003). Das Oberlandesgericht (OLG) Düsseldorf hat mit Billigung des Bundesgerichtshofes (BGH) aktuell eindeutig klargemacht, dass ein Architekt gegenüber seinem Auftraggeber eine Beratungspflicht hat. Dazu gehöre, den Bauherrn auf entsprechende Risiken hinzuweisen und nötigenfalls seinen Sachverstand durchzusetzen (AZ I-23 U 32/13).

3 Feuchtigkeit als Grundlage für jede mikrobielle Aktivität oder Schimmel fällt nicht vom Himmel

Was ist der größte Feind des Gebäudes? Die Handwerker, der Architekt oder Feuer? Weder noch – wesentlich ist Wasser im Gebäude, das innerhalb kürzester Zeit zu einem Schimmelschaden führt. Nicht umsonst kann die Sinnhaftigkeit des Bauens gleichgestellt werden mit dem Abhalten von Feuchtigkeit oder einem Kampf gegen das Wasser. Dieser Grundsatz des Bauens ist bei vielen Bauherren, Planern und Ausführenden im Laufe der letzten Jahrzehnte vollständig abhanden gekommen. Dies mag man bedauern oder nicht zur Kenntnis nehmen. Letztendlich ist aber die Vernachlässigung oder gar die Nichtberücksichtigung des Faktors Wasser ursächlich für die vielfältigen Schimmelschäden.

Die Frage nach den Grundlagen des Schimmelwachstums ist deshalb auch sehr einfach zu beantworten: Feuchtigkeit, Feuchtigkeit, Feuchtigkeit (Abb. 3-1).

Abbildung 3-1: Feuchtigkeit und Wasser sind die wesentlichen Ursachen für Schimmelschäden

Alle anderen Faktoren wie beispielsweise organisches Material, Temperatur oder pH-Wert sind für Mikroorganismen in ausreichendem oder gar überoptimalem Umfang bei jedem Neubau und in jedem Bestandsgebäude vorhanden. Damit kann bereits an dieser Stelle eine allgemeine Vermeidungsstrategie für Schimmelwachstum in Gebäuden abgeleitet werden:

Einzig über ein Feuchtemanagement lässt sich ein Schimmelpilz- und Bakterienwachstum effizient einschränken.

Letztendlich sind vielfältige Feuchtequellen in einem Gebäude von der Erstellung über Witterungseinflüsse bis zur jahrzehntelangen Nutzung möglich. Dabei können die Feuchteursachen durch die Bausubstanz, durch die Nutzung und umweltbedingt auftreten. Einen Überblick gibt die Abb. 3-2.

Vielfältige Feuchtequellen möglich

Bausubstanz
- Neubaufeuchte
- Tropfender Baustellenhahn
- Wärmebrücken
- Leckagen in der Luftdichtigkeitsebene
- Unzureichende Entlüftung innen liegender Bäder
- Leitungswasserschäden
- Dampfsperren falsch ausgeführt, fehlerhaft geplant, undicht oder nicht vorhanden
- ...

Nutzungsbedingt
- Falsches Lüften und Heizen
- Aquarium
- Nichtgebrauch des Dunstabzuges in Küche
- ...

Umweltbedingt
- Überschwemmung
- Sturmschäden am Dach
- Löschwasser nach Brand
- ...

Abbildung 3-2: In einem Gebäude sind vielfältige Feuchteursachen möglich

Folgende Arten von Feuchtigkeit müssen berücksichtigt werden:

- Aktuell vorliegende Feuchtigkeit
- Phasenweise auftretende Feuchtigkeit
- Ehemals vorhandene Feuchtigkeit

Im Hinblick auf diese verschiedenen Feuchtearten ist Folgendes zu beachten: Es muss nicht feucht sein und trotzdem kann eine Schimmelbelastung vorliegen. Dies gilt insbesondere für abgetrocknete Wasserschäden oder die Neubaufeuchte und für im Winter wiederkehrende Kondensationsfeuchte. Deshalb ist bei Feuchtigkeitsmessungen Vorsicht geboten, wenn sie als (alleiniger) Indikator für einen Schimmelschaden herangezogen werden.

Weiterhin müssen wir uns bei den vielfältigen Feuchteursachen und Feuchtearten von der Vorstellung lösen, dass es nur eine Feuchtequelle in einem Gebäude gibt. Sich überlagernde, verstärkende oder nacheinander auftretende Feuchtigkeit und sich anschließende Trocknungsprozesse sind bei Feuchteschäden und deren Bestimmung der (Haupt-)Ursachen in die Überlegungen einzubeziehen.

Zusammenfassend ist die Frage, wo verdeckte und nicht sichtbare Schäden zu erwarten sind, immer an die Frage nach (ehemaligem) Feuchtevorkommen gekoppelt.

3.1 Wo treten sichtbare oder verdeckte (nicht sichtbare) Schimmelschäden auf?

Antwort: An den Stellen, an denen Feuchtigkeit bzw. Wasser vorhanden ist oder phasenweise vorliegt oder ehemals vorgelegen hat. Dabei muss es nicht nass sein. Eine gewisse Materialfeuchte ist vollkommen ausreichend, um einen Schimmelfolgeschaden zu erzeugen. Im einfachsten Fall von sichtbaren Schäden sind dies einsehbare Wand- oder Deckenoberflächen. Bei den viel häufigeren verdeckten und zunächst nicht sichtbaren Schäden sind im Allgemeinen alle Hohlräume gefährdet und im Besonderen die Dämmebenen von Bauteilen betroffen. Hier sind vor allem die Fußbodenkonstruktionen anzuführen, da entsprechend physikalischen Gesetzmäßigkeiten Wasser nach unten läuft, im Fußboden häufig wasserführende Leitungen verlegt sind oder bei (ehemals) fehlender Dämmung sich Kondensationsfeuchte eingestellt hat (Abb. 3-3).

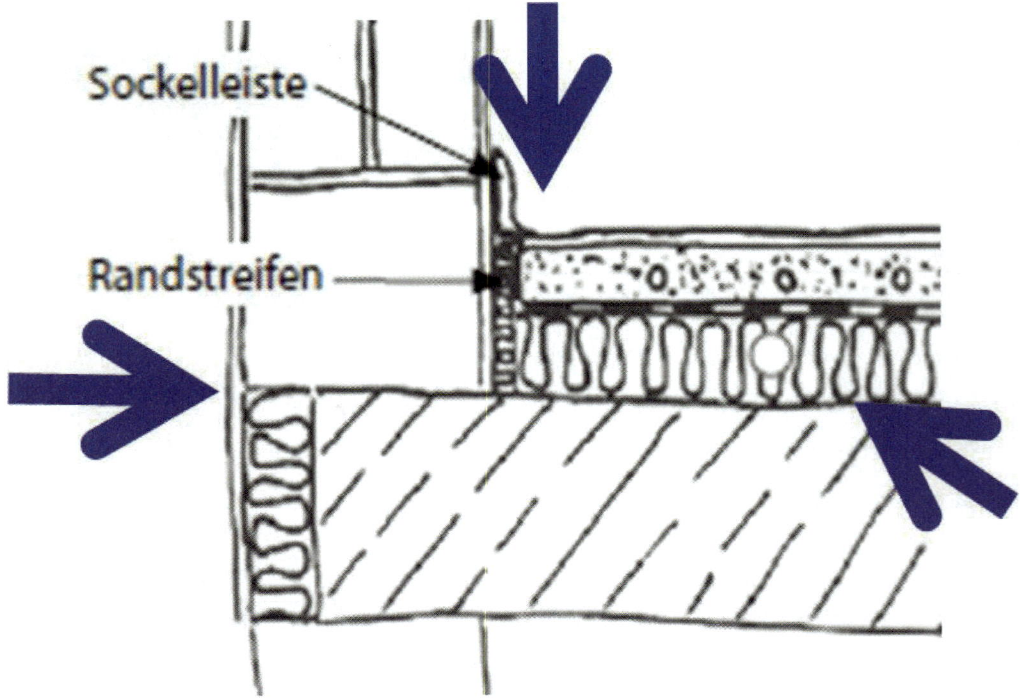

Abbildung 3-3: Möglichkeiten von Wassereinträgen in Fußbodenkonstruktionen

Daneben können Ständerwände- und Vorwandinstallationen besonders am Wandfuß Feuchte-/Schimmelfolgeschäden aufweisen. Bei Dachaufbauten sind die Luftdichtigkeitsebenen und die Dampfbremsen sorgfältig zu planen und auszuführen, um den Eintrag von Wasser(dampf) in das Bauteil zu verhindern (Abb. 3-4).

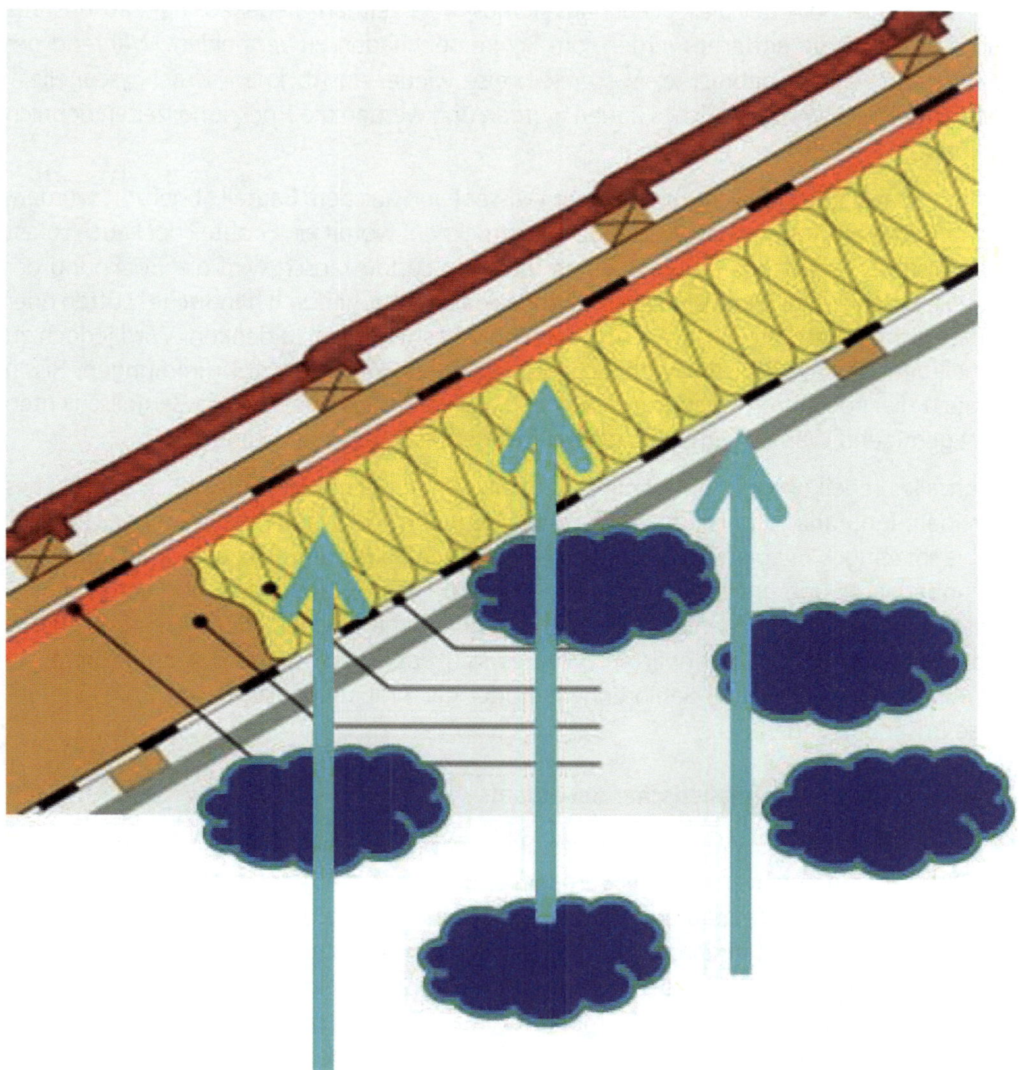

Abbildung 3-4: Möglichkeiten von Wassereinträgen in die Dachkonstruktion bei Mängeln an der Luftdichtigkeitsebene

Zusammenfassend müssen Feuchteeinträge „verstanden" werden, um Schimmelschäden zu „begreifen". Vor diesem Hintergrund werden nachfolgend wesentliche Feuchteeinträge in Gebäude bzw. die Feuchteentstehung näher beleuchtet.

3.2 Problem Neubaufeuchte

In jedes in Massivbauweise errichtete Einfamilienhaus werden ca. 10 m^3 Wasser (= 10.000 l Wasser) über Beton, Mörtel, Putze und Estriche eingebracht. Ein kleiner Teil des „Anmachwassers" wird als Kristallwasser bei Abbindungsvorgängen fest in dem Material gebunden. Der überwiegende Anteil dieser Feuchtigkeit muss aber zeitnah wieder aus der Bausubstanz und dem Gebäude entfernt werden, um Schimmelschäden zu vermeiden. Während der Bauzeit kann das eingebrachte Wasser teilweise wieder austrocknen. Durch „schnelles" und vermeintlich wirtschaftliches Bauen wurden und werden die Trocknungszeiten deutlich verkürzt.

Je länger das Bauteil frei liegt, umso mehr Wasser kann aus dem Bauteil abgeführt werden. Früher durfte ein Rohbau den Winter über austrocknen, womit ein Großteil der Feuchtigkeit der Bausubstanz entzogen wurde. Durch häufigen Luftaustausch wird die Trocknung der Bauteile beschleunigt. Fehlt eine ausreichende Feuchteabfuhr durch händisches Lüften oder ist dies nicht sicherzustellen, wäre an ein technisches Trocknen zu denken. Wird jedoch zu schnell getrocknet, können sowohl Schäden entstehen (Schwinden, Krümmungen, Risse) als auch die Trocknung verlangsamt werden, weil dann aus den tieferen Bauteilschichten nicht genügend Wasser zeitnah an die Bauteiloberfläche gelangen kann.

Wenn alles regelkonform läuft, sollte sich kein Schimmel einstellen. Aber: Menschliches Versagen, Ignoranz, Unterschätzen der Auswirkungen von Wasser, nicht immer schnelles und rechtzeitiges Reagieren auf die sich einstellende Witterung, Unzulänglichkeiten und der unbedachte und unbedarfte Umgang mit dem Thema Feuchtigkeit und deren Schimmelfolgen führen zu folgender Aussage: Schimmelschäden sind in Wohnungen, Büros und Gebäuden häufig zu erwarten. Weil es sich dabei oft auch um sensible Bereiche wie Kindergärten, Schulen, Seniorenheime oder gar Krankenhäuser handelt, ist eine gewisse Brisanz gegeben.

3.2.1 Ein fiktiver aber realistischer Bauablauf

Herr Dipl.-Ing Architekt Wolfgang Wulfes, Bausachverständiger und ehemaliger Präsident des Bayerischen Sachverständigenverbandes BVS, hat die Feuchtigkeitsursachen für Schimmelbildung im Neubau anhand eines fiktiven, aber realistischen Bauablaufes unter Einbezug von Klimadaten dargestellt (Wulfes, 2012). Dazu hat er die einzelnen Bauschritte, deren zeitlichen Ablauf und Witterungseinflüsse beschrieben. Die Niederschlagsmengen, Luftfeuchtigkeitswerte und Temperaturen in den entsprechenden Zeitabschnitten hat er von der Wetterstation Flughafen München aus dem Jahr 2010 berücksichtigt (siehe Tab. 3-1).

Monat	Maßnahme	Wasser-/Feuchteeintrag durch	Regenwasser (mm)	r.H. in % C Durchschnitt	Raumtemperatur in C, Durchschnitt
März	Baugrube ausheben und Bodenplatte betonieren	Beton und Oberflächenwasser	28	75	
April	Kelleraußenwände werden betoniert	Beton, Oberflächenwasser und auf Kellersohle steht Wasser	34	65	
	Decke über Keller betonieren	Beton, Wasser auf Kellersohle durch Betonieren			
	Kellerwände errichten	Beton, Wasser kapillar aufsteigend, Schlagregen, Regen			
	Mauerwerkswände und Decken in den Geschossen	Mörtel, Schlagregen auf den Mauerwerkskronen			
Mai	Kellerwandabdichtung, Baugrubenverfüllung	kein Feuchteeintrag, aber Feuchteeinschluss	120	80	12
	Fensteröffnungen, Errichten und Decken des Dachstuhls	Regenwasser			
	Innentreppe montieren	kein Feuchteeintrag			
Juni	Fenster montieren	kein Feuchteeintrag, aber Wasser kann nicht mehr entweichen	130	75	18
Juli	Sanitär-, Heiz- und Elektroleitungen verlegen, Wasser aus Kellersohle abpumpen	kein Feuchteeintrag	120	65	22
August	Schlitze und Aussparungen werden geschlossen	kein Feuchteeintrag	140	80	18
	Innenwände und Decken verputzen	Putz, neue Feuchtigkeit auf nicht ausgetrocknetes Mauerwerk			
	Wärmedämmung und Dampfbremse in den Sparrenebenen einbringen	kein Feuchteeintrag, aber Einschluss			
September	Trockenbau beginnt, Vorsatzschalen in Küche und Bädern	fast kein Feuchteeintrag, aber Einschluss	140	80	14
	Bodenaufbau (Estrich/Folie/Trittschalldämmung)	Estrichanmachwasser, Rohbetonaustrocknung behindert			
Oktober	Fließenarbeiten	fast kein Feuchteeintrag, aber Trocknung wird verhindert	25	80	14
	Fassadenbekleidung	Verputz (neue Feuchtigkeit)			
	Innenwandanstrich	Farbe (neue Feuchtigkeit)			

Monat	Maßnahme	Wasser-/Feuchteeintrag durch	Regenwasser (mm)	r.H. in % C Durchschnitt	Raumtemperatur in C, Durchschnitt
	Innentürmontage	kein Feuchteeintrag, aber Austrocknung immer schwieriger			
November	Haustechnik Fertigmontage/Heizung geht in Betrieb	kein Feuchteeintrag, aber Lüftung unzureichend	45	85	6
Dezember	Restliche Bodenbeläge verlegen	kein Feuchteeintrag	80	90	5
	Mängelbeseitigung, Abnahme, Einzug	kein Feuchteeintrag			
Gesamt			862	77,5	15,6

Tabelle 3-1: Feuchteeinträge im Rahmen eines Hausbaus (nach Wulfes, 2012)

Zusammenfassend schreibt Herr Wulfes u.a. Folgendes: Durch den Rohbau und Ausbau werden erhebliche Mengen Wasser in das Gebäude eingebracht. Durch Witterungseinflüsse gelangt zusätzlich Wasser in den Neubau, der nicht ausreichend gegen Witterung geschützt wird. Mit zunehmender Fertigstellung wird vor Inbetriebnahme der Heizung klimatisch die Austrocknung behindert: Wegen einer warmen und feuchten Außenluft bei einer gleichzeitig eher kälteren und sehr feuchten Innenluft „funktioniert" Entfeuchtung durch Lüften nicht ausreichend. Durch kurze Bauzeiten kann der Rohbau nicht schnell genug trocknen, weswegen mit Nutzungsbeginn noch erhebliche Wassermengen im Gebäude vorhanden sind. Die Gefahr der Schimmelbildung entsteht somit bereits in der Bauphase. Nach dem Bezug kommen neue Feuchtigkeitsquellen hinzu.

3.2.2 Neubaudetails

Was sind konkrete Feuchteereignisse, die zu Schimmelschäden führen? Und wo sind dann in der Folge typischerweise verdeckte, nicht sichtbare Schimmelschäden in Neubauten zu finden? Folgende Beispiele dienen der Verdeutlichung.

3.2.2.1 Fallbeispiel Fußbodenkonstruktionen

Durch das unter wirtschaftlichen Gesichtspunkten notwendige schnelle Bauen können Trocknungsprozesse nicht vollständig oder zumindest nicht ausreichend erfolgen: Die sich einstellenden und als Bauablaufstörungen bezeichneten Schäden finden sich primär in nicht einsehbaren Fußbodenkonstruktionen, aber auch in Ständerwänden oder hinter Vorwandmontagen. Durch Schalterdosen, Rissbildungen und über die Randfugen am Übergang vom Fußboden zur Wand gelangen gasförmige Emissionen und/oder partikelartige Strukturen mikrobiellen Ursprungs in die Raumluft und belasten die Raumnutzer.

Wenn beim Einbau des Estrichs und der darunterliegenden Dämmung der Wandputz nicht vollständig trocken ist, dann wird sich auf Höhe der Fußbodenkonstruktion ein Schimmelschaden einstellen (Abb. 3-5 und 3-6 zeigt ein extremes Beispiel; oft ist der Sachverhalt nicht so offenkundig).

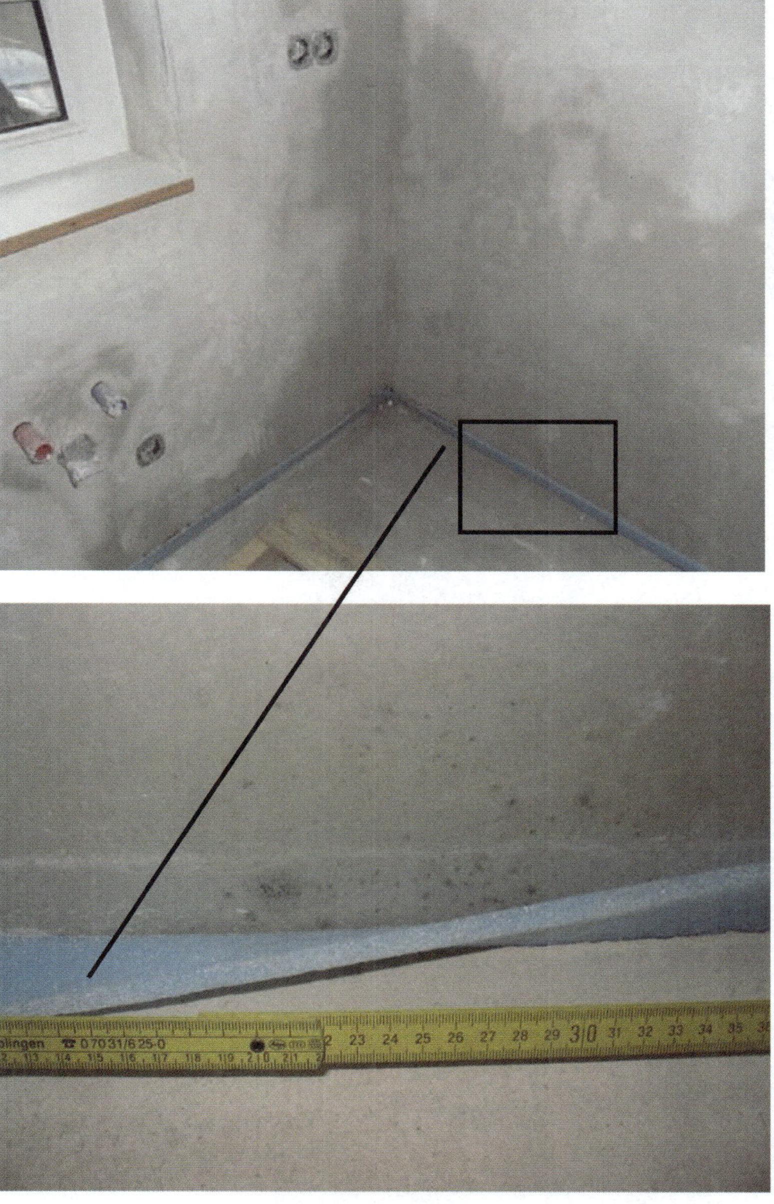

Abbildung 3-5 und 3-6: Das sichtbare Schadensbild mit Feuchtespuren und beginnendem Schimmelwachstum an der Wand (punktuelle grau-schwarze Verfärbungen) hinter dem blauen Randdämmstreifen lassen auf verdeckte Schimmelschäden am Wandfuß und in der benachbarten Fußbodenkonstruktion schließen

Bei derartigen Schäden ist aber nicht nur der Wandfuß betroffen, sondern auch die benachbarte Fußbodenkonstruktion. In der Dämmebene der eröffneten Fußbodenkonstruktion war im konkreten Fall flüssiges Wasser vorhanden (Abb. 3-7, auch visuell nicht erkennbarer Wasserdampf wäre für ein Schimmelwachstum ausreichend). Aus der Dämmebene gewonnene Materialproben der Polystyrol-Schaumdämmung waren im Hinblick auf Laboruntersuchungen wie erwartet bereits mit Schimmel bewachsen (Abb. 3-8).

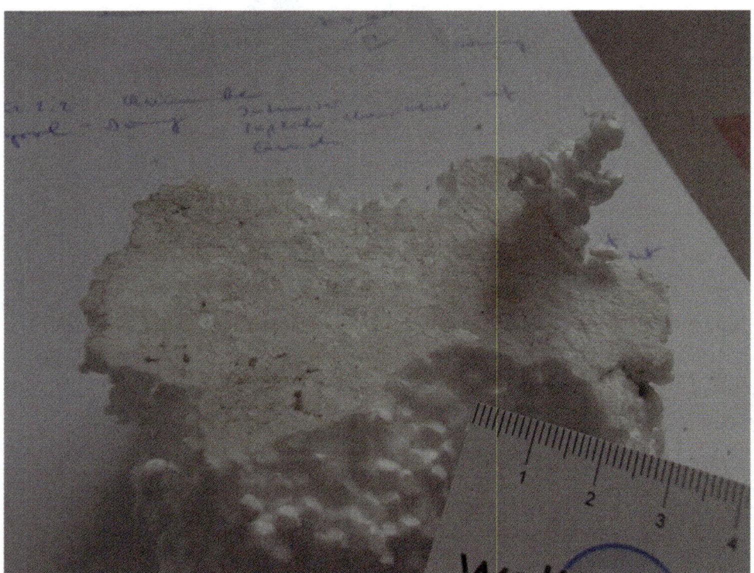

Abbildung 3-7 und 3-8: Nach stichprobenartiger Eröffnung der Fußbodenkonstruktion war es in dieser bereichsweise nass und die teilweise verfärbte Polystyrol-Schaumdämmung war nach Laboruntersuchungen erwartungsgemäß mikrobiell belastet

3.2.2.2 Estriche

Zement- und Anhydritestriche setzen beim Einbau Anmachwasser frei. Fließestriche werden in deutlich „flüssigerem" Zustand in die Gebäude eingebracht. Überspitzt formuliert handelt es sich bei Fließestrichen um Flüssigkeit mit einem Schwebstoffanteil. Was unter technischen, wirtschaftlichen und verarbeitungspraktischen Gesichtspunkten optimal ist, wird nach Laboruntersuchungen unter mikrobiologischen und innenraumhygienischen Gesichtspunkten u.U. zum Horrortrip: Durch Fixierung der Heizleitungen und durch Beschädigungen incl. unsauberer Arbeiten wird die Trennfolie über der Dämmebene an vielfältigen Stellen durchlöchert (Abb. 3-9) oder ist undicht, wodurch Feuchtigkeit in die bezüglich Schimmelschäden sensible Dämmebene gelangt.

Abbildung 3-9: Durch Fixierung der Leitungen der Fußbodenheizung wird die schützende Folie durchlöchert, wodurch Estrichanmachwasser in die feuchteempfindliche Dämmebene gelangt

Nach dem Abbinden des Estrichmaterials wird die in die darunterliegende Dämmung eingedrungene Feuchtigkeit weitgehend gekapselt, sodass eine zeitnahe Trocknung nicht mehr möglich ist. Ein Schimmelschaden ist vorprogrammiert. Notwendig wäre vor Beginn der Estricharbeiten sicherzustellen, dass eine wasserdichte „Folienwanne" ausgebildet ist.

3.2.2.3 Faserplatten als Befestigungsgrundlage für Fußbodenheizungen

Faserplatten als Befestigungsgrundlage für die Leitungen der Fußbodenheizung wurden in den letzten Jahren wegen technischer, wirtschaftlicher und/oder verarbeitungspraktischer Vorteile in größerem Umfang eingesetzt. Die in Bodenaufbauten verwendeten Materialien sind etwa 3 mm stark und werden u.a. als Biofaser-Lochplatten bezeichnet. Ohne Lochung sind sie auch als Rückwände von (preisgünstigen) Möbeln bekannt.

Durch den feuchten Einbau des Estrichs sollte sich das organische Holzverbundmaterial der Faserplatten wie ein Schwamm voll Wasser saugen. Nachfolgend muss sich wegen fehlender zeitnaher Trocknungsmöglichkeiten zwangsläufig ein Schimmelschaden unter dem Estrich einstellen. Zur Klärung dieser theoretischen Ableitungen erfolgten eindrucksvolle Simulationsversuche im Rahmen eines Gerichtsverfahrens durch einen Bausachverständigen (Krämer, 2016): Dazu besorgte sich dieser von insgesamt vier Herstellern frisch produzierte Weichfaserplatten. In Kunststoffcontainern brachte er für Versuchszwecke reale Fußbodenkonstruktionen mit unterschiedlichen Platten zwischen einer Dämmung und einem Zementestrich ein. Den „Wandabschluss" der nachempfundenen Fußbodenaufbauten bildete ein blauer Dämmschaum (Abb. 3-10).

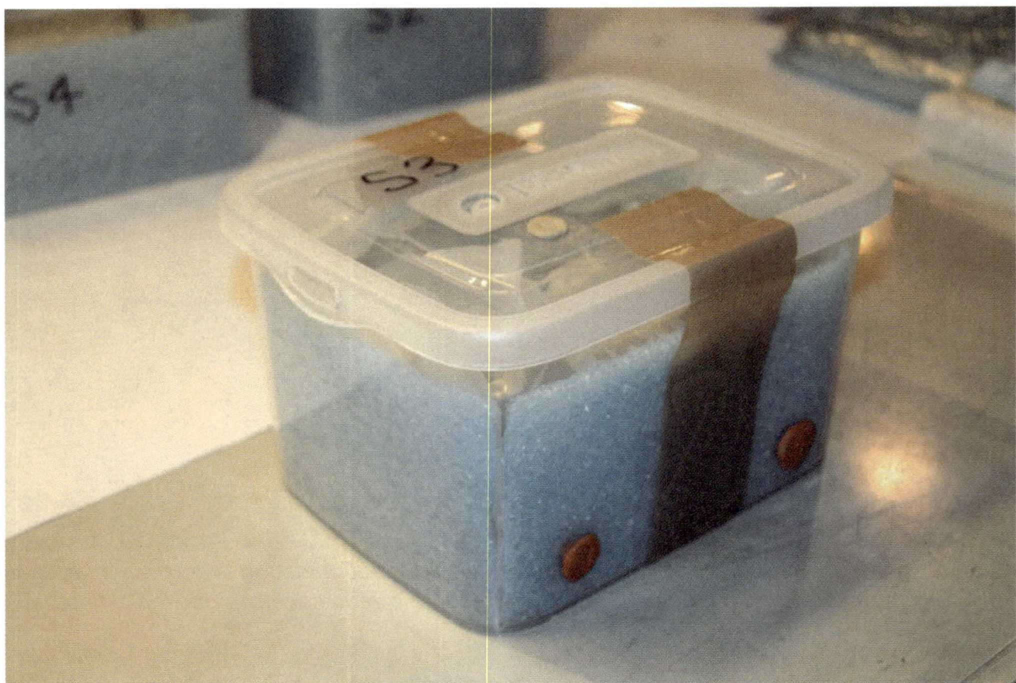

Abbildung 3-10: Geschlossener Container mit schwimmend verlegtem Estrich auf einer Faserplatte incl. eines blauen Randdämmstreifens (Bild Herr Krämer)

In einem Versuchsansatz wurden die Container mit einem Deckel verschlossen, womit sich hohe Raumluftfeuchten von ca. 80 % einstellten. Diese erhöhten bis hohen Raumluftfeuchten entsprechen in vielen neu errichteten Gebäuden den tatsächlichen Vor-Ort-Verhältnissen über Wochen bis Monate. Als eine Vergleichsvariante kamen Versuchscontainer ohne Deckel mit einer sich einstellenden Raumluftfeuchte von ca. 50 % zum Einsatz.

Als Ergebnis konnte nach einigen Wochen festgestellt werden, dass primär die Faserplatten in den geschlossenen Containern eine flächige sichtbare Schimmelbelastung auf der Plattenoberseite aufwiesen. Diese war bei einem Blick auf den eingebauten Estrich optisch nicht erkennbar und wurde erst nach dessen „Rückbau" offensichtlich (Abb. 3-11).

Abbildung 3-11: Estrich, Holzfaserplatten und Folie (nach Abschluss des Versuchs) aus einer Box mit hoher (Luft-)Feuchte (Bild Herr Krämer)

Durch eine begleitende mikrobiologische Analytik waren entsprechende Belastungen auch im Platteninneren nachweisbar, die vor Beginn der Simulationsphase nicht vorgelegen hatten. Anmerkung: Die Recherche ergab, dass beim Herstellungsprozess der Holzfaserplatten eine Hitzeeinwirkung von ca. 120 bis 160 °C erfolgt, wodurch möglicherweise im Ausgangsmaterial vorliegende Mikroorganismen abgetötet werden und die fertigproduzierten Platten quasi als steril zu bezeichnen sind.

Im Rahmen von Sachverständigentätigkeiten und Begutachtungen konnte in ca. zehn Projekten bei allen beprobten und mikrobiologisch untersuchten Faserplatten unter schwimmend verlegten Estrichen eine mikrobielle Belastung nachgewiesen werden. Damit wurden durch diesen Containerversuch die theoretischen Vorhersagen und Befunde aus der gutachterlichen Praxis vollumfänglich bestätigt.

3.2.2.4 Nachstoßende Feuchtigkeit aus jungen Rohbetonfußböden

Eine Rohbetondecke trocknet über Jahre aus. Das dabei freigesetzte Wasser kann bei einer freiliegenden und nicht überbauten Betondecke in die Raumluft entweichen und dort abgelüftet werden. Anders sieht es aus, wenn auf einen Rohbetonfußboden weiteres Material im Rahmen des Fußbodenaufbaues aufgebracht wird. Nach Einbau der Dämmebene wird ein Teil des bei dem Trocknungsvorgang freigesetzten Wassers in die Dämmebenen eindringen (Abb. 3-12).

Abbildung 3-12: Das beim Trocknungsprozess des Rohbetonfußbodens frei werdende Wasser dringt in die darüber liegende Dämmebene ein

Wenn mehr Wasser in die Dämmung gelangt als aus dieser entweichen kann (im Wesentlichen über die Randfuge am Übergang vom Fußboden zur Wand), dann wird dort salopp formuliert „die Dämmung absaufen" mit der Folge von Schimmelwachstum. Wie könnte ein Feuchteeintrag in die empfindliche Dämmebene verhindert werden? Für Bodenplatten ist diese Frage eindeutig geklärt: Dort wird regelmäßig eine Dichtungsbahn eingebaut, um bodenplattenbedingten Unwägbarkeiten im Feuchtegeschehen wirksam zu begegnen. Das gleiche Prinzip wäre auf den Geschossebenen vorstellbar, wie es in einschlägigen Fachinformationen bereits zu finden ist. Damit wird bei den aktuell schnellen Bauweisen eine Schimmelbildung vermieden hinsichtlich der Wasserfreisetzung aus Trocknungsprozessen des Rohbetonfußbodens, wie es in Abb. 3-12 schematisch dargestellt ist.

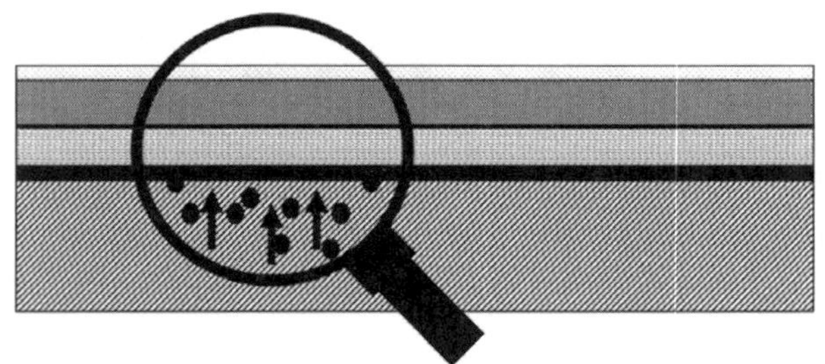

Abbildung 3-13: Durch eine Dichtungsbahn wird die Feuchtigkeit aus dem Rohbetonfußboden wirksam von der empfindlichen Dämmebene der Fußbodenkonstruktion ferngehalten

3.2.2.5 Kondensationsfeuchte beim Transport, nass gelagertes Material, tropfender Baustellenwasserhahn, undichte Putzmaschine, . . .

Bereits beim Transport kann es zu einem Schimmelschaden an Baumaterialien kommen: Manche Materialien werden unter Hitzeeinwirkung hergestellt. Wenn eine weitgehend dampfdichte Verpackung verwendet wird, kann durch das Abkühlen des Materials und die damit einhergehende Kondensation von warmer Luft eine Schimmelbildung erfolgen. In dem in Abb. 3-14 gezeigten Beispiel wurde auf der Baustelle das als Fußbodendämmung vorgesehene Material einer Eingangskontrolle unterzogen, noch vor dem Einbau als mikrobiell belastet erkannt und konsequenterweise durch unbelastetes Material ersetzt. Durch dieses vorausschauende Handeln wurde ein „Großschaden" vermieden, bei dem die kompletten Fußbodenkonstruktionen incl. Fußbodenheizung hätten zurückgebaut werden müssen.

Abbildung 3-14: Durch Kondensation in der Verpackung hat sich bereits während des Transportweges und vor dem Eintreffen auf der Baustelle ein Schimmelschaden eingestellt

Wird im Freien gelagertes Material feucht eingebaut, muss es nachfolgend im verbauten Zustand zu einem Schimmelschaden kommen, da Feuchtigkeit die wesentliche Grundlage für ein Schimmelwachstum ist. Weitere Feuchtequellen bzw. Schimmelverursacher sind ein umgeschütteter Wassereimer oder ein tropfender Baustellenwasserhahn (wenn Wasser über die Randfuge am Übergang vom Fußboden zur Wand in die Dämmebene läuft, Abb. 3-15).

Abbildung 3-15: Ein undichter Wasseranschluss führt zur bestimmungswidrigen Freisetzung von Wasser und bei dessen Eintrag in die Dämmebene unter dem Estrich zu einem Schimmelschaden

Werden Mauerkronen bei Regen oder Schnee nicht abgedeckt, gelangt Wasser in die Luftkammern von Ziegelsteinen und wird im eingeschlossenen Zustand vorhersehbar schimmelproblematisch werden. Sind Ziegelsteine am Wandfuß nass oder wird die Fußbodenkonstruktion auf nicht vollständig trockenen Rohbetonboden verlegt (wodurch wegen nachstoßender Feuchtigkeit die Dämmung unter dem Estrich befeuchtet wird) oder kommt feucht gelagertes Dämmmaterial zum Einsatz (Abb. 3-16), ist jeweils ein Schimmel(folge)schaden vorprogrammiert.

Abbildung 3-16: Wandfüße nass, stehendes Wasser auf dem Rohbetonfußboden und feucht gelagerte Polystyrol-Schaumdämmung: Ein Schimmelschaden in der kurz nach dieser Aufnahme verlegten Fußbodenkonstruktion war vorhersehbar (Aufnahme Herr Aigner) und ist auch eingetreten

3.2.2.6 Führt Einbaufeuchte in schwimmenden Estrichkonstruktionen im Neubau zu Feuchteschaden?

Diese Fragestellung wurde im Rahmen einer Bachelorarbeit an der Hochschule für Technik Stuttgart im Studiengang Bauphysik bearbeitet (Baur, 2015). Die Kurzfassung dieser Arbeit wird nachfolgend wörtlich zitiert:

> *„Bei Fußböden fehlen genaue Kenntnisse über den Feuchtehaushalt in frisch aufgebrachten Fußbodenkonstruktionen mit „nass" eingebauten Estrichmörteln auf jungen Betondecken, die in der Regel selbst noch eine hohe Restfeuchte zum Zeitpunkt des Estricheinbaus aufweisen. So stellt sich beispielsweise für Sachverständige, die Wasserschäden in Fußbodenkonstruktionen untersuchen, die Frage, ob hohe gemessene Feuchtewerte im Fußbodenaufbau auch im Zusammenhang mit dem Betonieren der Geschossdecke oder dem Einbau des schwimmenden Estrichs stehen können. Nicht immer sind nämlich alle Erhöhungen der Feuchte dem vermeintlichen Wasserschaden zuzuschreiben. Um in dieser Hinsicht sichere Aussagen treffen zu können, fehlen bislang Bewertungsgrundlagen. Ebenfalls fehlen Bewertungsgrundlagen, um neu entstandene Feuchteschäden von Altschäden abgrenzen zu können, die möglicherweise*

durch die Einbaufeuchte des Estrichs bzw. die nachstoßende Feuchtigkeit aus der Betondecke entstanden sind.

In dieser Arbeit wurde untersucht, wie lange eine unzuträgliche hohe Feuchtigkeit im Fußbodenaufbau infolge des Estricheinbaus bzw. aufgrund der nachstoßenden Feuchtigkeit aus der Betondecke vorliegen kann, und ob dies möglicherweise zu mikrobiellem Wachstum in der Fußbodenkonstruktion führen kann. Dazu wurden fünf Probekörper mit unterschiedlichen schwimmenden Estrichkonstruktionen hergestellt. In diesen Probekörpern wurde der Feuchtehaushalt in der Dämmschicht nach Einbau des Estrichmörtels über einen längeren Zeitraum untersucht.

Die Ergebnisse dieser Untersuchungen belegen, dass die Dämmschicht im schwimmenden Estrich auffeuchtet und eine relative Luftfeuchtigkeit bis zu 100 % in der Dämmung auftritt. Die hohe relative Luftfeuchtigkeit hält über einen unzuträglich langen Zeitraum an, weshalb sogar Schimmelpilzwachstum nicht auszuschließen ist. Dies kann sowohl durch die Einbaufeuchte des Estrichs als auch durch die nachstoßende Feuchtigkeit der Betondecke verursacht werden. Weiter wurde festgestellt, dass das Belegreifheizen des Heizestrichs den Wassertransport durch die Trennlage in die Dämmschicht erhöht und dadurch eine intensive Befeuchtung der Dämmschicht hervorgerufen wird.

In der DIN 18 560-2:2009-09 ist festgelegt, dass die Dämmschicht, falls erforderlich, durch den Planer mit geeigneten Maßnahmen vor Feuchtigkeit zu schützen ist. Jedoch fehlen jegliche weitere Hinweise oder Anleitungen, die dem Planer Hilfestellung geben.

In die Norm und die einschlägigen Regelwerke sollte deshalb mit aufgenommen werden, dass die Einbaufeuchte von Estrichen und die nachstoßende Feuchte aus der Betondecke zu einer unzuträglichen Auffeuchtung der Dämmschicht führen können. Dem Planer sollte dazu eine Hilfestellung gegeben werden, wie die Fußbodenkonstruktion zu erstellen ist und welche Anforderungen an die Baustoffe gestellt werden müssen, damit ein ausreichender Schutz der Dämmschicht vor Durchfeuchtung sichergestellt ist."

Aus diesen Ergebnissen der Forschungstätigkeit von Versuchen an einer Hochschule zusammen mit übereinstimmenden Erkenntnissen aus der praktischen Gutachtertätigkeit lassen sich prinzipielle Problematiken aus der üblichen Errichtung von Fußbodenkonstruktionen ableiten. Die sich daraus ergebenden Schlussfolgerungen müssen dramatische Nachklänge haben in Bezug auf Feuchtefolgeschäden und damit auf die Innenraumqualität.

3.2.2.7 Dachkonstruktionen und Neubaufeuchte

Dampfsperren und Dampfbremsen in Dachkonstruktionen müssen sorgfältig geplant, noch sorgfältiger eingebaut und nachfolgend bezüglich möglicher Leckagen überprüft werden. Eine Überprüfung erfolgt in der Praxis entweder gar nicht oder häufig durch eine alleinige Differenzdruckmessung, bei der die Luftdichtigkeit eines Raumes oder eines Gebäudes in der Summe bestimmt wird. Bei einer niedrigen Luftwechselrate wird eine Luftdichtheit angenommen. Dieser Summenparameter reicht aber für eine sichere Vermeidung von Schimmelschäden nicht aus, wenn beispielsweise an einzelnen Stellen Leckagen in der Luftdichtigkeitsebene vorhanden sind.

So ist bereits eine für Wasserdampf offene Einschubtreppe in einem ungedämmten Spitzboden ausreichend, damit es dort in der kalten Jahreszeit zu Schimmelbildung kommt. Ähnliche Schadensbilder ergeben sich, wenn die Badentlüftung nicht über das Dach geführt wird oder eine undichte Rohrverbindung im ungedämmten Dachboden auftritt: Um die Leckstelle bilden sich durch das Kondenswasser „schöne" Schimmelschäden, die hinsichtlich ihrer räumlichen Verteilung eindeutige Hinweise auf die Schadensstelle und Schadensursache geben (Abb. 3-17). Im konkreten Fall war die Entlüftung des Bades nicht luftdicht durch die Dachkonstruktion geführt worden, was Monate nach der Erstellung bzw. Nutzung des Gebäudes neben Schimmelpilzen bereits zum Wachstum von holzzerstörenden Pilzen geführt hat.

Abbildung 3-17: Nach großflächigem Öffnen der Dachkonstruktion lässt das Schadensbild eindeutig auf die Feuchteursache schließen: Die Luftdichtheit an der Rohrdurchführung des Daches war nicht gegeben

In der Baupraxis tritt häufig folgender Fall auf: Die Wärmedämmung im Dachstuhl ist eingebracht, aber die Luftdichtigkeitsebene, die zugleich als Dampfbremse fungiert, noch nicht vollständig ausgeführt. Anschließend wird der Estrich verbaut. Das aus dem Estrich verdunstende Wasser gelangt mit warmen Luftströmen in die Dämmebene, trifft dort auf kalte Luftströme oder kalte Oberflächen, kondensiert, führt zu Tauwasseranfall und in der Folge zu

Schimmelwachstum. Dies muss primär an den kältesten Stellen der Dachkonstruktion erfolgen, was typischerweise die dämmseitige Unterspannbahn unter der Dacheindeckung ist.

Nach der beispielhaften Eröffnung der Dachkonstruktion in einem neu errichteten Einfamilienhaus war das Ergebnis eindeutig erkennbar mit Feuchtigkeit in der Dämmebene (Abb. 3-18). In der Folge wurde das Dach vom Bauträger auch wegen Schimmelbesiedelung erneuert und von diesem die Aufwendungen für Sachverständigentätigkeiten, Rechts- und Beratungskosten erstattet.

Abbildung 3-18: Nach Eröffnen einer Zwischensparrendämmung wurde der Feuchteschaden durch die mangelnde Luftdichtigkeit der Dachkonstruktion offensichtlich

Zusammengefasst ist die Differenzdruckmessung nach Einbau der Luftdichtigkeitsebenen (und vor dem weiteren Ausbau mit vorgesetzten Holzbrettern oder Plattenmaterialien) durch eine Leckageortung zu ergänzen, mindestens an kritischen Stellen wie Dach-/Wandübergangen, an Dachgauben oder anderen Durchdringungen der Gebäudehülle. Bei Nichterkennen von Undichtigkeiten der Luftdichtigkeitsebenen entstehen größere Schäden wie dies in obigem Beispiel eingetreten ist.

Was in der Bauforschung diskutiert wird, benötigt erfahrungsgemäß eine gewisse Zeit, bis es in der Baupraxis ankommt. Weil sich bis heute niemand verantwortlich mit dem Thema „Feuchtigkeit" beim Neubau beschäftigt und ggf. korrigierend in Planungs- und Bauabläufe eingreift, sind in vielen Neubauten verdeckte, nicht sichtbare Feuchte-/Schimmelschäden zu erwarten.

3.2.3 Neubaufeuchte führt zu Schimmel

Bis März 2013 wurden am Sachverständigen-Institut peridomus 72 Auftragsarbeiten zu Schimmel in Neubauten bearbeitet. Anlass für die Auftraggeber waren beispielsweise Geruchsauffälligkeiten, Feuchteanzeichen oder sichtbares Schimmelwachstum. Bei den untersuchten Projekten handelte es sich sowohl um Ein- und Mehrfamilienwohnhäuser als auch um öffentliche Gebäude und Bürokomplexe. Das Ergebnis war, dass in den meisten untersuchten Gebäuden große Schimmelschäden nachgewiesen wurden, mehrheitlich in Fußbodenkonstruktionen und weniger häufig in Dachkonstruktionen. Die für eine fachgerechte Sanierung notwendigen Arbeiten waren immer sehr aufwändig und damit kostenintensiv.

Vor diesem Hintergrund wurde im Rahmen einer Masterthesis an der Donau-Universität Krems in Österreich im Jahr 2014 eine Studie erarbeitet mit folgender Fragestellung: Was sind die häufigsten Feuchteursachen als wesentliche Grundlage für die nachgewiesenen verdeckten Schimmelschäden? (Foitzik, 2014). Als Ergebnis dieser Risikoanalyse für Schimmel in Neubauten wurden drei Hauptauslöser für Schimmelwachstum erkannt:

1. Der lockere und unbedachte Umgang der Bauschaffenden mit Wasser
2. Witterungseinflüsse (Regen, niedrige Temperaturen im Winterhalbjahr mit Kondensationsfeuchte wegen noch nicht wärmegedämmter Außenwände)
3. Wasserfreisetzung durch Trocknungsprozesse von Putzen, Estrichen, Mörtel und Beton

Auch das Umweltbundesamt als deutsche Oberbehörde für den Fachbereich „Schimmel in Innenräumen" hat in dem neuen Schimmelleitfaden auf das Phänomen der Neubaufeuchte und deren Folgen hingewiesen:

- Vermeidung von Schimmelbefall durch Baufeuchte: Bei der Erstellung von Neubauten, aber auch bei umfangreichen Sanierungen werden Baumaterialien eingebaut bzw. verwendet, die als wesentliche Komponente Wasser enthalten. So werden beispielsweise bei einem massiv errichteten Einfamilienhaus, bestehend aus gemauerten Wänden, Zementputz, Kellerwänden und Geschossdecken aus Beton, mehrere Tausend Liter Wasser eingesetzt, d.h. in das Gebäude „eingebaut".
- Vermeidung von feuchten Baumaterialien: Baumaterialien sollen trocken gelagert und in trockenem Zustand eingebaut werden. Die Baupraxis zeigt immer wieder, dass Baumaterialien ungeschützt im Freien (und damit auch im Regen) gelagert und in diesem Zustand später eingebaut werden.

Zusammenfassend besteht bei der Neuerrichtung eines Gebäudes eine erhöhte bis hohe Wahrscheinlichkeit für verdeckte, nicht sichtbare Feuchte-/Schimmelschäden.

3.2.4 Vertrauen beim Bauen ist gut, Kontrolle ist besser

Wie kann ich mich als Bauherr vor unliebsamen Überraschungen (verdeckter, nicht sichtbarer Schimmelschaden) bei einem neu errichteten (Wohn-)Gebäude schützen? Diese Frage lässt sich derart beantworten, dass das Gebäude auch bezüglich möglicher verdeckter, nicht sichtbarer Schimmelschäden abzunehmen ist. In Eigentumswohnungen bzw. bei Wohnungseigentümergemeinschaften ist primär das Gemeinschaftseigentum relevant: Hohlräume von Ständerwänden und Vorwandinstallationen sowie Dämmebenen von Fußboden- und Dachaufbauten sind möglichst zerstörungsfrei bezüglich Schimmelschäden zu überprüfen. Dazu wurde in den letzten Jahren eine mittlerweile standardisierte Vorgehensweise entwickelt (Ermittlung und Lokalisierung des Schimmelbefalls in Innenräumen). Erst mit einer fachgerechten Überprüfung können Feuchte-/Schimmelschäden erkannt, räumlich eingegrenzt oder ausgeschlossen werden. Anmerkungen: Ohne entsprechende messtechnische Hilfsmittel sind „Neubauschäden" nicht zu erkennen. Alleine durch einen sensorischen Eindruck verdeckte, nicht sichtbare Schimmelschäden ausschließen zu wollen (wie dies aktuell regelmäßig geschieht), grenzt an „Handauflegen" und „Kaffeesatzleserei". Von bestimmten Kreisen gerne eingesetzte Raumluftuntersuchungen auf Schimmelsporen sind nicht ausreichend, da mit dieser Methode ein vorliegender verdeckter Schimmelschaden häufig nicht nachweisbar ist.

Letztendlich geht bei unklarem Sachverhalt das Schimmelrisiko bei der Abnahme auf den Bauherrn über – er übernimmt vom Hersteller oder vom Architekten sozusagen die Katze im Sack mit allen einhergehenden „Neben- oder Nachwirkungen". Und weil diese im Schadensfall bei fachgerechter Bearbeitung zu extremen Kosten führen, ist der Eigentümer gut beraten, wenn er verdeckte, nicht-sichtbare Feuchte-/Schimmelschäden im Rahmen der Abnahme nachweisen oder ausschließen lässt. Wenn sich dabei ein begründeter Schimmelverdacht ergibt, sollte im Hinblick auf aufwändige Sanierungen, hohe Sanierungskosten und die damit einhergehenden zeitlichen Verzögerungen incl. der daraus resultierenden wirtschaftlichen Folgekosten keine Abnahme erfolgen, weil dabei dann die Beweislast umgekehrt wird. Wegen der möglichen Folgen mit (extrem) hohen Schadenspotenzialen wird eine derartige Abnahme(-verweigerung) nicht ohne fachkundige Sachverständige und Rechtsanwälte umsetzbar sein. Im Schadensfall sind die entstehenden Rechts- und Beratungskosten typischerweise vom Schadensverursacher zu tragen.

3.3 Leitungswasserschäden

Bei Leitungswasserschäden sind folgende wasserführende Leitungen zu unterscheiden: Trinkwasserinstallationen (kalt, warm und Zirkulation), Heizungsleitungen, Abwasserleitungen, Regenwasserleitungen (z.B. innen liegende Regenfallrohre), Regenwassernutzungen und Solaranlagen. Im Gewerbe sind zusätzlich Feuerlöschleitungen, Dampf- und Klimaleitungen zu berücksichtigen.

3.3.1 Häufigkeit und Umfang

Zahlen aus dem Jahr 2009 zeigen folgendes Bild: Es gab ca. 1,1 Millionen Leitungswasserschäden in Deutschland, für die durchschnittlich 1.682 € pro Schadensfall ermittelt wurden (Scholzen, 2010). Die Schadensfälle waren im Jahr 2009 zu weit über 50 % auf Korrosion zurückzuführen. Der durchschnittliche Schaden ist von 925 € im Jahr 1990 auf ca. 1.700 € 20 Jahre später gestiegen. Aktuelle Zahlen finden sich bei GDV, 2017: „Statistisch gesehen platzt alle 30 Sekunden ein Rohr, löst sich eine Dichtung oder leckt eine Armatur. Mehr als

2,6 Milliarden € kosten solche Wasserschäden die Wohngebäude- und Hausratversicherer in Deutschland. Tendenz: steigend." Heute liegt die Summe pro Schaden durchschnittlich bei 2.065 €.

Mittlerweile belasten die Leitungswasserschäden die Verträge der Verbundenen Wohngebäudeversicherung in erheblichem Umfang, weshalb man seitens der Versicherungsgesellschaften um Prävention bemüht ist. Dass der Vermeidungsgedanke ein richtiger Ansatz ist, zeigen auch Beispiele aus der praktischen Tätigkeit von Spezialisten bei fachgerechter Vorgehensweise von Leitungswasserschäden. Die Sanierungskosten liegen um Größenordnungen über dem oben genannten Durchschnitt, was folgende Beispiele belegen mögen (Anmerkung: In diesen Beispielen sind keine Rechtsanwalts- und Sachverständigenkosten und keine wirtschaftlichen Folgekosten wie Mietausfall enthalten):

1. Fußbodenkonstruktion entfernen wegen mikrobieller Belastung der Dämmebene im Untergeschoss eines Einfamilienhauses: ca. 30.000 €.

2. Nach Leitungswasserschaden, Undichtigkeiten und Neubaufeuchte wurden betroffene Fußbodenkonstruktionen erneuert in einem Einfamilienhaus: ca. 150.000 €.

3. Fußbodenkonstruktionen in zwei Geschossen wurden kurz nach dem Einzug in ein hochwertig ausgestattetes Einfamilienhaus vollständig erneuert: ca. 180.000 €.

Weshalb zwischen Durchschnitt und Einzelfallbeispielen derartige Diskrepanzen um den Faktor 10 bis 100 entstehen, lässt sich trefflich diskutieren. Unberücksichtigt sind bei den genannten Beispielen die Schäden in Mehrfamilienwohnhäusern, öffentlichen Gebäuden (wie Schulen und Kindergärten) und in größeren Bürogebäuden, bei denen nochmals andere Schadenssummen entstehen.

Leitungswasserschäden stellen ein multikomplexes Problem dar, das sich nicht durch einen einfachen Lösungsansatz steuern lässt. Die Ursachen sind vielfältig und daher auch nicht so leicht zu lösen. Als Gründe für die steigende Anzahl der Leitungswasserschäden sowie den steigenden Durchschnittsschaden gelten folgende Faktoren (nach Scholzen, 2010):

- Die gestiegenen Komfortansprüche im Umgang mit Wasser führten zu einer deutlichen Erhöhung der haustechnischen Gebäudeinstallationen mit der Folge immer ausgedehnterer Installationssysteme.
- Der verdeckte Einbau wasserführender Installationen, der die frühzeitige Erkennung von Wasseraustritten erschwert, bringt eine verzögerte Schadenfeststellung mit erhöhtem Reparaturaufwand mit sich.
- Der zunehmenden Verwendung von Leichtbauweisen (Holz, Gipskarton, Faserplatten, biologische Dämmungen etc.) folgt bei einem Wasserschaden schnell ein Totalverlust dieser Bauteile.
- Aus dem hohen Alter der Gebäude bzw. der haustechnischen Installationen ohne ausreichende Instandhaltung resultieren verschleiß- und altersbedingte Schäden.
- Für die rasante Entwicklung von Installationsmaterialien und -techniken für die verdeckte Montage sind keine ausreichenden Erfahrungswerte der Langlebigkeit vorhanden.

- Die Zunahme wasserführender Installationen in Gebäuden im Dachgeschoss zieht im Schadensfall eine Durchfeuchtung des gesamten Gebäudes und des Inventars nach sich.
- Die stark gestiegene Zahl von Eigenleistungen im Bereich der Hausinstallationen (Do-it-yourself) führen zu schwankender und unbekannter Qualität in der Ausführung.
- Verwendet werden Produkte mit unzureichender Qualität für den gewünschten Einsatzzweck.
- Im Zuge der bundesweiten Umsetzung der Prüfpflicht von erdverlegten Ableitungsrohren auf Dichtigkeit werden alte Schäden gefunden. Für deren Abgrenzung gegen versicherte Ereignisse ist ein Mehraufwand erforderlich.

3.3.2 Neues zum Trocknen von Wasserschäden

Nach einem (Leitungs-)Wasserschaden wird typischerweise die regelmäßig betroffene Fußbodenkonstruktion (manchmal auch nur die Raumluft) über Wochen getrocknet. Zunächst erfolgten „blasende" Trocknungen der Fußbodenkonstruktionen bei schwimmend verlegten Estrichen, da mittels vorkonditionierter trockener Luft die Trocknungsvorgänge schneller ablaufen im Vergleich zu saugender Trocknung mit Umgebungsluft. Der Nachteil des Blasens besteht darin, dass bei einem bereits gebildeten Schimmelschaden mikrobielle Bestandteile wie Sporen und Zellwandbruchstücke oder gasförmige Emissionen verstärkt und unkontrolliert in die Raumluft freigesetzt werden. Deshalb wurden zur Trocknung von Fußbodenkonstruktionen in den letzten Jahren verschiedene Instrumentarien und Techniken (weiter-)entwickelt wie Vakuumtrocknen und Seitenkanalverdichter.

3.3.2.1 Erkenntnisse von Praktikern

Eine Überprüfung des Trocknungserfolges wird bei schwimmend verlegten Estrichen typischerweise über die ausströmende Luft gewonnen. Wird in dem Luftstrom eine niedrige relative Luftfeuchte gemessen, geht man von einem vollständigen Trocknen bis hin zur Ausgleichsfeuchte aus. Dies ist aber eher als Konvention zu verstehen denn als eine tatsächliche Trocknungskontrolle: Dazu müsste zumindest stichprobenartig das Bauteil Fußboden eröffnet und auf seinen Feuchtegehalt hin überprüft werden. Am Sachverständigen-Institut peridomus erfolgten vielzählige echte Feuchtekontrollen zur Überprüfung des Trocknungserfolges: Zunächst wurde von den Sanierungsunternehmen bestätigt, dass der technische Trocknungsvorgang vollständig abgeschlossen wurde und eine trockene Unterbodenkonstruktion vorläge. In einem zweiten Schritt wurden die Trocknungsprotokolle eingesehen und auf sachliche Richtigkeit überprüft. Schließlich erfolgten (trotz vermeintlich vollständiger Trocknung) Bauteilöffnungen und in einzelnen Fällen der Rückbau der komplett vom Leitungswasserschaden betroffenen Schadensflächen. In der Mehrzahl der begutachteten Fälle wurden folgende Befunde erhalten: Entweder war es feucht oder es lag stehendes Wasser in der Fußbodenkonstruktion vor (Abb. 3-19 und 3-20). – Wohlgemerkt nach vermeintlich vollständiger Trocknung und sachlich richtigen Trocknungsprotokollen.

Abbildung 3-19: Bauteilöffnung nach (vermeintlich) vollständig abgeschlossener Trocknung der Fußbodenkonstruktion nach einem Leitungswasserschaden

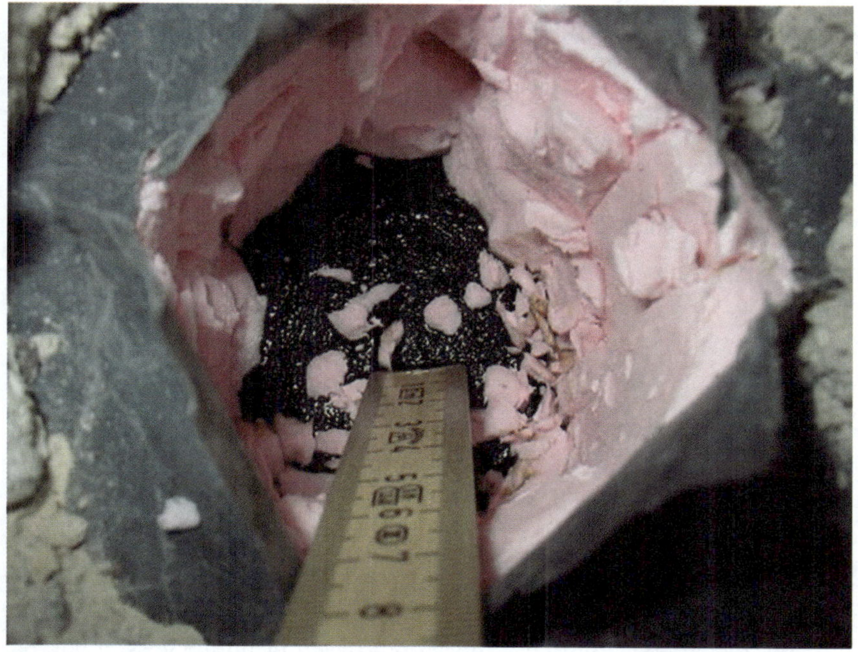

Abbildung 3-20: Stehendes Wasser in der zuvor (vermeintlich) vollständig getrockneten Fußbodenkonstruktion (siehe vorherige Abbildung)

Nachdem dieser vorgestellte Befund keine Einzelbeobachtung war und von verschiedenen Fachkollegen immer wieder bestätigt wurde, stellt sich die Frage, wie diese Durchfeuchtung nach Trocknung erklärbar ist?

Für eine vollständige Trocknung müsste die gesamte Dämmebene bei einem schwimmend verlegten Estrich gleichmäßig und vollständig von trocknenden Luftströmen durchzogen werden, um eine flächige Trocknung zu erhalten. Eine laminare Durchströmung ist aber aus verschiedenen Gründen nicht möglich. U.a. sind dies:

- Der Rohbetonfußboden besteht aus „Hügeln" und „Tälern", weswegen die Dämmung mehr oder weniger stark zusammengedrückt wird mit der Folge einer unterschiedlichen Gängigkeit für trocknende Luftströme.
- Kompakte Schaumdämmstoffe besitzen prinzipiell einen hohen Luftwiderstand gegen trocknende Luftströme. Zugleich wird eine feuchte Grenzfläche zwischen Rohbetonfußboden und Dämmstoffauflage durch das Gewicht des aufliegenden Estrichs einer „Luftstromtrocknung" nur schwer oder nicht zugänglich sein.
- Die Dämmebene weist durch verlegte Materialplatten Materialstöße und Kanten auf, die quasi Luftautobahnen darstellen. Gleiches gilt für verlegte (Heiz-)Leitungen, Lüftungskanäle oder andere in der Dämmebene verlegte Installationen. Dort besteht der geringste Luftwiderstand, weswegen eine Trocknung primär an solchen luftdurchlässigen Strukturen stattfindet.

Zusammenfassend wird es bei heute üblichen Trocknungsverfahren zu einem heterogenen Trocknen der Unterbodenkonstruktion kommen, bei der neben trockenen auch feuchte bis hin zu nassen Bereichen in der Dämmstoffebene unter schwimmend verlegten Estrichen vorliegen. Die Trocknungsprotokolle stellen letztendlich einen Zustand der von trocknenden Luftströmen bestrichenen Bereiche dar. Sie bieten aber keine Sicherheit für eine vollständige und umfassende Trocknung der gesamten, von einem Wasserschaden betroffenen Fußbodenfläche.

3.3.2.2 Systematische Untersuchungen zum Trocknungsverhalten schwimmend verlegter Estriche nach Leitungswasserschaden

Diese von Praktikern im Rahmen von Gutachteraufträgen erhaltenen Erkenntnisse wurden aktuell bei einem wissenschaftlichen Forschungsprojekt an der Universität Innsbruck mittels systematischer Untersuchungen bestätigt (Gebauer, 2017, Gebauer et al., 2017).

Anlass für die Untersuchungen war u.a., dass der Trocknungserfolg nicht nachprüfbar ist. Ob in einem Bodenaufbau nach Eintrag von Leitungswasser durch die Befeuchtung eine mikrobielle Besiedelung stattgefunden hat, kann letztlich nur durch den Ausbau der Dämmschicht unter dem Estrich ermittelt werden. In diesem Falle wäre jedoch die technische Trocknung wirtschaftlich sinnlos.

Ein Ziel der durchgeführten Untersuchungen war, zu überprüfen, ob schwimmend eingebaute Estriche auf verschiedenen Dämmschichten grundsätzlich technisch vollständig (bis zur Ausgleichsfeuchte) getrocknet werden können. Es gibt sehr viele denkbare Estrich-Dämmschicht-Kombinationen. Hier wurden nur die am häufigsten vorkommenden Kombinationen mit einem Faserdämmstoff (Mineralwolle, KMF) und einem Schaumkunststoff (expandiertes Polystyrol, EPS) unter einem Zementestrich untersucht. Außerdem sollte untersucht werden, ob sich im Zuge dieser Trocknung eine mikrobielle Eskalation, insbesondere im Hinblick auf Schimmelpilze, vermeiden lässt. Um die Fragen der Trocknung (und Fragen zu mikrobiellen Folgeschäden) beantworten zu können, wurde ein Versuchsstand aufgebaut mit zwei Räumen (Messfeldern) von jeweils ca. 10 m^2 Grundfläche. In diese Räume wurden nacheinander mehrere schwimmende Estriche eingebaut, bewässert (i.e. Leitungswasserschaden simuliert) und nach dem Stand der Technik im Unterdruckverfahren wieder getrocknet (Abb. 3-21).

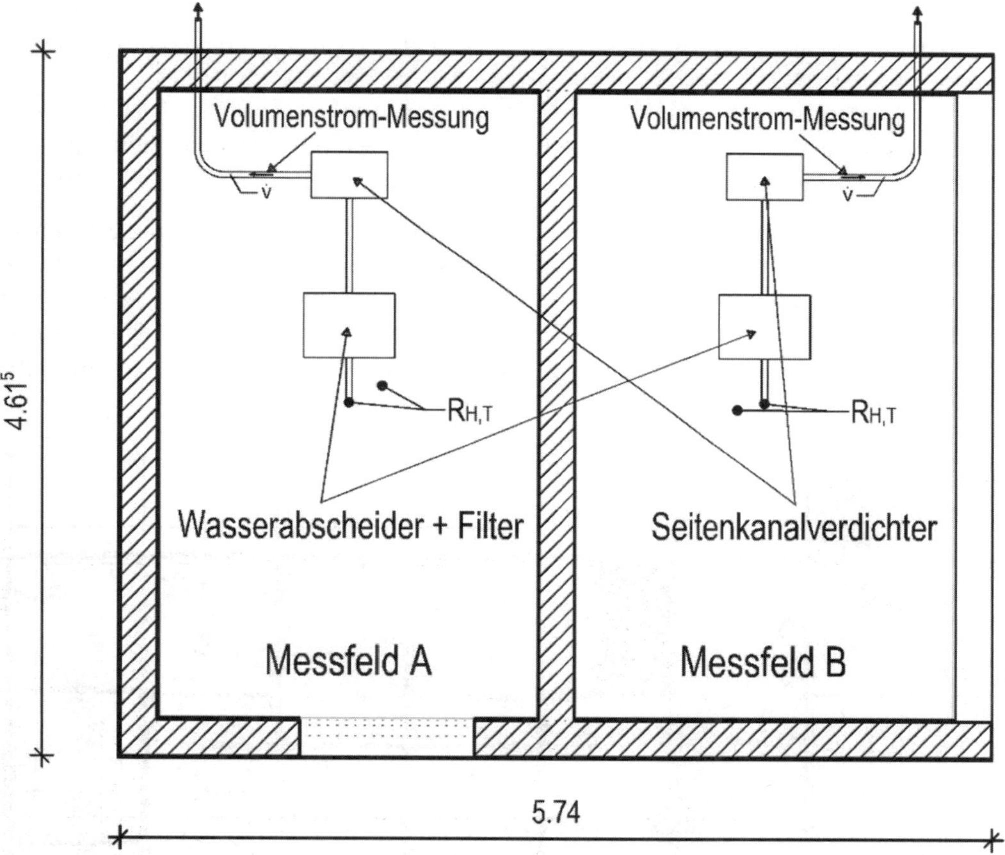

Abbildung 3-21: Versuchsräume zur Simulation von Leitungswasserschäden und deren Trocknungsvermögen (aus Gebauer, 2017)

Das Fazit des Studienteils zum Trocknungserfolg lautet: Nach zwei Wochen (EPS) bzw. drei oder vier Wochen (KMF) Trocknung im Unterdruckverfahren war ein Feuchtegleichgewicht zwischen der Raumluft und der abgesaugten Luft erreicht. Es wurde also kein weiteres Wasser aus der Estrichkonstruktion ausgetragen. Dennoch waren nach dem Rückbau der Fußbodenkonstruktionen einzelne Dämmplatten nass. Die Verteilung der nicht getrockneten Dämmplatten wies keinen Bezug zu den Wänden oder der Absaugstelle auf. Während der üblichen Trocknungszeiten können Fußbodenkonstruktionen mit schwimmend verlegten Estrichen also nicht sicher getrocknet werden – auch wenn Klimamessungen der Zu- und

Abluft keine weitere Entfeuchtung ergeben. Es darf bezweifelt werden, ob auch nach langen Trocknungszeiten eine vollkommene Entfeuchtung der Dämmplatten erreicht wird. Offensichtlich erreicht die zum konvektiven Feuchtetransport erforderliche Luft nicht alle Bereiche der Dämmebene. Die Feuchteverteilung in der Dämmebene war in kleinen Abständen stark unterschiedlich ausgeprägt. Eine Entfeuchtung mit diffusivem Feuchtetransport dauert bei üblichen Aufbauten sehr lange oder ist unmöglich (z.B. Bodenplatte mit innenliegender Abdichtung, PE-Folie unter dem Zementestrich, Fliesenbeläge etc.).

Eine Ausnahme bildete das Versuchsfeld A3, in welches eine Monofilamentlage bzw. Ventilationsschicht eingebaut war. Wird präventiv eine Strömungsebene (z.B. Wirrgelege) unter der Dämmschicht eingebracht, kann die Dämmschicht zeitnah vollständig getrocknet werden.

3.3.3 Die räumliche horizontale Verbreitung von Wasser am Beispiel von Fußbodenkonstruktionen

Eine Rohbetondecke besitzt herstellungsbedingt immer Höhenunterschiede bzw. Unebenheiten der Oberfläche: Hoch- und Tiefpunkte wechseln sich in unterschiedlicher horizontaler und vertikaler Ausprägung ab. In einem Objekt mit einer Grundfläche von ca. 1.300 m² wurden zwischen dem höchsten und dem tiefsten Punkten des Rohfußbodens entsprechend dem durchgeführten Nivellement mehr als 5 cm Höhendifferenz gemessen (siehe nachfolgenden Grundriss mit farbschematischen Höhenlinien, Abb. 3-22).

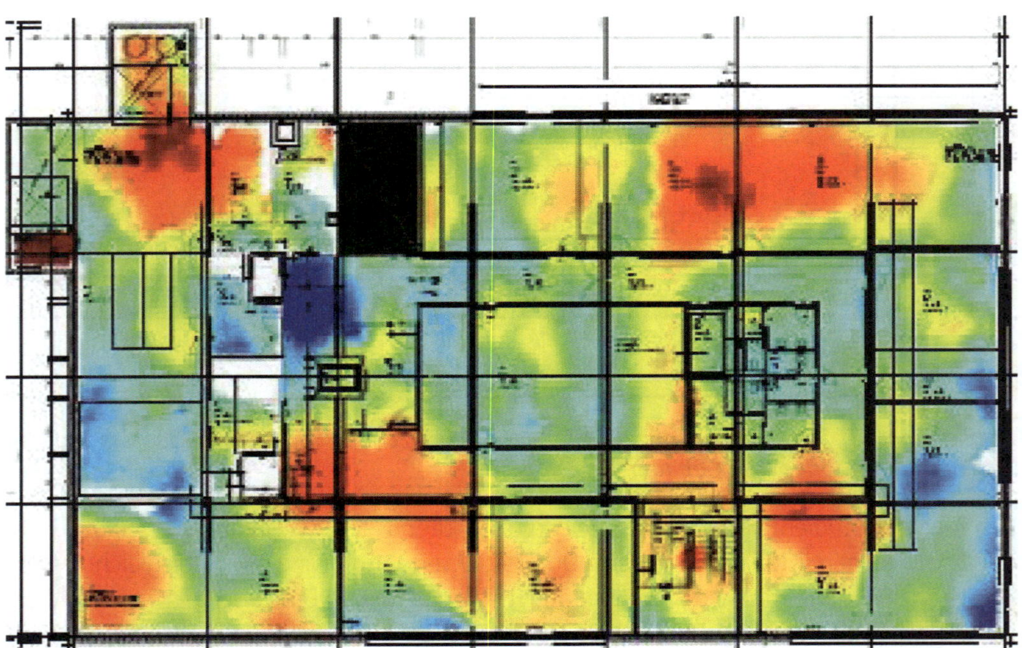

Abbildung 3-22: Höhenprofil des Rohfußbodens in einem Gebäude von ca. 1.300 m² Grundfläche mit einer Höhendifferenz von mehr als 5 cm

Rot markiert die Hochpunkte (je intensiver rot, umso höher)

Blau stellt die Tiefpunkte dar (je intensiver blau, umso niedriger)

Im Hinblick auf physikalische Gesetzmäßigkeiten läuft flüssiges Wasser immer nach unten und verteilt sich ungleichmäßig in der Dämmebene von Fußbodenkonstruktionen auf dem Rohfußboden bzw. der Dichtungsbahn innerhalb der Tiefpunkte, Rinnen und „Täler" der Geschossebene. Es kann sich somit in Abhängigkeit von der Menge an eingedrungenem Wasser eine heterogene, mosaikartige Feuchtesituation in der Dämmebene von Fußbodenkonstruktionen einstellen. Im Extremfall kann es an der Stelle der Wasserfreisetzung nur eine lokale Durchfeuchtung geben, während bei einer rinnenartig ausgeprägten Rohbetonoberfläche „Pfützen" oder ganze „Seenlandschaften" weit entfernt von der Wasseraustrittsstelle auftreten können. In Abhängigkeit von Rohbetonbeschaffenheit und Wassermenge sind alle Übergänge von lokaler bis zu flächiger Durchfeuchtung denkbar.

3.3.4 Flüssiges Wasser, Feuchtigkeit und Wasserdampf

Wasser läuft bei einem Leitungswasserschaden nach unten und durchnässt bzw. durchfeuchtet als Flüssigkeit die verbauten (Dämm-)Materialien in der Fußbodenkonstruktion unter einem schwimmend verlegten Estrich. Innerhalb der Fußbodenkonstruktion kommt es räumlich und zeitlich zu unterschiedlichen Feuchteniveaus. So ist z.B. an den Rändern von flüssigem Wasser bzw. mit zunehmender Entfernung zu dem aufgefeuchteten Bereich und in den oberen Schichten der Fußbodenkonstruktion weniger Feuchtigkeit zu erwarten. Hier ist dann Wasserdampf die entscheidende Größe für einen nachfolgenden Schimmelschaden. Mit zunehmend greifenden Trocknungsmaßnahmen werden (lokal betrachtet) zudem zeitabhängig unterschiedliche Feuchtezustände erreicht bzw. durchlaufen.

Feuchtigkeit wird in Dämmebenen von Fußbodenkonstruktionen nicht nur als fließendes Wasser, sondern auch in der Gasphase verteilt und kann somit (im Vergleich zu flüssigem Wasser) weiter entfernte Punkte mit Feuchtigkeit beaufschlagen. Dabei ist bezüglich Feuchteaufnahme und nachfolgender mikrobieller Aktivität im konkreten Fall u.a. auch zu berücksichtigen, wie stark (Schaum-)Dämmungen lokal zusammengedrückt sind (und damit besser oder weniger gut Feuchteverteilung und Feuchtetransportprozesse behindern).

In einem konkreten Fall einer etwa 1.000 m^2 großen Geschossebene wurden neben der Verteilung von flüssigem Wasser auch Überlegungen zur Verteilung von Wasserdampf in Dämmebenen angestellt. Dabei konnte grob orientierend festgestellt werden, dass über den mit flüssigem Wasser beaufschlagten Bereich hinaus auch der Wasserdampf für eine nachfolgende Schimmelbildung relevant war. In Abb. 3-23 sind einzelne Leitungswasserschäden als blaue Punkte gekennzeichnet. Die dunkelvioletten Kreise entsprechen dem Radius der wässrigen Phase, die hellvioletten Bereiche sind zusätzlich durch Wasserdampf beeinflusst worden.

In diesem Zusammenhang ist interessant, wie viel Wasser benötigt wird, damit in der Fläche einer Fußbodenkonstruktion für Schimmelwachstum ausreichende Feuchtegehalte in der Dämmebene vorliegen. Dazu wird ein schwimmend verlegter Estrich mit einer 50 mm hohen Dämmstoffebene aus Polystyrol-Schaumstoff angenommen. Die Berechnung führt zu folgender, überschlägiger Abschätzung unter idealisierten Bedingungen wie gleichmäßige Verteilung und keine hygroskopischen, wasseraufnehmenden Materialien:

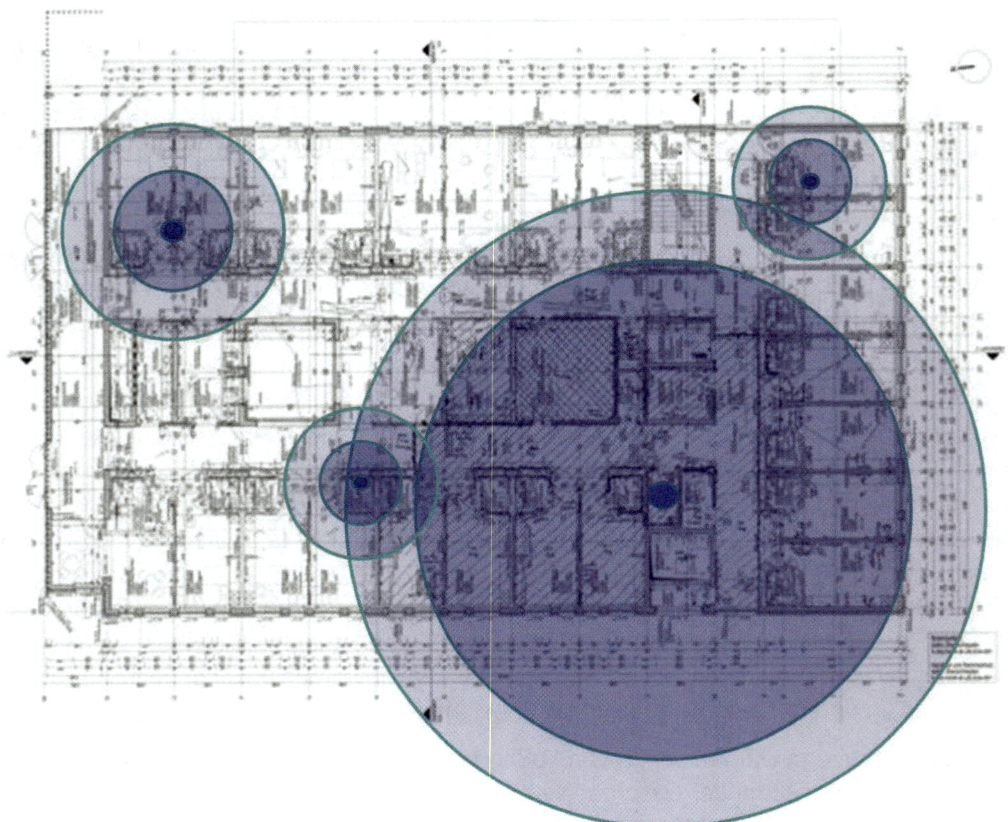

Abbildung 3-23: Ausgehend von mehreren Leitungswasserschäden (blaue Punkte) hat sich flüssiges Wasser (dunkelviolette Kreise) und Wasserdampf (hellviolette Kreise) in der Dämmebene von schwimmend verlegten Estrichen ausgebreitet

Flüssiges Wasser: Bei 1.000 m² Grundfläche und einer Dämmstoffhöhe von 0,05 m (50 mm) beträgt das Dämmstoffvolumen unter dem Estrich 50 m³ oder 50.000 l. Unter einer vereinfachten Annahme einer Wasserhöhe von 1 mm (= 0,001 m) ergibt sich eine Wassermenge von 1.000 m² x 0,001 m = 1 m³ oder 1.000 l Wasser. Umgerechnet auf ein Wohnhaus mit 80 m² Grundfläche wären 80 l Wasser nötig für eine flächige Durchfeuchtung mit einer Wasserhöhe von 1 mm.

Wasserdampf (gasförmiges Wasser): Für ein Schimmelwachstum reichen bereits erhöhte Feuchtegehalte aus – stehendes Wasser wird nicht benötigt. Wasserdampf hat bei 20 °C einen Sättigungswert (bei 100 % relative Luftfeuchte) von 17,3 g/m³. Die in der Dämmebene eingeschlossenen Luftvolumina werden vereinfachend und grob geschätzt mit 10 % angenommen, was bei einer Grundfläche von 1.000 m² einem Volumen von 5 m³ entspricht. Multipliziert man dieses Volumen mit 17,3 g/m³, werden 86,5 g Wasser erhalten. Dieser Wert entspricht gerundet ca. 0,1 l Wasser, die für eine Fläche von 1.000 m² unter einer idealisierten Betrachtungsweise für einen Schimmelschaden in der Dämmebene unter einem schwimmend verlegten Estrich ausreichend sind. Für ein Wohnhaus mit 80 m² Grundfläche ergeben sich ca. 0,01 l Wasser.

Diese Berechnungen weisen verschiedene Schwachstellen auf und können um einiges daneben liegen. Trotzdem zeigen sie aber auf, dass keine Kubikmeter nötig sind, sondern vergleichsweise wenig Wasser im Litermaßstab ausreichend ist, um maximale Schimmelschäden in Gebäuden zu verursachen.

3.3.5 Vertikale Verteilung von bestimmungswidrig freigesetztem Wasser

In jedem mehrgeschossigen Gebäude gibt es luft- und wassergängige Verbindungen zwischen den einzelnen Geschossen. Während vor dem Hintergrund von Brandschutzmaßnahmen die einzelnen Geschosse brandschutztechnisch voneinander getrennt sind (oder sein sollten), ist für Leitungswasserschäden eine derartige vorbeugende Maßnahme zur Vermeidung von geschossübergreifenden Feuchteszenarien noch Wunschdenken.

Wasser läuft bei einem Leitungswasserschaden in einem Schacht oder einer sonstigen Durchdringung der Geschossebene(n) nach unten. Dabei breitet sich Wasser in Abhängigkeit von Wassermenge und Verbreitungsmöglichkeit unkontrolliert nach unten aus. Dazwischenliegende Geschossebenen sind hinsichtlich der baulich-technischen Ausführung im Schacht-/Durchdringungsbereich von Geschossebenen teilweise Hindernisse bzw. Aufprallbereich, die als „Sprungbett" für eine Verteilung des Wassers auch innerhalb der Geschossebene dienen können (siehe oben). In Abb. 3-24 ist die vertikale und horizontale Verteilung von Wasser in einem Schacht schematisch dargestellt. Zwischen den beiden skizzierten Wasserverteilungen sind alle Übergänge möglich. Bei Leitungswasserschäden ist immer auch zu berücksichtigen, dass es nicht nur eine Durchdringung in die darunter liegenden Geschossebenen gibt. Dementsprechend sind alle Schächte in die Überlegungen mit einzubeziehen.

3.3.6 Fallbeispiele: Wasserhochzüge und Wandschimmel auf Höhe der Fußbodenkonstruktion

Warum sollten die Feuchte-/Schimmelschäden in den Abb. 3-25 bis 3-27 auf Höhe des Fußbodenbelages aufhören? Damit es zu einem sichtbaren Schaden über dem Fußbodenbelag kommt, muss (viel) Wasser am Putz des Wandfußes angestanden haben. Betroffen können die Wandfüße an Außen- und Innenwänden sein. Typischerweise ist bei derartigen Schadensbildern die Dämmebene der Fußbodenkonstruktion sehr feucht (geworden). Durch das anstehende Wasser am Wandputz saugt sich dieser voll und gibt die Feuchtigkeit so lange an darüber liegende Putzbereiche ab, bis die Verdunstung oberhalb des Bodenbelages dem Feuchtenachschub entspricht. Je nach Feuchtemenge, Putzaufbau und bautechnischen Gegebenheiten stellt sich eine kapillare Wasseraufstiegshöhe ein. Diese kann unter „günstigen" Bedingungen bis zu 1 m Höhe und mehr erreichen. Unter Feuchteeinwirkung stellen sich am Wandputz grauschwarze Verfärbungen mit schimmelartigen Gestaltbildungen oder veränderte Wandoberflächenstrukturen ein.

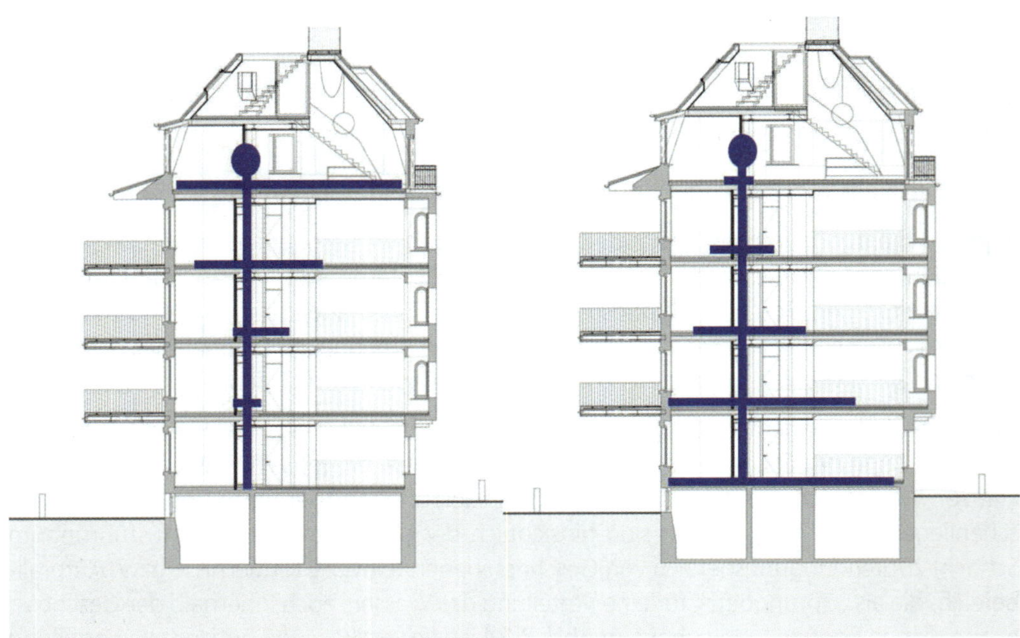

Abbildung 3-24: Die Freisetzung von Wasser im obersten Geschoss (blauer Punkt) führt bei entsprechenden Wassermengen in Abhängigkeit von den baulich-technischen Gegebenheiten zu einer nicht vorhersehbaren Wasserverteilung in Fußbodenkonstruktionen

Bei den Schadensbildern in den Abb. 3-25, 3-26 und 3-27 ist davon auszugehen, dass nicht nur die Wandoberfläche am Wandfuß, sondern auch die Dämmung der Fußbodenkonstruktion mehr oder weniger intensiv durchfeuchtet ist oder war. Die bei derartigen Sachverhalten sichtbaren Schäden an Wandoberflächen sind demnach als „Bagatellschaden" zu bezeichnen, während die einhergehenden verdeckten und zunächst nicht sichtbaren Schäden wegen durchfeuchteter Dämmebenen regelmäßig von Klein- zu Großschäden mutieren.

Abbildungen 3-25: Das sichtbare Schadensbild lässt auf einen Wasserschaden mit verdeckten Schimmelschäden am Wandfuß und in der benachbarten Fußbodenkonstruktion schließen

Abbildungen 3-26: Das sichtbare Schadensbild unter einer Küchenzeile lässt auf einen Wasserschaden mit verdeckten Schimmelschäden am Wandfuß und in der benachbarten Fußbodenkonstruktion schließen

Abbildung 3-27: Das sichtbare Schadensbild lässt auf einen Wasserschaden mit verdeckten Schimmelschäden am Wandfuß und in der benachbarten Fußbodenkonstruktion schließen

Mit geringer Wahrscheinlichkeit werden derartige Schadensbilder durch ein falsches Heiz-/Lüftungsverhalten verursacht, da warme, wasserdampfbeladene Luftströme nach oben transportiert werden und eher am Übergang von Decke zu Außenwand kondensieren.

Zudem dürfte an der Wand hinter der Sockelleiste oder auf Höhe der Fußbodenkonstruktion kein oder deutlich weniger Schimmel vorhanden sein.

3.4 Hochwasser und Fäkalschäden

Bei diesen Schadenstypen gilt bezüglich Feuchtigkeit prinzipiell vergleichbares wie im Kapitel „Leitungswasserschäden" dargestellt. Allerdings sind zusätzliche Gesichtspunkte zu berücksichtigen. Ein Beispiel zeigt Abb. 3-28.

Abbildung 3-28: In jedem Erdgeschoss der einzelnen Häuser liegen nach dem Wassereintrag mit durchfeuchtetem Mauerwerk Feuchteverhältnisse vor, die zwingend zu einem Schimmelschaden führen (@ Erwin Wodicka/Shotshop.com)

Durch den Eintrag von Fäkalien aus Abwasserleitungen oder über Tierexkremente von Weiden können infektiöse Potenziale wie z.B. durch Escherichia coli (E. coli) und Enterokokken in den Gebäuden freigesetzt oder in diese eingetragen werden. Über speziellere mikrobiologische Untersuchungen lassen sich derartige Gefährdungspotenziale erkennen.

Wenn eine Infektionsgefahr nicht vollständig ausgeschlossen werden kann, ist nach dem Vorsorgeprinzip von einer erhöhten gesundheitlichen Gefährdung auszugehen, da relevante Keime nach TRBA (= Technische Regeln für Biologische Arbeitsstoffe) in die Gruppe 2 oder 3 eingestuft werden (biologische Arbeitsstoffe, die eine Krankheit beim Menschen hervorrufen können). Dementsprechend sind besondere Schutzmaßnahmen bei der Sanierung nötig.

Bei Hochwasserschäden steht typischerweise eine Wassersäule auf Bauteilen mit der Folge, dass alle Hohlräume voll Wasser laufen. Dies gilt nicht nur für Fußbodenkonstruktionen, sondern auch für Wände aus Hochlochziegeln, Hohlblocks und Ähnlichem incl. der Dämmung (Abb. 3-29).

***Abbildung 3-29:** Bei Hochwasserschäden sind nicht nur die Oberflächen, sondern auch die gesamten Wandbaumaterialien betroffen incl. Wandbausteine und Dämmung wie im abgebildeten Fall*

„Offenporige" Materialien wie Mauermörtel und Porenbetonsteine werden mehr oder weniger vollständig mit Wasser und dessen Inhaltsstoffen wie z.B. Heizöl, Nährstoffen oder Keimen durchtränkt. In der Gesamtschau bedeutet dies, dass bei einer fachgerechten Sanierung nicht nur die Oberflächen, sondern auch die innenliegenden Bereiche von Wandbausteinen und anderen Wandbaumaterialien selbst zu berücksichtigen sind (Ständerwände und Vorwandinstallationen sind bei Hochwasserschäden regelmäßig vollständig zu erneuern). Durch entsprechende Bauteilöffnungen sind Bauteilfeuchten eindeutig bestimmbar, durch Beprobungen und mikrobiologische Laboranalytik lassen sich Verkeimungsgrade und Artenspektren charakterisieren (Abb. 3-30). Beides dient als Grundlage für die Erstellung eines Sanierungskonzeptes mit Kostenschätzung.

Abbildung 3-30: Nach Hochwasserschäden führen durchfeuchtete und verkeimte Wandbausteine u.U. zum Komplettrückbau eines Gebäudes

Problem Heizöl: Mittels chemischer Vor-Ort-Analytik oder Laboruntersuchungen werden aromatische und aliphatische Kohlenwasserstoffe als Komponenten von Heizöl, Dieselkraftstoffen oder Benzin nachgewiesen oder ausgeschlossen. Durch Schnelltestungen können geruchsaktive Verbindungen in Bauteilen und Materialien orientierend zeitnah identifiziert werden. Wenn beispielsweise kein eindeutiger Heizölgeruch auszumachen ist, gibt man verdächtiges Material in geruchsneutrale Gefäße, erwärmt diese leicht (z.B. in der Sonne) und überprüft den davon abgehenden Geruch (Abb. 3-31, Achtung: Chemisch riechen mittels Zufächeln von Luft, da Gesundheitsgefahr besteht). In der Gesamtschau muss in einem betroffenen Gebäude sichergestellt werden, dass alle messtechnisch nachweisbaren Rückstände und „Heizölgerüche" beseitigt werden, da jeweils eine Gesundheitsrelevanz gegeben ist.

Bei der Sanierung von Hochwasserschäden sind als Besonderheit ein überproportionales Trocknen der Bausubstanz, die Berücksichtigung von infektiösen Potenzialen und mögliche Heizöl-, Dieselkraftstoff-, Benzineinträge nötig. Dabei ist aber zunächst zu klären, ob eine fachgerechte Sanierung unter wirtschaftlichen Gesichtspunkten im Gesamtzusammenhang sinnvoll ist. Nicht nur in Einzelfällen war es beispielsweise bei dem Hochwasserereignis im Raum Deggendorf im Jahr 2013 angezeigt, einen wirtschaftlichen Totalschaden zu akzeptieren und das durchfeuchtete Gebäude durch einen Neubau zu ersetzen (natürlich hochwassersicher geplant und ausgeführt).

Abbildung 3-31: Für orientierende Geruchstestungen können verdächtige Materialien in geruchsneutralen Gefäßen z.B. in der Sonne erwärmt werden (Achtung: Chemisch riechen mittels Zufächeln von Luft, da Gesundheitsgefahr besteht)

Nach Hochwasserereignissen hat sich mittlerweile eine „Trocknungsindustrie" etabliert, die wie ein Wanderzirkus von Hochwasser zu Hochwasser eilt. Wenn aber ohne Sanierungskonzept ausschließlich nach dem Motto „schnell, schnell" getrocknet, gearbeitet und oberflächlich saniert wird, sind Fehler mit erhöhten bis großen gesundheitlichen Risiken und hohen wirtschaftlichen Folgekosten vorprogrammiert. Die Erkenntnisse aus vergangenen Hochwasserereignissen haben hierfür in Expertenkreisen eindeutige Belege geliefert.

3.5 Wärmebrücken und die Folgen der Wasserkondensation

Eine mangelnde Außenwanddämmung oder Wärmebrücken speziell am Auflager von Betondecken auf Wänden führen in der kalten Jahreszeit wegen des Temperaturunterschiedes zwischen „innen" und „außen" zu einer raumseitigen Kondensationsfeuchtigkeit in der Dämmung unter dem Fußboden mit der Folge eines verdeckten, nicht sichtbaren Schimmelpilz- oder Bakterienbefalls. Auch ein „kalter" Keller, ein ausgekühltes Treppenhaus oder eine unbeheizte Tiefgarage unter einer Erdgeschosswohnung können zur Unterschreitung des Taupunktes und damit raumseitig zu Feuchtigkeitsbildung in der Dämmebene des Fußbodens führen. Denn letztendlich liegt (bauphysikalisch gesehen) bei Fußbodenkonstruktionen eine Innendämmung vor ohne funktionierende Dampfsperre (Randfuge ist nicht feuchtedicht, siehe Kapitel 7.1). Dies bedeutet, dass Wasserdampf über die Randfuge an den Wandfuß gelangt und dort bei kalter Oberfläche kondensiert.

Bei Wärmebrücken ist es im Winter außen kalt und innen nicht warm genug. Durch einen Wärmefluss von innen nach außen kommt es zu einer Auskühlung der raumseitigen Oberfläche. Besonders betroffen sind Außenwandecken oder die Einbindung von betonierten Geschossdecken in die Außenwand (Abb. 3-32, diese und die nächsten Abbildungen wurden von dem viel zu früh verstorbenen Prof. Dr.-Ing. Gerd Hauser, Bauphysiker an der TU München, zur Verfügung gestellt). Vergleichbar ist diese Feuchtigkeitsbildung mit einer Wasserflasche aus dem Kühlschrank: Bei hohen Zimmertemperaturen und/oder Raumfeuchten wird (wie der Bauphysiker sagt) der Taupunkt an der Flaschenoberfläche unterschritten, womit gasförmiger Wasserdampf kondensiert. Derselbe Effekt findet im Winter an nicht oder ungenügend gedämmten Bauteilen statt.

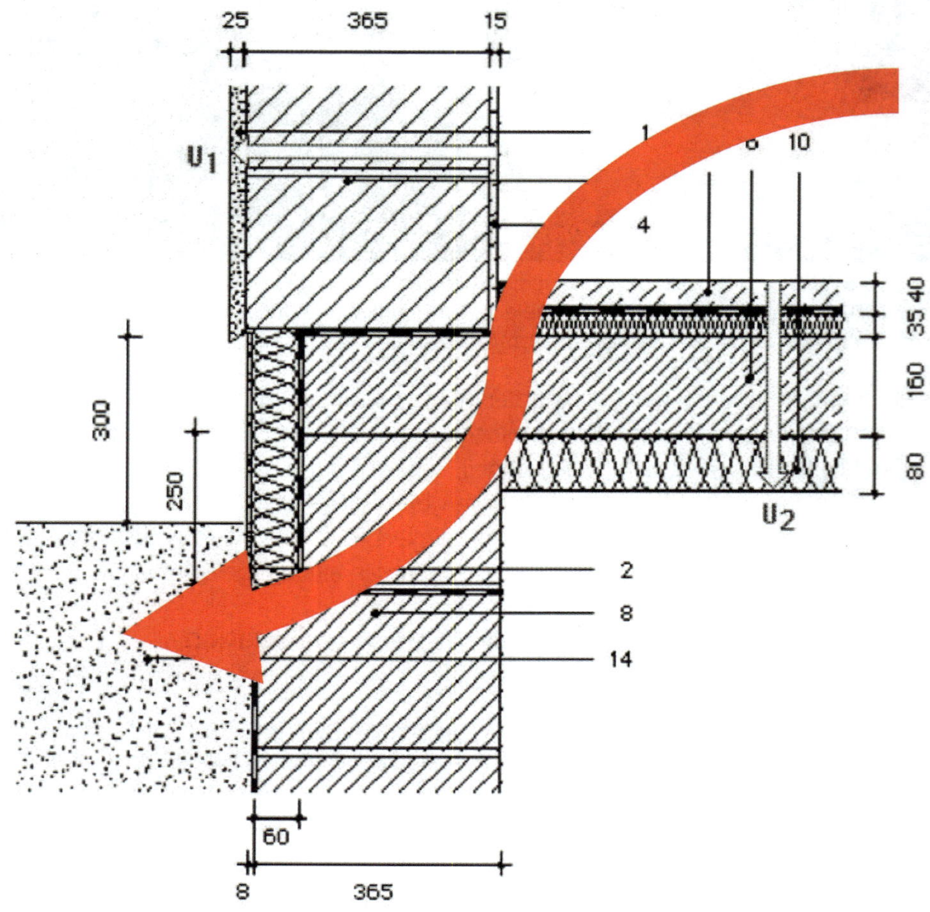

Abbildung 3-32: Bei Wärmebrücken führt ein Wärmefluss (als roter Pfeil dargestellt) zur Abkühlung der raumseitigen Oberfläche. Nach Unterschreitung des Taupunktes kommt es zur Kondensatbildung (Quelle: Ingenieurbüro Hauser)

Führt ein Wärmefluss zur Unterschreitung des Taupunktes (die Temperatur beispielsweise auf einer raumseitigen Außenwandoberfläche, bei der Wasserdampf kondensiert), wird durch Feuchtigkeit die Grundlage für ein Schimmelwachstum gelegt. Dabei muss kein flüssiges Wasser auftreten – eine hohe Materialfeuchte reicht einigen Schimmelpilzarten zum Wachstum aus. Im konkreten Fall der Abb. 3-33 wird trotz einer stirnseitigen Dämmung der Betondecke in der Außenwand der Taupunkt unter standardisierten Bedingungen rechnerisch unterschritten. Hinsichtlich dieser Erkenntnis ist nach dem ersten strengen Winter mit verstärkter Auskühlung der Bausubstanz von einem Schimmelschaden am Wandfuß in der Dämmebene der Fußbodenkonstruktion auszugehen.

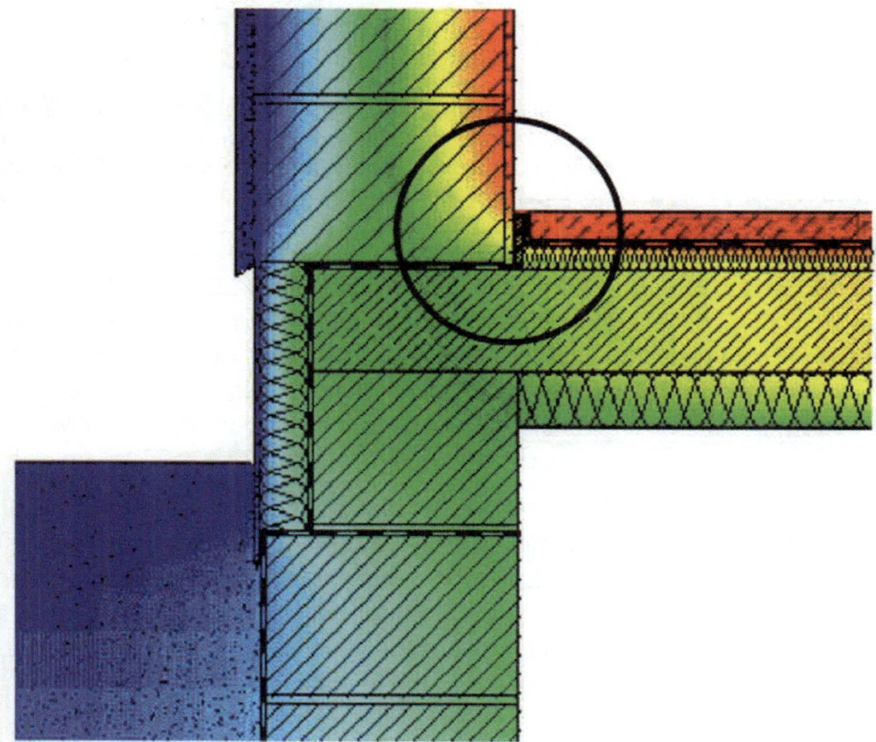

Abbildung 3-33: Trotz verschiedener Dämmmaßnahmen führt der gewählte monolithische Wandaufbau zusammen mit der Deckenkonstruktion zu einem Auskühlen raumseitiger Bereiche (im Kreis), die bei einem strengen Winter zur Taupunktunterschreitung mit nachfolgendem Schimmelbefall führen (Quelle: Ingenieurbüro Hauser)

Gleiches gilt für eine thermisch getrennte Balkonplatte, bei der trotz aller Bemühungen mit einer trennenden Dämmschicht zwischen Geschossdecke und Balkonplatte eine Taupunktunterschreitung nicht auszuschließen ist (Abb. 3-34).

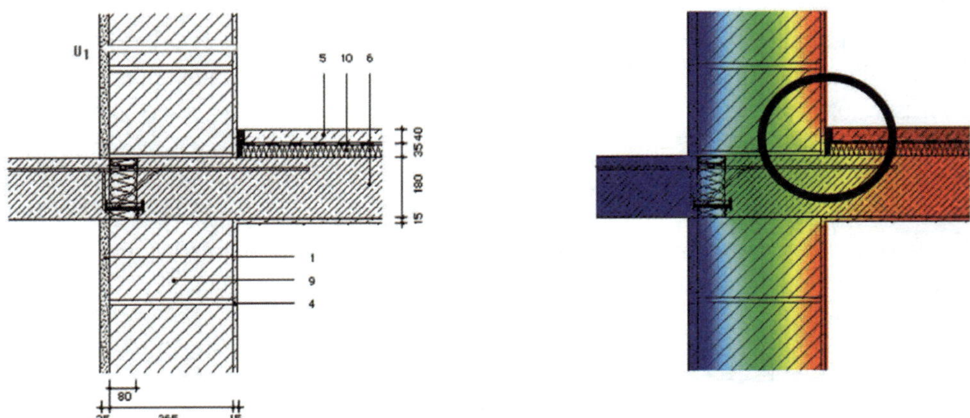

Abbildung 3-34: Die nach links auskragende Balkonplatte wurde thermisch getrennt (linker Abbildungsteil) – trotzdem ergibt die rechnerische Überprüfung eine relevante Wärmebrücke (rechter Abbildungsteil), an der im Bereich des Kreises durch Tauwasseranfall ein Schimmelschaden nicht ausschließbar ist (Quelle: Ingenieurbüro Hauser)

In der Praxis zeigen sich derartige Wärmebrücken mit Tauwasseranfall auch an bewitterten Fußbodenkonstruktionen. In dem auskragenden Raum in den Abb. 3-35 und 3-36 war trotz einer (allerdings zu gering dimensionierten) Außendämmung die raumseitige Dämmebene der Fußbodenkonstruktion feuchte- und schimmelbelastet. Auslöser für die entsprechende Begutachtung waren gesundheitliche Beschwerden der Raumnutzer, Geruchsauffälligkeiten und kleinflächige sichtbare Schimmelschäden im Bereich der Sockelleiste in dem Wohnraum über dem mit einem Pfeil gekennzeichneten Gebäudeteil.

In dem Beispiel der Abb. 3-35 und 3-36 liegt bei der raumseitigen Fußbodenkonstruktion mit einem üblichen schwimmend verlegten Estrich eine nicht luftdicht von der Raumluft abgetrennte Innendämmung ohne Dampfsperre vor. Liegen derartige Fußbodenaufbauten über einem freitragenden Geschoss über Außenluft (oder über einer unbeheizten Tiefgarage oder Keller), kann es bei fehlender oder ungenügender Außendämmung zu Kondensationswasserbildung kommen.

Abbildung 3-35 und 3-36: Die über der Auskragung befindliche Fußbodenkonstruktion war feuchte- und schimmelbelastet

3.6 Luftdichtheit speziell in Dach- und Holzständerkonstruktionen

Bereits kleine Leckagen in der Luftdichtigkeitsebene können zu starken Stoffströmen führen, bei denen warme und wasserdampfbeladene Innenraumluft an kalten Oberflächen kondensieren kann. Erfolgt dies in Hohlräumen, ergeben sich zunächst schwer erkennbare Schäden. Nachfolgend werden eindrucksvolle Beispiele aufgezeigt.

3.6.1 Flachdachkonstruktion mit raumseitigen Durchdringungen der Luftdichtheitsebene

In einem mehrstöckigen Verwaltungsgebäude wurde ein zusätzliches Geschoss auf die bestehende Bausubstanz aufgesetzt. Nach dem Einzug in das neue, mit einem Flachdach abschließende Stockwerk (Abb. 3-37) kam es in einigen Büroräumen zunächst zu Geruchsauffälligkeiten und nachfolgend zu gesundheitlichen Beschwerden der Raumnutzer.

Abbildung 3-37: Großräumige Flachdachkonstruktion über einem zusätzlich errichteten Geschoss

Die Ergebnisse von stichprobenartigen Untersuchungen in Räumen und in der Dämmebene des Flachdaches auf chemische Verbindungen und Schimmel führten zu der Schlussfolgerung, dass die Ursache auf mikrobielle Aktivitäten in der Dämmebene des Daches zurückzuführen sein muss. Nach Eröffnung der Dachkonstruktion war ein offensichtliches Schimmelpilzwachstum in der Dämmebene des Daches nachweisbar.

Wie sich bei der Begutachtung herausstellte, wurde bzw. sollte die Luftdichtheit durch ein Trapezblech gewährleistet werden. Dieses war je nach Bedarf mehr oder weniger häufig angebohrt bzw. durchlöchert worden, um Installationen und die abgehängte Decke zu befestigen (Abb. 3-38).

***Abbildung 3-38:** Die als Luftdichtigkeitsebene vorgesehene Trapezblechebene der Dachkonstruktion wurde an verschiedenen Stellen durchlöchert, womit Wasserdampf in die Dämmebene eindringen konnte*

Diese Durchdringungen der Luftdichtigkeitsebene waren nicht vollständig dicht, sodass nachfolgend mit Wasserdampf beladene Luft in die Dämmebene des Flachdaches eindringen konnte, dort an der außenseitigen „Elefantenhaut" des Daches kondensierte mit der Folge von Schimmelwachstum. In der Dämmebene bildeten sich u.a. geruchsaktive Stoffwechselprodukte, die bei entsprechendem Winddruck, Luftdruck und bei höheren Temperaturen den Weg des geringsten Widerstands nahmen: So wie wasserdampfgeladene Luft in die Dämmebene hineingekommen ist, kamen gasförmige Emissionen mikrobiellen Ursprungs incl. geruchsaktiver Verbindungen durch das Expansionsbestreben der Gase bzw. geruchsaktiven Verbindungen aus der Dämmebene in die Raumluft der Büroräume. Hier belasteten sie die Mitarbeiter. Je nach Anzahl der Durchdringungen waren mehr oder weniger intensive Geruchsauffälligkeiten in der Raumluft der einzelnen Büros wahrnehmbar. Damit war die Quelle der Geruchsbelastungen in den Büroräumen und der damit verbundenen Beschwerden identifiziert. Eine punktuelle Nachbesserung der Luftdichtigkeitsebene mit Flüssigdichtstoff an den Durchdringungen führte umgehend zu einer deutlichen Verbesserung der Geruchssituation in den Räumen und zu einem Nachlassen der Beschwerden bei den Raumnutzern. Ursprünglich war darüber nachgedacht worden, das gesamte Dach für einen Millionenbetrag zu erneuern und die vielen betroffenen Arbeitsplätze während der Sanierungsphase auszulagern. Im Hinblick auf den wirtschaftlichen Schaden zusammen mit einer schnellen „Geruchsverbesserung" incl. deutlicher Reduzierung der Ausfallzeiten der Mitarbeiter auf den Branchendurchschnitt mutierte die „Probesanierung" mit punktuellen Abdichtungsarbeiten (Kosten: Ca. 70.000 €) zu einer angepassten endgültigen Sanierung. Aufwand und Ertrag standen damit in einem extrem guten Verhältnis.

3.6.2 Kleine Lecks, große Wirkung

Eine nicht fachgerecht ausgeführte Dampfbremse, die zugleich als Luftdichtheitsebene ausgebildet ist, hat fatale Folgen: Was Anfangs als kleiner Fleck an der Fassade eines Einfamilienhauses sichtbar war, entpuppte sich als Worst-Case-Szenario mit Kosten von etwa 180.000 €. Die nachfolgenden Ausführungen beziehen sich auf einen Artikel aus dem Deutschen Architektenblatt (Küsters & Zwiener, 2011).

Den Eigentümern waren in ihrem neu errichteten Haus von außen am Giebel dunkle Verfärbungen aufgefallen. Die Ursache wurde zunächst im Bereich der Fassade vermutet, da ein Wärmedämmverbundsystem aufgebracht worden war. Im Rahmen der Begutachtung wurden nicht fachgerechte Anschlüsse der Luftdichtigkeitsschicht im Bereich des Übergangs vom Drempel zur Dachschräge bemerkt. Dort wurde u.a. die Folie nur mit einer Klebemasse an der Wand befestigt. Die erforderliche Entlastungsschlaufe zur Aufnahme von Bauwerksbewegungen war nicht ausgeführt. Die vom Hersteller genannten Klebstoffmengen wurden teilweise deutlich unterschritten, die geklebte Luftdichtigkeitsebene wurde nicht nach Norm mit einer Anpresslatte zusätzlich fixiert. Die Befestigung erfolgte auch nicht auf der Wandfläche, sondern auf der Wandkrone. Weiterhin konnten Lücken bei der Verklebung und Fehlstellen bei Kabeldurchführungen erkannt werden. In einem Raum ließ sich die Dampfbremse entlang der Außenwand anheben.

Hinsichtlich dieser Befundtatsachen bestand das Risiko, dass Innenraumfeuchtigkeit in die Dachkonstruktion gelangte und hier kondensierte. Hinweise darauf, dass Wasserdampfkondensation tatsächlich in der Dachkonstruktion stattgefunden hat, gaben oben genannte Flecken im Bereich der Giebel. Nach einer detaillierten Schadensaufnahme wurde der gesamte Dachstuhl zurückgebaut. Wegen einer speziellen Dachkonstruktion mit einer das Haus überspannenden frei stehenden Stahlkonstruktion wurde in der Summe ein 6-stelliger Betrag für die Sanierung nötig – und die Bauherren machten ihren Unmut und Leidensweg bis zur Klärung der Sachverhalte durch eine plakative Aktion der Öffentlichkeit zugänglich (Abb. 3-39, aus Deutsches Architektenblatt 11/2011).

Abbildung 3-39: Eine undichte Luftdichtigkeitsebene führte zum Komplettrückbau des Dachstuhls und eines nachfolgenden Neubaus der Dachkonstruktion (Abbildung aus Deutsches Architektenblatt 11/2011)

Wie hätte der Schaden vermieden werden können? Im Prinzip ganz einfach: Wenn nach dem Einbringen der Luftdichtigkeitsebene im Dachgeschoss neben einer Sichtprüfung eine Differenzdruckmessung mit Leckageortung zur Überprüfung der Luftdichtheit stattgefunden hätte.

3.7 Aufsteigende Feuchtigkeit im Mauerwerk

Ältere Gebäude haben durchgängig ein Problem: Eine fehlende oder mangelnde Abdichtung gegen außen anstehende Feuchtigkeit im umgebenden Erdreich. Früher war Feuchtigkeit im Keller gewünscht, um Kartoffeln oder andere Nahrungsmittel möglichst lange lagern zu können oder frisch zu halten. Diese Untergeschossräume in älteren Gebäuden waren nie zu Wohnzwecken errichtet worden oder für solche vorgesehen, geschweige denn für derartige Zwecke geeignet. Wer heute langfristig trockene Wohnräume in ehemaligen feuchten Kellern älterer Gebäude einrichten will, muss dementsprechend massiv in die Bausubstanz eingreifen und damit viel Geld in die Hand nehmen. Und ob ein vollständiges Abdichten gelingt, hängt auch von der Vor-Ort-Situation ab: Beispielsweise können unter der Bodenplatte oder unter den Fundamenten keine Abdichtungen nachträglich eingebaut werden, weshalb mit entsprechenden raumseitigen „Hilfslösungen" zu arbeiten wäre. Ohne fachkundige Unterstützung sind derartige Sanierungen zum Scheitern verurteilt.

Unabhängig davon sind auch Erdgeschossräume in älteren Gebäuden ohne oder ohne funktionierende Abdichtungen an Außenwänden von (aufsteigender) Feuchtigkeit betroffen wie dies Abb. 3-40 zeigt.

Abbildung 3-40: Das sichtbare Schadensbild lässt durch Veränderungen der Oberflächenstruktur des Wandputzes auf aufsteigende Feuchtigkeit schließen, bei der auch raumseitig ein Feuchteschaden am Wandfuß und in der benachbarten Fußbodenkonstruktion vorliegen sollte (was durch mikrobiologische Untersuchungen im konkreten Fall bestätigt wurde)

Die Aufnahme von Feuchtigkeit in Bauteilen kann prinzipiell entweder in flüssiger Form oder durch Wasserdampf erfolgen, der im Mauerwerk in den flüssigen Aggregatzustand übergehen kann. Die Feuchteaufnahme hängt von verschiedenen Faktoren ab (Details finden sich bei Balak & Pech, 2008):

- Der Porosität der Wandbaustoffe und der damit einhergehenden Porenstruktur, Porengröße und den Porenabständen.
- Die Wasserzufuhr von unten und das Ausmaß der Verdunstung beeinflussen die Steighöhe des Wassers, d.h., die Feuchtigkeit steigt so lange, bis zwischen beiden Vorgängen Gleichgewicht eingetreten ist.
- Von Transportvorgängen innerhalb der Wand: Dem Diffusionsstrom des Wasserdampfes steht der Transport des flüssigen Wassers als so genannte Kapillarleitung aufgrund von adhäsionsbedingten Zugkräften gegenüber.
- Kapillarität: Die kapillare Wasseraufnahme wird im Wesentlichen durch zwei Gesetze beschrieben, die kapillare Steighöhe und die kapillare Sauggeschwindigkeit.

- Kondensation: Die im Mauerwerk angereicherte Wassermenge durch Kondensat ist im Vergleich zur Wassermenge durch kapillar aufsteigende Feuchtigkeit und zu seitlich eindringendem Bodenwasser sehr gering, da die Kondensatfeuchte sich meistens nur in wandoberflächennahen Zonen anreichert.

Auszug aus Balak, 2017: Grundsätzlich kann davon ausgegangen werden, dass es sich bei der Flüssigkeit im Mauerwerk immer um eine Salzlösung und nicht um „reines" Wasser handelt. Die Mauerfeuchtigkeit befindet sich in ständiger, wenn auch sehr langsamer Bewegung, und zwar von unten nach oben. Es kann dabei zwischen zwei Bewegungsarten unterschieden werden: Die der Flüssigkeit selbst und die der Wanderung von Salzen innerhalb der Flüssigkeit (Diffusion). Aufgrund dieser Vorgänge findet ein ständiger Austausch statt. Salze gelangen aus dem Boden in das Mauerwerk, vom Mörtel in den Mauerstein oder umgekehrt. Das Wasser verdunstet schließlich an der Wandoberfläche, wodurch dort die Salze sichtbar als „Ausblühung" zurückbleiben. Weiterhin besteht die Möglichkeit, dass die in der Luftfeuchtigkeit gelösten Salze (z.B. Sulfate) vom Mauerwerk aufgenommen werden.

Im Allgemeinen haben diffundierende Salze das Bestreben, sich möglichst gleichmäßig über den gesamten Feuchtigkeitsbereich auszubreiten. Die Diffusionsströmungen werden aber in Wirklichkeit von den kapillaren Strömungen wesentlich beeinflusst. Dadurch kommt es bei Ziegelmauerwerk zu einer Salzanreicherung in den obersten Teilen der Feuchtigkeitszone, wo sich auch die größten Schäden entwickeln, da die Kapillarströmungen stärker als die Diffusionsströmungen sind. Bei sehr dichten Natursteinen hingegen sind die kapillaren Bewegungen nicht wesentlich stärker als die Diffusionsströmungen. Die Schäden sind daher auf größere Flächen verteilt und nicht so scharf abgegrenzt wie an den Ziegelwänden. Nachfolgende Faktoren sind für die Schädigung des feuchten Mauerwerks maßgebend:

- Frostsprengung
- Absprengung durch Kristallisations- oder Hydratationsdruck der Salze
- Zerstörung des Mörtels durch Umwandlung in Salze und Abfuhr desselben als Ausblühung
- Begünstigung der Krustenbildung
- Begünstigung der Kondensation
- Begünstigung der Organismen (z.B. Hausschwamm)
- Erhöhung der Wärmeleitfähigkeit

Salzausblühungen erscheinen in Form eines weißen oder gefärbten Überzuges, der ein wolliges, mehliges oder glasurartiges Aussehen hat und die Ziegel, Steine und Mörtelfugen überdeckt. Die Salzausblühungen haben nicht nur den Nachteil, dass das Aussehen des Mauerwerks darunter leidet, sondern dass auch ein allmählicher Zerfall der Ziegel sowie eine Zerstörung des Mörtels als Folge des Kristallisations- und Hydratationsdruckes eintreten.

Die im Wasser gelösten Salze gelangen hinsichtlich des Trocknungsvorganges an die Oberfläche und erscheinen dort nach dem Verdunsten des Wassers und der dadurch entstehenden Kristallisation der Salze als Überzug. Die weißen Salzausblühungen bestehen ihrer chemischen Zusammensetzung nach aus Sulfaten, Chloriden, Nitraten und Carbonaten. Gelbe und grüne Ausblühungen hingegen stammen von Vanadin- oder Molybdänverbindungen.

3.8 Feuchtemessungen: Sinnvoll, nötig oder unsinnig?

Die nachfolgenden Ausführungen sind einem Beitrag des Tagungsbandes des 6. Würzburger Schimmelpilzforums aus dem Jahr 2016 entnommen (Riedl, 2016). Der Autor gibt zu Feuchtemessungen bei Schimmelschäden in diesem Beitrag u.a. Folgendes zu bedenken:

Ob und gegebenenfalls in welchem Umfang in den im jeweiligen Einzelfall zu untersuchenden Bauteilen wie Fußbodenkonstruktionen mikrobielle (Bau-)Schäden vorhanden sind, kann mit Hilfe von Feuchtemessungen nicht bzw. nicht sicher beantwortet werden. Dafür sind immer auch ergänzende mikrobiologische Untersuchungen von Materialproben im Labor erforderlich.

Wenn aber schon messtechnisch wesentlich erhöhte Feuchtegehalte nachgewiesen werden, spricht viel für die Annahme, dass dort auch mikrobielle Belastungen entstehen beziehungsweise bereits entstanden sind.

Was heißt in diesem Zusammenhang eigentlich „feucht"? Der Feuchtegehalt eines Baustoffs beziehungsweise Bauteils ist erhöht, wenn er über der bei nutzungsabhängig normalen Klimabedingungen zu erwartenden Ausgleichs- bzw. Gleichgewichtsfeuchte liegt. Zur messtechnischen Erfassung von Feuchtezuständen sind also (immer) vergleichende Betrachtungen erforderlich. Was mikrobielle (Bau-)Schäden angeht, sind allerdings nur wesentliche und länger andauernde Feuchteüberschreitungen wichtig.

3.8.1 Messmethoden

Grundsätzlich unterscheidet man Feuchtemessungen an Ort und Stelle und Untersuchungen an entnommenen Materialproben im Labor.

Wesentliche **Untersuchungsmöglichkeiten** vor Ort sind:

- Chemische Verfahren wie Calcium-Carbid-Methode
- Thermometrische Verfahren wie Wärmeleitfähigkeitsmessung, Infrarot-Verfahren
- Hygrometrische Verfahren wie Gleichgewichtsfeuchtemessung
- Elektrische Verfahren wie Leitfähigkeitsmessung, dielektrisches Verfahren, Mikrowellen-Verfahren, Induktions-Verfahren
- Radiometrische Verfahren wie Neutronen-Strahlen, Gamma-Strahlen

Die größte Bedeutung bei **Laboruntersuchungen** hat das gravimetrische Verfahren, bei dem die Feuchtigkeit an zerstörend entnommenen Materialproben bestimmt wird.

Alle diese Messmethoden haben systematische Messfehler und Fehlerquellen, die bei der Bewertung der (Mess-)Ergebnisse zu berücksichtigen sind. Zur möglichst genauen Ermittlung des Feuchtigkeitsgehaltes eines Bauteils oder Baustoffs gibt es bis heute nur die Möglichkeit einer bauteilezerstörenden Entnahme von Materialproben und deren anschließenden Untersuchung beziehungsweise Wägung und Ofentrocknung im Labor. Bei dieser gravimetrischen Bestimmung der Feuchtigkeit kann eine Mess(un)genauigkeit von ± 0,02 % erreicht werden.

Die zerstörungsfreien Messmethoden können in der Regel – wenn überhaupt – nur zur vergleichend orientierenden Erfassung von Feuchtezuständen dienen (z.B. Leschnik, 1999). Im Hinblick auf die Besonderheiten z.B. des Bauteils Fußbodenkonstruktion und der überwiegend verdeckt liegenden Materialschichten sowie deren meist unbekannten Einflüsse auf die Messergebnisse ist als Grundlage für deren sachgerechte Bewertung in der Regel eine Kalibrierung des Messgerätes anhand von gravimetrischen Vergleichsmessungen erforderlich. Dies hilft, krasse Fehlinterpretationen von Messergebnissen zu vermeiden.

Eine rasche, orientierende Abschätzung der Feuchte insbesondere in (leichten) Dämmstoffen ist gegeben durch das möglichst dichte Einpacken des Materials zusammen mit einer Messsonde (Abb. 3-41). Messungen an den im Rahmen von Bauteile zerstörenden Untersuchungen gewonnenen Materialproben können zum Beispiel mit einem elektronischen Feuchtemessgerät und einem Messfühler für Lufttemperatur und relative (Raum-)Luftfeuchte durchgeführt werden. In einen Beutel aus Kunststofffolie gepackte Materialproben können dort so orientierend auf im Vergleich zur Raumluftfeuchte eventuell erhöhten Feuchtegehalt hin überprüft werden.

Abbildung 3-41: Orientierende vergleichende (Bauteil-)Feuchtemessungen an faserigem Material – diese befindet sich zusammen mit dem Messkopf in der Kunststofftüte (Abbildung von Herrn Riedl zur Verfügung gestellt)

3.8.2 Mögliche systematische Schwierigkeiten bei Feuchtemessungen

Alle Messmethoden bilden nur eine Momentaufnahme zum Zeitpunkt der Messung und sagen nichts über bereits vergangene und erst später eintretende eventuell abweichende Feuchtezustände. Selbst tatsächliche Abwesenheit erhöhter Feuchtegehalte zum Zeitpunkt der Feuchtemessung schließt nämlich nicht aus, dass gegebenenfalls früher bereits ein- oder mehrmalig vorhandene erhöhte Feuchte schon abgetrocknet ist und/oder wiederkehrt.

Außerdem werden oft nur räumlich mehr oder weniger eng begrenzte stichprobenartige Untersuchungen zum Feuchtestatus durchgeführt. Im Allgemeinen reicht dies aber nicht aus, weil sich aus den wenigen dabei gewonnenen Erkenntnissen nicht genau genug und nicht sicher auf die Verhältnisse im Gesamten schließen lässt.

Deswegen empfiehlt sich eine ganzheitlich vergleichende Betrachtung mit den Ergebnissen von indirekten Nachweismethoden für zeitweise erhöhte Bauteilfeuchten wie zum Beispiel Thermografien, Luftdichtigkeitsmessungen, einer Objektbegehung mit einem gut geschulten sowie regelmäßig überprüften und deshalb als zuverlässig eingeschätzten Schimmelspürhund und/oder mikrobiologischer Untersuchungen von Materialproben.

3.9 Klassische (Beweis-)Frage bei Mieter-Vermieter-Auseinandersetzungen: Nutzungs- oder baubedingte Feuchtigkeit

Im Hinblick auf die in den vorhergehenden Kapiteln aufgezeigten möglichen Feuchteursachen gibt es sehr viele Möglichkeiten, dass das Gebäude die Ursache für einen Schimmelschaden = Feuchtefolgeschaden ist. In einer hervorragenden Art und Weise wurden bereits im Jahr 1993 Feuchteursachen hinsichtlich Schimmelschadensbilder zugeordnet und die (bau-)physikalischen und (bau-)technischen Grundlagen erläutert (Bieberstein, 1993). Verkompliziert wird eine Mieter-Vermieter-Auseinandersetzung regelmäßig dadurch, dass die Beweisfrage oftmals ausschließlich auf die sichtbaren Schimmelschäden abgestellt wird.

Sichtbare Schäden sind aber typischerweise nur ein Teil des Problems: Parallel treten verdeckte, nicht sichtbare Schimmelschäden auf, die vom Mieter nicht erkannt werden und vom Vermieter aus nachvollziehbaren Gründen nicht erkannt werden wollen. Aber erst das komplette Schadensbild aus sichtbaren, ehemals vorhandenen, verdeckten und nicht sichtbaren Schimmelschäden lässt Rückschlüsse auf die Feuchteursache(n) in fachlich korrekter Weise zu. Dazu ist allerdings neben dem Aufnehmen von Anknüpfungstatsachen eine mikrobiologische Bestandsaufnahme notwendig, um auch zunächst nicht erkennbare Schimmelschäden zu erkennen. Damit beschäftigt sich das Kapitel 5.2.

Ein kleines Beispiel möge die Komplexität eines sichtbaren Schimmelschadens verdeutlichen: Endet der sichtbare Schimmelschaden an der Wand auf Höhe der Sockelleiste, würde man diesen Schaden auf eine Kondensationsfeuchte und damit primär auf das Nutzerverhalten zurückführen. Derartige Schimmelschäden werden in Fachkreisen als „Kleinschäden"bezeichnet, da deren fachgerechte Beseitigung vergleichsweise preiswert ist. Geht das Schadensbild aber hinter der Sockelleiste als verdeckter Schaden weiter und hat sich auch auf Höhe der Fußbodenkonstruktion oder gar in dieser etabliert, dann sollten andere Feuchteursachen wie nicht erkannter Wasserschaden oder Mauerwerksfeuchte für die Ausprägung des Schimmelschadens die Grundlage liefern. Die sichtbaren Schimmelsymptome wären dann nur der augenscheinliche Teilbereich für einen umfangreichen Schimmelschaden.

Zusätzlich erschwert wird eine Mieter-Vermieter-Auseinandersetzung dadurch, dass es nicht nur aktuelle Feuchtigkeit, sondern phasenweise auftretende Feuchte durch Wärmebrücken und bereits abgetrocknete Feuchtigkeit z.B. aus der Bauphase gibt. Diese verschiedenen Feuchtearten gilt es zu berücksichtigen, wenn es um die fachlich korrekte Abarbeitung eines „Schimmelfalles" vor mietrechtlichem Hintergrund geht.

Eine nutzungsbedingte Feuchtigkeit kann durch unangepasstes Heizen, Lüften und Nutzen der Wohnung erfolgen. Zum Stellenwert der in diesem Zusammenhang zu nennenden Lüftungsanlagen finden sich nähere Informationen in Kapitel 7.4. Die Tendenz in der aktuellen Rechtsprechung geht hinsichtlich der eingeschränkten juristischen Sichtweise eines Fachsachverständigen in die Richtung, dass ein Gebäude eine wie auch immer geartete Nutzung im Hinblick auf entstehende Feuchtigkeit und den daraus entstehenden Schimmelfolgeschäden tolerieren muss. Diese sicherlich sehr mieterfreundliche Rechtsprechung hat einen realen Hintergrund: Die Anzahl an gebäudebedingten Feuchteursachen sollte deutlich höher sein als ursächlich nutzungsbedingt. Eindeutige Unterschiede ergeben sich bei einem Vergleich der eingetragenen Feuchtemengen: Während man nutzungsbedingt im Literbereich Wasser oder Wasserdampf freisetzt (und dieses durch ein mehr oder weniger intensives Lüften zumindest teilweise wieder entfernt), gelangen über aufsteigende Mauerwerksfeuchte, Neubaufeuchte oder Wasserschäden Wassermengen bis in den Kubikmeterbereich in das Gebäude. Die verfügbare Wassermenge für den sich bildenden Schimmelschaden ist durch gebäudebedingte Einträge demnach regelmäßig sehr viel höher im Vergleich zur nutzungsbedingten Wasserfreisetzung und der daraus resultierenden oberflächigen Kondensationsfeuchte.

4 Mikrobiologische Schadfaktoren

In diesem Kapitel werden neben deutschen auch manchmal die wissenschaftlichen Namen der Schimmelpilze, Bakterien, Insekten und Krebstiere benannt. Dies ist nötig, um eine eindeutige Benennung zu ermöglichen, da einzelne Arten oftmals im Deutschen unterschiedliche Bezeichnungen oder gar keinen Namen haben.

Jeder wissenschaftliche Artname besteht aus zwei Teilen: Der erste Gattungsname wird stets mit großem Anfangsbuchstaben geschrieben, für den nachfolgenden Artnamen gilt immer die Kleinschreibung. Die Namensgebung wird am Beispiel des bei Feuchteschäden häufig vorkommenden verschiedenfarbigen Gießkannenschimmels = Aspergillus versicolor beschrieben: Der erste Name (Aspergillus) beschreibt die Gattung. In dieser gibt es verschiedene Aspergillus-Arten. Der zweite Name (versicolor) gibt die Art an.

Eine Art ist als Fortpflanzungsgemeinschaft definiert. Mit der Gattung werden evolutionär nahe verwandte Arten zusammengefasst. Im Gegensatz dazu stehen (Apfel-)Sorten oder (Hunde-)Rassen, die innerhalb einer Art eine weitere Aufteilung ermöglichen. Typischerweise können verschiedene Sorten oder Rassen miteinander Nachkommen erzeugen, bei denen dann keine sortenreinen oder reinrassigen Nachkömmlinge entstehen.

Neben Schimmelpilzen können bei Schimmelschäden u.a. auch Hefepilze, Bakterien und Aktinomyceten (sporenbildende Bakterien) auftreten, weswegen in diesem Buch bei einem Schimmelschaden immer das gesamte auftretende Organismenspektrum gemeint ist. Diese verschiedenen Organismen leben teilweise miteinander oder in einer Abfolge nacheinander. Da sie Stoffwechsel betreiben, spricht man bei Schimmelschäden häufig auch von einer mikrobiellen Aktivität.

4.1 Sichtbare Schimmelschäden

Das Paradebeispiel für Schimmelpilze in Innenräumen sind offensichtliche Schimmelschäden an Wand- oder Deckenoberflächen (Abb. 4-1). Bei derartigen Schäden kann vermeintlich jeder mitreden, ob Laie oder Fachmann.

Hierbei handelt es sich – zumindest in Expertenkreisen – um sogenannte Bagatellschäden, die „eigentlich" ganz einfach und kostengünstig zu handhaben sind: Das Schimmelwachstum muss staubarm entfernt und die zugrunde liegende Feuchteursache erkannt und beseitigt werden. So weit, so gut in der Theorie. Wie sieht aber die Praxis aus? Mieter ziehen wegen dieser Bagatelle und vermeintlich davon ausgehender gesundheitlicher Beschwerden vor Gericht, Vermieter strengen Kündigungsklagen an wegen falschen Heizungs- und/oder Lüftungsverhaltens, Häuser werden wegen sichtbaren Schimmels nicht oder unter Preis verkauft und derartiger Albernheiten mehr.

Abbildung 4-1: Sichtbare Schimmelschäden sind einfach zu entdecken, weil offensichtlich

4.1.1 Salzausblühungen

Nähert man sich der Problematik offenkundiger Schimmelschäden aber sachlich auf einer rationalen Ebene, dann gilt es zunächst zu klären, ob es sich tatsächlich um eine mikrobielle Besiedelung handelt. Manchmal treten auch Salzausblühungen auf, deren kristalline Strukturen an die pelzigen Ausformungen von Schimmelwachstum erinnern. Derartige Schäden finden sich primär in Kellern oder Kellergeschossen bei massiver Mauerwerksfeuchte. Salzausblühungen entstehen durch Verdunstung bei hohen Feuchtegehalten des Materials, weswegen sich auch an die Umgebungsbedingungen angepasste Mikroorganismen an der Schadensstelle einfinden können.

Da für Salzausblühungen das Auftreten von größeren Mengen Wasser (und nachfolgender Verdunstung) zwangsläufig gegeben sein muss oder musste, sind in jedem Fall die Fragen nach der Feuchteursache und der Feuchtebeseitigung zu klären. Je nach Schadensalter, Salzkonzentration und anderen Faktoren sind auch Mikroorganismen bei derartigen Schäden vergesellschaftet und können parallel zu den gebildeten anorganischen Kristallen auftreten. Möglich ist auch eine mikrobielle Aktivität in weniger feuchten Bereichen wie an den Rändern der Kristallbildungen. Bei einer Schimmelbildung wären u.U. erhöhte Anforderungen an den Arbeits- bzw. Materialschutz zu stellen. Mit entsprechenden mikrobiologischen Untersuchungen lassen sich Unklarheiten eindeutig beantworten.

4.1.2 Schwarzstaubablagerungen

Ein weiteres und Schimmelschäden ähnliches Schadensbild ergibt sich bei sogenannten Schwarzstaubablagerungen. Primär an Wandoberflächen, aber auch an und in Möbeln kann dieses Phänomen auftreten, das auch als Fogging-Effekt bezeichnet wird. Bei der nachfolgenden Abb. 4-2 handelt es sich um Schwarzstaubablagerungen, bei denen eine Schimmelproblematik ausgeschlossen werden konnte.

Abbildung 4-2: Schwarzstaublagerungen können zu einem ähnlichen Schadensbild wie sichtbare Schimmelschäden führen

Fogging entsteht durch das (unglückliche) Zusammenwirken von üblichen innenraumspezifischen Faktoren: Weit verbreitete schwerer flüchtige organisch-chemische Komponenten aus Baumaterialien, Farben, Lacken, Möbeln, . . . sorgen für eine „klebfähige" Oberfläche durch Kondensation (ähnlich Wasser). An diese Oberflächen herangeführt werden vorhandene Feinstäube, was durch Transportvorgänge beispielsweise mittels von Heizkörpern produzierten konvektiven Wärmeströmen erfolgt (fachliche Grundlagen und Details finden sich im Kapitel 8.5). Im Ergebnis kommt es zu grau-schwarzen, ölig-schmierigen Oberflächenbeschichtungen, die bei oberflächiger Betrachtung einem Schimmelschaden ähnlich sehen. Beaufschlagt werden sowohl Außen- als auch Innenwände. Typischerweise sind höhere Wand- und Deckenbereiche betroffen.

Charakteristisch für den Fogging-Effekt ist, dass an den Übergängen von Wand zu Decke oder von Wand zu Wand helle Bereiche erkennbar sind, was näherungsweise der ehemals unverfärbten Wandfarbe entspricht. Dazu muss man wissen, dass Luftströme nicht bis in die letzte „Ecke“ gelangen, weil sie aus physikalisch-strömungsmechanischen Gründen vorher als Luftwalze abgelenkt werden. Durch die mehr oder weniger stehende Luft in den Ecken wird zu wenig Feinstaub herangeführt, als dass dieser die Oberfläche intensiv verfärben könnte.

Anders verhält es sich bei sichtbaren Schimmelschäden, die primär an Außenwänden und auch in unteren Wandabschnitten über der Sockelleiste auftreten: Gerade in den Ecken von Außenwänden liegen oft geometrische Wärmebrücken vor, mit der Folge des stärksten Auskühlens der Wandoberfläche in der Ecke. Kondensiert dort Wasser oder wird an solchen Stellen eine bestimmte Materialfeuchte erreicht, bildet sich ausgehend von der Ecke ein sichtbarer Schimmelbefall. Speziell in den Außenwandecken muss es deswegen zur stärksten Verfärbung im Hinblick auf Schimmelwachstum kommen. Bei entsprechenden Voraussetzungen können sich Schwarzstaubablagerungen und sichtbare Schimmelschäden an solchen Stellen auch überlagern, was dann durch eine angepasste Laboranalytik belegbar ist.

4.1.3 Umfang sichtbarer Schimmelschäden in deutschen Wohnungen

Im Jahr 2003 wurde von der Universität Jena eine Studie veröffentlicht, bei der u.a. der Häufigkeit von sichtbaren Feuchte- und Schimmelschäden in deutschen Wohnungen nachgegangen wurde (Brasche et al., 2003: Vorkommen, Ursachen und gesundheitliche Aspekte von Feuchteschäden in Wohnungen – Ergebnisse einer repräsentativen Wohnungsstudie in Deutschland). Begutachtet wurden insgesamt 5.530 repräsentativ ausgewählte Wohnungen. Entsprechend der Abb. 4-3 ergaben sich folgende Ergebnisse: In 9,3 % der Wohnungen lagen sichtbare Schimmelschäden vor, in weiteren 12,6 % sichtbare Feuchteschäden und in 21,9 % Feuchteschäden incl. Schimmelpilzbesiedelungen.

Dies bedeutet, dass fast jede 10. deutsche Wohnung mit sichtbarem Schimmel belastet ist. Unter der Voraussetzung, dass bei entsprechendem Feuchteaufkommen es früher oder später zu einem Schimmelschaden kommt, ist ca. jede 5. Wohnung in Deutschland von einem sichtbaren Schimmelschaden betroffen. Bei einer Gesamtzahl von ca. 43.000.000 Wohnungen wären etwa 4.300.000 Wohnungen schimmelgeschädigt (incl. Feuchteschäden: ca. 8.600.000 Wohnungen).

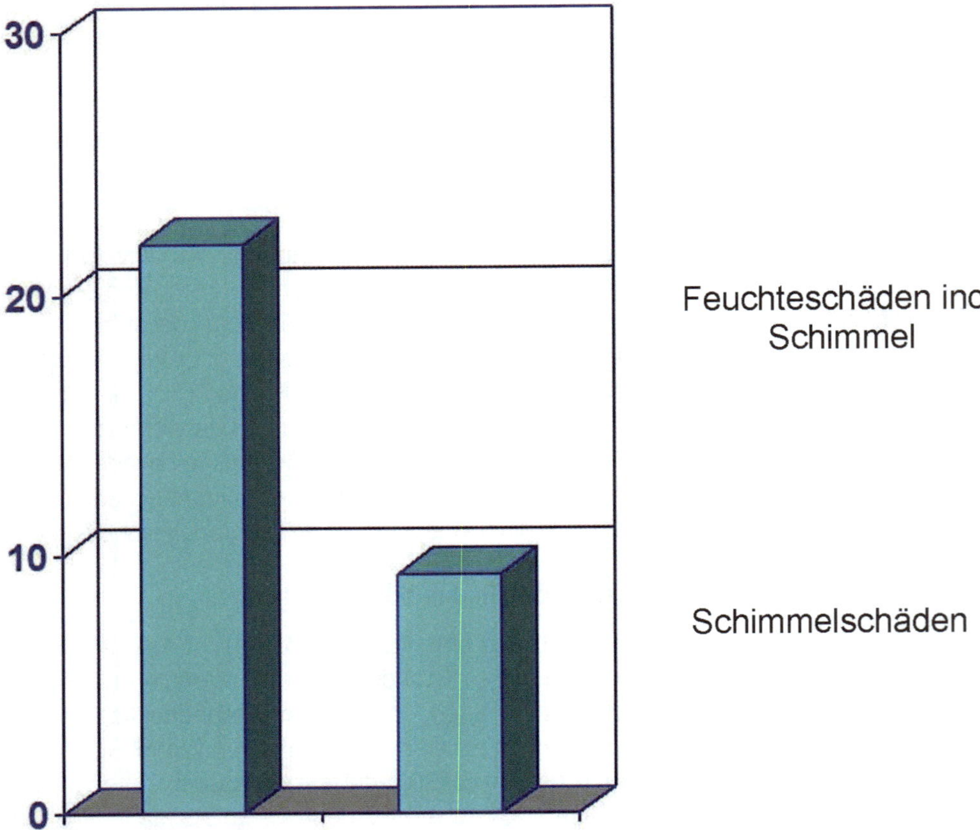

Abbildung 4-3: Häufigkeit von sichtbaren Feuchte-/Schimmelschäden in deutschen Wohnungen in Prozent (aus Brasche et. al., 2003)

4.1.4 Bewertung sichtbarer Schimmelschäden

Bei einer sichtbaren mikrobiellen Besiedelung sind unter systematischen Gesichtspunkten die Größe, das besiedelte Material, die betroffene Materialtiefe, das erstmalige oder wiederholte Auftreten, die räumliche Lage des Schimmelschadens und Ähnliches zu klären oder zu berücksichtigen, weil davon die Methoden der Entfernung und die Suche nach der oder den Feuchteursache(n) abhängen. Nicht nur sichtbare Schäden werden nach Umweltbundesamt, 2017 in drei Schadenskategorien unterteilt:

- Kategorie 1: Normalzustand bzw. geringfügiger Schimmelbefall. Sofortmaßnahmen sind in der Regel nicht erforderlich. Die Ursache sollte erkannt und Abhilfemaßnahmen eingeleitet werden. Typische Beispiele sind mit Schimmel bewachsene Dichtungen in Bädern und an Fensterfugen oder Schimmelwachstum auf Blumenerde.
- Kategorie 2: Geringer bis mittlerer Schimmelbefall. Die Freisetzung von Schimmelbestandteilen sollte zeitnah unterbunden, die Ursache des Befalls mittelfristig ermittelt und abgestellt sowie der Schimmelbefall beseitigt werden.

- Kategorie 3: Großer Schimmelbefall. Die Freisetzung von Schimmelbestandteilen sollte unmittelbar unterbunden und die Ursache des Befalls kurzfristig ermittelt und beseitigt werden. Die Betroffenen sind auf geeignete Art und Weise über den Sachstand zu informieren. Die Sanierung sollte durch eine Fachfirma erfolgen.

Die Flächenangaben in der Tabelle 4-2 sollen nach Umweltbundesamt, 2017 nicht als Absolutwerte herangezogen werden, sondern dienen der Orientierung. Bei einer Beurteilung sind immer der Einzelfall sowie ggf. besondere Umstände zu prüfen. Neben der Fläche des Schadens sind auch Tiefe und Art des Befalls zu berücksichtigen.

Sichtbare Schäden Schadensausmaß	Kategorie 1: Normalzustand bzw. geringfügiger Schimmelbefall	Kategorie 2: Geringer bis mittlerer Schimmelbefall	Kategorie 3: Großer Schimmelbefall
Ausdehnung in der Fläche und in der Tiefe	Geringe Oberflächenschäden < 20 cm^2 (= 0,002 m^2)	Oberflächliche Ausdehnung $< 0{,}5$ m^2, tiefere Schichten sind nur lokal begrenzt betroffen	Große flächige Ausdehnung $> 0{,}5$ m^2, auch tiefere Schichten können betroffen sein
Daraus resultierende Biomasse	Keine bzw. sehr geringe mikrobielle Biomasse	Mittlere mikrobielle Biomasse	Große mikrobielle Biomasse

Tabelle 4-1: Bewertung von Materialien mit an Oberflächen feststellbarem, sichtbarem Schimmelbefall (nach Umweltbundesamt, 2017)

Verdeckte Schäden Schadensausmaß	Kategorie 1: Normalzustand bzw. geringfügiger Schimmelbefall	Kategorie 2: Geringer bis mittlerer Schimmelbefall	Kategorie 3: Großer Schimmelbefall
Ausdehnung in der Fläche und in der Tiefe	Geringe Oberflächenschäden < 20 cm^2 (= 0,002 m^2)	Oberflächliche Ausdehnung $< 0{,}5$ m^2, tiefere Schichten sind nur lokal begrenzt betroffen	Große flächige Ausdehnung $> 0{,}5$ m^2, auch tiefere Schichten können betroffen sein
Daraus resultierende Biomasse	Keine bzw. sehr geringe mikrobielle Biomasse	Mittlere mikrobielle Biomasse	Große mikrobielle Biomasse

Tabelle 4-2: Bewertung von Materialien bei verdecktem Schimmelbefall (nach Umweltbundesamt, 2017)

Die Kategorien gelten für rasenartiges Wachstum wie beispielsweise in den Abb. 4-4, 4-5 und 4-6.

Abbildung 4-4: Die punktuellen bis flächigen Verfärbungen auf der Silikondichtung dieser Dusche ergeben einen Schimmelbefall der Kategorie 1 nach Umweltbundesamt unter der Voraussetzung, dass keine weiteren Schimmelschäden in der Raumeinheit vorliegen

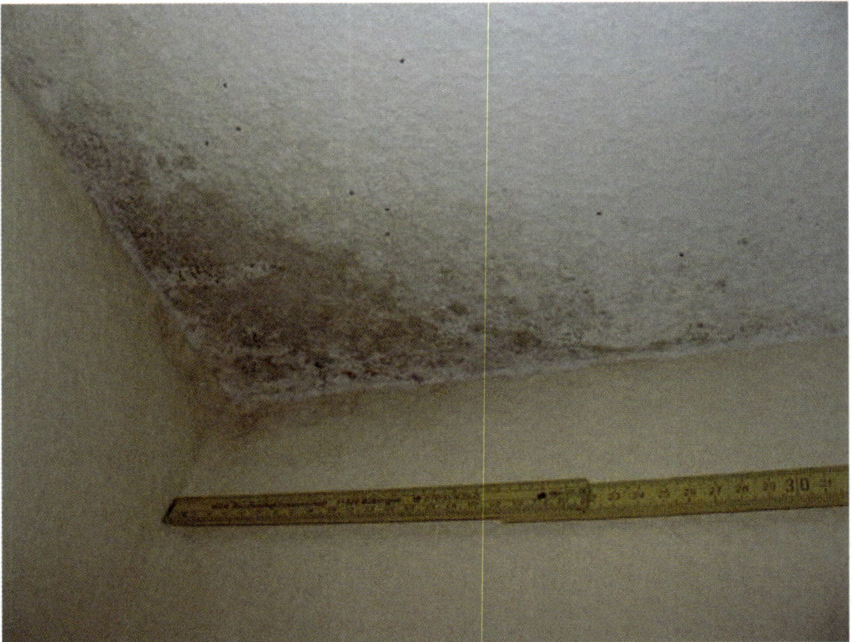

Abbildung 4-5: Rasenartiges Wachstum in der Fläche führt im konkreten Fall zur Kategorie 2 nach Umweltbundesamt, vorausgesetzt, in der Raumeinheit sind nicht weitere Schimmelbefälle vorhanden

Abbildung 4-6: Teilweise punktuelles und bereichsweise rasenartiges Wachstum in der Fläche führt zur Schadenskategorie 3 nach Umweltbundesamt

Bei punktförmigem Wachstum wird die tatsächlich bewachsene Fläche abgeschätzt. Die Abschätzung der mit Schimmel bewachsenen Fläche erfolgt in der Praxis mittels visueller Begutachtung. Dabei muss auch Schimmelbefall, welcher mit bloßem Auge noch nicht erkennbar ist, einbezogen werden. Im Zweifel ist es sinnvoll, den Befall durch Oberflächenuntersuchungen zu bestätigen. Die flächenbezogenen Kategorien müssen nicht zwingend als eine zusammenhängende Fläche vorliegen, sondern sind im Allgemeinen pro Raumbereich zu verstehen. Bei Schimmelbefall, der erst nach Bauteilöffnung sichtbar wird, ist eine Kategorisierung analog zum direkt sichtbaren Befall vorzunehmen.

4.2 Sichtbare Schimmelschäden sind nur die Spitze des Eisberges

Kann der Schimmelschaden in Abb. 4-7 auf Höhe des Fußbodenbelages aufhören? Viel wahrscheinlicher ist doch, dass auch die Wandoberfläche am Wandfuß auf Höhe der Fußbodenkonstruktion mikrobiell belastet ist und die Belastung auch zumindest in einem Teil der Dämmung der Fußbodenkonstruktion vorliegt. Mikrobiologische Laboruntersuchungen von Materialproben bestätigten die theoretische Vorhersage einer schimmelbelasteten Fußbodenkonstruktion nicht nur im konkreten Fall, sondern regelmäßig bei ähnlichen Schadensbildern.

Abbildung 4-7: Das sichtbare Schadensbild lässt auf (ehemals) zu hohe Feuchtigkeit mit verdeckten Schimmelschäden am Wandfuß und in der benachbarten Fußbodenkonstruktion schließen

4.3 Verdeckte Schimmelschäden

Das Motto „was ich nicht sehe, ist nicht" spiegelt die einfach(st)e Sichtweise des „Bildertieres Mensch" wieder. Verdeckte Schimmelschäden sind zunächst tatsächlich nicht zu sehen, wie es in Abb. 4-8 symbolhaft dargestellt ist.

Dabei ist es regelmäßig sehr einfach, verdeckte Schimmelschäden mit gesundem Menschverstand oder durch ergänzende Begutachtungen ohne großen Aufwand zielsicher zu erkennen: Alleine durch das „Begreifen" von Feuchteereignissen (siehe vorhergehende Kapitel zu Feuchteursachen) bzw. wo Wasser ehemals war, phasenweise auftreten könnte und wo Feuchtigkeit aktuell vorliegt. Dort muss es zu verdeckten Schimmelschäden kommen. Alles andere würde die Gesetzmäßigkeiten der Biologie außer Kraft setzen: Mikroorganismen sind nicht umsonst evolutionär und in unserer heutigen Umwelt so erfolgreich, weil sie in den allermeisten Lebensräumen und somit auch in Gebäuden bei auftretender Feuchtigkeit mit sofortigem Wachstum beginnen (und damit einen Schimmelschaden erzeugen). Weitere und ergänzende Möglichkeiten einer Untermauerung eines Anfangsverdachtes bieten eventuelle Vorkommen von tierischen Bioindikatoren (siehe Kapitel 4.7) oder die Tabelle „Wie kann ich verdeckten Schimmelschaden in Fußbodenkonstruktionen erkennen? (Kapitel 4.7).

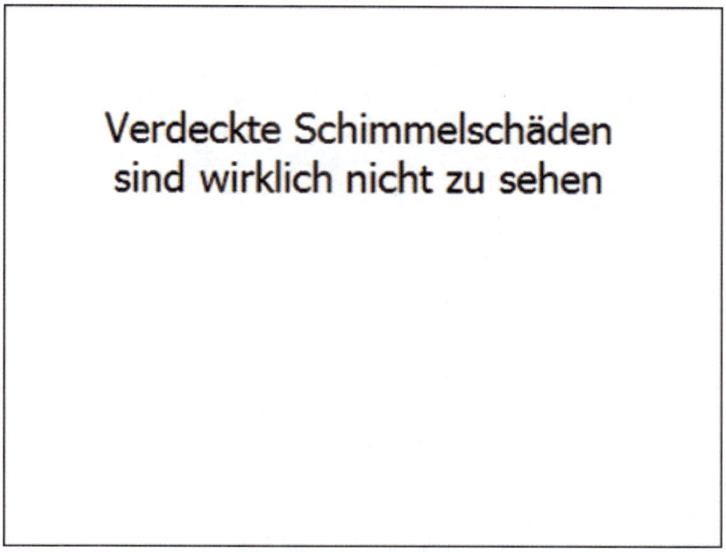

Verdeckte Schimmelschäden
sind wirklich nicht zu sehen

Abbildung 4-8: Verdeckte Schimmelschäden sind zweifellos zunächst verdeckt und so lange nicht zu sehen, bis der erste optische Eindruck durch den gesunden Menschenverstand oder weitere Begutachtung ergänzt wird

Beispiele für verdeckte und zunächst nicht sichtbare Schimmelschäden sind Leckagen in der Luftdichtigkeitsebene von Dachkonstruktionen (Abb. 4-9), vorgeblendete Wandbauteile ohne vorhandene Dampfbremse wie in Abb. 4-10 und 4-11 oder Kondensationsfeuchte auf Höhe der Fußbodenkonstruktion (Abb. 4-12 und 4-13).

Abbildung 4-9: Erst nach Entfernen der Zwischensparrendämmung in einer Dachkonstruktion wurde der verdeckte Schimmelschaden offenkundig

Abbildung 4-10 und 4-11: Verdeckter Schimmelschaden in einer Wandkonstruktion

Abbildung 4-12 und 4-13: Verdeckter Schimmelschaden in einer Fußbodenkonstruktion

4.4 Nicht sichtbare Schimmelschäden und Kontaminationen

Neben den beschriebenen verdeckten Schäden gibt es zusätzlich nicht sichtbare Schimmelschäden, die tatsächlich mit dem bloßen Auge ohne Hilfsmittel nicht einschätzbar sind. Das sind insbesondere die Fälle, bei denen an den Probenahmenstellen keine offensichtlichen Verfärbungen, keine typischen Geruchsauffälligkeiten oder nicht klärbare ehemalige Feuchteereignisse vorgelegen haben – also für Innenraumanalytiker eigentlich die „interessanten" Fälle.

Für das Erkennen derartiger nicht sichtbarer Schäden ist aber folgendes Gedankenexperiment zu berücksichtigen: Sie stehen vor der Entscheidung, zur Klärung von scheinbar unerklärlichen Sachverhalten Bauteile öffnen zu müssen, tun dies dann auch mit einem gewissen Vorbehalt und sehen schließlich ein vollständig unauffälliges Stück Dämmmaterial aus der zerstörten Fußbodenkonstruktion – Ihre Begeisterung und die Ihres Auftraggebers wird sich in Grenzen halten wegen eines vermeintlich mikrobiell unbelasteten Bauteiles. Zusätzlich erschwerend kommt die alte Analytikerweisheit hinzu, wonach eine Probe keine Probe ist. Aber Achtung: Manche bis viele Schäden sind rein sensorisch nicht einschätzbar. Deshalb gilt: Ohne eine entsprechende Beprobung mit nachfolgender laboranalytischer Untersuchung bleibt die Frage unbeantwortet, ob eine mikrobielle Belastung in dem Bauteil vorliegt oder nicht. Auch ein negativer Befund ohne Nachweis einer mikrobiellen Belastung wäre ein Befund. Kurzum: Wenn Sie es wissen wollen, müssen Sie es tun. Die Überraschung ist dann u.U. nicht nur bei Ihnen als Probennehmer groß, wenn in den Laboruntersuchungen eine eindeutige Besiedelung mit Mikroorganismen an den dem Augenschein nach völlig unverfärbten und dem Geruchsorgan nach geruchlich unauffälligen Proben nachgewiesen wird. An dieser Stelle sei nochmals erwähnt: Mikroorganismus heißt Kleinstlebewesen – und diese sind nicht immer ohne Hilfsmittel eindeutig zu erkennen.

Für Fußbodenkonstruktionen mit schwimmend verlegten Estrichen können im Hinblick auf die Tabelle 4-3 erste Verdachtsmomente erhalten werden, ob eine verdeckte oder nicht sichtbare Schimmelbelastung vorliegt bzw. vorliegen könnte. Mit diesem Wissen lassen sich „Hemmungen", „Skrupel" oder andere psychologische Hindernisse bei Bauteilöffnungen von Fußbodenkonstruktionen deutlich minimieren.

Die Tabelle 4-3 erhebt keinen Anspruch auf Vollständigkeit. Bereits bei einem Kreuzchen besteht der begründete Verdacht auf einen verdeckten oder nicht sichtbaren Schimmelschaden in der Dämmebene einer Fußbodenkonstruktion mit schwimmend verlegtem Estrich. Je mehr Kästchen angekreuzt werden, umso wahrscheinlicher wird der Verdacht auf eine Schimmelbelastung unter dem Estrich.

Für die endgültige Klärung eines Sachverhaltes werden mikrobiologische Laboruntersuchungen benötigt, da rein sensorische Begutachtungen von Materialien nicht ausreichen: Sind die verfärbten oder blütenweißen Polystyrol-Schaumdämmungen aus einer Fußbodenkonstruktion unter einem schwimmend verlegten Estrich (Abb. 4-14 und 4-15) mikrobiell belastet oder nicht? Weisen die in Abb. 4-16 und 4-17 gezeigten Dämmungen aus Künstlichen Mineralfasern eine mikrobielle Belastung auf? (Auflösung siehe unten).

Auffälligkeiten	Beschreibung	Ja
Allgemein	Verfärbungen hinter Fußbodenrandleiste mit schimmelpilzartigen Strukturen	O
	Ehemaliger oder aktueller Wasserschaden	O
	Gerüche mit unbekannter Ursache in der Raumluft	O
	Gerüche in der Randfuge am Übergang von Fußboden zu (Außen-) Wand (Vorsicht: „Chemisch" riechen, Gesundheitsgefahr)	O
	Gesundheitliche Beschwerden der Raumnutzer, z.B. im Zusammenhang mit Umzug in neue Wohnung, Einbau neuer Fenster oder nach Wasserschaden	O
(Mikro-) Biologie	Ehemaliger oder aktueller Schimmelbefall an Wand in Fußbodennähe	O
	Auftreten von tierischen Feuchteindikatoren wie Silberfischchen, Kellerasseln oder Staubläusen (LUPE einsetzen)	O
	Erhöhte MVOC-Werte in der Raumluft (MVOC = Microbial Volatile Organic Compounds, Stoffwechselprodukte von Schimmelpilzen/Bakterien)	O
	Auffälliges Markierungsverhalten eines Schimmelspürhundes am Fußboden	O
Bauphysik	Wärmebrücken am Auflager von massiven Geschossdecken an Außenwand	O
	Wandbauplatten oder Dämmtapeten an innenseitigen Außenwänden (allgemein: Innendämmungen), die nicht bis auf die Bodenplatte geführt sind	O
	Erdgeschosswohnung über „kaltem" Keller oder über Tiefgarage	O
	Ältere Leichtbauweise/Fertighäuser ohne funktionierende Dampfsperre	O
	Ausführungsmängel/Luftundichtigkeiten bei Außentüren oder Türfenstern	O
	Nachweisbare Feuchtigkeit in der Dämmebene des Fußbodens	O

Tabelle 4-3: Wie sind verdeckte oder nicht sichtbare Schimmelschäden in Fußbodenkonstruktionen zu erkennen?

Abbildung 4-14, 4-15, 4-16 und 4-17: Geruchlich unauffällige und (un-)verfärbte Dämmmaterialien sind erst nach laboranalytischen Untersuchungen mikrobiell einschätzbar – nicht jede verfärbte Dämmung ist auch mikrobiell belastet. Frage: Welches Material ist mikrobiell belastet?

Lösungen zu den Abbildungen: Mikrobiell belastet war das visuell unauffällige Material der Abb. 4-15 und 4-16, während die verfärbten Materialien der Abb. 4-14 und 4-17 mikrobiell unbelastet waren.

Falls in den Materialien mikrobielle Belastungen vorlägen: Sind diese auf eine Besiedelung zurückzuführen oder handelt es sich um Kontaminationen, die von einem benachbarten Bauteil oder luftgetragen an die Probenahmestelle gelangt sind? Auch diese Fragen lassen sich allein mit bloßer Inaugenscheinnahme nicht seriös beantworten. Hierzu sind entsprechende Hilfsmittel wie mikroskopische oder kultivierungstechnische Untersuchungsmethoden nötig. Und damit beschäftigen sich die nachfolgenden Kapitel.

Vorab ist aber noch Ihre Einschätzung gefragt: Wie viel Prozent der deutschen Wohnungen haben Ihrer Meinung nach einen Feuchteschaden, der in der Folge zu einem relevanten sichtbaren, verdeckten oder nicht sichtbaren Schimmelschaden führt?

10 %, 30 %, 50 %, 80 %, 90 %

Das Ergebnis der Befragung von mehr als 1.000 Fachkundigen (Architekten, Bauingenieuren, Sachverständigen, Sanierern, Studierenden einschlägiger Studiengänge, . . .) entspricht einer engen Gaußschen Verteilungskurve mit klarem Gipfel. Die Auflösung findet sich in Abb. 4-18. Stimmt Ihre Einschätzung mit der Schätzung der Mehrzahl der Befragten überein?

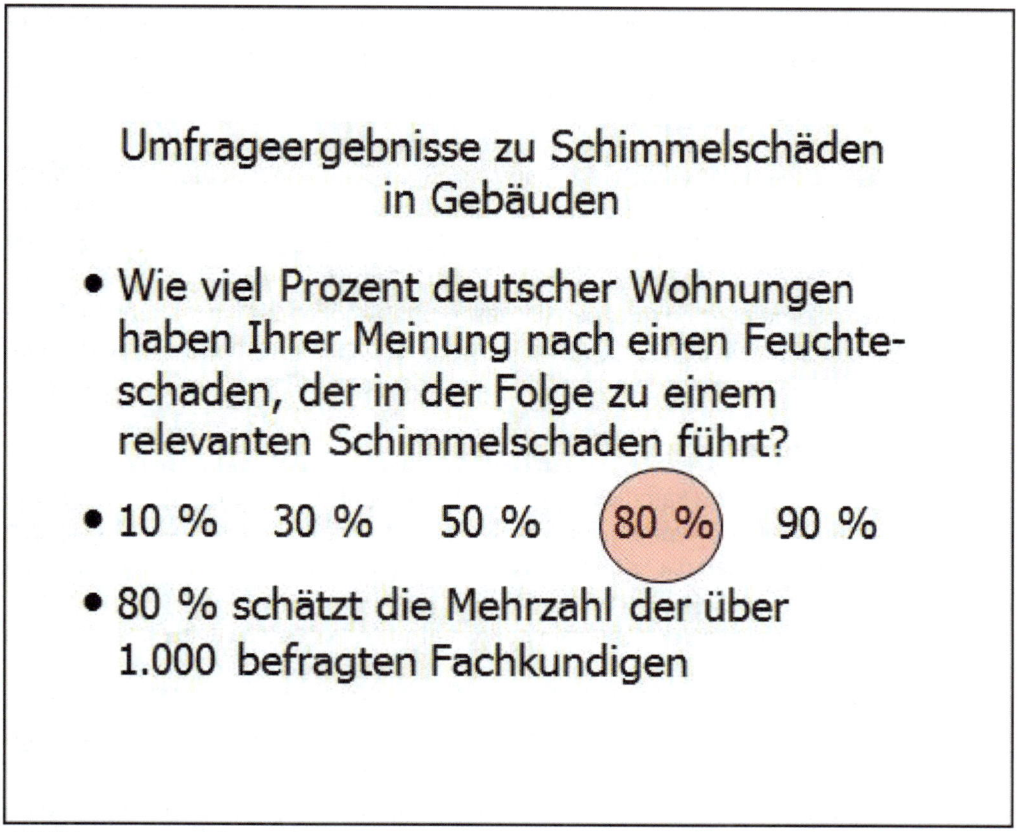

Umfrageergebnisse zu Schimmelschäden in Gebäuden

- Wie viel Prozent deutscher Wohnungen haben Ihrer Meinung nach einen Feuchteschaden, der in der Folge zu einem relevanten Schimmelschaden führt?
- 10 % 30 % 50 % 80 % 90 %
- 80 % schätzt die Mehrzahl der über 1.000 befragten Fachkundigen

Abbildung 4-18: Befragungsergebnis von Fachkundigen zum Thema Häufigkeit von sichtbaren, verdeckten und nicht sichtbaren Schimmelschäden in deutschen Wohnungen

4.5 Das „System Schimmel"

Am 5.8.2016 war in der Süddeutschen Zeitung ein Artikel mit der Überschrift „Expedition unter das Sofa" zu lesen. Amerikanische Forscher hatten in 554 Räumen ihre Untersuchungen durchgeführt. Nur in 5 Räumen fanden sie keine Gliederfüßer wie Kugelspinnen, Museumskäfer, Gallmücken und Ameisen. In jedem der 50 Haushalte von Raleigh, der Hauptstadt des US-Bundesstaates North Carolina, lebten 30 bis 200 verschiedene Arten. Einige sind typische Kulturfolger, die überall dort leben, wo es Menschen gibt. Die meisten Krabbler waren keine Schädlinge, sondern freundliche Mitbewohner. „Wir hoffen, dass unsere Entdeckung die Menschen dazu bringt, ihr Zuhause als Teil der Umwelt zu erkennen", sagte eine der beteiligten Ökologinnen. Möbel wurden nicht verrückt, aber ansonsten kein zugänglicher Winkel ausgespart.

Im Gegensatz dazu sind bei Schimmelschäden regelmäßig zerstörende Bauteilöffnungen nötig, um auch verdecktes, (zunächst) nicht sichtbares Schimmelwachstum in Hohlräumen zu entdecken. Bei näherer Betrachtung offenbart sich in solcherart freigelegten Bauteilen ein neuer Kosmos speziell in der Dämmebene unter dem begehbaren Fußboden: Auch wenn bisher keine geplanten Studien hierzu vorliegen, lässt sich bereits nach ersten (unfreiwilligen) Bekanntschaften ein in seiner Artzusammensetzung noch weitgehend unbekanntes Getümmel an Insekten und Spinnentieren erkennen. Ausgangspunkt für diese Artenvielfalt sind Mikroorganismen, die als Nahrungsgrundlage dienen: Schimmelpilze und Bakterien.

Früher wurden mit dem Begriff Schimmel ausschließlich Schimmelpilze bezeichnet. Nachfolgend wurde der Schimmelbegriff zunächst auf Bakterien erweitert (z.B. Umweltbundesamt, 2009). Mittlerweile hat man in Fachkreisen die Komplexität und Vielzahl beteiligter Organismen bei Feuchte-/Schimmelschäden erkannt. Deshalb werden aktuell weitere Mikroorganismen wie Hefepilze, Protozoen (Einzeller) und Amöben bis hin zu höheren Lebewesen bzw. Tieren zu dem „System Schimmel" gezählt. Diese Betrachtungsweise gewinnt in der Fachdiskussion seit etwa dem Jahr 2015 an Bedeutung.

4.5.1 Was ist Schimmel?

Antwort: „Schimmel" ist ein Sammelbegriff für Mikroorganismen, die typischerweise wurzelartige Strukturen (Myzel, Hyphen) und fortpflanzungsfähige Einheiten (Sporen) ausbilden können. Regelmäßig stehen die Sporen im zentralen analytischen Interesse, weil diese vergleichsweise einfach nachzuweisen sind. Dabei sind keimfähige, schlecht und nicht keimfähige Sporen speziell wegen der Untersuchungsmethodik zu unterscheiden. Unter dem Oberbegriff „Spore" verstecken sich verschiedene Sporenarten wie Ascosporen, Conidien (Conidiosporen) und Sporangiosporen, die sich von unterschiedlichen taxonomischen Schimmelpilzgruppen ableiten. Weitere partikelartige Strukturen mikrobiellen Ursprungs sind Bioaerosole, Zellwandbruchstücke und Myzelteile mit Oberflächenstrukturen wie ß-Glucane und Proteinanhänge. Diese sind nach heutigem Kenntnisstand mit einer Routineanalytik typischerweise nicht erfassbar oder die Ergebnisse nicht bewertbar.

MVOC (Microbial Volatile Organic Compounds = Stoffwechselprodukte von Mikroorganismen) und geruchsaktive Verbindungen sind gasförmig. Hierzu gehören unterschiedlichste Einzelverbindungen aus vielfältigen chemischen Verbindungsklassen wie Aldehyde, Alkohole, Ketone, Ether, Ester, Terpene und Furane. Mycotoxine (Schimmelpilzgifte), Exo- und Endotoxine (Bakteriengifte) können sowohl gasförmigen als auch partikelartigen Charakter aufweisen. Mycotoxine sind bei Nahrungsmitteln gut untersuchte gesundheitsrelevante Schadfaktoren. Es mehren sich die Hinweise, dass Mycotoxine auch über den Luftweg aufgenommen werden und dann gesundheitsgefährdend sind (Creasia et al., 1987; Johanning et al. 1998; Gareis, 1994; Gottschalk et al. 2006; Fromme et al., 2016; Madsen, 2016; Gareis, 2017). Wegen einer fehlenden bzw. (noch) ungenügenden praxisrelevanten Forschungstätigkeit sind neben Mycotoxinen möglicherweise zudem andere, bis heute unbekannte gesundheitsrelevante Strukturen von gasförmigen Emissionen über Makromoleküle und Nanopartikel bis hin zu größeren staubartigen Bestandteilen in Innenräumen zu berücksichtigen. Weiterhin ist bis heute unklar, was oder welche Struktur das eigentlich „Krankmachende" bei Schimmelschäden ist. In Abb. 4-19 sind verschiedene Strukturen und Emissionen von Schimmelpilzen und Bakterien in Abhängigkeit von ihrem gasförmigen oder partikelartigen Charakter aufgeführt.

Bestandteile und Emissionen von Mikroorganismen

- Stoffwechselprodukte
- Geruchsaktive Verbindungen
- Myco-, Endo-, Exotoxine
- Einzelsporen
- Sporenpakete
- Mycelbruchstücke
- ...?

Abbildung 4-19: Gasförmiger und partikelartiger Charakter der Emissionen und Bestandteile von Mikroorganismen – mit den weiß-schwarzen Dreieckssymbolen ist der (eher) gasförmige oder (eher) partikelartige Charakter der relevanten Stoffe symbolisiert

4.5.2 Wie wächst Schimmel?

Die als Sporen bezeichneten fortpflanzungsfähigen Einheiten verschiedenster Schimmelpilz- und Bakterienarten liegen im Prinzip überall in geringer Menge als Hintergrundkonzentrationen vor. Ist in ihrem Umfeld genügend Feuchtigkeit und ein ansprechender Nährboden vorhanden, dann wachsen einzelne Sporen zu wurzelartigen Strukturen, den Hyphen aus. Viele Hyphen werden als Myzel bezeichnet. Ist ein bestimmtes Entwicklungsstadium erreicht, bilden sich an dem Myzel Sporenträger, an denen die Sporen reifen. Nach deren Freisetzung beginnt der Kreislauf von neuem. Solange in der Gesamtheit der auskeimenden Sporen keine optischen oder geruchlichen Auffälligkeiten eintreten, bleibt der Schimmelschaden unbemerkt. Erste Anzeichen liefern sogenannte Stockflecken, bei denen primär das Myzel sichtbar wird (Abb. 4-20).

Abbildung 4-20: Stockflecken als erstes sichtbares Erscheinungsbild eines Schimmelschadens in einem Frühstadium

Nachfolgend entwickelt sich dann das uns allen wohlbekannte Schadensbild mit typischerweise grau-schwarzen Verfärbungen und pelzigen Strukturen. Bis es zu einer ersten erkennbaren Verfärbung kommt, sind aber bereits viele Entwicklungsdurchgänge von der Spore über das Myzel bis zur Reifung der nächsten Sporengeneration in Fruchtkörpern oder Sporangien erfolgt. Deshalb gilt zusammen mit verdeckten und nicht sichtbaren Schimmelschäden folgende Grundtatsache: „Kein Schimmel zu sehen" heißt nicht: „Kein Schimmel da" (Abb. 4-21).

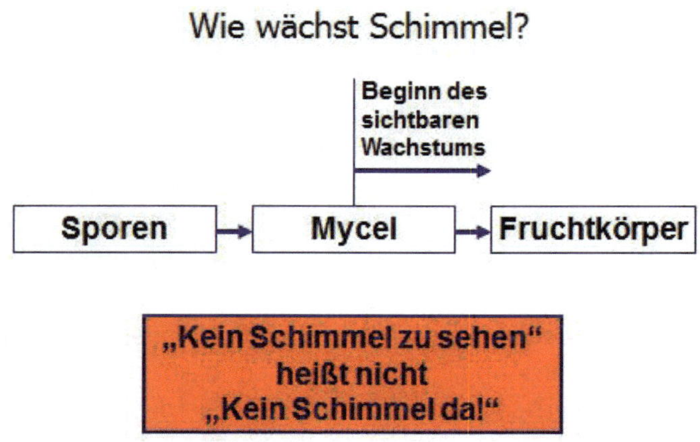

Abbildung 4-21: Bis ein Schimmelschaden optisch erkennbar wird, sind bereits viele Entwicklungszyklen von Sporen über Myzelbildung bis zur Fruchtkörperreife geschehen

4.5.3 Beteiligte Organismengruppen und Entwicklung eines Schimmelschadens im zeitlichen Verlauf

Als „Schimmel" wird mittlerweile ein ganzes „Ökosystem" an einer Wand oder in einer Fußbodenkonstruktion erkennbar (Abb. 4-22). Wenn ein Feuchteschaden in einer Fußbodenkonstruktion vorliegt, finden sich neben Einzellern und den „klassischen" Mikroorganismen Schimmelpilze, Hefepilze und (sporenbildende) Bakterien oft auch höhere Organismen im Schadensbereich ein.

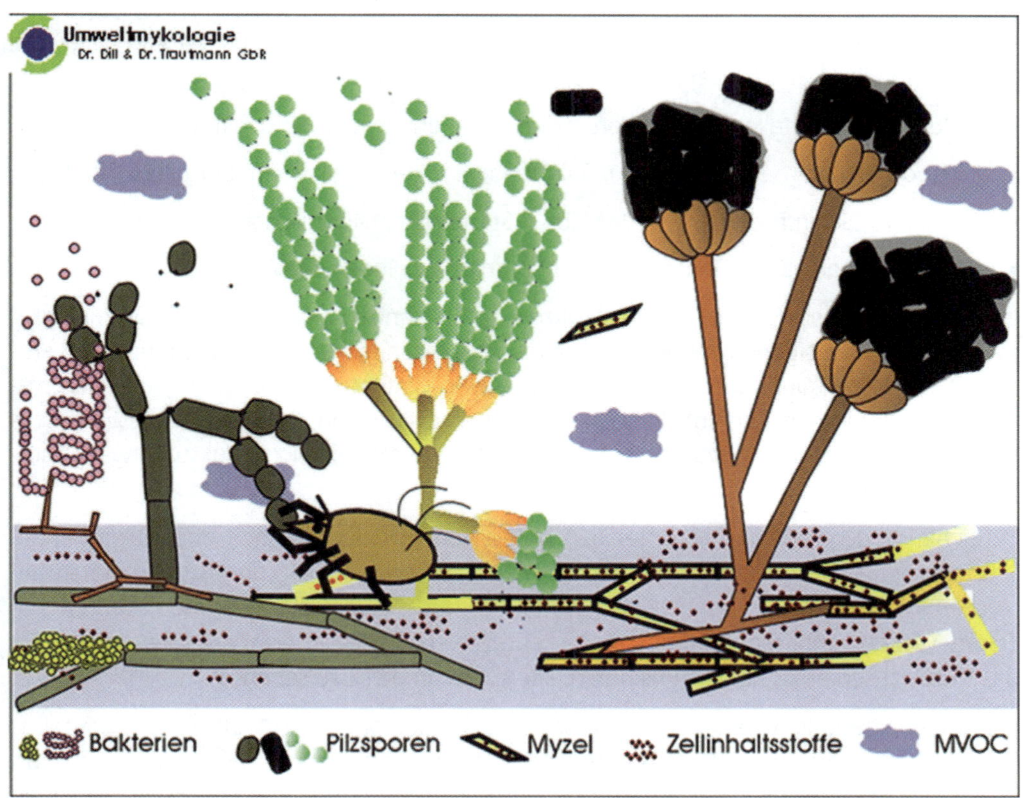

Abbildung 2-22: Das Ökosystem Schimmel im Anfangsstadium mit Schimmelpilzen, Bakterien, ersten Zerfallsprodukten und einer Hausstaubmilbe (von Umweltmykologie GmbH zur Verfügung gestellt)

Bauteile bzw. Baumaterialen sind bei Schimmelschäden oftmals mit verschiedenartigsten Mikroorganismen überzogen, die sich auch zu einem Biofilm zusammenlagern können. Gliederfüßer (Arthropoden) grasen diese willkommene Nahrungsquelle regelrecht ab. In einem ca. 5 Jahre alten größeren Gebäude waren neben Milben, Staubläusen und Silberfischchen bereits zusätzlich Räuber (Tausendfüßer) in diesem Mikrokosmos auffindbar. So hat sich letztendlich eine regelrechte Nahrungspyramide aufgebaut wie sie von verschiedenartigsten Land- und Wasserökosystemen gut bekannt ist.

Wichtigster Standortfaktor für „Fußbodenökosysteme" ist die Feuchte. Nährstoffquellen können vielfältig sein, die Wahl der Baumaterialen ist oft schon ausreichend, um einen funktionierenden Mikrokosmos zu etablieren. Wie auf einem verwilderten Wiesengrundstück (das sich über Jahrzehnte bis Jahrhunderte über Gebüsche hin zu einem Hochwald entwickelt) findet auch im Fußbodenaufbau – allerdings in viel kürzerer Zeit – eine Sukzession (Weiterentwicklung) statt von niederen Mikroorganismen hin zu höheren Lebewesen.

Das „Fußbodenökosystem Schimmel" besteht aus folgenden Bestandteilen und Organismen(gruppen):

- Molekulare Bestandteile: gasförmige Verbindungen (MVOC), Geruchsstoffe, Zellwandbestandteile (1,3-ß-Glucan, Phospholipomannane), Toxine (Myko-, Endotoxine)
- Zelluläre Bestandteile: Myzel, Sporenträger, Sporen, Zellwandbruchstücke
- Mikroorganismen: Schimmelpilze, Bakterien, Amöben, Protozoen (Einzeller), Biofilme
- Pflanzen-/„Schimmelpilzfresser": Milben, Staubläuse, Silberfischchen, Kellerasseln
- Räuber: Hundertfüßer, Tausendfüßer, Raubmilben, Silberfischchen

In der neueren Literatur wird diesen Erkenntnissen Rechnung getragen: Bei Schimmelbefall sind nicht nur die eigentlichen Schimmelpilze, sondern auch Hefepilze, Bakterien und Protozoen (Einzeller) mit zu berücksichtigen. Daher wird der Begriff „Schimmel" für das Wachstum aller Mikroorganismen bei Feuchteschäden erweitert. Von „höheren" Lebewesen wie Milben, Staubläusen und Silberfischchen werden diese mikrobiellen Strukturen weiter auf- und umgearbeitet.

Bei Schimmelschäden gibt es unter den beteiligten Mikroorganismen oder Organismengruppen je nach Umweltbedingungen (z.B. im Rahmen von Trocknungsmaßnahmen mit trockenen und feuchten Bereichen) „Gewinner" und „Verlierer". Teilweise ernähren sich Erstere von den anderen „unterlegenen" Lebewesen wie dies in Abb. 4-23 beispielhaft für das Umwachsen eines Bakteriums durch einen Schimmelpilz zu sehen ist.

Als Abwehrstrategie haben Mikroorganismen auch potente Toxine (= Gifte) entwickelt: Das Antibiotikum Penicillin (freie Übersetzung des Wortes Antibiotikum: Gegen das Leben) wurde von einer Penicillium-Art nicht erfunden, um Menschen vor Bakterien zu schützen. Vielmehr war und ist die Penicillin-Bildung auf den Kampf ums Überleben des produzierenden Schimmelpilzes abgestimmt. Mit derartigen Toxinen lassen sich andere Mikroorganismen abwehren wie dies in Abb. 4-24 gut erkenn- bzw. interpretierbar ist: Der kleine Schimmelpilz in der Bildmitte verhindert durch Ausscheidungen (cf. Toxine), dass er durch den großen Schimmelpilz überwuchert wird.

Abbildung 4-23: Ein Schimmelpilz umwächst ein Bakterium, wahrscheinlich, um sich von ihm zu ernähren (Aufnahme von Umweltmykologie GmbH zur Verfügung gestellt).

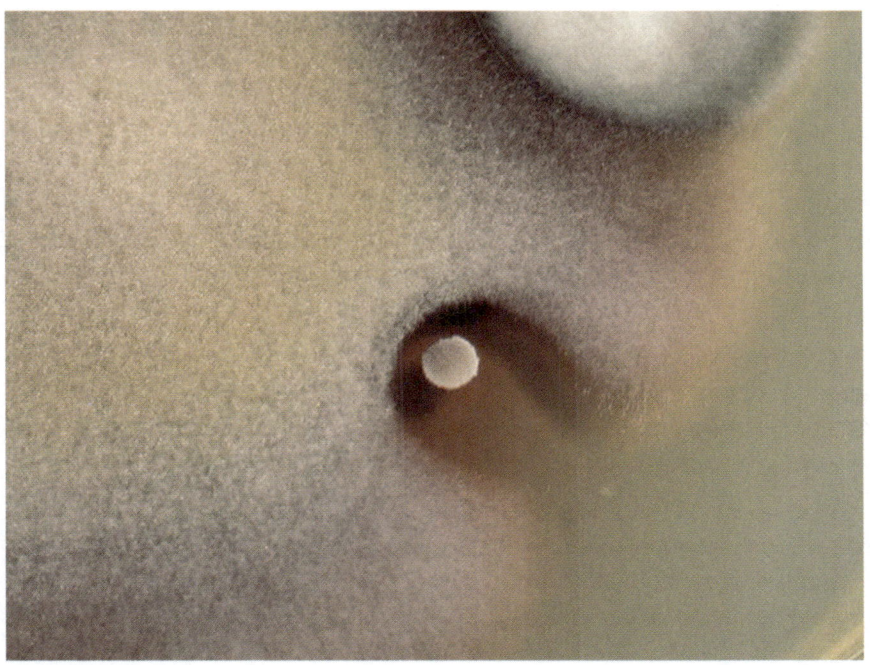

Abbildung 4-24: Ein kleiner Schimmelpilz wehrt sich gegen das Überwachsen eines anderen Schimmelpilzes, was vermutlich auf ein wirksames Toxin zurückzuführen ist (Aufnahme von Umweltmykologie GmbH zur Verfügung gestellt).

Was im Rahmen von physiologischen Abbau- und Umbauprozessen an „Resten" bis hin zu „Leichengasen" im konkreten Fall von Dämmebenen unter schwimmend verlegtem Estrich übrigbleibt oder entsteht, ist bis heute weder erforscht noch im Detail vorstellbar. Unstrittig ist aber, dass sich einmal gebildete Biomasse von Mikroorganismen nicht in Luft auflöst, sondern in irgendeiner Form am Entstehungsort verbleibt. Unabhängig von all diesem Unbekannten erscheint es nach heutigem Kenntnisstand notwendig, im Sinne einer gesundheitlichen Vorsorge keine mikrobiellen Rückstände in Räumen, Bauteilen oder Dämmebenen zu belassen.

4.6 Was passiert in Hohlräumen nach Feuchteeinwirkung im Rahmen eines (Leitungs-)Wasserschadens? Oder: Die Dynamik mikrobieller Prozesse

Wasser läuft bei einem (Leitungs-)Wasserschaden nach unten und durchnässt bzw. durchfeuchtet als Flüssigkeit oder in der Gasphase die verbauten (Dämm-)Materialien in der Fußbodenkonstruktion. Was anschließend auf mikrobieller Ebene in dem nicht einsehbaren Bauteil „Fußbodenkonstruktion" (in der Dämmebene eines schwimmend verlegten Estrichs) abläuft, wird nachfolgend grob skizziert. Während nicht alle Details laboranalytisch überprüft wurden, ist das aufgezeigte Szenario durch viele Praxisbeispiele abgesichert, plausibel, nachvollziehbar und einfach logisch. Dabei sind Erkenntnisse von interdisziplinär arbeitenden Labormikrobiologen, Schimmelsachverständigen und Bausachverständigen mit eingeflossen. Nachfolgende Ausführungen basieren auf dem intensiven Informations- und Erfahrungsaustausch zwischen spezialisierten Sachverständigen und wurden von Trautmann & Meider 2018 beschrieben.

- Bei einem (Leitungs-)Wasserschaden werden neben Wasser auch zusätzliche Nährstoffe in Hohlräume eingetragen, beispielsweise von oberflächlichen Staubablagerungen.
- Innerhalb der Fußbodenkonstruktion kommt es räumlich und zeitlich zu unterschiedlichen Feuchteniveaus. So ist z.B. an den Rändern von flüssigem Wasser bzw. mit zunehmender Entfernung zu dem aufgefeuchteten Bereich und in den oberen Schichten der Fußbodenkonstruktion weniger Feuchtigkeit zu erwarten. Mit zunehmend greifenden Trocknungsmaßnahmen werden (lokal betrachtet) zudem zeitabhängig unterschiedliche Feuchtezustände erreicht bzw. durchlaufen.
- Wenn die Feuchtigkeit zunimmt, sind Schimmelpilze in Bereichen wachstumsfähig, in denen sie zuvor nicht wachsen konnten. Aber auch für die Bakterien ergeben sich neue Lebensbereiche. Teilweise kommt es zu einem Überwachsen von Organismen durch andere: Dabei werden Zellen in kleine Bruchstücke abgebaut und Zellinhaltsstoffe freigesetzt.
- Kurz nach dem Eintreten eines (Leitungs-)Wasserschadens wachsen vor allem Bakterien und Aktinomyzeten, die mehrheitlich nur bei (sehr) hohen Feuchtigkeitsumgebungen gedeihen. Diese Population an Erstbesiedlern wird nachfolgend von besser angepassten Organismen abgelöst.
- Bei räumlich oder zeitlich abnehmender Feuchtigkeit kommt es zur „großen Stunde" der Schimmelpilze, da sie bei geringerer Feuchtigkeit jetzt in die Bereiche der Bakterien und

Aktinomyzeten vordringen, dort wachsen und diese zumindest teilweise als Nährstoffgrundlage verwenden.

- Je nach Feuchtigkeitsniveau gedeihen unterschiedliche Mikroorganismen mehr oder weniger gut. Bei jeder Änderung der Lebensbedingungen können neue Organismen dominant werden. Schimmelpilzwachstum beginnt primär an den Rändern von (Leitungs-)Wasserschäden in Bereichen, die vergleichsweise geringe, aber deutlich mehr Feuchtigkeit als vor Eintritt des Schadens aufweisen.
- Die Feuchtigkeit nimmt stark ab: Zunehmend fallen Bereiche trocken, sodass in ihnen gar keine Mikroorganismen mehr wachsen können. Schimmelpilze, Aktinomyzeten und Bakterien fallen in vielen Bereichen dann in eine Trockenstarre. Zuvor haben sich die Lebensbedingungen für die Mikroorganismen so verschlechtert, dass sie verschiedene ungewöhnliche Sekundärmetabolite bilden (Stressprodukte, weil sich Lebensbedingungen verschlechtern und der Metabolismus „unrund" läuft). Dabei kommt es u.U. zur Ansammlung und Anhäufung von Produkten, die nicht weiter verstoffwechselt werden können.

Während der gesamten Zeit vorliegender erhöhter Feuchtigkeit und der einhergehenden mikrobiellen Schadensentwicklung sterben Zellen von Mikroorganismen ab, die zu einer Steigerung der Gesamtzellzahl und damit zu einem „Mehr" an gebildeter mikrobieller Biomasse führen. Das Maximum der Gesamtzellzahl wird deutlich später erreicht als das der keimfähigen Einheiten. An feuchten Materialien wachsen zu Beginn die zufällig vorliegenden (sedimentierten) Sporen aus. Bei günstigen Bedingungen (hohe Feuchtigkeit, Zellstoff der Gipskartonpappe) kommt es innerhalb von vier Wochen zu einem Sporen-Maximum (unter ungünstigen Bedingungen kann es auch viel länger dauern).

Nachfolgend sterben die Zellen aber nicht nur ab oder sind nicht mehr wachstumsfähig, sondern werden zeitabhängig auch mehr oder weniger intensiv abgebaut. Bei ausreichend vorliegender Feuchtigkeit kommt es nach einiger Zeit zu einem Gleichgewichtszustand, sodass genauso viele Zellen hinzukommen wie absterben und/oder im Wachstum eingeschränkt sind und/oder zerfallen.

Brechen Zellen von Mikroorganismen auf, führt dieser Vorgang zur Freisetzung von Zellinhaltsstoffen. Diese Partikel sind nachvollziehbar kleiner als die ursprüngliche Zelle bzw. Spore. Als getrockneter Staub sind diese kleineren Biomoleküle deutlich mobiler und können viel einfacher die Dämmebenen beispielsweise von Fußbodenkonstruktionen in Richtung Raumluft verlassen. In den nachfolgenden mikroskopischen Abbildungen ist dies beispielhaft zu sehen. Die eiförmigen bräunlich-schwarzen Strukturen in Abb. 4-25 sind Sporen von dem Schimmelpilz Stachybotrys chartarum. In Abb. 4-26 ist in der Bildmitte eine einzige derartige Struktur erkennbar. Die vielfältigen Klein- und Kleinststrukturen in diesem mikroskopischen Bild sind augenscheinlich als zerfallene bzw. sich auflösende Sporen zu erkennen. In diesen Stäuben sind Allergene und Toxine enthalten, die zusammen mit der erhöhten Mobilität unter gesundheitlichen Gesichtspunkten deutlich problematischer zu bewerten sind im Vergleich zu intakten Sporen.

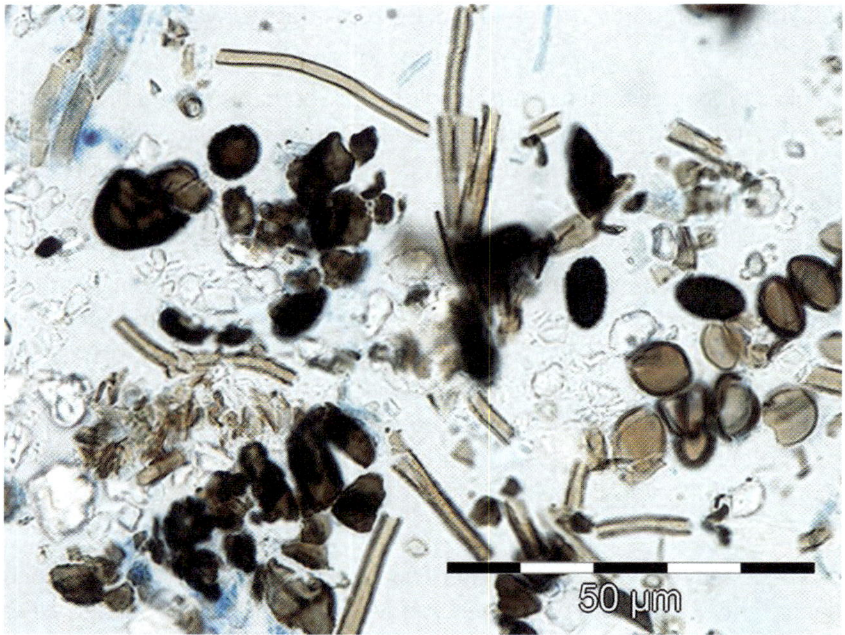

Abbildung 4-25: Die eiförmigen Gebilde sind Sporen von dem Schimmelpilz Stachybotrys chartarum (Aufnahme von Umweltmykologie GmbH zur Verfügung gestellt)

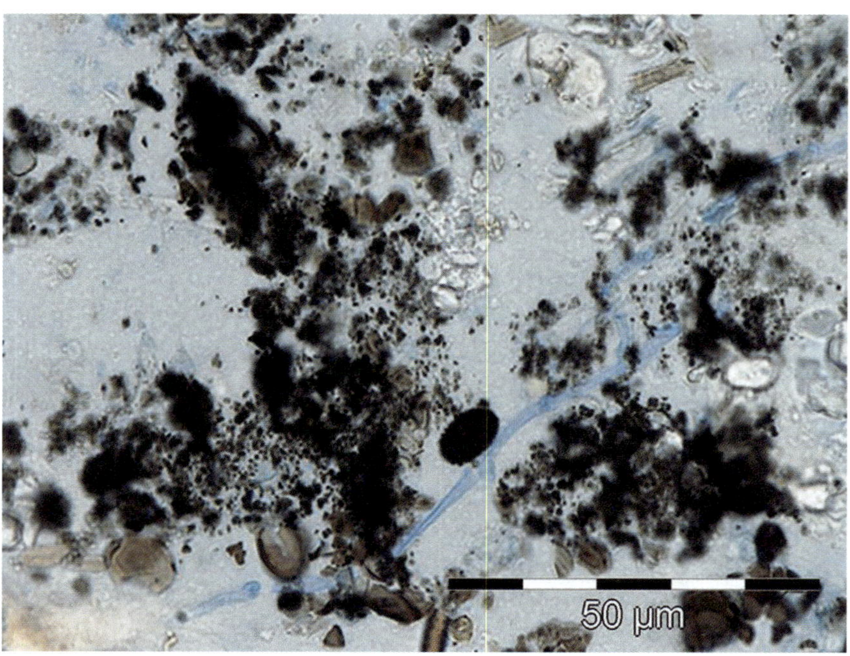

Abbildung 4-26: In der Bildmitte (unteres Drittel) findet sich eine intakte eiförmige Stachybotrys-Spore, während in deren Umgebung verschiedene sich auflösende Strukturen ehemaliger Stachybotrys-Sporen erkennbar sind (Aufnahme von Umweltmykologie GmbH zur Verfügung gestellt)

4.7 Tierische Bioindikatoren zur Erhärtung eines Anfangsverdachtes zu verdeckten oder nicht sichtbaren Schimmelschäden

Verdeckte, nicht sichtbare mikrobielle Belastungen in Innenräumen werden oft nicht erkannt. Anzeichen für verdeckte Schimmelschäden sind jedoch vielerorts vorhanden: Einerseits liegen nicht selten typische Geruchsbelastungen vor. Andererseits sind sichtbare Schimmelschäden in der Regel nur die Spitze des Eisberges. Zusätzlich haben sich als Folge eines zunächst verdeckten oder nicht sichtbaren Schimmelschadens häufig (unscheinbare) Tiere eingestellt, die als sogenannte Bioindikatoren Hinweise bis eindeutige Belege für Schimmelpilzwachstum geben. Diese Tiere gehören zu dem Tierstamm der Arthropoden oder Gliederfüßer.

Staubläuse und Milben sind klassische „Schimmelfresser", letzteren kommt zusätzlich eine Bedeutung in gesundheitlicher Hinsicht zu. Bereits in Bestimmungsbüchern aus den 1950er Jahren ist beschrieben, dass diese Insekten (Staubläuse, 3 Beinpaare) und Spinnentiere (Milben, 4 Beinpaare) sich von Schimmelpilzen ernähren und damit indirekt Schimmelschäden anzeigen.

Silberfischchen mögen es warm und feucht, Kellerasseln mindestens feucht, womit diese Urinsekten (Silberfischchen, 3 Beinpaare) und Krebstiere (Kellerasseln, viele Beinpaare) im selben „Ökosystem" wie Schimmelpilze und Bakterien zuhause sind.

Neben diesen möglichen Mitbewohnern in Wohnungen und Bürogebäuden stellen sich nachfolgend auch Tiere ein, die sich u.a. von den genannten Schimmelfressern ernähren: Raubmilben bis hin zu den räuberisch lebenden Hundert- und Tausendfüßern sind zu erwarten und wurden in Einzelprojekten bereits nachgewiesen.

Der Einsatz eines Schimmelspürhundes kann als weiterer und weiterführender Baustein einer tierischen Bioindikatorkette für Schimmelschäden eingeschätzt werden: Gut geschulte, regelmäßig überprüfte und deshalb als zuverlässig eingeschätzte Schimmelspürhunde grenzen über ihr Markierungsverhalten verdeckte, nicht sichtbare Schimmelschäden sogar räumlich ein, sind direkt anzeigend und zerstörungsfrei. Sie liefern damit wesentliche Entscheidungsgrundlagen bezüglich Schadensausmaß und relevanter Probenahmestellen.

4.7.1 Milben (Acari)

Milben kommen in allen Lebensräumen der Welt vor. Schimmelfresser sind Haustaubmilben und Raubmilben. Sie sind mit bloßem Auge nicht zu erkennen – ihre Bestandteile und Ausscheidungen werden bei mikroskopischen Untersuchungen von Materialproben aus Schimmelschadensbereichen regelmäßig nachgewiesen.

Hausstaubmilben finden sich in Wohngebäuden im Staub der Fußböden und Oberflächen, aber auch in Heimtextilien und Möbeln. Sie ernähren sich nicht direkt von Hautschuppen der Raumnutzer und Haustiere, sondern leben in Symbiose mit bestimmten Schimmelpilzarten, die ihnen ihre Nahrung (speziell Hautschuppen) quasi vorverdauen (ähnlich wie Ameisenarten Läuse züchten und sich von deren Ausscheidungen ernähren). Die Milben fressen Schimmelpilzbestandteile und damit Allergene, die zumindest teilweise als Kotbällchen wieder ausgeschieden werden. Diese milbenspezifischen Allergene bereiten den Raumnutzern mitunter große gesundheitliche Beschwerden (Abb. 4-27).

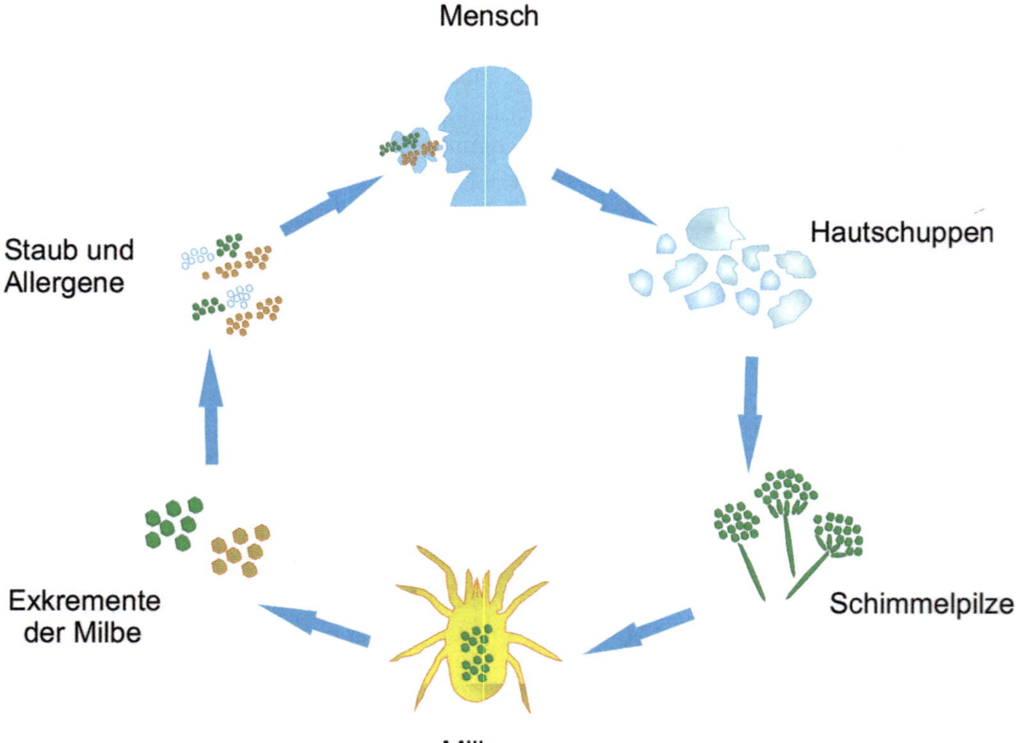

Abbildung 4-27: Milben als Schimmelfresser, Ausscheidung von Allergenen (aus Stahl, 2016)

Bronchialasthma, Rhinitis (laufende Nase) und Hautirritationen werden dem Vorkommen von Milben zugeschrieben. Neben Hausstaubmilben können auch „Raubmilben" (Gattung Gamasina) vorkommen. Als Jäger und Schimmelfresser tritt häufiger Lasioseius penicilliger besonders an Holzleisten von Neubauten auf (Weidner & Sellenschlo, 2009).

Das Mikrobiotop einer Wohnung ist komplex: Inwieweit Symbiosen zwischen bestimmten Milbenarten und Schimmelpilzarten bestehen, muss noch erforscht werden. Bestimmten Schimmelpilzarten wird ein höheres allergenes Potential zugeschrieben – ob auch hier ein Zusammenhang mit den vergesellschafteten Milben besteht, ist zu klären.

4.7.2 Staubläuse (Psocoptera)

Staubläuse sind Insekten, die im Freien und in Häusern vorkommen können und sich von Schimmelpilzen, Algen und Flechten ernähren. Einen Schaden richten sie in Gebäuden nur indirekt an, indem sie Lebensmittel mit Exkrementen verunreinigen. Aber: Lebensmittel, die von Staubläusen befallen sind, waren schon vorher von Schimmelpilzen bewachsen. Staubläuse sind Schimmelfresser, sie ernähren sich nur selten von tierischen und pflanzlichen Stoffen.

Bezogen auf Innenraumuntersuchungen sind Staubläuse damit als eindeutiger Anzeiger einer erhöhten Feuchte und von Schimmelpilzwachstum in Wohnräumen anzusehen. Sie weiden in Häusern Schimmelrasen von sichtbaren oder verdeckten Oberflächen ab. Nährstoffe für Schimmelpilze können in Fußboden- und Wandkonstruktionen u.a. die Materialien selbst (Holzfaserplatten, Papier auf Gipskarton etc.) oder aber Verunreinigungen durch mangelnde Baustellenhygiene und Schmutzwassereintrag sein. Bereits vor Jahrzehnten (Kéler, 1953) erschien in „Die neue Brehm Bücherei" eine Monografie zum Thema Staubläuse (Abb. 4-28).

Abbildung 4-28: Bereits seit dem Jahr 1953 sind Staubläuse als Schimmelfresser bekannt

Zitate aus der im Jahr 1953 erschienen Schrift „Staubläuse":

- „Wo sich in Wohn- und Speicherräumen Copeognathen massenhaft zeigen, sollen Maßnahmen zur Unterbindung der Schimmelbildung getroffen werden, ganz gleich ob Schimmelrasen sichtbar bzw. Modergeruch bemerkbar ist oder nicht."
- „Besonders wenn es sich um Lebensmittel handelt, sind die Staubläuse vor allem Melder eines auf die Dauer untragbaren Zustandes des Lagerraumes hinsichtlich der Temperatur, Luftfeuchtigkeit und Luftbewegung (Lüftung)."

Massenhafte Vorkommen von Staubläusen in Neubauten weisen auf ein Problem hin, hier sind Fußboden- oder Wandkonstruktionen bereits mit Schimmelpilzen besiedelt. Staubläuse riechen gasförmige Emissionen von Schimmelpilzen lange bevor diese für die menschliche Nase wahrnehmbar sind. Im Laufe eines Trocknungsvorgangs wird sich die „Staublaus-Population" aufgrund schwindender Nahrung verringern, nach Beseitigung der Feuchteursache verschwinden Staubläuse quasi von selbst. Insektizideinsätze sind daher nicht zweckmäßig. Schimmelpilzbestandteile sind im Haus aber weiterhin vorhanden.

Es besteht die Möglichkeit, dass einzelne Staublausarten an bestimmte Arten von Schimmelpilzen angepasst sind, d.h. in Symbiose leben. Schimmelpilze hätten den Vorteil, dass diese flinken Insekten Sporen in feuchten Bauteilen im Haus vertragen und damit neue Lebensräume und Nährstoffquellen für Schimmelpilze erschließen könnten. Zu diesem Thema sind unter populationsdynamischen Gesichtspunkten interessante Forschungsvorhaben denkbar.

4.7.3 Wohnungsfischchen (Zygentoma)

Der bekannteste Vertreter der Wohnungsfischchen ist das Silberfischchen (Lepisma saccharina, Abb. 4-29), das in Wohnungen meist im Verborgenen lebt. Silberfischchen und seine größeren Verwandten die Ofen- und Papierfischchen sind flügellose, aber dennoch flinke Urinsekten. Sie lieben feuchte, warme Umgebungen und ernähren sich hauptsächlich von Stärke und Zellstoff. Früher wurden sie auch als „Zuckergast" bezeichnet.

Milben dienen Silberfischchen als tierische Nahrung. Sie gelten nicht als Krankheitsüberträger – Fraßschäden durch Silberfischchen können aber durchaus relevant sein. Ein Auftreten deutet auf Feuchte in Wohnungen hin, womit Silberfischchen ebenfalls Bioindikatoren für verdeckte Schimmelschäden sind.

Abbildung 4-29: Silberfischchen im natürlichen Wohnumfeld auf Fliesen

4.7.4 Kellerassel (Isopoda)

Kellerasseln mögen es feucht, womit sie ein indirektes Indiz für schimmelfreundliche Umgebungsbedingungen sind. Häufig sind sie in (alten) Kellerräumen vorzufinden, seltener in Wohnungen. Die Abb. 4-30 mit zwei Kellerasseln ist im Bad eines älteren Gebäudes nach der Eröffnung der Fußbodenkonstruktion entstanden.

Abbildung 3-30: Kellerasseln in der Fußbodenkonstruktion eines älteren Bades

4.7.5 Hundert- und Tausendfüßer (Myriapoda)

Ein (massenhaftes) Auftreten von Hundert-/Tausendfüßern (Abb. 4-31) in Wohnungen, Gebäuden oder Gebäudeteilen findet man nur, wenn bereits ein fortgeschrittener Mikrokosmos in Bauteilen besteht. Die räuberischen Arthropoden sind extrem feuchtebedürftig. Sie ernähren sich von Milben und Kleininsekten.

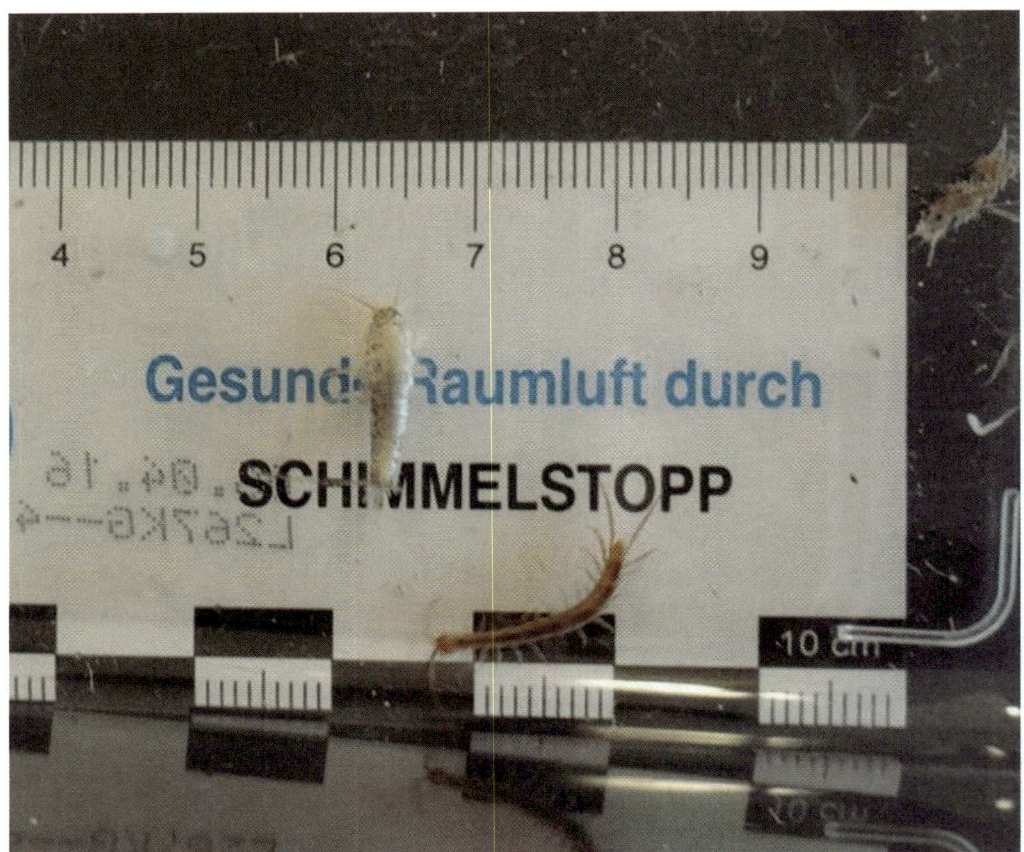

Abbildung 4-31: Hundertfüßer (unten) und Silberfischchen (Mitte links) aus nasser Fußbodenkonstruktion eines ca. 3 Jahre alten Gebäudes

Fallbeispiel: Ursprünglich gab es einen Wasserschaden im Untergeschoss eines mehrstöckigen erst ca. 3 Jahre alten, als Schulungszentrum genutzten Gebäudes. Zunächst wurde zerstörungsfrei mit einem Schimmelspürhund dem Anfangsverdacht auf einen Schimmelschaden im Untergeschoss nachgegangen. Im Ergebnis erhärtete sich ein verdeckter, nicht sichtbarer Schimmelschaden in der Fußbodenkonstruktion. Zusätzlich war auch in oberen Geschossen ein auffälliges Markierungsverhalten des Schimmelspürhundes an Fußbodenkonstruktionen erkennbar. Nachfolgend wurde stichprobenartig die Fußbodenkonstruktion eröffnet zur Gewinnung von Materialproben für laboranalytische Untersuchungen. Dabei wurde Folgendes erkannt: Mittlerweile hatte sich in der Dämmebene ein Mikrokosmos u.a. mit räuberischen Gliederfüßern (Arthropoden) eingestellt. Massenvorkommen von großen Wohnungsfischchen (Silberfischchen) und Hundertfüßern fanden sich in der Dämmebene von Feuchträumen eines Obergeschosses, in denen auch die Fußbodenkonstruktion bereichsweise nass war. Der ausgeprägte Schimmel-/Feuchte-/Wasserschaden in dem Obergeschoss war visuell nicht erkennbar und wäre ohne den Einsatz eines Schimmelspürhundes mit nachfolgenden Bauteilöffnungen nicht entdeckt worden.

4.7.6 Bioindikatoren und deren Relevanz für praktische Innenraumuntersuchungen

Durch einen verdeckten Schimmelschaden (Anmerkung: auch durch sichtbaren) kann sich in kurzer Zeit eine Nahrungskette in Bauteilen und speziell in Fußbodenkonstruktionen aufbauen. Praxisbeispiele aus Begutachtungen im Neubau und im Altbau verdeutlichen die Brisanz dieser „Untersuchungsmethode". Die Frage wäre zu klären, ob das Auftreten von Zeigerorganismen bzw. tierischen Feuchte- und Bioindikatoren wie Staubläuse und Silberfischchen im Sinne eines einfachen und kostengünstigen „Vortestsystems" für Schimmelschäden genutzt werden kann. Erste Erfahrungen scheinen zu bestätigen, dass Staubläuse, Silberfischchen und andere Lebewesen verlässliche Helfer eines jeden Sachverständigen sein können. Sie liefern mindestens erste Anhaltspunkte, werden aber häufig unterschätzt bzw. nicht beachtet. Durch Entzug der Lebensgrundlage (hier in erster Linie: Entzug von Feuchtigkeit) lassen sich eine Vielzahl von „Mitbewohnern" ohne Einsatz von Bioziden wieder vertreiben.

Der entstandene und hoffentlich entdeckte Schimmelschaden muss trotzdem fachgerecht saniert werden, da entsprechend der allgemeingültigen Einschätzung im Sinne einer gesundheitlichen Vorsorge möglichst alle Bestandteile des „Ökosystems Schimmel" wie Pilzstrukturen, Toxine und Milbenkot (allergenes Potenzial) aus Wohnräumen entfernt werden sollten.

Zusammenfassend sind Staubläuse, Silberfischchen, Milben und Co. bisher weitgehend unbeachtete Bioindikatoren für Feuchte und damit indirekt für Schimmelwachstum in Wohnungen. Einige dieser Mitbewohner sind in der Literatur schon sehr lange als „Schimmelfresser" beschrieben. Sie sind somit sogar direktanzeigende „Messinstrumente" für Schimmelschäden oder anders ausgedrückt „Hilfstruppen" von fachkundigen Sachverständigen.

5 Mikrobiologische Untersuchungsmethoden

Vorübergehende, phasenweise auftretende, ehemalige und/oder aktuell vorliegende Feuchtigkeit ist die Grundlage für Schimmelpilz- und Bakterienwachstum in Gebäuden. Wasser gelangt in den Neubau durch verschiedene Faktoren in unterschiedlicher Menge: Durch Baustoffe und deren Verarbeitung, durch Witterungseinflüsse und durch Wassereinbrüche. Nach der Fertigstellung des Gebäudes kommen nutzungsbedingte Wassereinträge, Wärmebrücken, Leitungswasserschäden und (standortabhängig) Überschwemmungen als wesentliche Feuchtigkeitsursachen dazu.

Eine relevante Schimmelpilz-/Bakterienbelastung liegt nach Feuchteeinwirkung innerhalb von Tagen bis wenigen Wochen vor. Mit diesem Wissen zusammen mit den aufgezeigten vielfältigen Feuchtigkeitsursachen muss es in der Mehrzahl der Wohnungen und Gebäude zu mikrobiellen Schäden kommen. Aber warum wurde diese Problematik bisher nicht in ihrem vollen Umfang erkannt? Ganz einfach: Weil in Innenräumen noch niemand systematisch mit technisch-wissenschaftlichem Know-how nach verdeckten (nicht sichtbaren) Schimmelpilz- und Bakterienbelastungen gesucht hat! Wenn eine umfassende mikrobiologische Bestandsaufnahme in einer neu errichteten Wohnung stattfindet, werden regelmäßig nicht nur verdeckte mikrobielle Belastungen entdeckt, sondern auch elementare Bausünden aufgedeckt, wie dies beispielhaft bei Führer, 2017 beschrieben ist. Die aus dem erhaltenen Zahlenmaterial resultierenden Folgen sind für alle beteiligten Akteure mindestens spannend und können für die Vertragspartner u.U. weitreichende Konsequenzen haben bis hin zur Rückabwicklung des Wohneigentums.

Es gibt vielfältige Möglichkeiten, um Schimmelschäden, Schimmelpilze, Bakterien und andere beteiligte Organismen in Innenräumen zu untersuchen. Beispiele sind Material-, Staub- und/oder Raumluftuntersuchungen auf kultivierbare und nicht keimfähige Sporen, auf sterile Zellwandbruchstücke, β-Glucane, Mycotoxine, Endotoxine, weitere Stoffwechselprodukte, zelltoxische Potenziale und anderes. Jede Methode hat ihre Vor- und ihre Nachteile, weswegen für eine Charakterisierung der Schimmelpilz-/Bakteriensituation einerseits eine möglichst umfangreiche Beprobung und Untersuchung auf verschiedene Parameter mit mehreren Probenahmestellen im Gebäude stattfinden muss. Andererseits kommt in der praktischen Vorgehensweise dem finanziellen Aspekt eine wesentliche Rolle zu.

Zusammenfassend ergibt sich daraus folgende Frage: Wie kann die mikrobiologische Situation (i.e. das Vorliegen bzw. die Ausbreitung eines Schimmel-/Bakterienschadens) in einem Gebäude mit vergleichsweise geringem Aufwand möglichst genau charakterisiert werden? Beziehungsweise wie ist ein Schimmel-/Bakterienschaden in einer Wohnung einzugrenzen, zu lokalisieren oder auszuschließen – und dies möglichst zerstörungsfrei, also ohne invasive Bauteilöffnungen?

Für die Auswahl der „richtigen" Untersuchungsmethode(n) müssen u.a. folgende Punkte berücksichtigt werden:

- Neben trockenheits- und feuchtigkeitsliebenden Schimmelpilzen sind auch Bakterien mit zu erfassen.

- Gasförmige Schimmelpilz-/Bakterienemissionen und partikelartige Schimmelpilz- und Bakterienstrukturen sind zu berücksichtigen.
- Jahreszeitliche und tageszeitliche Rhythmen können auftreten bei der Produktion oder Freisetzung von Stoffwechselprodukten und Sporen.
- Einsetzbar sind physikalische, (bio-)chemische oder mikrobiologische Untersuchungsmethoden.
- Für kultivierungstechnische Untersuchungen sind aus der Vielzahl an Möglichkeiten geeignete Nährmedien auszuwählen.
- Repräsentative Probenahmestellen und ausreichende Probenahmepunkte mit jeweils genügenden Probenahmemengen sind zu wählen.
- Zu entscheiden ist, ob ausschließlich nicht-invasive oder auch zerstörende Probeentnahmemethoden eingesetzt werden können, z.B. durch Bauteilöffnungen zur Gewinnung von Proben aus Hohlräumen.

Beispielhaft werden in der VDI-Richtlinie 4300, Blatt 10 (Messstrategien zum Nachweis von Schimmelpilzen im Innenraum, VDI, 2008) Untersuchungsverfahren vorgestellt und was bei der Probeentnahme und der Auswertung der Proben zu berücksichtigen ist. Zur konkreten Vorgehensweise zum Erkennen und lokalen Eingrenzen des Ausmaßes einer Schimmelpilzbelastung finden sich keine Ausführungen. Im Gegenteil wird zu Beginn des Kapitels 5 dieser VDI-Richtlinie festgestellt, dass es zur Erfassung und Bewertung von Schimmelpilzschäden kein Standardverfahren gibt. Weiterhin wurden in dieser VDI-Richtlinie mikrobielle Schäden durch Bakterien ausgeklammert. Somit ist diese Abhandlung wenig praxisrelevant, wenn es um die Erkennung und Eingrenzung eines Schimmelschadens unter wirtschaftlichen Gesichtspunkten geht.

5.1 Untersuchungsmethoden bei sichtbaren Schimmelschäden

Um zu klären, ob es sich bei weiß-grauen bis grau-schwarzen pelzigen bis watteartigen Strukturen tatsächlich um eine Schimmelbesiedelung bzw. Bakterienansammlung handelt (oder um Fogging, Salzausblühungen oder Schmutz), werden Bereiche von verfärbten Oberflächen mikroskopisch untersucht. Neben der Klärung der Frage nach einem offensichtlichen Schimmelschaden (ja/nein) können hinsichtlich des nachweisbaren Artenspektrums weitere Rückschlüsse gezogen werden, wie beispielsweise: Sind auffällige und schadenstypische Arten vertreten oder kommen (ausschließlich) charakteristische Freilandarten wie Cladosporium vor? Treten Arten mit einem erhöhten/hohen gesundheitlichen Gefährdungspotenzial oder gar humanpathogene Arten auf oder sind es Allerweltsarten, die „nur" Allergien auslösen können? Können Milben oder Milbenkot nachgewiesen werden, womit Allergene an der Probenahmestelle vorlägen und das Schimmelwachstum mindestens einige Wochen alt sein muss (Milben kommen erst dann bei Schimmelschäden vor, wenn genug „Futter" vorhanden und somit eine gewisse Wachstumszeit vorausgegangen ist).

Im Hinblick auf diese (möglichen) Zusatzinformationen erklärt sich selbstredend, warum es durchaus Sinn macht, auch vermeintlich klare Schimmelschäden doch mikrobiologisch näher zu charakterisieren. Bei juristischen Auseinandersetzungen ist es sowieso angebracht, die mikrobiologische Innenraumsituation möglichst detailliert zu beleuchten, um jedweder Spekulation den (Nähr-)Boden zu entziehen.

Für die Untersuchung von Verfärbungen (und ggf. offensichtlichen Schimmelschäden) gibt es zwei Möglichkeiten:

1. Gewinnung einer Materialprobe beispielsweise von Tapete, Wandputz oder Holzoberfläche. Bei den entsprechenden Materialien kann bei der Mikroskopie von Ober- und Unterseite bzw. Vorder- und Rückseite auch die Tiefe des Befalls abgeschätzt werden. Ein Beispiel einer Probenahmestelle zeigt Abb. 5-1.

***Abbildung 5-1:** Probenahmestelle hinter einer Luftdichtigkeitsebene zur Klärung von wasserverlaufartigen Verfärbungen – entsprechend der Laboranalyse war an dem beprobten Holzstück eine Besiedelung mit Schimmelpilzen nachweisbar*

2. Zerstörungsfrei lässt sich mittels sogenannter Folienkontaktproben die Oberfläche von Materialien beproben. Dies ist besonders vorteilhaft, wenn es sich um schwer beprobbare Materialien wie Betonoberflächen, um bröseliges Material wie manche Wandputze oder um Einrichtungsgegenstände handelt. Abb. 5-2 zeigt beispielhaft eine Beprobung mittels einer Folienkontaktprobe in einer Fensterlaibung.

Abbildung 5-2: Beprobung einer Oberfläche mittels einer Folienkontaktprobe

5.2 Wie lassen sich verdeckte und nicht sichtbare Schimmelschäden erkennen?

Früher und in bestimmten Kreisen auch heute noch heißt es: *„Kein Schimmel vorhanden, weil kein Schimmel zu sehen ist."* Aber: Das menschliche Auge reicht nicht aus, um ein Schimmelpilzwachstum (im Frühstadium) und Sporen zu erkennen oder hinter vorgeblendete Decken- und Wandbauplatten oder in Fußbodenkonstruktionen zu sehen. Aus diesem Grund sind Untersuchungsstrategien, Probenentnahmegeräte und Messinstrumentarien nötig, um die mikrobiologische Situation in Innenräumen oder Gebäuden eindeutig zu erfassen. Dabei ist auch ein „Röntgenblick" zu entwickeln, um möglichst zerstörungsfrei in Konstruktionen hineinzuschauen. Im Rahmen von praktischen Sachverständigentätigkeiten hat sich aber als wesentlich erwiesen, zunächst mit gesundem Menschenverstand an die Fragestellung nach verdeckten oder nicht sichtbaren Schimmelschäden heranzugehen:

- Befragen: Gab es bereits früher einen Schimmelschaden, Wasserschaden, Sanierungen, . . .?
- Nachdenken: Wo kann flüssiges Wasser oder Feuchtigkeit ehemals aufgetreten sein, phasenweise auftreten oder aktuell vorliegen?
- Sehen oder erfragen: Sind oder waren in den zu begutachtenden Räumen typische Bioindikatoren wie Staubläuse, Silberfischchen oder Kellerasseln vorhanden?

- Voruntersuchungen wie Feuchtemessungen, thermografische Auswertungen, Luftdichtigkeitsmessungen oder mikrobiologische Untersuchungen von Raumluft, Staub oder Material in die Überlegungen einbeziehen.
- Sensorisches Begutachten: Besondere Aufmerksamkeit ist der Geruchssituation, Wasserhochzügen und auffälligen Verfärbungen an Oberflächen zu schenken.
- Gesundheitliche Relevanz: Liegen bei den Raumnutzern gesundheitliche Beschwerden vor?

Im Hinblick auf diese teilweise einfach zu erhaltenden Vorabinformationen oder Anknüpfungstatsachen können nachfolgend gezielt entsprechende Untersuchungsstrategien erarbeitet bzw. umgesetzt werden.

5.2.1 Wie wird heute typischerweise nach verdecktem oder nicht sichtbarem Schimmel gesucht?

Bei Schimmelschäden werden routinemäßig (häufig ausschließlich) Raumluftuntersuchungen auf Schimmelpilzsporen durchgeführt. Dabei werden bei aktiver Probenahme mittels einer Pumpe entsprechende Mengen Luft über Nähr- und Sammelmedien geführt (Abb. 5-3). Unter Zuhilfenahme einer geeichten Gasuhr (misst die durchströmte Luftmenge) können die Ergebnisse dann pro Kubikmeter (m^3) Luft berechnet und damit bezüglich absoluter Sporenkonzentrationen vergleichbar gemacht werden. Diese Methodik dient vor allem als Hinweis auf einen nicht sichtbaren (verdeckten) Schimmelbefall. Eine quantitative Expositions- und Risikoabschätzung ist dabei nicht möglich.

Abbildung 5-3: Probenahmeapparatur für die Gewinnung von Raumluftproben für Sporenuntersuchungen, die mit Freilandwerten verglichen werden müssen

Wichtiger Hinweis für Praktiker:

Anmerkung: Häufig eingesetzt, aber trotzdem nicht geeignet als Grundlage für den Nachweis oder den Ausschluss einer verdeckten (nicht sichtbaren) Schimmelbelastung sind sogenannte Passivsammler. Dabei werden Nährböden aufgestellt, in die in einer bestimmten Zeiteinheit Sporen aus der Raumluft sedimentieren. Die nach Kultivierung erhaltenen Ergebnisse sind nicht reproduzierbar (und damit beliebig richtig oder falsch), weswegen das Umweltbundesamt diese Methode nicht empfiehlt.

Auf Nährböden keimen einzelne Sporen aus und bilden nachfolgend die bekannten Schimmelstrukturen, die als KolonieBildende Einheiten (KBE) bezeichnet werden. Erst nach einer Bebrütungszeit von einigen Tagen sind die Ergebnisse auswertbar (Abb.5-4). Dabei werden zum einen die auskeimenden Sporen gezählt und zwischen „innen" und „außen" verglichen. Zum anderen wird das Artenspektrum in den Innenräumen und im Außenbereich bestimmt. Hinweis: Nachdem nur ein geringer Prozentsatz an Sporen keimfähig und damit kultivierbar ist, sollte typischerweise parallel auch die Gesamtsporenzahl in die Untersuchungen miteinbezogen werden. Dabei erfolgt eine mikroskopische Auswertung durch Auszählen von Sporenkonzentrationen unter dem Mikroskop.

Abbildung 5-4: Bei Raumluftuntersuchungen auf Sporen werden Innenraum und Freiland quantitativ (Sporenanzahl) und qualitativ (Artenspektrum) miteinander verglichen und aus den Ergebnissen entsprechende Schlussfolgerungen gezogen

Auswertung der Nährböden im konkreten Fall der Abb. 5-4: Unter der Voraussetzung gleicher Luftmengen während der Probenahme weist der obere und der rechte Nährboden deutlich weniger KBE pro Nährboden auf im Vergleich zu dem linken Nährboden. Auf allen Nährböden ist ein heterogenes Artenspektrum vertreten (unterschiedliche Farben und Formen der gewachsenen KBE). Wären der obere und der rechte Nährboden in Innenräumen und der linke Nährboden im Freiland beprobt worden, ergäbe sich zum Zeitpunkt der Probenahme nach Umweltbundesamt folgende Bewertung: *„Hintergrundbelastung, Innenraumquelle unwahrscheinlich“*, weil geringere KBE-Konzentrationen in den Innenräumen nachweisbar waren und keine dominante Art auftritt (mehrheitlich gleiche Farbe und Form der KBE an den Probenahmepunkten bzw. Nährböden im Innenraum, was nicht der Fall ist). Detaillierte Bewertungsgrundlagen für Luftproben bezüglich kultivierbaren Schimmelpilzen (KBE/m^3) und Gesamtsporensammlungen (Sporen oder Myzelbruchstücke/m^3) finden sich in dem aktuellen Schimmelleitfaden (Umweltbundesamt, 2017).

Manche Sachverständige bezeichnen diese Vorgehensweise als Stand der Technik. Werden niedrige Konzentrationen vergleichbar dem Freiland ohne Auftreten einer dominanten Art nachgewiesen, wird auf vorliegende Hintergrundkonzentrationen verwiesen und die Innenraumqualität regelmäßig auch vom öffentlichen Gesundheitswesen als unbedenklich bewertet – obwohl nachweislich verdeckte Schimmelschäden vorliegen und auf weitere Strukturen und Emissionen nicht getestet wurde.

Unabhängig von dieser Einschätzung wurde und wird in der gutachterlichen Praxis häufig trotz niedriger Sporenkonzentrationen in der Raumluft von den Raumnutzern über gesundheitliche Beschwerden berichtet. Diese bessern sich außerhalb der Räumlichkeiten und stellen sich bei der Rückkehr erneut ein. Bei näherer Betrachtung der innenraumhygienischen Situation finden sich dann nicht sichtbare (verdeckte) Schimmelschäden. Nach deren Beseitigung oder fachgerechter Abtrennung von der Raumluft bessern sich die Beschwerden bis hin zur Beschwerdefreiheit der betroffenen Personen.

Aus diesen Beobachtungen lässt sich schließen, dass Sporen in der Raumluft nicht das allein „Krankmachende“ bei Schimmelschäden sind. Diese Erkenntnis steht im Einklang mit Angaben u.a. des Umweltbundesamtes, wonach das eigentlich „Krankmachende“ bei Schimmelschäden bis heute nicht geklärt ist. Dementsprechend sind bei einem Verdacht auf einen Schimmelschaden nicht nur die einfach zu untersuchenden Sporen in der Raumluft zu berücksichtigen, sondern vielfältige gasförmige Emissionen und weitere partikelartige Strukturen – sowohl beim Erkennen eines (verdeckten oder nicht sichtbaren) Schimmelschadens als auch bei dessen Sanierung (siehe unten).

Wichtiger Hinweis für Praktiker:

Zusammenfassend bedeutet dies, dass bei erhöhten bzw. hohen Sporenkonzentrationen in Innenräumen nach Umweltbundesamt eine „Innenraumquelle möglich“ bzw. eine „Innenraumquelle wahrscheinlich“ ist, weswegen nachfolgend nach der oder den Schimmelquelle(n) zu suchen ist. Sind die Sporenkonzentrationen im Vergleich zum Freiland aber niedrig und unauffällig, kann keine Entwarnung gegeben werden. Dann sind ergänzende (Raumluft-)Untersuchungen zum eindeutigen Ausschluss oder zum Nachweis einer Schimmelquelle nötig.

5.2.2 Wie wäre die Raumluft alternativ zu Sporenuntersuchungen für eine eindeutige Klärung mikrobiologisch zu charakterisieren?

Sporen sind vergleichsweise große partikelartige Strukturen, die nur in Ausnahmefällen oder in geringer Konzentration aus verdeckten oder nicht sichtbaren Schäden beispielsweise in Dämmebenen von Fußboden-, Wand- und Dachkonstruktionen in die Raumluft gelangen. Deshalb müssen kleinere Einheiten wie nanopartikelartige Strukturen oder Gase in die Überlegungen einbezogen werden. Diese sind deutlich mobiler (verglichen mit Sporen) und können auch durch kleinste Öffnungen aus belasteten Bauteilen in die Raumluft gelangen (vergleichbar einem Luftballon, wenn dieser undicht wird). In der Raumluft sollte das Freigesetzte dann messtechnisch erfassbar sein. Eine vor etwa 25 Jahren eingeführte und mittlerweile etablierte Methode stellen Untersuchungen auf gasförmige Stoffwechselprodukte von Mikroorganismen dar (MVOC = Microbial Volatile Organic Compounds). Aus der Vielzahl der unterschiedlichsten Einzelverbindungen aus verschiedenen chemischen Verbindungsklassen wurden einige regelmäßig bei Schimmelschäden auftretende und gut detektierbare MVOC für die Untersuchungspraxis ausgewählt (Details zur MVOC-Untersuchungsmethodik finden sich in Kapitel 8.1). Hintergrundkonzentrationen von MVOC wurden von Keller et al., 2004 bestimmt.

In die Bewertung gehen MVOC-Einzelverbindungen und die Summe an Hauptindikatoren ein. Als Hauptindikatoren für mikrobielles Wachstum werden im Innenraum nach Landesgesundheitsamt Baden-Württemberg, 2001 3-Methylfuran, Dimethylsulfid, 1-Octen-3-ol, 3-Octanon und 3-Methyl-1-butanol angesehen. Ein Bewertungstableau hat Lorenz, 2001 aufgestellt (siehe Tabelle 5-1):

	Kein Nachweis eines Hauptindikators	**0,05 bis 0,10 $\mu g/m^3$ bei mindestens einem Hauptindikator**	**$>$ 0,10 $\mu g/m^3$ bei mindestens einem Hauptindikator**
Summenkonzentration $\leq$ 0,5 $\mu g/m^3$	Kein mikrobieller Befall	Ein lokal begrenzter Befall, ein raumhygienisches Problem oder ein mikrobieller Befall in angrenzenden Gebäudeteilen liegt vor	Ein mikrobieller Befall ist wahrscheinlich
Summenkonzentration $>$ 0,5 $\mu g/m^3$ bis 1,0 $\mu g/m^3$	Es liegt vermutlich kein mikrobieller Befall, sondern evtl. ein raumhygienisches Problem vor	Ein mikrobieller Befall im Gebäude ist wahrscheinlich	Ein mikrobieller Befall ist sehr wahrscheinlich
Summenkonzentration $>$ 1,0 $\mu g/m^3$	Da keine Hauptindikatoren nachgewiesen wurden, ist ein mikrobieller Befall im Gebäude fraglich	Ein mikrobieller Befall im untersuchten Raum oder in unmittelbar angrenzenden Räumen ist sehr wahrscheinlich	Ein mikrobieller Befall muss vorhanden sein

Tabelle 5-1: Bewertungsgrundlage für Raumluftuntersuchungen nach MVOC (nach Lorenz, 2001)

Wenn nach der Raumluftprobenahme und den Laborauswertungen erhöhte oder hohe Konzentrationen von MVOC-Hauptindikatoren für Schimmelschäden vorliegen, ist in Abhängigkeit von Einzelverbindungen und Verbindungssumme mit unterschiedlicher Wahrscheinlichkeit von einem Schimmelschaden auszugehen. Kritiker dieser Methodik wenden ein, dass auch Kaffee, Biomüll, Kochemissionen und Ähnliches die MVOC-Ergebnisse verfälschen können (also hohe MVOC-Konzentrationen erhalten werden, ohne dass tatsächlich ein Schimmelschaden vorliegt). Einerseits sollten derartige Dinge bei der Probenahme berücksichtigt werden. Andererseits erfolgten nicht nur vor diesem Hintergrund verschiedene Überprüfungen und Parallelmessungen von Sporen und MVOC in der Raumluft.

Ein Beispiel zeigt die nachfolgende Abb. 5-5: In einem dreigeschossigen Schulgebäude waren Geruchsauffälligkeiten vorhanden, die einen ersten Hinweis auf einen möglichen verdeckten oder nicht sichtbaren Schimmelschaden gaben. Bei den Messungen auf Sporen in der Raumluft fanden sich keine Hinweise auf etwaige Schimmelquellen (grüne Markierungen). Anders dagegen die MVOC-Messungen: In allen drei Geschossen wurden hohe Werte erhalten, die Schimmelschäden anzeigten (rote Markierungen).

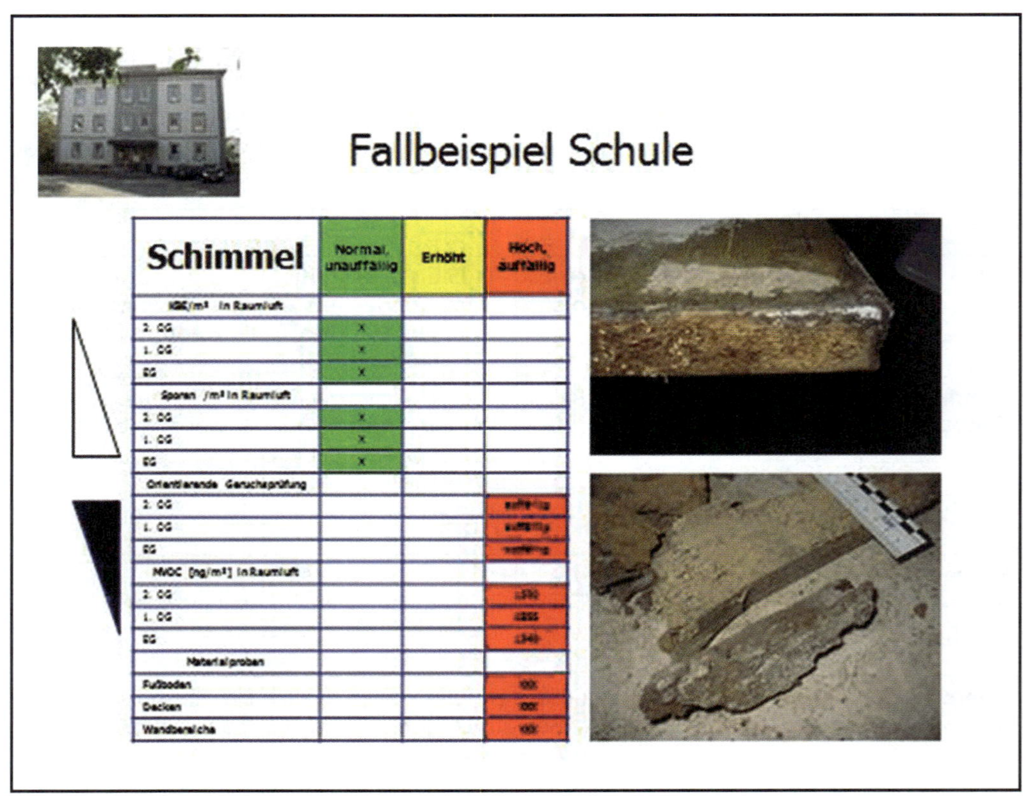

Abbildung 5-5: Eine unterschiedliche Wahrscheinlichkeit eines Schimmelschadens ergab sich bei Luftkeimsammlungen (grüne Markierungen, unwahrscheinlich) und MVOC-Messungen der Raumluft (rote Markierungen, wahrscheinlich): Durch den Nachweis von ausgeprägten Schimmelschäden in dem Gebäude waren die MVOC-Ergebnisse „richtig"

Wenn widersprüchliche Ergebnisse auftreten, dann ist es unter fachlichen Gesichtspunkten notwendig, nach der Ursache hierfür zu suchen. Durch die unterschiedlichen Freisetzungsraten von groben partikelartigen Strukturen (Sporen) und gasförmigen Stoffwechselprodukten (MVOC) sind diese Unterschiede in der Raumluft problemlos erklärbar. Letztendlich fehlt bei derartigen Sachverhalten „nur" noch der Nachweis von verdeckten (nicht sichtbaren) Schimmelbelastungen: Die beiden größeren Bilder in Abb. 5-5 zeigen solche Schäden in dem Gebäude beispielhaft, womit letztendlich die MVOC-Messungen zum richtigen Ergebnis führten.

5.2.3 Was passiert nach Wassereintrag in der Dämmebene unter einem schwimmend verlegten Estrich?

Nachfolgend ist in einer Bildersequenz das Geschehen in der Dämmebene eines schwimmend verlegten Estrichs nach Wassereintrag schematisiert dargestellt. Aus der Vielzahl an möglichen Strukturen und Emissionen wurden Sporen (als Beispiel für partikelartige Strukturen) und MVOC (beispielhaft für gasförmige Emissionen) ausgewählt. Diese Zusammenschau bezieht sich auf Hunderte von MVOC- und Sporenmessungen in der Raumluft, Tausende von Materialuntersuchungen aus Fußbodenkonstruktionen und vielfältige und vielzählige Diskussionen mit Fachkundigen. In Abb. 5-6 sind der prinzipielle Fußbodenaufbau mit einem schwimmend verlegten Estrich und der Anschluss an die Wand dargestellt.

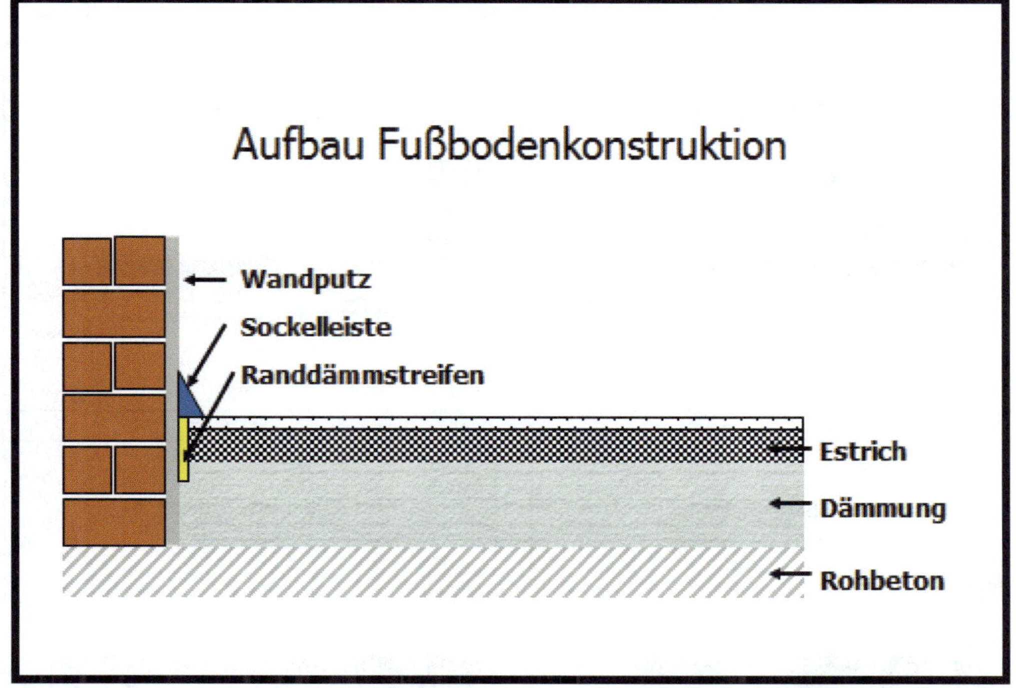

Abbildung 6: Schematischer Fußbodenaufbau mit schwimmend verlegtem Estrich und Wandanschluss

Über dem Rohbetonfußboden ist eine Schaumdämmung verlegt. Diese ist typischerweise mit einer Folie abgedeckt. In dem darüber liegenden Estrich kann eine Fußbodenheizung verlegt sein. Mit dem Fußbodenbelag ist die Fußbodenkonstruktion zum Raum hin abgeschlossen. An der Wand schließt der schwimmend verlegte Estrich mit einer Bewegungsfuge ab. In dieser ist ein Randdämmstreifen vor dem Wandputz zur Schallentkoppelung verlegt. Die über der Randfuge installierte Sockelleiste hat primär eine optische Abschlussfunktion.

Was nach einem Wassereintrag in die Dämmebene der Fußbodenkonstruktion auf der mikrobiologischen Ebene geschieht, ist in der Bildsequenz der Abb. 5–7 schematisch dargestellt.

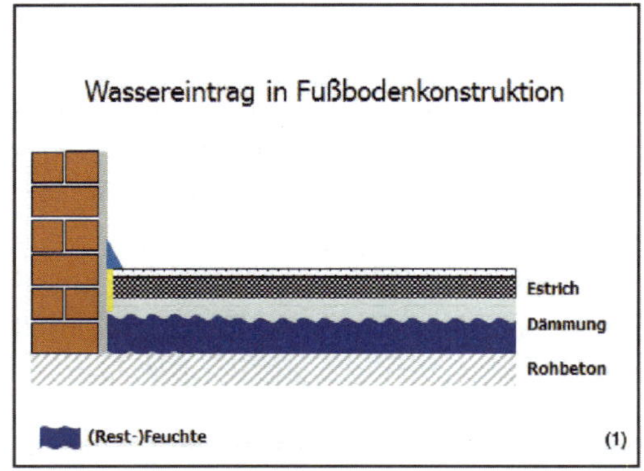

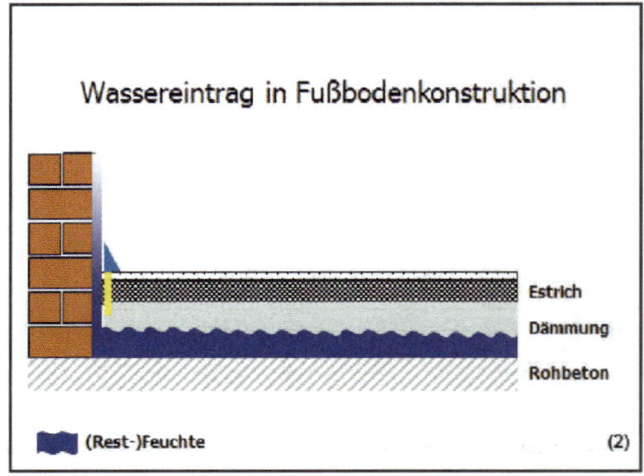

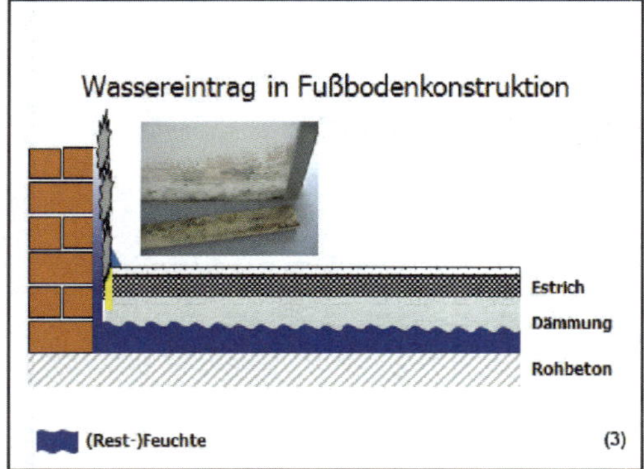

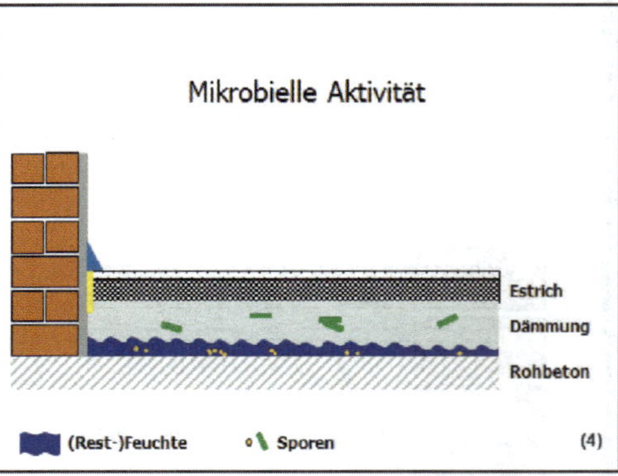

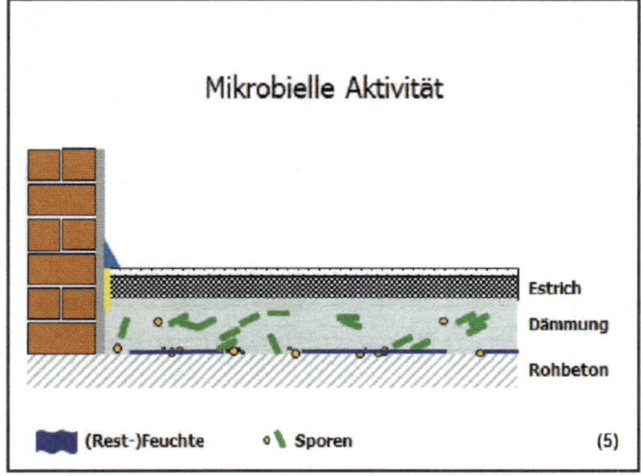

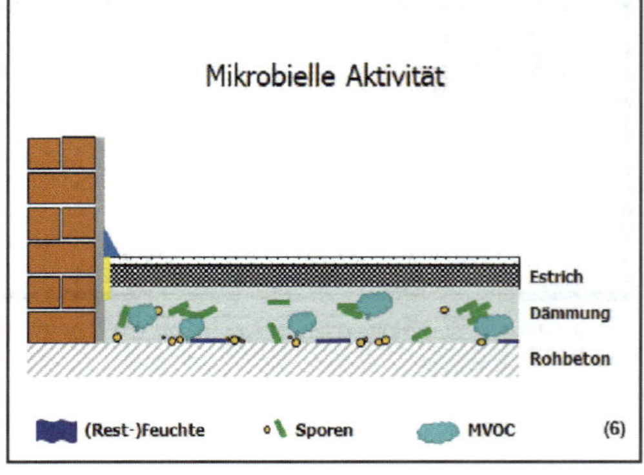

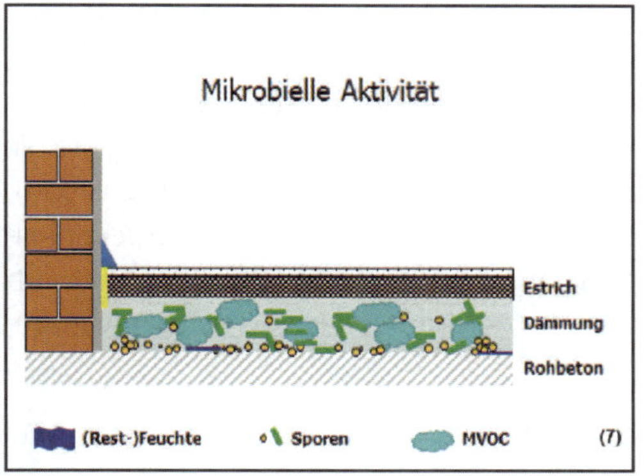

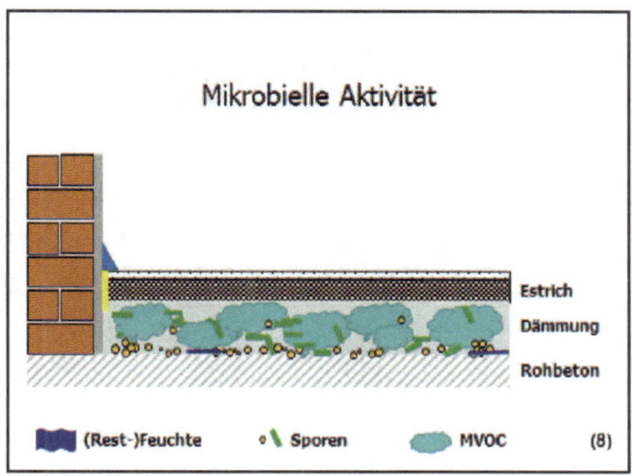

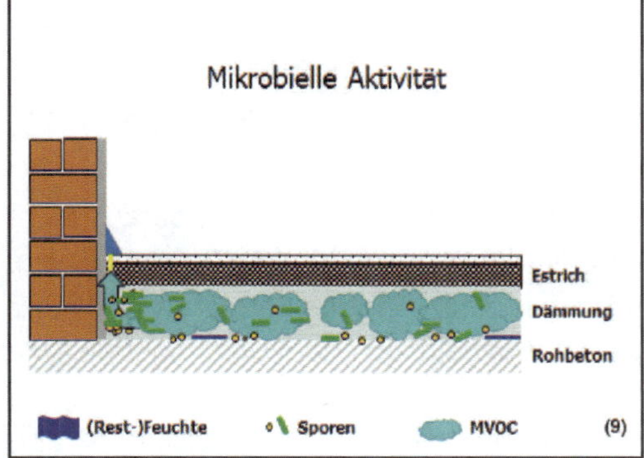

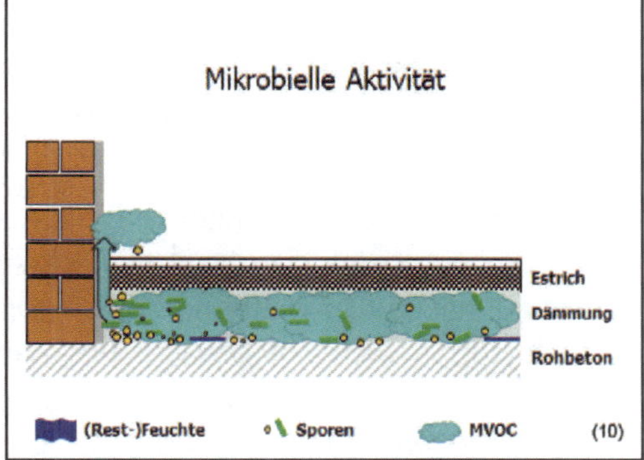

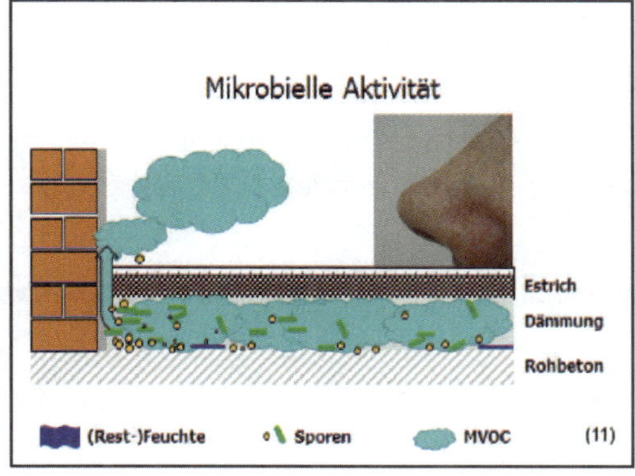

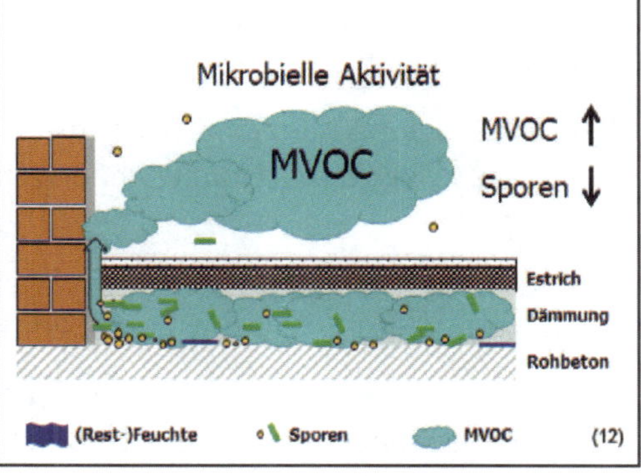

Abbildung 5-7: Bildsequenz zur Entwicklung eines Schimmelschadens nach Feuchteinwirkung unter einer schwimmend verlegten Fußbodenkonstruktion und dessen Auswirkungen auf die Raumluft

Das eingedrungene Wasser verteilt sich entsprechend der Schwerkraft flächig in der Fußbodenkonstruktion (1). Am Wandfuß durchfeuchtet es den Wandputz (2). Durch kapillare Kräfte kommt es zu Wasserhochzügen an der Wand. Steht ausreichend Wasser am Wandfuß an, kommt es auch oberhalb der Sockelleiste zu einem Auffeuchten des Wandputzes und nachfolgendem Schimmelwachstum (3). Dieses ist optisch erkennbar. Wenige Tage nach dem Wassereintrag beginnt ein Schimmelwachstum in der Dämmebene, während das Wasser durch Trocknungsvorgänge langsam zurückweicht (4). Mit zunehmendem

Wachstum der Mikroorganismen nehmen die Konzentration an Stoffwechselprodukten (MVOC) und die Anzahl der gebildeten Sporen zu (5 bis 9). Hohe Stoffkonzentrationen haben das naturgesetzliche Bestreben, sich in Richtung niedriger Stoffkonzentrationen auszubreiten. Nachdem der Estrich gegenüber Stoffströmen weitgehend dicht ist, fungiert die Randfuge als Durchgangspforte für den Konzentrationsausgleich (10). Größere partikelartige Strukturen wie Sporen werden von dem Randdämmstreifen mehrheitlich zurückgehalten. Im Gegensatz dazu können Gase sehr gut den Randspalt passieren und in der Raumluft als MVOC nachgewiesen oder bei genügend hoher Konzentration auch geruchlich wahrgenommen werden (11 und 12).

Aus vielfältigen umfangreichen Untersuchungen, den daraus erhaltenen Ergebnissen und den in der Bildabfolge zusammenfassend dargestellten Sachverhalten lassen sich Erkenntnisse mit weitreichenden Konsequenzen ableiten:

1. Raumluftmessungen auf Sporen (Luftkeimsammlungen, keimfähige und Gesamtsporen) beschreiben allenfalls die Sporenkonzentrationen in der Raumluft zum Zeitpunkt der Probenahme.
2. Werden niedrige Sporenkonzentrationen in der Raumluft erhalten, kann daraus nicht abgeleitet werden, dass keine verdeckten (nicht sichtbaren) Schimmelschäden vorliegen. Darauf hat das Umweltbundesamt in seinem Schimmelpilzleitfaden bereits im Jahr 2002 aufmerksam gemacht (Umweltbundesamt, 2002). Auf Seite 45 findet sich folgende Aussage: *„In Einzelfällen kann es nämlich vorkommen, dass z.B. Ergebnisse von Luftkeimsammlungen negativ ausfallen, obwohl ein Schaden vorliegt."* Diese Tatsache ist also hinlänglich bekannt und könnte mit heutigem Kenntnisstand dahingehend ergänzt werden, dass eine falsche negative Befundung bezüglich verdeckter (nicht sichtbarer) Schimmelschäden nicht nur in Einzelfällen auftritt.
3. Um über Raumluftuntersuchungen eine verlässliche Aussage über wahrscheinliche oder unwahrscheinliche Schimmelschäden zu erhalten, sind (ergänzende) MVOC-Messungen nötig.
4. Noch besser: Schimmelschäden sind da zu untersuchen, wo sie auftreten bzw. wo sie zu erwarten sind.
5. Zum Eingrenzen, Lokalisieren oder zum Ausschluss von verdeckten (nicht sichtbaren) Schimmelschäden sind spezielle Vorgehensweisen nötig.

Unabhängig von diesen raumluftrelevanten Diskussionen wird bei Raumluftuntersuchungen aber immer nur die Information erhalten, dass der jeweilige Innenraum an irgendeiner Stelle mikrobiell belastet ist. Eine genaue Aussage darüber, welche Oberflächen oder nicht einsehbaren Bereiche wie Hohlräume in welchem Ausmaß befallen sind, ist mit Raumluftuntersuchungen nicht möglich.

5.2.4 Zur Klärung einer möglichen Schimmelquelle sind letztendlich Materialuntersuchungen nötig

Wie die Quellensuche vonstatten gehen könnte, hat ein bekannter Experte für Schimmelschäden anhand eines Wasserschadens erklärt. Die nachfolgenden Ausführungen erfolgten im Jahr 2016 (John, 2016). Im Rahmen eines Tagungsberichtes wurde unter der Überschrift „Auf die Suche nach der Grenze gehen“ Folgendes formuliert:

> *„Wie viele Proben muss ich nehmen, wenn ein Fußbodenaufbau nach einem vorangegangen Wasserschaden von Schimmelpilzen befallen sein könnte? Eine Antwort auf die Frage nach allgemein gültigen Beprobungs- und Sanierungskonzepten blieb Gunter Hankammer, Sachverständiger für Schäden an Gebäuden, dem Publikum wie angekündigt schuldig. Zunächst bestimmt das Sanierungsziel, was überhaupt erreicht werden soll, sagte der Experte. Dabei müsse man im Blick behalten, dass eine Sanierung für den Eigentümer einen merkantilen Minderwert der Immobilie, also wirtschaftlichen Verlust mit sich bringen könne – etwa wenn eine befallene Fläche abgeschottet wird oder Bauteile ausgebaut und ersetzt werden müssen. Wird eine Sanierung hingegen nur unvollständig, also nicht fachgerecht ausgeführt, kann ein technischer Minderwert die Folge sein. Über diesen Sachverhalt muss das planende Unternehmen den Eigentümer oder Auftraggeber detailliert aufklären. Welches Konzept gewählt wird, liegt dann in der Verantwortung des Auftraggebers. In der Verantwortung des planenden Unternehmens liegt es, etwa im Fall eines durchfeuchteten Fußbodenaufbaus, die befallene und damit auszubauende Fläche sicher einzugrenzen. Wie das gelingen kann und welche Fallstricke dabei häufig auftauchen, dazu gab Hankammer konkrete Hinweise. Bei einem Estrichwasserschaden riet er, schon vor der Beprobung von einer maximalen Fläche auszugehen, die betroffen sein könnte. Schon 20 bis 50 Liter Wasser können den Estrich einer ganzen Halle unterspülen, weil der Raum zwischen Dämmschicht und Estrich sehr klein ist, gab er zu bedenken. Ist mutmaßlich nur ein Raum betroffen, empfahl er, im Anschluss an Feuchtemessungen mindestens zwei Proben durch Bauteilöffnung an unterschiedlichen Stellen des Raumes zu nehmen. Dann sei eine Probe am Übergang zu den angrenzenden Räumlichkeiten nötig, um auszuschließen, dass sich das Wasser beziehungsweise ein möglicher Befall bis dorthin ausgebreitet hat. Zuletzt riet er, eine Gegenprobe in einem nachweislich trockenen Raum zu nehmen, auch mögliche Vorbelastungen sollten ausgeschlossen werden. Oft liefere aber auch diese Methode keine eindeutigen Ergebnisse. Nicht selten seien Bauprodukte schon beim Einbau kontaminiert oder partiell befallen, etwa durch Verunreinigungen, die bereits auf der Baustelle entstanden sind. Dann sind weitere Proben nötig.“*

Bei einer derartigen Vorgehensweise zur Klärung der Fragen ob ein Schimmelschaden vorliegt oder nicht, und wenn ja, in welchem räumlichen Umfang, können u.U. Wochen ins Land gehen, bis endlich die Vor-Ort-Situation bezüglich des möglichen Schimmelschadens einschätzbar ist. Dieses zwar systematische Vorgehen ist aber nicht praxistauglich. Insofern stellt sich die Frage, wie prinzipiell in der Praxis mit dieser Thematik umgegangen wird und umgegangen werden sollte. Die Autoren beschleicht hinsichtlich ihrer Erfahrungen das Gefühl, dass selbst im Jahr 2017 noch großer Klärungs- und Forschungsbedarf besteht. Über das, was in der Vergangenheit (und auch heute noch) beim Thema Schimmel alles „gemacht“ wurde und wird, möchte man gar nicht näher nachdenken.

5.2.5 Ein neuer Ansatz zum schnellen Erkennen oder Ausschließen von mikrobiellen Schäden in Wohnungen, Büros oder Gebäuden

Wie müsste ein Untersuchungsverfahren zum Erkennen, lokalen Eingrenzen oder aber zum Ausschluss von relevanten Schimmelschäden aussehen, damit es für den praktischen Einsatz und unter wirtschaftlichen Gesichtspunkten interessant ist?

- Das Verfahren sollte (weitgehend) zerstörungsfrei und möglichst direktanzeigend sein.
- In vergleichsweise kurzer Zeit sollten große Flächen/Wohnungen/Gebäude unter mikrobiologischen Gesichtspunkten überprüft werden können.
- Die erhaltenen Prüfergebnisse sollten eine hohe Treffer- bzw. Ausschlusswahrscheinlichkeit bezüglich Schimmelschäden haben.

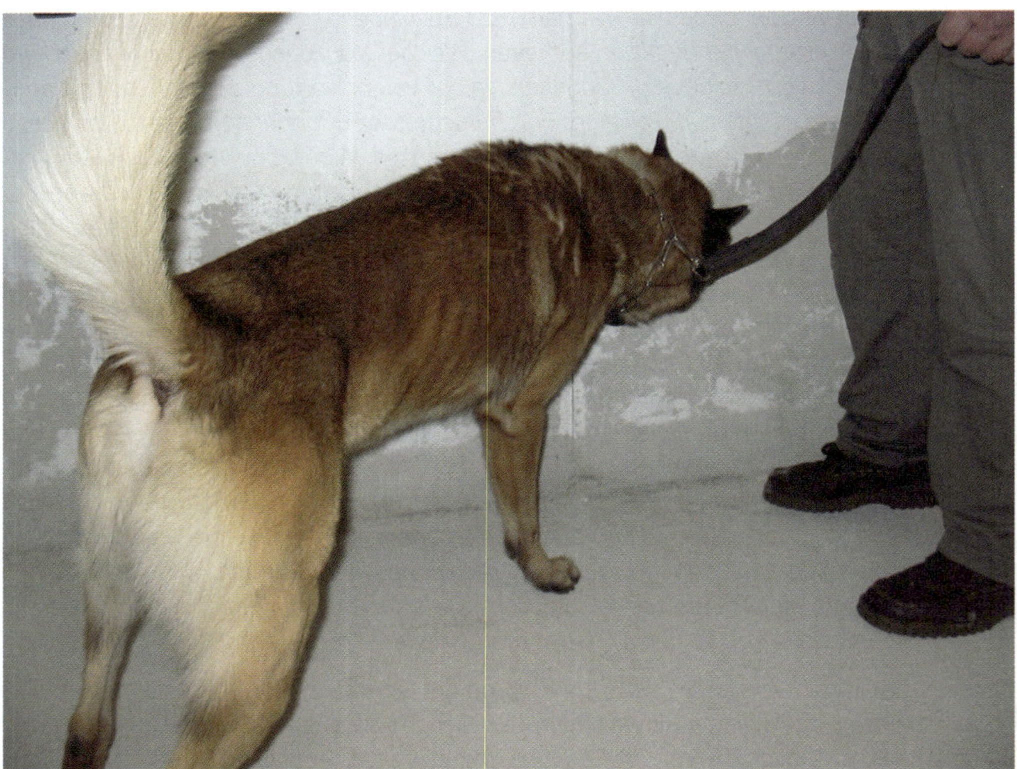

Abbildung 5-8: Schimmelspürhund mit Hundeführer als Teil des „Messinstrumentes Schimmelspürhund"

Ein am Sachverständigen-Institut peridomus weiterentwickeltes, elegantes Verfahren, das diesen Forderungen gerecht wird, wurde in den letzten Jahren mit dem „Messinstrument Schimmelspürhund" etabliert (Abb. 5-8): Aus vielfältigen praktischen Einsätzen zusammen mit systematischen Innenraumuntersuchungen, aus Einzelfallbeschreibungen (Böge & Tegeder, 1998; Lorenz, 2010) und abgesichert durch eine wissenschaftliche Studie (Wallner et al., 2012; Wallner, 2013) können Schimmelspürhunde mikrobielle Schäden erkennen und lokalisieren. Ähnlich wie Drogen-, Lawinen- oder Sprengstoffsuchhunde durch ihren guten

Geruchssinn ihre jeweiligen Suchaufgaben zuverlässig erledigen, können Hunde auch auf „Schimmel" trainiert werden.

Mittlerweile werden solche Schimmelspürhunde auch zertifiziert (Trautmann, 2014), wobei eine positive Zertifizierung im Hinblick auf Suchaufträge in Übungsräumen noch keine Garantie dafür ist, dass der Hund und sein Hundeführer auch praxistauglich sind. Aus der Praxis ist nämlich bekannt, dass die Qualität des „Messinstruments Schimmelspürhund" in Abhängigkeit vom Schimmelspürhund, seinem Hundeführer und/oder dem beteiligten Sachverständigen sehr unterschiedlich ist.

Wesentlich sind die zuverlässige Ausbildung des Hundes, eine regelmäßige Überprüfung des Markierungsverhaltens mittels Materialuntersuchungen und der Einbezug eines sachkundigen Fachsachverständigen. Dieser wird zur Nachvollziehbarkeit und zu Dokumentationszwecken das Markierungsverhalten des Schimmelspürhundes schriftlich aufzeichnen. Zur Absicherung der Ergebnisse der Begehung mit einem Schimmelspürhund und zur Qualifizierung und Quantifizierung des mikrobiellen Schadens sind stichprobenartig zweckdienliche Materialproben aus den markierten Bereichen zu entnehmen. Diese sind mit geeigneten mikrobiologischen Methoden auf Schimmelpilze und Bakterien zu untersuchen.

Im Idealfall sind bereits Erkenntnisse über physikalische Untersuchungsgrößen durch Feuchtemessungen, Thermografien oder Luftdichtigkeitsmessungen vorhanden. Diese geben direkt oder indirekt Informationen zu aktueller, ehemals vorliegender oder phasenweise auftretender Feuchtigkeit und können deshalb ergänzend zum Markierungsverhalten eines Schimmelspürhundes das Gesamtbild abrunden. Zudem sind derartige Informationen interessant, um unter wirtschaftlichen Gesichtspunkten zielsicher Probeentnahmestellen zur Gewinnung von Materialproben zu identifizieren und damit eine mikrobiologische Bestandsaufnahme zu vervollständigen.

Dieses zunächst exotisch anmutende Untersuchungsverfahren „Messinstrument Schimmelspürhund" ist von Mitarbeitern des Sachverständigen-Instituts peridomus professionalisiert worden. Mittlerweile wurde an diesem Institut hinsichtlich vielfältiger und vielzähliger Projekte wie Kindergärten, Schulen und Studentenwohnungen über Wohnhäuser bis hin zu großen Büro- und Wohnkomplexen ein reicher Erfahrungsschatz gewonnen. Als wesentlicher Faktor wurde dabei Folgendes erkannt: Die eingesetzten Hunde müssen regelmäßig überprüft werden, um die Tauglichkeit zu gewährleisten. Nach jeder Begehung mit einem Schimmelspürhund sind stichprobenartig Materialproben aus markierten (oder zur Kontrolle auch aus nicht markierten) Bereichen zu gewinnen und laboranalytisch auszuwerten. Im Idealfall erhält der Hundeführer eine Rückmeldung, damit die Arbeit bestätigt oder der Hund zukünftig empfindlicher oder weniger sensibel eingestellt bzw. trainiert wird (wenn trotz Markierens kein Schimmel nachgewiesen wird oder wenn auch in einem nicht markierten Bereich Schimmel vorliegt). Im Detail wurden qualitätssichernde Maßnahmen bereits intensiv diskutiert (Stahl, 2014) und in dem nachfolgenden Schema zusammengefasst (Abb. 5-9).

Abbildung 5-9: Ein iterativer Prozess führt bei konsequenter Umsetzung zur ständigen Verbesserung der Vorgehensweise beim Einsatz eines Schimmelspürhundes

Zusammenfassend ist das „Messinstrument Schimmelspürhund" sehr gut geeignet, verdeckte (nicht sichtbare) Schimmelpilz- und Bakterienquellen zuverlässig zu detektieren. Dafür sind allerdings folgende Voraussetzungen nötig:

1. Der Schimmelspürhund muss zuverlässig ausgebildet sein und der Schimmelhundeführer muss zusammen mit seinem Hund ein verlässliches Team bilden.

2. Ein bei der Begehung anwesender fachkundiger Sachverständiger muss das Markieren des Hundes bzw. die Aussagen des Hundeführers interpretieren und daraus die entsprechenden Schlussfolgerungen ziehen können. Dabei sind bauphysikalische und bautechnische Grundlagen ebenso wie innenraumhygienische und gesundheitliche Gesichtspunkte zu berücksichtigen.

3. Für eine Nachvollziehbarkeit und zu Dokumentationszwecken müssen zum Markierungsverhalten des Schimmelspürhundes schriftliche Aufzeichnungen geführt werden. Schließlich sind zur Absicherung der Ergebnisse der Begehung mit einem Schimmelspürhund und zur Qualifizierung und Quantifizierung des mikrobiellen Schadens stichprobenartig zweckdienliche Materialproben aus markierten Bereichen mit geeigneten mikrobiologischen Methoden auf Schimmelpilze und Bakterien zu untersuchen.

5.2.6 Zwei Schimmelspürhunde – zwei Ergebnisse?

Wenn diese Voraussetzungen nicht erfüllt sind, kann es zu gravierenden Fehlern bei der Einschätzung der mikrobiologischen Innenraumqualität durch einen Schimmelspürhund kommen, wie nachfolgendes Beispiel zeigt. U.a. wegen gesundheitlicher Beschwerden der Raumnutzer wurde von Gerichts wegen eine fachgerechte Sanierung einer Eigentumswohnung angeordnet. Dabei wurde die Fußbodenkonstruktionen hinsichtlich vorliegender Schimmelschäden komplett entfernt und neu aufgebaut. Nach der Rückkehr der Raumnutzer klagten diese erneut über gesundheitliche Beschwerden. Zur Klärung der Frage, ob eine fachgerechte Sanierung bezüglich der ehemaligen Schimmelschäden stattgefunden habe, wurde ein erster Schimmelspürhund eingesetzt. Dieser zeigte ein lokal eng begrenztes und wenig intensives Markierungsverhalten an insgesamt vier Stellen in der Wohnung (siehe Abb. 5-10). Die Schimmelhundeführerin kam zu der Schlussfolgerung, dass die Wohnung unter mikrobiologischen Gesichtspunkten als fachgerecht saniert zu bezeichnen sei.

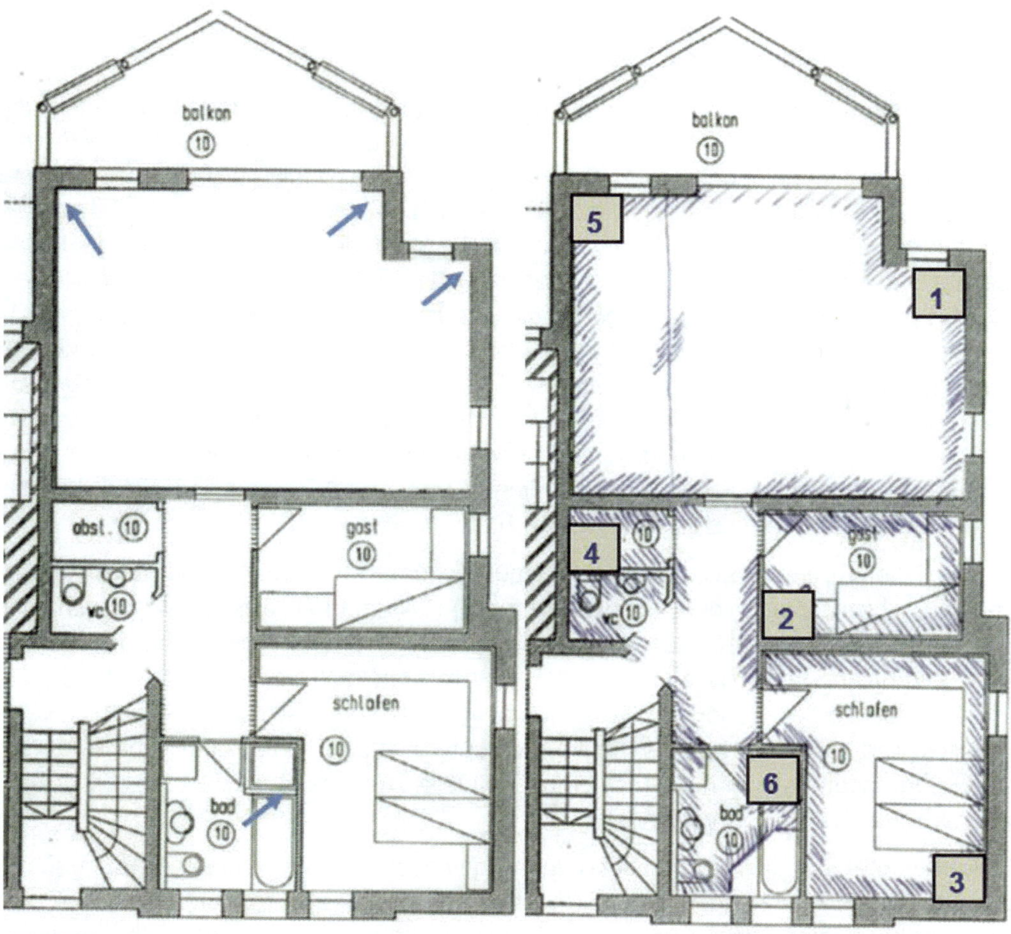

Abbildung 5-10: Punktuelles und wenig intensives Markierungsverhalten von Schimmelspürhund Nr. 1 (blaue Pfeile) in einer bezüglich Schimmelschäden frisch renovierten Eigentumswohnung

Abbildung 5-11: Weiträumiges und intensives Markierungsverhalten von Schimmelspürhund Nr. 2 (händisch blau schraffiert) in der gesamten Wohnung, die bezüglich Schimmelschäden renoviert worden war; mit Ziffern sind Entnahmestellen für Materialproben bezeichnet

Trotzdem war die Wohnung für die betroffene Raumnutzerin nicht nutzbar wegen Ausprägung gesundheitlicher Beschwerden in der Wohnung, die sich bei Aufenthalten außerhalb der Wohnung kurzfristig besserten. Das war der Grund, warum ein Schimmelspürhund Nr. 2 die Wohnung beging. Dessen Markierungsverhalten war intensiv und weiträumig: Markiert wurden alle Randfugen am Übergang vom Fußboden zur Wand (Abb. 5-11).

Um zu klären, welcher Hund denn nun Recht habe, erfolgten an insgesamt sechs Stellen Bauteilöffnungen der Fußbodenkonstruktion. Von der unteren Polystyrol-Schaumdämmung unter einem schwimmend verlegten Estrich wurden Materialproben gewonnen und laboranalytisch untersucht. Das Ergebnis war eindeutig: Alle Probenahmestellen waren mehr oder weniger intensiv mikrobiell belastet, womit Schimmelhund Nr. 2 als Sieger aus diesem unfreiwilligen Wettstreit hervorging.

5.2.7 Was sagen Gerichte zum Einsatz von Schimmelspürhunden?

1. Fallbeispiel: Bei einem nach Revision erfolgten gerichtlichen Endurteil waren auf der Grundlage des Einsatzes eines Schimmelspürhundes zur zweckentsprechenden Rechtsverfolgung Sachverständigengutachten notwendig, um sämtliche mikrobiellen Schäden zu erkennen. Der Beklagte hatte eingewandt, dass es sich bei der Einsetzung eines Schimmelspürhundes um keine anerkannte wissenschaftliche Methode handle. Dem entgegnete das Gericht, *„. . . dass die Erkenntnisse nicht nur aufgrund des Schimmelspürhundes gewonnen worden sind"*. Und weiter: *„Im Übrigen ist die Einsetzung von Hunden beim Drogenaufspüren und Leichenaufspüren eine anerkannte Methode, die auch von der Polizei immer wieder verwendet wird. Es erschließt sich dem Gericht nicht, weshalb ein Hund nicht darauf trainiert sein kann, auch „Schimmel" aufzuspüren. Auch wenn es sich noch nicht um eine wissenschaftlich anerkannte Methode handelt, konnte dies von dem Sachverständigen Dr. Führer zur Ergänzung seiner Feststellungen eingesetzt werden."* AG München – 484 C 428/10; Urteil vom 29.12.2010 – rechtskräftig seit 18.10.2011.

Vor dem Hintergrund dieses Gerichtsurteils muss zukünftig auch über die Haftungsrelevanz von Bausachverständigen neu nachgedacht werden: Was passiert beispielsweise, wenn die Abnahme von Wohnungen oder Gebäuden dem Bauherrn empfohlen wird, bei denen zwar keine sichtbaren Schäden zu erkennen sind, aber trotzdem massive mikrobielle Belastungen in Dämmebenen der Fußbodenkonstruktion oder hinter Vorsatzschalen vorliegen? Es wird prognostiziert, dass diese von den Bauberufen unterschätzte Thematik im Hinblick auf unsere Erfahrungen auch in neu errichteten Gebäuden zunehmend zu haftungsrechtlichen Auseinandersetzungen führen wird.

2. Fallbeispiel: Zur Überprüfung der ordnungsgemäßen Herstellung eines Wohnungsbauprojektes mit 55 Wohnungen, einem Kindergarten und einem Büro wurde ein Schimmelspürhund im Rahmen der Bauabnahme eingesetzt, um ggf. vorhandene verdeckte (nicht sichtbare) Schimmelschäden zu erkennen oder auszuschließen. Stichprobenartig wurden sechs Wohnungen des Gebäudes mit einem Schimmelspürhund begangen. Dieser zeigte in diesen Wohnungen ein weiträumiges Markierungsverhalten. Nachfolgend wollte der Auftraggeber und spätere Beklagte die Rechnung nicht bezahlen. Er berief sich darauf, dass die eingesetzte Methode (Schimmelspürhund) generell ungeeignet sei und zog das wissenschaftliche Fundament der vom Auftragnehmer und Kläger angewandten Methode in Zweifel.

Zusammenfassend argumentierte das Gericht wie folgt: *„Die Vertragsbeziehung zwischen den Parteien beurteilt sich nach Werkvertragsrecht, die vom Kläger zu erbringende Leistung war erfolgsbezogen, eine innenraumhygienische Bewertung des Bauobjektes entsprechend dem erteilten Auftrag war vom Kläger geschuldet."* Und weiter: *„Soweit generell vom Beklagten die Eignung und das wissenschaftliche Fundament der vom Kläger angewandten Methode zur Feststellung von Schadstoffen in der Bausubstanz in Zweifel gezogen wurde, ergab sich aufgrund des Vorbringens des Beklagten kein konkreter Anhaltspunkt dafür, dass die vom Kläger angewandten Methoden im Hinblick auf die nach dem Gutachtensauftrag geschuldete innenraumhygienische Bewertung und Feststellung einer Schimmelpilzbelastung bzw. Belastung durch sonstige Schadstoffe für den erstrebten Zweck ungeeignet und einer fachlichen Beurteilung nach dem aktuellen Stand der Wissenschaft und Forschung nicht entsprachen."* ... *„Dem Vergütungsanspruch des Klägers steht damit im Ergebnis kein Leistungsverweigerungsrecht des Beklagten entgegen."* AG Ingolstadt, 12 C 2156/11 vom 16.12.2012.

Weitere Fallbeispiele: Einer von uns (GF) nimmt auch als Gerichtsgutachter bei Bedarf und unter Berücksichtigung der gestellten Fragen bzw. Formulierungen der Beweisbeschlüsse gut geschulte, regelmäßig überprüfte und deshalb als zuverlässig eingeschätzte Schimmelspürhunde zu den Ortsterminen mit, um schnell, zuverlässig, direkt anzeigend, kostengünstig und vor allem zerstörungsfrei Informationen zu verdeckten (nicht sichtbaren) Schimmelschäden zu erhalten. Regelmäßig stimmen dem die Gerichte bzw. die Parteien zu.

Unabhängig von juristischen Sachverhalten haben systematische Untersuchungen unter Einbezug eines Schimmelspürhundes in hunderten von Gebäuden, die zeitgleiche Befragung von tausenden Raumnutzern und die Auswertung zehntausender Einzelmessungen teilweise erstaunliche Erkenntnisse mit zugrunde liegenden Regelmäßigkeiten bezüglich der mikrobiologischen Situation in unseren Wohnungen und Gebäuden ergeben. Die aus den standardisierten Untersuchungsszenarien erhaltenen Gesetzmäßigkeiten und Schlussfolgerungen ergeben faszinierende, aber gleichzeitig auch erschreckende Einblicke in die raum(luft)hygienische Qualität und mikrobiologische Situation unserer Innenräume.

5.2.8 Ermittlung und Lokalisierung des Schimmelbefalls in Innenräumen

Um nach einem Markieren die Wahrscheinlichkeit für das Erkennen von Schimmelschäden zu erhöhen, wurde das „Messinstrument Schimmelspürhund" weiterentwickelt. Dies auch vor dem Hintergrund, dass die Qualität der eingesetzten Hunde schwierig zu überprüfen ist. Dazu wird ein Verfahren eingesetzt zur effizienten Ermittlung eines Schimmelbefalls von Innenräumen durch die zielgerichtete Entnahme von Materialproben und deren nachfolgende Laboranalyse. Dieses Verfahren ist detailliert in einer Patentschrift beschrieben und mittlerweile in der Praxis erprobt.

Ein wesentliches Problem bei verdeckten (nicht sichtbaren) Schimmelschäden besteht darin, dass erst nach Bauteilöffnungen möglicherweise von Schimmelschäden betroffene Materialien wie Dämmstoffe einer Beprobung zugänglich sind. Dies bedeutet einerseits, dass bereits bei der Beprobung ein Schaden entsteht. Andererseits kann aber erst nach Bauteilöffnungen und nachfolgenden mikrobiologischen Materialuntersuchungen der Quellbereich eines Schimmelschadens verbindlich erkannt oder ausgeschlossen werden. Zudem sind ohne (ausreichende) Vorkenntnisse vielzählige Bauteilöffnungen anzulegen, um genügend Materialproben zur lokalen Eingrenzung des Schadensumfanges zu erhalten. Im Zweifelsfall sind dann bereits wie bei einem Schweizer Käse viele „Löcher" beispielsweise in der Fußboden- oder Dachkonstruktion vorhanden, sodass alleine durch den Erkenntnisgewinn die Bauteile umfangreich saniert oder erneuert werden müssten.

Deshalb sind zunächst zerstörungsfreie Methoden einzusetzen, mit denen der Schimmelschaden mit hoher Wahrscheinlichkeit vorhergesagt oder ausgeschlossen und ggf. möglichst genau räumlich eingrenzt werden kann.

Als Lösung präsentiert die nachfolgend beschriebene Vorgehensweise, dass für die Probenentnahme Orte mit (hoch-)wahrscheinlichem Schimmelbefall ermittelt werden. Dazu werden wenigstens zwei Prüfungen von den vier Prüfarten

- Geruchsprüfung,
- Feuchtigkeitsmessung,
- Temperaturmessung und/oder
- Messung der Geschwindigkeit und der Richtung von Luftströmungen

durchgeführt und jeweils ein räumliches Profil der Abweichungen vom Normalwert erstellt. In einem 2. Schritt wird für jeden Ort der Prüfung die Abweichung vom Normalwert aus den gewählten Prüfarten zu einem Gesamtprofil addiert. An den Stellen, an denen die Summe der Abweichungen vom Normalwert relativ groß ist, wird das betroffene Bauteil eröffnet und eine Materialprobe entnommen. Zur Erläuterung und zum besseren Verständnis der theoretischen Ausführungen werden im Folgenden zwei Praxisbeispiele vorgestellt.

Praxisbeispiel Fußbodenkonstruktion im Bestand: Die Geruchsprüfung mit einem Schimmelspürhund ergab an allen Randfugen am Übergang vom Fußboden zur Wand ein auffälliges Markierungsverhalten (Abweichung vom Normalzustand, der als „kein relevantes Markierungsverhalten" definiert ist). Bei orientierenden Feuchtemessungen an der Wand im Bereich der Sockelleisten wurden an einigen wenigen Stellen erhöhte Feuchtewerte erhalten (Abweichung vom Normalzustand, der als „trockene Wandoberfläche" definiert ist). Durch die Addition der Abweichungen vom Normalzustand konnten drei Probenentnahmestellen ausgewählt werden, an denen die Fußbodenkonstruktion eröffnet und Materialproben aus der Dämmstoffebene gewonnen wurden (Abb. 5-12).

Die laboranalytischen Untersuchungen bestätigten den aus zerstörungsfreien Untersuchungen abgeleiteten Schimmelschaden in der Fußbodenkonstruktion an den Probenentnahmestellen. Durch Rückübertragung der Befunde auf gleichartiges Markierungsverhalten des

Schimmelspürhundes wurde ein flächiger Schimmelbefall der Fußbodenkonstruktion vorhergesagt, der sich im Rahmen des Rückbaus der Fußbodenkonstruktion bestätigt hat.

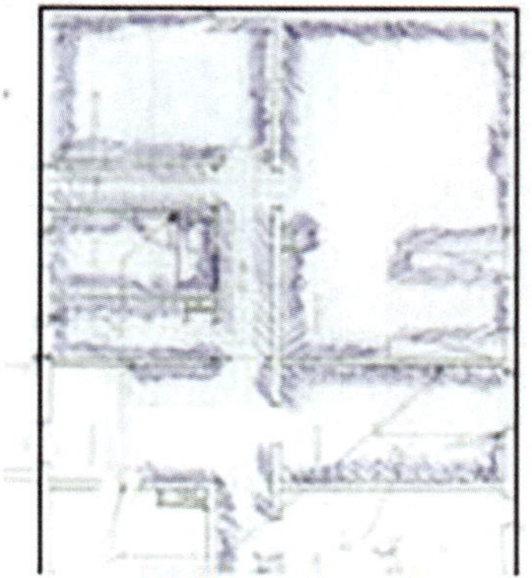

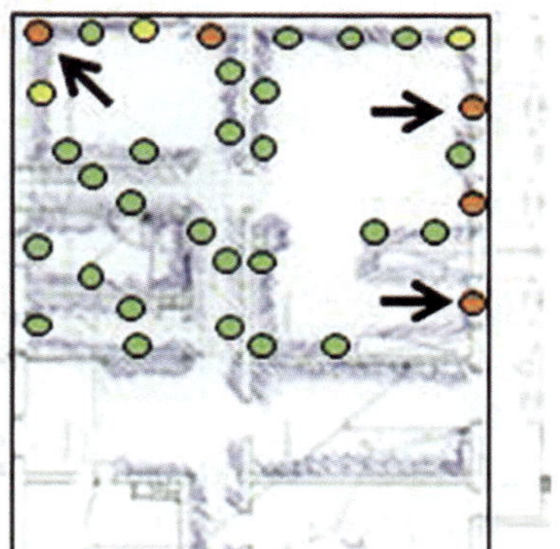

Abbildung 5-12: Nach dem Einsatz von zwei zerstörungsfreien Sensorsystemen bestand eine hohe Wahrscheinlichkeit für einen Schimmelschaden in der Fußbodenkonstruktion, was durch Laboranalysen von Materialproben aus drei zielgerichtet angelegten Bauteilöffnungen (Pfeile) bestätigt wurde

Praxisbeispiel Dachkonstruktion in einem Neubau vor Einzug: In der in Massivbauweise errichteten Doppelhaushälfte gab es Feuchteerscheinungen und erstes sichtbares Schimmelwachstum an Oberflächen. Durch die Angaben war eine Bauablaufstörung durch zu schnelles Bauen ohne Einhaltung von angepassten Trocknungszeiten anzunehmen. Vor diesem Hintergrund sollte auch die Dachkonstruktion mikrobiologisch charakterisiert werden. Dies erfolgte mit zwei Sensorsystemen: Nach dem zerstörungsfreien Einsatz des „Messinstrumentes Schimmelspürhund" (Geruchssensor) und einer parallel durchgeführten Differenzdruckmessung mit Leckageortung (Luftströmungssensor, wurde bis zu diesem Zeitpunkt weder vom Bauplaner gefordert noch von Bauschaffenden durchgeführt) ergaben sich folgende Befunde: 1. Relevantes Markierungsverhalten des Schimmelspürhundes nach oben zum Dach. 2. Leckstellen der Luftdichtigkeitsebene. Aus 1. und 2. bestand der begründete Verdacht auf eine verdeckte, nicht sichtbare Schimmelbelastung der Dämmebene der Dachkonstruktion (Abb. 5-13).

Sensorsysteme „Geruch" und „Luftströmung"

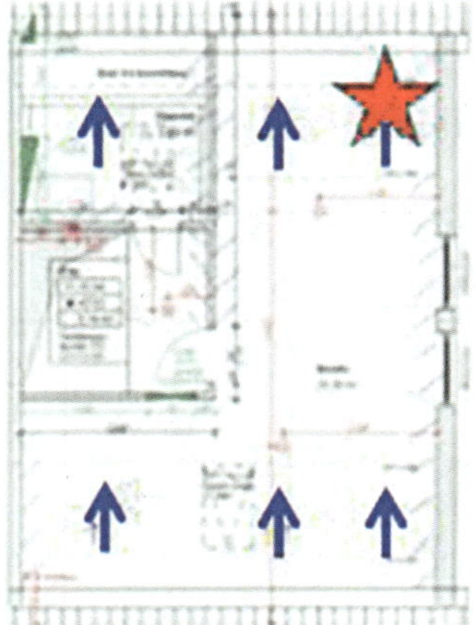

1. Geruch: Markieren des Schimmelspürhundes nach oben zum Dach

2. Luftströmung: Differenzdruckmessung mit Leckageortung

Abbildung 5-13: Das Markierungsverhalten eines Schimmelspürhundes nach oben zum Dach (blaue Pfeile im Grundriss) zusammen mit Leckagen der Luftdichtigkeitsebene (Bild: Rauchfahne wird abgelenkt) führte zu einer zielgerichteten Eröffnung der Dachkonstruktion (roter Stern im Grundriss)

Die Addition der Abweichungen vom Normalzustand führte zu einer treffgenauen Bauteilöffnung, nach der das Ausmaß einer Schimmelbelastung in der Dachkonstruktion offensichtlich wurde (Abb. 5-14 und 5-15).

Abbildung 5-14: Vor Erkennen eines Schimmelschadens in der Dachkonstruktion einer Zwischensparrendämmung

Abbildung 5-15: Mit den zerstörungsfreien Sensorsystemen „Geruch" und „Luftströmung" wurde eine Schimmelbelastung der Dachkonstruktion „vorhergesagt" und an der Bauteilöffnung bestätigt

Wichtiger Hinweis für Praktiker:

Was ist ein Patent? *Ein Patent schützt eine technische Erfindung. Es gibt seinem Inhaber das Recht, Dritten die wirtschaftliche Verwertung der technischen Lehre zu untersagen. Nach dem Patentsystem soll derjenige das Patent erhalten, der die Erfindung gemacht hat. Das Patentrecht ist damit eine Belohnung dafür, dass der Erfinder die technische Lehre in einer Anmeldung offenbart und somit den technischen Fortschritt und das technische Wissen der Allgemeinheit bereichert. Dritte können von der patentierten Lehre nur dann Gebrauch machen, falls eine Erlaubnis des Patentinhabers vorliegt (Lizenz). Die Bereitschaft zur Erteilung einer Lizenz hängt vom Zustandekommen einer Lizenzvereinbarung ab, die zwischen Patentinhaber und Lizenznehmer auszuhandeln ist und in der Regel die Zahlung einer zu vereinbarenden Lizenzgebühr zum Inhalt hat. Dabei ist das Patent grundsätzlich auf maximal 20 Jahre zeitlich beschränkt. Das Patent wird durch einen Staat oder durch eine zwischenstaatliche Einrichtung wie beispielsweise das Europäische Patentamt verliehen.*

5.3 Materialuntersuchungen und Bewertung der Befunde

5.3.1 Direktmikroskopie

Mikroskopische Methoden haben eine hohe Nachweisgrenze und eignen sich vor allem zur Erfassung von Mikroorganismenkonzentrationen, die deutlich über dem üblichen Hintergrundwert liegen. Der mikroskopische Nachweis erfolgt unabhängig von der Kultivierbarkeit der Mikroorganismen und kann daher auch zum Nachweis von abgetrockneten Altschäden oder desinfizierten Schäden eingesetzt werden. Ein Vorteil von mikroskopischen Methoden liegt auch darin, dass die Auswertung direkt nach dem Eintreffen der Probe im Labor erfolgen kann. Mit mikroskopischen Methoden ist allerdings nur eine eingeschränkte Differenzierung möglich, weil viele Merkmale, die beispielsweise für eine Artdifferenzierung notwendig sind, nicht erfasst werden können.

Auf Oberflächen finden Folienkontakte zum Erkennen nicht kultivierbarer Strukturen und abgestorbener Mikroorganismen Verwendung (siehe Kapitel 5.1): Die auf den durchsichtigen Folien klebenden Strukturen sind nach Anfärbung unter dem Mikroskop bestimmbar. Zusätzlich sind auch Salze, Farbpartikel oder andere Probenauffälligkeiten zuordenbar. Bei Materialproben werden kleine Materialbereiche präpariert und mikroskopiert. Diese Methode eignet sich vor allem dazu, am Material gewachsenes Pilzmycel zu erfassen (siehe Abb. 5-16).

Mikroskopische Materialuntersuchungen können aber auch dazu dienen, in tieferen Schichten zu überprüfen, ob Schimmelstrukturen in diese hineingewachsen sind. Interessant ist diese Methode bei Holzoberflächen, um zu klären, wie tief die Oberfläche abgespänt werden muss oder ob nur die äußerste Oberfläche bewachsen ist. Dazu kann ein gewonnener Holzspan auf der Ober- und Unterseite mikroskopiert werden. Bei Polystyrol-Schaumdämmungen wird häufig behauptet, dass dieses gegen Schimmelwachstum unempfindlich sei, da ja kein organisch verfügbares Substrat in dem Material vorläge. Trotzdem kann Schimmelmycel in die Hohlräume zwischen den Polystyrolkügelchen einwachsen, wie dies in Abb. 5-17 zu sehen ist.

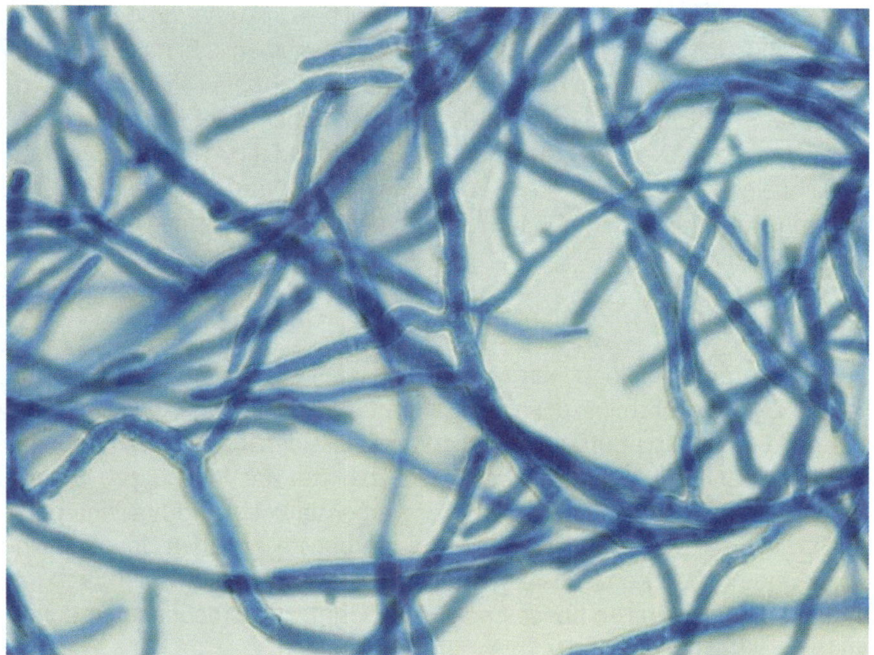

Abbildung 5-16: Frisch gewachsenes Myzel von Schimmelpilzen (von der Umweltmykologie GmbH zur Verfügung gestellt)

Abbildung 5-17: Eingewachsenes Myzel zwischen den weißen Kügelchen eines Polystyrol-Dämmschaumes (von der Umweltmykologie GmbH zur Verfügung gestellt)

Mikroskopische Verfahren können sehr aufwändig sein, weil bei starker Vergrößerung sehr viele Gesichtsfelder unter dem Mikroskop ausgewertet werden müssen (z.B. um einen Quadratzentimeter Polystyrol-Dämmung zu untersuchen). Zudem bleibt bei Folienkontaktproben ein Befall in tieferen Schichten unentdeckt, da nur Oberflächen einer Betrachtung zugänglich sind. Auch bei granulösen oder faserigen Materialien sind mikroskopische Verfahren in der Regel nicht einsetzbar, da eine große Wahrscheinlichkeit des „Übersehens" einer mikrobiellen Belastung besteht. Für eine Quantifizierung der Mikroorganismen am Material ist die Direktmikroskopie nicht geeignet.

5.3.2 Gesamtzellzahlmethode

Eine Quantifizierung aller mikrobiologischen Zellen im Material ist mit der Gesamtzellzahlmethode (siehe Abb. 5-18) möglich, bei der eine bestimmte Materialmenge zerkleinert und mit einer definierten Menge Waschpuffer suspendiert wird. Teile der Suspension werden für die Auszählung der Zellzahl verwendet. Es wird eine Zellzahl (tot und lebend) pro Gramm Material angegeben. Die Methode ist vergleichsweise arbeitsintensiv und hat eine hohe Nachweisgrenze. Von Vorteil ist sie dann, wenn bei kultivierungstechnischen Untersuchungen beispielsweise keine hohen Konzentrationen mehr nachweisbar sind, weil es sich um alte, nicht mehr keimfähige Biomasse handelt oder weil Desinfektionsmaßnahmen durchgeführt wurden, die die Keimfähigkeit der Sporen beeinträchtigen.

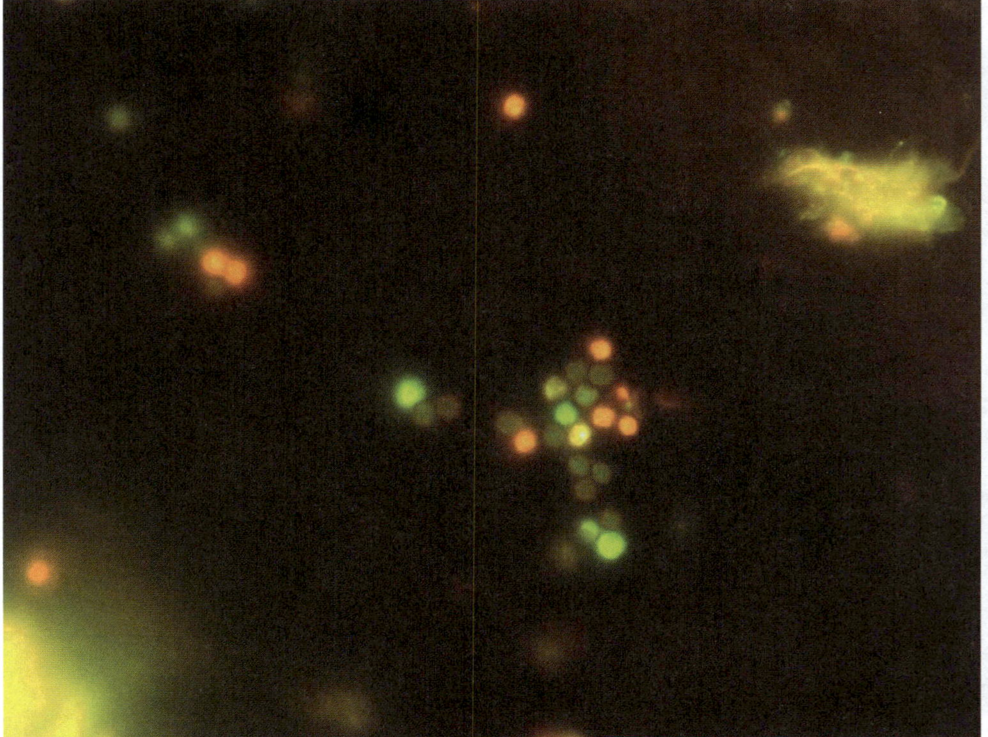

Abbildung 5-18: Fluoreszenzmarkierung von Sporen in einer Probensuspension (von der Umweltmykologie GmbH zur Verfügung gestellt)

5.3.3 Kultivierungstechnische Untersuchungen

Bei visuell unauffälligen oder schwer bzw. aufwändig zu mikroskopierenden Materialoberflächen werden kultivierungstechnische Untersuchungsmethoden eingesetzt. Mittels Verdünnungsreihen können mikrobielle Belastungen über die Konzentration kultivierbarer Keime nachgewiesen werden: Dazu muss an der beprobten Stelle nicht unbedingt ein Schimmelwachstum vorhanden sein, um eine Belastung der Dämmebene der Fußbodenkonstruktion zu erkennen. Bei hohen Sporenkonzentrationen von Schimmelpilzen oder Bakterien wird indirekt auf eine mikrobielle Besiedelung geschlossen, die an oder in der Umgebung der Probenahmestelle vorliegt.

Teile der Materialproben werden zerkleinert, eingewogen, in Nährlösung geschüttelt, in Zehnerschritten verdünnt und typischerweise auf folgende Nährböden plattiert: DG 18-Agar für „trockenheitsliebende" Schimmelpilzarten, Malzextrakt-Agar für „feuchteliebende" Schimmelpilzarten und CASO-Agar für Bakterien. Die Nährböden werden bei 24 °C bebrütet und ausgewertet (Zählung und morphologische Differenzierung mit Stereolupe oder Mikroskop).

Kultivierungstechnische Untersuchungen zeichnen sich durch eine niedrige Nachweisgrenze und eine weitreichende Differenzierung der Mikroorganismen aus. Kultivierungsmethoden sind immer dann angebracht, wenn gesundheitliche Fragestellungen beantwortet werden müssen. Mit kultivierungstechnischen Methoden können allerdings nur Mikroorganismen erfasst werden, die auf den angebotenen Nährmedien wachstumsfähig sind (siehe Abb. 5-19).

Abbildung 5-19: Petrischale mit Schimmelpilzkulturen. Die Schimmelpilze können aufgrund ihrer mikroskopischen Eigenschaften bestimmt werden (von der Umweltmykologie GmbH zur Verfügung gestellt)

Da nicht immer klar ist, ob die erfassten Kulturen aus Sporen oder Myzelstücken ausgewachsen sind, spricht man allgemein von „KolonieBildender Einheit“ (KBE). Hinsichtlich der Kultivierungszeit benötigen diese Untersuchungen in der Regel 10 bis 14 Tage. Diese Methode wird häufig für die Bewertung von mikrobiellen Schäden verwendet, da hierfür weitreichende Erfahrungen vorliegen und für unterschiedliche Materialien Hintergrundkonzentrationen existieren (Trautmann & Meider, 2018).

5.3.4 Weitere Methoden für Materialuntersuchungen

Unter den biochemischen Methoden findet vor allem die ATP-Bestimmung zur Erfassung der mikrobiellen Aktivität Verwendung. ATP (= Adenosintriphosphat) ist der Energieüberträger in der Zelle. Die Methode wurde und wird ursprünglich für Hygieneüberprüfungen von gereinigten Oberflächen eingesetzt und ist relativ empfindlich. Die Methode ist vor Ort und im Labor nutzbar und liefert innerhalb kurzer Zeit einen Messwert, der als Summenparameter die mikrobielle Aktivität der Probe darstellt. Eine Differenzierung zwischen Pilzen und Bakterien ist nicht möglich. Weiterhin können die Messwerte nicht mit einer Zellzahl ins Verhältnis gesetzt werden, weil je nach Mikroorganismenarten unterschiedlich viel ATP freigesetzt werden kann und darüber hinaus die Freisetzung von ATP auch vom physiologischen Zustand der Zellen abhängt. Prinzipiell könnten daher sehr viele „ruhende“ bzw. inaktive Zellen einen ähnlichen Messwert wie wenige hoch aktive Zellen verursachen.

Weitere Methoden zur Bestimmung des zelltoxischen Potenzials, zur Mycotoxinbestimmung oder zur Charakterisierung anderer Schimmelstrukturen (wie z.B. Mannane, ß-Glucane, nanopartikelartige Gebilde) sind in der praktischen Begutachtung von untergeordneter Bedeutung oder bezüglich der Bewertung schwierig.

5.3.5 Bewertung von Materialbefunden und Gesamtbewertung nach einer mikrobiologischen Bestandsaufnahme

Die Untersuchung von mikrobiologischen Schäden im Innenraum wird in der VDI 4300 Blatt 10 dargestellt (VDI, 2008). In der DIN-ISO-16000-Reihe werden neben der Probenahmestrategie auch die Probenahme von Materialproben und Kultivierungsverfahren beschrieben (Trautmann, 2015).

Wenn bei mikroskopischen Untersuchungen nach Anfärbung mit Lactophenolblaulösung direktmikroskopisch Myzel (= wurzelähnliche Strukturen) und Sporenträger erkennbar sind (oftmals in Kombination mit vielen Sporen), sind derartige Befunde als Schimmelpilzwachstum oder mikrobielle Besiedelung an der Probenahmestelle zu werten. Der Nachweis von vielen Bakterien zeigt eine eher feuchte Gesamtsituation an. Werden Milben oder Milbenkot bei der mikroskopischen Analyse erkannt, ist dies ein Anzeichen dafür, dass der Schimmelschaden schon gereift ist und erste „Nutznießer“ angezogen hat.

Bei kultivierungstechnischen Materialuntersuchungen gilt als grobe Richtschnur: Bei Vorliegen von keimfähigen Strukturen werden die Einzelproben ab einer Summenkonzentration an Schimmelpilzen von 10^5 KBE/g bzw. einer Summenkonzentration von mehr als 10^4 KBE/g beim dominanten Vorliegen von typischen Feuchteindikatoren wie Aspergillus versicolor, Acremonium- oder Chaetomium-Arten als mikrobiell belastet bewertet. Für Bakterien wird jeweils ein um den Faktor 10 höherer Wert angesetzt. Typische bakterielle Feuchteindikatoren sind beim Nachweis von Aktinomyceten (sporenbildende Bakterien) gegeben.

Die aktuell vom Umweltbundesamt, 2017 vorgelegte Bewertungsmatrix kombiniert die mikroskopischen und kultivierungstechnischen Befunde und leitet daraus Befallskategorien ab (siehe Tabelle 5-2).

Kein Befall Hintergrund-belastung	**Geringer Befall**	**Geringer Befall**	**Eindeutiger Befall**	**Verunreinigung***
Kultivierung $< 10^4$ KBE/g und **Mikroskopie** vereinzelt oder keine Sporen, Myzel, Sporenträger	**Kultivierung** 10^4–10^5 KBE/g und/oder **Mikroskopie** mäßig viele Sporen, Myzel, Sporenträger	**Kultivierung** $> 10^5$ KBE/g und/oder **Mikroskopie** mäßig viele Sporen, Myzel, Sporenträger	**Kultivierung** $> 10^5$ KBE/g und/oder **Mikroskopie** viele/sehr viele Sporen, Myzel, Sporenträger	**Kultivierung** 10^4–10^5 KBE/g und/oder **Mikroskopie** mäßig viele Sporen ohne Myzel und Sporenträger

* in Fußbodenkonstruktionen werden Kontaminationen von $> 10^5$ KBE/g ohne Wachstum aufgrund der schlechten Zugänglichkeit der Materialen in der Regel nicht erreicht

Tabelle 5-2: Bewertungsgrundlage für Materialuntersuchungen für die Materialen Polystyrol und Mineralwolle (nach Umweltbundesamt, 2017)

In der Fachwelt und hier insbesondere von Technikern wird den „nackten" Zahlenwerten oftmals eine übersteigerte Bedeutung beigemessen, wohingegen „Beibefunde" häufig nicht erhoben oder als minderwichtig bewertet und dargestellt werden. Dabei sind für eine fachgerechte und nachvollziehbare Begutachtung und einer darauf fußenden realen Einschätzung von Schimmelschäden (oder deren Ausschluss) möglichst viele verschiedene Faktoren zu berücksichtigen, um im Hinblick auf die Komplexität der Sachlage ein stimmiges Gesamtbild zu erhalten. Wesentlich sind dabei folgende Faktoren (die Auflistung erhebt keinen Anspruch auf Vollständigkeit):

- Befragen, Anknüpfungstatsachen erheben, die Ortskenntnisse der Raumnutzer und Angaben zu vergangenen Ereignissen in die Überlegungen einbeziehen
- Begutachten, d.h. mit offenen Augen und (wer ein gutes Riechorgan besitzt) „offener Nase" durch die Innenräume bzw. das Gebäude gehen
- Alle möglichen aktuellen, ehemaligen und möglicherweise phasenweise auftretenden Feuchteursachen erfassen und nachfolgend fachkompetent werten und gewichten (denn Feuchtigkeit ist die Grundlage für jede mikrobielle Aktivität)
- Vorbefunde in die Überlegungen einbeziehen (mikrobiologische Untersuchungen und relevante physikalische Messungen zu Temperatur, Luftströmung und Feuchte)

- Bei der Auswahl der Probenentnahmestellen immer selbstkritisch hinterfragen, ob eine gute oder weniger gute Entscheidung getroffen wurde (wenn das nicht im Vorfeld durch ausreichende Voruntersuchungen eindeutig geklärt worden ist)
- Bei der Anzahl der Probeentnahmestellen ist der Volksmund zu berücksichtigen, nach dem eine Probe keine Probe ist
- Eröffnung der Probenentnahmestellen: Fallen Feuchte-/ Bioindikatoren ins Auge? Wie bricht der Estrich? Wie ist die Konsistenz der freigelegten Materialien?
- Charakterisierung der Probenentnahmestellen bezüglich Geruch, Feuchte, Verfärbung und Luftdichtheit (soweit möglich)
- Charakterisierung der Probenentnahmestellen unter (bau-)technischen und (bau-)physikalischen Gesichtspunkten
- Auswahl von zweckdienlichen Materialien für die Laboranalytik
- Auswahl geeigneter mikrobiologischer Untersuchungsmethoden

Wenn all dies fachgerecht erfolgen soll, sind qualifizierte Fachkräfte nötig. Häufig werden aus der Vielzahl der relevanten Anknüpfungstatsachen nur das dem Betrachter Bekannte oder Zugängliche herausgepickt und der Objektivierung dienende Sachverhalte ausgeblendet. Einfach mal so eine Probe nehmen, einzig auf einen Zahlenwert (z.B. 10^5 KBE/g) abstellen und andere (wesentliche) Faktoren unberücksichtigt lassen, ist eine simplifizierende Vorgehensweise. Diese ist nicht fachgerecht und von vornherein zum Scheitern verurteilt (Abb. 5-20).

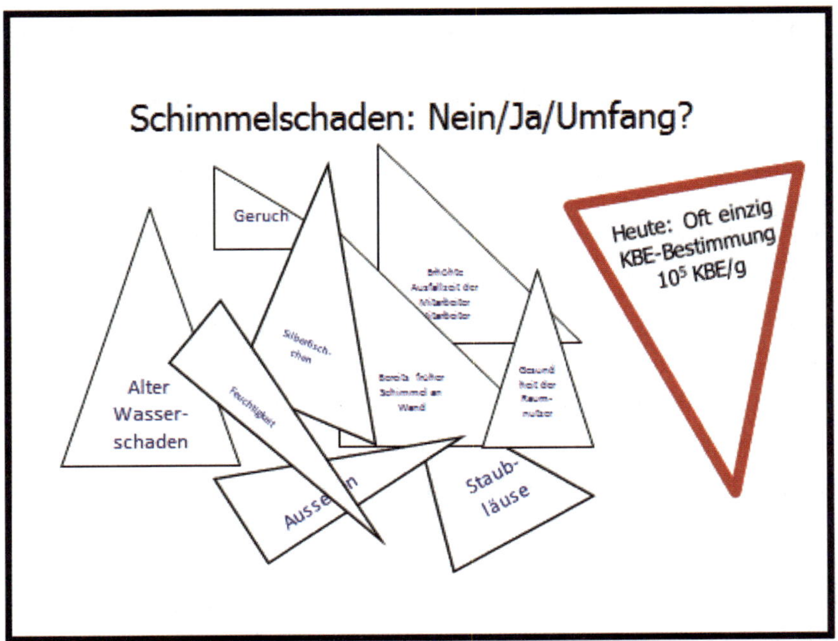

Abbildung 5-20: Aus den vielfältigen relevanten Tatsachen nur Einzelkomponenten herauszugreifen und zu bewerten, wird dem komplexen Schimmelgeschehen nicht gerecht

Eine fachkundige Bearbeitung ist vergleichbar mit einem Puzzle-Spiel oder detektivischer Arbeit (Abb. 5-21): Erst durch das Zusammenfügen vieler einzelner Bausteine wird ein großes Ganzes erkennbar, das bei oberflächlicher Betrachtung unsichtbar bleibt (Stahl, 2015).

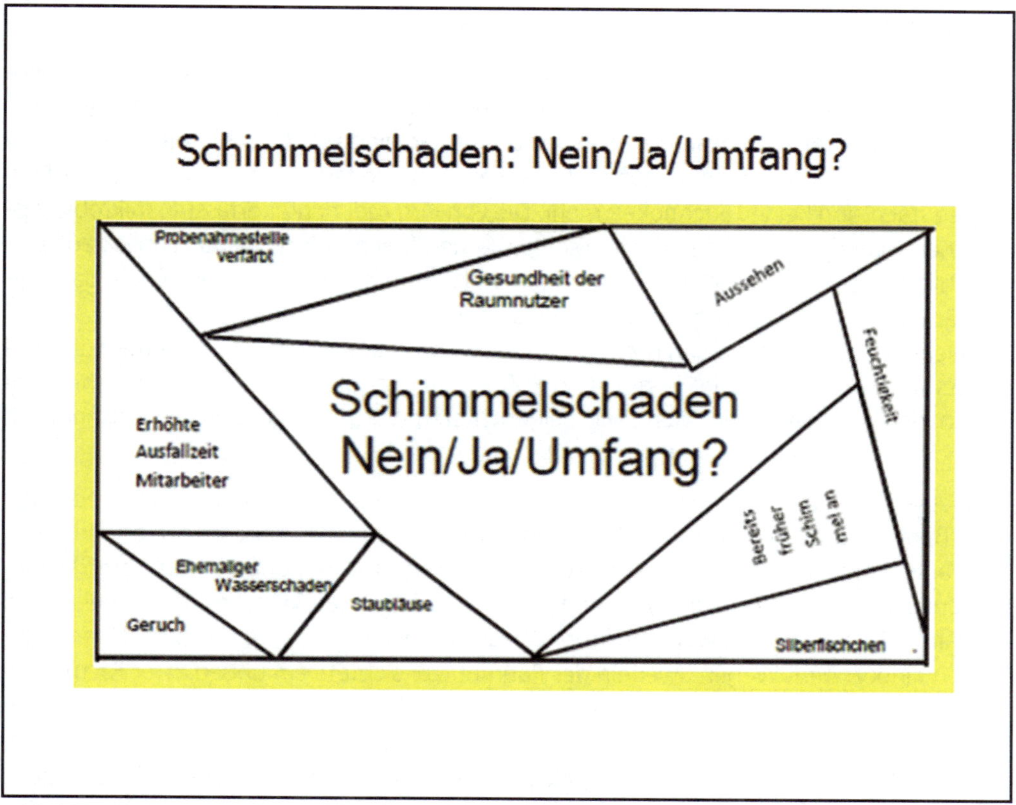

***Abbildung 5-21:** Erst das Zusammenspiel von verschiedenen Anknüpfungs- und Befundtatsachen ergibt ein aussagekräftiges Gesamtbild der Vor-Ort-Situation bei einem Verdacht auf einen Schimmelschaden*

Regelmäßig werden Befunde und Anknüpfungstatsachen unberücksichtigt gelassen, weshalb es häufig zu fachlich nicht nachvollziehbaren Meinungen, persönlichen Einschätzungen und gefühlten Wahrheiten kommt. – Hauptsache sie werden eloquent und lautstark vorgetragen ... Gepaart ist dieser Mangel u.U. mit der Aussage, dass das fehlende Datenmaterial zu aufwändig zu erheben sei und damit als zu teuer angesehen wird.

Einige Beispiele aus der gutachterlichen Praxis mögen dieses Dilemma näher beleuchten

1. Größere Schule, mehrere der ca. 70 Lehrer haben nach einer Generalsanierung bei Aufenthalten im Schulgebäude gesundheitliche Beschwerden, die im häuslichen Bereich innerhalb kurzer Zeit vollständig abklingen. Die umfangreich durchgeführte chemische Analytik ergab keine relevanten chemischen Auffälligkeiten. Auf einen Schimmelschaden wurde in einem kleinen Teilbereich des Gebäudes beprobt und dieser in der Fußbodenkonstruktion eines Klassenzimmers nachgewiesen. Im Gesamtzusammenhang wurde ein Schimmelschaden für große Bereiche des Schulgebäudes prognostiziert (wegen

Geruchsauffälligkeiten, Staublausvorkommen, Nachweis feuchteinduzierter chemischer Zersetzungsprodukte, Korrosionen an Metallteilen, Angaben zur Belegreife des Estrichs, . . .). Durch die Gesundheitsbehörden wurde von Amts wegen ein Zusammenhang mit Schimmel ausgeschlossen. Auf die Frage, wie denn dann die erhöhten Ausfallzeiten der Lehrkräfte zu erklären wären, blieb man eine seriöse Antwort schuldig.

2. Neubau Einfamilienhaus: In der Fußbodenkonstruktion unter dem schwimmend verlegten Estrich war es bereichsweise nass (stehendes Wasser), die umfangreichen mikrobiologischen Untersuchungsergebnisse belegten einen eindeutigen Schimmelschaden. Der nachfolgend vom Gericht beauftragte Sachverständige fand einige Jahre nach der Erstbegutachtung keine Feuchtigkeit mehr. Die von ihm rudimentär erfassten mikrobiologischen Materialkennwerte waren in seinen Augen (noch) tolerabel. Im Hinblick auf ausschließlich seine eigenen Untersuchungen und Ergebnisse erkannte der Gerichtssachverständige keinen weiteren Handlungsbedarf.
   Alleine stehendes Wasser in der Unterbodenkonstruktion ist ein K.O.-Kriterium und Anlass für den Rückbau der kompletten Fußbodenkonstruktion (weil sich ein Schimmelschaden gebildet haben muss). Mit zielgerichtetem Vorgehen lässt sich ein solcher auch nach vielen Jahren nachweisen.

3. Wasserschaden im Bestand (Kindergarten): Wasser wurde flächig in der Dämmebene der Fußbodenkonstruktion verteilt. Nachfolgend kam es zu Wasserhochzügen an mehreren Wandstellen. Die Unterbodenkonstruktion wurde getrocknet und die verfärbten Wandbereiche überarbeitet. Die typischerweise nach derartigen Wasserschäden belasteten Dämmebenen wurden weder mikrobiologisch untersucht noch näher in die Überlegungen einbezogen. Wegen Zweifeln der Raumnutzer sichtete ein unbedarfter Fachkundiger die Akten und prognostizierte einen großen Schimmelschaden. Dieser wurde nach entsprechenden Bauteilöffnungen sensorisch (typische dumpf-muffige Geruchsbildung, grau-schwarze Verfärbungen mit pelzig-schimmelartigen Strukturen) und laboranalytisch eindeutig belegt. Die einstandspflichtige Versicherung wehrte sich, die vermeintlich abgeschlossene Akte nochmals zu eröffnen.

Diese wenigen Beispiele mögen belegen, wie platt heutzutage bei vergleichsweise einfachen Fallgestaltungen begutachtet und gearbeitet wird. Wie muss es dann erst aussehen, wenn schwierigere bis (hoch-)komplexe Fragestellungen zu bearbeiten sind. Die Vorstellungskraft reicht da häufig nicht aus. Zusätzlich zu berücksichtigen ist dabei unter methodischen Gesichtspunkten, dass der Ausschluss eines Schimmelschadens regelmäßig viel aufwändiger ist als dessen Nachweis.

6 Mikrobiologische Sanierungsmöglichkeiten

Fachgerecht sanieren ist nicht einfach, da beispielsweise jeder Schimmelschaden anders ausgeprägt ist und in einem jeweils unterschiedlichen Zusammenhang steht. Deswegen ist jede Sanierung auf die Vor-Ort-Verhältnisse anzupassen und mit den Beteiligten abzustimmen. Weil es keine konkreten Vorgaben gibt und geben wird, kann aus einer Schimmelsanierung schnell eine Schummelsanierung entstehen.

6.1 Was ist eine fachgerechte Schimmelsanierung?

Wenn man die aktuell gültigen Schriften des Umweltbundesamtes (UBA) als oberste deutsche Fachbehörde für das Thema Schimmel in Innenräumen zusammenfassend darstellt, sind für eine Schimmelsanierung zwei prinzipielle Grundgedanken zu berücksichtigen: 1. Die Ursache(n) der Feuchtigkeit als Grundlage für jede mikrobielle Aktivität ist zu erkennen und zu beseitigen. 2. Die eigentliche Schimmelsanierung incl. Feinreinigung und Sanierungskontrolle.

Seit Existenz der behördlichen Empfehlungen im Jahr 2004 bzw. 2005 (LGA, 2004; Umweltbundesamt, 2005) liegen Rahmenbedingungen vor, innerhalb derer eine fachgerechte Sanierung ablaufen kann bzw. muss: Die überwiegende Mehrzahl der Sanierungen lässt aber noch immer wesentliche Vorgaben behördlich dargestellter Sachverhalte unberücksichtigt. Obwohl es sich bei den Ausführungen des UBA zunächst „nur" um Empfehlungen handelt, sind es quasi rechtsverbindliche Vorgaben, da keine anderen behördlichen Grundlagen existieren. Kommt es zu gerichtlichen Auseinandersetzungen, werden die Ausführungen des UBA die Messlatte für die fachliche Bewertung der Sanierung und damit die Grundlage für die Urteilsfindung sein. Alle anderen Publikationen, Handreichungen, Infomaterialien, . . . von Vereinen, Verbänden, Privatpersonen, . . . wie GDV, 2014 und Netzwerk Schimmel, 2014 mögen (bestenfalls) zusätzliche Details beleuchten, sind aber von untergeordneter Bedeutung.

Zur Sanierung von Schimmelschäden gibt es bis heute keine verbindlichen Festlegungen und solche kann es im Hinblick auf die Komplexität des Themas auch zukünftig nicht geben. Bei Schimmelsanierungen liegen Anspruch und Wirklichkeit häufig weit auseinander (Führer, 2014). Bezüglich der Schadensursachen und der Art und Größe des Schadens einerseits und unterschiedlicher technischer Verfahren zur Schadensbehebung andererseits ist die Beschreibung eines allgemeingültigen Sanierungsverfahrens nicht möglich. Für die Planung und Ausführung einer Schimmelsanierung wesentlich ist Fachkompetenz und eine auf die Vor-Ort-Situation abgestimmte Vorgehensweise, sinnvollerweise durch Einbezug von Experten aus verschiedenen Fachbereichen (Schrader, 2016). Wenn nachfolgend von Schimmelpilzen gesprochen wird, ist damit immer auch eine bakterielle Belastung gemeint. Für eine fachgerechte Sanierung wesentlich sind entsprechend den UBA-Leitfäden folgende Punkte:

- Suche und Beseitigung der Ursache(n) der Feuchtigkeit als Grundlage für jede mikrobielle Aktivität. Für eine nachhaltige Sanierung sind alle Feuchteursachen zu berücksichtigen (Bolle, 2014).

- Mikrobiologische Bestandsaufnahme: Schimmelanalysen zum Erkennen von verdeckten und nicht sichtbaren Belastungen, zur Klärung von Schimmelart und -konzentration, zur Festlegung von Art und Umfang der Sanierungsarbeiten und zur Gefährdungseinschätzung für Raumnutzer, Handwerker und Sanierer.
- Eigentliche Schimmelsanierung: Möglichst vollständige Entfernung der Schimmelbelastung bzw. der Biomasse aus Innenräumen, staubarmes Arbeiten, Arbeitsschutzmaßnahmen berücksichtigen.
  Bei weniger starkem Befall kann im Einzelfall eine Abschottung der Dämmschicht zur Raumseite hin ausreichend sein.
- Trocknen von freiliegenden und substanziell erhaltenswerten Bauteilen
- Nach Durchführung einer Feinreinigung z.B. durch Wischen und Saugen mit Spezialstaubsauger bei gleichzeitig hohem Luftaustausch oder Luftfilterung: Sanierungskontrolle.
- Neuaufbau mit schadenstoleranten Konstruktionen und Materialien, die einer erneuten Schimmelpilz- und Bakterienbesiedelung vorbeugen.

In diesem Zusammenhang ist die „schräge" Frage interessant, wie die Häufigkeit von Falschsanierungen eingeschätzt wird (Abb. 6-1).

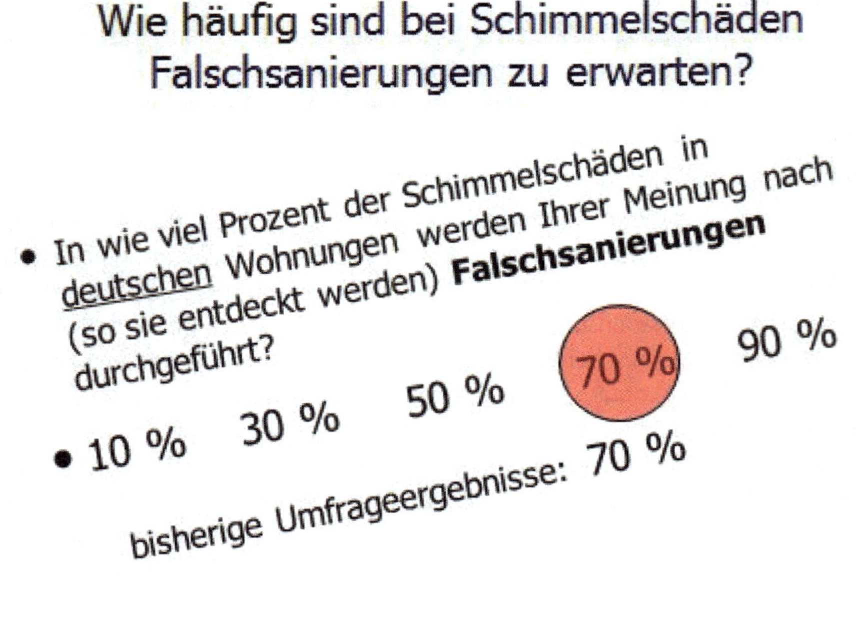

Abbildung 6-1: Ergebnis von nicht repräsentativen Umfragen unter mehreren hundert Fachkundigen zum Thema Falschsanierung von Schimmelschäden

Die bisherigen Umfrageergebnisse bei einigen hundert Fachkundigen liegen im Durchschnitt bei 70 % Falschsanierungen, wobei Vertreter einzelner Berufsgruppen eher zu 90 % und mehr neigen. Unabhängig von der konkreten Zahl scheinen bei Schimmelsanierungen sehr häufig Fehler an der Tagesordnung zu sein. Bei diesen Zahlen handelt es sich um gefühlte Realitäten hinsichtlich eines Erfahrungswissens. Spannend wäre zu erfahren, wie die tatsächlichen realen Zahlen aussehen. Dazu wären interessenunabhängige Studien nötig. Vorgehensweisen für fachgerechte Sanierungen und pragmatische Sanierungsansätze wurden beispielsweise von Thiesen 2015, und Tilgner, 2017 vorgestellt. Die Frage nach der Häufigkeit von Falschsanierungen definitiv zu beantworten, ist zum jetzigen Zeitpunkt unmöglich. Aber es sind verschiedene begründete Verdachtsmomente vorhanden, die eine hohe Anzahl an Falschsanierungen erwarten lassen. Dazu werden nachfolgend einige Beispiele aufgezeigt.

6.1.1 Die missglückte Sanierung

Nach einem Schimmelschaden war eine Eigentumswohnung in einem Mehrfamilienwohnhaus fachgerecht zu sanieren, d.h. die Fußbodenkonstruktion vollständig zu erneuern und die Wandoberflächen zu überarbeiten. Das Sanierungsunternehmen führte die Arbeiten durch, aber ohne fachliche Begleitung und zunächst ohne den Sanierungserfolg zu überprüfen und zu dokumentieren.

Im Hinblick auf eine Überprüfung der Situation ergaben sich folgende Erkenntnisse:

- Ein (fachfremder) öffentlich bestellter und vereidigter Sachverständiger für das Maurer- und Betonbauerhandwerk hatte den Sanierungserfolg bestätigt, obwohl keine mikrobiologischen Untersuchungen durchgeführt wurden.
- Raumluftuntersuchungen zeigten auf Sporenebene (in die Untersuchungen einbezogen wurden Schimmelpilz- und Bakteriensporen) keine erhöhten oder hohen Werte und waren nach Umweltbundesamt mit „Innenraumquelle unwahrscheinlich“ zu bewerten.
- Erst nach Aktenstudium und Nachvollziehen der durchgeführten Arbeiten (beispielsweise wurde die Polystyrol-Schaumdämmung für die Fußbodendämmung im Freien bei Regen gelagert und vermutlich nass eingebaut), nach Bauteilöffnungen, der Charakterisierung der Probenentnahmestellen, der Gewinnung zweckdienlicher Materialproben und zielgerichteter Auswahl von mikrobiologischen Labormethoden war in der gesamten Wohnung ein Schimmelschaden in der Fußbodenkonstruktion und den benachbarten Wandfüßen nachweisbar.
- Im Rahmen der mikrobiologischen Bestandsaufnahme konnten auch Desinfektionsmittelrückstände und Geruchsbelastungen nachgewiesen werden.
- Die systematische Vorgehensweise musste gegen den Widerstand des Sanierungsunternehmens, gegen die Schlechtleistung des Vorgutachters und gegen den Willen der Nachbarn (Eingriff in Gemeinschaftseigentum) durchgesetzt werden.

Da der Ist-Zustand nicht dem geschuldeten Soll-Zustand nach einer Schimmelsanierung entsprach, ergab sich für das ausführende Unternehmen aus werkvertraglichen Gründen die Pflicht, die Sanierung zu wiederholen. Die Grobschätzung der Kosten für die erneute Sanierung lag bei ca. 60.000 €.

6.1.2 Die unvollständige Sanierung

Ein weiteres Beispiel möge die Gesamtproblematik verdeckter Schimmelschäden beleuchten: In einem Kindergartengebäude mit ca. 450 m^2 Grundfläche kam es durch eine undichte Heizleitung im Jahr 2013 zu einem Wasserschaden. Dabei wurden weite Bereiche der Fußbodenkonstruktion einer Geschossebene flächig durchfeuchtet. Nur im direkten Schadensbereich entstand am Wandputz über der Sockelleiste durch kapillar aufsteigendes Wasser ein sichtbarer Schimmelschaden. Der beigezogene Bausachverständige erarbeitete zusammen mit einem Architekten ein Sanierungskonzept: Das Sanierungsunternehmen sollte die Fußbodenkonstruktion trocknen und die sichtbaren Schimmelschäden an der Wand beseitigen. Nach der Ausführung dieser Maßnahmen wurde ein Schimmelsachverständiger eingeschaltet, der über Raumluftuntersuchungen den Sanierungserfolg bestätigen sollte und bestätigt hat. Und dies, obwohl er Befunde erhielt, die nach Umweltbundesamt folgendermaßen zu bewerten gewesen wären: „Innenraumquelle möglich" Im Gegensatz dazu wurde von ihm die Meinung vertreten, dass es sich bei den erhöhten Raumluftwerten um Kontaminationen handelt, die durch eine kleine Nacharbeit beseitigt werden könnten. Eine Begutachtung der Fußbodenkonstruktion oder gar mikrobiologische Materialuntersuchungen erfolgten nicht.

Weil es drei Jahre später zu gesundheitlichen Beschwerden bei einer Kindergärtnerin kam, wurden erneut Innenraumuntersuchungen durchgeführt. Nach einer chemischen und mikrobiologischen Bestandsaufnahme der Räumlichkeiten konnte eindeutig belegt werden, dass der damalige Schimmelschaden nicht fachgerecht saniert worden war (Abb. 6-2 und 6-3). Bereits bei der Eröffnung der Fußbodenkonstruktion unterhalb eines Bereiches des ehemals sanierten Wandputzes waren Geruchsbelastungen mit für Schimmelschäden typischen dumpf-muffigen bis moderigen Geruchsqualitäten wahrnehmbar. Die gewonnenen Materialproben waren allesamt eindeutig mikrobiell besiedelt. An den gewonnenen Materialproben aus der Polystyrol-Schaumdämmung waren wasserstandartige Verschmutzungshorizonte erkennbar. Aus den aktuellen Befunden wurde zusammen mit den Angaben und der Aktenlage geschlussfolgert, dass der ehemalige Wasserschaden nicht fachgerecht saniert worden war.

Abbildung 6-2: Im Bereich der ehemaligen Wasserfreisetzungsstelle (Undichtigkeit einer Heizleitung) mit einem sanierten Wandputz wurde die Fußbodenkonstruktion ca. drei Jahre nach dem Wasserschadensereignis erstmals unter mikrobiologischen Gesichtspunkten eröffnet

Abbildung 6-3: Die untere Lage der Polystyrol-Schaumdämmung zeigte wasserstandartige Schmutzhorizonte, die nach mikrobiologischer Untersuchung von Mikroorganismen besiedelt waren

Die unvollständige Sanierung wurde nachfolgend fachgerecht durchgeführt: Neben der vermeintlich kostengünstigen kosmetischen Scheinsanierung in Höhe von ca. 20.000 € waren jetzt etwa 350.000 € für eine fachgerechte Sanierung der kompletten Fußbodenkonstruktionen und der angrenzenden Wandfüße nötig (incl. zusätzlicher Sachverständigen- und Rechtsberatungskosten). Die Kosten für die Ausfallzeiten der Mitarbeiterin, deren Ersatz und die (vermeidbaren) Aufwendungen im Gesundheitssystem zusammen mit den Irritationen bei allen Beteiligten sind nicht bezifferbar.

Das gezeigte Fallbeispiel ist mittlerweile eines unter vielen ähnlichen Projekten, die einer „Sanierung der Sanierung" zugeführt wurden. Dies darf aber nicht darüber hinwegtäuschen, dass in der überwiegenden Mehrzahl von vorliegenden verdeckten Schimmelschäden diese „übersehen" oder bewusst ausgeblendet und die entdeckten verdeckten Schimmelschäden mehrheitlich unvollständig oder nicht richtig saniert wurden und werden. Ein möglicher Grund: Verdeckte Schimmelschäden werden nicht ernst genommen.

Zusammengefasst bedeutet dies aber, dass in den betroffenen Wohnungen und Bürogebäuden schlummernde bzw. nicht erkannte gesundheitliche Gefährdungspotentiale vorliegen. Wir prognostizieren, dass mittlerweile viele gesundheitliche Beschwerden „hausgemacht" sind, nur weil irgendwo im direkten Wohn- oder Arbeitsplatzumfeld ein Schimmelschaden vorliegt: Nicht erkannt, falsch saniert oder unvollständig bearbeitet.

Ist das unvollständige oder falsche Sanieren von verdeckten Schimmelschäden ein Versagen der gesamten Branche? Sind es bewusste Verschleierungen, um den wirtschaftlichen Schaden (unabhängig von gesundheitlichen Risikopotenzialen) gering zu halten? Oder ist diese offensichtliche Falschsanierung auf mangelnde Kenntnisse der Beteiligten zurückzuführen? Bei Letzterem dürften die Akteure den Auftrag für eine fachgerechte Sanierung aber gar nicht annehmen. Letztendlich sind harte Maßnahmen mit drakonischen Strafen wünschenswert, damit Haftungs- und Gewährleistungsansprüche zukünftig ernst genommen, aufgedeckt und durchgesetzt werden. Unabhängig von alledem muss das gesundheitliche Wohlergehen von Raumnutzern im Vordergrund stehen und sind gesundheitliche Risiken wie verdeckter Schimmel im Innenraum auf ein Minimum zu reduzieren.

Im konkreten Fall wurde in einem frühen Stadium ohne vollständige mikrobiologische Bestandsaufnahme eine Sanierungskontrolle mittels Raumluftuntersuchungen auf Sporen durchgeführt. Alle anderen erwähnten Strukturen und Emissionen von Mikroorganismen wurden dabei nicht in die Überlegungen mit einbezogen. Damit ist die Problematik in unerlaubter Weise so stark vereinfacht worden, dass die fachlichen Grundlagen und damit wesentliche Aspekte ausgeblendet wurden. Eine Bewertung der Raumqualität erfolgte ausschließlich über nachweisbare Sporen in der Raumluft. Auch wenn die Mehrzahl der (vermeintlichen) Fachleute diese simplifizierende Ansicht vertritt, ist sie dem Grunde nach falsch, wie teilweise bereits aufgezeigt wurde und nachfolgend weiter ausgeführt wird.

6.1.3 Die Sanierung der Sanierung

Fallbeispiel „Wasserschaden in der Fußbodenkonstruktion eines Wohnhauses": Bei einer bestimmungswidrigen Freisetzung von Leitungswasser wurde die Fußbodenkonstruktion durch-feuchtet, ohne dass es zu nennenswerten Wasserhochzügen oder sichtbarer Schimmelbildung an Wänden gekommen wäre (Abb. 6-4). Zunächst erfolgte eine Trocknung mit nachfolgender Desinfektion der Fußbodenkonstruktion auf Geheiß der Versicherung des Schadensverursachers.

***Abbildung 6-4:** Die in den Räumen durchgeführten Desinfektionsmaßnahmen sind aus verschiedenen Gründen fachlich falsch und haftungsrelevant (siehe Text)*

Weil die Raumnutzer über gesundheitliche Beschwerden bei Aufenthalt in der Wohnung berichteten, erfolgte eine „vergessene" Sanierungskontrolle mit dem Ergebnis, dass noch immer eine mikrobielle Belastung in der Dämmebene der Fußbodenkonstruktion vorlag. Erst nach dem Rückbau der kompletten Fußbodenkonstruktion incl. Fußbodenheizung wurde der ursprüngliche schadensfreie Zustand wieder hergestellt (Abb. 6-5). Danach waren die Raumnutzer beschwerdefrei.

Abbildung 6-5: Um den ursprünglichen mikrobiell unbelasteten Zustand nach einem Wasserschaden wieder herzustellen, war der Komplettrückbau der Fußbodenkonstruktion nötig (siehe Text)

Wirtschaftliche Überlegungen zu dieser Sanierung der Sanierung

- Die nicht fachgerechte Desinfektionsmaßnahme war eine vergleichsweise kleine Lösung, die dem Schadensverursacher bzw. dessen Versicherung vermeintlich Kosten erspart hat.
- Wäre sofort fachgerecht durch Rückbau der Fußbodenkonstruktion saniert worden, wäre das eine scheinbar teure Lösung gewesen.
- Nach der aufgedeckten Falschsanierung wurde jetzt richtig saniert, was in der Summe zu einem extremen Kostenfaktor führte.
- Zusätzlich interessant sind an derartigen Beispielen auch Gewährleistung und haftungsrechtliche Gesichtspunkte für beteiligte Sachverständige und ausführende Unternehmen.

6.1.4 (Mögliche) Psychologische und gesellschaftliche Gründe für eine Falschsanierung

Glauben heißt nicht Wissen, und: Wer nichts weiß, muss alles glauben. Deshalb werden bei Schimmelschäden Zahlen, Daten und Fakten benötigt, die einer Bewertung zugänglich sind und die letztendlich die Grundlage für Art und Umfang einer Schimmelsanierung bilden.

Wissensdurst: Dem Wissenden erschließt sich die Welt. Der Unwissende weiß nicht einmal, dass das bei ihm nicht so ist (unbekannter Autor). Vor diesem Hintergrund sind Fortbildungsveranstaltungen nötig, bei denen beispielsweise nicht nur der Umgang mit sichtbarem und offensichtlichem Oberflächenschimmel („Bagatellschäden"), sondern auch die Vorgehensweisen bei verdeckten und für das menschliche Auge (zunächst) nicht sichtbaren mikrobiellen „Großschäden" gelehrt werden.

Konformität: Experimente zeigen, dass es die Ausnahme ist, wenn Menschen sich gegen eine Gruppenmeinung stellen. Selbst dann, wenn die Sache, um die es geht, extrem klar ist. „Es ist Wunschdenken anzunehmen, dass Widerstand gegen Gruppenmeinungen leicht sei", so Prof. Dr. Harald Welzer, Autor des Buches „Selber Denken – eine Anleitung zum Widerstand" (Welzer, 2013). Beispiele:

- Wenn die Mehrheit sagt, bei einem Wasserschaden in der Wohnung reicht das Trocknen aus, dann ist man ein Außenseiter, wenn man dieses aus gutem Grund hinterfragt.
- Wenn die Mehrheit sagt, nehme bei Schimmelschäden ein Desinfektionsmittel, dann ist man ein Außenseiter, wenn man dieses aus gutem Grund ablehnt.
- Wenn die Mehrheit sagt, Schimmel sei überall vorhanden und das bisschen Schimmel an der Wand sei unproblematisch, dann ist man ein Außenseiter, wenn man aus gutem Grund sagt, dass sichtbarer Schimmelpilzbefall häufig nur die Spitze des Eisberges ist und weitere verdeckte, nicht sichtbare Schimmelschäden zu erwarten sind.

Bei Konformitätsangaben ist auch eine „konstruierte Wirklichkeit" zu berücksichtigen, wie sie von Lobbyisten, Sympathisanten und Nichtdenkern artikuliert wird. Interessante Hinweise zu diesem Thema finden sich in dem Buch „Die erfundene Wirklichkeit" mit dem Untertitel „Wie wissen wir, was wir zu wissen glauben?" (Watzlawick, 1981).

6.1.5 (Mögliche) Gründe für Sanierungsfehler

Es gibt viele Gründe, die zu einer missglückten, unvollständigen oder falschen Sanierung führen können. Beispielhaft genannt seien Unwissenheit, mangelnde Erfahrung, Kostendruck, vermeintliche Kostenersparnis, Abhängigkeitsverhältnisse, . . .

6.1.5.1 Überschätzung der eigenen Fachkompetenz

Regelmäßig wird von Personen der einzelnen Fachgruppen ihr Know-how bezüglich des Themas „Schimmel" überschätzt. Der Autor ist ausgebildeter Biologe und Chemiker, arbeitet seit vielen Jahren im Sachverständigen-Institut peridomus mit einem Team aus Spezialisten (aus den Bereichen Innenraumhygiene, Analytik, Sachverständige für Schimmelpilze) zum Themenschwerpunkt „Erkennen und fachgerechtes Beseitigen von verdeckten Schimmelschäden".

Die Mitglieder des Sachverständigen-Instituts peridomus sind keine Architekten, Bausachverständigen, Bauingenieure, Sanierer,... und können deren Arbeit im Hinblick auf andere Ausbildung, mangels fehlender Erfahrung und Unkenntnis der zugrunde liegenden Methoden und Vorgehensweisen auch nicht übernehmen. Regelmäßig wird aber in den genannten Bau-Berufsgruppen die Meinung vertreten (ohne belegbare Argumente), die teilweise hochkomplexen Sachverhalte beim Thema „Schimmel" werden übertrieben dargestellt und können u.a. deshalb „einfach so" mit bearbeitet werden.

Das kann in unserer mittlerweile hochgradig arbeitsteiligen Gesellschaft und dem fortgeschrittenen Wissensstand nicht (mehr) funktionieren. Fehleinschätzungen mit einer „Sanierung der Sanierung" sind die zwangsweise Folge. Und dies führt zu empfindlichen (Haftpflicht-)Schäden incl. Schadensersatzforderungen an den vermeintlichen Fachmann, wie dies erste gerichtliche Auseinandersetzungen bestätigen. Diese „Kompetenzillusion" wird manchen „Betroffenen" noch viel Geld kosten. Und wie heißt es ganz allgemein: „Wer alles kann, kann nichts mehr richtig."

6.1.5.2 Lockerer Umgang mit Wasser beim Neubau

Der „lockere" Umgang mit Wasser und Feuchtigkeit beginnt mit einem tropfenden Wasserhahn, einem umgeschütteten Wassereimer oder einer undichten, Wasser verlierenden Putzmaschine und endet mit dem vorhersehbaren Regenwassereintrag oder bei einem unbeachteten Wasserschaden. Beim Neubau könnte mit einem Feuchtemanagement vermieden werden, dass sich nachfolgend Wasserfolgeschäden zur Überraschung aller Beteiligten in Schimmelgroßschäden weiter entwickeln. Die Studie „Schimmel in Neubauten – Wahrscheinlichkeit und Vermeidung" (Foitzik, 2014) gibt zu diesem Thema wohlüberlegte Anhaltspunkte im Hinblick auf unkalkulierbare und kostenintensive Großschäden bei Feuchteeinwirkung in der Bauphase. Einen interessanten und überlegenswerten Beitrag zu dieser Thematik hat Herr Buchner, 2017 in die Diskussion eingebracht. Bei einer Sanierung im Bestand werden häufig die bereits in der Bauphase angelegten Neubau-Schimmelschäden „übersehen" oder nicht in die Überlegungen einbezogen und somit auch nicht „(mit-)saniert". Ein Grund dafür könnte die mangelnde mikrobiologische Bestandsaufnahme sein, ohne die jede Sanierung quasi freischwebend wie im blinden Nebel stochernd durchgeführt wird.

6.1.5.3 Fehlende mikrobiologische Bestandsaufnahme vor Beginn der Sanierung

Um überhaupt zu wissen, was, wo und wie zu sanieren ist, müssen als eine der ersten Maßnahmen mikrobiologische Untersuchungen zur Klärung der Situation erfolgen. Ohne diese „Zahlen, Daten und Fakten" erfolgt jede Art von Sanierung „ins Blaue hinein". Verursacher, Versicherer, Verwalter, . . . möchten das gesamte Ausmaß des Schimmelschadens oftmals gar nicht so genau wissen, was menschlich nachvollziehbar, aber fachlich untragbar ist.

„Schimmelpilze sind nicht die einzigen Übeltäter bei Feuchteschäden in Wohnungen", so das Umweltbundesamt, 2009 in einer Informationsschrift. In feuchten Materialien werden regelmäßig viele Bakterien nachgewiesen, von denen nach heutigem Kenntnisstand myzelbildende Aktinomyzeten ein guter Untersuchungsparameter sind. Warum ist neben Schimmelpilzen auch auf Bakterien zu testen? Ganz einfach: Weil in manchen Fällen im Material bei kultivierungstechnischen Untersuchungen niedrige Schimmelpilzkonzentrationen bei gleichzeitig hohen Bakterienkonzentrationen nachgewiesen werden. Dies vor allem dann, wenn sehr hohe Feuchtegehalte im Material vorliegen. Ohne Testung auf Bakterien können demnach „Schimmelschäden" übersehen werden.

Bei fachgerechter Schimmelsanierung werden sowohl Schimmelpilze als auch Bakterien beseitigt, sodass für die Sanierung von Feuchteschäden mit Bakterien keine zusätzlichen Sanierungsmaßnahmen erforderlich sind.

6.1.5.4 Trocknen von Bauteilen/Fußbodenkonstruktionen und dann (nicht) gut?

Viele Zeitgenossen glauben bei einem Wasserschaden, dass nach einem Trocknen die Unterbodenkonstruktion eines schwimmend verlegten Estrichs vollständig trocken ist. Begründung: An den Ausströmöffnungen tritt trockene Luft aus. Wie es aber tatsächlich in der Fußbodenkonstruktion nach einer Trocknung aussieht, haben die wenigsten überprüft.

Hätten sie es getan, dann wüssten sie, dass es keine laminare Durchströmung der Dämmebene gibt und dass sich die trocknenden Luftströme den Weg des geringsten Widerstandes suchen, also entlang von verlegten Leitungen und Kabeln oder an Materialstößen. Zwischen diesen „Luftstromautobahnen" kommt es zu Feuchtelinsen bzw. einer Verinselung von nicht getrocknetem Material mit der Folge, dass trotz austretender trockener Luft ganze Unterbodenbereiche oftmals feucht oder gar noch nass sind (und damit die Grundlage für weiteres Schimmelpilzwachstum gegeben ist). In Kapitel 3.3.2. ff. finden sich detailliertere Ausführungen zu diesem Thema.

Nach einem (Leitungs-)Wasserschaden wird typischerweise die regelmäßig betroffene Fußbodenkonstruktion (manchmal auch nur die Raumluft) über Wochen getrocknet. Damit wird versucht, die Feuchtigkeit als Grundlage für Schimmelpilz- und Bakterienwachstum zu beseitigen. Die sich innerhalb weniger Tage bis Wochen in der Fußbodenkonstruktion gebildete und zunächst unsichtbare Schimmelbiomasse verbleibt aber unter dem Estrich in der Fußbodendämmung: Dabei gelangen hauptsächlich gasförmige Schimmelemissionen wie Stoffwechselprodukte oder Geruchsbelastungen (und weniger Sporen) über die Randfuge am Übergang vom Fußboden zur Wand in die Raumluft. Die unberücksichtigte Schimmelbelastung im Fußboden entspricht weder einer fachgerechten Sanierung, noch ist der ehemals mikrobiell unbelastete Normalzustand wieder erreicht. Erfahrungsbedingt bleibt zusätzlich häufig Restfeuchte zurück, was zu weiterem Schimmelwachstum führt. Beim Akzeptieren dieses „schlafenden" Schimmelrisikos weist die Wohnung Mängel auf und daraus resultierende Unwägbarkeiten gehen auf den Eigentümer über. Dieser muss sich nachfolgend u.U. mit den berechtigten Forderungen des Mieters (juristisch) auseinandersetzen und neben zeitintensiven Diskussionen im Extremfall hohe finanzielle Einbußen hinnehmen.

6.1.5.5 Desinfektionsmaßnahmen oder Biozideinsätze

Täglich werden in Wohnungen und Büros Kubikmeter an Desinfektionsmitteln eingesetzt, Biozide verteilt und tausende Quadratmeter mit fungizider Farbe übermalert. Damit wird die gebildete Schimmelpilz-Biomasse nicht beseitigt, sondern von einem Zustand X in einen anderen Zustand Y verbracht. Das Umweltbundesamt (UBA) hat frühzeitig auf Folgendes hingewiesen: „Fachgerecht sanieren ohne Desinfektionsmittel". Diese fachlichen Ausführungen wurden vom UBA auch im Rahmen einer Pressemitteilung im Jahr 2009 herausgegeben (Umweltbundesamt, 2009), womit die gesamte Öffentlichkeit und nicht nur ein eingeschränktes Fachpublikum informiert wurde. In diesem Text werden Gutachter, Sanierungsfirmen, Ausbilder und Versicherungen sogar (behördlich) dazu aufgerufen, auf den

Einsatz von Desinfektionsmitteln in Innenräumen zu verzichten Abb. 6-6). Trotzdem wird tagtäglich gegen fachlich eindeutig geklärte Grundlagen verstoßen, in den Baumärkten, Unternehmen und im Einzelhandel Produkte verkauft und professionell, im Selbstversuch oder heimlich angewendet.

Unter Desinfektion wird das gezielte Abtöten von Krankheitserregern an Gegenständen, Oberflächen oder lebenden Geweben mit Hilfe chemischer oder physikalischer Methoden verstanden. Der Begriff stammt aus dem medizinischen Bereich. Das Ziel einer Desinfektionsmaßnahme besteht darin, das Risiko einer Infektion zu minimieren. Wenn chemische Mittel in Gebäuden eingesetzt werden, spricht man besser von einer Biozidbehandlung. Biozide können die Reproduktionsfähigkeit von Mikroorganismen einschränken, deren Stoffwechselaktivität hemmen oder das Wachstum zeitweise vermindern.

Abbildung 6-6: Desinfektionsmaßnahmen oder Biozideinsätze sind aus verschiedenen Gründen fachlich falsch und haftungsrelevant (siehe Text)

Folgende (weitere) Argumente sprechen gegen den Einsatz von Desinfektionsmitteln oder Bioziden:

- Ob die eingebrachten Desinfektionsmittel alle mikrobiell belasteten Stellen erreichen oder in Biofilme eindringen können, ist unklar bzw. wenig wahrscheinlich (Meider, 2014).
- Der Sanierungserfolg kann nicht überprüft werden. Dazu müssten größere Bereiche z.B. der Fußbodenkonstruktion eröffnet werden.
- Bei Desinfektionsmaßnahmen oder Biozideinsätzen werden regelmäßig weitere (Schad-)Stoffe in Fußbodenkonstruktionen eingetragen, die zusätzliche Gesundheitsgefährdungen darstellen (können).
- Die eingesetzten Wirkstoffe sind in der Regel Oxidationsmittel, die in geringer Konzentration nicht wirken und in höherer Konzentration die in Dämmebenen wie Fußbodenkonstruktionen verlegten Dämmmaterialien, Kabel, Abdichtungen, . . . schädigen kön-

nen. Es ist schwer vorstellbar, dass die Hersteller ihre Gewährleistungsgarantie aufrechterhalten, wenn ihre Materialien derartigen Mitteln ausgesetzt werden.

- Unabhängig davon verbleibt nach einem Desinfektionsmitteleinsatz eine wie auch immer veränderte Schimmelpilz-/Bakterien-Biomasse in der Fußbodenkonstruktion zurück.
- Wiederherstellung eines unbelasteten Zustandes wie vor Schadenseintritt: Eine Desinfektionsmaßnahme führt zu einem Ist-Zustand, der nicht dem Soll-Zustand eines (neuen) schadensfreien Gebäudes entspricht. Die Mangelhaftigkeit nach einer Desinfektionsmaßnahme begründet sich daraus, dass die betroffenen Bauteile nicht die Beschaffenheit aufweisen, die bei schadensfreien Werken der gleichen Art und Güte üblich ist und die der Auftraggeber bzw. Bauherr (bei einem Neubau) erwarten kann.
- . . .

Zur Erläuterung: Im Gegensatz zu Krankenhäusern sind infektiöse Gefährdungen (nur dagegen richtet sich die namensgebende Desinfektion) in Wohnungen und Bürogebäuden gar nicht vorhanden (Ausnahme: Fäkalienschäden). Bei Schimmelschäden liegen primär allergische und toxische Potenziale vor, die beim Desinfizieren unberücksichtigt bleiben. Häufig wird eine Dekontamination (entfernen von Belastungen) mit einer Desinfektion gleichgesetzt, was unrichtig ist. Unter gesundheitlichen Gesichtspunkten ist die einmal gebildete Schimmelbiomasse aber immer relevant, egal ob „dead or alive" – also lebend, nicht mehr keimfähig, getrocknet oder abgetötet. Allein durch Bleichvorgänge der Desinfektionsmittel verschwinden oftmals die grau-schwarzen, pelzigen Strukturen hin in Richtung Weißfärbung, was einer „kosmetischen" Sanierung entspricht. Schäden sind dann mit bloßem Auge kaum mehr zu erkennen, mit mikroskopischen Methoden aber im Streitfall gerichtsfest nachweisbar. Kurzum: Nach Desinfektionsmaßnahmen ist die übliche Beschaffenheit einer gebrauchstauglichen Wohnung oder Büroeinheit zur bestimmungsgemäßen Nutzung nicht gegeben – bei einem Ist-/Sollwert-Abgleich entsprechen die betroffenen Räume keinem (dem Mieter geschuldeten) mikrobiell unbelasteten Zustand.

6.2 Fachgerechte Sanierungsmaßnahmen

Feuchtigkeit ist die Grundlage für jedes Schimmelpilz- und/oder Bakterienwachstum, während Temperatur, Nährboden bzw. energiereiche Verbindungen und andere Lebensgrundlagen für Mikroorganismen in jedem Gebäude in ausreichendem Maße vorhanden sind. Um alle Feuchteursachen zu klären, muss im Rahmen einer fachkundigen Begehung der Wohnung oder des Büros die größte Aufmerksamkeit auf direkte oder indirekte Anzeichen von Feuchtigkeit gelegt werden. Zusätzlich sind durch geschickte Fragestellungen eventuelle Feuchtigkeitsereignisse in der Vergangenheit zu klären oder zumindest einzugrenzen. Unter Umständen können ergänzende (bau-)technische und (bau-)physikalische Messungen oder Überlegungen zur Klärung aller Feuchteursachen führen. Das Aufzeigen, Zuordnen und das Gewichten von Feuchtequellen ist das originäre Aufgabengebiet von Bausachverständigen, Bauingenieuren oder Architekten. Denn: Ehemals vorliegende, phasenweise auftretende oder aktuell vorkommende Feuchtigkeit ist die Grundlage für Schimmelwachstum. Wasser und Feuchte gehen zeitabhängig gegebenenfalls technisch unterstützt von der wässrigen Phase in die Gasphase über, was landläufig als trocknen bezeichnet wird.

Im Gegensatz dazu löst sich die einmal gebildete Schimmelbiomasse auch nach langzeitigem Trocknen nicht in „Luft" auf, sondern verbleibt als unkalkulierbares „schlafendes" gesundheitliches und wirtschaftliches Risiko (u.a. als technische oder merkantile Minderwerte) in der Bausubstanz zurück.

Das fachgerechte Sanieren eines verdeckten (nicht sichtbaren) Schimmelschadens ist typischerweise aufwändig und damit kostenintensiv. Dabei ist die Handlungsanleitung Gesundheitsgefährdungen durch biologische Arbeitsstoffe bei der Gebäudesanierung zu beachten (DGUV, 2006). Zusätzlich sind u.U. wirtschaftliche Folgeschäden wie Nutzungsaussetzung, Mietausfall, merkantiler Minderwert, Sachverständigen-, Rechts- und Beratungskosten, . . . zu berücksichtigen. Manchmal ist auch ein größerer Aufwand nötig, um seine Rechte als Betroffener gegenüber dem Verursacher durchzusetzen, wofür erfahrungsgemäß fachkundige Sachverständige und Rechtsanwälte für einen qualifizierten Sachvortrag benötigt werden. Die Alternative dazu ist für Betroffene allerdings genauso wenig attraktiv: Beispielhaft genannt sind die Hinnahme eines gesundheitlichen Risikos, berechtigte Mietminderungen eines Mieters oder Übernahme eines (Prozess-)Kostenrisikos beim Verkauf – die Offenlegung eines mikrobiellen Schadensereignisses geht typischerweise mit einem Wertverlust der Immobilie einher. Vor diesem Hintergrund wird man sich als Vermieter bzw. Eigentümer zwangsläufig für eine fachgerechte Sanierung des Feuchte-/Schimmelschadens entscheiden (müssen), wenn man zukünftige unkalkulierbare Risiken ausschließen will.

Eine Sanierung kann unter verschiedenen Gesichtspunkten durchgeführt werden:

- unter innenraumhygienischen Aspekten
- wegen gesundheitlicher Relevanz
- vor bautechnischem Hintergrund
- unter versicherungs- und haftungsrechtlichen Gesichtspunkten

Die Sanierungstiefe hängt u.U. von der Fragestellung ab, welche Risiken der Wohnungs- oder Gebäudeeigentümer gewillt ist, in der Zukunft einzugehen. Wenn er diese Risiken kennt, kann er frei entscheiden. Werden ihm diese Kenntnisse durch Fachberater vorenthalten, trifft er womöglich falsche Entscheidungen, die er später bereut (und damit u.U. gegen den Berater Gewährleistungs- oder Haftungsansprüche auslöst).

Unabhängig von der Sanierung einer mikrobiell belasteten Fußbodenkonstruktion ist jede Methode vor ihrer Umsetzung immer vor dem Hintergrund u.a. mietrechtlicher, versicherungsrechtlicher, werkvertraglicher, gesundheitlicher, innenraumhygienischer, (bau-)technischer, (bau-)physikalischer und/oder wirtschaftlicher Gesichtspunkte zu bewerten und bei sachverständiger Beratung den Beteiligten kund zu tun. Die aktuell gängigen und in der Praxis eingesetzten Sanierungsmethoden mit ihren Vor- und Nachteilen werden nachfolgend (an-)diskutiert, wobei eine ausführliche Darstellung in anderen Kapiteln erfolgt (ist):

1. Rückbau mikrobiell belasteter Dach-, Wand- und/oder Fußbodenkonstruktionen (siehe oben)
   Vorteil: Der Schadfaktor wird komplett aus dem Gebäude entfernt.

Nachteile: Großer Aufwand mit vorübergehender Nutzungsaussetzung der Räumlichkeiten nötig, verbunden mit hohen Kosten.

2. Einbau eines diffusionsoffenen Estrichfugensystems bei mikrobiell belasteten Fußbodenkonstruktionen mit schwimmend verlegten Estrichen (siehe Kapitel 6.2.4.)
   Vorteile: Kein Eintrag von partikelartigen Strukturen und gasförmigen Emissionen in die Raumluft, schnell umsetzbar, keine Nutzungsaussetzung, vergleichsweise kostengünstig.
   Nachteil: Schimmel verbleibt im Gebäude.
3. Gasdichte Abdichtung der Randfuge bei mikrobiell belasteten Fußbodenkonstruktionen mit schwimmend verlegten Estrichen
   Vorteile: Schnell umsetzbare und kostengünstige Lösung, keine Nutzungsaussetzung.
   Nachteile: Keine dauerhafte und sichere Zurückhaltung gasförmiger Emissionen, Restfeuchte wird eingesperrt mit der Folge weiteren Schimmelwachtsums, Schimmel verbleibt im Gebäude.
4. Desinfektion der Fußbodenkonstruktionen (siehe Kapitel 6.1.5.5.)
   Vorteile: Schnell umsetzbare und kostengünstige Lösung, keine Nutzungsaussetzung.
   Nachteile: Toxische, allergische und reizende Potenziale verbleiben in dem Gebäude (Desinfektion verhindert eine Infektion, die typischerweise von mikrobiellen Belastungen von Büros oder Wohnungen nicht zu erwarten ist).
5. Kontinuierliche Unterdruckhaltung von Bauteilen, um zu verhindern, dass partikelartige Schimmelbestandteile und gasförmige Schimmelemissionen in die Raumluft gelangen (siehe Kapitel 6.2.5.)
   Vorteile: Kein Eintrag von partikelartigen Strukturen und gasförmigen Emissionen in die Raumluft, schnell umsetzbar, keine Nutzungsaussetzung, vergleichsweise kostengünstig, falls vorhanden: Anbindung an bestehende kontrollierte Be-/Entlüftungsanlage.
   Nachteile: Schimmel verbleibt im Gebäude, wenig Erfahrung.

Punkt 1 ist immer zu bevorzugen. Die Punkte 3 und 4 sind nicht fachgerecht und deshalb aus sachverständiger Sicht vollständig abzulehnen. Sollte sich herausstellen, dass tatsächlich mehr als 50 % aller neu errichteten Wohnungen oder Büros einen relevanten Schimmelschaden in Dämmebenen von Dach-, Wand- und/oder Fußbodenkonstruktionen aufweisen (siehe Kapitel 4.4.), dann ist

a. zukünftig eine neue Baukultur nötig und
b. werden Sanierungsalternativen zum Komplettausbau wie Unterdruckhaltungen belasteter Bauteile oder das diffusionsoffene Estrichfugensystem SCHIMMELSTOPP unter wirtschaftlichen und gesundheitlichen Gesichtspunkten zunehmend interessant werden.

Prinzipiell gilt zunächst, ob und wenn ja welche vertraglichen Vereinbarungen z.B. zwischen Bauherr und Auftragnehmer oder zwischen Unternehmung und Versicherung bestehen. Daraus leitet sich ab, welcher Zustand geschuldet oder welcher Mangel zu beheben ist (oder bei vertragslosen Schimmelschäden: Was wird gewünscht?). Im einfachsten Fall weicht der Zustand mit Schimmel von der gewünschten und in Auftrag gegebenen mangelfreien Errichtung eines Gebäudes vom üblichen Normalen ab, oder kurz: Der Ist-Zustand entspricht nicht dem Soll-Zustand. Bleibt prinzipiell „nur" noch die Frage, wie der geschuldete Soll-Zustand definiert ist? Und hier scheiden sich die Geister zwischen dem Wissen, den Interessen, den Erfahrungen, . . . der beteiligten Akteure. Weil es in der Regel um hohe Schadenspotenziale geht, ist jeder Schaden einzelfallabhängig zu bearbeiten, vor allem, wenn es um eine fachgerechte Lösung geht (die nicht immer von allen Beteiligten aus nachvollziehbaren Gründen gewünscht wird). Voraussetzung dafür ist das Wissen um den Schadensort und den Schadensumfang. Wie fachgerecht zu begutachten und zu bewerten ist, wurde auch anhand von Beispielen im Kapitel 5 beschrieben.

Für alle nachfolgend aufgeführten Sanierungsmaßnahmen des eigentlichen Schimmelschadens gilt, dass die Feuchtigkeitsursache(n) erkannt und beseitigt worden sind. Gegebenenfalls sind substanziell erhaltenswerte Bauteile (soweit dies möglich ist) zu trocknen.

6.2.1 Komplettrückbau belasteter Bauteile

Die beste Methode einer Sanierung besteht darin, mikrobiell belastete Bauteile oder Materialien aus der Wohnung oder dem Gebäude zu entfernen. Nachvollziehbar ist dies auch die aufwändigste und kostenintensivste Methode, bei der allerdings Minderwerte vermieden werden. Eine Feinreinigung und Sanierungskontrolle (wegen häufiger Falschsanierungen) sind zu empfehlen, vor allem weil sie zu einer fachgerechten Sanierung gehören und dementsprechend bei einem Gewährleistungs- oder Haftpflichtschaden vom Schadensverursacher zu tragen sind.

Kurzum: Wenn der ursprüngliche schadensfreie Zustand eines unbelasteten Bauteiles wieder hergestellt werden soll, wären die mikrobiell belasteten Materialien staubarm unter Einhaltung gültiger Sanierungsvorschriften auszubauen.

Beispiel Dach: Ist in der Dämmebene eines neu errichteten Wohnhauses ein Schimmelschaden nachgewiesen und wünscht der Bauherr hinsichtlich der werkvertraglichen Vereinbarung ein „schimmelfreies" Dach, sind umfangreiche Sanierungsmaßnahmen nötig.

In einem Urteil des BGH (Bundesgerichtshof, Urteil vom 29.6.2006 – VII ZR 274/04, OLG Celle) wird dargestellt, dass eine ordnungsgemäße Mangelbeseitigung eines mit Schimmelpilzen befallenen Dachstuhls in einem Neubau nicht vorliegt, wenn dessen Holzgebälk nach Vornahme von Arbeiten weiterhin mit Schimmelpilzsporen behaftet ist. Dies gilt auch dann, wenn von diesen keine Gesundheitsgefahren für die Bewohner des Gebäudes ausgehen. Aus der Urteilsbegründung: Der errichtete Dachstuhl war mangelhaft, weil er unstreitig von Schimmelpilz befallen war. Das vertraglich geschuldete Werk war ein Dachstuhl ohne Pilzbefall. Dieser Sachverhalt sollte vorbehaltlich einer juristischen Prüfung auch auf andere Bauteile (z.B. Außenwandkonstruktionen in Holzständerbauweise oder Fußbodenkonstruktionen) übertragbar sein, wenn der Ist-Zustand (mit Mikroorganismen belastet/besiedelt) nicht mit dem Soll-Zustand übereinstimmt.

Während bei einem mikrobiellen Dachschaden typischerweise die Tragkonstruktion erhalten werden kann, sind alle anderen Bauteile wie Dämmung, Dampfbremse und raumseitige Verkleidung rückzubauen. Dies gilt auch für die Unterspannbahn, um die verdeckten Sparrenbereiche zu kontrollieren und ggf. zu sanieren (Abb. 6-7).

Abbildung 6-7: Bei einem neu errichteten Wohnhaus sind bei einer Schimmelbelastung in der Dachkonstruktion unter werkvertraglichen Gesichtspunkten umfangreiche Sanierungsmaßnahmen nötig, um den geschuldeten mikrobiell unbelasteten Zustand zu erreichen

Beispiel Fußbodenkonstruktion:

Es mehren sich die Befunde, dass hauptsächlich

- *durch Neubaufeuchte (z.B. schnelle Bauweisen und dadurch verkürzte, nicht ausreichende Trocknungszeiten, was als Bauablaufstörung bezeichnet wird),*
- *Wasserschäden (nur getrocknet) und/oder*
- *Kondenswasserbildung an Wärmebrücken (durch Dämmung bzw. energetische Sanierung wird nur die Feuchteursache, nicht aber der eigentliche Schimmelschaden beseitigt)*

verdeckte (nicht sichtbare) Schimmelschäden in der Dämmebene von Fußbodenkonstruktionen vorliegen. Der belastete Unterboden steht über die Randfuge (Übergang Fußboden zur Wand) mit der Raumluft in Verbindung, wodurch primär gasförmige Emissionen von Mikroorganismen wie Stoffwechselprodukte (MVOC) und geruchsaktive Verbindungen in die Raumluft freigesetzt werden (Anmerkung: MVOC nimmt ein Schimmelspürhund wahr).

Für die Sanierung derartiger Fußbodenschäden gibt es scheinbar mehrere Möglichkeiten. Doch wie beim Dach gilt auch für Fußbodenkonstruktionen: Wenn der ursprüngliche schadensfreie Zustand des unbelasteten Bauteiles wieder hergestellt werden soll, sind die mikrobiell belasteten Materialien staubarm unter Einhaltung gültiger Sanierungsvorschriften auszubauen (Abb. 6-8).

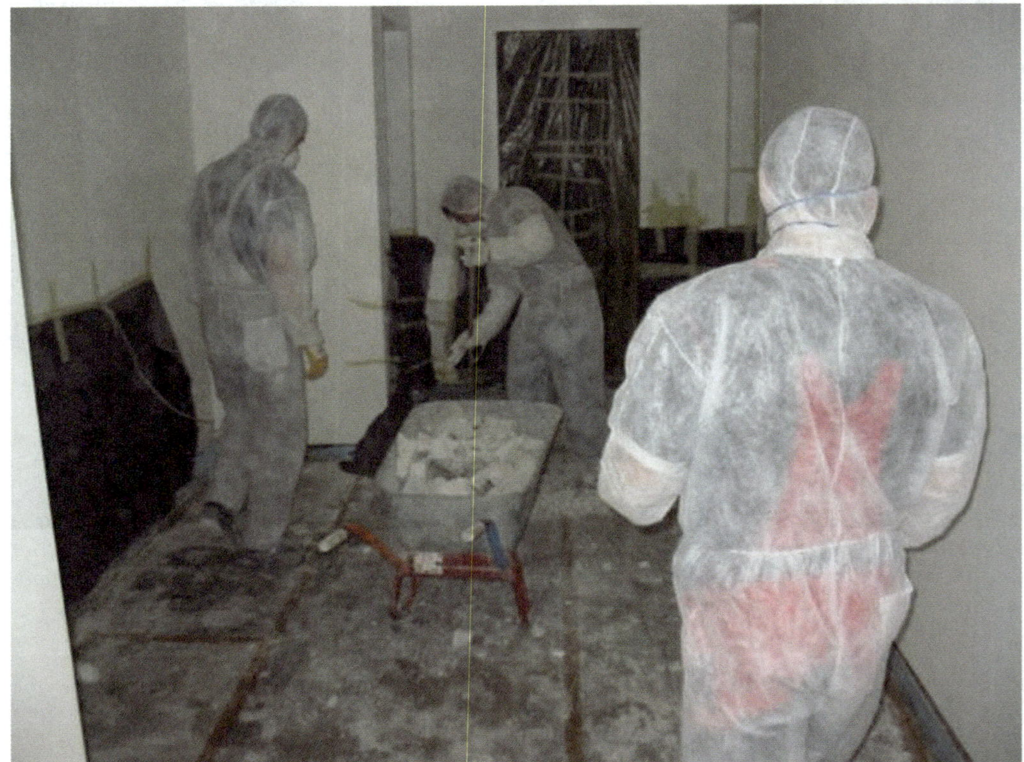

Abbildung 6-8: Beim Rückbau einer mikrobiell belasteten Fußbodenkonstruktion sind nach einer Gefährdungsbeurteilung u.U. intensive Arbeitsschutzmaßnahmen nötig

6.2.2 Rückbaumaßnahmen in der Praxis

Durch abklopfen, abstemmen, abreißen, abkratzen, abbürsten, abstrahlen, abwischen, abreiben, absaugen oder abschleifen werden verstärkt partikelartige Strukturen von Schimmelschäden in die Raumluft verbracht und dort verteilt. U.a. aus Gründen des Personen- und Materialschutzes ist das oberste Gebot bei Sanierungstätigkeiten, möglichst staubarm zu arbeiten und freigesetzte Bestandteile nach Entfernung des Schimmelschadens vollständig zu entfernen.

6.2.2.1 Übliches Entfernen des Schimmelschadens mit Verteilen von Biomasse

Bei herkömmlichen Schimmelsanierungen werden ohne entsprechende Filter die für das Auge unsichtbaren Sporen massiv verteilt. Vor allem die Atemluft wird dabei extrem belastet. Werden nach den Arbeiten alle Oberflächen gründlich gereinigt, sind infolge von Sedimentation kurze Zeit später wieder hohe Sporenkonzentrationen in der Raumluft vorhanden. Auch während der Oberflächenreinigung laufende HEPA-Luftfilter können eine Sedimentation nicht gänzlich verhindern (HEPA = High Efficiency Particulate Air filter). Schlussendlich sind infolge der mechanischen Aktivierung nach derartigen Schimmelsanierungen regelmäßig wesentlich mehr Schimmelsporen in der Atemluft zu finden, als vor der Sanierung.

Vor diesem Hintergrund zeigt die Erkenntnis aus vielen Analysen, dass nahezu gleichzeitig die Oberflächen zu säubern und dabei die Raumluft intensiv zu reinigen sind. Diese grundlegende Vorgehensweise genügt jedoch alleine nicht, um schnell und zuverlässig Schimmelpilze aus Innenräumen zu beseitigen. Wichtig ist vor allem, dass infolge der Beseitigung des Primärbefalls möglichst keine zusätzlichen Sporen freigesetzt werden. Deshalb ist ein staubarmes Arbeiten wesentlich.

6.2.2.2 Hoher Luftwechsel minimiert Arbeitsschutzmaßnahmen bei Schimmelschäden

Personenschutzmaßnahmen sind in der Regel aufwändig und damit kostenintensiv. Zusätzlich behindern oder beeinträchtigen sie die ausführenden Personen. Um dies zu vermeiden, steht mit VENTGATE® ein praxiserprobtes System zur Verfügung, um Personenschutzmaßnahmen zu minimieren: Es besteht aus einem universell verstellbaren Rahmensystem mit Tuch, einem Hochleistungsgebläse, einem Spiralschlauch und den entsprechend der Luftleistung notwendigen HEPA-Filtern (siehe Abb. 6-9).

Abbildung 6-9: VENTGATE® zur Minimierung von Personenschutzmaßnahmen bei Schimmelsanierungen

VENTGATE® ist auf die Beseitigung von Schimmelpilzen aus Innenräumen optimal abgestimmt. Dieses vorübergehend in Tür oder Fenster eingebaute System stellt in mikrobiell hoch belasteten Innenräumen innerhalb von wenigen Minuten in der Raumluft Außenluftkonzentrationen bezüglich Schimmelsporen ein. Die hohe Luftleistung der Windmaschine sollte während der gesamten Sanierung beibehalten werden. Durch das Öffnen verschiedener Türen und Fenster und durch die Drehzahlregulierung des Gebläses können die Luftströme bestmöglich dem Sanierungsvorgang angepasst werden. Entsprechend der Sanierungsplanung ist Über- oder Unterdruck möglich. Die in den Sanierungsbereich einströmende, aber auch die abströmende Luft kann bei Bedarf filtriert werden. Aus diesem Grund und durch die Tatsache, dass bei der Beseitigung des Primärbefalls keine zusätzlichen Sporen freigesetzt werden (siehe unten), sind während der Sanierung aufwändige Personenschutzmaßnahmen nicht mehr erforderlich.

6.2.2.3 Sanierungsverfahren nach D-MIR® Qualitätsstandard

Die Oberflächenbearbeitung mit dafür geeigneten und aufeinander abgestimmten Maschinen hat sich bei mikrobiellen Schäden als das sicherste Verfahren herausgestellt. Der Begriff „sicher" steht hier für die sporen-/staubneutrale und „giftfreie" Vorgehensweise. Durch systematisches Arbeiten nach einem patentierten Sanierungsverfahren (D-MIR® = Dynamische Mikrobiologische InnenraumReinigung, siehe Abb. 6-10) können innerhalb kurzer Zeit mikrobiell massiv kontaminierte Innenräume optimal gereinigt werden. Kontrollmessungen belegen regelmäßig den Reinigungserfolg.

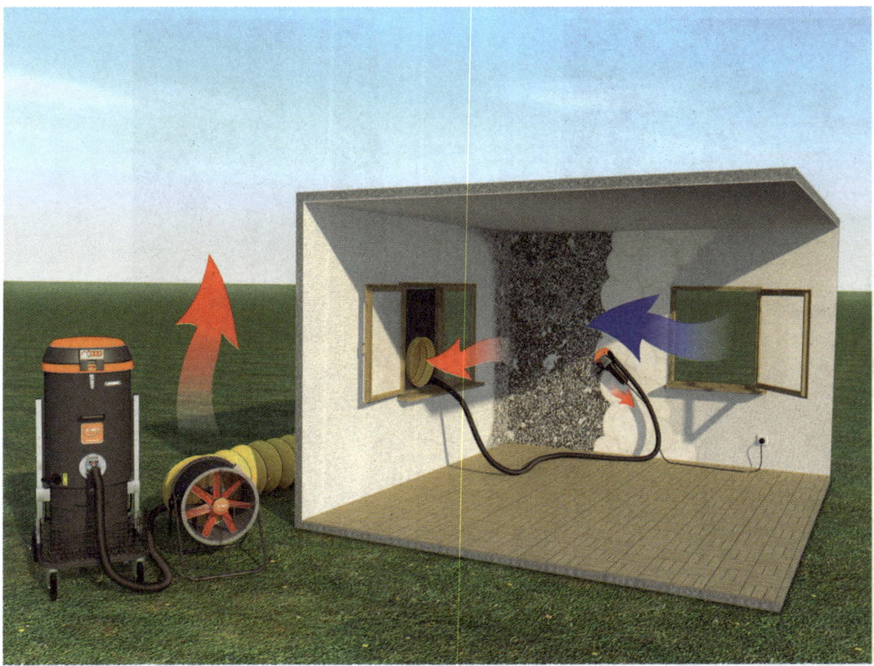

Abbildung 6-10: Für die Oberflächenbearbeitung geeignete und nach D-MIR® aufeinander abgestimmte Maschinen (weitere Erläuterungen im Text, Abbildung von Fa. special-clean.com zur Verfügung gestellt)

Die Reihenfolge des Verfahrens und die einzelnen Positionen sind:

1. Abklärung des Sanierungsziels
2. Einrichtung des Sanierungsbereichs
3. Vorreinigung der mikrobiell verunreinigten Raumluft
4. Kontrolle der Luftströmungen
5. Vorreinigung der horizontalen Ablagerungsflächen
6. Sporen-, staubneutrale und giftfreie mechanische Bearbeitung der belasteten Oberflächen
7. Sporen- und staubneutraler Rückbau von befallenen Materialien
8. Qualitätskontrolle
9. Feinreinigung von Oberflächen und gegebenenfalls des Inventars
10. Filtration der Raumluft
11. Interne Sanierungskontrolle
12. Gegebenenfalls: Externe Sanierungskontrolle
13. Freigabe der sanierten Bereiche

In Abhängigkeit von den Räumlichkeiten und deren Nutzung beinhalten die Punkte 1 bis 8 die Mindestanforderungen. Bei hochwertiger Nutzung (Wohn- und Daueraufenthaltsräume) sind zusätzlich die Punkte 9 bis 13 einzuhalten.

Dabei spielt es eine untergeordnete Rolle, ob mikrobiell befallene Oberflächen aus Holz, Putz, Farbe, Tapete, Beton ... bestehen. Modifizierte Staubschutzvorrichtungen für handelsübliche Fräsen oder Schleifmaschinen, gekoppelt mit Hochleistungssaugern der H-Klasse, sorgen für eine nahezu hundertprozentige sporen- und staubfreie Arbeitsweise. Dabei wird die mikrobielle Primärbelastung – je nach Konsistenz des Untergrundes – 2 bis 4 mm abgetragen.

Mikrobiell belastete Materialien, die nicht durch Oberflächenbearbeitung gereinigt werden können, müssen rückgebaut werden. Der sporen- und staubarme Rückbau ist mit VENTGATE® realisierbar. Während der Demontage der Materialien wird unmittelbar am Arbeitsplatz eine Absaugvorrichtung so installiert, dass infolge des Rückbaus freigesetzte Sporen und Stäube sofort entfernt werden. Dabei sind Spiralschläuche mit ausreichendem Durchmesser im Einsatz, die die kontaminierte Abluft, über das in Tür oder Fenster eingebaute VENTGATE®, nach außen hin oder direkt in Filtermedien befördern.

Zusammenfassend werden Sanierungsmaßnahmen nach D-MIR® bezüglich der Handlungsanleitung zur Gefährdungsbeurteilung nach Biostoffverordnung (BioStoffV) in die Gefährdungsklasse „ohne besondere Gefährdung" der Schutzstufe 1 eingestuft. Dabei sind nur die Allgemeinen Hygienemaßnahmen für Tätigkeiten mit biologischen Arbeitsstoffen (Technische Regeln für Biologische Arbeitsstoffe, TRBA 500) einzuhalten. Diese Tatsache wurde von der Berufsgenossenschaft der Bauwirtschaft (BG BAU) bestätigt: „Die mikrobiologische Innenraumreinigung nach D-MIR® ist sehr zuverlässig und staubarm." Zulässige Arbeitsschutzwerte werden dabei weit unterschritten.

6.2.3 Randfugenabdichtungen bei Schimmelschäden an der Fußbodenkonstruktion bei schwimmend verlegten Estrichen

Unter dem Fußbodenbelag ist häufig ein schwimmender Estrich verlegt (schwimmend, da er keine feste Verbindung zur Wand oder Rohbetondecke hat). In diesem finden sich u.U. eine Fußbodenheizung, darunter die Dämmung, in die ggf. wasserleitende Rohre oder Kabel eingebettet sind. Die Dämmung selbst liegt typischerweise direkt auf der Betondecke auf. Begrenzt wird die Fußbodenkonstruktion unter der Sockelleiste durch einen Randstreifen (in der Regel ein weicher Dämmschaum).

Bei Feuchtigkeitseintrag stellt sich ein Schimmelbefall in der Dämmebene der Fußbodenkonstruktion ein. Der Estrich verhindert in der Fläche ein Übertreten von Schimmelpilzbestandteilen in die Raumluft. Mit der Randfuge am Übergang vom Fußboden zur Wand steht aber eine mikrobiell belastete Dämmung mit der Raumluft in Verbindung. Gasförmige Schimmelemissionen wie MVOC und geruchsaktive Verbindungen einerseits und partikelartige Strukturen wie Sporen und Zellwandbruchstücke andererseits gelangen über diese Eintrittspforte in die Raumluft. Als Alternative zum Komplettrückbau der Fußbodenkonstruktion kann durch Überarbeitung der Randfugen eine belastete Dämmebene von der Raumluft abgetrennt werden. Vor diesem Hintergrund erfolgten in der Vergangenheit verschiedenartige Überarbeitungen der Randfugen, die nicht immer das gewünschte Ziel erreichten: Nämlich alle möglichen Schimmelbestandteile und gasförmigen Emissionen langzeitig zurückzuhalten. Deshalb werden in den nachfolgenden Kapiteln die einzelnen Möglichkeiten mit ihren Vor- und Nachteilen vorgestellt. Die Konstruktionen lassen sich in gasdichte und diffusionsoffene Lösungen mit einer oder zwei Filterstufen einteilen.

6.2.3.1 Vermeintlich gasdichte Ausführungen

Silikon- und Acrylfugenmassen oder aufquellende (Kombri-)Bänder sind nicht nur wegen der Kapselung von vorliegender Restfeuchte problematisch (siehe unten). Die sich einstellenden hohen Konzentrationen (beispielsweise an geruchsaktiven Molekülen oder MVOC) in der Fußbodenkonstruktion hinter diesen „Gassperren" haben das Bestreben, sich in Bereiche mit niedrigeren Konzentrationen auszubreiten. Bereits bei einem Haarriss muss es deshalb zu einem Freisetzen von gasförmigen Schimmelemissionen aus dem Unterboden in die Raumluft kommen, vergleichbar einem kleinen Piekser an einem Luftballon, bei dem nach dem Platzen die gekapselte bzw. eingesperrte Luft freigesetzt wird.

Absperrende und gasdichte Materialien sind zudem sehr störanfällig und werden typischerweise als Wartungsfuge ausgebildet, sind also zu warten. Nicht von ungefähr wurden bereits vor Jahren „dauerelastische Fugen" in der Fachwelt zu „elastischen Fugenmaterialien" auch auf der Wortebene zurückgestuft. Zusammenfassend sind derartige Lösungen für eine Schimmelsanierung als fachlich falsch abzulehnen, da keine Gewähr für eine langzeitige oder gar dauerhafte Lösung gegeben ist. Einen Vergleich zwischen gasdichten und diffusionsoffenen Estrichfugen zeigt Tabelle 6-1.

Gasdicht	Diffusionsoffen
– Störanfällige Konstruktionen (Versprödung, Rissbildung, …)	– „Robuste" Lösung, Erfahrung aus der Reinraum- und Filtertechnik
– Keine dauerhafte Lösung, Wartungsfuge	– Sicherheit, langzeitige Sanierungsmethode
– Restfeuchte verbleibt: Weiteres Wachstum	– Restfeuchte kann austrocknen

Tabelle 6-1: Vergleich zwischen gasdichten und diffusionsoffenen Ausführungen von Randfugen bei einem Feuchte- und Schimmelschaden unter einem schwimmend verlegten Estrich

Bei diffusionsoffenen Konstruktionen kann Restfeuchte entweichen, deren Ausführungen sind „robust" im Vergleich zu einer gasdichten Lösung und bieten somit den Raumnutzern zusätzliche Sicherheiten.

6.2.3.2 Diffusionsoffene Ausführungen mit einem Partikelfilter sind 1-stufige Lösungen

Wesentlich bei einer Randfugenlösung ist eine diffusionsoffene Randfugengestaltung, damit häufig vorliegende Restfeuchte im Unterboden mit der Zeit austrocknen kann und die Wachstumsgrundlage für Schimmelpilze und Bakterien entzogen wird. Hintergrund: Beispielsweise verbleibt bei Trocknungsarbeiten häufig Restfeuchte im Unterboden, da sich die trocknenden Luftströme den Weg des geringsten Widerstandes suchen. Durch Verinselung sind erfahrungsgemäß oftmals ganze Unterbodenbereiche noch nass, auch wenn die aus dem Unterboden ausströmende Luft als trocken zu bewerten ist (siehe Kapitel 3.3.2.).

Historisch bedingt hat man zunächst mit diffusionsoffenen Klebebändern und Mineralwolle experimentiert und die Randfugen überspannt bzw. „abgedichtet" (Führer, 2006). Diese Maßnahmen halten nur große partikelartige Strukturen zurück, womit keine vollständige Abtrennung einer belasteten Fußbodenkonstruktion erfolgt. Die nanopartikelartigen Kleinteilchen, gasförmige Stoffwechselprodukte oder Geruchsauffälligkeiten von Schimmelschäden werden dadurch aber nicht vor dem Eintritt in die Raumluft gehindert. Deswegen sind 1-stufige Filterlösungen für die Praxis abzulehnen und als fachlich falsch zu bewerten. Einen Vergleich zwischen verschiedenen Arten der Estrichfugengestaltung zeigt Abb. 6-11.

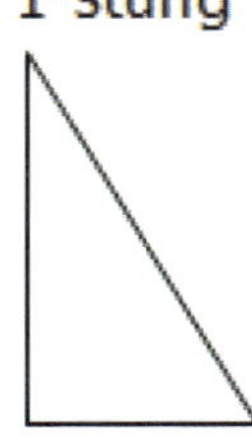

Abbildung 6-11: Verschiedene Arten einer diffusionsoffenen Estrichfugengestaltung – mit den weiß-schwarzen Dreieckssymbolen ist der (eher) gasförmige oder (eher) partikelartige Charakter der relevanten Stoffe symbolisiert (nach Führer, 2006)

6.2.4 Diffusionsoffene 2-stufige Randfugenausführung mit einem Partikel- und zusätzlichen Gasfilter bei Schäden an der Fußbodenkonstruktion

Eine Weiterentwicklung aus 1-stufigen Filtern und vermeintlich gasdichten Randfugen ist die diffusionsoffene Randfugengestaltung mit zwei Filterstufen:

1. Filterstufe, Adsorbens: Durch seine große innere Oberfläche werden gasförmige Emissionen incl. Geruchsstoffen vor dem Eindringen in die Raumluft zurückgehalten. Die Funktionsweise eines Adsorbens lässt sich folgendermaßen beschreiben: Wenn man sich das körnige Granulat als Fußball vorstellt, hat dieser zur Mitte hin innere Einbuchtungen und Kavernen. In diese lagern sich die aus dem Unterboden anströmenden Stoffe bzw. Moleküle ein und werden dort langzeitig gebunden. In Einzelversuchen wurden bisher mehr als zehn Jahre Dauerhaftigkeit in der Praxis bestätigt. Theoretische Überlegungen lassen den Schluss zu, dass im Rahmen der Lebenszyklen von schwimmend verlegten Estrichen die adsorbierende Wirkung für Stoffe aus dem Unterboden dauerhaft ist (u.a. weil im Vergleich zu Luftfiltergeräten nur geringe Luftströme aus dem Unterboden in die Randfuge gelangen).

2. Filterstufe, Feinstaubfilter: Durch Porengröße, Schichtdicke, Geometrie und eine durch die vorbeiströmende Luft erfolgende Ladungstrennung werden partikelartige Schimmelstrukturen an der Membran zurückgehalten, soweit sie nicht bereits in der 1. Filterstufe „hängen" bleiben.

Vorteile sind a) sofortige Umsetzbarkeit, b) keine Baustelle und c) kostengünstig im Vergleich zum Komplettausbau der Fußbodenkonstruktion incl. umfangreicher Feinreinigungsmaßnahmen.

6.2.4.1 Vorbereiten der Randfuge

Durch Entfernen des Randdämmstreifens lässt sich typischerweise die Randfuge sehr leicht für den Einbau eines 2-stufigen Estrichfugensystems vorbereiten (Abb. 6-12).

Abbildung 6-12: Freilegen der Randfuge bei einem schwimmend verlegten Estrich (Abbildung von der welindo GmbH gesunde innenräume zur Verfügung gestellt)

In älteren Gebäuden ist oftmals eine (zu) schmale und kaum bearbeitbare Randfuge vorhanden. In solchen Fällen besteht die Möglichkeit, mit einer „Randfugensäge" mit lokaler Absaugung die Randfuge zu eröffnen. Dabei kann die Fugengeometrie auf das einzubringende Estrichfugensystem in idealer Weise angepasst werden (Abb. 6-13).

Abbildung 6-13: Technische Aufweitung schmaler Randfugen mit lokaler Absaugung (Abbildung von der welindo GmbH gesunde innenräume zur Verfügung gestellt)

6.2.4.2 Das diffusionsoffene Estrichfugensystem SCHIMMELSTOPP

Durch ein 2-stufiges Filterkonzept (SCHIMMELSTOPP, europaweit patentiertes Verfahren) können sowohl gasförmige Emissionen als auch partikelartige Bestandteile von Schimmelpilzen und Bakterien aus dem Unterboden effektiv in den Randfugen zurückgehalten werden: Durch das Einbringen eines körnigen Adsorbens in die freigelegten und ausgeräumten Randfugen werden aus dem Unterboden stammende gasförmige Stoffwechselprodukte, Schimmelgerüche und Kleinpartikel gebunden (Abb. 6-14). Größere partikelartige Schimmelpilz- und Bakterien-Bestandteile wie Sporen und Zellwandbruchstücke werden durch ein Feinstaub-Filtergewebe zurückgehalten (Abb. 6-15). Dieses wird über die Fuge gespannt.

Abbildung 6-14: Mit dem schwarzen körnigen Adsorbens werden gasförmige Emissionen von Mikroorganismen aus der Fußbodenkonstruktion zurückgehalten (Abbildung von der welindo GmbH gesunde innenräume zur Verfügung gestellt)

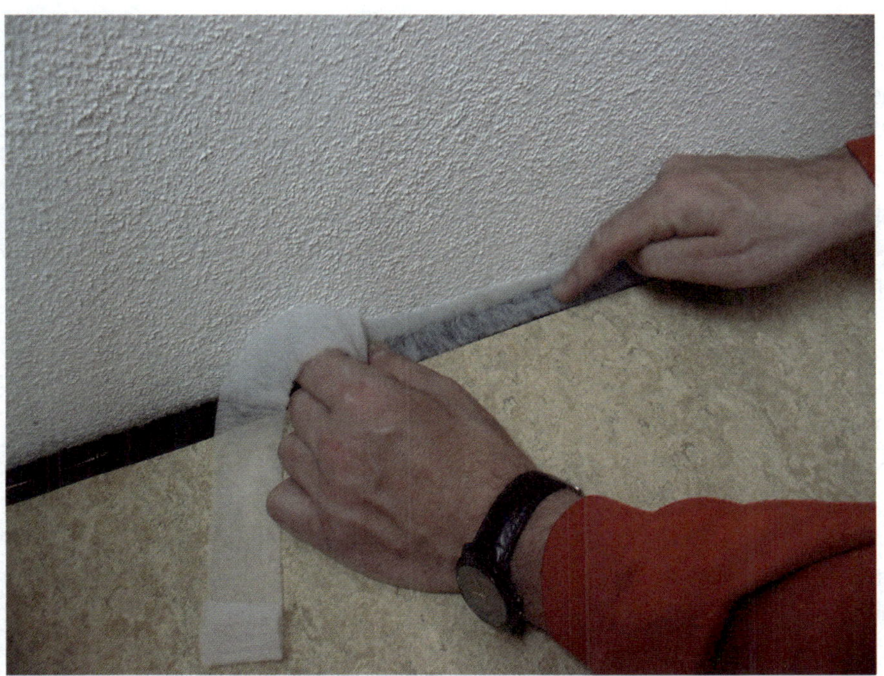

Abbildung 6-15: Die weiße Membran dient als Partikelfilter (Abbildung von der welindo GmbH gesunde innenräume zur Verfügung gestellt)

Über Wirkweise und Einsatzgebiet dieses Sanierungssystems wurde an verschiedenen Stellen berichtet (z.B. Führer, 2006; Führer & Gänsmantel, 2009; Führer, 2010; Lorenz, 2012). Nach mehr als zehn Jahren praktischen Einsatzes liegen vielfältige und äußerst positive Erfahrungen mit diesem eleganten und einfach zu verarbeitenden Sanierungssystem vor (Führer, 2016). Mittels einer gängigen Holzsockelleiste wird das Filtersystem abgedeckt und geschützt. Alternative Sockelleisten aus Metall oder anderen Materialien sind möglich.

Im Rahmen des Ausbaues des trennenden Randdämmstreifens könnten die schalldämmenden Trittschalleigenschaften beeinträchtigt werden. Aus diesem Grund wurden vor und nach Einbau des Estrichfugensystems die Schalleigenschaften in Räumen überprüft mit folgendem Ergebnis: Durch das Estrichfugensystem SCHIMMELSTOPP bleiben die schalldämmenden Eigenschaften der Randfuge erhalten, was sich mit einem gewissen „Stauchungsvermögen" des adsorbierenden Granulates erklären lässt. Beim Vorbereiten und Einbau des Filtersystems wurden und werden regelmäßig Schallbrücken durch Kleberreste oder Estrichreste in den Fugen beseitigt und die schalldämpfenden Eigenschaften der Randfuge tendenziell verbessert.

Besonders vorteilhaft ist diese alternative Sanierungslösung bei bestehenden Mietverhältnissen von Bürogebäuden und Wohnungen oder bei kommunalen Gebäuden (wie Schulen, Kindergärten und Verwaltungen), da einerseits kurzfristig ohne Nutzungsaussetzung eine „gesunde" Raumluft hergestellt werden kann und andererseits keine mikrobiell unbelastete Fußbodenkonstruktion geschuldet ist.

6.2.4.3 Beispiel: Wasserschaden in einer Arztpraxis

Nach einem Wasserschaden kam es im Winter 2005/2006 in der Arztpraxis zu Wasserhochzügen an Wänden, zu dumpf-muffigen Geruchsauffälligkeiten und Raumluftbelastungen mit Schimmelpilzsporen (Aspergillus versicolor). In der Fußbodenkonstruktion waren hohe Schimmelpilzkonzentrationen von über 10^5 KBE/g nachweisbar, die durch den Einbau von SCHIMMELSTOPP von der Raumluft abgetrennt wurden (Abb. 6-16).

Der Einbau des diffusionsoffenen Estrichfugensystems erfolgte nach Aufzeigen der Vor- und Nachteile aller Sanierungsmöglichkeiten auf Wunsch der Betroffenen. Der Komplettrückbau mit Auslagerung der Praxisräume hätte einen sehr großen Aufwand bedeutet. Unter zeitlichen und wirtschaftlichen Gesichtspunkten waren sowohl die Eigentümer des Gebäudes als auch die beteiligte Versicherung mit der gefundenen Lösung einer diffusionsoffenen Überarbeitung der Estrichfugen sehr zufrieden. Der Komplettrückbau der Fußbodenkonstruktion wäre mit einer mehrmonatigen Nutzungsaussetzung der Räumlichkeiten und einer wahrscheinlichen Aufgabe der Arztpraxis an diesem Standort einhergegangen.

Nach Einbau von SCHIMMELSTOPP und durchgeführter Feinreinigung erfolgte eine Überprüfung der Sanierungsmaßnahme (Abb. 6-17). Die Raumluft war geruchsneutral und wies im Gegensatz zu den Erstuntersuchungen vor Sanierungsbeginn keine Raumluftbelastungen mehr mit Sporen auf.

Abbildung 6-16: Einbau von SCHIMMELSTOPP in die Randfugen einer Arztpraxis nach Wasserschaden und Schimmelbildung in der Fußbodenkonstruktion (von der welindo GmbH gesunde innenräume zur Verfügung gestellt)

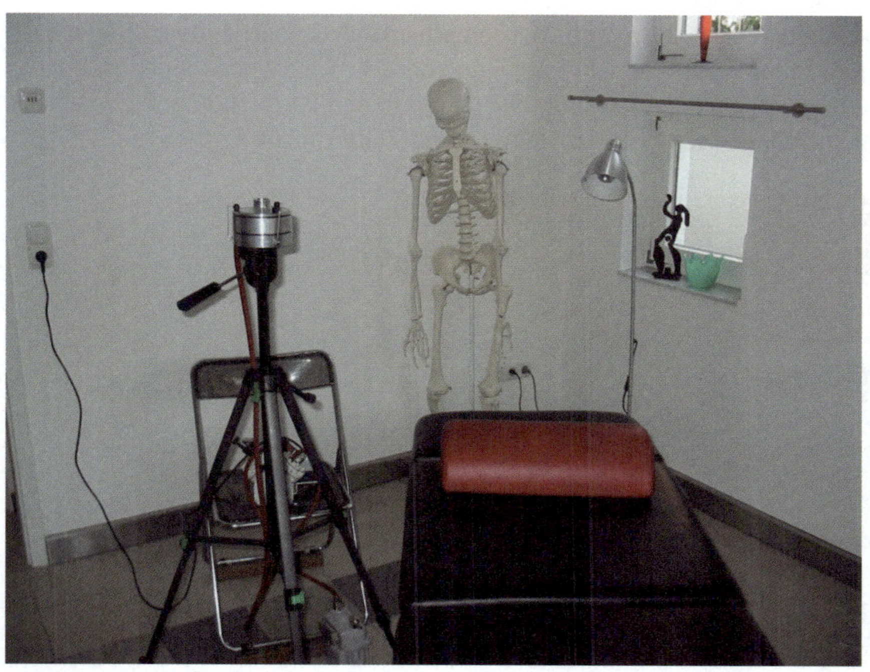

Abbildung 6-17: Überprüfung des Sanierungserfolges u.a. durch Messung von partikelartigen Sporen in der Raumluft

Im Jahr 2016 kam es in einem Teilbereich der Arztpraxis erneut zu einem Wasserschaden in der Fußbodenkonstruktion. Weil das Estrichfugensystem dabei teilweise durchfeuchtet und damit in seiner Funktion eingeschränkt wurde, erfolgte dessen Ersetzung. Die beteiligte Versicherung hatte keine Einwände gegen diese Form der Sanierung.

6.2.4.4 Beispiel: Abgetrockneter Altschaden in einem Schulgebäude

In dem im Jahr 1995 neu errichteten Schulgebäude kam es bei einigen Lehrkräften zu gesundheitlichen Beschwerden während der Unterrichtszeit bzw. der Aufenthaltsdauer in dem Gebäude. Zusätzlich wurde von überdurchschnittlichen Verhaltensauffälligkeiten bei Schülern während des Unterrichts berichtet.

Im Rahmen einer chemischen und mikrobiologischen Bestandsaufnahme wurden flächige mikrobielle Belastungen der Fußbodenkonstruktionen nachgewiesen (und hohe Formaldehydkonzentrationen in der Raumluft, siehe Kapitel 9.3.3.3.). Ein gut geschulter und regelmäßig überprüfter Schimmelspürhund („Messinstrument Schimmelspürhund") hatte zunächst zerstörungsfrei den Schimmelschaden in der Fußbodenkonstruktion erkannt. Zur Absicherung der Ergebnisse der Begehung mit einem Schimmelspürhund und zur Qualifizierung und Quantifizierung des mikrobiellen Schadens wurden zweckdienliche Materialproben stichprobenartig aus den markierten Bereichen der Fußbodenkonstruktionen des Gebäudes gewonnen und mit geeigneten mikrobiologischen Methoden auf Schimmelpilze und Bakterien untersucht.

Die nachgewiesenen Schimmelpilz- und Bakterienschäden sollten durch die bereits abgetrocknete Neubaufeuchte verursacht worden sein. Aus Kostengründen und um eine mehrmonatige Schließung der Schule zu vermeiden, entschied sich der Sachaufwandträger nach Abstimmung mit weiteren Behörden und den Eltern der schulpflichtigen Kinder gegen eine Komplettsanierung der Fußbodenkonstruktionen und für den kurzfristig umsetzbaren Einbau des diffusionsoffenen Estrichfugensystems SCHIMMELSTOPP (Abb. 6-18 und 6-19).

Abbildung 6-18: Einsatz von SCHIMMELSTOPP in den Randfugen einer Schule, weil diese Maßnahme kurzfristig und schnell umsetzbar war ohne Nutzungsaussetzung des Schulgebäudes (Abbildung von der welindo GmbH gesunde innenräume zur Verfügung gestellt)

Abbildung 6-19: Eine optisch ansprechende Sockelleiste verdeckt und schützt das Estrichfugensystem (Abbildung von der welindo GmbH gesunde innenräume zur Verfügung gestellt)

Nach Überarbeitung der Randfugen und einer Feinreinigung der Räumlichkeiten erfolgte die Überprüfung der Sanierungsmaßnahmen:

- Im gesamten Schulgebäude war von dem Schimmelspürhund kein relevantes Markierungsverhalten mehr erkennbar. Aus diesem Befund wurde abgeleitet, dass in der Fußbodenkonstruktion gebildete gasförmige Emissionen mikrobiellen Ursprungs durch das diffusionsoffene Estrichfugensystem zurückgehalten werden.
- In der Raumluft waren keine erhöhten oder hohen Schimmelpilz- und Bakteriensporenkonzentrationen nachweisbar, woraus geschlussfolgert wurde, dass das Eindringen von partikelartigen Bestandteilen aus der Fußbodenkonstruktion in die Raumluft mit dem Estrichfugensystem unterbunden wird. Auch wurde die Feinreinigung als erfolgreich durchgeführt bewertet und dementsprechend vom Auftraggeber abgenommen.

6.2.4.5 Beispiel: Gesundheitliche Beschwerden und Geruchsauffälligkeiten

Frau B. aus H. hatte massive gesundheitliche Beschwerden, die auch nach jahrelangen Arztbesuchen und vielen Therapieversuchen zu keiner Besserung der Symptomatik führten. Nach der Begehung des Wohnhauses mit einem gut geschulten und regelmäßig überprüften Schimmelspürhund incl. nachfolgend durchgeführten Raumluft- und Materialuntersuchungen stand Folgendes fest:

- In der Wohnung lagen verdeckte, nicht sichtbare Schimmelschäden vor in der Fußbodenkonstruktion unter schwimmend verlegten Estrichen (sichtbare, offenkundige Schimmelschäden waren nicht vorhanden).
- In den Dämmebenen der Fußbodenkonstruktionen war als Hauptkomponente der Schimmelpilz Aspergillus versicolor nachweisbar. Die Sporenkonzentrationen in der Raumluft entsprachen weitgehend den Außenluftkonzentrationen (Anmerkung: Der Schaden wäre bei alleiniger Anwendung von Sporenuntersuchungen in der Raumluft nicht nachweisbar gewesen).
- Als Feuchtigkeitsursache wurde Kondenswasserbildung durch ehemalige Wärmebrücken erkannt, die durch eine Außendämmung beseitigt worden waren.
- Der zunächst unerklärliche Geruch in der Wohnung (Geruchsqualität: Süßlich, stickig) war auf diese verdeckten Schimmelschäden zurückzuführen.

Nach dem Einbau des diffusionsoffenen Estrichfugensystems SCHIMMELSTOPP (Abb. 6-20 und 6-21) stellte sich eine weitgehende Geruchsneutralität der Raumluft ein und die massiven gesundheitlichen Beschwerden der Raumnutzerin gingen innerhalb kürzester Zeit deutlich zurück. Auch nach über 10-jährigem Einbau wurde kein Nachlassen der Filterwirkung auf der geruchlichen und gesundheitlichen Ebene gemeldet.

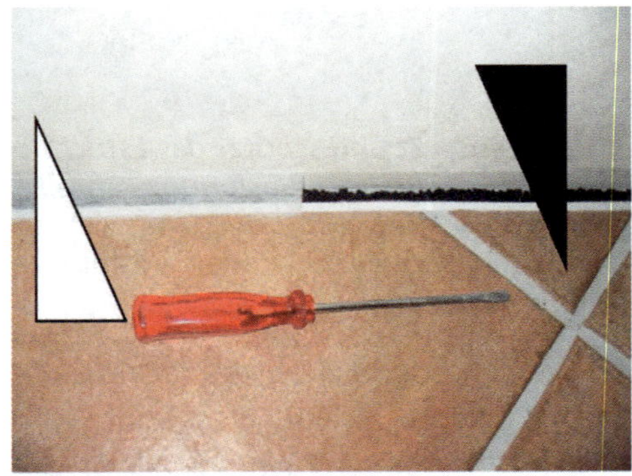

Abbildung 6-20 und 6-21: Der alleinige Einsatz von SCHIMMELSTOPP in den Randfugen einer Privatwohnung führte zur „Beseitigung" unerklärlicher Geruchsauffälligkeiten der Raumluft und zu einer deutlichen Verbesserung der gesundheitlichen Beschwerden der Raumnutzerin (schwarz: Adsorbens, weiß: Feinstaubfilter)

6.2.5 Das Differenzdruckverfahren bei mikrobiell belasteten Hohlräumen

Die Zurückhaltung von mikrobiellen Bestandteilen in Hohlraumkonstruktionen mittels Druckdifferenzen wurde ursprünglich eingesetzt, um Hohlraum- oder Doppelböden lufttechnisch von der Raumluft abzutrennen. Durch eine Weiterentwicklung und als Patent angemeldetes Verfahren sind aber auch Dachkonstruktionen und Ständerwände bis hin zu Leichtbauweisen mittels dieser Sanierungsmaßnahme möglich.

Bei mikrobiell belasteten Hohlraum- oder Doppelböden (siehe Abb. 6-22) ist die Überarbeitung der Randfugen mittels stofflicher Filtersysteme (wie oben beschreiben) aus nachvollziehbaren Gründen nicht zielführend.

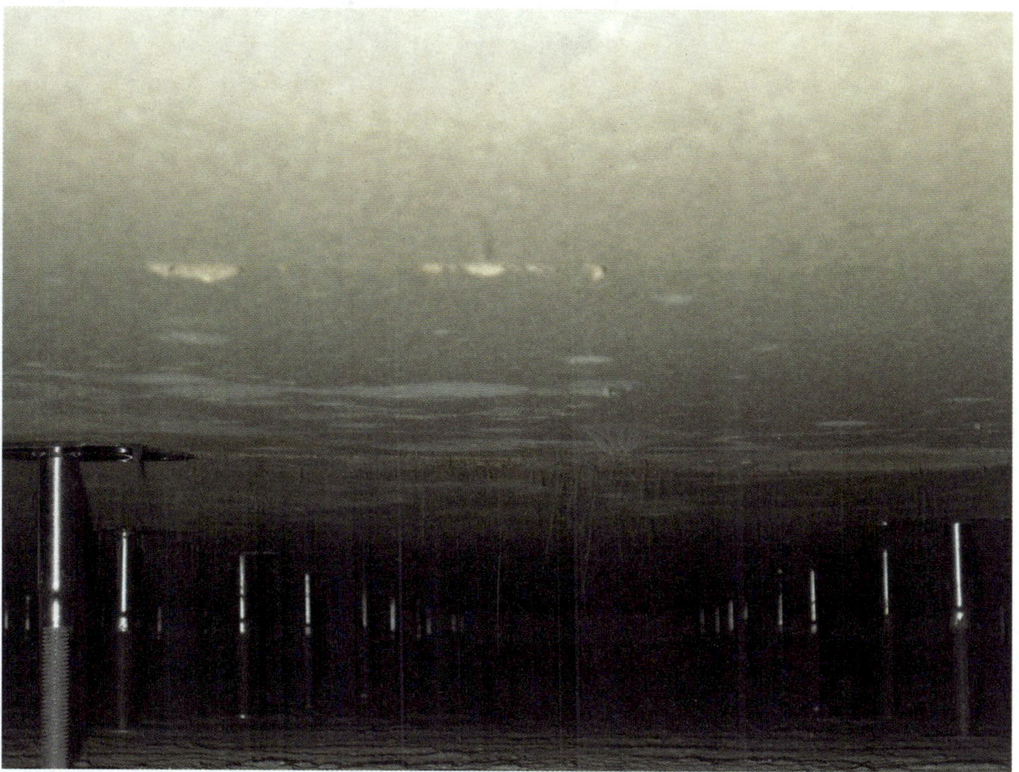

Abbildung 6-22: Mikrobiell belasteter Hohlraumboden (Abbildung von der DAMIAN WERNER GmbH zur Verfügung gestellt)

Alternativ kann durch den Aufbau von Druckdifferenzen in Bauteilen bzw. Hohlräumen ein Eindringen von unerwünschten Luftbestandteilen des Hohlraumbodens in die Raumluft verhindert werden: Durch ein kontinuierliches Absaugen von Luft aus dem mikrobiell belasteten Bauteil wird dort ein Unterdruck erzeugt, der sowohl gasförmige Emissionen als auch partikelartige Schimmelpilz- und Bakterienstrukturen zurückhält. Beispielhaft ist dies in Abb. 6-23 dargestellt.

Abbildung 6-23: Eine Unterdruckhaltung in einem Hohlraumboden der kontinuierlichen Luftabsaugung verhindert das Eindringen von mikrobiell verursachten Emissionen und partikelartigen Bestandteilen in die Raumluft

Die notwendigen luftfördernden und luftführenden Teile müssen an die benötigten Luftmengen angepasst werden und sind mit einer ggf. vorhandenen kontrollierten Be- und Entlüftungsanlage zu kombinieren oder mit dieser abzustimmen. Nach dem Verlegen der Komponenten der Differenzdruckhaltung in den Unterboden ist sie dann nicht mehr sichtbar und muss lediglich bezüglich ihrer Dauerhaftigkeit im Auge behalten werden. Dazu dienen kleine und jederzeit optisch kontrollierbare Federventile, die an den Ausströmöffnungen der Luft angebracht werden können.

Nicht nur in Fußbodenkonstruktionen, sondern für alle Hohlräume wie Dachdämmungen oder Ständerwandkonstruktionen geeignet ist das in der Patentierungsphase befindliche Verfahren mit dem Aufbau von bauteilspezifischen Druckdifferenzen. Dabei wird mittels Unterdruck und speziellen Schlauchperforierungen und Schlauchkonfigurationen verhindert, dass aus belasteten Ständerwand- und Dachkonstruktionen gasförmige Emissionen oder partikelartige Bestandteile mikrobiellen Ursprungs in die Raumluft gelangen.

6.2.6 Feinreinigung und Überprüfung des Sanierungserfolges

Schimmelpilzsporen, Myzelbruchstücke und weitere partikelartige Bestandteile können bei unsachgemäßen Renovierungsarbeiten in den Räumlichkeiten verstärkt freigesetzt werden. Unabhängig von dem jeweiligen Sanierungsverfahren ist im Rahmen von Sanierungsmaßnahmen deshalb auf staubarmes Arbeiten und auf Sekundärkontaminationen zu achten. Die einschlägigen Regeln und Vorschriften des Arbeitsschutzes sind zu beachten (z.B. Staubmaske, Handschuhe, Augenschutz). Der Arbeitsraum ist lufttechnisch von anderen Räumen abzutrennen. Es wird empfohlen, ein mit derartigen Sanierungen vertrautes Fachunternehmen einzuschalten.

6.2.6.1 Feinreinigung zur Beseitigung von Sekundärkontaminationen

Die eigentlichen Sanierungsarbeiten enden mit der Beseitigung der mikrobiellen Primärbelastungen oder mit deren fachgerechter Abtrennung von der Raumluft. Nach Abschluss der Sanierungsarbeiten ist zur Entfernung von Sekundärkontaminationen eine Feinreinigung in den Räumen durchzuführen. Gleichzeitig ist für einen hohen Luftwechsel mittels technischen Luftaustausches zu sorgen, um u.a. die bei den Reinigungsarbeiten freigesetzten partikelartigen Schimmelpilz- und Bakterienstrukturen wie Sporen und Zellwandbruchstücke aus der Raumluft zu entfernen. Bei den Reinigungsarbeiten muss darauf geachtet werden, dass gereinigte Bereiche nicht durch Verschleppung erneut belastet werden.

- Möbel und andere Gegenstände in (ehemals) schimmelbelasteten Räumen: Glatte Oberflächen können durch nebelfeuchtes Abwischen von staubartigen und im Staub angereicherten partikelartigen Schimmelbestandteilen einfach gereinigt werden. Dabei sind alle Oberflächen zu berücksichtigen. Mit einem Schuss Spülmittel im Wischwasser werden auch organische Reste erfasst und beseitigt (Desinfektionsmittel oder Biozide sind nicht nötig). Kleinteilige Materialien werden in der Spülmaschine gereinigt. Mit Pressluft sind beispielsweise weniger gut spülmaschinengängige Materialien entstaubbar.
- Offenporigen Materialien wie Vorhänge, Teppiche oder Polstermöbel sind häufig nur mit einem unverhältnismäßig hohen Aufwand von mikrobiellen Belastungen zu sanieren, sodass eine Neuanschaffung überlegenswert ist. Kleinere Teile und (bei Bedarf Wäsche) können durch Waschvorgänge „entschimmelt" werden.

6.2.6.2 Systematische Überprüfung des Sanierungserfolges

Zur Überprüfung des Sanierungserfolges ist nach Abschluss der Sanierungs- und Reinigungsarbeiten und möglichst vor Beginn des Neuaufbaues eine Kontrolluntersuchung auf Schimmelpilze und Bakterien durchzuführen. Mit diesem Ansatz wird gewährleistet und belegt, dass eine fachgerechte Sanierung stattgefunden hat oder dass Nacharbeiten notwendig sind. Entsprechende Grundlagen und Vorgaben finden sich u.a. in Schriften des Umweltbundesamtes und in der VDI-Richtlinie 4300, Blatt 10 (VDI, 2008).

Die Abnahme der Leistung der Schimmelsanierung sollte auf drei Ebenen stattfinden. Dabei wird davon ausgegangen, dass alle dem Schimmelschaden zugrunde liegenden Feuchteursachen erkannt und beseitigt wurden und keine relevante Restfeuchte mehr vorliegt (dies zu gewährleisten ist die Aufgabe der Bauberufe).

1. Sensorische Kontrolle mit stichprobenartiger Klärung mindestens der folgenden Fragen: Liegen Geruchsauffälligkeiten vor? Gibt es verfärbte Oberflächen mit Hinweis auf „Restschimmel"? Sind relevante Staubablagerungen vorhanden (in denen beispielsweise auch Sporen abgelagert sein können)? Die in den beiden Abb. 6-24 und 6-25 gezeigten Ver-

hältnisse nach einer Feinreinigung sind nicht akzeptabel und bedürfen Nacharbeiten, bevor überhaupt eine messtechnische Kontrolle stattfinden kann.

2. Überprüfung, dass tatsächlich alles belastete Material beseitigt oder fachgerecht von der Raumluft abgetrennt wurde. Dies kann über umfangreiche Oberflächenproben und nachfolgende Laborauswertung erfolgen. Eleganter ist die (erneute) Begehung mit einem Schimmelspürhund. Dieser darf kein relevantes Markierungsverhalten (mehr) zeigen. Besonders attraktiv und nachvollziehbar ist diese Methode, wenn sie mit einer Erstbegehung verglichen werden kann.
3. Raumluftuntersuchungen auf partikelartige Schimmelbestandteile (Sporen) zur Überprüfung, dass die Feinreinigung erfolgreich war (Anmerkung: Eventuell vorhandene gasförmige Emissionen wurden oder werden durch Lüften sowieso entfernt).

Abbildung 6-24: Nach einer fachgerechten Sanierung dürfen keine derartigen grau-schwarzen Verfärbungen mit schimmelartigen Strukturen mehr vorhanden sein (Ausnahme: Eine Schimmelbesiedelung wurde ausgeschlossen)

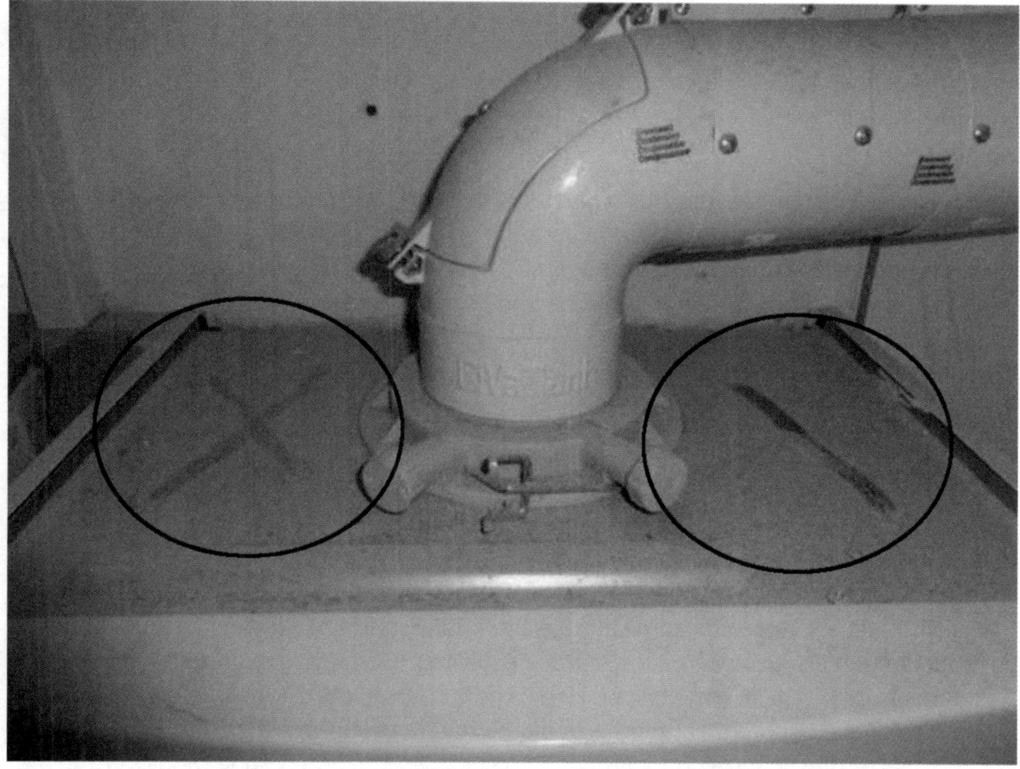

Abbildung 6-25: Vor einer messtechnischen Sanierungskontrolle sind alle Staubablagerungen auch auf schwer einsehbaren Flächen zu entfernen

Erst wenn (1) Sensorik, (2) Materialüberprüfung und (3) Luftmessungen ohne Beanstandungen sind, kann von einer fachgerechten Schimmelsanierung ausgegangen werden.

Wichtig ist bei der Vielzahl an Möglichkeiten für Falschsanierungen (siehe oben), dass nachweislich eine fachgerechte Sanierung stattgefunden hat. Letztendlich geht bei unklarem Sachverhalt ohne Überprüfung des Sanierungserfolges das Schimmelrisiko aus einer möglichen Falschsanierung auf den Bauherrn bzw. Eigentümer über – er übernimmt vom Sanierer (oder dem Planenden und/oder Bauleitenden) sozusagen die Katze im Sack mit allen einhergehenden „Neben- oder Nachwirkungen". Dazu gehört auch beim Verkauf der Wohnung oder des Gebäudes die Offenlegung eines ehemaligen Schimmelschadens, der bei dokumentierter fachgerechter Sanierung keine Diskussionen über Kaufpreisnachlässe nach sich zieht.

Eine Feinreinigung und Sanierungskontrolle sind auch deshalb zu empfehlen, weil sie zu einer fachgerechten Sanierung dazugehören und dementsprechend vom Schadensverursacher zu tragen sind.

6.2.6.3 Sanierungskontrolle nach WTA

Das neue WTA-Merkblatt „Ziele und Kontrolle von Schimmelpilzschadensanierungen in Innenräumen" beschreibt Sanierungsziele und deren fachgerechte Kontrolle (WTA, 2016).

Das Merkblatt ist nach eigener Angabe angelehnt an die Inhalte der Publikationen des Umweltbundesamtes (UBA) und der Berufsgenossenschaft der Bauwirtschaft (BG Bau). Bakterien und Fäkalschäden werden in dieser Schrift ausdrücklich nicht berücksichtigt. Der notwendige Handlungsfreiraum eines erfahrenen Sachverständigen soll nicht eingeschränkt werden.

Als ein Sanierungsziel wird ein Normalzustand definiert, bei dem bewachsene Materialien entfernt und möglicherweise kontaminierte Oberflächen so weit gereinigt werden, dass diese für den bestimmungsgemäßen Gebrauch geeignet sind. Für den langfristigen Erhalt des Sanierungszieles ist die bautechnische und bauphysikalische Ursache dauerhaft zu beheben. Als ein weiteres Sanierungsziel wird eine Abschottung angesprochen für den Fall, dass schimmelbewachsene Materialien nur mit sachverständig begründetem unverhältnismäßigem Aufwand entfernt werden können. Eine fachgerechte Abschottung muss dauerhaft partikeldicht und innerhalb der Abschottung nachhaltig und ausreichend trocken sein. Gasförmige Emissionen bleiben somit unberücksichtigt.

Als Methoden der Sanierungskontrolle ist eine Objektbegehung mit sensorischen Überprüfungen nötig und werden mikrobiologische Untersuchungen mit Materialprobenahmen und Raumluftmessungen im Sinne des Merkblattes möglich. Während Folienkontakt- und Materialproben als Verfahren zur Kontrolle einer Befallsentfernung dienen, sind Raumluftuntersuchungen als Verfahren zur Kontrolle einer Feinreinigung geeignet. Raumluftuntersuchungen setzen sich im Regelfall aus zwei Schritten zusammen: Mobilisierung und Probenahme der Gesamtsporen. Falls im Einzelfall Referenzmessungen als notwendig erachtet werden, wären drei Schritte nötig: Probenahme der Gesamtsporen ohne Mobilisierung (Referenzmessung), Mobilisierung und erneute Probenahme der Gesamtsporen.

Nicht berücksichtigt wurde in den Ausführungen u.a., welcher Anblasdruck für die Mobilisierung sinnvoll oder nötig ist, welcher Volumenstrom einzustellen wäre und ob der Luftstrom gebündelt oder breitgefächert auf die Oberflächen gelangen soll. Die Größe des Lüfters kann scheinbar frei gewählt werden von einem kleinen Akku-Lüfter bis hin zu einer großen Blower-Door-Maschine. Mit 1 bis 4 m/s ist eine sehr große Spanne der Luftgeschwindigkeit vorgegeben, womit insgesamt keine klare Definition der Rahmenbedingungen vorliegt. Schließlich wird nicht zwischen einem Rohbauzustand und möblierten Räumen unterschieden. Im Vergleich zu früheren Methoden bei einer Sanierungskontrolle werden keine kultivierbaren Sporen und keine Bakterien mehr berücksichtigt. Letztendlich soll mit Raumluftmessungen „nur" die Feinreinigung überprüft werden und keine Rückschlüsse auf mögliche weitere verdeckte Schimmelbelastungen erfolgen. Unklar bleibt deshalb bei dieser Vorgehensweise, wie nicht einsehbare Hohlräume und Dämmebenen kontrolliert werden sollen, vor allem wenn es sich um flächige Bauteile handelt, die mit einer oder wenigen Materialproben nicht sicher eingeschätzt werden können. Diese Frage ist deshalb so interessant, weil (wie in vorangegangenen Kapiteln aufgezeigt) unvollständige Sanierungen häufig vorkommen. Eine Sanierungskontrolle nach WTA gibt demnach keine Sicherheit, dass tatsächlich alle Schimmelbelastungen in der überprüften Raumeinheit vollständig beseitigt wurden.

6.3 Kosten für fachgerechte Schimmelsanierungen anhand von Beispielen

Die nachfolgenden Beispiele in Tab. 6-2 wurden in den letzten Jahren von Sachverständigen und Mitarbeitern des Sachverständigen-Instituts peridomus zusammen mit einem Netzwerk an Experten bearbeitet. Es ist eine kleine Auswahl aus vielzähligen und vielfältigen Projektarbeiten. Die Zahlen wurden von beteiligten Architekten, Bausachverständigen, beauftragten (Sanierungs-)Unternehmen oder Rechtsanwälten zur Verfügung gestellt. Details finden sich bei Führer, 2017.

Gebäude	**Schadensursache(n)**	**Kosten in € (Grobschätzung)**	**Anmerkungen**
Einfamilienhaus, bewohnt	Wasserschaden im Untergeschoss	**30.000**	Fußbodenkonstruktion wurde erneuert
Neues Wohnhaus, nicht bezogen	Bauablaufstörungen beim Neubau	**80.000**	Dach und die Fußbodenkonstruktionen in allen drei Geschossen erneuert
Eine Wohnung in Mehrfamilienwohnhaus	Bauablaufstörung bei Errichtung	**100.000 + Insolvenz des Bauträgers**	Alle Fußbodenkonstruktionen in einer Wohnung erneuert, mehrere/viele Wohnungen betroffen
Einfamilienhaus, gut ausgestattet	Wasserschaden, Bauablaufstörung, Undichtigkeiten	**150.000**	Alle Fußbodenkonstruktionen wurden erneuert
Einfamilienhaus, gut ausgestattet	Wasserschaden in zwei Geschossen	**180.000**	Betroffene Fußbodenkonstruktionen wurden erneuert
6-Familienwohnhaus, nicht bezogen	Bauablaufstörungen beim Neubau	**400.000**	Dach und alle Fußbodenkonstruktionen wurden erneuert
Fortbildungszentrum	Wasserschäden im Untergeschoss, dann in weiteren Geschossen	**≈1.200.000**	Schimmel war nur der Aufhänger: Brandschutz, Statik, Fassade, . . . waren mangelhaft, Gesamtschaden: 6.000.000

Gebäude	Schadensursache(n)	Kosten in € (Grobschätzung)	Anmerkungen
Bürokomplex	Verschiedenartige Wassereinträge in Untergeschoss	> **2.000.000**	Trotz jahrelangen Suchens nicht alle Feuchtigkeitsursachen eindeutig geklärt – deshalb Spurensuche beim Rückbau
Schulgebäude	Energetisch saniert ohne vorherige mikrobiologische Bestandsaufnahme	**6.000.000**	Kosten incl. der energetischen Sanierung: 13.000.000. Angabe des Sachaufwandträgers: Neubau: 10.000.000
Versorgungszentrum	Wasserschäden	> **10.000.000**	Das Wasser wurde horizontal im Geschoss und vertikal über Schächte in alle darunter liegenden Geschosse verteilt

Tabelle 6-2: Kosten für fachgerecht durchgeführte Sanierungen von Schimmelschäden in Beispielprojekten, die in den letzten Jahren am Sachverständigen Institut peridomus bearbeitet wurden (aus Führer, 2017)

In dieser Aufstellung nicht enthalten sind Rechtsanwalts-, Sachverständigen- und Gerichtskosten. Ebenso nicht enthalten sind merkantile Minderwerte, Schadensersatz, Mietausfälle und Schmerzensgeld. Die Übernahme der Schadens-/Sanierungskosten durch den Verursacher bzw. dessen Versicherung ist nicht immer leicht durchsetzbar. Wesentlich sind deshalb grundsätzlich gut dokumentierte und mit entsprechenden mikrobiologischen Untersuchungen belegte „Schadensbilder" incl. der zugrunde liegenden Bewertungsmethoden und Sanierungsempfehlungen.

6.3.1 Fallbeispiele

Um die Dramatik von fachgerechten Schimmelsanierungen aufzuzeigen, werden nachfolgend einige Beispiele präsentiert. Wie unschwer zu erahnen und zu erkennen ist, ziehen fachgerechte Sanierungen massive Eingriffe in die Bausubstanz nach sich, wobei neben den eigentlichen Bauarbeiten auch entsprechende Nutzungsaussetzungen und wirtschaftliche Folgeschäden zu bewältigen sind. An dieser Stelle sei betont, dass es sich dabei um keine Willkürakte mit Rückbauorgien handelt, sondern um Projekte mit haftungs- und versicherungsrechtlichen Hintergründen oder gesundheitsgefährdenden, nutzungseinschränkenden und/oder wertmindernden Schimmelschäden.

6.3.1.1 Bauablaufstörungen in einem neu errichteten Wohnhaus

Bei einem Neubau kommt es nicht auf den innenraumhygienischen Aspekt in der Raumluft an, i.e. wie viele Sporen zum Untersuchungszeitpunkt in der Raumluft vorliegen. Alleine ausschlaggebend sind (vorbehaltlich einer juristischen Prüfung) die Grundlagen des Werkvertragsrechts, womit (vereinfacht ausgedrückt) ein Haus ohne Schimmel bestellt und eines mit Schimmel geliefert wurde (Abb. 6-26, mit Schimmel belastete Hohlräume).

Abbildung 6-26: Vorwandinstallationen, Ständerwände und Fußbodenkonstruktionen sind bei Bauablaufstörungen häufig mikrobiell belastet

Wenn der ursprünglich „schimmelfreie" Zustand in dem Gebäude wieder erreicht werden soll, sind alle mit Schimmelpilzen oder Bakterien belasteten Bauteile bzw. alle Bauteile (in denen näherungsweise keine Hintergrundkonzentrationen vorliegen) durch „schimmelfreies" Material zu ersetzen. So sind typischerweise Hohlraumkonstruktionen wie Ständerwände, Vorwand- und Fußbodenkonstruktionen auszutauschen (Abb. 6-27).

Abbildung 6-27: Ein erneuter Rohbauzustand stellt sich ein nach erfolgtem Freilegen bzw. Rückbau von mikrobiell belasteten Hohlraumkonstruktionen

6.3.1.2 Verdeckter Schimmel in der Fußbodenkonstruktion einer Wohnung eines Mehrfamilienwohnhauses mit ca. 15 Wohnungen

In ihrer neuen und sehr hochwertig eingerichteten Eigentumswohnung (Abb. 6-28) klagten die Raumnutzer einige Zeit nach dem Einzug über gesundheitliche Beschwerden wie asthmatische Erkrankung. Sichtbare Schimmelschäden lagen nicht vor. Nach ersten Hinweisen wurde ein flächiger verdeckter Schimmelschaden in den Fußbodenkonstruktionen aller Räume der Wohnung durch mikrobiologische Untersuchungen belegt.

Abbildung 6-28: Monate nach Herstellung und Bezug wurde in der hochwertig ausgestatteten Wohnung ein Schimmelschaden in der Fußbodenkonstruktion nachgewiesen

Unklar blieb die Feuchteursache als Grundlage für die mikrobielle Aktivität. Nach einigen Ausschlussdiagnosen (wie z.B. keine bestimmungswidrige Wasserfreisetzung in der Wohnung und in benachbarten Wohnungen) führten Recherchen zur Klärung des Sachverhaltes: Der Bodenleger weigerte sich, auf den nicht belegreifen (sprich zu feuchten) Estrich sein Holzparkett zu verlegen. Daraufhin wurde – nicht nur in dieser Wohnung – auf die Estrichoberfläche ein Sperrgrund aufgebracht und der Bodenbelag verarbeitet.

Das noch immer im Estrich vorliegende Wasser konnte im Rahmen der Trocknungsvorgänge somit nur noch nach unten in die Dämmebene der Fußbodenkonstruktion entweichen. Irgendwann war dann die Dämmebene so weit aufgefeuchtet, um den nachgewiesenen Schimmelschaden zu verursachen. Parallel mit dem zunehmenden Wachstum von Mikroorganismen stellten sich Krankheitssymptome bei den Raumnutzern ein. Eine umfangreiche Sanierung mit dem Komplettrückbau der Fußbodenkonstruktion war die Folge (Abb. 6-29).

Abbildung 6-29: Zur fachgerechten Sanierung des Schimmelschadens war die komplette Fußbodenkonstruktion zu erneuern

Da der Schaden in der Gewährleistungsphase der Immobilie erkannt, belegt und zugeordnet werden konnte, wurde konsequenterweise der Bauträger in die Haftung genommen. Während der Sanierung der Wohnung meldete der Bauträger Insolvenz an, was unter wirtschaftlichen Gesichtspunkten für die Gesamtsituation einen gravierenden Einschnitt bedeutete. Zusammenfassend führt dieser Fall zu mehreren Erkenntnissen:

1. Ein Schimmelschaden ist nicht nur schlimm für Betroffene, sondern kostet ein Unternehmen auch viel Geld und kann im Extremfell zu dessen Auflösung führen.

2. Wegen der bei Schimmelschäden oft äußerst hohen Schadenssummen sollte (möglichst bereits bei der Vergabe) die Versicherung des Unternehmens geprüft bzw. dessen Solvenz geklärt werden.

3. Im konkreten Fall wird die Eigentümergemeinschaft für die im Gemeinschaftseigentum befindlichen (und bis zur Insolvenz noch nicht sanierten) Schäden an der Fußbodenkonstruktion aufkommen müssen.

6.3.1.3 Wasserschäden in Fußbodenkonstruktionen eines Bürogebäudes

Das relativ neue und wenige Jahre alte Gebäude war in voller Nutzung (siehe Abb. 6-29 und 6-31).

Abbildungen 6-30 und 6-31: Ein neues Bürogebäude, weitgehend ohne sichtbare Schimmelschäden, dafür aber mit verdeckten, nicht sichtbaren Schimmelbelastungen in den Fußbodenkonstruktionen

Mit einem Wassereintrag von außen in das Untergeschoss und nachfolgenden Wasserhochzügen in einem lokal begrenzten Bereich fing alles vergleichsweise harmlos an. Im Rahmen der mikrobiologischen Bestandsaufnahme zur Klärung des Umfanges und des Ausmaßes speziell verdeckter, nicht sichtbarer Schimmelschäden waren in allen vier Geschossen auf jeweils ca. 1.200 m^2 Geschossfläche mikrobielle Belastungen nachweisbar. An einigen Stellen in der Dämmebene der Fußbodenkonstruktion des wenige Jahre alten Gebäudes hatte sich bereits ein (mikro-)biologisches „Ökosystem" etabliert: Neben Staubläusen und Silberfischchen kamen auch Hundertfüßer vor, die sich als Räuber von vorgenannten Tieren ernähren.

Bei der Schimmelsanierung erfolgte eine begleitende „Spurensicherung" zur Klärung aller Feuchteursachen: Neben dem zunächst vermuteten ausschließlichen Wassereintrag von außen in das Untergeschoss waren Leitungswasserschäden vorhanden, die Außenfassade war undicht und das Dach hatte Leckagen und bauphysikalische Mängel in der Dämmebene, was jeweils zu Wassereinträgen in das Gebäude und zu nachfolgenden Schimmelschäden führte. Bei mehreren und sich u.U. überlappenden Feuchteeinträgen war die Zuordnung zu einem Schadensverursacher nicht immer leicht.

Unabhängig davon wurden an dem Gebäude zusätzliche Probleme erkannt, u.a. beim Brandschutz, bei der Fassadengestaltung und der Statik. Diese zu Beginn der Schimmelsanierung nicht erkennbaren Mängel mussten dementsprechend mitberücksichtigt und aufgearbeitet werden. Das Ergebnis waren jahrelange juristische Auseinandersetzungen und ein mehr oder weniger vollständiger Rückbau des in Nutzung befindlichen Gebäudes auf den Rohbauzustand (Abb. 6-32).

Abbildung 6-32: Verschiedene Feuchteschäden, bauphysikalische Mängel, unvollständiger Brandschutz und andere Unzulänglichkeiten der Baubeteiligten waren der Grund für eine Gebäudekomplettsanierung – Ausgangspunkt waren Schimmelschäden in Fußbodenkonstruktionen

Das Fazit (nicht nur) aus diesem Projekt:

1. Feuchte-/ Schimmelschäden werden häufig nicht vollständig erkannt und saniert.
2. Pfusch am Bau ist weit verbreitet.

6.3.2 Die Sanierung von Schimmelschäden in der Zukunft

Mit fachgerechten Schimmelsanierungen wirtschaftlich erfolgreich: Zusammenfassend gibt es viele Gründe, warum Falschsanierungen auftreten. Da (alleiniges) Reden und Aufklären seit Beginn des Erkennens der Schimmelproblematik vor ca. 20 Jahren wenig erfolgreich war, gehen die Autoren von folgender Einschätzung aus:

Erst wenn nach den Regeln der freien Marktwirtschaft sich (viele) Unternehmen finden, die mit fachgerechten Sanierungen wirtschaftlich erfolgreich sind, werden „Sanierungen der Sanierung" der Vergangenheit angehören und/oder wenn es bei den verursachenden Unternehmen zu drakonischen Strafen durch Staatsorgane kommt und/oder zu dramatischen Gewinneinbußen beim Aufdecken von Falschsanierungen. Die nachfolgende auf Konfuzius zurückgehende Weisheit ist übertragbar auf Schimmelschäden, wenn das Wort „Ziel" im Sinne von Vermeidung einer „Sanierung der Sanierung" gebraucht wird.

> Wer das Ziel kennt, kann entscheiden,
>
> wer entscheidet, findet Ruhe,
>
> wer Ruhe findet, ist sicher,
>
> wer sicher ist, kann überlegen,
>
> wer überlegt, kann verbessern.

Fachübergreifendes Arbeiten: Wegen komplexer Sachverhalte ist ein interdisziplinäres Vorgehen und Arbeiten bei Schimmelschäden zwingend nötig. Ein Fachbereich ist mittlerweile hoffnungslos überfordert, derartige Fragestellungen allein fachgerecht lösen zu wollen.

Fortbildung: Um ein fachgerechtes Arbeiten bei Schimmelschäden zu gewährleisten und um herauszufinden, wo sich bei den einzelnen Fachbereichen die Schnittstellen befinden, scheinen die bisherigen Ausbildungsbemühungen nicht ausgereicht zu haben. Vor diesem Hintergrund müssen in der (Gutachter-)Praxis erworbene Erfahrungen verstärkt in die Lehre eingebracht und vertiefende (Er-)Kenntnisse zum Wesen von Schimmelschäden vermittelt werden, um im Sinne von „fachgerecht" die bisherigen Anstrengungen verschiedener Wissensvermittler um wesentliche Sachverhalte zu ergänzen.

Die Schadensverhütung muss an Bedeutung gewinnen. Nicht umsonst haben sich unter dem Namen „Schadensprävention" (www.schadenspraevention.de) verschiedene Akteure zusammengefunden, um zukünftig bei Gebäuden (nicht nur im Bereich Schimmelschäden) vorbeugend tätig zu werden. (Falsch-)Sanierungen sind zu teuer und zu aufwändig und werden (absehbar) in der Zukunft noch teurer und noch aufwändiger werden. Deshalb sticht das Argument nicht, dass Prävention Geld kostet – vor allem, wenn dadurch große Schadenspotenziale bei Schimmelschäden eingespart werden. Was muss sich ändern, damit die

Vielzahl an Schimmelschäden drastisch reduziert werden kann? Mit dieser Frage beschäftigen sich die nachfolgenden Kapitel.

6.4 Methoden der Prävention vor dem Hintergrund von Kosten und Häufigkeit von Schimmelschäden

Die grundsätzliche Voraussetzung für Präventionsmaßnahmen besteht darin, Schimmel als Risikofaktor zu erkennen. Wegen der oftmals hohen Schadenssummen spielt die Schimmelvermeidung deshalb eine zentrale Rolle. Und wenn die ersten Bemühungen zur Bestimmung der Häufigkeit von Schimmelschäden in Wohnungen und Gebäuden nur näherungsweise stimmen, sind Schadenshöhen in unvorstellbaren Größenordnungen gegeben.

Durch Halbwissen, durch oberflächliches Arbeiten von vielen (Bau-)Sachverständigen und durch interessengeleitete Begutachtungen werden viele Schimmelschäden nicht erkannt oder in ihrem Umfang und Ausmaß unterschätzt. Zudem werden beharrlich und regelmäßig subjektive Einschätzungen und persönliche Meinungen über (fehlende?) Zahlen, Daten und Fakten gestellt.

Mittlerweile werden immer öfter verdeckte (nicht sichtbare) Schimmelschäden nicht nur erkannt, sondern von Versicherungen und Gerichten entsprechend anerkannt und reguliert. Die Hinweise verdichten sich, dass ein hoher Anteil des deutschen Gebäudebestandes einen relevanten Schimmelschaden hat, der die Raumluft und damit die Raumnutzer belastet. Betroffen sind primär die Hohlräume bzw. Dämmebenen von Dächern, Vorwandinstallationen, Ständerwänden und Fußbodenkonstruktionen. Hinsichtlich verschiedener Feuchteursachen ist es nicht immer leicht, den Verursacher des Schadens eindeutig zu benennen.

Ist ein Schimmelschaden erkannt, sind regelmäßig extreme Aufwendungen für dessen fachgerechte Sanierung nötig. Wegen dieser hohen Schadenspotenziale besteht ein „Muss" zur Prävention – und dies auf allen Ebenen: Von der Planung über die Ausführung und Bauleitung bis hin zur Aufklärung der Bauherren (i.e. im Hinblick auf ausreichende Trocknungszeiten kann kein Gebäude innerhalb von wenigen Monaten fertiggestellt und bezogen werden).

Fazit: Wir können es uns als Gesellschaft nicht mehr leisten, Schimmel-/Feuchteprävention bei unseren Gebäuden nicht zu leisten.

Vor diesem Hintergrund sind folgende prinzipiellen Methoden der Schimmelprävention möglich und nötig:

- **Integration der Schimmelthematik in die Hochschulausbildung und ganz allgemein in die Fortbildung der Bauschaffenden.** Aus der Nachbearbeitung des 6. Würzburger Schimmelpilz-Forums im Jahr 2016 hat sich ein interessanter Ansatz ergeben: Im Rahmen einer Sommerakademie bieten die drei Institutionen Donau-Universität Krems, Hochschule Mainz und Sachverständigen-Institut peridomus eine länder- und fachübergreifende Schimmelausbildung an. In den Lehrveranstaltungen der zwei einwöchigen Präsenzphasen werden theoretische und praktische Fertigkeiten incl. praxisnaher Vorgehensweisen vorgestellt.

- Zur Vermeidung vorhersehbarer Schimmelschäden ist ein **Feuchtemanagement** bei jeder Baumaßnahme nötig: Von der Planung über die Ausführung bis hin zur Nutzung muss sich eine Person verantwortlich mit dem Thema „Feuchtigkeit" beschäftigen und ggf. korrigierend in Planungs- und Bauabläufe eingreifen. Für andere Fachbereiche ist dies mit dem „SiGeKo" bereits umgesetzt.
- Ist das Problem der Schimmelbildung durch ungenügendes Feuchtemanagement und Fachwissen erst einmal akzeptiert, werden sich innovative Neuerungen quasi von selbst ergeben: Die **Entwicklung praxisnaher Denk- und Ausführungsmodelle** zur Vermeidung von Schimmel in Innenräumen incl. des Einbezugs von Innenraumhygiene beim Bauen ist dann nur noch eine Frage der Zeit.

6.4.1 Im Neubau und bei größeren Umbaumaßnahmen: Feuchtemanagement beherzigen

Während der Bauphase gelangt witterungsbedingt, materialbedingt und durch Unachtsamkeit Wasser und Feuchtigkeit in das Gebäude. Dies ist teilweise gewollt, beispielsweise als Anmachwasser von Mörteln und Putzen, und teilweise unvorhersehbar, z.B. durch Regen und Kondenswasserbildung. Prinzipiell ist auf jeder Baustelle eine Kombination verschiedener Wasser- und Feuchteeinträge vorhanden. Daraus ist zu schlussfolgern, dass in einer Vielzahl neu errichteter Gebäude bereits vor Nutzungsbeginn ein relevanter (häufig verdeckter, und zunächst nicht sichtbarer) Schimmelschaden vorliegt. Das haben die Erörterungen in den vorausgegangenen Kapiteln ergeben. Um aus dem schimmeligen Ist-Zustand den gewünschten und geschuldeten mikrobiell unbelasteten Soll-Zustand (wieder) zu erreichen, sind belastete Dach-, Wand- und Fußbodenkonstruktionen vollständig zu erneuern. Nachvollziehbar führt dies zu großen Aufwendungen und damit verbundenen extremen Zusatzkosten und Zeitverzögerungen. Die vorgenannten Beispiele und einschlägige Erfahrungen zeigen, dass Umfang und Höhe von Feuchte-/Schimmelschäden die wesentlichen Kosten- und Risikofaktoren sowohl bei der Errichtung eines Gebäudes als auch bei der Wohnungs- und Immobilienbewirtschaftung darstellen. Gerade für erfolgreiche Bestandshalter gilt es, den Zuzug von Schimmel dauerhaft zu verwehren (Führer, 2017).

Dazu sind verschiedene Maßnahmen nötig. Mittlerweile wurde dazu in der Gesamtsumme der Begriff „Feuchtemanagement" geprägt. Was ist darunter zu verstehen? Beispielhaft seien erwähnt (aus Wulfes, 2012, ergänzt und ohne Anspruch auf Vollständigkeit):

- Sichern der Baugrube gegen einfließendes Oberflächenwasser
- Vermeidung von „unnötigem" Wasser
- Schutz der (noch nicht verbauten) Baumaterialien vor Regenwasser
- Schutz der Baukonstruktion vor Regenwasser (Abdecken der Mauerkronen, Folienverschluss von Öffnungen auf den Witterungsseiten)
- Verhindern, dass Wasser aus einem Bauteil in andere, trockenere Bauteile gelangen kann
- Technische Trocknung, wenn „händisches Lüften" nicht ausreicht

- Längere Stand-/Trocknungszeiten einplanen
- Aufklärung betreiben

Frau Foitzik konkretisiert und unterteilt die Präventionsmaßnahmen für Neubauten und größere Umbau-/Modernisierungsmaßnahmen in zwei Teilaspekte (Foitzik, 2014):

1. Rohbauphase:
   1.1 (Roh-)Bau vor der Witterung schützen (Abb. 6-33)
   1.2 Nicht sofort verbaute Materialien trocken lagern (Abb. 6-34)
2. Ausbauphase
   2.1 Für ausreichende (Be-)Lüftung der Räume sorgen
   2.2 Mit technischer Unterstützung trocknen
   2.3 Generell sind die Herstellerangaben zu beachten
   2.4 Die Materialfeuchten des Rohbodens und des Mauerfußes sind zu kontrollieren
   2.5 Wassereinträge sind zu vermeiden
   2.6 Bei Wasserschäden SOFORT handeln
   2.7 Bauphysikalische Gegebenheiten beachten
   2.8 Auf die Auswahl der verwendeten Materialien achten

Abbildung 6-33: Feuchteschutz der Baustelle durch Abdeckung: Eine Durchfeuchtung von Bauteilen während der Bauphase wird verhindert

Abbildung 6-34: Feuchteschutz von Baumaterial durch Abdeckung: Eine von vielen einfachen Maßnahmen, um die Durchfeuchtung von Bauteilen während der Bauphase zu minimieren und damit Schimmelschäden vorzubeugen

Bei dem 7. Würzburger Schimmelpilz-Forum im Jahr 2017 waren Schimmelschäden und Methoden der Prävention das zentrale Thema. U.a. wurden bei diesem internationalen Fachkongress in einem Vortrag zehn Kriterien für die Schimmelprophylaxe in Planung und Ausführung vorgestellt (Buchner, 2017).

Feuchte-/Schimmelprävention während der Planung

1. Beachte die Regeln der Bauphysik
2. Beachte die Anwendbarkeit von Detaillösungen
3. Das richtige Material an der richtigen Stelle
4. Die Zukunft des Heizsystems
5. Ein erfolgsversprechendes Lüftungskonzept

Feuchte-/Schimmelprävention während der Ausführung

6. Klarheit der Schnittstellen
7. Örtliche Bauleitung als Qualitätskontrolle
8. Einhaltung von Trocknungszeiten

9. Sauberkeit auf der Baustelle, Bauhygiene
10. Feuchtigkeitsmanagement: Wenn Feuchtigkeit als Grundlage für Schimmelwachstum nicht zu vermeiden ist, reduziere sie. Ist auch das nicht möglich, beseitige sie umgehend.

Nach Buchner lassen nach wie vor viele Bauherren, Planer und Ausführende durch eine fehlende Risikoeinschätzung die Chancen fahrlässig aus, einfache und kostengünstige Präventivmaßnahmen umzusetzen. Im Anlassfall sind sie über das enorme gesundheitliche Risiko und das wirtschaftliche Schadensausmaß merklich überrascht. Zusammenfassend sind schimmelwidrige Materialien und schadenstolerante Konstruktionen zu bevorzugen. Praxisbeispiele mit Detaillösungen für Fußboden- und Dachkonstruktionen finden sich u.a. bei Riedl, 2013 und Riedl, 2014.

6.4.2 Ausmaß von Leitungswasserschäden und daraus resultierende Kostenextreme minimieren: Schottung von Fußbodenkonstruktionen, um flächige Schimmelschäden zu vermeiden

Überlegungen zur Minimierung von Leitungswasserschäden scheinen hinsichtlich der enormen Kostenpotenziale nötiger denn je zu sein. Wie in der Tabelle 6-2 für Wasserschadensfälle aufgezeigt, sind in Einzelfällen Millionenbeträge zur Schimmelbeseitigung nötig. Wie in Kapitel 3.3.1. beschrieben, werden jährlich Milliardenbeträge deutschlandweit für Sanierungen aufgewendet. Tendenz deutlich zunehmend, da bis heute viele Leitungswasserschäden nicht vollständig oder falsch saniert wurden (siehe Kapitel 6.1.). Wie dem auch sei: Prävention tut not, weil die Kosten unkalkulierbar in schwindelerregende Höhen führen können.

Gelangt Wasser in das Innere des Gebäudes oder wird durch eine Undichtigkeit von (ab-)wasserführenden Leitungen innerhalb des Gebäudes bestimmungswidrig freigesetzt, dann verteilt sich Wasser entsprechend der Schwerkraft von oben nach unten: Aus höheren Stockwerken in darunter liegende Geschosse und innerhalb eines Geschosses bzw. Raumes bis zu einer wasserundurchlässigen Sperrschicht. Diese ist in der Regel der Rohbeton unterhalb der Fußbodenkonstruktion. In der Dämmebene der Fußbodenkonstruktion muss es bei Wassereintritt nachfolgend zu einer flächigen Verteilung kommen, weil innerhalb eines Stockwerkes eine sich über alle Räume erstreckende zusammenhängende Bodenkonstruktion vorliegt (Abb. 6-35).

Wenn sich Wasser in flüssiger und gasförmiger Form flächig verteilt hat, entwickelt sich daraus zwangsweise ein Schimmel(folge)schaden, wie es in den vorausgehenden Kapiteln ausführlich dargestellt und diskutiert wurde. An dieser Stelle muss folgende Frage beantwortet werden: Wie kann bei der Neuerrichtung oder bei einer umfangreichen Sanierung eines Gebäudes ohne große Mehrkosten die räumliche Ausdehnung und der damit zusammenhängende Kostenfaktor von Leitungswasserschäden möglichst gering gehalten werden? Oder anders ausgedrückt: Wie lassen sich die Ausbreitung von Wasser und damit verbundene Schimmelschäden effektiv verhindern?

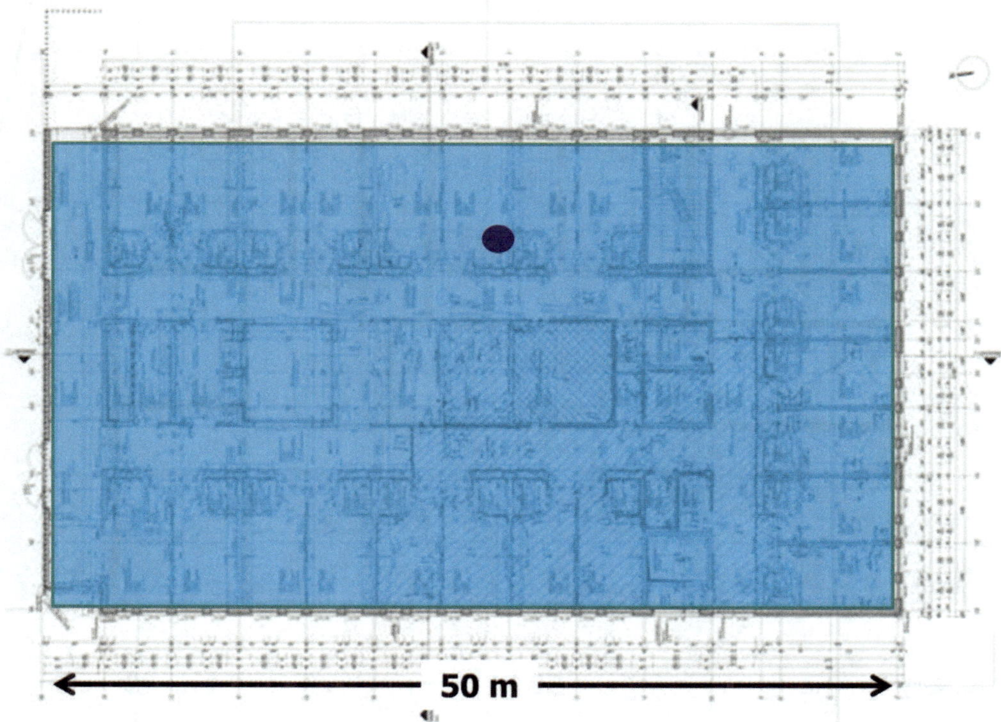

Abbildung 6-35: Bei Eintritt eines Wasserschadens (dunkelblauer Punkt) wird die gesamte Geschossfläche durchfeuchtet (Blaufärbung), da die Fußbodenkonstruktion sich über alle Räume erstreckt und sich das Wasser unkontrolliert ausbreitet

Die Lösung liegt in einer zum Patent eingereichten Erfindung, die sich an Schiffschotts anlehnt: Dringt Wasser über ein Leck in den Schiffskörper ein, läuft das betroffene Schott voll Wasser, ohne dass das gesamte Schiff in Mitleidenschaft gezogen wird. Übertragen auf Gebäude bedeutet dies, dass die Fußbodenkonstruktionen eines Geschosses raum- oder abschnittsweise in voneinander wasserdicht getrennte Teilvolumina unterteilt werden. Weiterhin sind besonders kritische Stellen, an denen ein Wassereinbruch mit höherer Wahrscheinlichkeit auftreten kann, mit einer Trennbarriere zu umgeben. Besonders zu berücksichtigende Bereiche sind Schächte mit (Ab-)Wasserleitungen, Nassräume, Küchen, Durchdringungen der Bodenplatte oder die Stelle, an der die Hauptwasserleitung in das Gebäude geführt wird.

Bestimmungswidrig freigesetztes oder von außen eingedrungenes Wasser verteilt sich vertikal über Schächte zwischen den Geschossen und horizontal innerhalb der Geschossflächen (siehe Kapitel 3.3.3. ff.). In Abhängigkeit von der Wassermenge werden nur ein Schott oder wenige Schotts in einem Geschoss oder in mehreren Geschossen betroffen sein. Unabhängig davon wird auf jeden Fall verhindert, dass die Wasserausbreitung unkontrolliert über weite Flächen stattfindet (siehe Abb. 6-36).

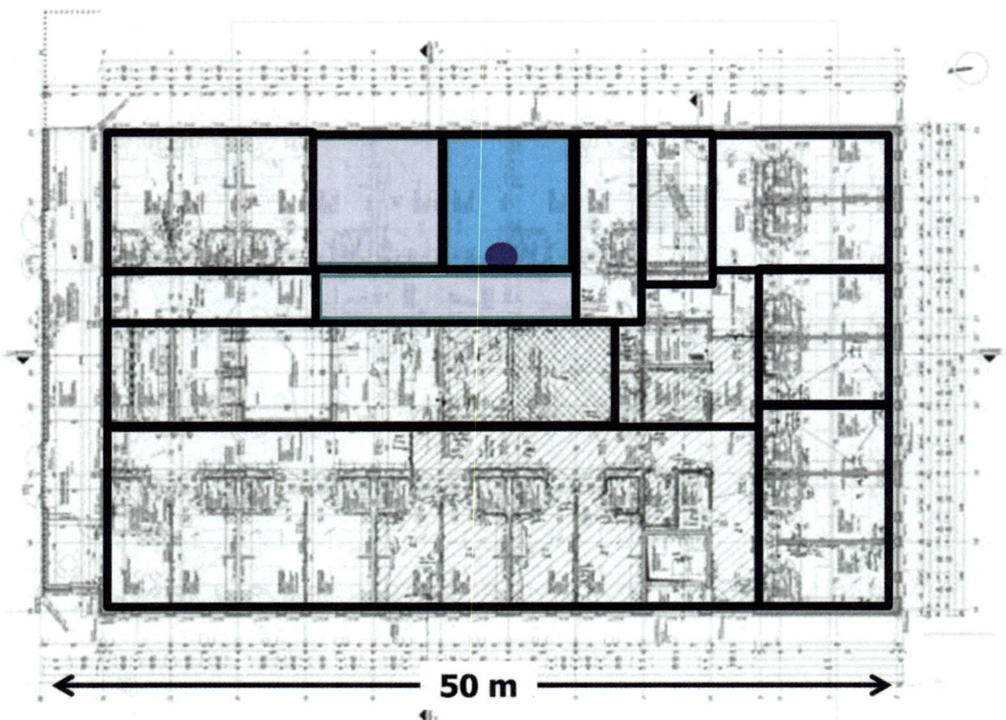

Abbildung 6-36: Durch sinnvolle Anordnung von Schottungsmaßnahmen kann ein Wassereintrag (blauer Punkt) auf eine räumlich kleine Fläche innerhalb eines Geschosses eingegrenzt werden (blaue Fläche), wobei je nach Wassermenge benachbarte Schotts (hellblaue Farbe) noch betroffen sein können – das Ausmaß von Wasserschäden und der direkt zusammenhängenden Schadensbeseitigungskosten reduzieren sich aber erheblich

Bei diesen Überlegungen muss berücksichtigt werden, dass auch die direkt auf dem Rohbeton aufsitzenden Mörtelfugen nicht immer wasserdicht sind. Deshalb sind hier u.U. entsprechende Anpassungen zur Ausführung einer wasserdichten Wanne nötig.

Wenn Wasser in ein Schott gelaufen ist, sollte sich bei einer bestimmten Wassermenge der Wasserschaden offenbaren, beispielsweise durch kapillare Wasserhochzüge an Wänden. Damit kann dann unverzüglich eingegriffen und die Feuchteursache beseitigt werden. Auch dadurch wird verhindert dass es zur Überflutung weiter Gebäudebereiche kommt. Kurzum: Mit der Erfindung werden bei unkontrollierter Wasserfreisetzung im Gebäude oder bei Einträgen in das Gebäude maximale Wasserschäden mit Schimmelfolgeschäden auf ein Minimum reduziert. Die Anzahl an Großschäden und die monetären Aufwendungen je Schadensfall sollten dann deutlich zurückgehen.

6.4.3 Präventive Fugenabdichtung für Schimmel unter Fußbodenkonstruktionen

Bei der heutigen schnellen und dichten Bauweise wird es immer schwieriger, entsprechende Trocknungszeiten einzuhalten. Schwimmend verlegte Estriche auf Basis von Fließestrichen müssten in wasserdichte Wannen verlegt werden, was in der Baupraxis schwierig zu gewährleisten ist (siehe Kapitel 3.2.2.6.). Wasserschäden im Neubaubereich seien an der Tagesordnung, so die Rückmeldung von Fachleuten auf eine entsprechende Frage. Zusätzlich kommt als eine wesentliche Komponente bei Neubauvorhaben der sorglose Umgang der Bauschaffenden mit Wasser dazu. Witterungsbedingte Feuchteeinträge tun ihr Übriges (siehe Kapitel 3.2.1.).

Bei einem Neubau wird ein schimmelfreies Gebäude bestellt und der Bauherr bekommt ein Gebäude mit Schimmel geliefert bzw. gebaut. Werkvertraglich ist das eine klare und eindeutige Sache: Der Auftragnehmer oder Architekt ist in der Haftung und beispielsweise zu Nachbesserungsmaßnahmen verpflichtet. Nach einem (Leitungs-)Wasserschaden ist der ehemalige mikrobiell unbelastete Zustand wieder herzustellen – so weit die Theorie. Und wie viele Schimmelschäden wurden nicht richtig saniert? Dazu kommt folgende Binsenweisheit: Recht haben und Recht bekommen sind aber u.U. zwei paar Stiefel.

Geht man an die Sache mit dem Schimmel in Innenräumen pragmatisch heran, dann muss von hohen Fallzahlen an Schimmelschäden in Fußbodenkonstruktionen ausgegangen werden. Zusätzlich kann hinsichtlich moderner, hochaufgerüsteter Gebäudetechnik immer irgendwo bestimmungswidrig Wasser austreten, wodurch es spätestens dann zu einem Schimmelschaden kommt. Bis zur Regulierung vergehen oft Monate, in denen die Raumluft beeinträchtigt wird.

Bei all diesen Unwägbarkeiten gibt es folgende Überlegung, auch weil die Raumnutzer manchmal ja nur gesünder wohnen wollen: Wenn ich als Bauherr schon nichts oder nur wenig an der bestehenden Baukultur (kurzfristig) ändern kann, sollte zumindest das Symptom „Schimmel unter dem Fußboden" nicht zu einem gesundheitlichen Problem werden.

Als Nachsorge nach einem Schimmelbefall werden partikelartige Bestandteile und gasförmige Emissionen mikrobiellen Ursprungs aus der Dämmebene der Fußbodenkonstruktion unter einem schwimmend verlegten Estrich in der Randfuge durch das 2-stufige Filtersystem SCHIMMELSTOPP abgefangen (siehe Kapitel 6.2.4.). Durch die Verwendung von diffusionsoffenen Materialien wird der Durchtritt von Wasserdampf erlaubt, sodass möglicherweise vorliegende (Rest-)Feuchte zeitabhängig „automatisch" austrocknen kann und parallel die mikrobielle Aktivität zurückgeht. Diese nachsorgende Maßnahme ist langzeitig erprobt und hat sich in der Praxis bewährt. Bis zu dessen Einbau werden die Bewohner aber schon einige Zeit der gesundheitsschädigenden Wirkung mikrobieller Bestandteile und Emissionen ausgesetzt. Unter Umständen sind sogar negative gesundheitliche Folgen aufgetreten, die zur Untersuchung und zum Nachweis des Schimmelbefalls Anlass gaben. Ein derartiges Beispiel findet sich in Kapitel 6.2.4.5.

Vor all diesen Hintergründen wurde ein einfacher und kostengünstiger Weg gefunden, wie sich negative Wirkungen eines entdeckten oder unentdeckten Schimmelbefalls in einer Fußbodenkonstruktion von vornherein vermeiden lassen. Gelöst wird diese Aufgabe durch eine Fußbodenkonstruktion, die über einen Randstreifen mit Filterfunktion verfügt, der gasförmige Emissionen und partikelartige Strukturen mikrobiellen Ursprungs sicher, langzeitig und zuverlässig von der Raumluft abhält (siehe Abb. 6-37).

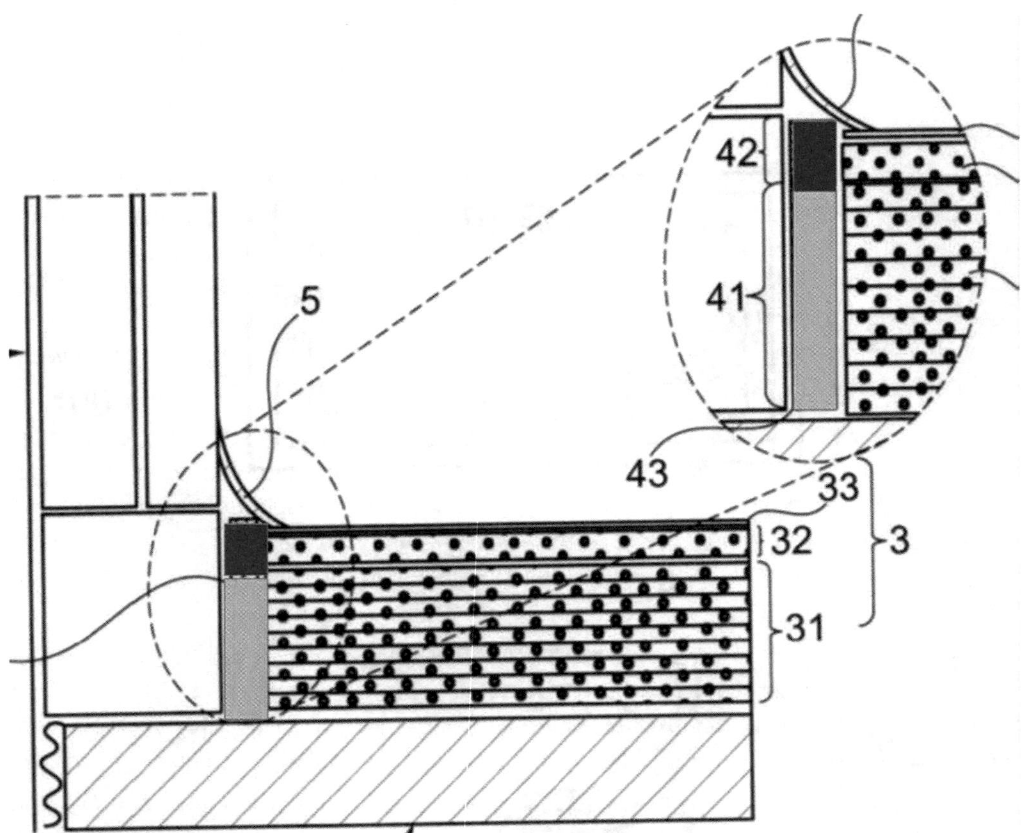

Abbildung 6-37: Die präventive Fugenabdichtung, um die Freisetzung von Schimmelschäden unter schwimmend verlegten Estrichen zu verhindern (hellblau: Filterstufe 1 für partikelartige Strukturen, blau: Filterstufe 2 für gasförmige Emissionen) – Auszug aus der Patentschrift

Die wesentliche Idee dabei ist, anstelle eines herkömmlichen Randstreifens aus grobporigem Schaum- oder Vliesstoff einen Randstreifen einzusetzen, der zusätzlich zur mechanischen Entkopplungsfunktion aus Schallschutzgründen auch eine 2-stufige Filterfunktion besitzt. Die Filterwirkung für den zwischen Unterboden und Raumluft stattfindenden Gas- und Luftaustausch wird durch eine entsprechende Materialauswahl erreicht. Die zum Patent angemeldete Erfindung hat folgende vielgestaltige Vorteile:

- Zunächst wird dank der Verwendung eines als Filter wirkenden Randdämmstreifens der Übertritt potenziell schädlicher partikelartiger Schimmelbestandteile (Filterstufe 1) und gasförmiger mikrobieller Emissionen (Filterstufe 2) in die Raumluft effektiv und nahezu vollständig unterbunden.
- Vorsorge statt Nachsorge: Bei der heutigen Bau- und Sanierungspraxis ist von sehr hohen Anteilen an schimmelbelasteten Fußbodenkonstruktionen auszugehen, weswegen präventive Maßnahmen in höchstem Maße angezeigt sind.
- Geringe Kosten im Vergleich zur Nachsorge: Die Mehrkosten beschränken sich im Wesentlichen auf die Differenz der Materialkosten zwischen Filter- und herkömmlichen

Randstreifen. Diese sind gering im Vergleich zu den Gesamtkosten der Fußbodenkonstruktion.

An dieser Stelle wird darauf hingewiesen, dass diese vorsorgende Maßnahme keine Beseitigung von Schimmel im Innenraum ersetzt. Die präventive Fugenabdichtung könnte nach einem später eintretenden Schimmelschaden aber als eine überbrückende Maßnahme gesehen werden, um gesundheitliche Gefährdungen bis zur Schadensbeseitigung zu minimieren.

7 Spezielle mikrobiologische Gesichtspunkte

Ist ein verdeckter (nicht sichtbarer) Schimmelschaden überhaupt für die Raumluft relevant oder ist es ein schlafendes Risiko? Wie sind die Schimmelschäden in Fußbodenkonstruktionen vor dem Hintergrund unterschiedlicher Fragestellungen zu bewerten? Und schließlich gilt es zu beleuchten, wie mit Schimmelschäden bei energetischen Sanierungen aktuell umgegangen wird und was diesbezüglich vielleicht auch unter Gesichtspunkten der Haftung und Gewährleistung überlegenswert wäre. Weiterhin lohnt ein Blick hinter die Kulissen, wie Unternehmen, Bauschaffende, Planer und Architekten derzeit mit Schimmel im Neubau und im Bestand umgehen.

7.1 Unsichtbare Gefahr und schlummernde Risiken

In der öffentlichen Wahrnehmung wird manchmal die Meinung vertreten, was ich nicht sehe, ist nicht. Eine andere häufig anzutreffende Einschätzung ist die, dass komplexe Sachverhalte gerne ausgeblendet werden – „der" Mensch mag es halt einfach. In diesem Zusammenhang kam in Fachkreisen und hier speziell bei Bausachverständigen erneut die Frage auf, ob denn tatsächlich ein verdeckter (nicht sichtbarer) Schimmelschaden unter einem schwimmend verlegten Estrich für die Raumluft relevant ist.

Manche Zeitgenossen bestreiten eine solche Relevanz und gehen davon aus, dass Schimmel unter dem Estrich kein Problem sei, weil der Schaden durch die Fußbodenkonstruktion quasi gekapselt ist. Um Licht in das Dunkel der Fußbodenkonstruktion zu bringen, werden verschiedene Belege aufgeführt, die in der Summe zu der Erkenntnis kommen, dass die Randfuge am Übergang vom Fußboden zur Wand eine Eintrittspforte für mikrobielle Belastungen aus der Dämmebene in die Raumluft ist.

Diese Erkenntnisse wurden bereits vor ca. zehn Jahren in einer Ausgabe des Gebäude Energieberaters aufgezeigt und diskutiert (Führer, 2008). Aus diesem Artikel werden die wesentlichen Sachverhalte wiedergegeben und durch aktuelle Gesichtspunkte ergänzt.

7.1.1 Wasser fließt nach unten

Nach unten fließendes Wasser ist eine physikalische Gesetzmäßigkeit. Dieser Sachverhalt führt dazu, dass bei Wasserschäden auf schwimmend verlegten Fußbodenkonstruktionen (mit Zement-, Bitumen-, Anhydrit-, Fließestrichen) Wasser von oben über die Randfuge am Übergang vom Fußboden zur Wand nach unten in die Dämmebene des Fußbodens gelangt.

- Was ist die Erkenntnis? Dies ist ein erstes hartes Argument, dass eine übliche Randfuge mindestens für Wasser nicht dicht ist.

Innerhalb weniger Tage führt Feuchtigkeit zu Schimmelpilzwachstum in der durchfeuchteten Dämmebene. Üblicherweise wird bei einem Wasserschaden angenommen, dass bei einer zeitnahen Trocknung dem Unterboden die Feuchtigkeit als Grundlage für eine mikrobielle Aktivität vollständig entzogen werden kann. Scheinbar belegt wird dies durch den Nachweis ausströmender trockener Luft aus der Dämmebene des Fußbodens. Wie neue Forschungserkenntnisse belegen (Gebauer, 2017), verbleibt aber Restfeuchte in der Fußbodenkonstruktion, wodurch es dort zu einem Schimmelschaden kommt. Dieser kann auch durch Kondenswasserbildung, Neubaufeuchte oder andere Feuchtereignisse hervorgerufen werden (siehe Kapitel 3), wobei aber falsches Heizungs- und Lüftungsverhalten durch die Nutzer bei Schimmelschäden in der Fußbodenkonstruktion nahezu auszuschließen ist.

7.1.2 Formen- und Strukturvielfalt von „Schimmel"

Entsprechend Kapitel 4.5 und der Abb. 4-1 sind bei Schimmelschäden verschiedenste gestaltbildende Strukturen und biochemische Parameter von Mikroorganismen zu berücksichtigen. Schließlich geht die Bildung von Schimmelpilzen und Bakterien mit Produktausscheidungen, Zerfalls- und Umbauprozessen einher. Nach Kapitel 4.5.3 kommt es bei Schimmelschäden zu einem Wachsen und Gedeihen incl. eines „Fressens" und „Gefressenwerdens", ohne dass detaillierte Kenntnisse über bauteilabhängige ökosystemare Einzelheiten vorliegen. Wesentlich und heute bereits in Grundzügen bekannt ist allerdings, dass das bei verdeckten (nicht sichtbaren) Schimmelschäden sich mikrobiologisch „Einstellende" einen mehr oder weniger gasförmigen oder partikelartigen Charakter hat.

- Was ist die Erkenntnis? Im Hinblick auf die Struktur- und Formenvielfalt treten bei Schimmelschäden unterschiedlichste Emissionen und Teilchen auf, die einen eher gasförmigen oder mehr partikelartigen Charakter haben und sich bezüglich ihrer physikalisch-chemischen und strömungsmechanischen Eigenschaften sehr stark voneinander unterscheiden.

7.1.3 Belastung der Raumluft in der Theorie . . .

Wäre der Unterboden ein abgeschlossenes System, würde sich darin je nach Intensität des Schimmelwachstums zeitabhängig eine Stoffkonzentration (bis hin zu einer Sättigungskonzentration) aufbauen. Dies gilt sowohl für freigesetzte gasförmige Schimmelemissionen als auch für partikelartige Schimmelbestandteile. Durch Konvektion oder Diffusion kommt es im Unterboden an Stellen mit mikrobieller Aktivität zum Abbau von lokalen Konzentrationsunterschieden bis hin zur vollständigen Durchmischung des abgeschlossenen Raumes. Dies sollte in der Dämmebene des Estrichs wegen der unterschiedlichen Größe der zugrunde liegenden Strukturen bei gasförmigen Schimmelemissionen schneller gehen als bei partikelartigen Schimmelbestandteilen. In der Folge baut sich eine stoffabhängige Konzentrationen auf, die auch temperaturabhängig ist (vergleichbar mit kochendem Wasser in einem Topf, bei dem der Deckel stellenweise angehoben werden kann). Ergibt sich im geschlossenen System ein Leck, würden die vorliegenden Stoffe freigesetzt und vom abgeschlossenen Unterboden in den Innenraum gelangen. Bei kleinen Öffnungen wäre dieser Vorgang vergleichbar mit einem platzenden Luftballon.

Die Dämmebene unterhalb eines Estrichs ist aber kein geschlossenes System: Freilich sollte das Estrichmaterial bei einem schwimmend verlegten Estrich eine Schimmelbelastung in der Dämmebene des Fußbodens in der Fläche von der Raumluft abtrennen. Über die Randfugen an der aufgehenden Wand steht der Unterboden aber mit der Raumluft in Verbindung. Eine Schimmelbelastung in der Dämmebene des Fußbodens führt demzufolge entsprechend den obigen Ausführungen zu einer Wanderungsbewegung von Orten hoher Konzentration (Schimmelquelle unter dem Estrich) hin zu Orten mit einer niedrigeren Konzentration

(Raumluft), wobei die Schimmelemissionen und -bestandteile stets den Weg des geringsten Widerstandes nehmen.

- Was ist die Erkenntnis? Es besteht immer das stoffliche Bestreben, von Orten hoher Konzentration zu Orten mit niedrigerer Konzentration zu wandern: Bei einem Schimmelschaden im Unterboden in Richtung Raumluft.

7.1.4 . . . und in der Praxis

Bei mehreren hundert MVOC-Messungen in Innenräumen ohne sichtbaren Schimmelbefall waren hohe Konzentrationen nachweisbar, die einen verdeckten (nicht sichtbaren) Schimmelschaden anzeigten. Nach räumlicher Eingrenzung erfolgten entsprechende Bauteilöffnungen, bei denen regelmäßig Schimmelschäden in Fußbodenkonstruktionen nachgewiesen wurden (über die Details dieser umfangreichen Untersuchungen wird an anderer Stelle berichtet werden). Aus diesen Befunden muss der Schluss gezogen werden, dass in der Fußbodenkonstruktion gebildete MVOC über die Randfuge in die Raumluft gelangen. Verschiedene parallel dazu durchgeführte Raumluftuntersuchungen aus Sporen zeigten im Gegensatz dazu regelmäßig keine erhöhten oder hohen Konzentrationen, womit bei alleiniger Überprüfung auf Sporenebene die verdeckten (nicht sichtbaren) Schimmelschäden in den Fußbodenkonstruktionen übersehen worden wären.

Bei orientierenden olfaktorischen Überprüfungen lassen sich auffällige Gerüche in der Raumluft oftmals dem Bereich der Randfugen zuordnen. Die Geruchsqualitäten sind dort oft dumpf-muffig und schimmelartig. Als eigentliche Geruchsquelle stellen sich am Ende typischerweise Schimmelschäden in vorliegenden Polystyrol-, Polyurethan- oder Mineralwolldämmungen unter dem schwimmend verlegten Estrich heraus. Mikrobiologische Untersuchungen bestätigen in der Regel eine mikrobielle Aktivität oder Belastung in den geruchsauffälligen Dämmmaterialien.

- Was ist die Erkenntnis? Über die undichten Randfugen gelangen (mindestens) geruchsaktive Stoffwechselprodukte von Mikroorganismen (MVOC) in die Raumluft.

Schimmelspürhunde erkennen durch ihren vielfach bessern Geruchssinn auch Konzentrationen an geruchsaktiven Verbindungen, die vom Menschen mit seinem Riechorgan nicht mehr wahrgenommen werden. Wenn Schimmelspürhunde an den Randfugen markieren, zeigen sie ein Freisetzen von Schimmelgerüchen an. Dieser Befund bedeutet, dass über die Randfugen entsprechende Stofflichkeiten aus dem Unterboden freigesetzt werden. Diese sind mikrobiellen Ursprungs und sollten der Gruppe der MVOC zuzuordnen sein. Immer häufiger werden Schimmelspürhunde nicht nur für die Entdeckung von Schimmelschäden, sondern auch für einen Teil der Sanierungskontrolle eingesetzt.

U.a. vor diesem Hintergrund wurden folgende Experimente durchgeführt: Unterschiedlich ausgestaltete Randfugen, über die die Geruchsauffälligkeiten aus dem Unterboden in die Raumluft gelangten, wurden freigelegt, ausgeräumt und mit einem gasbindenden Granulat (Adsorbens) verfüllt. Dieses Adsorptionsmittel hat unter anderem die Eigenschaft, MVOC und geruchsaktive Verbindungen von Schimmelpilzen und Bakterien zurückzuhalten. Bei der nachfolgenden „Geruchskontrolle" war in allen Fällen die Qualität der Raumluft weitgehend geruchsneutral; im Bereich der Randfuge verschwanden die dumpf-muffigen und schimmelpilzartigen Gerüche vollständig. Auch die auf derartige Gerüche bzw. MVOC trainierten Schimmelspürhunde zeigen nach der fachgerechten Fugensanierung kein relevantes Markierungsverhalten mehr.

- Was ist die Erkenntnis? Geruchsaktive Verbindungen und die von Schimmelspürhunden wahrnehmbaren Stoffe aus Unterbodenkonstruktionen können in den Randfugen wirkungsvoll von dem Eintreten in die Raumluft zurückgehalten werden.

Dazu muss man wissen: Geruchsbelastungen sind – unabhängig von der (bio-)chemischen Grundlage des Geruchs – ein innenraumhygienisches Problem, das im Extremfall krank machen kann. Nach einer fachgerechten Sanierung von Schimmelschäden im Unterboden besserten sich in mehreren Fällen die Beschwerden der betroffenen Personen deutlich bis hin zu einer vollständige Genesung. Wohlgemerkt: Die Beschwerden hatten sich eingestellt, ohne dass vor der Sanierung bei Raumluftuntersuchungen hohe Sporenkonzentrationen nachweisbar waren.

In der Regel sollten bei einem belasteten Unterboden aus chemisch-physikalischen und strömungsmechanischen Gründen mehr gasförmige Produkte und weniger partikelartige Bestandteile von Schimmelpilzen und Bakterien in der Raumluft nachweisbar sein. Wird nach einem Wasserschaden der Unterboden „blasend" getrocknet (wie dies früher häufig der Fall war), finden sich in der Raumluft hohe bis sehr hohe Werte von Schimmelbestandteilen, obwohl kein offensichtliches Schimmelwachstum in dem Raum zu erkennen ist. Ein Beispiel: Nach einer derartigen Trocknung waren von dem humanpathogenen Schimmelpilz Stachybotrys chartarum, der typischerweise große und schlecht flugfähige Sporen und mit Schleimhüllen umgebende Sporenpakete ausbildet, (sehr) hohe Raumluftkonzentrationen bis zu 270 KBE/m^3 in der Raumluft nachweisbar (Vergleichsmessung im Freiland: 0 KBE/g). Auch dies zeigt, dass Randfugen keineswegs dicht sind und u.U. sogar schwere und große Sporenpakete durchlassen.

- Was ist die Erkenntnis? In Abhängigkeit von den Umgebungsbedingungen (Stärke des Schimmelbefalls, vorhandene Randfugenmaterialien, Beschaffenheit der Fuge, . . .) können auch Sporen und andere partikelartige Bestandteile aus dem Unterboden über die Randfugen in die Raumluft gelangen.

Weiterhin muss man sich vor Augen halten, dass es in der Praxis kein absolut luftdichtes Gebäude gibt. Auch in der Dämmebene des Fußbodens können bei Geschossdecken im Bereich des Auflagers an Außenwänden, an Deckendurchdringungen oder an den Bodenanschlüssen von Türen oder Fenstertüren Undichtigkeiten auftreten, die eine Durchströmung des Unterbodens sowie eine Ein- beziehungsweise Ausströmung von Luft an den Randfugen begünstigen (Schwab, 2007).

- Fazit: In Abhängigkeit von Struktur, Form, Größe und physikalisch-chemischen incl. strömungsmechanischen Eigenschaften gelangen mehr oder weniger hohe Stoffkonzentrationen aus dem Unterboden durch die Randfuge in die Raumluft. Je kleiner und gasförmiger die Emissionen/Bestandteile sind, umso mobiler werden sie und umso einfacher können sie in die Raumluft gelangen.

Beim Begehen des Fußbodens wird dieser durch das Körpergewicht bei jedem Schritt (geringfügig um den Bruchteil eines Millimeters) zusammengedrückt und nachfolgend wieder entspannt. Dass ein schwimmend gelagerter Bodenaufbau beim Begehen zum Schwingen neigt, belegt zum Beispiel das Klappern des Geschirrs im Küchenschrank, wenn man dicht (aber berührungslos) daran vorbeigeht (Voraussetzung ist natürlich, dass der Bodenbelag fest mit dem Estrich verbunden ist). In einem Versuch konnte das „Schwingen" sehr gegenständlich demonstriert werden: Bei einem verklebten Fliesenbelag auf einem schwimmend verlegten Estrich wurde nach einer ca. 0,2 x 0,2 m großen Bauteilöffnung eine Aluminiumfolie über das Loch gespannt, an den Rändern mit Klebeband befestigt und damit bezüglich Luftströmen abgedichtet. Beim Begehen des Raumes kam es nachfolgend zu einem geräuschbegleiteten „Flattern" der Aluminiumfolie. Diese hat quasi als Membran gedient, die sich von der Belagoberfläche in den Raum gespannt hat und bei Entspannung nach unten gezogen wurde. Dieser Befund ist nur so erklärbar, dass durch Materialkompression und Entspannung eine anflutende und abebbende Druckwelle durch den Unterboden verläuft. Dabei wird die Unterbodenluft bei Kompression aus Hohlräumen gedrängt und bei Entspannung wieder in diese hineingesaugt. Da Luft (und alle darin enthaltenen Inhaltsstoffe) den Weg des geringsten Widerstandes geht, führt dieses als „Trampolin- oder Pumpeffekt" bezeichnete Phänomen zu einer Verteilung aller vorhandenen Strukturen und Gase im Unterboden. Derartige Druckwellen pflanzen sich räumlich fort und erreichen auch die Randfugen, an denen es letztendlich zur Freisetzung von mikrobiell erzeugten Gasen wie MVOC und Kleinstpartikeln kommt.

Baubiologen nutzen diesen Trampolin-/Pumpeffekt, um möglichst Sporen aus der Dämmebene der Fußbodenkonstruktion freizusetzen. Sie hüpfen auf dem Bodenbelag oder nehmen eine größeren bzw. schwereren Ball, bringen die Dämmebene damit in Schwingung und hoffen beim Komprimieren der Konstruktion auf ein Freisetzen der für sie gut nachweisbaren Sporen in der Raumluft.
Anmerkung 1: Viel einfacher gestaltet sich demgegenüber eine MVOC-Untersuchung. MVOC sind schadensabhängig auch ohne zirkusreif erzeugte Fußbodenschwingung in der Raumluft enthalten und messbar.
Anmerkung 2: Noch besser wäre natürlich gleich „den Stier bei den Hörnern zu packen" und am Ort des Geschehens in der Dämmebene des Fußbodens Materialproben zu gewinnen. Dazu muss man aber a) Wissen, wo man das Bauteil zielsicher öffnet, und b) ist dies ein Eingriff in die Bausubstanz, der nur ungern durchgeführt wird (aber aus Sicht der Autoren zwingend nötig ist, um eine Klärung der Situation herbeizuführen).

Ein weiterer Hinweis auf den Trampolin-/Pumpeffekt findet sich beispielsweise an den Randfugen von Teppichbodenbelägen, bei denen die Sockelleiste nicht mit dem Belag verbunden ist. Am Übergang beider Teile finden sich in manchen Fällen ölig-schmierige, grauschwarze Verfärbungen (Abb. 7-1). Dieser Feinstaub in der Art eines Fogging-Phänomens sollte sich dort infolge des saugend-blasenden Luftstroms abgelagert haben.

Abbildung 7-1: Ölig-schmierige, grau-schwarze Verfärbungen an der Sockelleiste geben Hinweise auf den Trampolin-/Pumpeffekt durch den Estrich, da durch das „Saugen" und „Blasen" Partikel als Schwarzstaub im Bereich der Randfuge auf dem Teppichboden abgelagert werden

Unabhängig davon ob ein Trampolin-/Pumpeffekt vorliegt oder nicht, führen Konzentrationsunterschiede zwischen Unterboden und Raumluft zu einer Stoffwanderung über die Randfuge. Bei dieser Wanderung werden primär gasförmige Emissionen und kleine mobile Bestandteile des Systems Schimmel in die Raumluft freigesetzt und verändern bzw. belasten somit die Raumluft.

Zusammenfasend besteht kein Zweifel, dass aus einer üblichen Randfugengestaltung gasförmige Schimmelpilz-/Bakterienemissionen und partikelartige Bestandteile mikrobiellen Ursprungs aus einer belasteten Dämmebene unter einem schwimmend verlegten Estrich über die Randfugen in die Raumluft gelangen. Diese Erkenntnis wurde augenzwinkernd in unten dargestellter Zeichnung umgesetzt.

Der in Abb. 7-2 gezeigte Schimmelgeist ist also keine Erfindung von übersensiblen Innenraumanalytikern, sondern ein reales, auch messbares Erlebnis, wenn das Wort „Schimmelgeist" durch die Messgröße „MVOC" ersetzt wird.

Abbildung 7-2: Aus einer belasteten Fußbodenkonstruktion wird der Schimmelgeist über die Randfugen freigesetzt (aus Führer, 2008)

7.1.5 Welche Konsequenzen entstehen aus der Freisetzung von Schimmel aus Fußbodenkonstruktionen?

Sobald die Ursachen erkannt und behoben sind, trocknet die Feuchtigkeit aus den Baumaterialien mehr oder weniger schnell aus. Sind Schimmelpilze und Bakterien nach Feuchteeinwirkung aber erst einmal gewachsen, werden diese durch den Trocknungsvorgang nicht beseitigt. Schlimmstenfalls werden die Zellen aufgebrochen mit der Folge einer Freisetzung von vielfach kleineren Zellbestandteilen, die die Randfuge besser passieren können im Vergleich zu mikrobiologischen Großstrukturen wie Sporen. Werden beim Aufbrechen der Zellen auch Toxine freigesetzt (wovon auszugehen ist), sollte dies in der Folge zu einer Erhöhung der gesundheitlichen Gefährdung führen.

Bei einem Schimmelpilz- oder Bakterienbefall in der Dämmung unter schwimmend verlegten Estrichen liegt deshalb eine innenraumhygienische Relevanz in dem betroffenen Raum oder Gebäude vor. Aus diesem Grund hat bereits im Jahr 2004 das Landesgesundheitsamt Baden-Württemberg empfohlen, mit Schimmel belastete Hohlräume beziehungsweise Dämmebenen unter schwimmend verlegten Estrichen zu sanieren (LGA, 2004). Die zunehmend luftdicht ausgeführten Gebäude begünstigen außerdem die Anreicherung der Raumluft mit partikelartigen Bestandteilen und/oder gasförmigen Emissionen von Schimmelpilzen und Bakterien, was die Gesundheitsgefährdung weiter erhöht.

- Fazit: Eine stoffliche Sanierung von eindeutig diagnostizierten Schimmelschäden in der Dämmebene des Unterbodens ist daher nicht nur aus werkvertraglichen und versicherungsrechtlichen Gründen, sondern auch unter innenraumhygienischen Gesichtspunkten und im Sinne einer gesundheitlichen Vorsorge zwingend geboten.

7.2 Energetische Sanierungen und Schimmel

Im Januar 2009 wurde von der damaligen Bundesregierung das Konjunkturpaket II beschlossen. Sein vollständiger Name lautete „Pakt für Beschäftigung und Stabilität in Deutschland zur Sicherung der Arbeitsplätze, Stärkung der Wachstumskräfte und Modernisierung des Landes". Bereits dieser ausführliche Name lässt erahnen, dass nicht (wie landläufig gemeint) die energetische Sanierung im Vordergrund stand, sondern andere Dinge wesentlich waren. Einen Investitionsschwerpunkt bildete der Bildungsbereich und hier insbesondere Kindergärten, Schulen und Hochschulen. Mit dem Maßnahmenpaket sollten auch Maßnahmen zur Verringerung der CO_2-Emission und der Steigerung der Energieeffizienz unterstützt werden. In manchen Kreisen wurde dieses missverstanden in Form von ausschließlichen Dämmmaßnahmen von Gebäuden.

7.2.1 Auftretende Probleme bei energetischen Sanierungen

Bereits frühzeitig wurde von Spezialisten gewarnt, dass ein mit der energetischen Sanierung einhergehendes Abdichten der Gebäude (zur Vermeidung von Lüftungswärmeverlusten) Auswirkungen auf der innenraumhygienischen Ebene habe: Möglicherweise vorhandene chemische Verbindungen und Emissionen von verdeckten (nicht sichtbaren) Schimmelschäden reichern sich in der Raumluft an und führen zu einer erhöhten Belastung der Raumnutzer (Abb. 7-3).

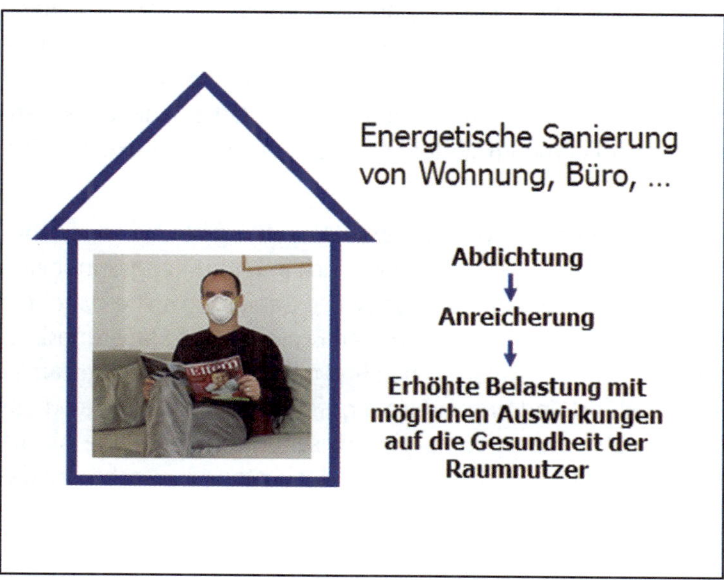

Abbildung 7-3: Energetische Sanierungen führen zu einer erhöhten Belastung mit möglichen Auswirkungen auf die Gesundheit

Im Nachgang kam es für viele zu überraschenden, eigentlich aber vorhersehbaren Ereignissen. Deshalb wundert es auch nicht, dass mahnende Stimmen bereits frühzeitig vor unreflektierten Dämmorgien warnten. Es gibt viele Ursachen für Schadfaktoren in Innenräumen. Fußbodenbeläge, Farben, Deckenpaneelen, Möbel etc. geben chemische Verbindungen an die Raumluft ab. Schimmelbelastungen werden typischerweise unterschätzt, da sie oftmals verdeckt oder nicht mit bloßem Auge erkennbar sind – sie spielen aber eine sehr große innenraumhygienische Rolle. Baufehler, Wärmebrücken (Kondensatbildung), mangelhafte Lüftungstechnik oder auch unzureichendes Lüften der Räumlichkeiten tun ihr Übriges.

Speziell durch das Abdichten von Schul-, Wohn- oder Büroräumen zur notwendigen und natürlich sinnvollen Energieeinsparung werden Schadstoffbelastungen in den Gebäuden angereichert, die zu einer erhöhten gesundheitlichen Belastung der Raumnutzer führen. Folgen der über die Atemluft aufgenommenen Schadstoffe können bei Schülern und Lehrkräften gleichermaßen vor allem Kopfschmerzen, Müdigkeit und mangelnde Konzentrationsfähigkeit sein. Doch auch erhöhte Infektneigung, Atemwegserkrankungen und Allergien bis hin zu asthma- und rheumaähnlichen Beschwerden können hervorgerufen werden. Zudem ist gesunde Raumluft die Basis für motiviertes Lehren und Lernen.

Lüftungsanlagen können nutzungsbedingte Feuchtigkeit als Grundlage für Schimmelwachstum abführen. Eine Schimmelbelastung in Innenräumen muss aber aktiv beseitigt oder fachgerecht von der Raumluft abgetrennt werden. Weiterhin muss gewährleistet sein, dass Lüftungsanlagen regelmäßig gewartet und nicht unkontrolliert z.B. wegen Kondensatbildung zu „Schimmelschleudern“ werden. Während leichtflüchtige organische Verbindungen wie Lösemittel durch Lüften vermindert werden, verbleiben schwerer flüchtige Komponenten wie Flammschutzmittel, Pyrethroide und PAK trotz Lüftungsanlage in den Räumen und belasten die Raumnutzer.

Nötig wären mikrobiologische und chemische Bestandsaufnahmen vor Maßnahmenbeginn zur Planungs- und Kostensicherheit. Gerade ältere Gebäude sollten daher vor den Renovierungsmaßnahmen auf Schadstoffe untersucht werden, denn oftmals werden bereits vorhandene Schadstoffbelastungen in Innenräumen erst durch energetische Sanierungen angereichert. Erneute Sanierungen und damit im Vorfeld nicht eingeplante Mehrkosten sind die Folge.

Energetische Sanierung ist wichtig – doch auch eine gesunde Umgebung ist für unsere Schüler wesentlich. Maßnahmen zum Energiesparen sind daher auch immer unter gesundheitlichen Gesichtspunkten durchzuführen. Vor einer energetischen Sanierung sollte daher die Raumluftqualität überprüft und somit einer unkalkulierbaren Explosion der Sanierungskosten vorgebeugt werden. Mit einer chemisch-analytischen und mikrobiologischen Bestandsaufnahme des Gebäudes lassen sich Art und Umfang einer ggf. nötigen Sanierung eingrenzen und eine einwandfreie Raumluft gewährleisten. Dass dieser vorausschauende Ansatz Fehlzeiten von Schülern und Lehrkräften verhindert, keine Folgekosten verursacht und damit letztendlich zu einer Kostenersparnis führt, belegen zahlreiche Beispiele.

7.2.2 Ein Praxisbeispiel

Im Rahmen eines Konjunkturprogrammes wurde ein Schulgebäude aus den 1970er Jahren mit ca. 6 Millionen Euro energetisch saniert. Im Rahmen von neuen Fenstern und einer Außendämmung wurde zur Energieeinsparung auch die Luftdichtheit des Gebäudes optimiert. Bereits während der Maßnahme kamen erste Klagen über Geruchsauffälligkeiten, und eine Lehrkraft berichtete über gesundheitliche Beschwerden in Fachräumen.

Eine deshalb durchgeführte mikrobiologische Bestandsaufnahme des Gebäudekomplexes erbrachte die Erkenntnis, dass an verschiedenen Stellen teilweise flächige verdeckte und zunächst nicht sichtbare Besiedelungen mit Mikroorganismen vorlagen. Betroffen waren im Wesentlichen Hohlräume hinter abgehängten Decken, Fußbodenkonstruktionen und das Flachdach. Bei der chemischen Bestandsaufnahme gab es Auffälligkeiten u.a. bei Formaldehyd und Flammschutzmitteln (Führer, 2010).

Primär wegen vorhandener Schimmelpilz- und Bakterienbelastungen wurde nach der energetischen Sanierung eine stoffliche Sanierung durchgeführt. Diese war ebenso kostenträchtig wie die energetische Ertüchtigung des Gebäudes. Eine zusammenfassende Darstellung findet sich in (Abb. 7-4).

Abbildung 7-4: Wenn energetische Sanierungen ohne vorherige Klärung der innenraumhygienischen Situation erfolgen, kann es zu Kostenexplosionen durch eine nachfolgende stoffliche Sanierung kommen

Von besonderem Interesse war in diesem Zusammenhang das Abschlussgespräch des betreuenden Schimmelsachverständigen mit dem politisch Verantwortlichen des Sachaufwandträgers, das sinngemäß wiedergegeben wird. Sachaufwandsträger: „6 Millionen hat die energetische Sanierung und 6 Millionen die nachgeschaltete stoffliche Sanierung gekostet. Für 10 Millionen (also 2 Millionen weniger) hätte ich aber ein neues Schulgebäude ohne Kompromisslösungen erhalten. Wieso haben Sie mir diese Schimmelschäden nicht im Vorfeld mitgeteilt?" Darauf der Sachverständige: „Weil mich in der Planungsphase niemand gefragt bzw. beauftragt hat."

Einige Zeit später erfolgt die Schlüsselübergabe an die Schulleitung durch Sachaufwandsträger und Architekt. Der Grundtenor ist folgender: Mit insgesamt ca. 13 Millionen Investitionssumme sei man im Rahmen der Kostenschätzung geblieben. Friede, Freude, Eierkuchen – nur der Eingeweihte fragt sich stirnrunzelnd, ob er hier im falschen Film sitzt. Und die Unwissenden klatschen Beifall, weil sie nicht wissen, was sie nicht wissen.

7.2.3 Kommunalinvestitionsprogramm KIP

Das Kommunalinvestitionsprogramm ist ein Förderprogramm zum Ausbau kommunaler Infrastruktur. Der Bund stellt insgesamt 3,5 Milliarden Euro zur Förderung finanzschwacher Gemeinden und Gemeindeverbände in den Jahren 2015 bis 2018 zur Verfügung.

- Und wieder steht die energetische Sanierung (diesmal von kommunalen Gebäuden und Einrichtungen) an erster Stelle.
- Und wieder erfolgt keine vorausschauende Planung.
- Und wieder bleiben innenraumhygienische und gesundheitliche Belange unberücksichtigt.
- Und wieder wird es extreme Folgekosten geben.
- Und wieder . . .

Als engagiertem Fachmann fehlen einem die Worte.

7.3 Eine nicht repräsentative Umfrage bei Planern und Architekten

Im Rahmen von Routinebesuchen sprach ein Bauingenieur im Jahr 2016 bei Planern und Architekten die Schimmelthematik an. Bei etwa 20 befragten Personen dieser nicht repräsentativen Umfrage erhielt er wiederkehrend sinngemäß folgende Antworten, aus denen sich ein gewisses Stimmungsbild ableiten lässt.

1. Wir hatten bisher keinen Schimmelschaden.
2. Wenn tatsächlich mal ein Schimmelschaden bei einem der erstellten Bauwerke innerhalb meiner Gewährleistung auftreten sollte, dann schauen wir mal.
3. Und wenn es dann wirklich kritisch werden sollte (im Sinne von Haftung), haben wir immer noch eine Architektenhaftpflichtversicherung.

Zu 1: Bei der Vielzahl an Feuchteursachen als Grundlage für mikrobielle Aktivität sprechen die aktuellen Erkenntnisse eindeutig gegen diese Aussage „wir hatten bisher keinen Schimmelschaden". Was gemeint sein könnte: Bisher wurde noch nie mit systematischen Untersuchungen nach einem verdeckten (nicht sichtbaren) Schimmelschaden gesucht.

Zu 2: Wenn damit das Gutbeten einer Schlechtleistung gemeint ist, dann hängt es nur vom Betroffenen ab, welche fachkompetenten und durchsetzungsstarken Fachsachverständigen und Baujuristen er sich ins Boot holt.

Zu 3: Sinngemäß dargestellt wird die Angabe eines Handlungsbevollmächtigten einer Versicherung: Bei der ersten Hälfte eines Doppelhauses gab es einen Schimmelschaden, der durch den Planer bzw. Bauleitenden verursacht und von der Versicherung reguliert wurde. Bei der zweiten Hälfte des Doppelhauses passierte der gleiche Fehler erneut. Hier überlegte der Versicherer, ob er wirklich in die Schadensregulierung im Rahmen der Haftpflichtversicherung einsteigen sollte. Abgesehen davon wird bei mehrmals auftretenden Schäden der verursachende Planer oder Architekt relativ schnell keinen Versicherungsschutz mehr erhalten, was gleichbedeutend mit dem Verlust des Arbeitsplatzes ist.

Unabhängig von dieser Umfrage wurde von einem Architekten folgende Frage in Zusammenhang mit Schimmel gestellt: „Sehr geehrter Herr XY, im Nachgang zu unserem kürzlich geführten Telefonat bleibt eine wichtige Frage bzgl. der Messung der Belastung nach Abschluss der Baumaßnahmen und vor Übergabe an die Bauherrschaft für mich offen: Ist diese ausschließlich durchzuführen, wenn ein Verdacht besteht bzw. von Anfang an Belastungen vorhanden waren oder ist eine Messung grundsätzlich durchzuführen (im Neubau als auch im Bestand). Wenn ja, auf welche gesetzliche Grundlage stützt sich dies?"

Die Antwort von Herrn XY lautete: „Sehr geehrter Herr ZZ, ich war der Meinung, dass Sie als Architekt dem Bauherrn gegenüber einen Erfolg schulden und das impliziert ein gesundes Gebäude. Wie Sie das umsetzen, liegt in Ihrer Hand. Aber ohne fachkundige Begleitung (vergleiche Statik, Haustechnik, . . .) werden Sie das bei der Komplexität des heutigen Wissens zur Schadstoffproblematik und Innenraumhygiene nicht erreichen – zumindest nicht geplant und sorgenfrei. Und: Dazulernen ist ja nicht verboten."

Unter dem Titel „Verdeckte Bauschäden erkennen" wurde über einen typischen Haftpflichtschaden eines Architekten berichtet (Schrader, 2017): Vor dem Kauf einer gebrauchten Immobilie und vor den folgenden umfangreichen Modernisierungsmaßnahme fand keine chemische und mikrobiologische Bestandsaufnahme der Räumlichkeiten statt. Belastete Bauteile wurden überbaut, was nach dem Erkennen dazu führte, dass der Einzugstermin unbekannt in die Zukunft verlegt werden musste und die Schadensbeseitigungskosten erheblich waren. Der Architekt wurde wegen fehlender Grundlagenermittlung auf Schadenersatz verklagt.

Zusammenfassend scheint der Berufsstand der Planer und Architekten für kleine Ursachen (das bisschen Wasser) und deren weitreichende Folgen weder sensibel noch über die Dimension innenraumhygienischer Konsequenzen sich bewusst zu sein. Ausnahmen bestätigen die Regel.

7.4 Ein Interview in der Süddeutschen Zeitung

Was in spezialisierten Fachkreisen seit längerem bekannt ist, scheint langsam auch in der breiten Öffentlichkeit wahrgenommen zu werden. Beispielhaft vorgestellt wird ein Interview, das einer der Autoren mit der Süddeutschen Zeitung (SZ) geführt hat. Erschienen ist der Text im Immobilienteil am 28. 7. 2017 unter der Überschrift „Schimmel im Neubau, die unterschätzte Gefahr". Die Interviewerin war Frau Marianne Körber.

„Schimmel ist nicht nur in alten Gemäuern ein Problem, sondern auch in Neubauten. In Deutschland könnte jedes zweite Gebäude einen relevanten Schimmelschaden haben, befürchten Experten. Einer von ihnen ist Gerhard Führer. Er ist Gründer und Leiter des Sachverständigen-Instituts Peridomus in Himmelstadt bei Würzburg und zählt europaweit zu den führenden Experten im Bereich der Schadstoffe in Innenräumen. Schimmel wird von vielen Bauschaffenden und auch von Gutachtern oft übersehen, meint Führer, den Schaden habe dann der Bauherr.

SZ: Herr Führer, wie groß ist das Schimmel-Problem in Neubauten?

Gerhard Führer: Groß. Bis März 2013 wurden bei Peridomus 72 Auftragsarbeiten zu Schimmel in Neubauten bearbeitet. Anlass für unsere Auftraggeber waren beispielsweise Geruchsauffälligkeiten, Feuchteanzeichen oder sichtbares Schimmelwachstum. Bei den untersuchten Projekten handelte es sich sowohl um Ein- und Mehrfamilienwohnhäuser als auch um öffentliche Gebäude und Bürokomplexe. Das Ergebnis war, dass in den meisten untersuchten Gebäuden große Schimmelschäden nachgewiesen wurden. Vor diesem Hintergrund wurde im Jahr 2014 im Rahmen einer Masterthesis an der Donau-Universität Krems in Österreich eine Risikoanalyse für Schimmel in Neubauten erstellt. Diese Studie kam zu dem Ergebnis, dass bei Neubauten eine erhöhte bis hohe Wahrscheinlichkeit für verdeckte, nicht sichtbare Feuchte- und Schimmelschäden besteht.

Wo treten die Schäden auf?

Überall da, wo Feuchtigkeit hingekommen ist und nicht schnell genug abtrocknen konnte. Beispielsweise werden bei einem massiv errichteten Einfamilienhaus, bestehend aus gemauerten Wänden, Zementputz, Kellerwänden und Geschossdecken aus Beton, etwa 10 000 Liter Wasser eingesetzt, das heißt in das Gebäude „eingebaut". Feuchtigkeit ist die Grundlage für jedes Schimmelwachstum. Neben sichtbaren Schäden können verdeckte, nicht sichtbare Schimmelschäden deshalb im Prinzip bei entsprechendem Feuchteaufkommen in allen nicht einsehbaren Hohlräumen und Dämmebenen auftreten. Bei gezielter Suche werden vor allem in Fußbodenkonstruktionen und benachbarten Wandfüßen Schimmelbesiedelungen gefunden. Betroffen sind auch Dachkonstruktionen, wenngleich nach unseren bisherigen Erkenntnissen die Schadenshäufigkeit dort weniger hoch ist.

Woran erkennt man die Schäden denn?

Es gibt verschiedene Verdachtsmomente: Typische dumpf-muffige Geruchsauffälligkeiten, Feuchteanzeichen an Wänden, Decken oder anderen Bauteiloberflächen als Hinweis auf eine prinzipiell zu hohe Feuchtigkeit im Gebäude, eine schnelle Bauzeit ohne ausreichende Trocknungszeiten, Winterbauten mit Kondenswasserbildung, ein Wasserschaden während der Bauzeit oder sichtbares Schimmelwachstum. Offensichtlicher Schimmel ist regelmäßig nur die Spitze des Eisberges und geht sehr häufig mit verdeckten, nicht sichtbaren Schimmelschäden einher.

Was sind die Ursachen?

Als ein Ergebnis der Studie zur Risikoanalyse für Schimmel in Neubauten wurden drei Hauptauslöser für Schimmelwachstum erkannt: Erstens der lockere und unbedachte Umgang der Bauschaffenden mit Wasser. Zweitens Witterungseinflüsse wie Regen und niedrige Temperaturen im Winterhalbjahr mit Kondensationsfeuchte wegen unvollständiger oder fehlender Luftdichtigkeitsebene oder Wärmedämmung. Und drittens Wasserfreisetzung durch Trocknungsprozesse von Putzen, Estrichen, Mörtel und Beton.

Und wer zahlt dafür?

Der Verursacher. Vereinfacht dargestellt bestellt der Bauherr ein „schimmelfreies" Gebäude und bekommt vom Bauträger oder Generalübernehmer einen Feuchte- oder Schimmelschaden geliefert.

Werkvertraglich ist dies ein eindeutiger Sachverhalt, der beispielsweise Nachbesserungsarbeiten zur Folge hat. Bei einem Architektenhaus muss bei einem verdeckten Schimmelschaden davon ausgegangen werden, dass unabhängig von handwerklichen Unzulänglichkeiten die Art und Weise der Bauleitung bzw. Bauüberwachung ungenügend war und damit Haftungs- und Gewährleistungsansprüche entstehen.

Was können private Bauherren tun, um solche Schäden zu verhindern?

Zunächst wäre ein Feuchtemanagement von dem ausführenden Unternehmen oder dem baubegleitenden Architekten zu fordern. Unnötige Feuchtigkeit sollte verhindert werden. So wären beispielsweise die Baugrube gegen Wassereinträge zu sichern, die Mauerkronen bei Regen und Schnee abzudecken und kein im Freiland gelagertes regennasses Material einzubauen. Benötigte Feuchtigkeit wie Anmachwasser von Putzen und Mörteln ist schnellstmöglich wieder aus dem Haus zu entfernen. Grundlage hierfür ist ein regelkonformes Bauen mit dem Einhalten von entsprechenden Trocknungszeiten, was gegebenenfalls durch technische Trocknung unterstützt werden kann. Hier ist auch der Bauherr gefordert: Im Hinblick auf ausreichende Trocknungszeiten kann kein Gebäude innerhalb von wenigen Monaten fertiggestellt und bezogen werden. Schließlich: Vertrauen ist gut, Kontrolle ist besser.

. . . kontrolliert wird ja auf vielfältige Art und Weise ...

Ohne entsprechende messtechnische Hilfsmittel sind „Neubauschäden" nicht zu erkennen. Allein durch einen sensorischen Eindruck verdeckte, nicht sichtbare Schimmelschäden ausschließen zu wollen, wie dies aktuell regelmäßig geschieht, grenzt an „Handauflegen" und „Kaffeesatzleserei".

Von bestimmten Kreisen gerne eingesetzte Raumluftuntersuchungen auf Schimmelsporen sind unzureichend, da mit dieser Methode häufig kein vorliegender verdeckter Schimmelschaden nachweisbar ist.

Was sollten Eigentümer also tun?

Letztendlich geht bei unklarem Sachverhalt das Schimmelrisiko bei der Abnahme auf den Bauherrn über – er übernimmt vom Hersteller oder vom Architekten bzw. beauftragten Unternehmen sozusagen die Katze im Sack mit allen einhergehenden „Neben- oder Nachwirkungen". Und weil diese bei fachgerechter Bearbeitung zu extremen Kosten führen, ist der Eigentümer gut beraten, wenn er verdeckte, nicht sichtbare Feuchte- oder Schimmelschäden im Rahmen der Abnahme nachweisen oder ausschließen lässt. Wenn sich dabei ein begründeter Schimmelverdacht ergibt, sollte keine Abnahme erfolgen, weil dabei dann die Beweislast umgekehrt wird. Im Schadensfall sind Rechts- und Beratungskosten vom Schadensverursacher zu tragen.

In neuen Wohnbauten gibt es nun Vorschriften für Lüftungssysteme – laut DIN-Verordnung 1946-6 ist seit 2009 ein Lüftungskonzept vorgeschrieben. Wie hilfreich ist das?

Ein optimiertes Lüften ist immer sinnvoll, um das Symptom „schlechte Luft" zu verbessern. Bei einem neu errichteten Gebäude kommt aber ein Lüftungssystem zu spät: Es geht erst in Betrieb, wenn die entsprechenden Luft führenden Systeme montiert und die Elektroinstallation in Betrieb gegangen ist. Zu diesem Zeitpunkt liegen aber typische Neubau-Schimmelschäden – sichtbar oder viel häufiger verdeckt in Hohlräumen – bereits vor.

Sind Altbauten denn „gesünder"?

Das kommt darauf an. In älteren Bestandsgebäuden kommen unter Umständen chemische Schadfaktoren aus der Erstellungszeit dazu. Beispielhaft erwähnt seinen PAK (polyzyklische aromatische Kohlenwasserstoffe) in Asphaltestrichen oder Fußbodenklebern, PCB (polychlorierte Biphenyle) in Fugenmassen oder Brandschutzanstrichen und Holzschutzmittelanstriche unter Einsatz von langzeitig gesundheitsrelevanten Insektiziden und Fungiziden. Auch waren alle Altbauten irgendwann einmal ein Neubau mit der geschilderten Neubauproblematik. Bei mehr als einer Million Wasserschäden pro Jahr in Deutschland ist ein Schimmelschaden im Bestand sehr wahrscheinlich. Und ob dieser fachgerecht saniert – also nicht nur getrocknet, sondern auch die gebildete Schimmelbiomasse beseitigt wurde, ist mindestens ungeklärt und hinsichtlich neuerer Erkenntnisse kritisch zu hinterfragen. Letztendlich ist ein Pauschales „Für" oder „Wider" einen Altbau nicht möglich. Jede Wohnung und jedes Haus hat seine eigene Charakteristik und ist unter innenraumhygienischen und damit gesundheitlichen Gesichtspunkten jeweils als Einzelfall zu behandeln.

Noch etwas?

Die Politik sollte Studien zur Charakterisierung von Wohnungen und Gebäuden unter innenraumhygienischen Gesichtspunkten fördern, um repräsentative Daten zu erhalten. Es besteht auch Forschungsbedarf zum Erkennen und zur Verbesserung der Innenraumsituation. Beispielsweise ist zu klären, ob das Auftreten von Zeigerorganismen bzw. tierische Bioindikatoren wie Silberfischchen, Staubläuse und Kellerasseln im Sinne eines einfachen und kostengünstigen „Vortestsystems" für Schimmelschäden genutzt werden kann. Diese Tierarten ernähren sich von Schimmel und leben in der gleichen feucht-warmen Wohnumwelt.

8 Biologisch-chemische Überschneidungen

Ein Schadfaktor kommt selten allein, und oftmals sind an einem Bauteil verschiedene Materialien mit unterschiedlichen Schadstoffmöglichkeiten gegeben. Bei vielen Materialien reicht der Nachweis eines Schadfaktors aus, um einen eindeutigen Befund im Sinne eines Sanierungsbedarfs zu erhalten. Wird aber ein unkritischer Befund bei Schadfaktor X erhalten, heißt das nicht, dass Schadfaktor Y ebenfalls unkritisch sein muss. Eine schadstoffübergreifende Gesamtbewertung wird bei derartigen Fällen benötigt. Ein weiterer interdisziplinärer Gesichtspunkt: Auch bei der Untersuchung von Schadfaktoren können mehrere naturwissenschaftliche Fachdisziplinen beteiligt sein.

8.1 Analytik und MVOC

Zum Erkennen eines verdeckten und u.U. bezüglich Sporen „nicht-sichtbaren" mikrobiellen Schadens kann die Raumluft auf gasförmige MVOC (Microbial Volatile Organic Compounds = Stoffwechselprodukte von Schimmelpilzen und Bakterien) getestet werden. Im Gegensatz zu Sporenuntersuchungen in der Raumluft sind bei MVOC-Untersuchungen keine Freilandvergleiche nötig, da in der Außenluft keine relevanten MVOC-Konzentrationen vorliegen. MVOC sind flüchtige organische Verbindungen, die teilweise geruchsaktiv sind. Höhere Konzentrationen der geruchsaktiven Verbindungen können vom menschlichen Geruchssinn wahrgenommen werden. Erhöhte bis hohe MVOC-Konzentrationen werden als Indikator für einen verdeckten, nicht sichtbaren mikrobiellen Befall gewertet. Unter dem Begriff MVOC werden unterschiedlichste Einzelverbindungen aus vielfältigen chemischen Verbindungsklassen zusammengefasst wie Aldehyde, Alkohole, Ketone, Ether, Ester, Terpene und Furane.

Bei der MVOC-Analytik werden diese durch Mikroorganismen erzeugten Stoffwechselprodukte auf ein Adsorbens gezogen bzw. an ein Medium angelagert und im Labor gaschromatografisch und massenspektrometrisch aufgearbeitet. Die bei diesen chemischen Nachweismethoden erhaltenen Konzentrationen werden auf einen Kubikmeter Luft bezogen und können dann mit vorhandenen Bewertungstableaus bewertet werden. Zu unterscheiden sind zwei Untersuchungsmethoden: Entweder ist Aktivkohle das Adsorbens, oder es werden sogenannte Tenax-Röhrchen mit einem speziellen Adsorbens eingesetzt (Abb. 8-1).

Die beiden Probenahmemethoden unterschieden sich hinsichtlich der Zeitdauer der Probenahme (Minuten bei der Tenax-Methode und Stunden bei der Aktivkohlemethode). Die an die Aktivkohle angelagerten Moleküle werden im Labor quasi abgewaschen (eluiert), und ein Teil der erhaltenen Lösung wird chemisch aufgearbeitet. Bei der Tenax-Methode wird das Probenahmeröhrchen erwärmt (thermisch desorbiert), wodurch die bei der Probenahme gesammelten Moleküle/Verbindungen wieder freigesetzt werden und der laborchemischen Auswertung zugänglich sind (Abb. 8-2).

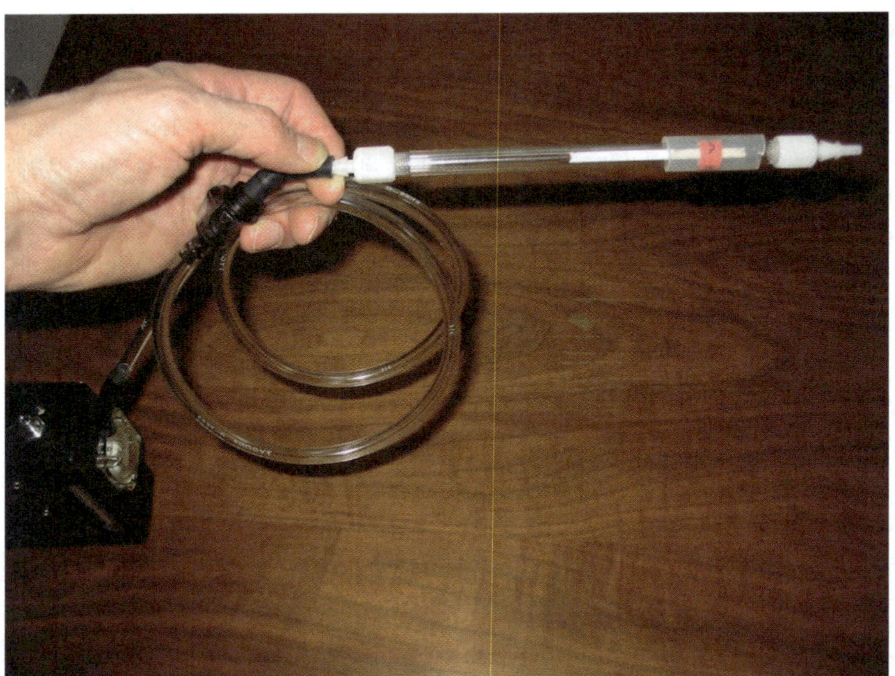

Abbildung 8-1: Tenax-Röhrchen zu Probenahme von MVOC in der Raumluft

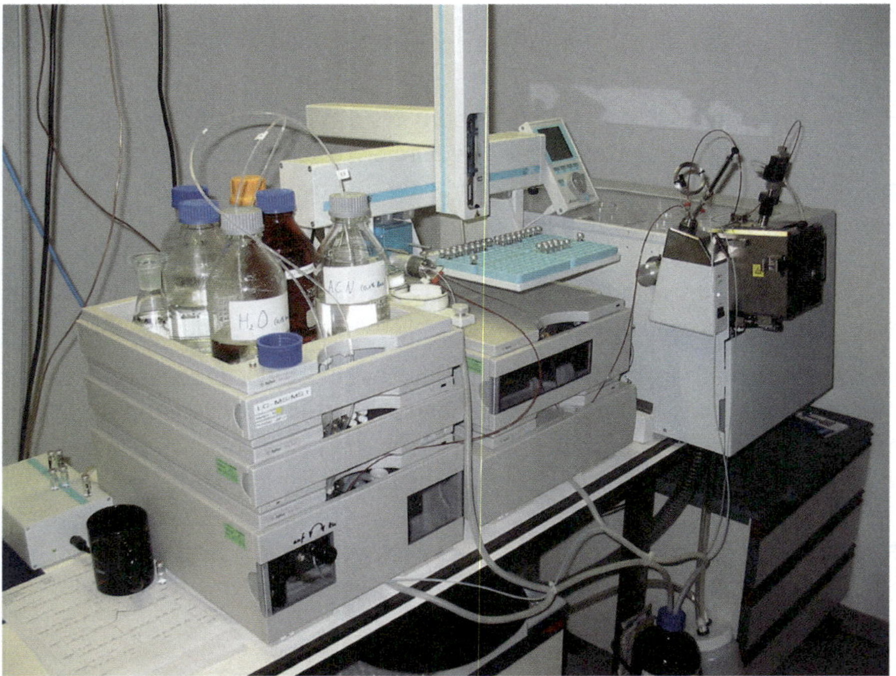

Abbildung 8-2: Standardisierte chemische Labormethoden zur Bestimmung von MVOC aus der Raumluft

Ein weiterer Unterschied zwischen den beiden Methoden besteht darin, dass durch die von der beladenen Aktivkohle gewonnene Lösung mehrere Einzeluntersuchungen möglich werden. Dagegen können die bei einem Tenax-Röhrchen adsorbierten Verbindungen nur ein einziges Mal freigesetzt und untersucht werden. Für den Praktiker ist dieser Unterschied unerheblich – sollte allerdings im Labor ein Fehler bei der Analyse auftreten, müsste die Raumluft bei der Tenax-Variante ein zweites Mal beprobt werden. Derartige Laborfehler treten allerdings nur äußerst selten auf, sodass dieser Unterschied vernachlässigbar erscheint.

Je nach eingesetzter Probenahme- und Untersuchungsmethode wurden entsprechende Bewertungsschemata erarbeitet, die sich aber nur geringfügig voneinander unterscheiden (Lorenz, 2001; Hankammer & Lorenz, 2007). In die Bewertung gehen Konzentrationen von Einzelverbindungen und Summenwerte von Haupt- und Nebenindikatoren ein. Im Ergebnis wird bei MVOC-Raumluftuntersuchungen nachgewiesen, dass ein verdeckter, nicht sichtbarer Schimmelpilz-/Bakterienschaden wenig wahrscheinlich, wahrscheinlich oder hoch wahrscheinlich ist.

Anmerkungen: Im Gegensatz zu partikelartigen Strukturen wie Sporen werden gasförmige Emissionen viel effektiver in der Raumluft verteilt, weswegen die Auswahl des Probenahmeortes weniger problematisch ist bzw. in einem Gebäude weniger Raumluftuntersuchungen im Vergleich zu Sporenuntersuchungen nötig sind. Zu den weiteren Vorteilen von MVOC-Messungen im Vergleich zu Sporenuntersuchungen in der Raumluft siehe Kapitel 5.2.2.

8.2 Verseifungsreaktionen nach Feuchteeintrag

Feuchtigkeit ist die Grundlage für jede mikrobielle Aktivität. Durch Feuchtigkeit kann es aber auch zu einer deutlichen Zunahme der Ausgasungsraten von flüchtigen organischen Verbindungen und Geruchsemissionen kommen. Zusätzlich kann Wasser (H_2O) aber auch chemische Reaktionen auslösen. Bekannt sind die Beispiele von Di(2-ethylhexyl)phthalat DEHP, Dibutylphthalat DBP und anderen. Derartige Verbindungen wurden und werden als Weichmacher primär in PVC (Polyvinylchlorid) eingesetzt, damit die Sprödigkeit des reinen PVC in eine gewünschte weiche Konsistenz überführt wird. Betroffen sind Teppichböden, PVC-Bodenbeläge, Vinyl-Tapeten und Kleber. Unter alkalischen Bedingungen erfolgt eine Zersetzung der Weichmacher unter Freisetzung von 2-Ethyl-1-hexanol (aus DEHP) und Butanolen (aus DBP). Diese können mit chemischer Routineanalytik in der Raumluft nachgewiesen werden.

Die Ursache von derartigen Schäden kann auf verschiedene Arten erfolgen:

- Bei PVC-Bodenbelägen und anderen PVC-Materialien mit phthalathaltigen Weichmachern als Inhaltsstoffen müssen saure Reinigungsmittel eingesetzt werden. Bei der Verwendung von basischen Reinigungsmitteln (Reinigungslaugen mit höherem pH-Wert) kommt es zu der oben beschriebenen Zersetzungsreaktion. Diese chemische Reaktion geht häufig mit intensiven süßlich-chemischen bis kunststoffartigen Geruchsqualitäten einher.

- Bei einer Feuchteeinwirkung in der Fußbodenkonstruktion durch Wärmebrücken (Kondenswasser), Hochwasser oder Leitungswasserschäden wird eine Zersetzungsreaktion der weichmacherhaltigen Inhaltsstoffe vom Typ Phthalsäureester erfolgen. Bodenbelag und/oder Kleber sind incl. der Raumluft stark geruchsauffällig mit einer süßlich-chemischen bis kunststoffartigen Geruchsqualität. Das Geruchsempfinden ist sehr unangenehm. Der parallel vorliegende Feuchte-/Schimmelschaden in den Dämmebenen der Fußbodenkonstruktionen und die damit häufig einhergehende typische dumpf-muffige bis schimmelartige Geruchsqualität wird dabei oftmals überlagert, ein Schimmelschaden damit sozusagen „überrochen".

Fallbeispiel: In einer mit PVC-Fußboden ausgestatteten Wohnung kam es zu starken Geruchsauffälligkeiten kurz nach dem Einbau des Bodenbelages. Grund war eine Verseifungsreaktion, deren Feuchteursache wegen unvollständiger innenraumanalytischer Bestandsaufnahme zunächst nicht eindeutig geklärt werden konnte bzw. durfte (wegen vermeintlich hoher Untersuchungskosten). Nach dem Einbau eines neuen, weitgehend geruchsneutralen PVC-Bodenbelages kam es trotz des Einsatzes eines sauren Reinigungsmittels erneut zu den bekannten Geruchsauffälligkeiten (Abb. 8-3).

Abbildung 8-3: Bei verlegten PVC-Fußbodenbelägen und Teppichböden auf PVC-Basis muss bei typischen süßlich-dumpfen, kunststoffartigen Geruchsqualitäten auch ein wahrschinlicher verdeckter Schimmelschaden mitbedacht werden

Erst nachdem durch ergänzende Untersuchungen zur Feuchteursache ein Schimmelschaden aufgedeckt wurde, war folgender Befund klar: Die Fußbodenkonstruktion war an einigen Stellen durch eine Wärmebrücke feuchtebelastet, hatte einen unentdeckten, bereits länger vorliegenden Schimmelschaden und führte zusätzlich zu der Verseifungsreaktion. In der Konsequenz wurde die gesamte Fußbodenkonstruktion erneuert und dabei auch die Feuchteursache mit beseitigt.

Die Kosten dieser Sanierung der Sanierung waren (im Nachgang betrachtet) deutlich höher im Vergleich zu einer einmal durchgeführten richtigen Sanierung. Die zugrunde liegenden Untersuchungskosten waren demgegenüber vernachlässigbar. Das anfängliche Sparen an vermeintlich hohen Untersuchungskosten wurde im Nachgang durch eine Sanierung der Sanierung teuer erkauft.

Was kann man aus dem Auftreten einer solchen charakteristischen süßlich-chemischen, kunststoffartigen Geruchsqualität in Innenräumen ableiten?

- Weichmacherhaltiges Material muss in der Wohnung vorliegen. Typischerweise sind PVC-Böden verlegt, u.U. sind aber auch andere PVC-haltige Materialien vorhanden.
- Es müssen basische (Bau-)Materialien wie Zementestrich oder Putzmittel vorhanden sein.
- Ein Feuchte- und Schimmelschaden ist sehr wahrscheinlich, wenn ein geruchsauslösendes (Boden-)Pflege- oder Reinigungsmittel ausgeschlossen werden kann.

8.3 Von Umbaumaßnahmen, Wasserschäden, Holzschutzmitteln und Mikroorganismen

Das Wohnhaus war ein ca. im Jahr 1976 in Massivbauweise errichtetes Gebäude. Etwa 30 Jahre später erfolgten umfangreiche Modernisierungsmaßnahmen. Dabei wurden im Vorfeld durch ein Drittunternehmen u. a. mikrobiologische Untersuchungen durchgeführt und deren Ergebnisse bei den Arbeiten berücksichtigt. Nach Angabe gab es Wassereinträge über das Dach bzw. die Dachentwässerung des Haupthauses in die Flachdach- und Deckenkonstruktion des direkt anschließenden Anbaus im Erdgeschoss. Der Hausherr hatte nach eigenen Angaben gesundheitliche Beschwerden wie asthmaähnliche Symptome und Neurodermitis. Er war diesbezüglich in ärztlicher Behandlung. Die Beschwerden besserten sich bei Aufenthalten außer Haus und im Urlaub deutlich und stellten sich nach der Rückkehr erneut ein.

8.3.1 Modernisierungsmaßnahmen und Wasserschaden im Anbau

Wegen eines eingetretenen Wasserschadens am Dachübergang vom Bestandsgebäude zum Anbau erfolgten verschiedene mikrobiologische Untersuchungen. Materialuntersuchungen bestätigten gravierende mikrobielle Schäden, die sich bereits nach Bauteilöffnungen und bei den Probenentnahmen durch Geruchsauffälligkeiten und Feuchtigkeitsvorkommen abgezeichnet hatten (Abb. 8-4).

Abbildung 8-4: Bereits nach Bauteilöffnungen und der anschließenden Probenahme waren durch Wasserverlaufsspuren und typische schimmelartige Verfärbungen eindeutige Anzeichen für einen Feuchte- und Schimmelschaden erkennbar

Im Ergebnis lag im Anbau eine lokal eingrenzbare mikrobielle Belastung von Dach-, Wand- und Fußbodenkonstruktionen vor. Für eine fachgerechte Sanierung waren umfangreiche Sanierungsmaßnahmen nötig, um den ursprünglichen schadensfreien Zustand wieder herzustellen. Nicht zuletzt wegen der Erkrankung des Bauherrn wurde empfohlen, die Sanierung kompromisslos durchzuführen und sensibel mit der Vor-Ort-Situation umzugehen.

8.3.2 Mikrobiologische und chemische Bestandsaufnahme im Bestandsgebäude

Hinsichtlich der Erfahrungen und Diskussionen mit dem Wasserschaden im Anbau war der Hausherr aufmerksam und neugierig geworden. Im Nachgang wurde deshalb wegen seiner anhaltenden gesundheitlichen Beschwerden das Bestandsgebäude im Rahmen eines standardisierten Probenahmeverfahrens (Innenraumcheck) bezüglich chemischer und mikrobiologischer Schadfaktoren zunächst zerstörungsfrei charakterisiert. Das Bestandsgebäude wurde zu diesem Zeitpunkt zu üblichen Wohnzwecken genutzt (Abb. 8-5).

Abbildung 8-5: Mit einem Innenraumcheck wurde das Bestandsgebäude zunächst zerstörungsfrei auf chemische und mikrobiologische Schadfaktoren überprüft

Nach eindeutigen und für den Hausherrn niederschmetternden Vorbefunden erfolgten Bauteilöffnungen im gesamten Gebäude. Weil Schimmelschäden regelmäßig mit am aufwändigsten zu sanieren sind, wurde zunächst deren Umfang erfasst. Im Untergeschoss wurden die erwarteten Materialbefunde mit einer Schimmelpilz- und Bakterienbesiedelung erhalten. Zur Überraschung der meisten Beteiligten waren trotz eindeutiger Vorbefunde im Dach- und im Erdgeschoss nur vereinzelt relevante Schimmelbesiedelungen nachweisbar. Im Hinblick auf die bereichsweise starken grau-schwarzen und wasserablaufartigen Verfärbungen (Abb. 8-6 und 8-7, verrostete Metallteile (Feuchtigkeit ist die Grundlage für jede mikrobielle Aktivität), Geruchsauffälligkeiten und auf bauphysikalische Auffälligkeiten mit keiner vollständigen Luftdichtigkeitsebene incl. Zugerscheinungen an den Probenentnahmestellen (Grundlage für Kondensationsfeuchtigkeit) war ein derartiger mikrobiologischer Minderbefund zunächst sehr erstaunlich.

Abbildungen 8-6 und 8-7: Unterschiedliche Verfärbungen an Holzbauteilen und Holzwerkstoffplatten fanden sich an verschiedenen Stellen im Gebäude

Bei näherer Betrachtung war allerdings erkennbar, dass die Holzbauteile des Daches und der Decke über Erdgeschoss zur Bauzeit mit Holzschutzmitteln behandelt worden waren. Vor diesem Hintergrund erfolgten ergänzende chemische Materialuntersuchungen auf typische Holzschutzmittelwirkstoffe mit folgenden Ergebnissen: Die Holzbauteile waren mit Pentachlorphenol, PCP belastet (> 1.000 mg/kg). Als bekannte Verunreinigungen von PCP waren auch Tetrachlorphenol, TCP und leicht nachweisbare Indikatorverbindungen für Dioxine vorhanden (Octachlordibenzo-p-dioxine, OCDD).

8.3.3 Vermeintlicher Widerspruch im Dachgeschoss

Im Hinblick auf die Vor-Ort-Situation und die Angaben war in der Gesamtschau von einem umfangreichen Schimmelpilz- und Bakterienschaden im Dachgeschoss auszugehen. Trotz vorliegender schimmelpilzartiger Verfärbungen an Holzbauteilen, verfärbter und geruchsauffälliger Mineralwolle-Dämmungen und vielfältigen Hinweisen auf Feuchtigkeitseinwirkung konnten vergleichsweise niedrige Konzentrationen an keimfähigen Schimmelpilz- und Bakteriensporen und von wenigen wurzelartigen, auf Wachstum zurückzuführende Strukturen von Mikroorganismen nachgewiesen werden: Im Dachgeschoss war aber nur in 2 von 13 Proben eine Besiedelung mit Schimmelpilzen nachweisbar, während bei der Mehrzahl der Untersuchungen grenzwertige Ergebnisse erhalten wurden. Dieser Befund wurde erst vor dem Hintergrund der Ergebnisse der chemischen Untersuchungen verständlich. Durch den Nachweis des fungiziden Holzschutzmittelwirkstoffes PCP in sehr hoher Konzentration (in Kombination mit TCP und OCDD) konnte das überraschende Schimmelergebnis erklärt werden: Die ehemalige Holzschutzmittelbehandlung mit einem mittlerweile in Deutschland verbotenen Wirkstoff hat Wirkung gezeigt und ein (noch) größeres Schimmelpilz- und Bakterienproblem verhindert.

Eine großflächig durchgeführte chemische Behandlung (alle Holzbauteile im Dachgeschoss sollten behandelt worden sein) kann aber selbst zu einem gesundheitlichen Problem für die Raumnutzer werden, wie die Frankfurter Holzschutzmittelprozesse (mit Anklageerhebung im Jahr 1989 und Endurteil im Jahr 1993) eindrucksvoll gezeigt haben.

8.3.4 Gesundheitliche Relevanz und Architektenhaftung

Schimmelpilze, Bakterien, Geruchsbelastungen und Holzschutzmittelwirkstoffe können jeweils alleine oder in Kombination starke gesundheitliche Beschwerden auslösen (z.B. Umweltbundesamt, 2002). Die Beschwerden des Hausherrn bzw. Bauherrn begannen nach den Umbaumaßnahmen des Gebäudes. Sie besserten sich nach Verlassen der Räumlichkeiten und traten bei ihm nach der Rückkehr erneut auf. Es lag somit ein räumlicher und zeitlicher Zusammenhang zwischen Raumnutzung und gesundheitlichen Beschwerden des Raumnutzers vor, wodurch eine gebäudebedingte Erkrankung sehr wahrscheinlich wurde. Nach Angabe wurde ein derartiger Zusammenhang durch ärztliche Expertisen belegt.

Wegen der innenraumhygienischen Verhältnisse mit Schimmelpilz-, Bakterien-, Geruchs- und Holzschutzmittelbelastungen zusammen mit der Vor-Ort-Situation, den Angaben und den gesundheitlichen Beschwerden des Hausherrn wurde im Sinne einer Vorsorge und zur Vermeidung weiterer gesundheitlicher Risiken eine kurzfristige Nutzungsaussetzung der Räumlichkeiten so lange empfohlen, bis eine fachgerechte Sanierung sattgefunden hat und der Sanierungserfolg überprüft und dokumentiert ist. Eine fachgerechte Sanierung konnte nur durch den kompletten Rückbau des Dachgeschosses incl. der Holzbalkendecke über Erdgeschoss erfolgen, wobei dann auch bautechnische und bauphysikalische Unzulänglichkeiten zu korrigieren waren. Zusätzlich waren im Untergeschoss umfangreiche Schimmelsanierungen nötig. Im Gesamtzusammenhang gab es die Überlegung, das Gebäude aufzugeben und durch einen Neubau zu ersetzen.

Im Nachgang kam es zu einer versicherungsrechtlichen Auseinandersetzung zwischen der Haftpflichtversicherung des Architekten und dem betroffenen Bauherrn. Grundlage war eine fehlende oder mangelnde Aufklärung des Bauherrn durch den Architekten und die unvollständig durchgeführte chemische und mikrobiologische Bestandsaufnahme vor Sanierungsbeginn. Diese Fehlleistung des Architekten wurde von dessen Versicherung dem Grunde nach anerkannt und führte bei intensiver Betreuung durch Fachgutachter und Baujurist zu einem „guten" Vergleich für den Betroffenen.

8.4 Mikroorganismen als Ursache für die Bildung von Chloranisolen

Der typische dumpf-muffige Korkgeruch von Wein ist auf Chloranisole zurückzuführen. Was aber hat ein korkiger Weingeruch mit Innenraumschadstoffen zu tun? Ältere Fertighäuser und Dachstühle wurden mit Holzschutzmitteln zur Abwehr von Schadinsekten und Schimmelpilzen behandelt. Der wichtigste Holzschutzmittelwirkstoff war Pentachlorphenol (PCP). Dieser wurde zunächst alleine in einer hohen Wirkstoffkonzentration von bis zu 5 % eingesetzt. Nachfolgend wurden die Konzentrationen reduziert und PCP kombiniert mit Lindan, Dichlofluanid oder anderen Wirkstoffen. Spätestens mit Eintritt der Chemikalienverbotsverordnung (1993 in Kraft getreten) sollten derartige Holzschutzmittel nicht mehr in Innenräumen eingesetzt werden (siehe auch Kapitel 9.4.2.).

Chloranisole bilden sich in einem langzeitigen Reaktionsprozess, bei dem unter Einwirkung von Mikroorganismen PCP oder verwandte Verbindungen wie Tetrachlorphenol (TCP) in entsprechende Chloranisole umgesetzt werden. Deshalb waren die neu errichteten Häuser bei Bezug auch noch nicht geruchsauffällig. Die entstandenen Verbindungen (speziell 2,4,6-Trichloranisol, TCA) haben eine sehr niedrige Geruchsschwelle und eine sehr eigenwillige Geruchsqualität – eben dumpf-muffig. Manchmal wird der Geruch auch einem „normalen" Schimmelschaden zugeordnet, weil er nicht immer leicht von diesem zu unterscheiden ist. Wenn Sie allerdings einen Mitmenschen mit dumpf-muffiger Geruchsaura wahrnehmen, dann hat er mit hoher Wahrscheinlichkeit in seiner Wohnumgebung eine Chloranisol-Problematik. Der Hintergrund für diese Vorhersage ist, dass sich Chloranisol-Verbindungen als sogenannte Sekundärkontaminationen in offenporigen Materialien wie Kleidern anlagern und über längere Zeit aus diesen Sekundärquellen wieder ausgasen (deutlich länger als alle anderen geruchsauffälligen Verbindungen). Wegen der sehr niedrigen Geruchsschwellen der Chloranisole können sensible Nasen deshalb diese Prognose stellen.

Aus dem Jahr 2003 stammt eine Studie zu Chloranisolen in der Raumluft (Binder, Obenland & Maraun, 2004). Dabei wurden erste Richtwerte für die Raumluft aufgestellt und die Bedeutung für die Geruchsproblematik praxisnah aufgezeigt. Unter anderem schreiben die Autoren zu Vorkommen und Innenraumquellen:

„Seit 20 Jahren ist TCA als bedeutender Verursacher des Korkgeschmacks in Weinen bekannt. In 70 bis 80 % aller Fälle von mit Korkton behaftetem Wein wurden Konzentrationen über der Geruchsschwelle gefunden (Amorim 2000). Unser Labor hat nun auch Chloranisole in der Raumluft von Innenräumen nachgewiesen. In Innenräumen werden diese Stoffe nicht direkt eingesetzt, können aber aus Verbindungen wie Phenolen, Chlorphenolen oder Chlorbenzolen in Verbindung mit mikrobieller Aktivität entstehen. Schimmelpilze der Gattung Penicillium und Trichoderma oder Bakterien sind daran oft maßgeblich beteiligt. Ein möglicher Reaktionsmechanismus ist dabei die Biomethylierung von Trichlorphenol. Der Abbau von Pentachlorphenol (PCP) durch eine Pseudomonas-Bakterienart wurde durch Watanabe (1973, nach Fiedler et al. 1996) beschrieben. Auch Trichoderma-Stämme sind bekannt, PCP abzubauen – insbesondere Trichoderma virgatum fördert die Methylierung von PCP zu Pentachloranisol. Andere Pilzarten können auch niedriger chlorierte Chlorphenole zu Chloranisolen methylieren (Fiedler et al. 1996)."

Chloranisole sind keine neuen Substanzen, die in Bauprodukten gezielt eingesetzt wurden oder werden. Sie entstehen innerhalb der Holzständerkonstruktion erst Jahre nach der Fertigstellung. Deshalb ist diese Geruchsproblematik auch nicht seit Beginn der Fertighauserstellung bekannt, sondern erst Jahrzehnte danach. Insbesondere das TCA ist eine Substanz mit einer sehr niedrigen Geruchsschwelle und deshalb schon bei äußerst geringen Konzentrationen wahrnehmbar. Der Nachweis der Chloranisole ist einfach über Raumluftmessungen zu erbringen. Eine Sanierung ist in der Regel kompliziert und bedarf einer umfassenden chemischen und mikrobiologischen Bestandsaufnahme incl. einer guten (bau-)technischen und (bau-)physikalischen Beratung der Betroffenen.

Im Rahmen eines Forschungsprojektes des Fraunhofer-Instituts für Holzforschung (Wilhelm-Klauditz-Institut, WKI) bezüglich möglicher Sanierungsmaßnahmen wurden in insgesamt 15 Gebäuden bzw. 39 Räumen Raum- und/oder Wandluftproben untersucht. Hieraus ergab sich ein vertieftes Verständnis des Phänomens. Dabei stellte sich heraus, dass zunächst über lange Zeiträume PCP aus dem Ständerwerk entweicht und an anderen Materialien in den Gefachen (Folien, Dämmmaterialien, Werkstoffplatten) adsorbiert bzw. angelagert wird. Berechnungen ergaben, dass phasenweise Materialfeuchten erreicht werden können, die für das Wachstum von Mikroorganismen ausreichen. Somit sind die Grundlagen für mikrobielle Umsetzungen gegeben, die im Ergebnis zu einer Chloranisolbildung führen. Diese geschieht vornehmlich in nach Norden, Nordwesten und Westen orientierten Gefachen und Bauteilen, da diese am wenigsten durch Sonneneinstrahlung austrocknen. Der Prozess kann sich in einem Gebäude aber räumlich auch ausweiten. Zusätzlich erfolgt eine Ausbreitung der Chloranisole durch Diffusion. Die Materialfeuchten, die die Chloranisolbildung auslösen, führen nicht zur Bildung von Holz zerstörenden Pilzen und schädigen die Bausubstanz physikalisch-statisch nicht.

Folgende Sanierungsmöglichkeiten werden unter Fachleuten diskutiert: Als Symptombekämpfung wird ein Abdichten von Undichtigkeiten und ergänzend der Einbau einer Lüftungsanlage vorgeschlagen: Durch einen verstärkten Luftaustausch soll und wird die Schadstoffkonzentration im Innenraum sinken. Alternativ oder zusätzlich können die Gebäudekonstruktion von außen eröffnet, die vorhandene Dämmung entfernt, freigelegte Oberflächen behandelt und eine neue Außenwand erstellt werden. Wenn man die Situation zum heutigen Zeitpunkt grob orientierend einschätzen soll, wären folgende weitere Faktoren zu berücksichtigen:

- Betroffene Fertighäuser sind in der Regel einige Jahrzehnte alt, womit nur noch ein vergleichsweise geringer Restwert vorliegt.
- Der kostenmäßige Aufwand für eine stoffliche Sanierung von Außenwänden ist nicht unerheblich, und ob tatsächlich alles belastete Material beseitigt werden kann, muss offen bleiben.
- Im Hinblick auf die Geruchsintensität und die Geruchsqualität von Chloranisolen kann bezweifelt werden, ob die Bekämpfung des Symptoms „schlechte Raumluft" durch eine Optimierung des Lüftungsverhaltens mittels raumlufttechnischer Anlagen tatsächlich ausreichend ist.
- Unabhängig vom Geruch ist die Bausubstanz mit Holzschutzmittelwirkstoffen belastet. Zusätzlich müssen (bau-)technische bzw. (bau-)physikalische Schäden vorliegen, sonst wäre es nicht zu einem Feuchteeintritt und mikrobieller Aktivität gekommen.
- Schließlich sind bei einer schadstoffübergreifenden Gesamtanalyse in derartigen Gebäuden weitere Schadfaktoren wie Asbest und/oder gesundheitsgefährdende Mineralwolle und/oder chemische Altlasten (wie PCB oder PAK) und/oder Schimmel und/oder . . . mit zu berücksichtigen.

Zusammenfassend wird man in der Gesamtschau in der Mehrzahl der Fälle heute zu der Entscheidung gelangen, aus rein wirtschaftlichen Gründen einen Komplettrückbau des Gebäudes durchzuführen.

Einschub für chemisch Interessierte:

! *Chloranisole entstehen durch die von Mikroorganismen ausgelöste Methylierung aus Chlorphenolen. Chloranisole bestehen aus einem Benzolring, an den eine Methoxi-Gruppe (-O-CH3) und ein bis fünf Chloratome gebunden sind. Für einen korkigen Wein können zwei auslösende Faktoren ursächlich sein: 1. In den Flaschenkorken aus der Rinde von Korkeichen sind natürlicherweise die notwendigen Ausgangssubstanzen vorhanden. 2. Weitere begünstigende Faktoren können chlorhaltige Reinigungs-, Desinfektions- und Konservierungsmittel sein.*

In Fertighäusern und Dachstühlen sind primär der Holzschutzmittelwirkstoff PCP und seine oft als Verunreinigung vorliegende Geschwistersubstanz TCP (Tetrachlorphenol) die Ausgangssubstanz für Chloranisole. Wie bei vielen anderen chlororganischen Verbindungen gibt es nicht nur ein Chloranisol, sondern mehrere Verbindungen, die sich in ihrer Struktur sehr ähnlich sind, in ihren Eigenschaften aber unterscheiden. Das Grundgerüst wird von einem Benzolring gebildet, an den eine Methoxi-Gruppe (-O-CH3) gebunden ist. Die normalerweise am Benzolring vorhandenen Wasserstoffatome können durch Chloratome ersetzt sein. Wesentliche Vertreter sind das 2,4,5-Trichloranisol

(TCA), Tetrachloranisol (TeCA) und Pentachloranisol (PCA). In der Raumluft geruchlich auffälliger Häuser liegen meistens TCA- und TeCA-Konzentrationen oberhalb der Geruchsschwelle im Nanogrammbereich vor.

8.5 Der Fogging-Effekt als Zusammenspiel verschiedener Faktoren

Als Mitfaktoren für den Fogging-Effekt oder Schwarzstaubablagerungen werden schwerflüchtige organische Verbindungen (SVOC = SemiVolatile Organic Compounds) mit einem Siedepunktbereich zwischen 250 und ca. 450 °C diskutiert (Moriske, 1997; Moriske & Turowski 1998; Führer, 2003; Moriske, 2007). Diese gasen besonders bei frisch renovierten und neu eingerichteten Wohnräumen aus Einrichtungen, Oberflächenbeschichtungen und Baumaterialien, aber beispielsweise auch von elektronischen Geräten aus. Nachfolgend scheiden sich diese durch Kondensation an kälteren Oberflächen ab (ähnlich Wasser) und bilden dort einen klebrigen Film. An diesen können Feinstaubpartikel durch Konvektionsströmung verstärkt herantransportiert werden und dabei einen grau-schwarzen, ölig-schmierigen Belag bilden. Auch können sich SVOC an den nicht sedimentierfähigen Mikrofeinstaub anlagern und dabei zur Agglomeration von kleineren Staubteilchen zu größeren Partikeln führen. Diese setzen sich ab an Außenwandflächen mit Wärmebrücken, an Stellen mit hoher Luftbewegung und an Flächen mit verminderter Oberflächentemperatur. Der Eintrag von SVOC in die Raumluft ist zwar ein wichtiger Schritt in der Ursachenkette. Er genügt aber in der Regel nicht, um die Ablagerungen zu erzeugen. Dazu sind weitere Begleiterscheinungen notwendig: Bauliche Gegebenheiten wie z.B. Wärmebrücken, Raumausstattung, Raumnutzung incl. Reinigungs- und Lüftungsverhalten, Raumklima und Witterungseinflüsse. Aus der bisher zur Verfügung stehenden Literatur wird deutlich, wie komplex in vielen Fällen die kausalen Zusammenhänge beim Entstehen des Phänomens der „Schwarzen Wohnungen" sind. Das Phänomen der Schwarzstaubablagerungen lässt sich aus einem Zusammenspiel verschiedener innenrauminterner Faktoren erklären. Beispiele für den Fogging-Effekt finden sich in den Abb. 8-8 und 8-9.

Auch wenn in den letzten Jahren verschiedene Aspekte überprüft wurden, sind die wissenschaftlich-technischen Zusammenhänge (die ursächlich sind für die Entstehung von Schwarzstaubablagerungen) im Detail bis heute nicht bekannt. Deshalb kann bei Durchführung einer Renovierungsmaßnahme entsprechend nachfolgenden Empfehlungen keine Garantie übernommen werden, dass das Phänomen nicht wieder auftritt.

Empfehlungen für von Schwarzstaubablagerungen betroffene Wohnungen:

- Materialien, die hohe Konzentrationen an fogging-aktiven Verbindungen enthalten (wie PVC-Bodenbeläge oder Dispersionsfarben), sollten entfernt werden. Anmerkung: Ein bloßes Überstreichen von Wand- oder Deckenverfärbungen wird als problematisch erachtet, da fogging-aktive chemische Verbindungen an die Oberfläche migrieren und zu erneuten „Verfärbungen" führen können.
- Verfärbte Einrichtungsgegenstände und Kunststoffoberflächen sowie Fensterrahmen sind zu säubern. Anmerkung: Reinigungsmittel einsetzen, die zu guten Reinigungserfolgen führen oder in der Vergangenheit geführt haben.

Abbildungen 8-8 und 8-9: Schwächer (oben) und stärker ausgeprägter Fogging-Effekt an Wandoberflächen mit Nachzeichnen ehemals aufgehängter Bilder

- Im Rahmen der Renovierung sollten möglichst Materialien bevorzugt werden, von denen alle Inhaltsstoffe bekannt sind (Volldeklaration der Inhaltsstoffe).
- Als günstig erwiesen haben sich diffusionsoffene mineralische Materialien und Wandfarben wie Kalk- oder Silikatfarben. Bedruckte Papiertapeten wären für die Wandoberflächengestaltung u.U. ebenso eine Alternative wie ein Lehmstreichputz (verändert die Oberfläche bezüglich Rauigkeit und/oder Material). Anmerkung: Auf Synthetikmaterialien incl. deren Zuschlagstoffe, auf Dispersionsfarben und auf „lösemittelarme/-freie" Baumaterialien sollte verzichtet werden, da diese höher siedende Komponenten wie Weichmacher oder Glykole/Glykolderivate enthalten können (zur Information: Diese Verbindungen sind definitionsgemäß aufgrund ihres hohen Siedepunktes keine Lösemittel und nicht bzw. nur in hohen Konzentrationen deklarationspflichtig).
- Nach den Sanierungsarbeiten (zur bestmöglichen Vermeidung eines erneuten Fogging-Phänomens) sollte auf konsequentes Lüften der Wohnung geachtet (OKK-Regel: Oft – Kurz – Kräftig) und Kerzenabbrand, Rauchen in der Wohnung und Staubsaugen zumindest in der auf die Sanierung folgenden ersten Winterperiode auf ein Minimum reduziert werden.
- Um die Verteilung von Feinstäuben zu verhindern, könnte vorübergehend in der ersten Heizperiode über den Heizkörpern ein Feinstaubfilter installiert werden.
- Als Putzmittel sind ausschließlich voll deklarierte Systeme ohne fogging-aktive Verbindungen einzusetzen (siehe oben). Weiterhin sollte im Winter keine Auskühlung der Wohnung erfolgen.

8.6 Schadstoffe rechtzeitig erfassen

Nachfolgend wird ein Kommentar in der Rubrik ‚Nachrichten und Aktuelles' aus der Zeitschrift Der Bausachverständige wiedergegeben. Darin fassen die Autoren (Lange, Rötgers & Mohr, 2012) die umfassende Schadstoffproblematik im Bestand zusammen.

„Gebäudeschadstoffe waren bis Mitte der 70er kein Thema, dem besondere Bedeutung beigemessen wurde. Die gesundheitlichen Auswirkungen von Baustoffen wie Asbest, PCB (polychlorierte Biphenyle), PAK (polyzyklische aromatische Kohlenwasserstoffe) oder PCP (Pentachlorphenol) wurden erst nach und nach erkannt. Baustoffe oder Verfahren, die zum Zeitpunkt der Gebäudeerrichtung noch gesetzlich gefordert waren bzw. als gute Baupraxis galten, wurden schon wenige Jahre später Auslöser kostspieliger Sanierungen.

Heute stellen Gebäudeschadstoffe eine große Herausforderung für alle Beteiligten dar. Zum einen fordern gesetzliche Regelungen wie beispielsweise die Asbest- oder PCB-Richtlinie den richtigen Umgang mit diesen verbauten Gefahrstoffen bei Um- und Rückbaumaßnahmen, zum anderen sind beim Erwerb und Verkauf von Bestandsimmobilien baustoff- und nutzungsbedingte Kontaminationen als wertmindernder Faktor zu beachten („Immobilien Due Diligence").

So ist während des Betriebes von Gebäuden der Eigentümer verpflichtet, Schadstoff-Untersuchungen auf Grundlage der Asbest-, PCB- oder PCP-Richtlinie zu veranlassen, wenn der Verdacht besteht, dass eine Freisetzung der genannten Stoffe in die Innenraumluft erfolgen könnte. Vor Umbau- und Modernisierungsmaßnahmen muss der Bauherr bzw. sein gesetzlicher Vertreter das ausführende Unternehmen auf schadstoffbelastete Bauteile hinweisen. Der Unternehmer wiederum muss zum Schutz seiner Mitarbeiter vor Aufnahme der Tätigkeiten an Gefahrstoffen alle erforderlichen Maßnahmen zur Gefahrenabwehr ergreifen. An die Beschreibung der Baumaßnahme sind daher im Hinblick auf Gebäudeschadstoffe hohe Anforderungen zu stellen. Diesen Anforderungen, beim Bauen im Bestand Schadstoffe rechtzeitig zu erfassen, wird nur gerecht, wer bereits im Vorfeld der Baumaßnahme eine umfassende und qualifizierte Bestandsaufnahme vornehmen lässt. So lassen sich nicht nur gesundheitliche und juristische Risiken, sondern auch Bauunterbrechungen und unnötige Kostensteigerungen vermeiden.

Auch beim Abbruch von Gebäuden fordern baurechtliche Auflagen eine fachtechnische Begleitung. Die Problemstoffe sind zuvor gesondert auszubauen. Soweit es sich dabei um Gefahrenstoffe handelt, sind diese als gefährlicher Abfall zu entsorgen. Der verbleibende Bauschutt ist den LAGA-Kriterien oder den Regelwerken auf Bundeslandebene für die Verwertung zuzuordnen oder bei Überschreitung der Prüfwerte als schadstoffbelasteter Abfall zu beseitigen.

Nicht nur „bekannte" Schadstoffe können Probleme bereiten. Gebäudenutzer klagen in Neubauten oder nach einer Modernisierung häufig über geruchliche oder gesundheitliche Beeinträchtigungen. Das „Sick Building Syndrom" steht als ein weiteres Schlagwort der Zivilisationskrankheiten neben „Burn out" oder „Mobbing". Die Verwendung schadstoffbelasteter Bauprodukte führt dazu, dass neu hergestellte Räume oder ganze Gebäude über Wochen und Monate nicht oder nur mit einem speziellen Lüftungsmanagement genutzt werden können. Das Umweltbundesamt beklagt, dass „nicht selten in Bauprodukten gefährliche Stoffe schlummern", gleichzeitig aber umfassende Informationen darüber, wie sich solche Stoffe auswirken, falls sie in geringen Konzentrationen, aber über längere Zeiträume hinweg vom Menschen aufgenommen werden, fehlen". Die Erklärungen für Krankheitsphänomene sind oft simpel: Neubauten oder modernisierte Altbauten weisen infolge der Energiesparverordnung eine dichte Gebäudehülle auf. Das hat Auswirkungen auf die Luftqualität. Hohe Schadstoff-Konzentrationen können in sehr dichten Gebäuden selbst dann entstehen, wenn keine außergewöhnlichen Emissionsquellen vorhanden sind. Viele Innenraum-assoziierte Erkrankungen haben ihre Ursachen ohnehin nicht in Bauprodukten, sondern in Hausstaub-Allergenen, im Auftreten von Feuchtigkeit in Verbindung mit Schimmelpilzwachstum oder in nicht ordnungsgemäß betriebenen raumlufttechnischen Anlagen.

Der Architekt hat aufgrund seines Werkvertrags mit dem Bauherrn, der im Regelfall bezüglich des Neubaus oder des Abbruchs meist Laie ist, weitgehende Beratungspflichten. Die Verwendung von zugelassenen und schadstofffreien Baumaterialien ist sicherzustellen.

Soweit ihm hierfür die erforderlichen Detailkenntnisse fehlen, muss er dem Bauherrn die Beauftragung eines Fachmanns empfehlen. Dies gilt insbesondere bei speziellen Wünschen des Bauherrn zur Frage, welche schädlichen Auswirkungen eventuell auch von zugelassenen Baumaterialen ausgehen können. Dagegen hat er nicht die Pflicht, die Verwendung nicht zugelassener gesundheitsschädlicher Baumaterialen beim Einbau durch die Handwerker zu überprüfen.

Beim Gebäudeabbruch wirken sich die Pflichten des Auftraggebers gegenüber dem Unternehmen wegen Schadstoffen im Gebäude auf das Vertragsverhältnis Architekt – Bauherr aus. Grundsätzlich trägt der Bauherr gegenüber dem Unternehmer die Verantwortung für die Beschaffenheit des Baugrundes und des Gebäudes. Dem gegenüber steht die Verantwortung der Sonderfachleute für Spezialfragen, hier für den Gebäudeabbruch, aber auch des Architekten als Berater des Bauherrn.

Vom Architekten wird zwar nicht erwartet, dass er die Einzelheiten des rechtlichen und praktischen Vollzugs beim Gebäudeabbruch beherrscht. Er muss aber den Auftraggeber auf die damit verbundenen Risiken hinweisen und ihm die Beauftragung eines Fachmannes hierfür empfehlen. Bei der unterlassenen oder unvollständigen Erfassung von Schadstoffen in Gebäuden kann sich der Architekt zwar dadurch entlasten, dass die entsprechenden Beseitigungskosten auch bei einer ordnungsgemäßen Ausführung seines Auftrags angefallen wären (sog. Sowiesokosten). Deshalb hat der Bauherr insoweit keinen Anspruch auf Schadensersatz. Dagegen kann der Schaden des Bauherrn in den zusätzlichen Kosten bestehen, die erst durch die nachträgliche Erfassung der Schadstoffe entstanden sind, z.B. Kosten zur Beschleunigung der Baumaßnahme zum Ausgleich der Verzögerung infolge der verspäteten Schadstofferfassung, zusätzliche Unterbringungskosten für die Zeit der Verzögerung der Gebäudesanierung."

9 Chemische Verbindungen in Innenräumen

Schadstoffbelastete Wohnungen und Gebäude machen deren Raumnutzer auf Dauer krank. Die Erkenntnisse des Frankfurter Holzschutzmittelprozesses haben zu einer ersten öffentlichen Diskussion über Gebäudebedingte Erkrankungen in den 90er Jahren des letzten Jahrtausends geführt (z.B. Schöndorf, 1998). Seitdem wird der Zusammenhang zwischen Innenraumqualität und gesundheitlichen Beschwerden immer deutlicher: Eine Vielzahl an Studien belegt, dass durch dichtere Bauweisen zur Energieeinsparung, durch vermehrtes Einbringen von chemischen Verbindungen und durch ein verändertes Nutzerverhalten der Mensch erhöhten Belastungen in seiner Wohnung ausgesetzt ist – und diese können bei längerem Einwirken zu gesundheitlichen Beschwerden führen. Beispielhaft sind folgende Literaturstellen genannt: Jarvis, 1994; Moriske & Turowski, 1998; Radünz, 1998; Gareis, Johanning & Dietrich, 1999; Brasche et al., 2003; Führer, 2005; Guhr & Leißring, 2005; WHO, 2009; AWMF, 2016; Grün, 2017; Stahl, 2017.

Weder Panikmache noch eine Verharmlosung im Umgang mit Schadfaktoren in Innenräumen ist der richtige Weg zur Lösung des Problems. Wesentlich ist der fachgerechte Umgang mit dem Thema auf einer wissenschaftlich-technischen Grundlage, verbunden mit fachübergreifendem Denken und Handeln.

9.1 Vorkommen und Nachweis

Viele Millionen Quadratmeter Deckenbretter wurden mit Holzschutzmittelwirkstoffen behandelt, täglich werden Kubikmeter an Lösemitteln in Farben, Lacken und Klebern in Wohnungen und Büros eingebracht und jedes Jahr Hunderttausende von Tonnen Weichmacher für innenraumrelevante (Bau-)Materialien produziert. Jeden Tag werden von Kammerjägern oder im Eigenversuch unzählige Wohnungen „desinfiziert" und mit Insektiziden ausgerüstete Teppiche und Putzmittel mit gesundheitlich bedenklichen Inhaltsstoffen in Innenräume eingebracht.

Bereits vom Gesetzgeber verbotene oder mit Richt- und Orientierungswerten versehene Materialien wie polychlorierte Biphenyle (PCB) oder polyzyklische aromatische Kohlenwasserstoffe (PAK) sind als „Altlasten" wegen ihrer langen Halbwertszeit in Gebäuden noch immer in gesundheitlich relevanten Konzentrationen vorhanden.

In älteren Wohnungen und in Neubauten wurden und werden in der Regel unwissentlich Schadfaktoren eingebracht oder sind nach Feuchtigkeitseintrag als Schimmelpilz- und Bakterienwachstum entstanden. Die Hauptlast an chemischen Verbindungen gelangt über Baumaterialien in Gebäude. Aber auch Möbel und Putzmittel können Innenräume nachhaltig mit Schadstoffen belasten. Heute stellt sich nicht mehr die Frage, ob chemische Verbindungen in Innenräumen vorliegen. Interessant ist in diesem Zusammenhang nur noch zu klären, welche Verbindungen in welcher Konzentration und in welcher Kombination vorhanden sind. Über mögliche chemische Schadfaktoren in Innenräumen gibt es mittlerweile vielfältige Literatur. Beispielhaft erwähnt seien B.A.U.Ch, 1991; Katalyse, 1995; Zwiener, 1997; Pöhner et al., 1998; Botzenhart et al., 2001; Ingerowski et al., 2001; Kuebart, 2001; Lux et al., 2001; Coutalides et al., 2002; Moriske & Beuermann, 2004; Umweltbundesamt,

2008; BVS, 2011). Was fehlt, ist die konsequente und durchgängige praktische Umsetzung der vorhandenen Kenntnisse zur Vermeidung von erhöhten oder hohen Konzentrationen von chemischen Verbindungen in Innenräumen.

9.1.1 Mögliche Verbindungen und deren Vorkommen

In Tab. 9-1 finden sich (Bau-)Materialien und deren mögliche Inhaltsstoffe, die in den Innenraum abgegeben werden können. Die Tabelle entstammt Moriske & Turowski, 1998. Sie wurde verändert und ergänzt. Sie erhebt keinen Anspruch auf Vollständigkeit. Vertreten sind die unterschiedlichsten Einzelverbindungen und chemischen Verbindungsklassen.

Emissionsquellen bzw. Hinweise für Schadfaktoren in Innenräumen	Stoff / Verbindungsklasse
Holzwerkstoffe, Lacke, Harnstoff-Formaldehyd-Schäume, Dämmstoffe, Spachtelmassen, Möbel, Textilien, Spanplatten, . . .	Formaldehyd
Trocknende Öle, Alkydharze, Linoleumbeläge	Längerkettige Aldehyde
Alle lösemittelhaltigen Produkte wie Lacke, Kleber u.a.; Testbenzin und Verdünner, Reinigungsmittel, Teppichböden, Isoaliphaten in Naturharzlacken	Aliphaten
Lösemittelhaltige Produkte wie Nitro- und Kunstharze, Kleber, Verdünner, Teppichböden	Aromaten
Dämmstoffe, Beschichtungen auf der Basis ungesättigter Polyesterharze, Teppichböden, Lacke	Styrol
Kunstharzlacke, Lösemittel, Teppichböden, . . .	Heterocyclen
Abbeizer, Treibmittel in Dämmstoffen, . . .	Halogenkohlenwasserstoffe
Holz, Holzwerkstoffe, Naturharz-, Alkydharz-, Einbrennlacke, Reinigungsmittel, . . .	Terpene
Produkte auf Wasser- und auf Lösemittelbasis wie Lacke, Kleber u.a.; Abbeizer	Ketone
Produkte auf Wasser- und auf Lösemittelbasis wie Lacke, Kleber u.a.; Abbeizer, PUR-Schäume, Reparaturspachtelmassen	Alkohole und Ester einwertiger Alkohole
Teppichböden (Schaumrücken), alle kautschukhaltigen Produkte	Trimere Isobutene
Abbeizer, Lacke, Wasserlacke, . . .	Pyrrolidonderivate
Produkte auf Wasserbasis wie Acryllacke, Kleber, Fugendichtungsmaterialien; Einbrennlacke, Holzbeizen, Dispersionsfarben, Weichmacherzusätze in verschiedenen Kunststoffen	Glykole
Weichmacher in (Latex-)Farben, Kleber, Lacke, Weich-Bodenbeläge, Teppichböden, Kunststoffe	Phthalate
Holzschutzmittel, Naturstoffbeläge, Leder, Teppiche, Teppichböden, . . .	Biozide
Ehemalige Insektenbekämpfung	Biozide
Teppichböden, textile Ausstattungen, Glasfasertapeten, Brandschutzanstriche, Flammschutzbewürfe, EDV-Anlagen, . . .	Flammschutzmittel
Ältere schwarze Kleber und Estriche, alte Korkdämmplatten, . . .	Polyzyklische Aromatische Kohlenwasserstoffe (PAK)

Emissionsquellen bzw. Hinweise für Schadfaktoren in Innenräumen	Stoff / Verbindungsklasse
Ältere Fugendichtungsmassen, ältere (Brandschutz-)Anstriche, alte Neonlampen, . . .	Polychlorierte Biphenyle (PCB)
Undichter Keller, Gebäudestandort, Baumaterialien	Radon

Tabelle 9-1: Überblick über chemische Innenraumbelastungen und bauseitige Emissionsquellen. Nach (Moriske & Turowski, 1998), verändert und ergänzt durch den Autor (aus Führer, 2006). Nachfolgend sind in den Bildunterschriften Abb. 9-1, 9-2, 9-3 und 9-4 fachspezifische Fragen zur innenraumhygienischen Situation bezüglich möglicher chemischer Verbindungen gestellt. Die Antworten finden sich im Hinblick auf die Ergebnisse chemischer Laboruntersuchungen im Anschluß an die Bildsequenz.

Abbildung 9-1: Sind Formaldehyd, längerkettige Aldehyde oder flüchtige organische Verbindungen (VOC) in der Raumluft in unauffälliger, erhöhter oder hoher Konzentration vorhanden? (aus Führer, 2009)

Abbildung 9-2: Wurde die Vorsatzschale aus Brettern an der Schlafzimmerwand mit Holzschutzmittelwirkstoffen behandelt? (aus Führer, 2009)

Abbildung 9-3: Belastet der schwarze Parkettkleber die Wohnung mit Polyzyklischen Aromatischen Kohlenwasserstoffen (PAK) incl. dem als krebserzeugend eingestuften Benzo[a]pyren? (aus Führer, 2009)

Abbildung 9-4: Ist der Teppichboden aus Naturmaterial mit einem gesundheitlich relevanten Mottenschutzmittel ausgerüstet?

Einschub: Auflösung zu den Fragen in den Abbildungen

Abb. 9-1: Ja, Formaldehyd mit ca. 200 $\mu g/m^3$

Abb. 9-2: Ja, mit Pentachlorphenol (ca. 530 mg/kg)

Abb. 9-3: Nein. Trotz hoher PAK-Konzentrationen im Kleber war entsprechend den PAK-Hinweisen bei einer Staubuntersuchung im Rahmen der Nachweisgrenze kein Benzo[a]pyren nachweisbar

Abb. 9-4: Ja, mit Permethrin

9.1.2 Chemisch-physikalische Eigenschaften der Einzelverbindungen

Nach Expertenschätzungen wurden bis heute ca. 8.000 chemische Verbindungen in Innenräumen nachgewiesen wurden. Um eine gewisse Systematik bei dieser Vielzahl herzustellen, muss nach ordnenden Prinzipien gesucht werden. Die Einzelverbindungen unterscheiden sich bezüglich ihrer chemisch-physikalischen Eigenschaften. Zu berücksichtigen sind u.a. der Dampfdruck, die Flüchtigkeit und der Siedepunkt. Um einen ersten groben Überblick über die Vielfalt chemischer Verbindungen in Innenräumen vor dem Hintergrund messtechnischer Überlegungen zu gewinnen, kann deren Siedepunkt herangezogen werden (siehe Tab. 9-2).

Bezeichnung	**Siedepunktsbereich**	**Beispiele**
VVOC: **V**ery **V**olatile **O**rganic **C**ompounds (sehr flüchtige organische Verbindungen)	< 0 °C bis ca. 50 °C	Aceton, Formaldehyd
VOC: **V**olatile **O**rganic **C**ompounds (flüchtige organische Verbindungen)	50 °C bis ca. 200 °C	Ester, Alkohole, Terpene, Alkane
SVOC: **S**emi **V**olatile **O**rganic **C**ompounds (mittel- bis schwerflüchtige organische Verbindungen)	200 °C bis ca. 350 °C	Biozide, Weichmacher
POM: **P**articulate **O**rganic **M**atter (Partikelgebundene organische Verbindungen)	> 350 °C	Pyrethroide, Sulfonamide

Tabelle 9-2: Eine physikalisch-chemische Kenngröße zur systematischen Einordnung von chemischen Verbindungen ist der Siedepunkt

Chemische Verbindungen sind in jedem Raum und Gebäude nachweisbar. Ob eine Verbindung ein Schadstoff ist und die Gesundheit beeinträchtigt oder sogar nachhaltig schädigen kann, hängt von verschiedenen Faktoren ab, u.a. von

- der Raumluftkonzentration der Einzelverbindung und Wechselwirkungen mit weiteren Faktoren,
- den chemisch-physikalischen Eigenschaften der jeweiligen Verbindung,
- der Aufenthaltsdauer in den Räumen (Expositionszeit).

Leichtflüchtige Komponenten mit niedrigem Siedepunkt (VOC, VVOC) führen in der Regel zu höheren Konzentrationen in der Raumluft und zu kürzeren Ausgasungszeiten. Schwerer flüchtige Verbindungen (SVOC) wie Holzschutzmittel oder Flammschutzmittel sind in der Raumluft in geringerer Konzentration nachweisbar. Ihre Ausgasungszeit ist dafür deutlich länger. Pyrethroide und (Schwer-)Metalle sind typischerweise an Staub und Schwebstäube gebunden.

9.1.3 Standardisierte Erfassung von chemischen Verbindungen

Eine der Voraussetzungen für die Problemlösung ist das Erkennen von (Schad-)Faktoren, die über menschliche Sinnesorgane nicht erfassbar sind. Früher hat man je nach Verdachtsmoment entweder auf Formaldehyd oder Holzschutzmittel oder Lösemittel oder Schimmelpilze oder Pyrethroide oder Flammschutzmittel oder Weichmacher oder PCB (polychlorierte Biphenyle) oder PAK (polyzyklische aromatische Kohlenwasserstoffe) oder . . . getestet.

Einzelnachweise von Substanzen oder chemischen Verbindungsklassen erlauben alleine keine umfassende Aussage über den möglichen Schadstoffgehalt in Büroräumen oder Wohnungen.

Wie kann die Raumqualität unter innenraumhygienischen und damit unter gesundheitlichen Gesichtspunkten charakterisiert werden? Zur Beantwortung dieser Frage wurde ein „Gebäude-Gesundheits-Check" oder kurz „Innenraumcheck" entwickelt: Er ist ein Instrument, um im Rahmen einer chemisch-analytischen und mikrobiologischen Bestandsaufnahme Schadfaktoren in Innenräumen zu erkennen. Mit einer systematischen Herangehensweise wird unter Wahrung der Verhältnismäßigkeit mit wenigen Untersuchungen eine Vielzahl an relevanten Schadfaktoren überprüft und einer Bewertung unter innenraumhygienischen und damit gesundheitlichen Gesichtspunkten zugänglich gemacht (Führer, 2005).

Die Optimierung und Standardisierung der Probenahme wird durch ein patentrechtlich geschütztes Verfahren erreicht. Mit der Entwicklung von Screening-Verfahren kann auf eine Vielzahl innenraumrelevanter Verbindungen mit vergleichbaren chemisch-physikalischen Eigenschaften getestet werden. Durch die Kombination verschiedener Verfahren eröffnet sich ein weites Spektrum überprüfbarer chemischer Verbindungen.

Der Innenraumcheck ermöglicht durch systematische Vorgehensweise einen umfassenden qualitativen und quantitativen Nachweis von chemischen Verbindungen in Kombination mit der Erfassung von häufig verdeckten (nicht sichtbaren) Schimmelbelastungen.

Die für Innenräume relevanten Konzentrationen liegen in unterschiedlichsten Bereichen von Prozent bis zu mg/kg in Material- und Staubproben und von $\mu g/m^3$ bis hin zu ng/m^3 in Raumluftproben (ng/m^3 = 1 Milliardstel Gramm pro Kubikmeter). Unter Beachtung von Stoffeigenschaften und Nachweisgrenzen wurden Adsorptions- und Trägermaterialien für die Probenahme zusammengestellt. Im Rahmen der Probenahme ist u.a. die zeitliche Abfolge zu beachten, da speziell in niedrigen Konzentrationsbereichen eine Störanfälligkeit von Raumluftmessungen gegeben ist.

Mit dem Innenraumcheck werden entsprechend ihren Siedepunktbereichen folgende organische Luftverunreinigungen in Raumluft (Abb. 9-5) und Staub (Abb. 9-6) abgeprüft: VVOC, VOC, SVOC und POM. Weiterhin werden Aldehyde (mit der reaktiven Carbonylgruppe) in der Raumluft erfasst. Das Probenahme-/Untersuchungsspektrum kann bei Verdacht auf „exotische" Verbindungen (bezüglich deren Stoffeigenschaften) durch weitere Verfahren ergänzt werden.

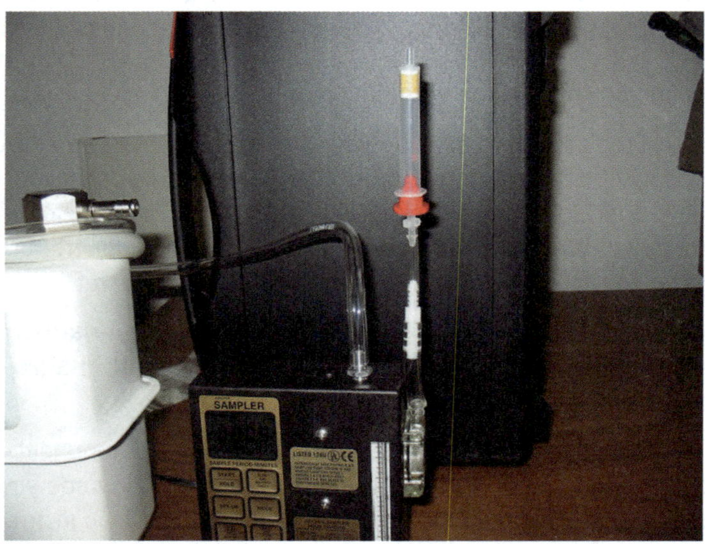

Abbildung 9-5: Für den Nachweis von flüchtigen organischen Verbindungen (VOC, VVOC) und Aldehyden in der Raumluft werden elektronisch gesteuerte Pumpen mit Probenahmeröhrchen und Gasuhr eingesetzt (aus Führer, 2012)

Abbildung 9-6: Für eine Übersichtsanalyse auf schwerflüchtige und an Staub gebundene organische Verbindungen (SVOC, POM) wird ein Aufsatz auf einen Staubsauger zur Gewinnung einer Staubprobe verwendet (aus Führer, 2012)

Ein sichtbarer Schimmelpilzbefall ist über die Gewinnung einer Materialprobe für die Bestimmung von Schimmelpilzart und -konzentration leicht zugänglich. Problematisch – weil die Gefahr nicht sichtbar ist – wird es bei einem verdeckten (nicht sichtbaren) Schimmelpilzbefall zum Beispiel hinter Wandbauplatten oder in der Dämmebene der Fußbodenkonstruktionen (z.B. verursacht durch Wärmebrücken oder nach Wasserschäden). Bei dem Innenraumcheck wird routinemäßig zur Indikation eines verdeckten (nicht sichtbaren) Befalls auf typische gasförmige Stoffwechselprodukte (MVOC) von Mikroorganismen (Schimmelpilzen und Bakterien) getestet.

Für die standardisierte Probenahme mit technischen Geräten wie Pumpe und geeichte Gasuhr ist ein Fachkundiger nötig. Nach der Gewinnung werden die Proben laboranalytisch untersucht. Zum Einsatz kommen modernste biochemische, chromatografische und spektroskopische Verfahren (siehe Abb. 9-7).

Abbildung 9-7: Die gewonnenen Proben werden mit moderner Laboranalytik untersucht (aus Führer, 2012)

Die Untersuchungsergebnisse können nachfolgend beispielsweise unter gesundheitlichen, innenraumhygienischen, werkvertraglichen oder versicherungsrechtlichen Gesichtspunkten bewertet werden. In Abb. 9-8 ist ein Beispiel aufgezeigt, wie eine derartige Bewertung vor dem Hintergrund gesundheitlicher Beschwerden der Raumnutzer aussehen könnte.

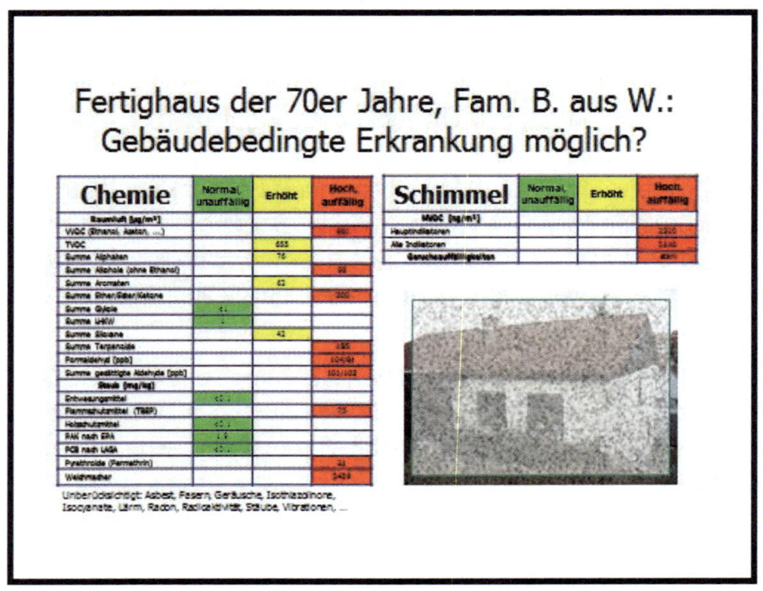

Fertighaus der 70er Jahre, Fam. B. aus W.:
Gebäudebedingte Erkrankung möglich?

Chemie	Normal, unauffällig	Erhöht	Hoch, auffällig
Raumluft [µg/m³]			
VVOC (Ethanol, Aceton, ...)			[illegible]
TVOC		655	
Summe Aliphaten		76	
Summe Alkohole (ohne Ethanol)			[illegible]
Summe Aromaten		62	
Summe Ether/Ester/Ketone			200
Summe Glykole	<1		
Summe LHKW	[illegible]		
Summe Siloxane		42	
Summe Terpenoide			[illegible]
Formaldehyd [ppb]			[illegible]
Summe gesättigte Aldehyde [ppb]			[illegible]
Staub [mg/kg]			
Entwesungsmittel	[illegible]		
Flammschutzmittel (TBEP)			[illegible]
Holzschutzmittel	[illegible]		
PAK nach EPA	[illegible]		
PCB nach LAGA	[illegible]		
Pyrethroide (Permethrin)			[illegible]
Weichmacher			[illegible]

Unberücksichtigt: Asbest, Fasern, Geräusche, Isothiazolinone, Isocyanate, Lärm, Radon, Radioaktivität, Stäube, Vibrationen, ...

Schimmel	Normal, unauffällig	Erhöht	Hoch, auffällig
MVOC [ng/m³]			
Hauptindikatoren			[illegible]
Alle Indikatoren			[illegible]
Geruchsauffälligkeiten			[illegible]

Abbildung 9-8: Bewertung von Untersuchungsergebnissen unter gesundheitlichen Gesichtspunkten (wegen eines möglichen merkantilen Minderwertes bzw. Wertverlustes wurden das Haus und die Umgebung anonymisiert)

Ohne auf Details einzugehen, wird auch für chemische Laien durch die vielfältigen roten Markierungen erkennbar, dass unter gesundheitlichen Gesichtspunkten viele Werte (mehrheitlich Summenkonzentrationen von Verbindungsklassen) auffällig bis hoch zu bewerten sind. Zusammen mit Erfahrungswerten, ergänzenden Informationen und einem zusätzlich sehr wahrscheinlichen Schimmelschaden (hohe MVOC-Werte) ist die Frage, ob eine Gebäudebedingte Erkrankung möglich ist, nicht nur zu bejahen sondern muss als hochwahrscheinlich angesehen werden. Innenraumrelevante gesundheitliche Beschwerden können bei einem derartigen Ergebnis zumindest nicht ausgeschlossen werden.

Aus Übersichtsanalysen von Raumluft und Staub ist es nur eingeschränkt möglich, auf Schadstoffquellen zu schließen. Für die eindeutige Klärung sind Materialuntersuchungen nötig. Die sich daraus ergebenden Befunde sind die Grundlage für alles Weitere, also ob belastete Materialien oder Bauteile beseitigt oder fachgerecht saniert werden sollten. In dem nachfolgenden Beispielsfall der Abb. 9-9 bestand das Dachgeschoss aus einem sichtbaren Dachstuhl mit einer Aufdachdämmung. Entsprechend der vorgelegten Ausschreibung des Architekten sollten die raumseitigen Holzbauteile keinen Anstrich mit Holzschutzwirkstoffen aufweisen. Bei einem Innenraumcheck vor dem Hauskauf ergaben sich für Verkäufer, Maklerin und Käufer folgende, teilweise überraschende Befunde:

- Die sichtbare Dachschalung war mit dem Holzschutzmittelwirkstoff Dichlofluanid belastet (590 mg/kg).
- In einem Raum des Erdgeschosses war ein lokaler verdeckter Schimmelschaden in der Fußbodenkonstruktion vorhanden.
- Auffällige Werte an Ethanol (was u.a. in Parfüms und Rasierwässern verwendet wird) konnten der intensiven Parfümierung der Immobilienmaklerin zugeordnet werden und waren somit für die weiteren baulichen Gesichtspunkte ohne Belang.

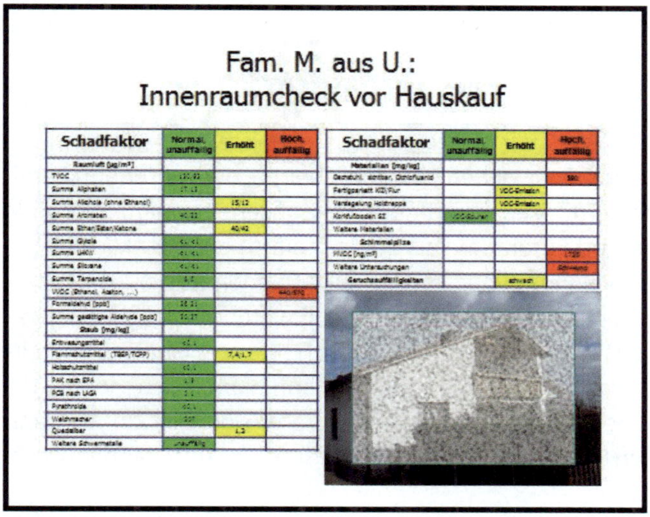

Fam. M. aus U.:
Innenraumcheck vor Hauskauf

Schadfaktor	Normal, unauffällig	Erhöht	Hoch, auffällig
Raumluft [µg/m³]			
TVOC	[illegible]		
Summe Aliphaten	[illegible]		
Summe Alkohole (ohne Ethanol)		15/12	
Summe Aromaten	[illegible]		
Summe Ether/Ester/Ketone		40/42	
Summe Glykole	[illegible]		
Summe UAKW	[illegible]		
Summe Siloxane	[illegible]		
Summe Terpenoide	[illegible]		
VVOC (Ethanol, Aceton, ...)			[illegible]
Formaldehyd [ppb]	[illegible]		
Summe gesättigte Aldehyde [ppb]	[illegible]		
Staub [mg/kg]			
Entwesungsmittel	[illegible]		
Flammschutzmittel (TBEP,TCPP)		7,4/1,7	
Holzschutzmittel	[illegible]		
PAK nach EPA	[illegible]		
PCB nach LAGA	[illegible]		
Pyrethroide	[illegible]		
Weichmacher	[illegible]		
Quecksilber		[illegible]	
Weitere Schwermetalle	unauffällig		

Schadfaktor	Normal, unauffällig	Erhöht	Hoch, auffällig
Materialien [mg/kg]			
Dachstuhl, sichtbar, Dichlofluanid			590
Fertigparkett KG/Flur		VOC-Emission	
Versiegelung Holztreppe		VOC-Emission	
Korkfußboden EG	[illegible]		
Weitere Materialien			
Schimmelpilze			
MVOC [ng/m³]			[illegible]
Weitere Untersuchungen			[illegible]
Geruchsauffälligkeiten		schwach	

Abbildung 9-9: Bewertung von Untersuchungsergebnissen unter innenraumhygienischen Gesichtspunkten (wegen eines möglichen merkantilen Minderwertes bzw. Wertverlustes wurden das Haus und die Umgebung anonymisiert)

Die Mehrheit der überprüften Faktoren lag in einem grünen oder noch unauffälligen gelben Bereich. Bei den rot markierten Faktoren handelt es sich um innenraumhygienische Auffälligkeiten, die im Rahmen einer gesundheitlichen Vorsorge saniert werden sollten. Im Rahmen der Kaufverhandlungen wurden die Schäden eingepreist und beim Kaufpreis berücksichtigt.

9.1.4 Vorteile einer standardisierten Vorgehensweise

Folgende Vorteile ergeben sich mit der standardisierten, systematischen und kosteneffizienten Vorgehensweise zum Erkennen von wesentlichen Schadfaktoren in Innenräumen durch das europaweit patentierte Probenahme-Verfahren „Innenraumcheck“:

- Für die Raumnutzer: Eine Sicherheit bezüglich der Wohnraumqualität ohne gesundheitliche Gefährdung durch ggf. langzeitig einwirkende Schadfaktoren wird erreicht.
- Für das Gesundheitswesen: Gebäudebedingte Erkrankungen können erkannt und die Ursache für gesundheitliche Beschwerden von Raumnutzern geklärt bzw. eingegrenzt werden.
- Für das Bau- und Immobilienwesen: Der Innenraumcheck bietet neue Impulse und innovative Ansätze für eine Verbesserung der Innenraumverhältnisse hin zu „gesünderen“ Büroräumen und Wohnungen.
- Für die Gerichtsbarkeit: Nachvollziehbare und reproduzierbare Vorgehensweisen werden ermöglicht bzw. sind etabliert.
- Für die Gesellschaft: Volkswirtschaftliche und betriebswirtschaftliche Risiken werden erkannt; die Ursachen für erhöhte Ausfallszeiten von Mitarbeitern können beseitigt werden.
- Für die „Innenraumhygiene“: Impulsgeber und Weiterentwicklung von Grundlagen und technischen Sachverhalten, was zu einer Verbesserung der Innenraumsituation führt.

9.2 Bewertungsgrundlagen und Bewertung

Messen ist vergleichsweise einfach. Wie aber sind die Messergebnisse zu bewerten, und welche Schlussfolgerungen sind daraus zu ziehen? Werden bei nachgewiesenen chemischen Verbindungen die MAK-Werte (Maximale Arbeitsplatz-Konzentrationen) zugrunde gelegt, dann sind alle Wohnungen und Büroräume als gesundheitlich unbedenklich einzustufen. Für Schadstoffbelastungen in Innenräumen könnte auch sinngemäß die Arbeitsstättenverordnung in der Fassung aus dem Jahr 2005 herangezogen werden. Dort wird hervorgehoben, dass die Luft am Arbeitsplatz gesundheitlich zuträglich sein soll. Eine gesundheitlich zuträgliche Atemluft ist in Innenräumen demgemäß dann vorhanden, wenn die Raumluft im Wesentlichen der Außenluftqualität entspricht. Dieser sinnvolle Ansatz kann auf Wohnräume übertragen werden (Anmerkung: Typischerweise ist die Innenraumluft stärker belastet als die Außenluft).

Extrem wird es in Krankenhäusern und Seniorenwohnheimen. Dort darf entsprechend dem maßgeblichen Robert-Koch-Institut die Raumluft nicht negativ beeinflusst werden. Insofern gelten hier besondere Anforderungen an die Innenraumverhältnisse.

Mittlerweile wurden für eine Vielzahl an Einzelverbindungen und Verbindungsgruppen für die Innenraumluft Richtwerte erstellt (u.a. Sagunski & Roßkamp, 2002; Sagunski & Heinzow, 2003; Umweltbundesamt, 2016). Als Innenräume wurden Wohnungen und Büroräume definiert. Öffentliche Gebäude wie Schulen, Kindertagesstätten, Sporthallen und andere öffentliche Veranstaltungsräume sowie das Innere von Kraftfahrzeugen und öffentlichen Verkehrsmitteln zählen ebenso dazu. Der Ausschuss für Innenraumrichtwerte (vormals Ad-hoc-Arbeitsgruppe) am Umweltbundesamt hat bundeseinheitliche Richtwerte und Leitwerte festgelegt. Auf der Homepage des Umweltbundesamtes war am 30.7.2017 Folgendes zu lesen: „Die Menschen in Mitteleuropa halten sich heute durchschnittlich 90 Prozent der Zeit in Innenräumen auf. Pro Tag atmet der Mensch 10 bis 20 m^3 Luft ein, je nach Alter und je nachdem, wie aktiv er ist. Dies entspricht einer Masse von 12 bis 24 kg Luft. Das ist weitaus mehr als die Masse an Lebensmitteln und Trinkwasser, die eine Person täglich zu sich nimmt. Deshalb ist es wichtig, dass Vorkehrungen getroffen werden, die eine gute Innenraumluftqualität sicherstellen. Es müssen daher Vorgaben erarbeitet werden, ab welcher Konzentration ein Stoff in der Raumluft „schädlich" ist. Dazu dienen Richtwertableitungen."

Der Richtwert I (RW I) ist die Konzentration eines Stoffes in der Innenraumluft, bei der im Rahmen einer Einzelstoffbetrachtung nach gegenwärtigem Kenntnisstand auch bei lebenslanger Exposition keine gesundheitlichen Beeinträchtigungen zu erwarten sind. Der Richtwert II (RW II) stellt die Stoffkonzentration dar, bei deren Erreichen unverzüglich Handlungsbedarf entsteht. Eine Überschreitung des RW I ist mit einer über das übliche Maß hinausgehenden, hygienisch unerwünschten Belastung verbunden. Aus Vorsorgegründen besteht auch im Konzentrationsbereich zwischen RW I und RW II Handlungsbedarf.

Der RW I wird vom RW II durch Einführen eines zusätzlichen Faktors (in der Regel 10) abgeleitet. Dieser Faktor ist eine Konvention. Der RW I kann als Sanierungszielwert dienen. Er soll nicht „ausgeschöpft", sondern nach Möglichkeit unterschritten werden. Die Richtwerte sind als Einzelstoffbetrachtung zu sehen und beinhalten keine Aussage über mögliche Kombinationswirkungen verschiedener Substanzen. Beispielhaft werden die Richtwerte von Styrol angegeben: RW I = 30 $\mu g/m^3$ und RW II = 300 $\mu g/m^3$.

Unter einem Leitwert versteht der Ausschuss für Innenraumrichtwerte einen hygienisch begründeten Beurteilungswert eines Stoffes oder einer Stoffgruppe. Leitwerte werden festgelegt, wenn systematische praktische Erfahrungen vorliegen, dass mit steigender Konzentration die Wahrscheinlichkeit für Beschwerden oder nachteilige gesundheitliche Auswirkungen zunimmt, der Kenntnisstand aber nicht ausreicht, um toxikologisch begründete Richtwerte abzuleiten. Leitwerte wurden bis Mitte des Jahres 2017 festgelegt für Kohlendioxid, Kohlenmonoxid, für die Summe der flüchtigen organischen Verbindungen (Total Volatile Organic Compounds – TVOC) und für Feinstaub (Particulate Matter – PM 2,5).

Beispielhaft sind die Leitwerte für die Summe an flüchtigen organischen Verbindungen (TVOC) in der folgenden Tabelle 9-3 dargestellt. Für die Bewertung von TVOC-Werten wurden fünf Stufen definiert und für einzelne Stufen wurden bestimmte Maßnahmen empfohlen.

Stufe	Konzentrationsbereich [mg TVOC/m³]	Hygienische Bewertung
1	$\leq$ 300 µg/m³	Hygienisch unbedenklich
2	> 300 bis 1.000 µg/m³	Hygienisch noch unbedenklich, sofern keine Richtwertüberschreitungen für Einzelstoffe bzw. Stoffgruppen vorliegen
3	> 1.000 bis 3.000 µg/m³	Hygienisch auffällig
4	> 3.000 bis 10.000 µg/m³	Hygienisch bedenklich
5	> 10.000 µg/m³	Hygienisch inakzeptabel

Tabelle 9-3: Konzentrationsbereiche der Gesamtsumme an flüchtigen organischen Verbindungen und deren hygienische Bewertung

9.3 Überblick über Sanierungsmethoden

Liegen Hinweise oder begründete Verdachtsmomente auf eine Schadstoffbelastung vor bzw. ist eine solche mittels Untersuchungen nachgewiesen, müssen zur Vermeidung eventueller Gesundheitsgefährdungen bis zur (endgültigen) Klärung des Sachverhaltes (bzw. bis zur Erstellung eines Sanierungskonzeptes) an den jeweiligen Einzelfall angepasste Sofortmaßnahmen erwogen werden. Beispiele sind das Aufstellen von Raumluftfiltern oder – im Extremfall – die (vorübergehende) Aussetzung der Nutzung.

9.3.1 Wohngesundheit und (technische) Wohnungslüftung

Der moderne Mensch ist in seiner Wohnung oder an seinem Büroarbeitsplatz heute vielfältigen Schadfaktoren ausgesetzt. Unabhängig von allen Belastungsszenarien ist immer auf ein ausreichendes Lüftungsverhalten zu achten. Beim Thema Lüften muss aber berücksichtigt werden, dass damit nur das Symptom „schlechte Luft" verbessert wird, die Ursache der (Geruchs-)Belastung aber nicht beseitigt werden kann.

Ein händisches Lüften entsprechend der OKK-Regel (Oft – Kurz – Kräftig) mit vollständig geöffneten Fenstern ohne Kippstellung mehrmals am Tage ist heute im Allgemeinen nicht (mehr) durchführbar. Auch wird unter energetischen Gesichtspunkten sinnvollerweise immer dichter gebaut. Beide Faktoren führen zwangsläufig zu einer Verschlechterung der Raumqualität unter innenraumhygienischen bzw. gesundheitlichen Gesichtspunkten, da ein ausreichender Luftwechsel nicht mehr gewährleistet ist. Vor diesem Hintergrund stellt sich die zentrale Frage: Kann eine technische Wohnungslüftung die Raumqualität bezüglich Schadfaktoren verbessern? Die Antwort lautet: Ja und nein.

Ja, weil es durch eine konsequente und regelmäßige „Dauerlüftung" zu keiner Anreicherung von bestimmten Stoffen in der Raumluft kommen kann:

- Viele leichtflüchtige lösemittelartige Verbindungen werden durch einen hohen Luftwechsel deutlich verdünnt und damit vermindert.

- Feuchtigkeit wird „automatisch" abgeführt und steht somit nicht als Grundlage für eine Schimmelbildung zur Verfügung.
- Im Rahmen von Neubau oder Renovierung gehen mögliche Fehler bei der Baustoffauswahl nicht zwangsläufig zu Lasten der gesundheitlichen Vorsorge der Bewohner.

Nein, weil vorliegende Schadfaktoren aufgrund ihrer chemisch-physikalischen Eigenschaften nicht einfach „weggelüftet" werden können:

- Schwerflüchtige organische Verbindungen wie beispielsweise Holzschutzmittel, Flammschutzmittel, Pyrethroide und Polyzyklische Aromatische Kohlenwasserstoffe (PAK) sind teilweise oder vollständig an Partikel oder Feinstäube gebunden und entziehen sich somit weitestgehend einer Verminderung durch Lüften.
- Ebenso haben Sporen und Zellwandbruchstücke von Schimmelpilzen partikelartigen Charakter, was deren effektive lüftungstechnische Verminderung stark einschränkt.
- Eine vorliegende Schimmelpilzbelastung muss entsprechend dem aktuellen Wissensstand entweder aktiv aus den Innenräumen entfernt oder sicher von der Raumluft abgetrennt werden, um gesundheitlichen Beschwerden der Raumnutzer vorzubeugen.

Zu berücksichtigen ist einerseits, dass ein optimiertes Lüften immer sinnvoll ist, um die Konzentrationen der Luftinhaltsstoffe zu vermindern. Andererseits wird aber bei einer vorliegenden Schadstoff- oder Schimmelpilzbelastung die Luft mit all ihren Inhaltsstoffen an der Nase vorbeigeführt und damit in den Körper aufgenommen, bevor sie entsorgt (sprich nach außen abgeführt) wird. Somit ergibt sich für die technische Wohnraumlüftung eine sinnvolle, aber häufig nicht ausreichende Maßnahme für gesundes Wohnen.

Fazit: Erst durch das Zusammenwirken von Baukonstruktion, Materialauswahl, technischer Gebäudelüftung und Nutzerverhalten kann im Sinne einer gesundheitlichen Vorsorge eine optimierte, schadstoffarme Raumqualität erreicht werden.

9.3.2 Sanierung chemischer Belastungen

Die beste Sanierung von Schadstoffbelastungen ist die Entfernung der Primärquelle(n) und ggf. vorhandener Sekundärquellen. Beispielhaft soll dies an einer Holzschutzmittelbelastung erläutert werden. Bei jeder Schadstoffsanierung sind Erfordernisse, Fragestellung, fachliche und wirtschaftliche Belange, . . . zu berücksichtigen und die Maßnahme auf die konkrete Vor-Ort-Situation abzustimmen. Das Vorliegen einer Flächenbelastung kann im Extremfall eines ehemaligen Holzschutzmitteleinsatzes den kompletten Rückbau eines Gebäudes mit einem wirtschaftlichen Totalschaden bedeuten.

Alle nachfolgend aufgeführten Methoden führen nach dem Einbringen von Holzschutzmittelwirkstoffen bei fachgerechter Durchführung zu einer (deutlichen) Verminderung der Exposition, aber zu keinen schadstofffreien Innenräumen. Einzelne Maßnahmen sind auch auf andere Schadstoffe bzw. Schadstoffklassen übertragbar oder ggf. modifiziert einsetzbar.

- Entfernen der belasteten Materialien bzw. Bauteile.

- Ein Abspänen der obersten Bereiche z.B. von Fachwerk und Holzbalken ist sehr aufwändig und kann in Gebäuden zu statischen Problemen führen.
- Eine Abschottung durch Isolierfolien oder Isoliertapeten ist ebenfalls sehr aufwändig und verändert durch eine andere Oberflächengestaltung den Charakter der Innenräume bzw. des Gebäudes. Zusätzlich ist dabei auf bautechnische und bauphysikalische Veränderungen zu achten.
- Thema farblose Decklacke und Sanierungsanstriche: Derartige Beschichtungssysteme sollten nicht flächig eingesetzt werden (Beschränkung auf behandelte Holzbauteile, nicht auf [sekundärbelastete] Wandoberflächen), da deren absperrende Wirkung bauphysikalisch relevant ist und im Extremfall wegen Feuchtigkeitsstau zu Schimmelbildung führt (gilt auch für gasdichte Folien).
- Mit dem Einbau einer kontrollierten Be- und Entlüftungsanlage kann das „Symptom" schlechte Luft durch einen konsequenten Luftaustausch verbessert werden.
- Das Beseitigen von Sekundärkontaminationen kann mittels einer Feinreinigung aller Oberflächen in einem Raum (incl. der Möblierung) erfolgen.
- Um eine effiziente Verminderung einer (Holzschutzmittel-)Belastung zu erreichen, ist oftmals eine Kombination verschiedener Maßnahmen sinnvoll.

Bei einer Sanierung sind immer die physikalisch-chemischen Eigenschaften der chemischen Verbindungen zu berücksichtigen. Unabhängig von den Sanierungsmethoden ist eine messtechnische Begleitung empfehlenswert. Vor Beginn von Maßnahmen muss ein konkretes Sanierungskonzept mit einem Sanierungsziel erstellt werden, auch um den Kostenfaktor und damit die Wirtschaftlichkeit der Maßnahme zu bewerten. Bei größeren Maßnahmen können zum einen u.U. Probesanierungen in einem lokal begrenzten Bereich dazu genutzt werden, um Erkenntnisse zu gewinnen vor einer umfangreichen Schadstoffsanierung. Zum anderen ist der Sanierungserfolg durch angepasste Untersuchungsmethoden zu kontrollieren und zu dokumentieren.

9.3.3 Sanierungsbeispiele

So wie vielfältige und unzählige Schadfaktoren in einem Gebäude vorliegen können, so gibt es übereinstimmend unterschiedlichste Sanierungsverfahren. Diese sind immer auf die Vor-Ort-Situation vor dem Hintergrund der angestrebten oder bereits vorliegenden Nutzung mit dem Gebäudeeigentümer abzustimmen. Deshalb werden nachfolgend Grundprinzipien einer Sanierung beispielhaft vorgestellt. Manche Bauherren mögen aus nachvollziehbaren monetären Gründen keine fachgerechte, weil aufwändige Sanierung durchführen. Dann liegt es an dem Planer, den Bauherrn von der Notwendigkeit zu überzeugen, wenn er nicht selbst ein Haftungsrisiko auf sich nehmen will. Schließlich geht es um die Gesundheit der Bauschaffenden (Arbeitsschutz) und der späteren Raumnutzer (Wohngesundheit), also um nicht weniger als um das Grundrecht auf körperliche Unversehrtheit des Einzelnen, wie es das Grundgesetz der Bundesrepublik Deutschland in Art. 2 garantiert.

9.3.3.1 Bürorenovierung wegen Mottenschutzmittel

Bei der Assistentin der Geschäftsführung begannen gesundheitliche Beschwerden nach der Renovierung ihrer Büroräumlichkeiten. Unter anderem wurde berichtet über Atemwegserkrankungen und Husten, Reizung von Augen/Nase/Rachen, trockene Haut und Schleimhäute, Kopfschmerzen und Antriebsarmut. Am Wochenende und im Urlaub besserten sich die Beschwerden deutlich und traten im Büro erneut auf. Weiterhin wurde berichtet, dass gleichartige Beschwerden vorliegen, wenn die Raumnutzerin dienstlich oder privat im Flugzeug reiste.

Vor diesem Hintergrund wurde ein Innenraumcheck durchgeführt mit folgendem Ergebnis: Hohe Konzentrationen wurden für Permethrin und Weichmacher im Rahmen einer Staubuntersuchung erhalten, während andere Verbindungen im Staub (SVOC, POM) nicht oder in geringen Konzentrationen nachweisbar waren. Permethrin ist ein Insektizid und gehört zur Gruppe der Pyrethroide (= Pyrethrum ähnliche Verbindungen). Es wird bzw. wurde in Naturstoffen wie Teppichen und Teppichböden als Insektizid eingesetzt, findet bzw. fand als Holzschutzmittelwirkstoff Verwendung und ist bei Kammerjägern beliebt.

Als unauffällig zu bewerten waren die Konzentrationen von Aldehyden (incl. Formaldehyd) und lösemittelartigen Verbindungen (VVOC und VOC) in der Raumluft (siehe Abb. 9-10).

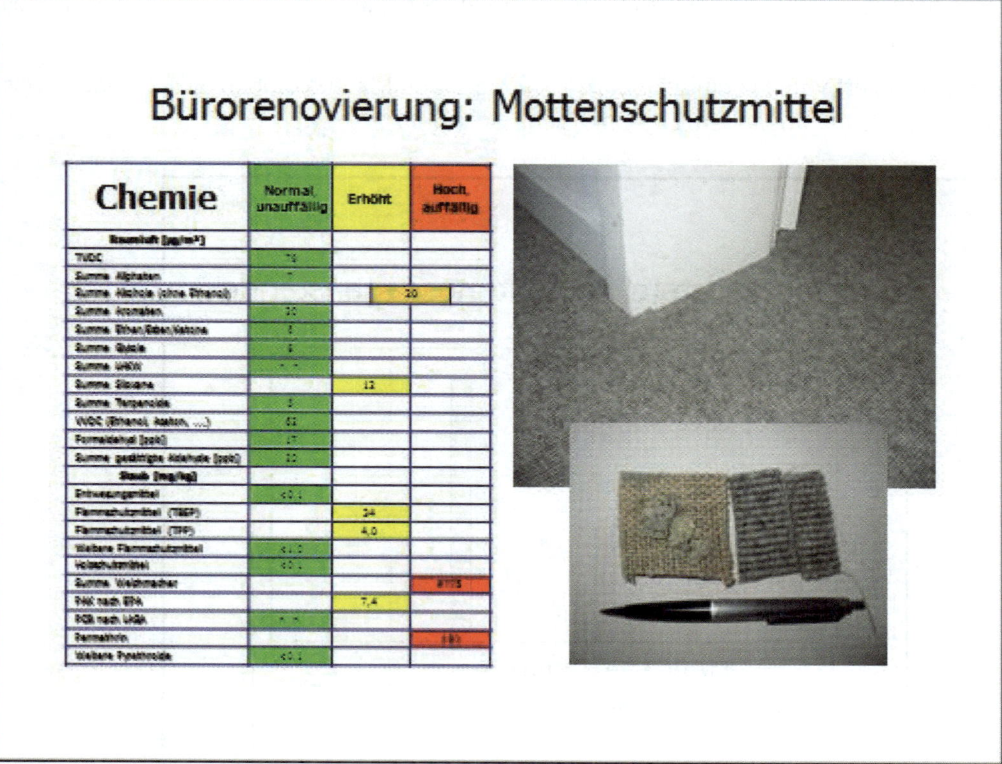

Chemie	Normal, unauffällig	Erhöht	Hoch, auffällig
[illegible]			
[illegible]	[illegible]		
[illegible]	[illegible]		
[illegible]		20	
[illegible]	[illegible]		
[illegible]	[illegible]		
[illegible]	[illegible]		
[illegible]	[illegible]		
[illegible]		[illegible]	
[illegible]	[illegible]		
[illegible]	[illegible]		
[illegible]	[illegible]		
[illegible]	[illegible]		
[illegible]			
[illegible]	[illegible]		
[illegible]		24	
[illegible]		4,0	
[illegible]	[illegible]		
[illegible]	[illegible]		
[illegible]			[illegible]
[illegible]		7,4	
[illegible]	[illegible]		
[illegible]			[illegible]
[illegible]	[illegible]		

Abbildung 9-10: Permethrin und Weichmacher waren im Rahmen eines Innenraumchecks als auffällig bzw. hoch zu bewerten

Nach der Untersuchung einer Materialprobe des im Rahmen der Renovierung neu verlegten Teppichbodens war der Befund eindeutig: Dieser war die Quelle für die in der Staubprobe nachgewiesenen hohen Permethrin- und Weichmacherkonzentrationen. Nach Entfernen und Ersetzen des Teppichbodens waren die gesundheitlichen Beschwerden wie durch ein Wunder geheilt. Anmerkungen: a. In Flugzeugen wurde bzw. wird Permethrin als Insektizid eingesetzt, um die ungewollte Mitreise von krankheitsübertragenden Mücken zu verhindern. b. Betroffene Personen haben sich bereits vor vielen Jahren in einer Selbsthilfeorganisation der Pyrethroid-Geschädigten zusammengeschlossen.

9.3.3.2 Schadstoffbelastete Einrichtungsgegenstände

In einem etwa drei Jahre alten Haus sollte die Innenraumqualität aus Vorsorgegründen überprüft werden. Im Rahmen eines Innenraumchecks waren für ein neu errichtetes Wohnhaus im Hausstaub untypische Stoffe nachweisbar, die zum Zeitpunkt des Hausbaus längst verboten waren oder deren In-Verkehr-Bringen durch das Chemikaliengesetz reglementiert war: Pentachlorphenol (PCP), Dieldrin und DDT. Bei diesen Stoffen handelt es sich um potente Insektizide und Fungizide, deren gesundheitliche Auswirkungen auf den Menschen mittlerweile gut dokumentiert sind. Wenn derartige „Altlasten" in einem neu errichteten Haus in relevanter Konzentration nachgewiesen werden, kann es sich eigentlich nur um Gegenstände handeln, die eine gewisse Vorgeschichte erlebt haben müssen. Im konkreten Fall waren dies insgesamt drei ältere und neuere Teppiche und eine Ledersofagarnitur, die zum Einzug neu gekauft worden war.

Zur Klärung erfolgten chemische Untersuchungen von Materialproben dieser Einrichtungsgegenstände mit folgendem Ergebnis (siehe Abb. 9-11):

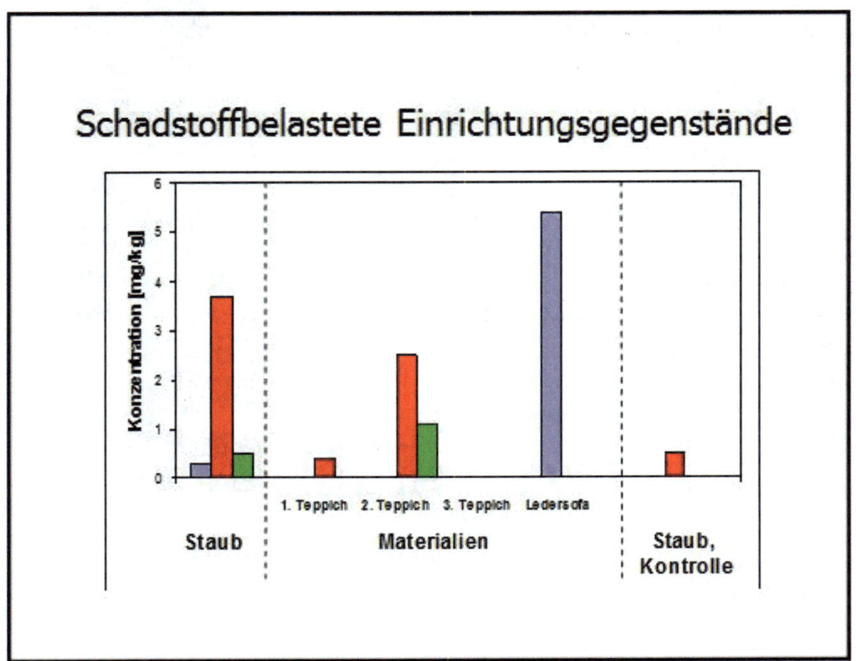

Abbildung 9-11: Mit Schadstoffen belastete Möbel: Blau = PCP, rot = DDT, grün = Dieldrin)

- Teppich Nr. 2 (ein älterer Perserteppich) war die Primärquelle für DDT und Dieldrin. Sanierungsempfehlung: Aus Räumen entfernen und als Sondermüll entsorgen.
- Teppich Nr. 1 lag schon in der alten Wohnung neben Teppich Nr. 2 und hat von diesem eine Sekundärkontamination an DDT aufgenommen (niedrige DDT-Konzentration, kein Nachweis von Dieldrin).
Sanierungsempfehlung: Aus Hauptaufenthaltsräumen entfernen.
- Teppich Nr. 3 wurde mit dem Einzug neu gekauft und lag in einem anderen Stockwerk als die Teppiche Nr. 1 und 2 (er hat keine Sekundärkontamination aufgewiesen).
Sanierungsempfehlung: Keine.
- Ledersofagarnitur: Im Rahmen der chemischen Analyse des Leders wurden 5,4 mg/kg PCP nachgewiesen, womit der Wert der PCP-Richtlinie von 5,0 mg/kg überschritten war. Sanierungsempfehlung: Aus Räumen entfernen. Die logische Konsequenz daraus war, dass das Handelsunternehmen zeitnah die Ledermöbel wieder abgeholt hat und der Kaufpreis zurückerstattet wurde.

Die Sanierungsempfehlungen wurden auf der Grundlage der erhaltenen Untersuchungsergebnisse getroffen. Nach dem Entfernen der belasteten Materialien wurde eine Feinreinigung empfohlen, um die freigesetzten Schadstoffreste zu beseitigen. Um sicherzugehen, dass tatsächlich die Quellen und die von diesen abgegebenen Sekundärkontaminationen beseitigt wurden, erfolgte als Sanierungskontrolle eine erneute Staubuntersuchung. Diese bestätigte den Erfolg der Sanierungsmaßnahmen mit einer Ausnahme: Von DDT waren noch Reste vorhanden, die sich auf Teppich Nr. 2 zurückführen ließen: Dieser sollte aus emotionalen und wirtschaftlichen Gründen (Erbstück, wertvolles Exemplar) in der Wohnung verbleiben.

9.3.3.3 Im Jahr 1995 errichtete Schule

Das mehrheitlich in Massivbauweise errichtete Schulgebäude war im Außenwandbereich durch Ständerwandkonstruktionen unterbrochen. Erste Untersuchungen zum Beginn der Nutzungsphase durch ein Drittunternehmen führten zu einem Beweissicherungsverfahren wegen angeblicher Formaldehydemissionen von Sitzmöbeln. Wegen fortgesetzter gesundheitlicher Beschwerden der Raumnutzer und wegen vorliegender Geruchsauffälligkeiten wurden etwa 15 Jahre nach Fertigstellung und Bezug der Schule mehrere Innenraumchecks in der Schule in Abhängigkeit von Geschoss, Einrichtung und Nutzung durchgeführt. Bei der Mehrzahl der überprüften chemischen Verbindungen und Verbindungsklassen lagen in der Raumluft der beprobten Räume keine Überschreitungen von Richt-, Orientierungs- oder Eingreifwerten vor. Diesbezüglich bestand kein Handlungsbedarf.

Die in der Raumluft von vier Räumen nachgewiesenen Formaldehydkonzentrationen zwischen 74 und 87 ppb (bezogen auf Standardvolumen) waren als auffällig zu bewerten. Der Eingreifwert des ehemaligen Bundesgesundheitsamtes von 100 ppb war wohl unterschritten, der von der Weltgesundheitsorganisation (WHO) im Jahr 1987 angegebene Richtwert von 50 ppb aber überschritten (zum damaligen Zeitpunkt war noch kein Richtwert durch das Umweltbundesamt festgelegt). Diese zunächst undramatischen Befunde wurden aber relativiert, als bei ergänzenden Nachmessungen im Hochsommer bei entsprechend hohen Temperaturen und absoluten Feuchtegehalten deutlich höhere Formaldehyd-Konzentrationen in der Raumluft bis über 200 ppb nachweisbar waren. Zur Information: Die Freisetzungsrate von Formaldehyd aus Formaldehydklebern, -harzen oder -lacken nimmt mit der Temperatur und den Feuchtegehalten der Raumluft zu.

Daraufhin stellte sich die Frage, was denn der oder die Verursacher für diese (sehr) hohen Formaldehydkonzentrationen waren? Nach verschiedenen Materialuntersuchungen stand der Verursacher fest: Es waren primär die furnierten Holzbretter, die die Außenwandkonstruktion raumseitig abschlossen. In geringerem Umfang waren im Rektorat die furnierten Spanplatten der Möbel mitbeteiligt (Tab. 9-4).

Probe [mg/kg]	Gering, unauffällig	Erhöht	Auffällig
Erstergebnisse			
1. Holzbrett mit Furnier von Außenwand EG			**220**
Mischproben Schrank EG, Raum 001		**34**	
Abgehängte Decke EG, Raum 011	**<10**		
Linoleumbelag OG, Raum 106	**<10**		
Linoleumbelag EG, Raum 001	**<10**		
KMF aus Wand OG, Raum 107	**<10**		
KMF aus Wand EG, Mischprobe	**<10**		
KMF von Fußboden OG, Galerie	**<10**		
KMF aus Fußboden EG, Raum 001	**<10**		
KMF aus Fußboden EG, Raum 009	**<10**		
Überprüfung der Erstergebnisse			
2. Holzbrett mit Furnier von Außenwand EG			**330**
1. Holzbrett mit Furnier von Außenwand OG			**260**

Tabelle 9-4: Klärung der Formaldehydquelle(n) durch laboranalytische Materialuntersuchungen (EG = Erdgeschoss, OG = Obergeschoss, KMF = Künstliche Mineralfaser-Dämmung)

In der Außenwandkonstruktion waren weitere Mängel wie Luftundichtigkeiten und Wassereinträge feststellbar (Abb. 9-12X).

Zur Behebung aller Außenwandmängel mussten die gesamten Ständerwandkonstruktionen rückgebaut und neu errichtet werden. Diese Arbeiten konnten abschnittsweise erfolgen, ohne dass der Schulunterricht übermäßig beeinträchtigt wurde. Die einzelnen Möbel mit verbauten formaldehydabgebenden Spanplatten wurden durch neue Möbel ersetzt. Raumluftmessungen zur Überprüfung des Sanierungserfolges ergaben unter Berücksichtigung der Einflussfaktoren Temperaturen und Luftfeuchte unkritische Konzentrationen zwischen 30 und 42 ppb.

Abbildung 9-12: Als wesentliche Formaldehydquelle konnten die großflächig in Außenwandkonstruktionen verwendeten furnierten Holzbauteile identifiziert werden – zusätzlich waren Mängel in der Luftdichtigkeitsebene (verfärbte KMF) und Wassereinträge (Wasserverlaufspuren auf Fußpfette) erkennbar

9.4 Einige weitere Schadfaktoren in Innenräumen und Gebäuden

Ein direkter Zusammenhang zwischen Schadfaktor im Innenraum und dem Krankheitsbild der Raumnutzer lässt sich in der Regel nicht oder nur äußerst schwer herstellen. Nur bei einem innenraumbedingten Faktor ist dies bis heute gelungen. Sein Name: Radon. Bei Radon handelt es sich um ein radioaktives Edelgas, das in der Regel gesteinsabhängig aus dem Untergrund über nicht abgedichtete Keller in das Gebäude gelangt. Hauptbetroffene wohnen im Erzgebirge und im Fichtelgebirge. Gegenden mit Sedimentationsgesteinen wie Muschelkalk oder Sandstein sind nicht berührt. Radon ist ein Schadfaktor in Innenräumen, bei dem ein kausaler Zusammenhang zwischen Einwirkung in Gebäuden und Ausprägung gesundheitlicher Beschwerden belegt ist: Jedes Jahr erkranken ca. 3.000 Menschen neu an Lungenkrebs durch Radonvorkommen in Gebäuden (Radon-Handbuch Deutschland, 2001; Guhr & Leißring, 2005).

9.4.1 Polyzyklische Aromatische Kohlenwasserstoffe (PAK)

PAK können in Teerklebstoffen und Asphaltestrichen vorkommen. Bekannt ist auch das Holzschutzmittel Carbolineum, das allerdings sehr geruchsauffällig war und bei Vorhandensein in einem Dachstuhl durch den charakteristischen süßlich-dumpfen Geruch von Geübten schnell erkannt werden kann. Ganz allgemein gilt, dass PAK-haltige Materialien im Innenraum zu Geruchsauffälligkeiten führen mit süßlich-dumpfen bis alt-abgestandenen Geruchsqualitäten.

Im Jahr 2000 wurden Hinweise für die Bewertung und Maßnahmen zur Verminderung der PAK-Belastung durch Parkettböden mit Teerklebstoffen in Gebäuden (PAK-Hinweise) erarbeitet. Aktuell gültig ist noch immer die Fassung aus dem Jahr 2000. Bearbeiter waren die Projektgruppe Schadstoffe der Fachkommission Bautechnik der Bauministerkonferenz – Konferenz der für Städtebau, Bau- und Wohnungswesen zuständigen Minister und Senatoren der Länder (ARGEBAU) – entsprechend den Erkenntnissen in Wissenschaft und Technik und in Übereinstimmung mit den Erfordernissen der Baupraxis.

Diese Hinweise sind ein Leitfaden für Gebäudeeigentümer und Gebäudenutzer sowie Baufachleute, wie das Auftreten von PAK bei Parkettböden mit Teerklebstoffen in Gebäuden gesundheitlich zu bewerten ist, wie Maßnahmen zur Verminderung der PAK-Belastung (expositionsmindernde Maßnahmen) durchgeführt werden können, welche Schutzmaßnahmen dabei beachtet werden müssen und wie die Abfälle und das Abwasser zu entsorgen sind. Anhand eines Ablaufschemas ist die Vorgehensweise klar vorgegeben. Details finden sich bei ARGEBAU, 2000. Eine typische Quelle sind alte Parkettböden, die mit einem schwarzen Kleber am Unterboden befestigt wurden (Abb. 9-13).

Abbildung 9-13: Mit PAK-haltigem Kleber verlegtes, auf der Oberfläche bereits überarbeitetes älteres Vollholzparkett

9.4.2 Pentachlorphenol (PCP) und andere Holzschutzmittelwirkstoffe

PCP ist der klassische Holzschutzmittelwirkstoff. Der Umgang mit diesem wurde in der Richtlinie für die Bewertung und Sanierung Pentachlorphenol(PCP)-belasteter Baustoffe und Bauteile in Gebäuden geregelt (ARGEBAU, 1996).

Die Richtlinie wurde erarbeitet von der Projektgruppe „Schadstoffe" der Fachkommission Baunormung der Arbeitsgemeinschaft der für das Bau-, Wohnungs- und Siedlungswesen zuständigen Minister der Länder (ARGEBAU) als technische Regel entsprechend den Erkenntnissen in Wissenschaft und Technik und in Übereinstimmung mit den Erfordernissen der Baupraxis. Diese länderspezifische Richtlinie ist in Bayern gültig in der Fassung vom Oktober 1996.

Diese Richtlinie gilt für die Bewertung und Sanierung von Gebäuden, in denen Bauprodukte oder Bauteile enthalten sind, die mit PCP-haltigen Holzschutzmitteln behandelt wurden (Primärquellen) oder damit kontaminiert sind (Sekundärquellen). Das Fungizid PCP wurde einige Zeit mit dem Insektizid Lindan kombiniert. Produktionsbedingt kam es zu Verunreinigungen, weswegen PCP-haltige Holzschutzmittel auch mit Spuren von Dioxinen und Furanen belastet waren (Abb. 9-14).

Abbildung 9-14: PCP-haltige Holzschutzmittelbehandlung eines Dachstuhls

Wird eine Sanierung vorgenommen, werden gleichzeitig auch die wesentlichen Quellen für Dioxine, Furane und andere beigemischte Holzschutzmittelwirkstoffe wie Lindan beseitigt. Die PCP-Richtlinie gibt die Ermittlung der Sanierungsnotwendigkeit PCP-belasteter Räume vor, empfiehlt Maßnahmen zur vorübergehenden Verminderung der PCP-Belastungen in Räumen und für deren Sanierung. Darüber hinaus gibt es Empfehlungen zur Entsorgung PCP-haltiger Abfälle und eine Übersicht über die wichtigsten Rechtsvorschriften und Regelwerke, die bei PCP-Sanierungsarbeiten zu beachten sind.

Heute ist eine lange Liste an gesundheitsrelevanten Holzschutzmittelwirkstoffen bekannt mit Namen wie Dichlofluanid, Endosulfan, Furmecyclox, Propiconazol, Tebuconazol, Pyrethroide, . . . Das Umweltbundesamt rät, im Innenraum keine derartigen Holzschutzmittel einzusetzen, auch wenn moderne Wirkstoffe weniger gesundheitsgefährdend wie die Altlasten PCP und Lindan sein sollten. Sanierungen mit moderneren Holzschutzmittelwirkstoffen können in Anlehnung an die PCP-Richtlinie erfolgen.

9.4.3 Polychlorierte Biphenyle (PCB)

PCB wurden u.a. in elastischen Fugenmassen bei Gebäudetrennfugen, bei Anschlussfugen von Fenstern und Türzargen und als Bewegungsfugen zwischen Betonfertigteilelementen in Gebäude eingebracht (Abb. 9-15).

Abbildung 9-15: PCB-haltiges Fugenmaterial

Weitere PCB-Quellen sind Anstrichstoffe und Beschichtungen, Klebstoffe, Deckenpaneelen, Kunststoffe, Kabelummantelungen und Starterkondensatoren alter Neonlampen. Im Jahr 1973 empfahl der Rat für wirtschaftliche Zusammenarbeit und Entwicklung (OECD), PCB nicht mehr in offenen, sondern nur noch in geschlossenen Anwendungen einzusetzen. Im Jahr 1978 setzte die Bundesregierung diese Empfehlung in deutsches Recht um. Seit 1983 werden PCB in der Bundesrepublik Deutschland nicht mehr hergestellt.

Ähnlich wie bei PAK und PCP wurde von der ARGEBAU, 1994 eine Richtlinie für die Bewertung und Sanierung PCB-belasteter Baustoffe und Bauteile in Gebäuden (PCB-Richtlinie) erarbeitet. Sie gilt für die Bewertung und Sanierung von Gebäuden, in denen Bauprodukte oder Bauteile enthalten sind, die PCB in offener Anwendung enthalten (Primärquellen) oder damit kontaminiert sind (Sekundärquellen). Zunächst erfolgt in dieser Richtlinie eine Bewertung der PCB-Belastung von Räumen und der Dringlichkeit von Sanierungsmaßnahmen. Die Sanierungsverfahren gliedern sich in drei Methoden: a) Entfernen der Primärquellen, b) räumliche Trennung und c) Behandlung von Sekundärquellen. Schutzmaßnahmen incl. arbeitsmedizinischen Vorsorgeuntersuchungen sind bei der Sanierung ebenso zu berücksichtigen wie die Abfall- und Abwasserentsorgung.

Abschließend sind Erfolgskontrollen durchzuführen, bei denen das Überlegen einer Messstrategie als sinnvoll erachtet wird. Da typischerweise vor dem Wiedereinzug der Raumnutzer die Überprüfung der Maßnahme erfolgt, ist eine Nutzungssimulation überlegenswert. Nach einer Sanierung sollte die PCB-Konzentration in der Raumluft den Sanierungsleitwert von 300 ng PCB/m^3 Luft nicht überschreiten. Da die PCB-Konzentration in der Raumluft stark von jahreszeitlichen Temperaturschwankungen abhängt, darf der Messwert den Sanierungsleitwert bei sorgfältiger Sanierung zeitlich befristet überschreiten. Entscheidend für die Beurteilung der raumlufthygienischen Situation ist die Abschätzung der im Jahresmittel zu erwartenden Raumluftkonzentration.

9.4.4 Einige weitere Schadfaktoren in Innenräumen und Gebäuden

Elektrischer Strom und Mobilfunk sind aus dem täglichen Leben heute nicht mehr wegzudenken. Diese Faktoren führen auch zu elektromagnetischer Umweltverschmutzung („Elektrosmog"), da bei der Nutzung zwangsläufig elektrische und magnetische Wechselfelder bzw. hochfrequente Strahlung entstehen. Deren Wirkungen auf den menschlichen Organismus waren und sind Gegenstand vieler internationaler Untersuchungen. Die politische Diskussion über die (Un-)Schädlichkeit von Elektrosmog erinnert an das jahrelange Hin und Her in Sachen Asbest, dessen gesundheitsschädigende Wirkung heute eindeutig belegt ist. Auch wenn man in Bezug auf Elektrosmog nicht in Panik verfallen sollte, ist es sinnvoll, die persönliche Belastung so gering wie möglich zu halten. Die „hausgemachten" Quellen verursachen oft stärkere Belastungen als Hochspannungsleitungen oder Trafohäuschen, die außerhalb des Einflussbereiches des Immobilieneigentümers liegen. Notwendig ist eine Versachlichung der oftmals emotional geführten Diskussion, was durch physikalische Messungen bewerkstelligt werden kann. Die Bewertung der Ergebnisse bezüglich elektromagnetischer Belastungen ist allerdings häufig abhängig von der Interessenseite.

Weitere Faktoren wie Asbest und künstliche Mineralfasern, Lärm, Infraschall, Beleuchtung und hausexterne Faktoren wie Autoverkehr, Feinstaubbelastungen, Müllheizkraftwerke oder Kompostierwerke werden an dieser Stelle nur beispielhaft erwähnt. Sie können im Einzelfall aber durchaus ein innenraumhygienisches bis gebäudebedingtes gesundheitliches Problem darstellen. In der Gesamtheit aller Schadfaktoren und deren Häufigkeit scheinen sie nach heutigem Kenntnisstand für die Innenraumproblematik von untergeordneter Bedeutung zu sein.

9.5 Ansätze zur Verbesserung der chemischen Raumluftqualität

Wie ist ein „gesunder" Innenraum zu erkennen? Die einzige ehrliche Antwort lautet: Durch den Einsatz einer modernen Innenraumanalytik. Es bietet sich der Vergleich an zu einem Arztbesuch: Bei einer Erkrankung folgt nach einer Anamnese die Diagnose und abschließend eine Therapieempfehlung. Im Rahmen der Begutachtung eines Hauses oder einer Wohnung erfolgt zunächst eine Innenraumanamnese. Nach dem Zusammentragen von Verdachtsmomenten wird eine Untersuchungsstrategie erstellt. Zur Diagnose werden entsprechende chemisch-analytische, mikrobiologische und messtechnische Analyseverfahren eingesetzt. Sind im Rahmen eines Innenraumchecks gravierende Risikofaktoren nachweisbar, so werden als Therapie angepasste Sanierungsmaßnahmen empfohlen. Der wesentliche Unterschied zwischen „Hausdoktor" und „Menschendoktor" besteht darin, dass es diesen auf Krankenschein gibt, während jener von den Betroffenen selbst zu finanzieren ist. Unabhängig davon gilt: Im Sinne einer gesundheitlichen Vorsorge sind chemische Verbindungen in Innenräumen zu minimieren.

Auch in neu errichteten Gebäuden oder nach Modernisierungsarbeiten treten immer öfter gesundheitliche Beschwerden auf. Die Befindlichkeitsstörungen können im Extremfall so stark sein, dass die neue Wohnung nicht bezogen werden kann. Häufiger zu beobachten sind verzögerte Reaktionen, die innerhalb der ersten Wochen bis Monate zunächst schleichend beginnen und sich nachfolgend verstärken. Durch eine Auswahl der Baustoffe und Materialien unter innenraumhygienischen und gesundheitlichen Gesichtspunkten können derartige Beschwerdebilder und damit verbundene gesundheitliche, finanzielle und haftungsrechtliche Risiken minimiert bzw. ausgeschlossen werden.

9.5.1 Volldeklaration aller Inhaltsstoffe

Bei Untersuchungen der Raumluft in Innenräumen werden mittlerweile immer chemische Verbindungen nachgewiesen. Man stelle sich mit diesem Hintergrundwissen vor, dass alle eingebrachten Baumaterialien bezüglich ihrer Stoffzusammensetzung bekannt wären. Dann wäre es ein Leichtes, die Quelle für eine erhöhte Raumluftbelastung eines Stoffes eindeutig zu benennen.

Nicht ausreichend und unvollständig sind Produktbeschreibungen wie

- XY ist ein wasserbasierter Einkomponenten-Parkettlack auf Basis Polyurethan- und Acrylatdispersion oder
- Lösemittel: Hauptsächlich Wasser oder
- Allzwecklasur auf Acrylatbasis

„Hauptsächlich" und „auf Basis" heißt, dass noch andere Bestandteile enthalten sind, aber nicht offengelegt werden (müssen).

Besser sind Produktbeschreibungen wie beispielsweise für ein Universalhartöl YZ mit Angabe aller Inhaltsstoffe: Aliphatische Kohlenwasserstoffe, Kolophonium-Harz-Ester, Citrusschalenöl, Ricinenöl, Cobalt-, Zirkonium-, Zink- und Mangan-Octoat-Trockner, Quellton, Mikrowachs, Kieselsäure, Safloröl.

Ein anderer Fall: Ein Allergiker besitzt einen Allergiepass. Hinsichtlich der für diese Person relevanten chemischen Verbindungen können durch eine Volldeklaration aller Inhaltsstoffe die für sein Immunsystem relevanten Allergene elegant und ohne Aufwand ausgeklammert werden. Für eine gesundheitliche Überprüfung von Baumaterialien wäre eine Normierung hin zu einer Offenlegung aller Inhaltsstoffe wünschenswert. Jeder Mensch kann damit selbst entscheiden, welche chemischen Verbindungen er seinem Immunsystem zumutet.

9.5.2 Prüfkammeruntersuchungen

In Deutschland werden alle Bauprodukte bezüglich ihrer technischen Eigenschaften von verschiedensten Institutionen in einer für den Laien kaum nachvollziehbaren Komplexität charakterisiert, jedoch nur eingeschränkt bezüglich ihrer gesundheitlichen (Un-)Verträglichkeit. Im Umweltbundesamt beschäftigt sich der Ausschuss zur gesundheitlichen Bewertung von Bauprodukten (AgBB) seit dem Jahr 1997 mit der Erarbeitung gesundheitsbezogener Bewertungskriterien für innenraumrelevante Produkte. Zur Feststellung der Emissionen von Bauprodukten sind Untersuchungen in Prüfkammern geeignet. Wichtige Einflussgrößen sind dabei einerseits Temperatur, Luftwechsel, relative Feuchte und Luftgeschwindigkeit in der Prüfkammer und andererseits Menge oder Fläche des Materials in der Kammer und Art der Vorbereitung des Prüfgutes. Der AgBB hat ein Bewertungsschema für VOC-, VVOC- und SVOC-Emissionen weiterentwickelt, welches im Ergebnis zur Ablehnung eines Bauproduktes kommt oder das Produkt für die Verwendung in Innenräumen als geeignet bewertet. Diesem Schema liegen nach der Materialverarbeitung Prüfkammeruntersuchungen nach 3 und nach 28 Tagen zugrunde. Der Vorteil von Kammerexperimenten besteht in der Untersuchung unter definierten Bedingungen. Dadurch können verschiedene Baumaterialien bezüglich ihrer Stoffemissionen miteinander verglichen werden.

Seit Einführung des Bewertungsschemas für VOC-Emissionen aus Bauprodukten war es dem AgBB wichtig, auch die von Bauprodukten ausgehenden Gerüche im Beurteilungsverfahren zu berücksichtigen. In den vergangenen Jahren wurde die Methodik für die Messung von Gerüchen erarbeitet und standardisiert. Mittlerweile gehört die Geruchsprüfung zur gesundheitlichen Bewertung von Bauprodukten.

Grundlage für die gesundheitliche Bewertung eines Bauproduktes sind die durch dieses Produkt bedingten Konzentrationen von flüchtigen organischen Verbindungen in der Innenraumluft, denen ein Raumnutzer ausgesetzt wäre. Für eine solche Bewertung sind die in den Prüfkammertests nach dem AgBB-Schema ermittelten flächenspezifischen Emissionsraten eines Bauproduktes allein nicht ausreichend. Vielmehr müssen zusätzlich die unter Praxisbedingungen zu erwartenden Raumluftsituationen berücksichtigt werden. Das Verbindungsglied zwischen Produktemission und Raumluftkonzentration bildet das Expositionsszenario, welches die Produktemission, die Raumdimensionierung, den Luftaustausch und die emittierende Oberfläche des in den Raum eingebrachten Bauproduktes berücksichtigen muss.

9.5.3 Chemisch-analytische Bestandsaufnahme von Musterwohnungen

Kammeruntersuchungen sind die wichtigste Methode zur Bestimmung der Emissionscharakteristik von Materialien. Im Hinblick auf die spätere Raumluftbelastung ist eine Interpretation der Ergebnisse von Prüfkammeruntersuchungen aber schwierig. Die Interpretation müsste den Spielraum berücksichtigen, der sich in realen Gebäuden durch Nutzungsbedingungen, durch die Beladung der Räume (Oberfläche des Bauproduktes im Verhältnis zum Raumvolumen), die Luftwechselrate und andere Faktoren einstellt. Um diese Probleme zu berücksichtigen, müssen Messungen in echten Wohnungen durchgeführt werden, wie das in Musterwohnungen in Himmelstadt bei Würzburg geschehen ist (Abb. 9-16).

Abbildung 9-16: Gebäudekomplex in Himmelstadt bei Würzburg mit drei Musterwohnungen

Beim Neubau und auch bei Renovierungsarbeiten treten vorübergehend und oftmals auch über längere Zeiträume hohe Konzentrationen an flüchtigen organischen Verbindungen auf. Dies stellt ein Problem für Menschen dar, die auf chemische Stoffe allergisch reagieren bzw. für derartige Stoffe überempfindlich (geworden) sind. Die Musterwohnungen in Himmelstadt bei Würzburg wurden unter gesundheitlichen Gesichtspunkten mit ausgewählten und soweit möglich volldeklarierten Baustoffen errichtet. Nachfolgend wurde die Innenraumluft intensiv chemisch-analytisch untersucht. Ein Untersuchungsziel war, die komplexen luftchemischen Vorgänge in den Wohnungen über einen längeren Zeitraum zu charakterisieren, da es zu diesem Thema zum Errichtungszeitpunkt so gut wie keine Untersuchungen gab und bis heute nur in unzureichender Form gibt (Führer, 2000).

Emissionsarme und (weitgehend) inerte Materialien sind in allen Musterwohnungen identisch. Bewusste Unterschiede wurden bei Materialien gemacht, die erfahrungsgemäß Stoffe an die Raumluft abgeben, wobei dem Fußboden besondere Bedeutung beigemessen wurde. Zwei Wohnungen („Nord" und „Süd") unterscheiden sich in der biologischen Oberflächenbehandlung von Fußboden und Küchenzeile. Die dritte Wohnung im Erdgeschoss „EG" ist im Gegensatz dazu teilweise auch konventionell ausgestattet.

Nachfolgend wurde die Innenraumluft in diesen Ferienwohnungen intensiv chemisch-analytisch untersucht mit teilweise hochinteressanten Ergebnissen, u.a. zu zeitlichen Veränderungen von Stoffkonzentrationen (Abb. 9-17). Diese Erkenntnisse sollten bei jeder begleitenden Bau- und Sanierungsmaßnahme berücksichtigt werden.

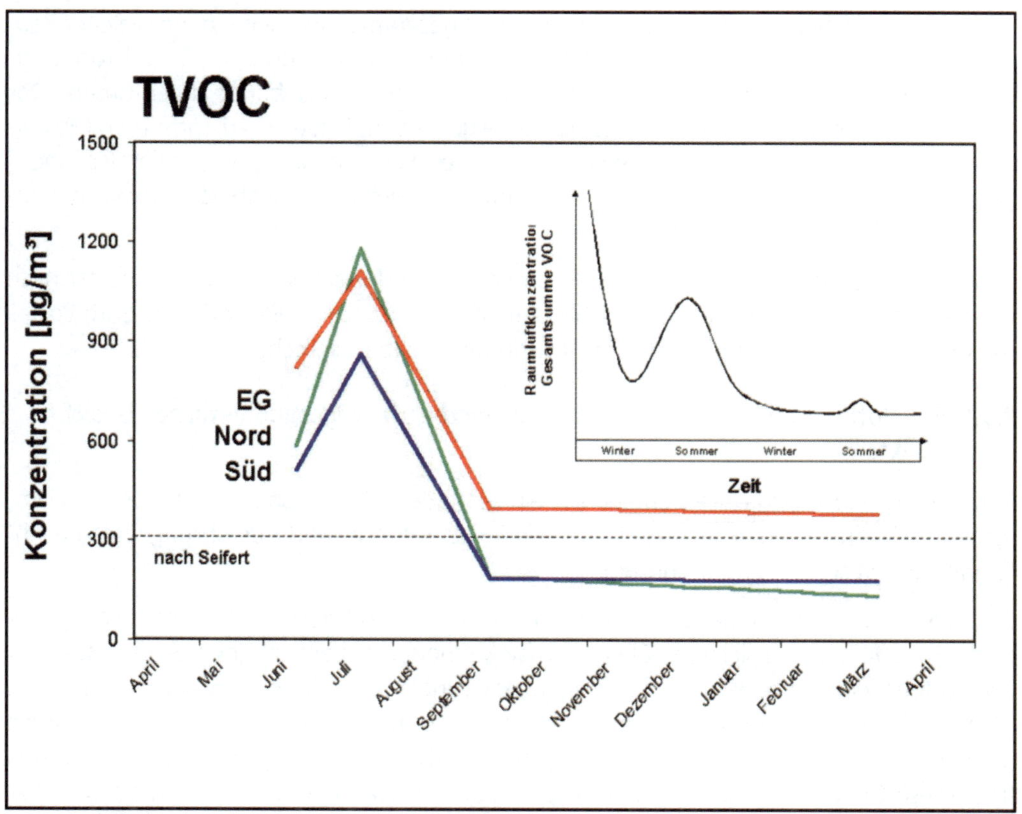

Abbildung 9-17: Zeitlicher Verlauf der Gesamtsumme an flüchtigen organischen Verbindungen (TVOC) in Musterwohnungen in Himmelstadt bei Würzburg

Nach Fertigstellung der Wohnungen im März des Jahres 1999 erfolgte ein erster Untersuchungstermin nach etwa 10 Wochen im Juni 1999 (siehe Abb. 9-17). Die TVOC-Werte in den drei Wohnungen lagen in einem Bereich zwischen 300 und 1.000 $\mu g/m^3$, den man nach heutigem Kenntnisstand als hygienisch noch unbedenklich einschätzen würde, wenn keine Richtwertüberschreitungen von Einzelverbindungen oder Verbindungsklassen vorlägen.

Wesentliche Erkenntnisse waren zum einen, dass die Gesamtsumme an flüchtigen organischen Verbindungen (TVOC) in den ersten Monaten nach Fertigstellung von Innenräumen teilweise extremen Konzentrationsschwankungen unterliegt. Zum anderen wurde erst ein halbes Jahr nach Fertigstellung eine TVOC-Konzentration erreicht, die unter innenraumhygienischen bzw. gesundheitlichen Gesichtspunkten als nicht bzw. wenig auffällig zu bezeichnen ist. Ob diese Erkenntnisse nur für diese Wohnungen gelten oder auf alle Innenräume übertragbar sind, wäre zu überprüfen.

Mit chemisch-analytischen Untersuchungen in neu errichteten Wohnungen sollte ein Beitrag geleistet werden, die in der Öffentlichkeit weitgehend unbekannten chemischen Verbindungen, Substanzgemische und Konzentrationen nicht nur von leichtflüchtigen organischen Schadstoffen zu erfassen und unter gesundheitlichen Vorsorgegesichtspunkten zu bewerten. Auch sollten für zukünftige Baumaßnahmen erste Erfahrungen zum Themenbereich „Schadstoffe in neu erstellten Wohnungen" gesammelt werden – denn welcher Bauherr lässt schon nach vermeintlich sorgfältiger Planung und Ausführung „Schadstoffuntersuchungen" in seinem neu errichteten oder frisch renovierten Gebäude durchführen? Das war im Jahr 1999 ein Thema und ist es bis heute geblieben. Diese schadstoffarmen Musterwohnungen wurden von umweltbedingt erkrankten Personen auch als „reales Testlabor" genutzt: Durch „Probewohnen" konnten sie ihre Krankheitsursache abklären bzw. eingrenzen (Führer, 2000).

Zusammenfassend sind zum Thema „chemische Verbindungen in Innenräumen" reichlich Wissenslücken vorhanden, die es zu schließen gilt – zum Wohl der Betroffenen, zum Vorteil für innovative Unternehmen und zum Gewinn für unsere Gesellschaft.

9.5.4 Baustoffauswahl unter innenraumhygienischen bzw. gesundheitlichen Gesichtspunkten

Mittlerweile haben sich Unternehmen auf ein gesünderes Bauen spezialisiert. Ob dabei immer alle Schadfaktoren in der jeweils notwendige Beratungs- und Ausführungstiefe beachtet werden, ist schwer zu überprüfen.

Der Verband Privater Bauherren (VPB) hat bereits im Jahr 2005 eine Broschüre herausgegeben (VPB, 2005), in der sich eine Checkliste für Bauherren mit allgemeinen Grundsätzen zur Baustoffauswahl befindet. Diese kann auch als Grundlage für die Bestandserneuerung von Mehrfamilienwohnhäusern herangezogen werden. In Tab. 9-5 finden sich Materialien, die unter innenraumhygienischen und damit gesundheitlichen Gesichtspunkten zu bevorzugen sind. Diese Checkliste erhebt keinen Anspruch auf Vollständigkeit – sie kann als Orientierungshilfe dienen.

Naturbaustoffe sind in der Regel besser verträglich als synthetische Baustoffe:
- Holz zur statischen Konstruktion, im Innenausbau, eventuell als Fassadenverkleidung
- Lehmbausteine als tragende Konstruktion und für Trennwände
- Tonziegel für die tragende Konstruktion und Dachziegel
- Kalksandsteine, Porenbeton für die Außen- und tragenden Innenwände

Konstruktiver Bautenschutz macht Schutzbehandlung von Bauteilen überflüssig:
- hohe Dachneigung
- weite Dachüberstände
- keine offenen Hirnholzflächen der Feuchtigkeit aussetzen
- Abstand zum Spritzwasserbereich am Boden halten

Natürliche Bodenbeläge:
- Holzböden aus Massivholzparkett oder Massivholzdielen
- Steinböden aus Natursteinen
- Linoleumböden ohne synthetische Oberflächenvergütung
- Naturfaserteppiche aus Schafwolle, Ziegenhaar, Kokos und Sisal ohne Insektizide (vorbeugende Maßnahme bei Tierhaaren bezüglich „Mottenfraß" ist z.B. der Einsatz ätherischer Öle)
- Parkette und Holzböden ölen oder wachsen, nicht versiegeln

Natur(faser)putze verbessern das Raumklima:
- Kalkputze beugen Schimmelbildung vor
- Lehmputze binden Luftfeuchtigkeit
- Wand- und Bodenbehandlung mit Naturlasuren, Naturölen, Naturwachsen, Naturharzen
- diffusionsoffene mineralische Anstriche verwenden
- immer auf die Volldeklaration aller Inhaltsstoffe bei den Baumaterialien achten
- Naturdämmstoffe aus Holzfaser, Zellulose, Hanf oder Flachs wählen

Holzfenster und Holztüren wählen:
- beim Fenster- und Türeinbau Anschlüsse von Hand ausstopfen
- Befestigen durch Verschrauben oder durch Verankerung im Mauerwerk

Installationen:
- Elektro-Installationen abschirmen lassen
- halogenfreies Material verwenden
- im Altbau: Netzfreischaltungen einbauen

Tabelle 9-5: Empfehlenswerte (Bau-)Materialien und Konstruktionen (nach VPB, 2005), verändert und ergänzt durch die Autoren

Wesentlich erscheint, auf alte Handwerkstraditionen zurückzugreifen. Beispielhaft sei erwähnt, dass es sich bei Montageschäumen um die Verbindung von mehrwertigen Alkoholen mit leichtflüchtigen Isocyanaten handelt, letztere mit extrem niedrigen MAK-Werten. Diese binden wohl schnell ab und wurden nach Erkennen des gesundheitsgefährdenden Potenzials („Isocyanatasthma") mittels Präpolymerisierung entschärft. Kommt es aber zu einem Brandschaden, dann wird aus diesen Materialien u.a. Blausäure freigesetzt, weswegen Raumnutzer oftmals weniger Brand-, aber umso mehr Vergiftungsopfer sind. Nur nebenbei sei bemerkt, dass zumindest früher in Montageschäumen schwerflüchtige Flammschutzmittel vom Typ organische Phosphorsäureester Verwendung fanden. Diese belasteten wegen ihrer chemisch-physikalischen Eigenschaften die Bewohner über Jahre, speziell wenn Montageschäume bei Innentüren eingesetzt werden: Der Türrahmen schließt den Montageschaum nicht gasdicht von der Raumluft ab. Wie sehen die Alternativen aus: Verschrauben, verkleben oder verankern der Türrahmen an der Wand, wie das die Handwerker vor der Entwicklung der Montageschäume gemacht haben.

Gleiches gilt für Putze: Früher wurden Kalkputze bevorzugt, weil sie u.a. durch ihren hohen pH-Wert einem Schimmelwachstum vorbeugen. Ein Überarbeiten war einfach: Eine neue Schicht Kalkfarbe gestrichen und schon war der durch luftchemische Reaktionen reduzierte pH-Wert wieder nach oben in Richtung pH-Wert 14 verschoben. Derartige Wand- und Deckenoberflächen müssen nicht rustikal wirken, sondern können auch einen eleganten Charakter annehmen (Abb. 9-18).

Abbildung 9-18: Kalkputz ohne Kunststoffzuschläge zur Verbeugung vor Schimmelbefall, gestrichen mit einer Kalkfarbe (Bildquelle: Fa. HAGA AG Naturbaustoffe)

Welche Eigenschaften sollten Baumaterialien zur Schimmelvorbeugung haben? Die nachfolgende Aufzählung gibt Hinweise, die die Richtung aufzeigen:

- Diffusionsoffen, damit sich kein Feuchtigkeitsstau hinter absperrenden Materialien bilden kann.
- Hygroskopisch, d.h. aufnahmefähig für Wasserdampf, damit keine für Schimmelpilze verfügbare Feuchtigkeit entsteht.
- Dämmwirkung zur Erhöhung der Oberflächentemperatur der Wand und damit Verhinderung, dass Feuchtigkeit kondensiert.
- Frei von Additiven/Kunststoffzuschlägen: Diese können ausgasen und damit die Raumnutzer belasten und/oder die Diffusion und Hygroskopizität des Bauteils vermindern und/oder als energiereiche Verbindungen Schimmelpilzen als „Nahrungsquelle" dienen.
- Alkalische Produkteigenschaft (hoher pH-Wert, Basizität) als natürliche Verhinderung von Schimmelwachstum. Früher wurden Kuhställe immer wieder gekalkt als vorbeugen-

der Schimmelschutz. Was früher zur Gesunderhaltung der Tiere gut war, sollte für uns Menschen heute recht und billig sein. Zur Erklärung: Sauer macht nicht nur lustig, sondern lässt auch Schimmelpilze wachsen. Auch sind in der Regel in Gipsprodukten organisch-chemische Zuschläge unbekannter Zusammensetzung vorhanden. Gips ist deshalb bei auftretender Feuchtigkeit bzw. in durchfeuchtetem Zustand ein idealer Schimmelnährboden.

Die Baustoffauswahl ist nicht immer einfach. Wie aber sieht die Verarbeitung aus und wurden die Vorgaben auch in die bauliche Praxis umgesetzt? Und wie sagte vor vielen Jahren ein Architekt zu einem der Autoren: „Kostengünstig soll das Bauwerk sein, der Fertigstellungstermin muss eingehalten werden, die Optik muss stimmen, behindertengerecht ist sowieso nötig, putz- und pflegeleicht, energieeffizient und jetzt kommen Sie daher und sagen, das Bauwerk muss auch noch gesund sein." Dabei schuldet wie ein Handwerker oder ein Unternehmen auch jeder Architekt den Erfolg, nämlich im konkreten Fall eine wohngesunde Wohnung: Eine krankmachende Wohnung, innenraumhygienische Richtwertüberschreitungen oder Schimmel hat der Bauherr nicht bestellt.

Vor diesem Hintergrund und wegen komplexer Zusammenhänge ist bei dem Thema „Schadfaktoren in Gebäuden und deren Vermeidung" eine interdisziplinäre Denk- und Arbeitsweise nötig, bei der Architekt, Innenraumanalytiker bzw. Innenraumhygieniker und Handwerker zusammenarbeiten müssen: Zum Werterhalt des Gebäudes, zum Wohle der Raumnutzer und zur Erzielung eines dauerhaft sicheren und gehobenen Mietzinses für den Wohnungsbewirtschafter. Letztendlich ist Vertrauen gut, Kontrolle aber besser. Um ein unter innenraumhygienischen Gesichtspunkten qualitativ hochwertiges Gebäude herzustellen, bedarf es eines Qualitätssicherungssystems. Dabei sind folgende Kriterien wesentlich: Transparenz und Sicherheit für Gebäudenutzer incl. aller am Bau Beteiligten mit folgender Zielvorgabe: Gute Raumqualität, um Gebäudebedingte Erkrankungen zu vermeiden. Ein Qualitätssicherungskonzept müsste aus drei Bestandteilen aufgebaut sein:

- Einsatz qualitätsgeprüfter Baustoffe beispielsweise nach AgBB-Bewertungsschema (siehe Kapitel 9.5.2.),
- Betreuung während der Neubauphase oder der Umbauphase im Bestand (Stichwort: Feuchtemanagement, aber auch wegen der Auswahl emissionsarmer und innenraumhygienisch geeigneter Materialien) und
- begleitet durch eine systematische Innenraumanalytik.

Im Bestandsgebäude wären vor Beginn aller Arbeiten zur Planungs- und Kostensicherheit mögliche Schimmelschäden und Schadstoffbelastungen zu klären und räumlich einzugrenzen. Beim Neubau wäre abschließend die Raumqualität unter innenraumhygienischen Gesichtspunkten zu charakterisieren und damit Sicherheit für alle Beteiligte herzustellen (Abb. 9-19).

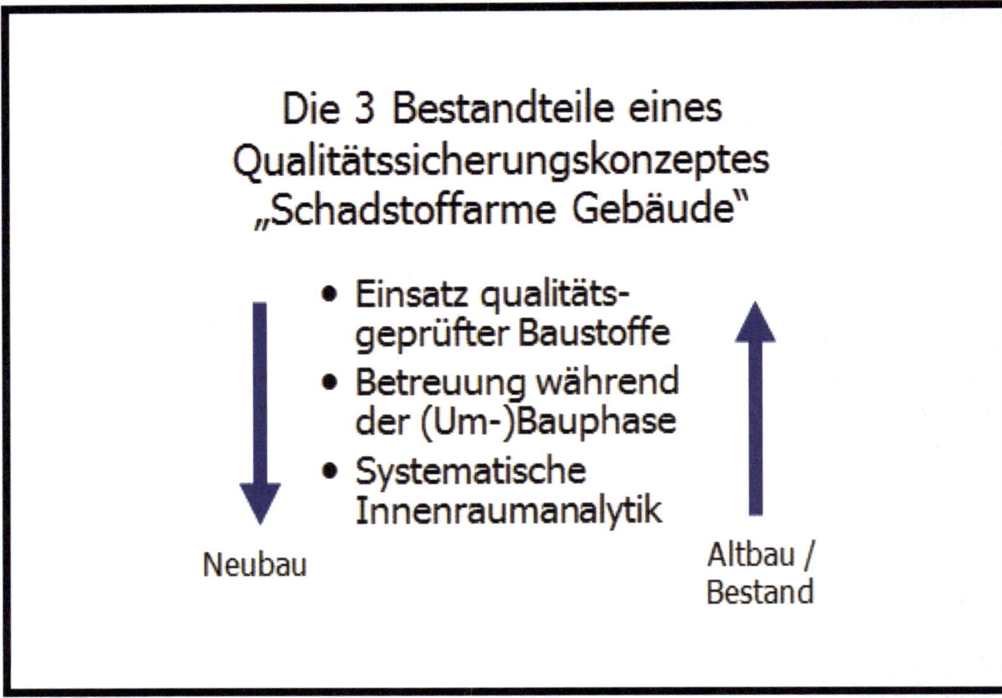

Abbildung 19: Ein Konzept zur Qualitätssicherung beim Neubau und bei größeren Umbau- bzw.Modernisierungsmaßnahmen

Wie ist ein solches heute noch hypothetisches Qualitätssicherungssystem in den praktischen Baubetrieb zu integrieren? Die Antwort auf diese Frage ist im Prinzip ganz einfach: Innenraumhygienische Belange müssen integraler Bestandteil bei der Abnahme des Bauwerks oder größerer Modernisierungsmaßnahmen werden. Dann kommen eventuelle Versäumnisse während der Bauphase auf den Tisch und erst dann kann es für den Bauherrn Sicherheit bezüglich der Innenraumqualität geben. Dass hier für die am Bau Beteiligten neue Herausforderungen bezüglich der Arbeitsqualität entstehen, ist vorhersehbar. Dies scheint bei den aufgezeigten Schadensbildern und der derzeitigen Baukultur aber dringend notwendig zu sein. Veränderungen wird und muss es geben, beginnend bei der Vertragsgestaltung über die Bauleitung bis hin zur Bauabnahme.

9.5.5 Kosten und Nutzen

Eine oberflächliche Gegenüberstellung von Aufwand und Ertrag übersieht in der Regel die langfristigen Auswirkungen auf der Kostenseite. Mittlerweile ist bekannt, dass die Kosten eines Bauwerkes nicht in erster Linie von der Herstellung abhängen, sondern in viel größerem Maße vom Unterhalt oder den sogenannten Lebenszykluskosten (siehe z.B. Floegl, 2015). Wer also bei den Baukosten spart, wird ein Vielfaches in den Unterhalt des Gebäudes stecken. Für den Faktor „Energie" ist dieser Nachhaltigkeits-Grundsatz mittlerweile bekannt und auch rechnerisch darstellbar. Weil Gesundheit nicht direkt in (bau-)wirtschaftliches Denken eingebunden wird bzw. auch nur schwierig eingebunden werden kann (Bauinvestitionen besitzen keine Schnittmenge mit Krankenkassenbeiträgen), wird dieser Aspekt in der

Regel nicht bedacht oder ausgeblendet. Wenn es aber zu rechtlichen Auseinandersetzungen kommt, beispielsweise zwischen Bauherr und Auftragnehmer oder zwischen Raumnutzer und Raumbewirtschafter, können „Wohngifte" und Schimmelschäden schnell zum Alptraum für alle Beteiligten werden.

Mittlerweile ist die Rechtsprechung diesbezüglich weit entwickelt: Grundsätzlich gilt, dass für den Mietzins gesundheitlich unbedenklicher Wohnraum zur Verfügung zu stellen ist und dass ein „gesundes" Gebäude (auch ohne explizite Vertragsklauseln) bestellt wurde. Das oftmals sehr kostenintensive Risiko von Schadfaktoren in Innenräumen kann durch eine geeignete Baustoff- und Konstruktionsauswahl minimiert werden. Der monetäre Aufwand zur Schaffung eines gesünderen Innenraumes bei der Bestandserneuerung ist im Vergleich zur gesamten Investitionssumme vergleichsweise gering bis nahezu vernachlässigbar, der Nutzen nicht immer sofort erkennbar. Dies bedeutet allerdings, dass neben Pflegeleichtigkeit, Schönheit, Zweckmäßigkeit und Ähnlichem auch der innenraumhygienisch-gesundheitliche Aspekt im Rahmen von Modernisierungsarbeiten berücksichtigt werden muss. Eine Vernachlässigung dieses Gesichtspunktes kann einerseits mittel- bis langfristig zu großen Schäden und unkalkulierbaren (Sanierungs-)Kosten führen. Andererseits beinhaltet dieser Ansatz die Chance, sich als innovatives Unternehmen im Bereich der Gebäudeerstellung oder Wohnungsbewirtschaftung zu etablieren.

Der Gesetzgeber hat zum Schutz des Verbrauchers vor „Wohngiften" in einer Fülle von Normen verbindliche Vorgaben erlassen, die die Hersteller bei der Produktion von Bauteilen und Baumaterialien zu beachten haben. Die Vermeidung gesundheitsgefährdender und gefährlicher Stoffe stößt insoweit an Grenzen, als die Erwartungshaltung des Nutzers davon ausgeht, dass alle Produkte für immer und in jedem Einsatzgebiet unter gesundheitlichen Gesichtspunkten vollkommen unproblematisch sind – und das stimmt nicht. Der Mensch von heute wünscht Pflegeleichtigkeit und Beständigkeit. Er bevorzugt beispielsweise versiegelte Böden, abwaschbare Tapeten und Kunststoffbeschichtungen. Jeder weiß aber, dass PVC-Fußböden und Strukturtapeten hohe Konzentrationen an Weichmachern enthalten, die in Kinderspielzeug mittlerweile verboten sind (wegen des Verdachts auf hormonähnliche Wirkungen). Montageschäume aus der Dose sind schnell, billig und einfach zu verarbeiten – die kurzfristig freigesetzten Isocyanate und langfristig ausgasenden Flammschutzmittel waren und sind teilweise noch immer gesundheitsgefährdend.

Insofern ist natürlich auch der Bauherr in die Pflicht zunehmen: Billig, schnell und gut schließen sich aus prinzipiellen Überlegungen gegenseitig aus:

- Billig und schnell führt zu nicht gut.
- Billig und gut geht zu Lasten der Schnelligkeit.
- Gut und schnell kann nicht billig sein.

Praktische Beispiele verdeutlichen dies: Im Hinblick auf ausreichende Trocknungszeiten kann kein Gebäude innerhalb von wenigen Monaten fertiggestellt und bezogen werden. Die preisgünstigen Materialien sind nicht gleichzeitig die emissionsärmsten Materialien und die vermeintlich günstige aber schlecht ausgebildete Arbeitskraft Fehler mit hohen Schadensbeseitigungskosten produziert.

10 Literatur

[1] Amend, R./Blessing, R./Feurer, J./Friedle, A./Gabrio, T./Goes, R./Hummel, A./Jovanovic, S./Link, B./Schweinsberg, F./Volland, G./Wacker, S./Z/ckerd, D., 2004: Stellungnahme zu dem Artikel „Über das Biological Monitoring, den Unwillen Gesundheitsrisiken rational abzuschätzen und die Lust zu radikalen Maßnahmen" in Umweltmedizin in Forschung und Praxis 9(2): 61-64, Umweltmed Forsch Prax 9 (6), 331-335

[2] ARGE BAU, 1994: Richtlinie für die Bewertung und Sanierung PCB-belasteter Baustoffe und Bauteile in Gebäuden (PCB-Richtlinie)

[3] ARGE BAU, 1996: Richtlinie für die Bewertung und Sanierung Pentachlorphenol(PCP)-belasteter Baustoffe und Bauteile in Gebäuden

[4] ARGE BAU, 2000: Hinweise für die Bewertung und Maßnahmen zur Verminderung der PAK-Belastung durch Parkettböden mit Teerklebstoffen in Gebäuden (PAK-Hinweise)

[5] AWMF, 2016: Leitlinie „Medizinisch klinische Diagnostik bei Schimmelpilzexposition in Innenräumen"

[6] Bako-Biro, Z./Wargocki, P./Weschler, C.J./Fanger, P.O., 2004: Effects or pollution from personal computers on perceives air quality, SBS symptoms an productivity in offices, Indoor Air 14, 178-187

[7] Balak, M./Pech, A., 2008: Mauerwerkstrockenlegung – Von den Grundlagen zur praktischen Anwendung, Springer Verlag Wien New York

[8] Balak, M., 2017: Feuchteursachen, Auswirkungen und Maßnahmen, Tagungsband 7. Würzburger Schimmelpilz-Forum „Schimmelschäden und Methoden der Prävention", 59-82

[9] B.A.U.Ch., 1991: Analyse und Bewertung der in Raumluft und Hausstaub vorhandenen Konzentration der Weichmacherbestandteile Di(2-ethylhexyl)phthalat (DEHP) und Dibutylphthalat (DBP), gefördert durch die Berliner Senatsverwaltung für Stadtentwicklung und Umweltschutz

[10] Baur, A., 2015: Führt Einbaufeuchte in schwimmenden Estrichkonstruktionen im Neubau zu Feuchteschaden? Bachelorarbeit an der Hochschule für Technik Stuttgart, Studiengang Bauphysik

[11] BayLfU, 2003: Kontrollierter Rückbau, Hrsg.: Bayerisches Landesamt für Umweltschutz, Augsburg

[12] Bieberstein, H., 1993: Schimmelpilz in Wohnräumen – was tun? alpha & omega Verlag Horst Bieberstein, Stuttgart

[13] Binder, M./Obenland, H./Maraun, W., 2004: Chloranisole als Verursacher von schimmelähnlichem Geruch in älteren Fertighäusern, Tagungsband 7. Agöf-Fachkongress „Umwelt, Gebäude & Gesundheit: Innenraumhygiene, Raumluftqualität und Energieeinsparung"

[14] BGB, Bürgerliches Gesetzbuch in der Fassung der Bekanntmachung vom 02.01.2002 (BGBl. I S. 42, ber. S. 2909, 2003 I S. 738) zuletzt geändert durch Gesetz vom 22.07.2014 (BGBl. I S. 1218) m.W.v. 29. 07. 2014; Stand: 01.01.2015 aufgrund Gesetzes vom 21.03.2013 (BGBl. I S. 556)

[15] Böge, K.-P./Tegeder, C., 1998: Der Schimmelspürhund – Möglichkeiten und Grenzen zur Lokalisierung verdeckter Schimmelpilzschäden in Gebäuden. In: Moriske H.-J., Turowski E.: Handbuch für Bioklima und Lufthygiene, ecomed verlagsgesellschaft, Landsberg/Lech

[16] Bolle R., 2014: „Alle" Feuchtigkeitsquellen erkennen und sanieren, Tagungsband 4. Würzburger Schimmelpilz-Forum „Die Sanierung der Sanierung", 83-86

[17] Bossemeyer, H.-D./Dolata, S./Schubert, U./Zwiener, G., 2016: Schadstoffe im Baubestand, Verlagsgesellschaft Rudolf Müller, Köln

[18] Botzenhart, K./Müller, H.E./Strubelt, O., 2001: Innenraum-Luftverunreinigungen, expert-verlag, Renningen

[19] Brasche, S./Heinz, E./Hartmann, T./Richter, W./Bischof, W., 2003: Vorkommen, Ursachen und gesundheitliche Aspekte von Feuchteschäden in Wohnungen – Ergebnisse einer repräsentativen Wohnungsstudie in Deutschland, Bundesgesundheitsblatt – Gesundheitsforschung – Gesundheitsschutz, 46/8, 683-693

[20] Buchner M., 2017: 10 Kriterien für die Schimmelprophylaxe in Planung und Ausführung, Tagungsband 7. Würzburger Schimmelpilz-Forum „Schimmelschäden und Methoden der Prävention", 107-116

[21] Bullinger, M., 1994: Erfassung des Befindens in Innenräumen. In: Luftverunreinigungen in Innenräumen – Herkunft, Messung, Wirkung, Abhilfe, VDI-Berichte 1122, 633 ff.

[22] BVS, 2011: Standpunkt „Schadstoffe in Innenräumen" des Bundesverbandes öffentlich bestellter und vereidigter sowie qualifizierter Sachverständiger e.V., in: Der Sachverständige, 7-8/2011, 229-232

[23] Coutalides, R./Ganz, R./Sträuli, W., 2002: Innenraumklima, Werd-Verlag

[24] Creasia, D.A./Thurman, J.D./Jones, L.J./Neally, M.L./York, C.G./Wannemacher, R.W./Burnner, D.L., 1987: Acute inhalation toxicity of of T-2 mycotoxin in mice. Fundam Appl Toxicol 8, 230-235

[25] DGUV, 2006: DGUV Information I 201-028 – Handlungsanleitung Gesundheitsgefährdungen durch biologische Arbeitsstoffe bei der Gebäudesanierung (bisher: BGI 858)

[26] Floegl, H., 2015: Der Schimmelschaden aus der Perspektive der Lebenszykluskosten eines Gebäudes, Tagungsband 5. Würzburger Schimmelpilz-Forum „Schimmel in Gebäuden: Risiken – Kosten – Vorsorge", 77-84

[27] Foitzik, E., 2014: Risikoanalyse für Schimmel in Neubauten, Master-Thesis Donau-Universität Krems

[28] Fromme, H./Völkel, W./Gareis, M./Gottschalk, C., 2016: Overall internal exposure to mycotoxins and their occurrence in occupational and residential settings – An overview. Int J Hyg Environ Health 219, 143–165

[29] Führer, G., 2000: Schadstoffarme Ferienwohnungen für Umweltgeschädigte, Wohnung + Gesundheit 3/00 – Nr. 94, 40-41

[30] Führer, G., 2000: Probewohnen in baubiologischen Musterwohnungen, Zeitschrift für Umweltmedizin 1, 49

[31] Führer, G., 2003: Fogging: Chemie im Innenraum wird sichtbar, Der Sachverständige 7-8, 214-219

[32] Führer, G., 2004: Schimmelpilze erkennen und richtig sanieren, umwelt medizin gesellschaft 17, 148-150

[33] Führer, G., 2005: Wohnung und Gesundheit, umwelt medizin gesellschaft 18, 265-273

[34] Führer, G., 2005: Innenraumanalytik und Schadstoffe, in: Immobiliensanierung – Bauschäden und Instandsetzung, Instandhaltung und Modernisierung (Loseblattsammlung/ Nachschlagewerk). Hrsg.: WRS Verlag/ Haufe Mediengruppe, München/Planegg (37 Seiten)

[35] Führer, G., 2005: Innenraumcheck (neue technische Entwicklungen), in: Immobiliensanierung – Bauschäden und Instandsetzung, Instandhaltung und Modernisierung (Loseblattsammlung/Nachschlagewerk), Hrsg.: WRS Verlag/Haufe Mediengruppe, München/Planegg

[36] Führer, G., 2006: Diffusionsoffene Estrichfugensysteme als Alternative zur Fußbodenkomplettsanierung, in: Tagungsband der 14. WaBoLu-Innenraumtage in Berlin, Hrsg.: Verein für Wasser-, Boden- und Lufthygiene e.V., Gelsenkirchen

[37] Führer, G., 2006: Die größten Schadstoffquellen in Mehrfamilienhäusern, in: Die Wohnungswirtschaft 7, 71-73

[38] Führer, G., 2008: Versteckte Gefahr, GebäudeEnergie-Berater 03, 36-41

[39] Führer, G., 2009: Häufige Schadstoffquellen in Wohnungen und deren Nachweis, in: Arzneimittel-, Therapie-Kritik & Medizin und Umwelt (internistische praxis), 221-231

[40] Führer, G., 2010: Vorausschauend Planen – Gesundheit berücksichtigen – Folgekosten vermeiden, umwelt medizin gesellschaft 23, 64-65

[41] Führer, G., 2017: Der mit dem Polystyrol tanzt, in: Deutsche Bauzeitung 9, 120-123

[42] Führer, G./Gänsmantel, J., 2009: Schimmelbildung in Gebäuden (Loseblattwerk, letzte Auslieferung 12/2009), FORUM-Verlag

[43] Führer, G., 2010: Schimmel in Fußbodenkonstruktionen erkennen und richtig sanieren, in: umwelt medizin gesellschaft 23, 207-211

[44] Führer, G., 2012: Chemische und mikrobiologische Belastungen, in: Bachmann, P./ Lange. M, (Hrsg.:): Mit Sicherheit gesund bauen, Vieweg+Teubner Verlag, Wiesbaden

[45] Führer, G., 2013: Wo und wie häufig sind verdeckte Schimmelschäden zu erwarten? Tagungsband 3. Würzburger Schimmelpilz-Forum „Schimmel im Neubau und im Bestand", 9-16

[46] Führer, G., 2014: Schimmelsanierung – Anspruch und Wirklichkeit, Tagungsband 4. Würzburger Schimmelpilz-Forum „Die Sanierung der Sanierung", 8-17

[47] Führer, G., 2016: Vertretbare Alternativen zum Komplettrückbau der Fußbodenkonstruktion In: Tagungsband des 6. Würzburger Schimmelpilz-Forums „Feuchtigkeit in Fußbodenkonstruktionen und deren Folgen", 89-96

[48] Führer, G., 2017: Schimmelschäden und Methoden der Prävention, Tagungsband 7. Würzburger Schimmelpilz-Forum „Schimmelschäden und Methoden der Prävention", 17-26

[49] Führer, G., 2017: Den Zuzug von Schimmel dauerhaft verwehren, in: Immobilienmanagement erfolgreicher Bestandshalter, Hrsg.: Bogenstätter U, Verlag: de Gruyter Oldenbourg, in Druck

[50] GDV, 2014: Richtlinie zur Schimmelpilzsanierung nach Leitungswasserschäden VdS 3151, Hrsg.: Gesamtverband der Deutschen Versicherungswirtschaft e.V. (GDV), VdS Schadenverhütung GmbH, Köln

[51] Grün, G., 2017: Schimmel und Atemwegserkrankungen: eine Meta-Studie, Tagungsband 7. Würzburger Schimmelpilz-Forum „Schimmelschäden und Methoden der Prävention", 49-58

[52] Gareis, M., 1994: Cytotoxicity testing of samples originating from problem building, in: Fungi and Bacteria in Indoor Environments, Hrsg.: Johanning, E. and Yang, C.S. Saratoga Springs, N.Y., 139-144

[53] Gareis, M./Johanning, E./Dietrich, R., 1999: Mycotoxin cytotoxicity screening of field samples, in: Bioaerosols, Fungi and Mycotoxins: Health Effects, Assessment, Prevention and Control. Hrsg.: Johanning, E., Proceedings 3rd International Conference on Fungi, Mycotoxins and Bioaerosls, Saratoga Springs, NY, USA, 202-213

[54] Gareis, M., 2017: Wie toxisch ist die Luft? Analytische Erfahrungen zum Nachweis von Mykotoxinen im Innenbereich, Tagungsband 7. Würzburger Schimmelpilz-Forum „Schimmelschäden und Methoden der Prävention", 45-48

[55] GDV, 2017: Wasserschäden: Teuer und vermeidbar, GDV Positionen 2-2017

[56] Gebauer, R., 2017: Mikrobielle Eskalation in Estrichdämmschichten – Beproben? Trocknen? Oder besser vermeiden! Tagungsband 7. Würzburger Schimmelpilz-Forum „Schimmelschäden und Methoden der Prävention", 99-106

[57] Gebauer, R./Bianchi-Janetti, M./Ochs, F./Feist, W./Kirchmair, M., 2017: Messtechnische Untersuchung der Trocknung und des mikrobiellen Wachstums in Estrichdämmschichten. BAUPHYSIK Vol. 39, 1-9

[58] Gesamtverband Schadstoffsanierung, 2010: Schadstoffe in Innenräumen und Gebäuden, Verlagsgesellschaft Rudolf Müller, Köln

[59] Gottschalk, C./Bauer, J./Meyer, K., 2006: Determination of macrocyclic trichothecenes in mouldy indoor materials by LC-MS/MS: Mycotoxin Res 22, 189-192

[60] Guhr, A./Leißring, B., 2005: Gesundheitsrisiko infolge natürlicher Radioaktivität in Wohn- und Aufenthaltsräumen, umwelt medizin gesellschaft 18/2, 126-129

[61] Hankammer, G./Lorenz, W., 2007: Schimmelpilze und Bakterien in Gebäuden, Rudolf Müller Verlag

[62] Heumann, H., 2015: Gesundheit: Bericht eines Betroffenen, Tagungsband 5. Würzburger Schimmelpilz-Forum „Schimmel in Gebäuden: Risiken – Kosten – Vorsorge", 23-26

[63] Hien, W./Obenland, H., 2017: Schadstoffe und Public Health – Ein gesundheitswissenschaftlicher Blick auf Wohn- und Arbeitsumwelt, Shaker Verlag Aachen

[64] Höppe, P., 1994: Raumklima und Sickbuilding-Syndrome, in GSF – Forschungszentrum für Umwelt und Gesundheit (Hrsg.), Innenraumluft, GSF-Bericht 5/94, Neuherberg, 7-17

[65] Ingerowski, G./Friedle, A./Thumulla, J., 2001: Chlorinated Ethyl and Isopropyl Phosphoric Acid Triesters in the indoor Environment – An Inter-Laboratory Exposure Study, Indoor Air 11, 145-149

[66] Jarvis, B., 1994: Mycotoxins in the Air: Keep your Building dry or the Bogeyman will get you. In: Fungi and Bacteria in Indoor Environments. Eds Johanning E and Yang CS. Saratoga Springs, N.Y., Eastern New York Occupational Health Program, 35-44

[673] Johanning, E./Gareis, M./Yang Chin, S./Hintikka, E.-L./Nikulin, M./Jarvis, B./Dietrich, R., 1998: Toxicity screening of materials from buildings with fungal indoor air quality problems (Stachybotrys chartarum) Myotoxin Res 14, 60

[68] Johanning, E./Landsbergis, P./Gareis, M./Yang, C.S./Olmstedt, E., 1999: Clinical experience and results of a Sentinel Health Investigation related to indoor fungal exposure. Environ Health Perspect, 107, 3, 489-494

[69] John, P., 2016: Erfahrungen austauschen statt Schema F anwenden, in „Bauen im Bestand" 3, 6-8

[70] Kahneman, D., 2012: Schnelles Denken, langsames Denken, Siedler Verlag, München

[71] Katalyse, 1995: PCB-Belastung in Gebäuden: Erkennen, bewerten, sanieren. Bauverlag Wiesbaden und Berlin

[72] v. Kéler, S., 1953: Staubläuse, Die neue Brehm Bücherei

[73] Keller, R./Reinhardt-Benitez, S./Döringer, K./Eilers, J./Laußmann, D./Mergner, H.-J./Ohgke, H./Schmidt, A./Senkpiel, K./Solbach, W./Walker, G./Weiß, R./Butte, W., 2004: Hintergrundwerte von flüchtigen Schimmelpilzmetaboliten in unbelasteten Wohngebäuden, Gefahrstoffe – Reinhaltung der Luft 4/64, 187-190

[74] King, J./Richardson, M./Quinn, A.-M./Holme, J./Chauduri, N., 2017: Bagpipe lung; a new type of interstitial lung disease? Thorax 4/2017, 380-382

[75] Klaudusz, T., 2012: Fokussierte Schadfaktor-Risikoanalyse, Master-Thesis Donau-Universität Krems

[76] Krämer, P., 2016: Simulation Schimmelwachstum Fußboden, Tagungsband 6. Würzburger Schimmelpilz-Forum „Feuchtigkeit in Fußbodenkonstruktionen und deren Folgen: Risiken – Kosten – Vorsorge", 75-82

[77] Kuebart, F., 2001: Aldehyde aus Baustoffen und anderen Werkstoffen, in Umwelt, Gebäude und Gesundheit, Ergebnisse des 6. Fachkongresses der AGÖF (Hrsg.)

[78] Küsters, D./Zwiener, S., 2011: Kleines Leck, große Wirkung, Deutsches Architektenblatt 11, 48-52

[79] Lauber, J./Kranz, H./Hanke, B., 2014: BauWesen BauUnwesen, Hrsg.: Lauber, J., Courgevaux

[80] LGA, 2001 (überarbeitet 2004): Schimmelpilze in Innenräumen – Nachweis, Bewertung, Qualitätsmanagement, Hrsg.: Landesgesundheitsamt Baden-Württemberg

[81] LGA, 2004 (überarbeitet 2006): Handlungsempfehlungen für die Sanierung von mit Schimmelpilzen befallenen Innenräumen, Hrsg.: Landesgesundheitsamt Baden-Württemberg

[82] Lange, F.M./Rötgers, D./Mohr, H., 2012: Schadstoffe rechtzeitig erfassen, Der Bausachverständige 2, 9

[83] Leschnik, W., 1999: Feuchtemessung an Baustoffen – Zwischen Klassik und Moderne. Umwelt – Messverfahren – Anwendungen. Berlin: Deutsche Gesellschaft für zerstörungsfreie Prüfung e.V.

[84] Lorenz, W., 2001: MVOC-Bestimmungen zur Erkennung mikrobieller Schäden in Gebäuden, in: Moriske, H.J./Turowski, E. (Hrsg.): Handbuch für Bioklima und Raumlufthygiene. 5. Erg.-Lfg. Landsberg/Lech, ecomed-Verlag

[85] Lorenz, W., 2010: Schimmelpilzspürhunde: Einsatzmöglichkeiten, Grenzen, ergänzende Labordiagnostik, in 4. Hamburger Fachtagung: „Schimmelpilze in Innenräumen" Erkennen – Sanieren – Vermeiden. Hrsg.: Bundesverband für Umweltberatung e.V. Bremen

[86] Lorenz, W., 2012: Praxishandbuch Schimmelpilzschäden, Rudolf Müller Verlag, Köln

[87] Lux, W./Mohr, S./Heinzow, B./Ostendorp, G., 2001: Belastung der Raumluft privater Neubauten mit flüchtigen organischen Verbindungen, Bundesgesundheitsbl – Gesundheitsforsch – Gesundheitsschutz 44, 619-624

[88] Madsen, A., 2016: Generation and Characterisation of Indoor fungal Aerosols for inhalation studies, National Research Centre for Working Environment, Denmark

[89] Meider, J., 2014: Untersuchung der Wirksamkeit von Desinfektionsmitteln auf die Biomasse und die Keimfähigkeit von Schimmelpilzen, Tagungsband 4. Würzburger Schimmelpilz-Forum „Die Sanierung der Sanierung", 62-69

[90] Moriske, H.-J., 1997: Plötzliche Staubemissionen in Wohnungen: Neue Aspekte, Fragebogenaktion, Umweltmedizinischer Informationsdienst, Umweltbundesamt, Institut für Wasser-, Boden- und Lufthygiene Nr. 1, 15-19

[91] Moriske, H.-J./Turowski, E., 1998: Handbuch für Bioklima und Lufthygiene, ecomed verlagsgesellschaft, Landsberg/Lech

[92] Moriske, H.-J./Beuermann, R. 2004: Schadstoffe in Wohnungen. Berlin: Grundeigentum-Verlag

[93] Moriske, H.-J., 2007: Schimmel, Fogging und weitere Innenraumprobleme, Fraunhofer IRB Verlag

[94] Mücke, W./Lemmen, C., 2008: Bioaerosole und Gesundheit, Wirkungen biologischer Luftinhaltsstoffe und praktische Konsequenzen, ecomed Landsberg

[95] Netzwerk Schimmel, 2014: Richtlinie zum sachgerechten Umgang mit Schimmelpilzschäden in Gebäuden

[96] Pöhner, A./Simrock, S./Thumulla, J./Weber, S./Wirkner, T., 1998: Hintergrundbelastung des Hausstaubes von Privathaushalten mit mittel- und schwerflüchtigen organischen Schadstoffen, Zeitschrift für Umweltmedizin 6, 337-345

[97] Radon-Handbuch Deutschland, 2001. Hrsg.: Bundesministerium für Umwelt, Naturschutz und Reaktorsicherheit und Bundesamt für Strahlenschutz. Braunschweig: Braunschweig-Druck

[98] Radünz, A., 1998: Bauprodukte und gebäudebedingte Erkrankungen. Hrsg.: Enquete-Kommission „Schutz des Menschen und der Umwelt" des 13. Deutschen Bundestages, Springer-Verlag Berlin, Heidelberg

[99] Riedl, B., 2013: Ausgewählte Sanierungs- und Vermeidungsbeispiele mit Detaillösungen, Tagungsband 3. Würzburger Schimmelpilz-Forum „Schimmel im Neubau und im Bestand", 78-82

[100 Riedl, B., 2014: Erkennen und Sanieren von Schimmel im Dach; Tagungsband 4. Würzburger Schimmelpilz-Forum „Die Sanierung der Sanierung", 93-103

[101] Riedl, B., 2015: Verdeckte mikrobielle (Bau-)Schäden bei der (Neubau-)Abnahme; Tagungsband 5. Würzburger Schimmelpilz-Forum „Schimmel in Gebäuden: Risiken – Kosten – Vorsorge", 99-102

[102] Riedl, B., 2016: Sinnvoll oder unsinnig? Feuchtemessungen bei Schimmelschäden in Fußbodenkonstruktionen, Tagungsband 6. Würzburger Schimmelpilz-Forum

„Feuchtigkeit in Fußbodenkonstruktionen und deren Folgen: Risiken – Kosten – Vorsorge", 67-74

[103] Robert Koch Institut, 2007: Schimmelpilzbelastungen in Innenräumen – Befunderhebung, gesundheitliche Bewertung und Maßnahmen, Bundesgesundheitsblatt, 1308-1323

[104] Sagunski, H./Roßkamp, E., 2002: Richtwerte für die Innenraumluft: Tris(2-chlorethyl)phosphat, Bundesgesundheitsbl – Gesundheitsforsch – Gesundheitsschutz 45, 300-306

[105] Sagunski, H./Heinzow, B., 2003: Richtwerte für die Innenraumluft: Bicyclische Terpene (Leitsubstanz α–Pinen), Bundesgesundheitsbl – Gesundheitsforsch – Gesundheitsschutz 46, 346-352

[106] Schöndorf, E., 1998: Von Menschen und Ratten, Verlag Die Werkstatt, Göttingen

[107] Scholzen, G., 2010: Leitungswasserschäden: Probleme ohne Ende, in: Leitungswasser 3, 8-14

[108] Schrader, J., 2016: Verschiedene Fußbodenkonstruktionen – betrachtet unter dem Aspekt Schimmelpilzbildung, Tagungsband 6. Würzburger Schimmelpilz-Forum „Feuchtigkeit in Fußbodenkonstruktionen und deren Folgen: Risiken – Kosten – Vorsorge", 15-22

[109] Schrader, J., 2017: Verdeckte Bauschäden erkennen, in: Ökologisch Bauen und Renovieren, 194-198

[110] Schwab, A., 2007: Luftundichtigkeit als Ursache von Schimmel, in: Führer G., Gänßmantel J. (Hrsg.): Schimmelbildung in Gebäuden, Loseblattwerk FORUM-Verlag, 18. Ergänzungslieferung

[111] Stahl, S., 2014: Erkennen von verdeckten Schimmelschäden unter Einbezug von Schimmelspürhunden: Vorgehen vor Ort und praktische Erfahrungen, Tagungsband 4. Würzburger Schimmelpilz-Forum „Die Sanierung der Sanierung", 49-61

[112] Stahl, S., 2015: Mikrobiologische Bestandsaufnahme: Beispiele aus der Praxis, Tagungsband 5. Würzburger Schimmelpilz-Forum „Schimmel in Gebäuden: Risiken – Kosten – Vorsorge", 59-66

[113] Stahl, S., 2016: Vom verdeckten zum sichtbaren Schimmelschaden mit Staubläusen, Silberfischchen & Co, Tagungsband 6. Würzburger Schimmelpilz-Forum „Feuchtigkeit in Fußbodenkonstruktionen und deren Folgen: Risiken – Kosten – Vorsorge", 59-66

[114] Stahl, S., 2017: Schimmel und Gesundheit: Ein internationaler Überblick, Tagungsband 7. Würzburger Schimmelpilz-Forum „Schimmelschäden und Methoden der Prävention", 35-44

[115] Tham, K.W./Willem, H.C./Sekhar, S.C./Wyon, D.P./Wargocki, P./Fanger, P.O., 2003: Temperature and ventilation effects on the work performance of office workers (study of a call centre in the tropics), Proceedings: Healthy Buildings, 280-286

[116] Thiesen, M., 2015: Sanierung konkret, fachgerechte Schimmelsanierung, Tagungsband 5. Würzburger Schimmelpilz-Forum „Schimmel in Gebäuden: Risiken – Kosten – Vorsorge", 67-76

[117] Tilgner, B., 2017: Pragmatische Schimmelsanierung, Tagungsband 7. Würzburger Schimmelpilz-Forum „Schimmelschäden und Methoden der Prävention", 83-94

[118] Trautmann, C., 2014: Erkennen von verdeckten Schimmelschäden: Laboranalytik, Hundeausbildung, Leitfäden . . ., Tagungsband 4. Würzburger Schimmelpilz-Forum „Die Sanierung der Sanierung", 39-48

[119] Trautmann, C., 2015: (Un)geeignete mikrobiologische Untersuchungsmethoden vor dem Hintergrund aktueller Entwicklungen am Umweltbundesamt, Tagungsband 5. Würzburger Schimmelpilz-Forum „Schimmel in Gebäuden: Risiken – Kosten – Vorsorge", 47-58

[120] Trautmann, C., 2017: Das „Öko"-System Schimmel, Tagungsband 7. Würzburger Schimmelpilz-Forum „Schimmelschäden und Methoden der Prävention", 27-34

[121] Trautmann, C./Meider, J., 2018: Ableitung von Hintergrundkonzentrationen von Schimmelpilzen auf Baumaterialien aus Routineproben, in Vorbereitung

[122] Umweltbundesamt, 2002: Leitfaden zur Vorbeugung, Untersuchung, Bewertung und Sanierung von Schimmelpilzwachstum in Innenräumen

[123] Umweltbundesamt, 2005: Leitfaden zur Ursachensuche und Sanierung bei Schimmelpilzwachstum in Innenräumen

[124] Umweltbundesamt, 2009: Schimmelbefall in der Wohnung – Umweltbundesamt empfiehlt: fachgerecht sanieren ohne Desinfektionsmittel! Presseinformation Nr. 26

[125] Umweltbundesamt, 2009: Schimmelpilze sind nicht die einzigen Übeltäter bei Feuchteschäden in Wohnungen, Information Nr. 02/2009

[126] Umweltbundesamt, 2008: Leitfaden für die Innenraumhygiene in Schulgebäuden

[127] Umweltbundesamt, 2016: Richtwerte für Toluol und gesundheitliche Bewertung von C_7-C_8-Alkylbenzolen in der Innenraumluft, Bundesgesundheitsblatt 59, 1522-1539

[128] Umweltbundesamt, 2017: Leitfaden zur Vorbeugung, Erfassung und Sanierung von Schimmelbefall in Gebäuden („Schimmelleitfaden"), im Druck

[129] Urlaub, S./Grün, G., 2016: Mould and dampness in European homes and their impact on health. IBP-Report EER-058/2016/950

[130] VPB, 2005: Gesund bauen und wohnen, Hrsg.: Verband privater Bauherren e.V.

[131] VDI, 2008: Messen von Innenraumluftverunreinigungen – Messstrategien zum Nachweis von Schimmelpilzen im Innenraum, VDI 4300 (Blatt 10)

[132] Wallner, J., 2013: Schimmelspürhund und Laboranalytik – Eine vergleichende Zuverlässigkeitsuntersuchung, vdf Hochschulverlag AG an der ETH Zürich

[133] Wallner, J./Hanus, C./Führer, G., 2012: Das „Messinstrument Schimmelspürhund", Gefahrstoffe – Reinhaltung der Luft 3/2012, 94-98

[134] Wargocki, P./Wyon, D.P./Baik, Y.K./Clausen, G./Fanger, P.O., 1999: Perceived air quality, sick building syndrome (SBS) symptoms and productivity in an office with two different pollution loads, Indoor Air 9, 165-179

[135] Wargocki, P./Wyon, D.P./Fanger, P.O., 2000: Pollution source control and ventilation improve health, comfort and productivity, Proc. Of Cold Climate HVAC, Sapporo, 445-450

[136] Watzlawick, P., 1981: Die erfundene Wirklichkeit, Piper-Verlag, 6. Auflage

[137] Weidner, H./Sellenschlo, U., 2010: Vorratsschädlinge und Hausungeziefer, Spektrum Akademischer Verlag Heidelberg

[138] Welzer, H., 2013: Selbst denken – eine Anleitung zum Widerstand, S. Fischer Verlag

[139] WHO, 2009: WHO-guidelines for indoor air quality: damp-ness and mould

[140] Wiesmüller, G./Heinzow, B., 2013: Gesundheitsrisiko Schimmelpilze im Innenraum

[141] WTA, 2016: Ziele und Kontrolle von Schimmelpilzschadensanierungen in Innenräumen, Merkblatt 4-12, Ausgabe 11.2016D

[142] Wulfes, W., 2012: Feuchtigkeitsursachen für Schimmelbildung im Neubau, Tagungsband 2. Würzburger Schimmelpilz-Forum „Erkennen und Beseitigung von Schimmel im Neubau", 3-7

[143] Zwiener, G., 1997: Handbuch Gebäudeschadstoffe, Verlagsgesellschaft Rudolf Müller, Köln

[144] Zwiener, G./Lange, F.-M., 2012: Gebäude-Schadstoffe und gesunde Innenraumluft, Erich Schmidt Verlag, Berlin

Teil 2 Recht

Vorbemerkung

Soweit durch die Untersuchungen eines Sachverständigen festgestellt oder soweit aufgrund der bloßen Erkennbarkeit einer Schadensstelle auch für den bautechnischen Laien unstreitig eine Beeinträchtigung eines Gebäudes (ein Bauschaden) vorliegt, stellt sich in der Regel immer die Frage, wie diese Situation rechtlich zu beurteilen ist.

Namentlich stellt sich im Hinblick auf die regelmäßig nicht unerheblichen Kosten, die mit der Beseitigung des Bauschadens entstehen, die Fragen nach der Verursachung und der Verantwortlichkeit und ferner danach, wer für die entstehenden Kosten einstandspflichtig gemacht werden kann.

So können beispielsweise Schimmelpilze auch zu gesundheitlichen Beeinträchtigungen führen, namentlich können Schimmelpilze Allergien auslösen, weswegen vor allem Asthmatiker gefährdet sind.[1]

Dabei wird geschätzt, dass etwa in 15 % aller Wohnungen Deutschlands ein sichtbarer Schimmelbefall vorhanden ist. Hinzu kommt, dass in Bauteilen versteckt Schimmel vorhanden sein kann, etwa in den Fußbodenkonstruktionen oder in den Hohlräumen von Wänden und Decken. Nachvollziehbarer Weise sind die Schätzungen hinsichtlich des Umfangs versteckter Schimmelschäden stark schwankend. Schätzungen zufolge haben ca. 30 % aller Wohnungen Schimmelpilze in einem Bauteil in nennenswertem Umfang, so dass zusammengefasst knapp die Hälfte aller Wohnungen in Deutschland mit einem Schimmelproblem behaftet ist. So sollen nach einer Studie des Fraunhofer-Instituts für Bauphysik (IBP)[2] in Europa etwa 84 Millionen Menschen in zu feuchten oder schimmeligen Wohnungen oder Häusern wohnen und der volkswirtschaftliche Schaden aus hieraus verursachten Atemwegserkrankungen und deren ärztlichen Behandlungen einschließlich Krankenhausaufenthalte und den indirekten Kosten für Produktivitätseinbußen wird nach dieser Studie mit 82 Milliarden € geschätzt und zwar wohl gemerkt jährlich.

Da sich hieraus rechtliche Fragestellungen nahezu zwangsläufig ergeben, soll zunächst in einem ersten Teil betrachtet werden, welche Voraussetzungen in tatsächlicher Hinsicht gegeben sein müssen, um von einem Mangel oder Schaden im Rechtssinne sprechen zu können.

In einem zweiten Teil wird dann ausgehend von dem gefundenen Ergebnis versucht, eine standardisierende Einordnung dieser allgemein gültigen Ergebnisse in einzelne, typischerweise wiederkehrende Lebenssachverhalte einzuordnen.

Schließlich sollen in einem dritten Teil die Möglichkeiten aufgezeigt werden, wie die Ansprüche bei einem eingetretenen Bauschaden geltend gemacht und notfalls durchgesetzt werden können.

---

1 Umweltbundesamt, Schimmel im Haus, Seite 8 ff. oder Landesgesundheitsamt Baden-Württemberg, gesundheitliche Bewertung von Schimmelpilzen in Innenräumen, Seite 3

2 https://www.pressebox.de/pressemitteilung/velux-deutschland-gmbh/Atemwegserkrankungen-verursacht-durch-feuchte-Wohnungen-kosten-Europa-82-Milliarden-Euro-pro-Jahr/boxid/830269

Interessant ist in diesem Zusammenhang das Ergebnis einer durch das Bundesjustizministerium beauftragten Untersuchung, die das Institut für Bauforschung mit Sitz in Hannover bezüglich des Zeitpunkts des Entstehens von Mängeln bzw. Schäden an neu errichteten Gebäuden. Nach dieser Untersuchung treten 90 % aller festgestellten Mängel bzw. Schäden in den ersten fünf Jahren nach Fertigstellung eines neuen Gebäudes auf, woraus das Bundesjustizministerium den Schluss zieht, dass die derzeit gültige Rechtslage, die eine Verjährungsfrist von fünf Jahren für Mängel bei der Errichtung von Gebäuden vorsieht, ausreichend ist und keiner Neubewertung bedarf.[3]

3 Böhmer, Untersuchung der Erforderlichkeit einer Verlängerung der Verjährungsfrist für Mängelansprüche bei Bauwerken, S. 173 ff.

1 Schadfaktoren an Gebäuden und deren rechtliche Bedeutung

Schadstoffe an oder in Gebäuden stellen ein allgemeines Problem dar und tauchen in den vielfältigsten Varianten und an den unterschiedlichsten Stellen auf.

Gleich ob es sich um einen Neubau handelt oder aber um einen Altbau und unabhängig davon, welche Herkunft die beeinträchtigenden Schadstoffe haben, ist das jeweilige Erscheinungsbild auf die rechtliche Relevanz hin zu überprüfen.

Die Herkunft der Schadfaktoren ist dabei ebenso vielfältig wie deren Anzahl nahezu unübersehbar ist. So wurden in Innenräumen nach Expertenschätzungen bis zu 8.000 chemische Verbindungen nachgewiesen mit potenziell (gesundheits-)gefährlichen Auswirkungen auf die Nutzer der Räumlichkeiten. Zu diesen chemischen Schadfaktoren hinzu kommen dann noch alle Arten von Stäuben, Geruchsauffälligkeiten sowie physikalische und biologische Schadstoffe wie beispielsweise Schimmelpilze und Bakterien.[4]

Dabei folgt aus der Feststellung, dass ein Gebäude Schadstoffe beinhaltet oder dass in einem Gebäude Schadstoffe festgestellt werden, nicht zwangsläufig, dass der Vorgang der Feststellung oder die Beseitigung der durch die Schadstoffe verursachten Schäden am Gebäude zu einem Rechtsproblem führt. Wer beispielsweise als Eigentümer eines eigengenutzten Gebäudes, das vor 25 Jahren neu errichtet wurde, im Kellerbereich Schimmel an einer Außenwand feststellt, der auf eine nicht ausreichende Isolierung des Gebäudes an den Kelleraußenwänden zurückzuführen ist, wird sich im Wesentlichen nur mit der Frage beschäftigen müssen, ob er diesen Schimmelbefall in seinem Gebäude akzeptiert und nichts oder nur oberflächlich etwas zur Beseitigung veranlasst.[5] Alternativ hierzu und je nach der Bereitschaft, wie viel Geld aufgewendet werden soll, kann in diesem Fall natürlich auch eine vollständige und auch den Grund des Schimmelbefalls umfassende Sanierung stattfinden. Dieser Vorgang wird in der rechtlichen Beurteilung relativ schnell geklärt sein, nachdem bei dieser Sachverhaltskonstellation Regressansprüche oder etwa Ansprüche gegen einen Versicherer nicht in Betracht kommen, da diese entweder bereits dem Grunde nach überhaupt nicht vorhanden sind oder aber jedenfalls längst verjährt wären.

Rechtlich relevant wird ein solcher Vorgang erst dann, wenn ein so festgestellter Schaden durch den betreffenden Hauseigentümer nicht oder nicht vollständig und das bedeutet zugleich auch nicht fachgerecht beseitigt wird und der Hauseigentümer dann das Gebäude verkauft. Jetzt wird der Vorgang im Zusammenhang mit der anstehenden Veräußerung des Gebäudes rechtlich in jedem Falle bedeutsam, denn der Eigentümer wird sich sodann mit der Frage auseinandersetzen müssen, ob er den Erwerber des Gebäudes über einen nicht vollständig fachgerecht sanierten Schimmelschaden im Gebäude aufklären muss, und zwar auch ungefragt von sich aus, selbst wenn der Erwerber des Gebäudes konkret nach einem entsprechenden Schadensereignis überhaupt nicht fragt. Und in einem zweiten Schritt wird sich ein solcher Verkäufer dann mit der möglicherweise sehr teuren Frage auseinandersetzen müssen, welche rechtlichen Konsequenzen daraus erwachsen können, wenn ein solches Schadensereignis im Rahmen der Veräußerung eines Gebäudes nicht angezeigt, da-

4 Verband privater Bauherren e.V., Gesund Bauen und Wohnen, S. 8.

5 Hierzu auch: Umweltbundesamt, Handlungsempfehlung zur Beurteilung von Feuchteschäden in Fußböden.

nach aber vom Käufer festgestellt wird. Spätestens dann wird sich der Verkäufer möglicherweise mit weitreichenden Schadensersatzansprüchen des Erwerbers auseinanderzusetzen haben bis hin zu dem Anspruch, das möglicherweise bereits seit Jahren verkaufte Haus wieder zurücknehmen zu müssen.

Sieht man sich bezüglich der einzelnen Schadfaktoren die einschlägigen Wortmeldungen und Kommentierungen an, stellt man sehr schnell fest, dass nahezu bei allen Schadfaktoren, die im Zusammenhang mit Schäden an Gebäuden bzw. Beeinträchtigungen von Gebäuden diskutiert werden, eine „Grenzwertdiskussion" geführt wird. Damit wird auf wissenschaftlicher Ebene der Versuch unternommen, durch die Bestimmung eines Grenzwertes für den jeweiligen Schadstoff ein messbares Kriterium zu definieren, das herangezogen werden kann, um zwischen unerheblichen, weil beispielsweise natürlichen Schadstoffbeeinträchtigungen einerseits und nicht mehr zu tolerierenden, auch rechtlich relevanten Beeinträchtigungen andererseits zu unterscheiden.

Besonders deutlich wird dies, wenn die Beeinträchtigung eines Gebäudes durch das Auffinden von Schimmelpilzen am oder im Gebäude sowohl in hygienischer Hinsicht, aber insbesondere auch hinsichtlich der rechtlichen Einordnung zu beurteilen ist.

Dies hängt damit zusammen, dass Schimmelpilze ein natürlicher Teil der Umwelt sind und deren Sporen daher auch in Innenräumen vorhanden sind,[6] ohne dass dies eine nachteilige Abweichung von dem natürlichen Zustand der Umwelt ist.

Hinzu kommt, dass auch in der natürlichen Außenluft die Konzentration von Schimmelpilzen nicht immer konstant ist, sodass auch hier keine standardisierte Betrachtung in Form eines schematischen Vergleichs zwischen der Konzentration von Schimmelpilzen in der Außenluft einerseits und von Schimmelpilzen in der Innenraumluft andererseits möglich ist. Denn die Konzentration von Schimmelpilzen in der Außenluft unterliegt je nach Ort, Klima, Tages- und Jahreszeit großen Schwankungen.[7]

Ob und in welchem Umfang diese „Grenzwertdiskussion" notwendig ist, um bezogen auf jeden einzelnen Schadstoff definieren zu können, ob bei Erreichen eines bestimmten Wertes ein Schadensfall vorliegt, der die Betroffenen zum Handeln zwingt und möglicherweise auch rechtliche Konsequenzen auslöst, muss individuell bezogen auf jeden Schadstoff definiert werden.

Denn wenn es keinen messbaren Grenzwert gibt oder man zu dem Ergebnis käme, dass die Bestimmung eines Grenzwertes für den jeweiligen Schadstoff überhaupt kein Kriterium sein kann, um die Pflicht zum Handeln und zur Schadensbeseitigung auszulösen, muss es andere Parameter geben, die dies aufzeigen. Oder aber man würde sich auf den Standpunkt stellen, dass der betreffende Schadstoff überhaupt nicht auftreten darf und damit die Feststellung des Vorhandenseins dieses Schadstoffes gleich in welcher Konzentration immer eine Pflicht zur Schadensbeseitigung auslöst.

6 Umweltbundesamt, Leitfaden zur Vorbeugung, Untersuchung, Bewertung und Sanierung von Schimmelpilzwachstum in Innenräumen, S. 3.

7 Umweltbundesamt, Leitfaden zur Vorbeugung, Untersuchung, Bewertung und Sanierung von Schimmelpilzwachstum in Innenräumen, S. 6.

Der Schweizer Arzt und Philosoph *Paracelsus* (1493 bis 1541) hat bereits im 16. Jahrhundert mit einer bemerkenswerten Brillanz und Relevanz bis in die heutige Zeit festgestellt:

Alle Dinge sind Gift, und nichts ist ohne Gift;
allein die Dosis macht's, dass ein Ding kein Gift sei.[8]

So kann Schimmel sowohl in einem neu errichteten Gebäude entstehen, aber auch in einem Jahrhunderte alten Haus und die Ursachen können ebenso unterschiedlich wie vielfältig sein.

Auch aus diesem Grunde bedarf es stets einer sehr sorgfältigen Analyse der Symptome, um hierauf aufbauend zu untersuchen, was die Ursache für den Schimmelbefall oder einen sonstigen Schadfaktor ist.

Wichtig ist dabei, dass der Schadfaktor in diesem Fall nicht als Ursache gesehen wird, denn beispielsweise setzt die Entstehung von Schimmel immer voraus, dass Feuchtigkeit an einem Gebäude oder in einem Gebäude vorhanden ist, die bei regelgerechter Bauweise oder Nutzung nicht entstehen dürfte.

Ist der Schimmel vollständig entfernt und die Ursache für die Feuchtigkeit beseitigt, ist ein Zustand hergestellt, der als mangelfrei verstanden werden kann und deshalb das Ziel der Sanierungsmaßnahme sein muss.

Sieht man sich in diesem Sinne die Zusammenhänge zwischen Ursache und Folge an, stellt man fest, dass selbst einfaches Regen-, Grund- oder Oberflächenwasser ein Schadfaktor für ein Gebäude sein kann, da es Voraussetzung und Grundlage für ein Schimmelwachstum im Gebäude oder am Gebäude ist.

1.1 Der Begriff des Mangels oder des Schadens in rechtlicher Hinsicht

Das Vorhandensein von Schadstoffen in einem Gebäude, insbesondere die Verunreinigung eines Gebäudes mit Schadstoffen, sind Vorgänge, die in allgemeinen gesetzlichen Regelungen keine speziell geregelte Berücksichtigung finden. Das ist nicht nur in Deutschland so, vielmehr fehlen in den meisten Ländern konkrete Regelungen zu diesem Bereich.[9]

So befasst sich etwa das Bürgerliche Gesetzbuch (BGB) im Zusammenhang mit den für die Errichtung eines Gebäudes maßgeblichen Vorschriften in den §§ 631 ff. BGB ganz allgemein mit den wechselseitigen Verpflichtungen beim Werkvertrag, und auch die Regelungen des Werkvertrages zu Sach- und Rechtsmängeln (§ 633 BGB) haben keine speziellen Vorschriften, die sich mit der Zulässigkeit von Schadstoffen an oder in Gebäuden befassen.

Die entsprechende Regelung sieht auch das Kaufrecht vor, denn auch in den §§ 433 ff. BGB, die sich mit dem Inhalt von Kaufverträgen und in § 434 BGB mit Sachmängeln an einer Kaufsache befassen, wird ganz allgemein von einem Sachmangel gesprochen. Spezielle Vorschriften, wie mit verkauften Gebäuden umzugehen ist, in welchen Schadstoffe gefunden werden, gibt es ebenfalls nicht.

8 Philippus Aureolus Theophrastus Bombastus von Hohenheim, genannt Paracelsus.

9 Weltgesundheitsorganisation, Fachliche und politische Empfehlungen zur Verringerung von Gesundheitsrisiken durch Feuchtigkeit und Schimmel, S. 2.

Die Untersuchung wird zeigen, ob der Umstand, dass das Schadensbild „Schadstoffe in einem Gebäude" gesetzlich nicht geregelt erscheint, also unter allgemeine Vorschriften subsumiert werden muss, den Umgang mit dieser Problemlage erleichtert oder eher erschwert.

Um beurteilen zu können, ob das Vorhandensein von Schadstoffen in oder an einem Gebäude in rechtlicher Hinsicht von Relevanz ist und was sich hieraus ergibt unter der weiteren Berücksichtigung, in welchem Ausmaß dieser Schadstoff aufgefunden wird und welche weiteren (Folge-)Schäden von ihm verursacht wurden, ist zunächst darzustellen, wie Gebäude grundsätzlich zu errichten sind und ob sich hieraus bereits ein Kriterium bezüglich der Schadstofffreiheit ergibt.

1.1.1 Grundlegende Überlegungen, wie Gebäude zu errichten sind

1.1.1.1 Gesetzliche Regelungen

Die Vorschriften im BGB, die sich damit befassen, wie ein Gebäude zu errichten ist, sind außerordentlich spärlich. Das hängt auch damit zusammen, dass die einschlägigen Vorschriften in den §§ 631 ff. BGB[10] sich nicht speziell mit der Errichtung von Gebäuden befassen. Es handelt sich vielmehr um die ganz allgemein gültigen Vorschriften über Werkverträge, die also die gesamte Bandbreite von der Planung und Errichtung eines komplexen, mehrgeschossigen Wohngebäudes einerseits bis zu der ebenfalls werkvertragsrechtlich zu beurteilenden Erbringung einer Leistung eines Friseurs andererseits abdecken muss.

Dass es hierbei zu Problemen kommen muss, weil völlig unterschiedliche Lebenssachverhalte anhand einiger weniger Paragrafen beurteilt werden müssen, liegt auf der Hand. Dies hat der Gesetzgeber noch erkannt und will mit der ab 1.1.2018 gültigen Reform des Werkvertragsrechts durch das „Gesetz zur Reform des Bauvertragsrechts und zur Änderung der kaufrechtlichen Mängelhaftung" einige wesentliche Probleme bei der Realisierung von Bauvorhaben neu regeln, indes wird es auch in der künftigen Fassung des BGB keine speziell auf Schadstoffe abgestellte Regelung im Zusammenhang mit der Errichtung eines Gebäudes geben.[11]

Gesetzlicher Maßstab aus dem Werkvertragsrecht wird daher weiterhin § 633 BGB sein, der wie folgt lautet:

§ 633 BGB
Sach- und Rechtsmangel

(1) Der Unternehmer hat dem Besteller das Werk frei von Sach- und Rechtsmängeln zu verschaffen.

10 Zur Rechtslage der bis 31.12.2001 geschlossenen Werkverträge vor Geltung des Schuldrechtsmodernisierungsgesetzes vom 28.11.2001 siehe bei Merl, in: Handbuch des privaten Baurechts, § 15 Rn. 25 ff.

11 Siehe auch Bundesrat-Drucksache 123/16 vom 11.3.2016: Entwurf eines Gesetzes zur Reform des Bauvertragsrechts und zur Änderung der kaufrechtlichen Mängelhaftung.

(2) Das Werk ist frei von Sachmängeln, wenn es die vereinbarte Beschaffenheit hat. Soweit die Beschaffenheit nicht vereinbart ist, ist das Werk frei von Sachmängeln,

1. **wenn es sich für die nach dem Vertrag vorausgesetzte, sonst**
2. **für die gewöhnliche Verwendung eignet und eine Beschaffenheit aufweist, die bei Werken der gleichen Art üblich ist und die der Besteller nach der Art des Werkes erwarten kann.**

Einem Sachmangel steht es gleich, wenn der Unternehmer ein anderes als das bestellte Werk oder das Werk in zu geringer Menge herstellt.

(3) Das Werk ist frei von Rechtsmängeln, wenn Dritte in Bezug auf das Werk keine oder nur die im Vertrag übernommenen Rechte gegen den Besteller geltend machen können.

Das bedeutet, dass ein Gebäude grundsätzlich und ohne jede Einschränkung so errichtet werden muss, dass es frei von Sach- und Rechtsmängeln[12] ist. Das ist insbesondere dann der Fall, wenn das Gebäude so errichtet wird, dass alle zwischen den Parteien ausdrücklich oder konkludent[13] vereinbarten Beschaffenheiten, also Eigenschaften, erfüllt sind.[14]

Und kann eine solche ausdrückliche oder konkludente Vereinbarung über eine spezielle Tatsache nicht festgestellt werden, weil es beispielsweise eine solche Vereinbarung überhaupt nicht gibt oder sie in einem Streitfall nicht bewiesen werden kann, sieht § 633 Abs. 2 Satz 2 BGB weitere Voraussetzungen vor, die erfüllt sein müssen, damit ein Gebäude mangelfrei im Sinne des Gesetzes ist.[15]

Gerade in diesem Zusammenhang sind dann die so genannten allgemein anerkannten Regeln der Technik[16] von Bedeutung, deren Einhaltung der Auftraggeber einer Bauleistung auch ohne ausdrückliche Vereinbarung erwarten kann, weil diese „üblich" im Sinne von § 633 Abs. 2 Satz 2 Nr. 2 BGB sind.[17] Maßgeblich ist aber vordringlich immer das, was die Parteien im speziellen Anwendungsfall ganz konkret vereinbart haben.

Deshalb sind auch Konstellationen möglich, dass trotz Einhaltung aller allgemein anerkannten Regeln der Technik die Werkleistung einen Sachmangel aufweist, weil beispielsweise etwas vereinbart ist, was inhaltlich über das hinausgeht, was die allgemein anerkannten Regeln der Technik beschreiben. Und andererseits kann auch eine konkrete Vereinbarung im Einzelfall dazu führen, dass eine mangelfreie Leistung gegeben ist, obwohl diese die üblichen Standards aus den anerkannten Regeln der Technik nicht erreicht.[18]

12 Ergänzend hierzu Bauer, in: Prozesse in Bausachen, § 5 Rn. 25.

13 Zur konkludenten Vereinbarung von Eigenschaften vergleiche Merl, in: Handbuch des privaten Baurechts, § 15 Rn. 211.

14 Das gilt jedenfalls so für Vertragsverhältnisse, die nach dem 31.12.2001 und damit unter der Geltung des Schuldrechtsmodernisierungsgesetzes begründet wurden mit der Neufassung von § 633 BGB.

15 Allgemein hierzu Krug, in: Handbuch des privaten Baurechts, § 2 Rn. 434 ff.

16 Siehe hierzu Bauer, in: Prozesse in Bausachen, § 5 Rn. 61 ff,. und Eichberger, in: Handbuch des privaten Baurechts, § 11 Rn. 55 ff.

17 Ganten/Kindereit, Typische Baumängel, S. 4, und Merl, in: Handbuch des privaten Baurechts, § 15 Rn. 83.

18 Mit weiteren Beispielen Sprau, in: Palandt, Bürgerliches Gesetzbuch, § 633.

§ 633 BGB stellt dabei einheitlich auf Sachmängel und auf Rechtsmängel bezüglich der sich hieraus ergebenden Konsequenzen ab.

Während die ganz überwiegende Anzahl der Mängelinanspruchnahmen und sich hieraus ergebender Streitigkeiten den Bereich der Sachmängel betrifft, sind Rechtsstreitigkeiten im Bauvertragsrecht im Hinblick auf Rechtsmängel kaum von Bedeutung. Ein Rechtsmangel ist etwa dann gegeben, wenn ein Gebäude zwar grundsätzlich ordnungsgemäß und ohne Baumängel errichtet ist, die Nutzung aber in rechtlicher Hinsicht etwa deshalb eingeschränkt ist, weil eine öffentlich-rechtliche Bauvorschrift diese Nutzung nicht zulässt.[19]

Bei der Bearbeitung von Mängelansprüchen[20] ist stets darauf zu achten, ob es zwischen den Vertragsparteien vom Gesetz abweichende Vereinbarungen gibt und wenn ja, was konkret vereinbart ist. Denn die meisten der werkvertragsrechtlichen Normen können durch Vereinbarung zwischen den Parteien abgeändert werden, nicht abdingbar ist bei den Mängelansprüchen lediglich § 639 BGB, demzufolge die Vereinbarung eines Haftungsausschlusses unwirksam ist, wenn seitens des Werkunternehmers ein Mangel arglistig verschwiegen wird.[21]

Vergleicht man die vorstehenden Regelungen, die für die Errichtung eines Gebäudes maßgeblich sind, mit den Vorschriften, die bei dem Erwerb eines Gebäudes Anwendung finden, stellt man fest, dass keine gravierenden Unterschiede durch den Gesetzgeber gemacht werden.

Was für den werkvertragsrechtlichen Anwendungsbereich sich aus § 633 BGB ergibt, normiert das Kaufrecht in § 434 BGB mit folgendem Wortlaut:

§ 434 BGB
Sachmangel

(1) Die Sache ist frei von Sachmängeln, wenn sie bei Gefahrübergang die vereinbarte Beschaffenheit hat. Soweit die Beschaffenheit nicht vereinbart ist, ist die Sache frei von Sachmängeln,

1. **wenn sie sich für die nach dem Vertrag vorausgesetzte Verwendung eignet, sonst**
2. **wenn sie sich für die gewöhnliche Verwendung eignet und eine Beschaffenheit aufweist, die bei Sachen der gleichen Art üblich ist und die der Käufer nach der Art der Sache erwarten kann.**

Zu der Beschaffenheit nach Satz 2 Nr. 2 gehören auch Eigenschaften, die der Käufer nach den öffentlichen Äußerungen des Verkäufers, des Herstellers (§ 4 Abs. 1 und 2 des Produkthaftungsgesetzes) oder seines Gehilfen insbesondere in der Werbung oder bei der Kennzeich-

19 Vergleiche Sprau, in: Palandt, Bürgerliches Gesetzbuch, § 633 Rn. 9.

20 Das BGB, aber auch die VOB/B sprechen in ihrer aktuellen Fassung bezüglich der Haftung des Unternehmers für Mängel an der Werkleistung nur noch von der „Verjährungsfrist für Mängelansprüche" und nicht mehr von der „Gewährleistung".

21 Siehe Merl, in: Handbuch des privaten Baurechts, § 15 Rn. 40ff.

nung über bestimmte Eigenschaften der Sache erwarten kann, es sei denn, dass der Verkäufer die Äußerung nicht kannte und auch nicht kennen musste, dass sie im Zeitpunkt des Vertragsschlusses in gleichwertiger Weise berichtigt war oder dass sie die Kaufentscheidung nicht beeinflussen konnte.

(2) Ein Sachmangel ist auch dann gegeben, wenn die vereinbarte Montage durch den Verkäufer oder dessen Erfüllungsgehilfen unsachgemäß durchgeführt worden ist. Ein Sachmangel liegt bei einer zur Montage bestimmten Sache ferner vor, wenn die Montageanleitung mangelhaft ist, es sei denn, die Sache ist fehlerfrei montiert worden.

(3) Einem Sachmangel steht es gleich, wenn der Verkäufer eine andere Sache oder eine zu geringe Menge liefert.

Sieht man sich nun die kaufrechtlichen Vorschriften an, die definieren, wann eine Kaufsache und damit auch ein Gebäude mangelfrei ist, stellt man fest, dass zwischen § 633 Abs. 2 BGB, der den Maßstab darstellt, wenn das Gebäude erst noch errichtet oder saniert werden muss, wenn also reines Werkvertragsrecht Anwendung findet, und § 434 Abs. 1 BGB vom Wortlaut her nahezu kein Unterschied besteht.[22]

Der Vollständigkeit halber soll in diesem Zusammenhang auch noch die einschlägige Norm aus dem Mietrecht betrachtet werden, denn auch im Mietrecht gibt es in § 536 BGB eine Regelung, wann aus Sicht des Gesetzes eine Mietsache frei von Mängeln ist:

§ 536 BGB
Mietminderung bei Sach- und Rechtsmängeln

(1) Hat die Mietsache zur Zeit der Überlassung an den Mieter einen Mangel, der ihre Tauglichkeit zum vertragsgemäßen Gebrauch aufhebt, oder entsteht während der Mietzeit ein solcher Mangel, so ist der Mieter für die Zeit, in der die Tauglichkeit aufgehoben ist, von der Entrichtung der Miete befreit. Für die Zeit, während der die Tauglichkeit gemindert ist, hat er nur eine angemessen herabgesetzte Miete zu entrichten. Eine unerhebliche Minderung der Tauglichkeit bleibt außer Betracht.

(1 a) Für die Dauer von drei Monaten bleibt eine Minderung der Tauglichkeit außer Betracht, soweit diese auf Grund einer Maßnahme eintritt, die einer energetischen Modernisierung nach § 555 b Nummer 1 dient.

(2) Absatz 1 Satz 1 und 2 gilt auch, wenn eine zugesicherte Eigenschaft fehlt oder später wegfällt.

(3) Wird dem Mieter der vertragsgemäße Gebrauch der Mietsache durch das Recht eines Dritten ganz oder zum Teil entzogen, so gelten die Absätze 1 und 2 entsprechend.

(4) Bei einem Mietverhältnis über Wohnraum ist eine zum Nachteil des Mieters abweichende Vereinbarung unwirksam.

22 Sprau, in: Palandt, Bürgerliches Gesetzbuch, § 633 Rn. 2.

Unter Berücksichtigung der sich aus dem Mietrecht ergebenden speziellen Konstellation regelt § 536 Abs. 2 BGB, wie auch im Werkrecht § 633 Abs. 2 Satz 1 BGB und im Kaufrecht § 434 Abs. 1 Satz 1 BGB, dass bei einer ausdrücklichen oder konkludenten Vereinbarung einer bestimmten Eigenschaft der Mietsache das Fehlen dieser Eigenschaft ohne weiteres dazu führt, dass ein Mangel in rechtlichem Sinne vorliegt unabhängig davon, ob die betreffende Eigenschaft für die Funktionalität oder die Gebrauchsfähigkeit von Bedeutung ist oder nicht.

Alleine der Umstand, dass die Mietsache eine Eigenschaft hat, deren Nichtvorhandensein die Parteien ausdrücklich oder konkludent vereinbart haben, oder aber der Umstand, dass der Mietsache eine Eigenschaft fehlt, deren Vorhandensein die Parteien in gleicher Weise vereinbart haben, führt unmittelbar dazu, dass ein Mangel vorhanden ist.

Exkurs: Vereinbaren die Vertragsparteien eines Werk-, Kauf- oder Mietvertrages konkludent, dass Schadstoffe nicht vorhanden sind?

Die einzelnen Vorschriften über das Vorhandensein von Sachmängeln im Werkrecht, im Kaufrecht sowie im Mietvertragsrecht (§ 633 Abs. 2 Satz 1 BGB, § 434 Abs. 1 Satz 1 BGB und § 536 Abs. 2 BGB) regeln, dass ein Mangel im Sinne der jeweiligen Vorschrift gegeben ist, wenn eine zugesicherte Eigenschaft nicht eingehalten wird. Unproblematisch sind in diesem Zusammenhang diejenigen Fälle, in welchen die Parteien ausdrücklich und im besten Fall sogar schriftlich vereinbaren, welche Eigenschaften die jeweilige Sache haben soll. Ist diese Voraussetzung dann zum jeweils maßgeblichen Zeitpunkt[23] *nicht erfüllt, ergibt sich hieraus unproblematisch, dass ein Mangel gegeben ist.*

Dabei ist es unerheblich, ob die Vereinbarung lautet, dass „die Sache schadstofffrei" bzw. „frei von Schadstoffen" sein muss oder ob umgekehrt formuliert wurde, dass „die Sache keine Schadstoffe beinhalten darf", denn bei verständiger Würdigung beider Formulierungen ergibt sich inhaltlich kein Unterschied. Eine solche Formulierung ist regelmäßig auch dahingehend zu verstehen, dass überhaupt keine Schadstoffe, auch nicht solche bis zu einer bestimmten Konzentration oder bis zu einem bestimmten Grenzwert, vorhanden sein dürfen.

Schwieriger wird die Beurteilung der Frage, ob man eine entsprechende Vereinbarung zwischen den Parteien auch dann annehmen kann, wenn zwar eine ausdrückliche Vereinbarung mit dem vorerwähnten Inhalt weder mündlich noch schriftlich getroffen wurde, eine solche Vereinbarung aber als konkludent zwischen den Parteien vereinbart angenommen werden muss. Hinzu kommt, dass beispielsweise im Grundstückshandel, wenn also bebaute Grundstücke Gegenstand eines Kaufvertrages werden, Vereinbarungen über besondere Eigenschaften im Sinne des § 434 Abs. 1 Satz 1 BGB ebenso der notariellen Beurkundung bedürfen, wie auch alle anderen Vertragsabreden im Zusammenhang mit dem Kauf. Die Rechtsprechung nimmt daher das Vorhandensein von kon-

23 Für das Werkvertragsrecht ist die Abnahme gemäß § 640 Abs. 1 BGB maßgeblich, für das Kaufrecht der Zeitpunkt des Gefahrübergangs gemäß § 434 Abs. 1 Satz 1 BGB, das ist gemäß § 446 BGB in der Regel der Zeitpunkt der Übergabe. Für das Mietvertragsrecht ist gemäß § 536 Abs. 1 Satz 1 BGB maßgeblich zunächst der Zeitpunkt der Überlassung der Mietsache an den Mieter.

kludenten Zusicherungen nur sehr zurückhaltend und bei beurkundungspflichtigen Geschäften nur ausnahmsweise an und nur dann, wenn anhand von objektiv feststellbaren Umständen „es dem Willen beider Vertragsparteien entspricht, dass der Verkäufer durch eine ausdrückliche oder stillschweigende Erklärung zu erkennen gibt, dass er für den Bestand einer bestimmten Eigenschaft und die Folgen ihres Fehlens einstehen will".[24]

Berücksichtigt man, dass die im Rahmen dieser Darstellung behandelten Schadfaktoren entweder unmittelbar und sofort oder jedenfalls im weiteren zeitlichen Verlauf geeignet sein können, erhebliche Schäden an Gebäuden zu verursachen und insbesondere von großer Gefahr für die Gesundheit der Nutzer des Gebäudes sind oder werden können, wird man unter Berücksichtigung der Interessenlage der Beteiligten davon ausgehen müssen, dass im Sinne der vorerwähnten Rechtsprechung im Regelfall nicht davon ausgegangen werden kann, dass derjenige, der eine Werkleistung erbringt, oder derjenige, der eine Sache verkauft oder vermietet, gleichzeitig (und ohne dass darüber gesprochen wird) konkludent auch zusichern möchte, dass Schadstoffe bei der hergestellten oder übergebenen Sache nicht vorhanden sind. Das hängt dabei nicht damit zusammen, dass man eigentlich redlicherweise erwarten müsste, dass eine solche Erklärung naturgemäß abgegeben wird, weil der Käufer, der Mieter oder der Besteller einer Sache ein Interesse daran hat, die Sache schadstofffrei zu bekommen. Vielmehr liegt der Umstand, dass eine solche konkludent erklärte Zusicherung nicht der Regelfall sein kann, darin begründet, dass nicht ohne weiteres und quasi generalisierend angenommen werden kann, dass im Sinne der vorerwähnten Rechtsprechung der Werkunternehmer, der Verkäufer oder der Vermieter gleichzeitig auch erklären will, dass er für die Folgen des Fehlens einer solchen Eigenschaft dem Vertragspartner gegenüber auch einstehen will.

Bezogen auf die Beurteilung von Schadstoffen an oder in Gebäuden dürfte es im Ergebnis auch nicht darauf ankommen, ob es bezüglich des Vorhandenseins bzw. des Ausschlusses von Schadstoffen eine gesonderte zugesicherte Eigenschaft gibt, denn sowohl das Werkvertragsrecht als auch die Normen des Kauf- und Mietrechts sehen vor, dass ein Mangel auch dann gegeben ist, wenn zwar eine gesondert zugesicherte Eigenschaft nicht vereinbart wurde, gleichwohl aber im Hinblick auf das tatsächliche Vorhandensein von Schadstoffen eine Mangelhaftigkeit vorliegt. Das ist so, weil im Sinne von § 633 Abs. 2 Satz 2 Nr. 2 BGB aufgrund dieser Schadstoffe sich die Bauleistung nicht „für die gewöhnliche Verwendung eigne und eine Beschaffenheit aufweist, die bei Werken der gleichen Art üblich ist und die der Besteller nach der Art des Werkes erwarten kann".

Denn es dürfte keinem vernünftigen Zweifel unterliegen, dass der Auftraggeber für die Errichtung eines Gebäudes oder für die Sanierung einer Bestandsimmobilie üblicherweise erwarten darf, dass als Ergebnis der Leistung des Werkunternehmers ein Gebäude entsteht,

24 Etwa OLG Celle, Urteil vom 6.12.2011- 4 U 109/01 m.w.N.

das den Anforderungen an gesundes Wohnen entspricht. Und ebenso dürfte es üblich sein, dass Gebäude auch in dieser Art und Weise errichtet oder saniert werden.[25]

Nichts anderes ergibt sich für den Bereich des Kaufrechtes, denn auch hier sieht § 434 Abs. 1 Satz 2 Nr. 2 BGB vor, dass die Kaufsache dann mangelfrei ist, „wenn sie sich für die gewöhnliche Verwendung eignet und eine Beschaffenheit aufweist, die bei Sachen der gleichen Art üblich ist und die der Käufer nach der Art der Sache erwarten kann". Insofern kann auch für den Bereich des Kaufrechts auf die vorstehenden Erwägungen zum Werkvertragsrecht verwiesen werden, zumal die entsprechenden gesetzlichen Formulierungen nahezu wortgleich sind und sich auch aus dem unterschiedlichen Wesen des Werkvertragsrechts und des Kaufvertragsrechts keine Unterscheidung ergibt, die in dieser Frage zu einer abweichenden Beurteilung kommen lässt.[26]

Und auch das Mietrecht sieht in § 536 Abs. 1 BGB vor, dass ein Mangel in der Mietsache begründet ist, wenn ein Umstand eintritt, der „ihre Tauglichkeit zum vertragsgemäßen Gebrauch aufhebt". Zwar sieht das Mietrecht abweichend vom Werk- und Kaufrecht hier keinen generalisierenden Vergleich vor, wenn etwa im Werkrecht darauf abgestellt wird, dass das Werk den „üblichen" Anforderungen genügen muss oder wenn im Kaufrecht die konkrete Kaufsache verglichen wird mit „Sachen der gleichen Art". Inhaltlich ergibt sich für das Mietrecht jedoch keine abweichende Beurteilung, wenn im Gesetzestext lediglich auf die Tauglichkeit zum vertragsgemäßen Gebrauch abgehoben wird, denn der sprachliche Unterschied erklärt sich einzig daraus, dass bei der Vermietung einer Sache diese schon individualisiert ist, also ohnehin nur diese eine ganz konkret vorhandene Sache Gegenstand des Vertrages sein kann. Demgegenüber existiert bei der Errichtung eines Gebäudes dieses noch gar nicht, sodass das noch zu errichtende Gebäude hinsichtlich seiner Qualität sehr wohl damit verglichen werden kann, was „üblicherweise" an Bauleistung erbracht werden muss, um frei von Sachmängeln zu sein. Und Entsprechendes gilt bei dem Verkauf einer Sache, da auch hier namentlich bei Gattungsschulden eine Individualisierung noch überhaupt nicht stattgefunden hat, und auch bei einem Gebäude, das sich als Kaufsache bereits individualisiert hat, ist aufgrund der ergänzenden Verpflichtung zur Eigentumsübertragung beim Kaufvertrag der Vergleich mit anderen Kaufsachen naheliegend, die die „Üblichkeit" definieren.

Letztendlich ergibt sich aber bezogen auf Schadstoffe inhaltlich nach hier vertretener Auffassung bezüglich des Mangelbegriffs im Mietrecht und des Mangelbegriffs im Werkvertragsrecht sowie im Kaufvertragsrecht trotz der unterschiedlichen Begrifflichkeiten und Formulierungen im Gesetzestext kein Unterschied.

Deutlich näher befassen sich das Bauproduktengesetz[27] und die damit verbundenen Rechtsverordnungen mit der Frage, wie Baumaterialien im Detail auszusehen haben, welche Eigenschaften sie haben müssen und wie sie in einem Gebäude einzubauen sind.

25 Siehe weitergehend hierzu und zu dem durch die Rechtsprechung herausgebildeten Begriff des sog. funktionalen Mangels bei Ganten/Kinderreit, Typische Baumängel, S. 2 f., 12 f.

26 Hierzu auch Sprau, in: Palandt, Bürgerliches Gesetzbuch, § 633 Rn. 2.

27 Gesetz zur Durchführung der Verordnung (EU) Nr. 305/2011 zur Festlegung harmonisierter Bedingungen für die Vermarktung von Bauprodukten und zur Umsetzung und Durchführung anderer Rechtsakte der Europäischen Union in Bezug auf Bauprodukte (Bauproduktengesetz – BauPG).

Das seit 2012 geltende Gesetz hat verschiedene Anforderungen, die sich aus der EU-Bauproduktenverordnung ergeben, für Deutschland als nationales Recht geregelt. Zuvor galt die Bauproduktenrichtlinie, die von der EU-Bauproduktenverordnung[28] mit Wirkung zum 1.7.2013 vollständig abgelöst wurde.

Als Rechtsverordnung der EU gilt die Bauproduktenverordnung, ohne dass es einer speziellen Vereinbarung zwischen den Parteien eines Vertrages bedarf.

Dabei nennt die **Bauproduktenverordnung** ausdrücklich u.a. nachfolgende Ziele:

(10) Die Beseitigung der technischen Hemmnisse im Bausektor lässt sich nur durch harmonisierte technische Spezifikationen erreichen, anhand derer die Leistung von Bauprodukten bewertet wird.

(11) Zur Bewertung der Leistung von Bauprodukten in Bezug auf ihre wesentlichen Merkmale sollten diese harmonisierten technischen Spezifikationen Prüfungen, Berechnungsverfahren und andere Instrumente beinhalten, die in harmonisierten Normen und Europäischen Bewertungsdokumenten festgelegt sind.[29]

Insbesondere im Zusammenhang mit den hier näher zu untersuchenden Schadstoffen an und in Gebäuden weist die Bauproduktenverordnung darauf hin, dass

(15) Bei der Bewertung der Leistung eines Bauprodukts sollten auch die Gesundheits- und Sicherheitsaspekte im Zusammenhang mit seiner Verwendung während seines gesamten Lebenszyklus berücksichtigt werden.

(16) Von der Kommission nach dieser Verordnung festgelegte Schwellenwerte sollten allgemein anerkannte Werte für wesentliche Merkmale des betreffenden Bauprodukts in Bezug auf die Bestimmungen in den Mitgliedstaaten sein und ein hohes Schutzniveau im Sinne des Artikels 114 des Vertrags über die Arbeitsweise der Europäischen Union (AEUV) sicherstellen.

(17) Schwellenwerte können technischer oder rechtlicher Art sein und können für ein einzelnes Merkmal oder eine Reihe von Merkmalen gelten.[30]

und erhebt damit mit unmittelbarer Wirkung für jedes Bauvorhaben die Anforderung, dass die verwendeten Baumaterialien und Arbeitsweisen, mit welchen die Baumaterialien verarbeitet werden, bestimmten Sicherheitsanforderungen und Gesundheitsaspekten genügen müssen und dies in zeitlicher Hinsicht sogar während dem gesamten Lebenszyklus des betreffenden Baustoffs.

---

28 Verordnung (EU) Nr. 305/2011 des Europäischen Parlaments und des Rates vom 9.3.2011 zur Festlegung harmonisierter Bedingungen für die Vermarktung von Bauprodukten und zur Aufhebung der Richtlinie 89/106/EWG des Rates (EU-Bauproduktenverordnung) sowie die Berichtigung der Verordnung (EU) Nr. 305/2011 des Europäischen Parlaments und des Rates vom 9.3.2011 zur Festlegung harmonisierter Bedingungen für die Vermarktung von Bauprodukten und zur Aufhebung der Richtlinie 89/106/EWG des Rates.

29 EU-Bauproduktenverordnung, Rn. 10 und 11.

30 EU-Bauproduktenverordnung, Rn. 15 ff.

In diesem Zusammenhang wird darauf hingewiesen, dass die Beurteilung, was ein der EU-Bauproduktenverordnung entsprechender, gesunder Baustoff ist, auch über die Festlegung von Schwellenwerten sowohl in technischer als auch in rechtlicher Hinsicht erfolgen kann. Ferner wird in dieser Richtlinie darauf hingewiesen, dass beim Einsatz von Baustoffen auch andere EU-Vorschriften, die sich mit der Verwendung von gefährlichen Stoffen ganz allgemein befassen, berücksichtigt werden müssen.[31]

Schließlich sieht die EU-Bauproduktenverordnung in ihrem Anhang I[32] einige grundsätzliche Anforderungen vor, die von Bauwerken in technischer Hinsicht erfüllt werden müssen:

ANHANG I
GRUNDANFORDERUNGEN AN BAUWERKE

Bauwerke müssen als Ganzes und in ihren Teilen für deren Verwendungszweck tauglich sein, wobei insbesondere der Gesundheit und der Sicherheit der während des gesamten Lebenszyklus der Bauwerke involvierten Personen Rechnung zu tragen ist. Bauwerke müssen diese Grundanforderungen an Bauwerke bei normaler Instandhaltung über einen wirtschaftlich angemessenen Zeitraum erfüllen.

. . .

3. Hygiene, Gesundheit und Umweltschutz

Das Bauwerk muss derart entworfen und ausgeführt sein, dass es während seines gesamten Lebenszyklus weder die Hygiene noch die Gesundheit und Sicherheit von Arbeitnehmern, Bewohnern oder Anwohnern gefährdet und sich über seine gesamte Lebensdauer hinweg weder bei Errichtung noch bei Nutzung oder Abriss

31 EU-Bauproduktenverordnung, Rn. 25: Gegebenenfalls sollten der Leistungserklärung Angaben über den Gehalt an gefährlichen Stoffen im Bauprodukt beigefügt werden, damit die Möglichkeiten für nachhaltiges Bauen verbessert werden und die Entwicklung umweltfreundlicher Produkte gefördert wird. Diese Angaben sollten unbeschadet der Verpflichtungen, insbesondere in Bezug auf die Kennzeichnung, im Rahmen anderer Instrumente des Unionsrechts, die gefährliche Stoffe betreffen, bereitgestellt werden; sie sollten gleichzeitig mit der Leistungserklärung und in derselben Form wie die Leistungserklärung bereitgestellt werden, um alle potenziellen Verwender von Bauprodukten zu erreichen. Angaben über den Gehalt an gefährlichen Stoffen sollten sich zunächst auf die Stoffe beschränken, die in den Artikeln 31 und 33 der Verordnung (EG) Nr. 1907/2006 des Europäischen Parlaments und des Rates vom 18.12.2006 zur Registrierung, Bewertung, Zulassung und Beschränkung chemischer Stoffe (REACH) und zur Schaffung einer Europäischen Agentur für chemische Stoffe (1) aufgeführt sind. Allerdings sollte der spezifische Bedarf an Angaben hinsichtlich des Gehalts an gefährlichen Stoffen in Bauprodukten weiter untersucht werden, damit der Umfang der darunter fallenden Stoffe vervollständigt wird, um ein hohes Maß an Gesundheitsschutz und Sicherheit von Arbeitnehmern, die Bauprodukte verwenden, und von Nutzern der Bauwerke zu gewährleisten, auch in Bezug auf die Anforderungen beim Recycling und/oder bei der Wiederverwendung von Bauteilen oder -materialien. Diese Verordnung lässt die Rechte und Pflichten der Mitgliedstaaten im Rahmen anderer Instrumente des Unionsrechts, die gefährliche Stoffe betreffen können, unberührt, insbesondere die Richtlinie 98/8/EG des Europäischen Parlaments und des Rates vom 16.2.1998 über das Inverkehrbringen von Biozid-Produkten (2), die Richtlinie 2000/60/EG des Europäischen Parlaments und des Rates vom 23.10.2000 zur Schaffung eines Ordnungsrahmens für Maßnahmen der Gemeinschaft im Bereich der Wasserpolitik (3), die Verordnung (EG) Nr. 1907/2006, die Richtlinie 2008/98/EG des Europäischen Parlaments und des Rates vom 19.11.2008 über Abfälle (4) und die Verordnung (EG) Nr. 1272/2008 des Europäischen Parlaments und des Rates vom 16.12.2008 über die Einstufung, Kennzeichnung und Verpackung von Stoffen und Gemischen.

32 EU-Bauproduktenverordnung, Anhang I.

insbesondere durch folgende Einflüsse übermäßig stark auf die Umweltqualität oder das Klima auswirkt:

a) *Freisetzung giftiger Gase;*

b) Emission von gefährlichen Stoffen, flüchtigen organischen Verbindungen, Treibhausgasen oder gefährlichen Partikeln in die Innen- oder Außenluft;

c) Emission gefährlicher Strahlen;

d) Freisetzung gefährlicher Stoffe in Grundwasser, Meeresgewässer, Oberflächengewässer oder Boden;

e) Freisetzung gefährlicher Stoffe in das Trinkwasser oder von Stoffen, die sich auf andere Weise negativ auf das Trinkwasser auswirken;

f) unsachgemäße Ableitung von Abwasser, Emission von Abgasen oder unsachgemäße Beseitigung von festem oder flüssigem Abfall;

g) Feuchtigkeit in Teilen des Bauwerks und auf Oberflächen im Bauwerk.

. . .

Demzufolge muss ein Gebäude so errichtet werden, dass es nicht nur zum Zeitpunkt der Errichtung, sondern auch während seines üblichen Lebenszyklus für alle Nutzer des Gebäudes weder in hygienischer noch in gesundheitlicher Hinsicht eine Gefahr darstellt. Von besonderer Bedeutung ist in diesem Zusammenhang, dass der Verordnungsgeber diese Anforderung nicht etwa fakultativ formuliert hat, vielmehr werden diese Voraussetzungen in der Verordnung so formuliert, dass sie nicht nur eingehalten werden „sollen", sondern vielmehr eingehalten werden „müssen". Damit enthält die Verordnung nicht nur einen Appell an die Adressaten dieser Verordnung, sie formuliert vielmehr eine zwingende Anforderung, die einzuhalten ist.

Der Bundesgesetzgeber hat ferner im Gesetz zum Schutz vor gefährlichen Stoffen (Chemikaliengesetz – ChemG) Regelungen getroffen, wie mit gefährlichen Stoffen zum Schutze des Menschen und der Umwelt umgegangen werden muss. Auf dieser Grundlage wurde dann auch die Verordnung zum Schutz vor Gefahrstoffen (Gefahrstoffverordnung – GefStoffV) erlassen.

Zwar wird man nicht generalisierend sagen können, dass jeder Schadstoff, der ein Gebäude beeinträchtigt, gleichzeitig auch ein Gefahrstoff im Sinne des Chemikaliengesetzes oder der Gefahrstoffverordnung ist. Dies hängt schon damit zusammen, dass sich das Chemikaliengesetz gemäß § 3 Nr. 1 ChemG mit Stoffen als Ausgangspunkt befasst und diese als „chemische Elemente und seine Verbindungen" definiert, sodass beispielsweise eine Verunreinigung eines Gebäudes mit Schimmel hiervon nicht umfasst ist. Es ist aber andererseits klar, dass jedenfalls jeder Stoff, der Gefahren verursacht und damit in den Regelungsbereich dieses Gesetzes und dieser Verordnung fällt, gleichzeitig immer auch einen Schadstoff für ein Gebäude darstellen muss, in welchem Menschen leben und arbeiten.

Und was gefährlich im Sinne des Chemikaliengesetzes ist, definiert dann § 3 a ChemG, indem es verschiedene Eigenschaften beschreibt, die „gefährlich" sind:

§ 3a ChemG
Gefährliche Stoffe und gefährliche Gemische

(1) Gefährliche Stoffe oder gefährliche Gemische sind Stoffe oder Gemische, die

1. explosionsgefährlich,
2. brandfördernd,
3. hochentzündlich,
4. leichtentzündlich,
5. entzündlich,
6. sehr giftig,
7. giftig,
8. gesundheitsschädlich,
9. ätzend,
10. reizend,
11. sensibilisierend,
12. krebserzeugend,
13. fortpflanzungsgefährdend,
14. erbgutverändernd oder
15. umweltgefährlich sind;

ausgenommen sind gefährliche Eigenschaften ionisierender Strahlen.

(2) Umweltgefährlich sind Stoffe oder Gemische, die selbst oder deren Umwandlungsprodukte geeignet sind, die Beschaffenheit des Naturhaushaltes, von Wasser, Boden oder Luft, Klima, Tieren, Pflanzen oder Mikroorganismen derart zu verändern, dass dadurch sofort oder später Gefahren für die Umwelt herbeigeführt werden können.

(3) Gefährlich im Sinne dieses Gesetzes sind auch solche Stoffe und Gemische, die nach Artikel 3 der Verordnung (EG) Nr. 1272/2008 des Europäischen Parlaments und des Rates vom 16. Dezember 2008 über die Einstufung, Kennzeichnung und Verpackung von Stoffen und Gemischen, zur Änderung und Aufhebung der Richtlinien 67/548/EWG und 1999/45/EG und zur Änderung der Verordnung (EG) Nr. 1907/2006 (ABl. L 353 vom 31.12.2008, S. 1), die zuletzt durch die Verordnung (EU) Nr. 286/2011 (ABl. L 83 vom 30.3.2011, S. 1) geändert worden ist, in ihrer jeweils geltenden Fassung gefährlich sind, ohne einem der Gefährlichkeitsmerkmale nach Absatz 1 zugeordnet werden zu können.

(4) Die Bundesregierung wird ermächtigt, durch Rechtsverordnung mit Zustimmung des Bundesrates nähere Vorschriften über die Festlegung der in Absatz 1 genannten Gefährlichkeitsmerkmale zu erlassen.

Die auf der Grundlage des Chemikaliengesetzes durch die Bundesanstalt für Arbeitsschutz und Arbeitsmedizin erlassene Gefahrstoffverordnung befasst sich dann im Wesentlichen mit dem Umgang mit Gefahrstoffen an Arbeitsplätzen, wenngleich als oberstes Ziel in § 1 Abs. 1 der GefStoffV postuliert wird, dass das Ziel dieser Verordnung ist, „den Menschen und die Umwelt vor stoffbedingten Schädigungen zu schützen".

Den Bezug auf Gebäude enthält die Verordnung in deren Anhang I Nr. 2, der sich mit partikelförmigen Gefahrstoffen (Stäube und Rauche) befasst, soweit diese alveolengängig und einatembar sind, insbesondere mit Asbest. Es liegt auf der Hand, dass die dortigen Regelungen bezüglich des Umgangs mit Asbest, die namentlich bei Abbruch-, Sanierungs- und Instandhaltungsarbeiten an Gebäuden[33] einzuhalten sind, umso mehr gelten müssen für diejenigen Personen, die sich nicht nur für die Ausführung der Arbeiten temporär in dem Gebäude aufhalten, sondern dauerhaft in dem Gebäude wohnen, arbeiten oder in sonstiger Weise aufhältlich sind.

Zu ergänzen ist, dass neben der Gefahrstoffverordnung, die sich vereinfacht gesagt mit chemischen Substanzen befasst, die Verordnung über Sicherheit und Gesundheitsschutz bei Tätigkeiten mit Biologischen Arbeitsstoffen (Biostoffverordnung – BioStoffV) maßgeblich im Hinblick auf die Arbeitsplatzsicherheit Regelungen enthält über den Umgang mit sowie den Schutz vor Biostoffen.

Spezifische Regelungen, welche Voraussetzungen gegeben sein müssen, damit das Vorhandensein von Biostoffen an oder in Gebäuden zu beanstanden ist bzw. zu einem Mangel im Rechtssinne wird, enthält die Biostoffverordnung indes nicht.

Sie wird nur quasi mittelbar von Bedeutung, weil sie die Vorgehensweise bei Tätigkeiten mit biologischen Arbeitsstoffen regelt mit der Folge, dass bei jeder Sanierung eines Gebäudes, bei dem Biostoffe vorhanden sind oder mit deren Auftreten gerechnet werden muss, die entsprechenden Vorgaben der BioStoffV eingehalten werden müssen.[34]

1.1.1.2 Vergabe- und Vertragsordnung für Bauleistungen

Aufgrund der Tatsache, dass das BGB verhältnismäßig wenige Rechtsvorschriften enthält, die sich mit den Problembestellungen während der Errichtung eines Gebäudes beschäftigen, weil es mit anderen Worten ein spezielles „Baurecht" nicht gibt,[35] hat sich eine nahezu unübersehbare Fülle an obergerichtlicher Rechtsprechung zu verschiedenen Fragen rund um den Bau von Gebäuden entwickelt.

Parallel hierzu wurde durch die öffentlichen Auftraggeber (Bund, Länder und Kommunen) gemeinsam mit Vertretern der Bauwirtschaft das Regelwerk der Vergabe- und Vertragsordnung für Bauleistungen (auch Verdingungsordnung genannt) mit den Teilen A, B und C entwickelt.[36]

---

33 Gefahrstoffverordnung, Anhang I, Nummer 2, 2.4.1.

34 Siehe hierzu auch Deutsche Gesetzliche Unfallversicherung, Handlungsanleitung Gesundheitsgefährdungen durch biologische Arbeitsstoffe bei der Gebäudesanierung, Seite 8 ff.

35 Siehe aber hierzu die neue Rechtslage ab 1.1.2018 durch das Gesetz zur Reform des Bauvertragsrechts und zur Änderung der kaufrechtlichen Mängelhaftung.

36 Siehe hierzu Krug, in: Handbuch des privaten Baurechts, § 2 Rn. 29 ff.

Während sich die Vergabe- und Vertragsordnung für Bauleistungen Teil A, kurz VOB/A genannt, damit befasst, wie Aufträge durch öffentliche Auftraggeber (§ 99 GWB) ausgeschrieben werden müssen und zu vergeben sind (insofern eine zwingende Vorgabe für öffentliche Auftraggeber gemäß § 3 VOB/A), regelt Teil B der VOB in Form von allgemeinen Vertragsbedingungen die Besonderheiten bei der Erbringung von Bauleistungen und versucht, einen ausgewogenen Ausgleich der verschiedenen Beteiligteninteressen herbeizuführen.[37]

Tipp:

Das Regelwerk der VOB/B hat keinen Gesetzescharakter und gilt deshalb nur dann, wenn dessen Geltung zwischen den Parteien vertraglich vereinbart wurde.[38] Denn die VOB/B gilt weder als Niederschlag einer Verkehrssitte oder eines Handelsbrauchs quasi automatisch,[39] und als ein feststehendes Regelwerk unterliegt die VOB/B auch der allgemeinen gesetzlichen Inhaltskontrolle aus den §§ 305 ff. BGB, da es sich insofern um Allgemeine Geschäftsbedingungen handelt. Wird die VOB /B allerdings insgesamt vereinbart, ohne dass sie Abänderungen erfährt, privilegiert sie das Gesetz (§ 310 Abs. 1 BGB) und die Rechtsprechung im Rahmen der Inhaltskontrolle dahingehend, dass die Gesamtheit aller Regelungen aus der VOB/B insgesamt ausgewogen und damit wirksam ist.[40] Dann darf aber keine vertragliche Vereinbarung getroffen werden, die in den Regelungsbereich der VOB/B eingreift. Bereits eine einzige Abweichung hiervon führt dazu, dass alle Regelungen der VOB/B der strengen Inhaltskontrolle als Allgemeine Geschäftsbedingungen unterworfen werden.

Die Geltung der VOB/B erfordert immer deren konkrete Einbeziehung bzw. Vereinbarung zwischen den Parteien eines Werkvertrages.[41] Selbst dann, wenn der Auftraggeber die öffentliche Hand ist, gelten die Regelungen aus der VOB/B nicht automatisch, sondern müssen auch dort durch Vereinbarung in den Vertrag einbezogen werden, wobei die entsprechende Vereinbarung oder Zustimmung ausdrücklich, aber auch schlüssig erklärt werden kann.

Aus § 1 Abs. 1 Satz 2 VOB/B ergibt sich dann, dass für den Inhalt eines Vertrages, bei dem die Geltung der VOB/B vereinbart ist, durch Inbezugnahme auch immer die Allgemeinen Technischen Vertragsbedingungen für Bauleistungen (VOB/C) Gültigkeit haben.

Dabei ist in rechtlicher Sicht anzumerken, dass die VOB/C nicht nur aus Allgemeinen Technischen Vertragsbedingungen für Bauleistungen (ATV) besteht. Vielmehr enthält Teil C der VOB neben diesen technischen Regeln, die über die Inbezugnahme stets gelten und im Übrigen auch die allgemein anerkannten Regeln der Technik definieren, auch weitere Regelungen, die sich ebenfalls als allgemeine Geschäftsbedingungen darstellen. Dies trifft insbeson-

37 Hierzu etwa Sprau, in: Palandt, Bürgerliches Gesetzbuch, Einf. vor § 631, Rn. 4 f.

38 Krug, in: Handbuch des privaten Baurechts, § 2 Rn. 32, und Merl, in: Handbuch des privaten Baurechts, § 15 Rn. 68.

39 Sprau, in: Palandt, Bürgerliches Gesetzbuch, Einf. vor § 631, Rn. 5.

40 Sprau, in: Palandt, Bürgerliches Gesetzbuch, Einf. vor § 631, Rn. 5, m.w.N.

41 Zu den Voraussetzungen, die die wirksame Vereinbarung der VOB/B hat, siehe Merl, in: Handbuch des privaten Baurechts, § 15 Rn. 69 ff.

dere für die ATV DIN 18299 zu, die als „Allgemeine Regelung für Bauarbeiten jeder Art" Definitionen der Nebenleistungen und der besonderen Leistungen enthält sowie Anforderungen an Leistungsbeschreibungen und allgemeine Grundsätze für die Abrechnung von Bauleistungen. Diese gelten nach allgemeinen Rechtsgrundsätzen jedoch nur dann, wenn die Vertragsparteien sie ausdrücklich zum Inhalt des Vertrages erhoben haben.

Obwohl zu erwarten wäre, dass die VOB/B näher definiert, wie eine Bauleistung zu erbringen ist, dass sie mangelfrei ist, findet sich auch in diesem Regelwerk keine spezielle Regelung, aus der sich mehr ergeben würde. Erst in § 13 Abs. 1 VOB/B, der sich nicht mit der Phase der Leistungserbringung, sondern bereits mit den Mängelansprüchen während der Verjährungsfrist befasst, ergibt sich ein Hinweis, wann die Bauleistung mangelfrei ist, der aber im Wesentlichen an die gesetzliche Regelung[42] anknüpft:

§ 13 VOB/B
Mängelansprüche

(1) Der Auftragnehmer hat dem Auftraggeber seine Leistung zum Zeitpunkt der Abnahme frei von Sachmängeln zu verschaffen. Die Leistung ist zur Zeit der Abnahme frei von Sachmängeln, wenn sie die vereinbarte Beschaffenheit hat und den anerkannten Regeln der Technik entspricht. Ist die Beschaffenheit nicht vereinbart, so ist die Leistung zur Zeit der Abnahme frei von Sachmängeln,

1. **wenn sie sich für die nach dem Vertrag vorausgesetzte, sonst**
2. **für die gewöhnliche Verwendung eignet und eine Beschaffenheit aufweist, die bei Werken der gleichen Art üblich ist und die der Auftraggeber nach der Art der Leistung erwarten kann.**

(2) . . .

Der Vergleich der gesetzlichen Regelung mit dem Inhalt von § 13 Abs. 1 VOB/B zeigt, dass auch die VOB/B keine detaillierteren Vorgaben macht, wie Bauleistungen zu erbringen sind, damit sie als mangelfrei beurteilt werden können. Denn auch die VOB/B stellt zunächst darauf ab, ob eine Beschaffenheitsvereinbarung vorliegt. Anders als im BGB stellt § 13 Abs. 1 Satz 2 VOB/B aber als weitere Anforderung darauf ab, dass die anerkannten Regeln der Technik eingehalten werden müssen.

In der Rechtspraxis stellt der Hinweis auf die anerkannten Regeln der Technik jedoch keinen Unterschied zwischen einem BGB-Bauvertrag und einem Bauvertrag, bei dem ergänzend die Geltung der VOB/B vereinbart wurde (VOB/B-Vertrag), dar, denn nach der gefestigten höchstrichterlichen Rechtsprechung stellen die anerkannten Regeln der Technik den Mindeststandard einer Werkausführung dar.[43] Sie definieren also, was der Werkunternehmer

42 Siehe hierzu auch Merl, in: Handbuch des privaten Baurechts, § 15 Rn. 46.

43 Siehe hierzu Ganten, in: Ganten/Kinderreit, Typische Baumängel, Rn. 10.

auch ohne abweichende Vereinbarung mindestens leisten muss, um ein mangelfreies Gewerk zu erbringen.

1.1.1.3 Öffentlich-rechtliche Bauvorschriften

Auch die Öffentlich-rechtlichen Bauvorschriften, insbesondere die auf Länderebene jeweils individuell für jedes Bundesland geregelten Landesbauordnungen und weitere Rechtsvorschriften hierzu, normieren Anforderungen, die Gebäude erfüllen müssen.

So sieht beispielsweise die Landesbauordnung Baden-Württemberg[44]

§ 3 LBO
Allgemeine Anforderungen

(1) Bauliche Anlagen sowie Grundstücke, andere Anlagen und Einrichtungen im Sinne von § 1 Abs. 1 Satz 2 sind so anzuordnen und zu errichten, dass die öffentliche Sicherheit oder Ordnung, insbesondere Leben, Gesundheit oder die natürlichen Lebensgrundlagen, nicht bedroht werden und dass sie ihrem Zweck entsprechend ohne Missstände benutzbar sind. Für den Abbruch baulicher Anlagen gilt dies entsprechend.

(2) Bauprodukte dürfen nur verwendet werden, wenn bei ihrer Verwendung die baulichen Anlagen bei ordnungsgemäßer Instandhaltung während einer dem Zweck entsprechenden angemessenen Zeitdauer die Anforderungen der Vorschriften dieses Gesetzes oder aufgrund dieses Gesetzes erfüllen und gebrauchstauglich sind.

(3) . . .

(4) . . .

(5) Bauprodukte und Bauarten, die in Vorschriften anderer Vertragsstaaten des Abkommens vom 2. Mai 1992 über den europäischen Wirtschaftsraum (ABl. EG Nr. L 1 S. 3) genannten technischen Anforderungen entsprechen, dürfen verwendet oder angewendet werden, wenn das geforderte Schutzniveau in Bezug auf Sicherheit, Gesundheit, Umweltschutz und Gebrauchstauglichkeit gleichermaßen dauerhaft erreicht wird.

ganz generell vor, dass bei der Errichtung von Gebäuden eine Bauart Verwendung findet, die dazu führt, dass das Gebäude dem „Zweck entsprechend ohne Missstände benutzbar" ist. Und um dies zu konkretisieren, wird dann in der Landesbauordnung hinsichtlich derjenigen Baustoffe, die verwendet werden müssen, unter anderem auf die Anforderungen der EU-Bauproduktenverordnung verwiesen.

44 Landesbauordnung für Baden-Württemberg (LBO) in der Fassung vom 5.3.2010 und letzter Änderung vom 23.2.2017 (GBl. S. 99, 103).

§ 17 LBO
Bauprodukte

(1) Bauprodukte dürfen für die Errichtung baulicher Anlagen nur verwendet werden, wenn sie für den Verwendungszweck

1. von den nach Absatz 2 bekanntgemachten technischen Regeln nicht oder nicht wesentlich abweichen (geregelte Bauprodukte) oder nach Absatz 3 zulässig sind und wenn sie auf Grund des Übereinstimmungsnachweises nach § 22 das Übereinstimmungszeichen (Ü-Zeichen) tragen oder

2. nach den Vorschriften

a) der Verordnung (EU) Nr. 305/2011 des Europäischen Parlaments und des Rates vom 9. März 2011 zur Festlegung harmonisierter Bedingungen für die Vermarktung von Bauprodukten und zur Aufhebung der Richtlinie 89/106/EWG des Rates (EU-Bauproduktenverordnung) (ABl. L 88 vom 4. April 2011, S. 5, ber. ABl. L 103 vom 12. April 2013, S. 10),

b) anderer unmittelbar geltender Vorschriften der Europäischen Union oder

c) zur Umsetzung von Richtlinien der Europäischen Union, soweit diese die Grundanforderungen an Bauwerke nach Anhang I der EU-Bauproduktenverordnung berücksichtigen,

in den Verkehr gebracht und gehandelt werden dürfen, insbesondere die CE-Kennzeichnung (Artikel 8 und 9 der EU-Bauproduktenverordnung) tragen und dieses Zeichen die nach Absatz 7 Nummer 1 festgelegten Leistungsstufen oder -klassen ausweist oder die Leistung des Bauprodukts angibt.

Sonstige Bauprodukte, die von allgemein anerkannten Regeln der Technik nicht abweichen, dürfen auch verwendet werden, wenn diese Regeln nicht in der Bauregelliste A nach Absatz 2 bekanntgemacht sind. Sonstige Bauprodukte, die von allgemein anerkannten Regeln der Technik abweichen, bedürfen keines Nachweises ihrer Verwendbarkeit nach Absatz 3.

(2) Das Deutsche Institut für Bautechnik macht im Einvernehmen mit der obersten Baurechtsbehörde für Bauprodukte, für die nicht nur die Vorschriften nach Absatz 1 Satz 1 Nr. 2 maßgebend sind, in der Bauregelliste A die technischen Regeln bekannt, die zur Erfüllung der in diesem Gesetz und in Vorschriften auf Grund dieses Gesetzes an bauliche Anlagen gestellten Anforderungen erforderlich sind. Diese technischen Regeln gelten als technische Baubestimmungen im Sinne des § 3 Abs. 3.

(3) Bauprodukte, für die technische Regeln in der Bauregelliste A nach Absatz 2 bekanntgemacht worden sind und die von diesen wesentlich abweichen oder für die es technische Baubestimmungen oder allgemein anerkannte Regeln der Technik nicht gibt (nicht geregelte Bauprodukte), müssen

1. eine allgemeine bauaufsichtliche Zulassung (§ 18),

2. ein allgemeines bauaufsichtliches Prüfzeugnis (§ 19) oder

3. eine Zustimmung im Einzelfall (§ 20)

haben. Ausgenommen sind Bauprodukte, die für die Erfüllung der Anforderungen dieses Gesetzes oder auf Grund dieses Gesetzes nur eine untergeordnete Bedeutung haben und die das Deutsche Institut für Bautechnik im Einvernehmen mit der obersten Baurechtsbehörde in einer Liste C bekanntgemacht hat.

(4) Die oberste Baurechtsbehörde kann durch Rechtsverordnung vorschreiben, dass für bestimmte Bauprodukte, auch soweit sie Anforderungen nach anderen Rechtsvorschriften unterliegen, hinsichtlich dieser Anforderungen bestimmte Nachweise der Verwendbarkeit und bestimmte Übereinstimmungsnachweise nach Maßgabe der §§ 17 bis 20 und 22 bis 25 zu führen sind, wenn die anderen Rechtsvorschriften diese Nachweise verlangen oder zulassen.

(5) Bei Bauprodukten nach Absatz 1 Satz 1 Nr. 1, deren Herstellung in außergewöhnlichem Maß von der Sachkunde und Erfahrung der damit betrauten Personen oder von einer Ausstattung mit besonderen Vorrichtungen abhängt, kann in der allgemeinen bauaufsichtlichen Zulassung, in der Zustimmung im Einzelfall oder durch Rechtsverordnung der obersten Baurechtsbehörde vorgeschrieben werden, dass der Hersteller über solche Fachkräfte und Vorrichtungen verfügt und den Nachweis hierüber gegenüber einer Prüfstelle nach § 25 zu erbringen hat. In der Rechtsverordnung können Mindestanforderungen an die Ausbildung, die durch Prüfung nachzuweisende Befähigung und die Ausbildungsstätten einschließlich der Anerkennungsvoraussetzungen gestellt werden.

(6) Für Bauprodukte, die wegen ihrer besonderen Eigenschaften oder ihres besonderen Verwendungszweckes einer außergewöhnlichen Sorgfalt bei Einbau, Transport, Instandhaltung oder Reinigung bedürfen, kann in der allgemeinen bauaufsichtlichen Zulassung, in der Zustimmung im Einzelfall oder durch Rechtsverordnung der obersten Baurechtsbehörde die Überwachung dieser Tätigkeiten durch eine Überwachungsstelle nach § 25 vorgeschrieben werden.

(7) Das Deutsche Institut für Bautechnik kann im Einvernehmen mit der obersten Baurechtsbehörde in der Bauregelliste B

1. festlegen, welche Leistungsstufen oder -klassen nach Artikel 27 der EU-Bauproduktenverordnung oder nach Vorschriften zur Umsetzung der Richtlinien der Europäischen Union Bauprodukte nach Absatz 1 Nummer 2 erfüllen müssen, und

2. bekannt machen, inwieweit Vorschriften zur Umsetzung von Richtlinien der Europäischen Union die Grundanforderungen an Bauwerke nach Anhang I der EU-Bauproduktenverordnung nicht berücksichtigen.

Auch alle anderen Bundesländer haben vergleichbar mit der Landesbauordnung Baden-Württemberg entsprechende Regelungen für das jeweilige Bundesland, wenngleich auch mit verschiedenen Abweichungen, erlassen.

Generell kann aber festgestellt werden, dass jedes Bundesland auch öffentlich-rechtlich in der jeweiligen Landesbauordnung die Anforderung formuliert, dass, von wenigen Ausnahmen abgesehen, nur mit Baustoffen gebaut werden darf, die geprüft sind und die den Anforderungen der EU-Bauproduktenverordnung entsprechen.[45]

Liegen diese Voraussetzungen bei einem Gebäude nicht vor, wird entsprechend der hierzu bereits ergangenen Rechtsprechung davon auszugehen sein, dass eine mangelhafte Bauleistung vorliegt.

So geht beispielsweise das LG Mönchengladbach davon aus, dass ein Werkunternehmer seine Bauleistung so zu errichten hat, dass diese die öffentlich-rechtlichen Vorschriften einhält und in einer baupolizeilich ordnungsgemäßen Weise erfolgte, wovon aber nicht ausgegangen werden kann, wenn Bauprodukte verwendet wurden, die weder ein Übereinstimmungszeichen noch eine Konformitätserklärung der Europäischen Gemeinschaft (CE-Kennzeichnung) tragen.[46]

Nach dieser Entscheidung kommt es ferner nicht einmal darauf an, ob die verwendeten Bauprodukte die Voraussetzungen für die Kennzeichnung erfüllen bzw. erfüllen könnten, maßgeblich ist, dass eine solche Kennzeichnung tatsächlich nicht vorhanden ist.[47]

1.1.1.4 Zusammenfassung

Weder das Kaufrecht noch das Werk- oder Mietrecht und auch nicht das Versicherungsrecht sehen spezielle Regelungen vor, die eine unmittelbare Abhängigkeit zwischen dem Vorhandensein von Schadstoffen in einem Gebäude und dem Vorhandensein eines Mangels in rechtlicher Hinsicht ergeben.

Es bedarf vielmehr des ergänzenden Rückgriffs auf spezialgesetzliche Regelungen, etwa in der EU-Bauproduktenverordnung, die definieren, dass Bauprodukte so herzustellen und in Gebäude so einzubauen sind, dass während des üblichen Lebenszyklus des Gebäudes hieraus keine nachteiligen Auswirkungen auf die Gebäudesubstanz und insbesondere keine für die Nutzer des Gebäudes gefährdenden Umstände entstehen.

Das bedeutet andererseits, dass jede nachteilige Abweichung von diesen Voraussetzungen einen vom Gesetzgeber nicht gewollten Tatbestand darstellt, der damit den Begriff des Mangels im Rechtssinne erfüllt.

1.1.2 Ursachen und Symptome

Wird ein Schaden an einem Gebäude festgestellt, ist es in technischer Hinsicht zwingend, dass für eine ordnungsgemäße und umfassende Beseitigung des Schadens nicht nur das sichtbare Schadensbild beseitigt wird, vielmehr müssen die Ursachen, die das Schadensbild hervorgebracht haben, beseitigt werden.[48]

Vereinfacht ausgedrückt bedeutet dies, dass etwa bei einem an den Innenwänden eines Gebäudes feststellbaren Schimmelbefall die schlichte Beseitigung des Schimmelbefalls kei-

---

45 Etwa für Bayern die Art. 3, 15 Bayerische Bauordnung (BayBO), für Niedersachsen die §§ 3, 17 Niedersächsische Bauordnung (NBauO) oder für Sachsen die §§ 3, 17 Sächsische Bauordnung (SächsBO).

46 LG Mönchengladbach, Urteil vom 17.6.2015 – 4 S 141/14.

47 Zur Kennzeichnungspflicht ferner OLG Düsseldorf, Urteil vom 29.3.2011 – 21 U 6/07.

48 Siehe auch Ganten/Kindereit, Typische Baumängel, S. 225.

neswegs eine ausreichende Maßnahme zur Beseitigung des Mangels sein kann. Denn es ist leicht nachvollziehbar, dass der soeben beseitigte Schimmelbefall nach kurzer Zeit wieder auftreten wird, wenn die Kontamination mit Schimmelpilzen daher rührt, dass die Bausubstanz durch eine nicht vorhandene Abdichtung gegen Erdfeuchte fortlaufend durchnässt wird. Die Ursache für den Mangel am Gebäude ist damit nicht der Schimmelbefall, der vielmehr nur die Konsequenz der nicht ordnungsgemäßen Abdichtung des Gebäudes ist.[49] Der Schimmelbefall ist also nur die sichtbare und die Gebäudesubstanz weiter in Mitleidenschaft ziehende Folge der eigentlichen Ursache für diesen Bauschaden.[50]

In der Praxis wird es aber auch viele Fälle geben, in welchen bereits in technischer Hinsicht die exakte Trennung der Ursache einerseits von dem sichtbaren Erscheinungsbild eines Baumangels andererseits wesentlich schwieriger ist. Erschwerend kommt in diesem Zusammenhang dazu, dass bei komplexen Problemstellungen häufig nicht nur eine Ursache in Betracht zu ziehen sein wird, vielmehr gibt es auch Konstellationen, in welchen mehrere Ursachen zusammenwirken und erst in ihrem Zusammenwirken zu einem Schadensereignis führen, während andererseits Abläufe denkbar sind, bei welchen tatsächlich vorhandene Ursachen durch zeitliche Abläufe aufgrund überholender Kausalitäten bedeutungslos werden.

Unterstützung in rechtlicher Hinsicht erfährt der Bauherr eines Gebäudes auch in diesem Zusammenhang durch den in der Rechtsprechung herausgearbeiteten sog. funktionalen Mangelbegriff. Denn dieser richtet jenseits von DIN-Vorschriften, anerkannten Regeln der Technik und sonstigen technischen Vorschriften seinen Blick immer darauf, ob unter Berücksichtigung der konkreten Umstände im Einzelfall der von den Parteien des Bauvertrages vereinbarte Werkerfolg eingetreten ist oder nicht. Dabei wird insbesondere auch auf die Funktionstauglichkeit der Bauleistung insgesamt abgestellt.[51] Daraus folgt, dass eine Abweichung von der vereinbarten Beschaffenheit auch dann vorliegt, wenn der mit dem Vertrag verfolgte Zweck des Werks nicht erreicht wird und das Werk seine vereinbarte oder nach dem Vertrag vorausgesetzte Funktion nicht erfüllt.[52]

Während es in (bau-)technischer Hinsicht für eine ordnungsgemäße Sanierung maßgeblich ist, nicht nur das Erscheinungsbild eines Mangels, also dessen Symptome, zu beseitigen, ist es auch in der rechtlichen Wertung für die Zurechnung von Zuständigkeiten und Verantwortlichkeiten von Bedeutung, den tatsächlichen „Verursacher" eines Baumangels ausfindig zu machen. Denn nur dieser kann, gegebenenfalls mit weiteren Beteiligten, die ebenfalls einen Verursachungsbeitrag geleistet haben, in einem Mängel- oder Regressfall in Anspruch genommen werden.

Die Rechtsprechung erleichtert dies dadurch, dass sie einem Geschädigten nicht die Pflicht auferlegt, selbst nach den exakten Ursachen eines Mangels zu forschen, da dies ohnehin für einen bautechnischen Laien in der Regel nicht möglich ist.

---

49 Vergleiche hierzu etwa Walter/Korves, Der merkantile Minderwert beim Immobilienkauf, S. 1986.
50 Umweltbundesamt, Schimmel im Haus, S. 13.
51 Hierzu Sprau, in: Palandt, Bürgerliches Gesetzbuch, § 633 Rn. 6.
52 BGH Urteil vom 20.12.2012 – VII ZR 209/11, NJW 2013, 684.

Nach der Rechtsprechung und der durch sie entwickelten Symptomrechtsprechung[53] genügt es, wenn ein Anspruchsteller eines Mängelanspruches lediglich die von ihm festgestellten Symptome näher beschreibt und deren Beseitigung geltend macht. Das schließt auch immer mit ein, dass sich das Verlangen des Anspruchstellers auch darauf erstreckt, dass die für die festgestellten Symptome maßgeblichen Ursachen analysiert und fachgerecht beseitigt werden. Denn bereits das Benennen der Symptome des Mangels führt dazu, dass immer alle Ursachen für die bezeichneten Symptome von der Mängelrüge erfasst sind. Ferner gilt das auch dann, wenn die angegebenen Symptome des Mangels nur an einigen Stellen aufgetreten sind, während ihre Ursache und damit der Mangel des Werks in Wirklichkeit das gesamte Gebäude erfasst.[54]

Berücksichtigt man diese Zusammenhänge, wird klar, dass das Postulat, demzufolge Grundvoraussetzung für eine Wohnung ohne Schimmelpilzwachstum die Errichtung des Gebäudes nach dem Stand der Technik sei,[55] in zwei Richtungen Geltung hat.

Bei der Errichtung des Gebäudes muss nach dem Stand der Technik gebaut werden, damit ein Schimmelpilzschaden im Gebäude vermieden wird. Ist aber in einem Gebäude ein Schimmelpilzschaden vorhanden, der jedenfalls auch mit der Gebäudesubstanz ursächlich in Verbindung steht, muss andererseits ebenso konsequent bei der Mangelbeseitigung ebenfalls der Stand der Technik erreicht werden, um diesem Postulat gerecht zu werden.

Versteht man schließlich die final zugrunde liegende Ursache als den Moment, der die nachteilige Abweichung der tatsächlichen Bausubstanz von derjenigen Bausubstanz beschreibt, die eigentlich dem Stand der Technik entsprechend und üblicherweise von einem Bauherrn oder einem Gebäudeeigentümer erwartet werden darf, wird auch klar, dass der Mangelbegriff in rechtlicher Hinsicht erfüllt ist, wenn ein bestimmter Zustand entweder nicht der Beschaffenheitsvereinbarung der Parteien entspricht oder das vorgefundene Ergebnis der Tätigkeit hinter dem zurückbleibt, was üblicherweise am Bau erwartet werden darf, und dies ist mindestens die Einhaltung der allgemein anerkannten Regeln der Technik.

Wichtig ist dabei, dass der Mangelbegriff die Sichtbarkeit oder sonstige Feststellbarkeit eines Schadens an der Bausubstanz im Übrigen nicht voraussetzt.[56]

Durchfeuchtet beispielsweise die Außenwand eines Gebäudes aufgrund einer nicht ordnungsgemäß ausgeführten Isolierung, liegt eine mangelhafte Bauleistung im Sinne des Werkvertragsrechts vor, und auch ein Gebäude, das in diesem Zustand verkauft wird, ist mangelhaft im Sinne des Kaufrechts.

Darauf, dass die so durchfeuchtete Wand zusätzlich bereits weiteren Schaden genommen hat dadurch, dass sich Schimmel gebildet hat, oder dass Möbelstücke und sonstige Einrich-

53 Etwa Sprau, in: Palandt, Bürgerliches Gesetzbuch, § 635 Rn. 3 m.w.N., und Jahn, in: Prozesse in Bausachen, § 2 Rn. 74.

54 BGH, Beschluss vom 24.8.2016 – VII ZR 41/14.

55 Umweltbundesamt, Leitfaden zur Vorbeugung, Untersuchung, Bewertung und Sanierung von Schimmelpilzwachstum in Innenräumen, S. 16.

56 Vgl. Walter/Korves, Der merkantile Minderwert beim Immobilienkauf, S. 1986, und OLG Schleswig, Urteil vom 31.3.2017 – 1 U 48/16, Rn. 35.

tungen und Einbauten im Gebäude in Mitleidenschaft gezogen wurden, kommt es in rechtlicher Hinsicht nicht an.

Bei dem hier gebildeten Beispiel liegt eine mangelhafte Leistung selbst dann vor, wenn es etwa aufgrund der geologischen Verhältnisse oder aufgrund witterungsbedingter Einflüsse zu einer Durchfeuchtung der Außenwand noch gar nicht gekommen ist.

Tipp:

Ein Mangel an einem Gebäude im rechtlichen Sinne setzt nicht voraus, dass die abweichend von der vereinbarten Beschaffenheit des Gebäudes oder von den allgemein anerkannten Regeln der Technik gewählte Ausführungsart sich bereits in Form eines sichtbaren Schadens manifestiert hat. Der Eigentümer eines Gebäudes muss also bei einer mangelhaften Bauleistung nicht sehenden Auges abwarten, bis die Gebäudesubstanz zusätzlichen Schaden nimmt. Er kann vielmehr sofort und umfassend die Wiederherstellung oder aber auch die erstmalige Herstellung eines Zustands verlangen, der entweder der vereinbarten Beschaffenheit entspricht oder, sollte eine solche Vereinbarung nicht existieren oder nicht bewiesen werden können, jedenfalls den allgemein anerkannten Regeln der Technik.

Wenn deshalb im so genannten „Schimmelpilz-Leitfaden" die Empfehlung formuliert wird, dass nach Feststellung einer Schimmelpilzquelle im Innenraum eine Sanierung erfolgen sollte und die Schimmelpilzquellen im Innenraum aus Gründen des vorbeugenden Gesundheitsschutzes zu beseitigen seien,[57] greift diese Empfehlung in rechtlicher Hinsicht unter zwei Aspekten zu kurz: Wird eine Schimmelpilzquelle im Innenraum festgestellt, kann es weder im Rahmen eines Mietverhältnisses noch im Rahmen eines Werkvertragsverhältnisses und auch nicht im Zuge eines Kaufvertrages über das betreffende Gebäude dispositiv bleiben, ob dieser Schimmelpilz zu beseitigen ist oder nicht. Dessen Beseitigung dürfte sich regelmäßig als ein „Muss" darstellen.

Und zweitens reicht es weder in technischer[58] noch in rechtlicher Hinsicht, nur die Schimmelpilzquelle zu beseitigen, da in der Regel die Bausubstanz (auch) ursächlich für das Entstehen des Schimmels ist, weil sie nicht den allgemein anerkannten Regeln der Technik entspricht.

Präziser formuliert deshalb beispielsweise das Landesgesundheitsamt Baden-Württemberg in seinem Leitfaden für „Maßnahmen zur Erfolgskontrolle einer fachgerechten Schimmelpilzsanierung", wenn dort ein Schimmelpilzbefall so definiert wird, wenn Untergründe optisch sichtbar durch Mikroorganismen besiedelt sind oder eine nicht sichtbare Besiedelung durch geeignete Prüfverfahren nachgewiesen wird, was auch für nicht keimfähiges Material

57 Umweltbundesamt, Leitfaden zur Vorbeugung, Untersuchung, Bewertung und Sanierung von Schimmelpilzwachstum in Innenräumen, S. 43, aber anders auf den S. 50 ff.

58 Vergleiche hierzu etwa Blei, Technisches Merkblatt für die Bewertung von feuchtegeschädigten Dämmstoffen im Hochbau, Ziffer 4,

(abgestorbene Schimmelpilze) gilt und dabei eine höhere Konzentration von Mikroorganismen vorhanden ist, als sie für eine Hintergrundbelastung üblich ist.[59]

1.1.1.3 Umfang der Mangelansprüche

Sind an einem Gebäude Mängel vorhanden, dann hat der Mieter des Gebäudes, dessen Erwerber oder aber der Bauherr in der Regel mehrere Möglichkeiten zu reagieren. Häufig spielen hierbei auch taktische Erwägungen der Beteiligten eine Rolle.

In der Regel muss der Betroffene erst einmal für sich die Entscheidung treffen, wie er reagieren möchte.

So kann der Mieter einer Wohnung, in der Schadstoffe festgestellt werden, sich darauf beschränken, den Vermieter bezüglich dieser Mangelbeanstandung zu kontaktieren und ihn unter Fristsetzung zur Beseitigung dieses Mangels auffordern. Gemäß § 536 BGB kann der Mieter, ohne dass er eine Reaktion des Vermieters oder den Ablauf der Frist abwarten muss, von seinem Mietminderungsrecht Gebrauch machen, das im Übrigen von Gesetzes wegen bei einem Mangel in der Mietsache besteht, sodass der Mieter dies auch nicht ankündigen muss.[60] Der Mieter kann aber auch aktiv die Beseitigung des Mangels betreiben, indem er nach dem fruchtlosen Ablauf einer dem Vermieter gesetzten Frist zur Mangelbeseitigung diesen selbst im Wege der Ersatzvornahme beseitigt (§ 536 a Abs. 2 Nr. 1 BGB), oder aber von einem Kündigungsrecht Gebrauch machen, wenn er kein Interesse mehr an den Mieträumlichkeiten hat.

Insbesondere ist dabei zu beachten, dass jedenfalls dann, wenn im Rahmen der Geltendmachung von Mängelansprüchen Gestaltungsrechte ausgeübt werden wie etwa der Rücktritt oder die Kündigung, diese das Vertragsverhältnis umgestalten in ein Abwicklungsverhältnis mit der Folge, dass von einem einmal wirksam ausgeübten Gestaltungsrecht nicht mehr zu einem anderen Mängelrecht gewechselt werden kann.[61]

Zwar ist immer die Möglichkeit eröffnet, soweit die übrigen gesetzlichen Voraussetzungen gegeben sind, Schadensersatz neben der Kündigung eines Mietverhältnisses geltend zu machen. Ist aber ein Mietverhältnis erst einmal gekündigt, weil ein Mangel durch den Vermieter nicht beseitigt wurde, kann der Mieter von der einmal erklärten Kündigung nicht wieder „zurücktreten". Wohl aber lässt die herrschende Meinung in diesem Fall parallel hierzu den Aufwendungsersatzanspruch gemäß § 536 a BGB zu.[62]

Eine entsprechende Parallelität und teilweise Alternativität von Ansprüchen gibt es auch im Werkvertragsrecht, aber auch im Kaufvertragsrecht.

59 Landesgesundheitsamt Baden-Württemberg, Maßnahmen zur Erfolgskontrolle einer fachgerechten Schimmelpilzsanierung, S. 2.

60 Vergleiche Weidenkaff, in: Palandt, Bürgerliches Gesetzbuch, § 536 Rn. 31.

61 Siehe auch Merl, in: Handbuch des privaten Baurechts, § 15 Rn. 432.

62 Weidenkaff, in: Palandt, Bürgerliches Gesetzbuch, § 536 a Rn. 4.

1.1.3.1 Zurückbehaltungsrecht und Leistungsverweigerungsrecht

Wurde ein mangelhaftes Gebäude errichtet oder verkauft und hat der Bauherr oder der Käufer den Werklohn bzw. den Kaufpreis noch nicht oder noch nicht ganz bezahlt, sind also die wechselseitigen Vertragsverpflichtungen noch nicht vollständig erfüllt, steht dem Bauherrn und dem Erwerber in Ansehung der Mängel am Gebäude gegenüber Werkunternehmer und Veräußerer ein Leistungsverweigerungsrecht zu.

Denn gemäß § 320 BGB kann bei einem gegenseitigen Vertrag jede Partei die von ihr zu erbringende Leistung verweigern, bis der Vertragspartner seinerseits die geschuldete Leistung erbringt.[63]

Da es sich bei § 320 BGB um eine Einrede handelt, muss diese dem Vertragspartner gegenüber auch geltend gemacht werden. Solange sich also der berechtigte Vertragspartner nicht ausdrücklich oder jedenfalls sinngemäß auf sein vertragliches Leistungsverweigerungsrecht beruft, kann er sich nicht auf die Wirkungen dieser Einrede berufen.

Dem Wortlaut des Gesetzes folgend kann dabei der Berechtigte grundsätzlich die gesamte Gegenleistung zurückbehalten, das wäre ohne irgendeine Beschränkung dann aber beispielsweise der gesamte Kaufpreis für eine Eigentumswohnung oder aber der gesamte Werklohn für einen Neubau, bis nicht zuletzt auch der kleinste Mangel beseitigt ist.[64]

Dass dies insbesondere beim Neubau eines Gebäudes zu völlig unangemessenen Folgen führt, ist klar, denn kaum ein Gebäude wird, jedenfalls von Beginn an, mangelfrei zu errichten sein, was dazu führen würde, dass grundsätzlich weder Abschlagsrechnungen noch Schlussrechnungen durch einen Werkunternehmer durchgesetzt werden könnten, nachdem dem Bauherrn stets gemäß § 320 BGB das „volle" Zurückbehaltungsrecht zustünde.

§ 641 Abs. 3 BGB sieht in diesem Zusammenhang jedoch als die speziellere Regelung[65] für das Werkvertragsrecht vor, dass das Zurückbehaltungsrecht in Höhe des Doppelten der voraussichtlichen Nachbesserungskosten ausgeübt werden darf, wobei dies nach allgemeiner Auffassung der Mindestbetrag ist.[66] Und auch der Käufer einer mangelhaften Wohnung kann, soweit Kaufvertragsrecht Anwendung findet, entsprechend der höchstrichterlichen Rechtsprechung einen Betrag zurückbehalten in Höhe des Zwei- bis Dreifachen der voraussichtlichen Nachbesserungskosten.[67]

Andererseits hat der Bundesgerichtshof entschieden, dass der Käufer einer mangelhaften Sache grundsätzlich gemäß § 320 Abs. 1 BGB berechtigt ist, die Zahlung des vollständigen Kaufpreises zu verweigern, wenn die Kaufsache mit behebbaren Mängeln, auch wenn sie nur geringfügig sind, behaftet ist.[68] Zwar ist diese Entscheidung im Zusammenhang mit dem Kauf eines Neuwagens ergangen, der einen kleinen Lackkratzer hatte. Indes ist nicht ersicht-

---

63 Die Einrede aus § 320 BGB ist daher ein Sonderfall des allgemeinen Zurückbehaltungsrechtes aus § 273 BGB, vergleiche hierzu Grüneberg, in: Palandt, Bürgerliches Gesetzbuch, § 273 Rn. 28.

64 Hierzu Grüneberg, in: Palandt, Bürgerliches Gesetzbuch, § 320 Rn. 8.

65 Grüneberg, in: Palandt, Bürgerliches Gesetzbuch, § 320 Rn. 11.

66 Bauer, in: Prozesse in Bausachen, § 5 Rn. 193.

67 Grüneberg, in: Palandt, Bürgerliches Gesetzbuch, § 320 Rn. 11.

68 BGH, Urteil vom 26.10.2016 – VIII ZR 211/15.

lich, dass der Bundesgerichtshof in dieser Sache nur den Kauf von beweglichen Gegenständen im Auge hatte, denn die Entscheidung erging generell im Zusammenhang mit Mängeln an einer Kaufsache.

Auch bei einem Mietvertragsverhältnis steht dem Mieter das Leistungsverweigerungsrecht aus § 320 BGB neben dem Recht auf Mietminderung gemäß § 536 BGB zu.[69]

Typisch für das Leistungsverweigerungsrecht als ein Zurückbehaltungsrecht ist, dass bei der Rechtsverteidigung ausschließlich mit einem Leistungsverweigerungsrecht der vor Gericht klagende Verkäufer oder Werkunternehmer nicht mit seiner Klageforderung vollständig unterliegt, wenn tatsächlich Mängel vorhanden sind. Vielmehr führt die Geltendmachung des Leistungsverweigerungsrechtes im Prozess dazu, dass eine Verurteilung zur Zahlung Zug um Zug gegen Beseitigung der gerügten Mängel erfolgt.[70]

1.1.3.2 Mangelbeseitigungsansprüche

1.1.3.2.1 Grundsätzliche Überlegungen

Der Anspruch auf die (vollständige) Beseitigung eines festgestellten Schadens durch den Werkunternehmer ergibt sich für das Werkvertragsrecht aus den §§ 634 Nr. 1, 635 BGB.

Anders als im Kaufrecht, das das Wahlrecht bei der Nacherfüllung gemäß § 439 Abs. 1 BGB dem Käufer gibt, steht im Werkvertragsrecht dem Werkunternehmer das Recht zu, bei einem Mangelbeseitigungsbegehren des Auftraggebers zu entscheiden, ob der Mangel beseitigt oder ob die Werkleistung noch einmal neu hergestellt wird (§ 635 Abs. 1 BGB).

Wird der Werkunternehmer durch den Auftraggeber zur Beseitigung eines Mangels unter Fristsetzung aufgefordert und verstreicht diese Frist fruchtlos, kann der Auftraggeber den Mangel gemäß den §§ 634 Nr. 2, 637 BGB selbst beseitigen und vom Auftragnehmer Kostenersatz für die notwendigen Kosten der selbst durchgeführten Mangelbeseitigung verlangen.[71]

Dabei kann der Auftraggeber vor Durchführung der von ihm selbst zu veranlassenden Mangelbeseitigungsarbeiten vom Auftragnehmer einen angemessenen Kostenvorschuss verlangen (§ 637 Abs. 3 BGB).[72]

Gerügt werden muss auch jeder einzelne Mangel, und wenn mehrere Mängel erst nacheinander erkennbar werden, müssen diese jeweils im Einzelnen gerügt werden.[73] Die allgemeine Aufforderung, der Werkunternehmer solle die Mängel beseitigen, ist insofern nicht ausreichend.

Damit korrespondiert, dass im Kaufrecht der Käufer einer mangelhaften Sache gemäß § 439 Abs. 1 BGB nach seiner Wahl verlangen kann, dass die mangelhafte gelieferte Sache repariert wird oder aber dass ihm eine neue, mangelfreie Sache anstelle der zuerst mangelhaft

---

69 Weidenkaff, in: Palandt, Bürgerliches Gesetzbuch, § 536 Rn. 6 und BGH, Urteil vom 17.6.2015 – VIII ZR 19/14.

70 Ergänzend hierzu Bauer, in: Prozesse in Bausachen, § 5 Rn. 199 ff.

71 Zum Umfang des Ersatzanspruchs Merl, in: Handbuch des privaten Baurechts, § 15 Rn. 382 ff.

72 Zum Anspruch auf Kostenvorschuss siehe Merl, in: Handbuch des privaten Baurechts, § 15 Rn. 393 ff.

73 Bauer, in: Prozesse in Bausachen, § 5 Rn. 206.

gelieferten Sache zur Verfügung gestellt wird. Und weigert sich der Verkäufer, den Nacherfüllungsanspruch des Käufers zu erfüllen, kann der Käufer entsprechend der Regelung im Werkvertragsrecht ebenfalls selbst den Mangel beseitigen oder beseitigen lassen und vom Verkäufer die hierfür notwendigerweise entstehenden Kosten ersetzt verlangen (§§ 437 Nr. 3, 440, 281 BGB).

Das Mietvertragsrecht kennt eine entsprechende Regelung, denn gemäß § 536 a BGB kann der Mieter einen Mangel an der Mietsache selbst beseitigen und den entsprechenden Kostenersatz für die ihm hieraus entstehenden Aufwendungen verlangen, wenn er dem Vermieter für die Beseitigung des Mangels eine Frist gesetzt hat, die verstrichen ist, oder wenn aufgrund der Besonderheiten der Situation eine vorangehende Fristsetzung nicht notwendig war, weil der Mangel umgehend beseitigt werden musste.

All diesen Ansprüchen ist es gemein, dass es auf ein Verschulden des Anspruchsgegners oder darauf, dass er um das Vorhandensein des Mangels wusste oder hätte wissen müssen, nicht ankommt. Diese Mängelansprüche stehen dem Anspruchsteller jeweils verschuldensunabhängig zu.

Und ferner ist in diesen Ansprüchen gemein, dass Mängelansprüche primär darauf gerichtet sind, dass der zur Mängelbeseitigung verpflichtete Vertragspartner bei Vorhandensein eines Mangels verpflichtet ist, diesen vollständig zu beseitigen bzw. eine mangelfreie Sache zu liefern.

Dabei ist es grundsätzlich Sache des Auftragnehmers im Werkvertragsrecht, wie er den Mangel konkret nachbessert, denn er trägt auch das Risiko, dass der Mangel nach Durchführung der Mangelbeseitigungsarbeiten nicht vollständig beseitigt ist. Nur dann, wenn die Beseitigung des Mangels und damit die vertragsgerechte Erfüllung auf andere Weise als durch Neuherstellung nicht möglich ist, reduziert sich das Auswahlermessen des Werkunternehmers. Er kann nicht mehr unter verschiedenen Möglichkeiten der Art der Nachbesserung wählen, er muss die Neuherstellung herbeiführen.[74]

Auch beim VOB/B-Vertrag folgt aus § 4 Abs. 7 VOB/B, dass der Besteller einer Werkleistung bereits vor der Abnahme, nämlich sofort nach Erkennen eines Mangels, dessen Beseitigung vom Auftragnehmer verlangen kann. Das bedeutet für den Auftraggeber eine deutliche Besserstellung im Verhältnis zur gesetzlichen Regelung. Denn bei einem BGB-Bauvertrag ist es grundsätzlich so, dass die mangelfreie Leistung zum Zeitpunkt der Abnahme bzw. zum vereinbarten Fertigstellungstermin geschuldet ist, während die VOB/B dem Auftraggeber das Recht gibt, vom Auftragnehmer die sofortige Beseitigung des erkannten Mangels zu verlangen, unabhängig davon, wann die Abnahme der Leistung erfolgt.

Die Aufforderung an den Werkunternehmer oder den Verkäufer, Mängel zu beseitigen, bedarf grundsätzlich keiner besonderen Form. So ist auch beispielsweise die mündliche Aufforderung, einen Mangel zu beseitigen, wirksam. Es ist jedoch dringend zu empfehlen, zu Beweiszwecken ein Nachbesserungsverlangen auch zu dokumentieren.

74 Vergleiche OLG Celle, Urteil vom 10.12.2015 – 16 U 97/15.

Individualvertragsrechtlich kann jedoch zwischen den Parteien vereinbart werden, dass ein Nachbesserungsverlangen in einer bestimmten Form erfolgen muss. Auch die VOB/B sieht in § 13 Abs. 5 Nr. 1 VOB/B vor, dass das Mangelbeseitigungsverlangen schriftlich zu erfolgen hat.

Dabei ist jedoch Vorsicht geboten, denn das Schriftformerfordernis, das die VOB/B in § 13 Abs. 5 VOB/B vorsieht, ist nicht identisch mit der so genannten Textform gemäß § 126 b BGB.

Dementsprechend haben verschiedene Oberlandesgerichte eine Mängelrüge per einfacher E-Mail bei einem VOB/B-Vertrag als nicht formgerecht und damit als unwirksam angesehen mit der weitreichenden Folge, dass diese Mängelrüge nicht in der Lage war, die Verjährungsfrist von Mängelansprüchen bei einem VOB/B-Vertrag zu verlängern.[75] Demgegenüber ist nach Auffassung des OLG Köln wiederum die Mängelrüge per einfacher E-Mail ausreichend.[76] Aufgrund dieser uneinheitlichen Rechtsprechung kann bis zur Vereinheitlichung der Rechtsprechung durch eine Entscheidung des BGH nur empfohlen werden, den sicheren Weg und damit den Weg der schriftlichen Mängelrüge zu gehen.

Die Frage, in welchem Umfang der Mangel beseitigt werden muss, gibt immer wieder Anlass zu Diskussionen, teilweise zu gerichtlichen Streitigkeiten. Und diese Frage ist nicht nur dann zu beantworten, wenn der Bauunternehmer oder der Verkäufer eines Gebäudes Mängel beseitigen muss.[77] Die identische Fragestellung ist natürlich auch dann relevant, wenn eine Frist zur Mangelbeseitigung fruchtlos abgelaufen ist und der Bauherr oder der Erwerber eines Gebäudes nun dazu übergeht, den Mangel in Eigeninitiative zu beseitigen, um damit die Untätigkeit des Bauunternehmers bzw. des Verkäufers zu kompensieren.

Vom Ansatz her ist dabei völlig klar, dass der Betroffene im Rahmen der Mangelbeseitigung so gestellt werden muss, wie er stünde, wenn er von Anfang an eine mangelfreie Sache erhalten hätte. Mit anderen Worten, der Mangel darf nicht nur insofern beseitigt werden, dass die äußerlich sichtbaren Symptome nicht mehr wahrgenommen werden können, vielmehr müssen die wirklichen Ursachen für die Mangelerscheinung nachhaltig und gründlich beseitigt werden.

Aus diesem Grunde benötigt die juristische Aufarbeitung einer solchen Problematik gleichzeitig die fachtechnische Beurteilung nach den relevanten Ursachen des Mangels, denn ohne diese kann eine nachhaltige und der Interessenlage des Betroffenen gerecht werdende Bearbeitung nicht erfolgen.

Im Kaufrecht gilt Entsprechendes mit der Maßgabe, dass der Käufer zunächst gemäß § 439 Abs. 1 BGB zwischen zwei Möglichkeiten frei wählen darf, seinen Anspruch auf Nacherfüllung zu erhalten. Er kann verlangen, dass der Mangel an der gelieferten Sache beseitigt wird, oder aber er kann unter Rückgabe der mangelhaften Sache die erneute Lieferung einer mangelfreien Sache verlangen.

75 Etwa OLG Frankfurt, Beschluss vom 16.3.2015 – 4 U 265/14, und OLG Jena, Urteil vom 26.11.2015 – 1 U 209/15.

76 OLG Köln, Urteil vom 22.6.2016 – 16 U 145/15.

77 Zur Sanierung eines Dachstuhls, der mit Schimmelpilzen befallen war, BGH, Urteil vom 29.6 2006 – VII ZR 274/04.

Da es sich bei der Veräußerung von Gebäuden und Gebäudeteilen in aller Regel nicht um eine Gattungsschuld[78] handelt, ist beim Kauf von Gebäulichkeiten der Nacherfüllungsanspruch ohnehin regelmäßig auf Nachbesserung gerichtet.

1.1.3.2.2 Unverhältnismäßigkeit

Gerade bei komplexen Mangelerscheinungen und aufwändigen Mangelbeseitigungsarbeiten stellt sich regelmäßig die Frage, ob der diesbezügliche Kostenaufwand in vollem Umfang regressiert werden kann oder ob der verantwortliche Werkunternehmer im Hinblick auf die hohen Kosten die Mangelbeseitigung verweigern kann.[79]

§ 635 Abs. 3 BGB sieht nämlich für den Werkvertrag vor, dass der Bauunternehmer ein Mangelbeseitigungsbegehren des Auftraggebers dann ablehnen kann, wenn die Beseitigung des Mangels mit unverhältnismäßigen Kosten verbunden ist.[80]

Auch im Kaufrecht beschränkt § 439 Abs. 3 Satz 1 BGB den Mangelbeseitigungsanspruch des Käufers, wenn die Beseitigung des Mangels mit unverhältnismäßigen Kosten verbunden ist.[81]

Wegen dieser spezialrechtlichen Regelungen im Werkvertragsrecht sowie im Kaufvertragsrecht bedarf es daher keines Rückgriffs auf die Regelung des § 275 Abs. 2 BGB, der den allgemeinen Rechtsgedanken formuliert, dass eine Leistung dann verweigert werden kann, wenn „diese einen Aufwand erfordert, der unter Beachtung des Inhalts des Schuldverhältnisses und der Gebote von Treu und Glauben in einem groben Missverhältnis zu dem Leistungsinteresse des Gläubigers" dieser Leistung steht.[82]

Anders als im Werkvertragsrecht gibt das Kaufrecht eine gesetzliche Vorgabe, wann eine Unverhältnismäßigkeit im Sinne des Gesetzes gegeben ist. Von besonderer Relevanz, aber nicht ausschließlich, sind bei dieser Beurteilung die Bedeutung des Mangels, der Wert der Kaufsache in mangelfreiem Zustand und die Frage, ob an Stelle einer Reparatur der Kaufsache deren vollständiger Austausch und andersherum möglich wäre, von Bedeutung (§ 439 Abs. 3 Satz 2 BGB).

Denn die unterschiedlichen Interessenlagen sind doch klar: Der Werkunternehmer, der einen tatsächlich vorhandenen Mangel beseitigen muss, hat ein Interesse daran, die Arbeiten mit möglichst geringen Kosten auszuführen, während der Bauherr sich an dieser Kostendiskussion (zunächst) nicht beteiligen möchte und darauf besteht, dass die vollständige Mangelbeseitigung unabhängig davon erfolgt, was dies im Einzelnen kostet.[83]

Berücksichtigt man ferner bei Schadstoffen in Gebäuden das tatsächliche oder jedenfalls potenzielle gesundheitliche Risiko für die Bewohner oder Benutzer des Gebäudes, muss

78 Siehe Weidenkaff, in: Palandt, Bürgerliches Gesetzbuch § 439 Rn. 15.

79 Vergleiche auch Ganten/Kinderreit, Typische Baumängel, S. 22 ff.

80 Hierzu auch Bauer, in: Prozesse in Bausachen, § 5 Rn. 244.

81 Siehe auch Walter/Korves, Der merkantile Minderwert beim Immobilienkauf, S. 1986.

82 Siehe auch Merl, in: Handbuch des privaten Baurechts, § 15 Rn. 410.

83 Siehe weiter hierzu Bauer, in: Prozesse in Bausachen, § 5 Rn. 257.

der konsequenten und vollständigen Beseitigung des vorhandenen Mangels eine besondere Beachtung zukommen.[84]

Der Auftraggeber hat auch dann Anspruch auf Mangelbeseitigung, wenn aus der Mangelerscheinung nur das Risiko erwächst, dass in der Zukunft funktionelle Beeinträchtigungen hieraus entstehen könnten.[85]

Übersehen wird in der Praxis häufig, dass die Unverhältnismäßigkeit der Nacherfüllung nur dann von Bedeutung ist, wenn sich der Verkäufer oder der Werkunternehmer hierauf beruft, denn es handelt sich hierbei um eine Einrede, also ein (Verteidigungs-)Recht, auf das sich der Verkäufer bzw. der Werkunternehmer berufen kann, nicht aber berufen muss. Und beruft er sich auf die Einrede der Unverhältnismäßigkeit im Verhältnis zu seinem Vertragspartner nicht, ist dieser Einwand auch ohne Bedeutung und in einer gerichtlichen Auseinandersetzung auch nicht etwa von Amts wegen zu prüfen.[86]

Dabei ist in der Praxis immer wieder festzustellen, dass vorschnell und auch durch die gerichtlich bestellten technischen Sachverständigen im Zusammenhang mit der Beurteilung von Mängeln und den Maßnahmen, die für eine ordnungsgemäße Mangelbeseitigung notwendig werden, vereinfacht Minderungsbeträge in Ansatz gebracht werden, die vom Bauherrn zu akzeptieren wären, weil aus der subjektiven Sicht des Sachverständigen die Mangelbeseitigungskosten zu hoch und damit „unverhältnismäßig" seien.[87] In baurechtlicher, aber auch in kaufrechtlicher Hinsicht ist dies aus mehreren Gründen schlicht falsch, weswegen einer solchen Vorgehensweise auch mit Nachdruck durch die Betroffenen entgegengetreten werden sollte.

Denn grundsätzlich ist der Anspruch auf Mängelbeseitigung dahingehend ausgerichtet, dass der Mangel vollständig beseitigt wird und dass der Besteller einer Werkleistung oder der Käufer einer Sache so gestellt wird, wie er stünde, wenn die Sache von Anfang an mangelfrei zur Verfügung gestellt worden wäre. Denn es ist die primäre Leistungspflicht des Werkunternehmers oder des Verkäufers, eine mangelfreie Sache herzustellen oder auszuliefern, und hier hat es sowohl der Werkunternehmer als auch der Verkäufer in der Hand und in seiner (rechtlichen) Risikosphäre, dies auch tatsächlich zu tun.

Ferner ist es so, dass diese Leistungsverpflichtungen verschuldensunabhängig zu erbringen sind, denn es kommt nicht darauf an, ob der Mangel „schuldhaft" herbeigeführt wurde oder nicht. Auf dieser Grundlage gibt es dann auch bezüglich der Mangelbeseitigungskosten keine Rechtfertigung oder Entlastung zu Gunsten des Werkunternehmers oder des Verkäufers, wenn es um die Höhe der Mangelbeseitigungskosten geht. Denn wer verschuldensunabhängig verpflichtet ist, eine Leistung in einer bestimmten Art und Weise zu erbringen,

84 Der BGH stellt in seinem Urteil vom 29.6.2006 – VII ZR 274/04 Rn. 17 erfreulich deutlich klar, dass ein mit Schimmelpilz befallener Dachstuhl grundsätzlich als mangelhaft anzusehen ist und dass es unerheblich ist, ob von dem Schimmelpilzbefall auch Gefahren für die Gesundheit der Bewohner ausgehen, weil ein verschimmelter Dachstuhl selbst dann als mangelhaft zu bewerten ist, wenn von ihm keinerlei Gefahren für die Bewohner des Hauses ausgehen würden.

85 Bauer, in: Prozesse in Bausachen, § 5 Rn. 248.

86 Siehe auch Merl, in: Handbuch des privaten Baurechts, § 15 Rn. 410.

87 So auch Bauer, in: Prozesse in Bausachen, § 5 Rn. 244.

kann sich nicht, wenn er dieser Leistungsverpflichtung nicht nachgekommen ist, bezüglich des Kostenaufwands zur Mangelbeseitigung darauf berufen, dass dieser etwa gemessen am Werklohn oder am Kaufpreis zu hoch sei oder in sonstiger Weise nicht akzeptiert werden müsse.

Hinzu kommt, dass die Frage der Unverhältnismäßigkeit keine Frage ist, die ein Sachverständiger beantworten kann und zu beantworten hat, weil es sich hierbei um eine reine Rechtsfrage[88] handelt, deren Beurteilung letztlich nur dem Gericht obliegt.

Sieht man sich dabei die Kriterien an, nach welchen der Bundesgerichtshof eine Unverhältnismäßigkeit von Nachbesserungskosten oder Kosten der Mangelbeseitigung anerkennt, stellt man fest, dass die in der Praxis häufig an erster Stelle gebildete Relation zwischen dem ursprünglich vereinbarten Werklohn bzw. Kaufpreis und den Kosten der Beseitigung des Mangels gerade nicht von dieser zentralen Bedeutung ist.

Das hängt schlicht damit zusammen, dass den Verkäufer, aber auch den Werkunternehmer verschuldensunabhängig das Risiko trifft, den Kaufvertrag zu erfüllen bzw. den werkvertragsrechtlich geschuldeten Erfolg herbeizuführen, und zwar unabhängig davon, welcher Aufwand hierfür erforderlich ist.

Und an dieser grundsätzlichen Zuordnung der unterschiedlichen Verantwortlichkeiten ändert sich auch nichts dadurch, dass der erstmalige Versuch der Erfüllung dieser Verpflichtungen dadurch fehlgeschlagen ist, dass die Leistung mangelbehaftet erbracht wurde. Denn sowohl hinsichtlich der Zuordnung der Risikosphären als auch der Verantwortlichkeit kann sich nichts dadurch ändern, dass der erstmalige Erfüllungsversuch fehlgeschlagen ist. Denn dann stünde bezüglich der Erfüllungsverpflichtung derjenige Verkäufer oder Werkunternehmer besser, der mangelhaft geleistet hat in der Hoffnung, dass der Mangel nicht bemerkt wird oder der Besteller der Leistung sich hiermit abgibt, als derjenige, der ordnungsgemäß sofort und regelmäßig auch mit höherem Kostenaufwand vertragsgemäß und mangelfrei geliefert hat.

Ferner gilt es nach der Rechtsprechung zu berücksichtigen, dass der Einwand der Unverhältnismäßigkeit von Mangelbeseitigungskosten nur in seltenen Ausnahmefällen geführt werden kann[89] und dass es keine standardisierten Richtlinien gibt, weil es stets um eine Einzelfallbetrachtung gehen muss.[90]

Von wesentlicher Bedeutung ist vielmehr, welches objektivierte Interesse der Besteller oder Käufer einer Leistung daran hat, diese mangelfrei zu erhalten, und die tatsächliche Verbesserung der Mangelsituation.[91] Objektiviert deshalb, weil nicht jede subjektiv empfundene Beeinträchtigung von Bedeutung sein kann, gleichwohl aber auf das individuelle Interesse des betroffenen Bestellers oder Käufers abgestellt, weil maßgebliches Kriterium auch hier

88 Vergleiche hierzu Ganten/Kindereit, Typische Baumängel, S. 22 ff., und Motzke, in: Prozesse in Bausachen, § 4 Rn. 210.

89 Ganten/Kindereit, Typische Baumängel, S. 66.

90 Sprau, in: Palandt, Bürgerliches Gesetzbuch, § 635 Rn. 10 ff.

91 Siehe hierzu auch Bauer, in: Prozesse in Bausachen, § 5 Rn. 248, und Merl, in: Handbuch des privaten Baurechts, § 15 Rn. 412 ff.

die individuell vertraglich vereinbarte Beschaffenheit von Bedeutung ist oder aber, mangels konkreter Vereinbarung, die übliche Beschaffenheit.[92]

Und liegt ein solches objektives Interesse vor, das ist beispielsweise in aller Regel immer dann der Fall, wenn eine Beeinträchtigung in der Funktion der gekauften Sache oder des herzustellenden Werkes vorliegt, greift der Einwand der Unverhältnismäßigkeit nicht.

Liegt demgegenüber keine Funktionsbeeinträchtigung vor, etwa bei rein optischen Beeinträchtigungen oder Schönheitsfehlern, wird insbesondere dann, wenn die Mangelbeseitigung erhebliche Kosten verursacht, Unverhältnismäßigkeit im Sinne des Gesetzes anzunehmen sein.

Ferner wird in der Rechtsprechung darauf abgehoben, dass der Einwand der Unverhältnismäßigkeit umso weniger greift, je erheblicher der Mangel ist.[93]

Für die hier im Speziellen zu diskutierenden Schadstoffe an Gebäuden bzw. in Gebäuden wird man im Hinblick auf das potenzielle gesundheitliche Risiko, das von Schadstoffen grundsätzlich ausgehen dürfte, davon ausgehen müssen, dass das Vorhandensein von Schadstoffen regelmäßig stets eine nachteilige Beeinträchtigung der funktionellen Beschaffenheit des Gebäudes ist mit der Folge, dass der Einwand der Unverhältnismäßigkeit der Mangelbeseitigungskosten bei diesen Sachverhaltskonstellationen die absolute Ausnahme darstellen dürfte.

Nach der Rechtsprechung ist es beispielsweise nicht unverhältnismäßig, wenn entgegen einer Baubeschreibung eingesetzte formaldehydhaltige Spanplatten ausgetauscht werden müssen, obwohl die Raumluftbelastung die üblichen Grenzwerte einhält.[94] Das gilt selbst dann, wenn durch den Bauherrn in anderen Bereichen des Bauwerks formaldehydhaltiges Material verbaut wurde.[95]

So wird von *Hankammer* darauf hingewiesen, dass bei einem Schimmelpilzschaden die Durchführung von Desinfektionsmaßnahmen zur Beseitigung des Schadensbildes in der Regel nicht ausreicht, weil hierdurch zwar im Idealfall die Mikroorganismen abgetötet werden, gleichwohl aber in der Bausubstanz der Schimmelpilz zurückbleibt, von dem weiterhin schädigendes Potenzial ausgeht bzw. ausgehen kann.[96] Konsequenterweise folgt hieraus, dass die vollständige Mangelbeseitigung die vollständige Entfernung der betroffenen Bausubstanz erforderlich macht.

Schließlich berücksichtigt der Bundesgerichtshof im Rahmen seiner Gesamtabwägung auch, ob und in welchem Umfang der Werkunternehmer bzw. der Verkäufer den Mangel verschuldet[97] hat. Dabei sieht der Bundesgerichtshof eine weite Bandbreite, denn weder schließt die fahrlässige oder sogar vorsätzliche Herbeiführung eines Mangels zwingend

92 Vergleiche OLG Düsseldorf, Urteil vom 14.4.2015 – 21 U 182/14.

93 Etwa OLG Düsseldorf, Urteil vom 14.4.2015 – 21 U 182/14 m.w.N.

94 Merl, in: Handbuch des privaten Baurechts, § 15 Rn. 415 m.w.N.

95 Merl, in: Handbuch des privaten Baurechts, § 15 Rn. 415, und OLG Brandenburg, Urteil vom 13.12.2005 – 11 U 15/05.

96 Ganten/Kindereit, Typische Baumängel, S. 225.

97 Ganten/Kindereit, Typische Baumängel, S. 25.

den Einwand der Unverhältnismäßigkeit aus,[98] noch führt die völlig unverschuldete Verursachung eines Mangels dazu, dass für sich betrachtet geringere Anforderungen an die Unverhältnismäßigkeit zu stellen wären.

Man wird in diesem Zusammenhang auch die Regelung aus § 906 BGB zumindest entsprechend heranziehen können, wenngleich diese Vorschrift eine Abwehrnorm des Eigentümers eines Grundstücks bezüglich verschiedener auf das Grundstück einwirkender Beeinträchtigungen ist.

Indes ist die Interessenlage des Eigentümers eines Grundstücks, auf welches von außen Schadstoffe einwirken, vergleichbar mit der Interessenlage eines Eigentümers, dessen Haus bei der Errichtung mit Schadstoffen verunreinigt wurde.

§ 906 BGB
Zuführung unwägbarer Stoffe

(1) Der Eigentümer eines Grundstücks kann die Zuführung von Gasen, Dämpfen, Gerüchen, Rauch, Ruß, Wärme, Geräusch, Erschütterungen und ähnliche von einem anderen Grundstück ausgehende Einwirkungen insoweit nicht verbieten, als die Einwirkung die Benutzung seines Grundstücks nicht oder nur unwesentlich beeinträchtigt. Eine unwesentliche Beeinträchtigung liegt in der Regel vor, wenn die in Gesetzen oder Rechtsverordnungen festgelegten Grenz- oder Richtwerte von den nach diesen Vorschriften ermittelten und bewerteten Einwirkungen nicht überschritten werden. Gleiches gilt für Werte in allgemeinen Verwaltungsvorschriften, die nach § 48 des Bundes-Immissionsschutzgesetzes erlassen worden sind und den Stand der Technik wiedergeben.

(2) Das Gleiche gilt insoweit, als eine wesentliche Beeinträchtigung durch eine ortsübliche Benutzung des anderen Grundstücks herbeigeführt wird und nicht durch Maßnahmen verhindert werden kann, die Benutzern dieser Art wirtschaftlich zumutbar sind. Hat der Eigentümer hiernach eine Einwirkung zu dulden, so kann er von dem Benutzer des anderen Grundstücks einen angemessenen Ausgleich in Geld verlangen, wenn die Einwirkung eine ortsübliche Benutzung seines Grundstücks oder dessen Ertrag über das zumutbare Maß hinaus beeinträchtigt.

(3) . . .

Muss also der Eigentümer eines Grundstücks Beeinträchtigungen seines Grundstücks und damit gleich bedeutend seines Gebäudes durch Einwirkungen von einem anderen Grundstück nicht dulden, muss dieser Eigentümer im Mindestmaß auch entsprechende Einwirkungen nicht akzeptieren, wenn sie nicht einmal von einem Nachbarn ausgehen, sondern aus der eigenen mangelbehafteten Bausubstanz. Das bedeutet andererseits, dass der Einwand der Unverhältnismäßigkeit durch den Unternehmer bzw. durch den Verkäufer insbesondere dann nicht geführt werden kann, wenn der betroffene Gebäudeeigentümer von einem Nachbarn gemäß § 906 BGB Unterlassung dieser Beeinträchtigung verlangen könnte.

98 Sprau, in: Palandt, Bürgerliches Gesetzbuch, § 635 Rn. 12.

Zu berücksichtigen ist dabei, dass § 906 Abs. 1 BGB auf Grenz- oder Richtwerte verweist, die in Gesetzen oder Verordnungen sowie in Verwaltungsvorschriften gemäß Bundesimmissionsschutzgesetz geregelt sind, und nur auf diese. Andere Regelwerke, die Grenz- oder Richtwerte beinhalten, haben insofern keine Bedeutung, insbesondere sind private Umweltstandards[99] allenfalls eine Entscheidungshilfe, keineswegs aber zwingend.[100]

Der Vollständigkeit halber ist zu ergänzen, dass der Einwand der Unverhältnismäßigkeit im Werkvertragsrecht, aber auch im Kaufvertragsrecht nicht nur im Zusammenhang mit einem Mangelbeseitigungsbegehren oder dem Anspruch auf Erstattung von Kosten bei einer Ersatzvornahme von Bedeutung ist. Der Einwand der Unverhältnismäßigkeit ist vielmehr auch dann möglich und zu prüfen, wenn durch den Anspruchsteller Schadensersatz im Zusammenhang mit den Nachbesserungskosten geltend gemacht wird.[101]

Zu erwähnen ist in diesem Zusammenhang noch die immer wiederkehrende Argumentation des auf Mängelbeseitigung in Anspruch genommenen Werkunternehmers oder Verkäufers, der festgestellte Mangel sei lediglich eine optische Beeinträchtigung und deshalb nicht zu beseitigen.

Leider ist es auch so, dass selbst in Gerichtsgutachten die mit der Begutachtung von Mängeln beauftragten Sachverständigen nicht davor zurückschrecken, ohne dass sie hiernach durch das Gericht gefragt wurden, Ausführungen darüber machen, warum die eine oder andere Mangelerscheinung nur ein optischer Mangel sei, bezüglich dessen durch den Gutachter dann auch noch vorgeschlagen wird, „einen Minderungsbetrag zur Abgeltung" in Ansatz zu bringen.

Einmal abgesehen davon, dass ein Sachverständiger, der so vorgeht, sich in die gefährliche Nähe einer Besorgnis der Befangenheit begibt, zeigt er, dass er mit seiner Aufgabenstellung offensichtlich überfordert ist. Denn auch die optische Beeinträchtigung einer Sache führt dazu, dass in rechtlicher Hinsicht der Mangelbegriff erfüllt ist, und zwar grundsätzlich ohne jede Beschränkung. Konsequenz hieraus ist, dass es ausschließlich dem Besteller einer Leistung oder dem Erwerber einer Kaufsache obliegt, zu entscheiden, welche Mängelansprüche er hieraus geltend machen will.

Da mag es sein, dass eine geringfügige optische Beeinträchtigung nicht dazu berechtigt, beispielsweise von einem Rücktrittsrecht Gebrauch zu machen, wohl aber ist es die Entscheidung des Berechtigten, ob er diese optische Beeinträchtigung im Wege der Mangelbeseitigung entfernt wissen will oder ob er hierfür eine Minderung in Anspruch nehmen möchte.

Und erst dann, wenn diese Entscheidung nicht durch einen Gerichtsgutachter getroffen wurde, der hierzu in der Regel noch nicht einmal gefragt wird, stellt sich die anschließende Frage, ob die Kosten für die Mangelbeseitigung dieser optischen Beeinträchtigung möglicherweise unverhältnismäßig im Sinne des Gesetzes sind und daher dazu berechtigen, die Mangelbeseitigung abzulehnen (§§ 439 Abs. 3, 635 Abs. 3 BGB).

99 Etwa Ganten, in: Ganten/Kindereit, Typische Baumängel, S. 403 ff.

100 Herrler, in: Palandt, Bürgerliches Gesetzbuch, § 906, Rn. 19.

101 BGH, Urteil vom 11.10.2012 – VII ZR 179/11.

Kann also nach diesen Kriterien der Verkäufer oder der Werkunternehmer die Beseitigung des Mangels wegen der Unverhältnismäßigkeit der damit verbundenen Kosten verweigern, können Käufer und Besteller der Leistung diese Einrede der Unverhältnismäßigkeit dadurch beseitigen, indem sie eine Zuzahlung[102] auf die Mangelbeseitigungskosten anbieten, weil dann aus Sicht des Käufers und des Werkunternehmers keine Unverhältnismäßigkeit bezüglich der Mangelbeseitigungskosten mehr gegeben ist.

Kommt es hier zu keiner Einigung oder ist im Werkvertragsrecht der Besteller nicht bereit, eine Zuzahlung zu leisten, ist zu unterscheiden: Ist der Mangel unerheblich, scheidet der Rücktritt vom Vertrag gemäß § 323 Abs. 5 Satz 2 BGB aus und auch der Schadensersatzanspruch statt der Leistung aus § 281 Abs. 1 Satz 3 BGB; es bleibt nur das Minderungsrecht aus § 638 Abs. 1 Satz 2 BGB und der Schadensersatzanspruch aus § 636 BGB, wenn ein Verschulden gegeben ist.

Liegen demgegenüber erhebliche Mängel vor, kommen Rücktritt nach § 326 Abs. 5 BGB und das Minderungsrecht aus § 638 Abs. 1 Satz 1 BGB in Betracht sowie der Schadensersatzanspruch aus den §§ 281 Abs. 1, 280 Abs. 1, 284 und 636 BGB, wenn ein Verschulden vorliegt.

1.1.3.3 Minderung

Die kaufrechtliche Mängelbeseitigung gibt dem Erwerber einer mangelhaften Immobilie gemäß den §§ 437 Nr. 2, 441 BGB einen Anspruch auf Minderung. Auch das Werkvertragsrecht gibt dem Auftraggeber gemäß den §§ 634 Nr. 3, 638 BGB einen Anspruch, die Vergütung für die Werkleistung zu mindern, und auch das Mietrecht sieht in § 536 Abs. 1 BGB einen Mietminderungsanspruch vor, wenn ein Sach- oder Rechtsmangel an der Mietsache besteht.

Dem Anspruch auf Minderung ist im Werkvertragsrecht, aber auch im Kaufvertragsrecht gemein, dass der gerügte Mangel nicht beseitigt wird, also weiter fortbesteht und dass anstelle dessen durch den Mängelbeseitigungspflichtigen eine finanzielle Kompensation in Form der nachträglichen Reduzierung des Kaufpreises bzw. des Werklohnes in Höhe des Minderungsbetrages geleistet wird.

Dabei kann das Minderungsrecht nur alternativ zum Rücktritt begehrt werden, diese beiden Mängelansprüche schließen sich gegenseitig aus, und zwar sowohl im Kaufrecht als auch im Werkvertragsrecht (§ 441 Abs. 1 BGB und § 638 Abs. 1 BGB).[103]

Die Erklärung, der zufolge Minderung des Kaufpreises oder des Werklohnes verlangt wird, stellt eine Willenserklärung dar, die dem Vertragspartner zugehen muss. Sie ist ein Gestaltungsrecht, das der Käufer oder der Besteller einer Werkleistung ausüben kann, nicht jedoch ausüben muss. Hat er von seinem Gestaltungsrecht jedoch wirksam Gebrauch gemacht, ist

102 Sprau, in: Palandt, Bürgerliches Gesetzbuch, § 635 Rn. 13, und Weidenkaff, in: Palandt, Bürgerliches Gesetzbuch, § 439 Rn. 15.

103 Vergleiche auch Bauer, in: Prozesse in Bausachen, § 5 Rn. 276, und Merl, in: Handbuch des privaten Baurechts, § 15 Rn. 440 ff.

er hieran auch gebunden und kann nicht etwa auf Nachbesserungsansprüche zurückgreifen.

Dabei bemisst sich die Minderung der Höhe nach an denjenigen Aufwendungen, die erforderlich werden, um den vorhandenen Mangel zu beseitigen,[104] soweit eine Beseitigung überhaupt möglich und der damit verbundene Aufwand nicht unverhältnismäßig wäre.[105]

Dabei wird zutreffend darauf hingewiesen, dass die schematische Ableitung des Minderungsbetrages aus den Nachbesserungskosten jedenfalls dann einer ergänzenden und kritischen Betrachtung bedarf, wenn zu den reinen Kosten der Nachbesserung noch erhebliche weitere Kosten für Vor- und Nacharbeiten kommen, die jedoch für eine Mangelbeseitigung erforderlich wären.[106]

Denn diese zusätzlichen Kosten werden notwendig, wenn der Mangel beseitigt werden muss, sie fließen jedoch nicht in die objektive Bewertung der mangelhaften Sache einerseits im Verhältnis zum Wert der mangelfreien Sache andererseits ein, weil sie sich wertmäßig in der Sache nicht niederschlagen.[107] Weitere Einflussfaktoren für die Ermittlung der Minderung sind neben den Aufwendungen für die Mangelbeseitigung ein etwa verbleibender technischer Minderwert[108] sowie ein ebenfalls verbleibender merkantiler Minderwert.[109]

Unterschiedliche Auffassungen gibt es auch hinsichtlich der Frage, ob bei der Bemessung der Minderung diejenige Umsatzsteuer, die auf die Kosten der Mangelbeseitigung entstehen würde, betragsmäßig berücksichtigt werden kann oder nicht. Während beispielsweise das OLG Köln die Auffassung vertritt, dass die Brutto-Mangelbeseitigungskosten bei der Bemessung der Minderung zugrunde zu legen sind, jedenfalls dann, wenn in dem zu mindernden Werklohn Umsatzsteuer enthalten war,[110] ist nach Auffassung des OLG Schleswig zur Vermeidung einer Überkompensation nur der Betrag der Netto-Mangelbeseitigungskosten maßgeblich.[111]

Im Übrigen entspricht die Berechnung der Minderung im Kaufrecht denjenigen Regelungen, die für das Werkvertragsrecht gelten.[112]

Grundsätzlich ist dabei entsprechend der nachstehenden Formel der Wert der Sache mit dem Mangel multipliziert mit dem vereinbarten Kaufpreis bzw. Werklohn in das Verhältnis zum Wert der Sache ohne den Mangel zu setzen.

---

104 Ganten/Kindereit, Typische Baumängel, S. 28 und Motzke, in: Prozesse in Bausachen, § 4 Rn. 197 oder jüngst hierzu OLG Schleswig, Urteil vom 19.2.2016 – 1 U 157/14 und Urteil vom 9.12.2016 – 1 U 17/13.

105 Walter/Korves, Der merkantile Minderwert beim Immobilienkauf, S. 1986.

106 Vergleiche Ganten/Kindereit, Typische Baumängel, S. 30.

107 Etwa OLG Schleswig, Urteil vom 9.12.2016 – 1 U 17/13, demzufolge Nebenkosten zu reinen Mangelbeseitigungskosten bei der Bestimmung der Höhe der Minderung nicht herangezogen werden können, denn solche Nebenkosten sind nicht geeignet, den Minderwert des Gebäudes auszudrücken.

108 Siehe Motzke, in: Prozesse in Bausachen, § 4 Rn. 197, und Merl, in: Handbuch des privaten Baurechts, § 15 Rn. 467.

109 Hierzu Walter, Die Minderung bei Grundstückskaufverträgen, S. 316.

110 OLG Köln, Urteil vom 9.12.2016 – 19 U 43/16.

111 OLG Schleswig, Urteil vom 19.2.2016 – 1 U 157/14.

112 Walter, Die Minderung bei Grundstückskaufverträgen, S. 316.

$$\frac{\text{(Wert der Sache mit Mangel) x (vereinbarter Kaufpreis/Werklohn)}}{\text{(Wert der Sache ohne Mangel)}}$$

Während sich der vereinbarte Kaufpreis oder der vereinbarte Werklohn aus den jeweiligen vertraglichen Vereinbarungen ergibt, ist bezüglich des zugrunde zu legenden Wertes auf den objektiven Wert einer Sache abzustellen.[113] Das ist deshalb von Bedeutung, weil die in § 441 Abs. 3 BGB geregelte Minderung sich nicht nach objektiven Wertverhältnissen richtet, sondern den vereinbarten Kaufpreis ergänzend berücksichtigt.

In der Praxis kann dies zu erheblichen Verschiebungen führen. Ist beispielsweise der objektive Wert eines erworbenen Gebäudes niedriger als der vereinbarte Kaufpreis hierzu, weil beispielsweise der Käufer einfach „zu teuer" gekauft hat, ergibt sich bei sonst gleichen Verhältnissen ein deutlich höherer Minderungsbetrag zu Gunsten des Käufers, weil nicht nur die objektiv zu beurteilende Differenz zwischen dem Wert der mangelfreien Sache zu dem Wert der mangelbehafteten Sache zugrunde zu legen ist, sondern ergänzend auch der gemessen am objektiven Wert der Sache höhere Preis.

Wird demgegenüber ein Gebäude deutlich günstiger verkauft oder saniert, als an objektiven Maßstäben gemessen, fährt also der Erwerber „günstig", reduziert sich sein Minderungsbetrag, den er bei objektivem Vergleich des Wertes zwischen mangelfreier und mangelbehafteter Sache bekommen würde, im Verhältnis um den Anteil, in dem er ohnehin günstiger erworben bzw. beauftragt hat.[114]

Zu berücksichtigen ist dabei ferner, dass die entsprechende Beurteilung und Bewertung sich immer auf denjenigen Zeitpunkt beziehen muss, zu dem die Leistung erstmalig ordnungsgemäß geschuldet war. Das ist im Werkvertragsrecht der Zeitpunkt der Abnahme, im Kaufvertragsrecht der Zeitpunkt der Lieferung und Übergabe an den Käufer.[115]

Wie auch die Ansprüche auf Mangelbeseitigung ein Verschulden des Anspruchsgegners nicht voraussetzen, ist auch für den Anspruch auf Minderung ein Verschulden des Anspruchsgegners nicht erforderlich.[116] Und ferner ist auch bei der Minderung der Einwand der Unverhältnismäßigkeit der Mangelbeseitigungskosten zu berücksichtigen.

Denn wenn einem Mangelbeseitigungsverlangen der Einwand der Unverhältnismäßigkeit der Kosten tatsächlich entgegengesetzt werden kann, kann für die Berechnung eines Minderungsverlangens für diesen Mangel nicht der ungeschmälerte Kostenaufwand für die Mangelbeseitigung zugrunde gelegt werden.[117]

Neben dem Anspruch auf Minderung kann der Auftraggeber einer Bauleistung ferner Schadensersatz statt der Leistung nach den §§ 643 Nr. 4, 281 Abs. 1 Satz 1, 280 Abs. 1 BGB verlangen, wenn mit diesem Schadensersatz statt der Leistung als kleiner Schadensersatz

113 Siehe hierzu auch Ganten/Kindereit, Typische Baumängel, Seite 32 ff. mit weiteren Hinweisen auf Berechnungsformeln und Ermittlungsmethoden.

114 Mit Berechnungsbeispiel bei Walter, Die Minderung bei Grundstückskaufverträgen, S. 315.

115 Vergleiche auch Ganten/Kinderreit, Typische Baumängel, S. 29.

116 Walter, Die Minderung bei Grundstückskaufverträgen, S. 315.

117 BGH, Urteil vom 9.1.2003 – VII ZR 181/00.

verlangt wird.[118] In seiner Entscheidung vom 19.1.2017[119] hat der Bundesgerichtshof in diesem Sinne einen langen Meinungsstreit entschieden, und zwar jedenfalls für den Fall, wenn lediglich der kleine Schadensersatz verlangt wird. Das sind also die Fälle, in welchen neben einer Minderung Schadensersatz statt der Leistung gewährt werden soll, wenn also der Besteller oder der Käufer das mangelhafte Werk behalten möchte und hinsichtlich des Mangels Minderung geltend macht, also in Höhe des Minderwertes eine Kompensation verlangt. Daneben kann dann Schadensersatz statt der Leistung für diejenigen Positionen verlangt werden, um den Besteller oder Käufer so zu stellen, wie er stünde, wenn von Anfang an vertragsgerecht geleistet worden wäre.

1.1.3.4 Schadensersatz

Sowohl das Kaufrecht als auch das Werkvertragsrecht gibt dem Gläubiger eines Mängelanspruchs einen Anspruch auf Schadensersatz. Im Kaufvertragsrecht gibt § 437 Nr. 3 BGB dem Käufer einer mangelbehafteten Sache einen Schadensersatzanspruch, dessen weitere Voraussetzungen sich aus den §§ 440, 280, 281, 283 und 311 a BGB ergeben.

Für das Werkvertragsrecht ergibt sich mit wortgleichem Gesetzestext der Schadensersatzanspruch aus § 634 Nr. 4 BGB mit dem Verweis auf die §§ 636, 280, 281, 283 und 311 a BGB. Liegt dem geschlossenen Werkvertrag auch die VOB/B als Vertragsinhalt zugrunde, ergeben sich die dort formulierten Schadensersatzansprüche aus den §§ 13 Abs. 7 Nr. 3, 4 Abs. 7 und 8 Abs. 3 Nr. 2 VOB/B.

So hat das OLG Köln im Zusammenhang mit einem Rechtsstreit über mangelhaft ausgeführte Fliesenarbeiten ausgeführt, dass die Aufwendungen, die für die Beseitigung eines Mangels erforderlich sind, dem Auftraggeber durch den Werkunternehmer zu ersetzen sind, und zwar selbst dann, wenn der Auftraggeber den Mangel überhaupt nicht beseitigen möchte.[120]

Ferner hat das OLG festgestellt:

Der Mangel selbst ist der Schaden.[121]

So plakativ diese Feststellung ist, trifft sie jedoch nicht exakt den Kern. Präzise formuliert ist nicht der Mangel identisch mit dem Schaden.

Es sind vielmehr die diejenigen Kosten, die für die Beseitigung des Mangels und die Herstellung einer vertragsgerechten Sache notwendig sind, die mit dem Schaden des Auftraggebers identisch sind.

Soweit durch den Mangel auch andere Rechtsgüter des Käufers bzw. des Bestellers beschädigt werden, die nicht unmittelbar mit der mangelhaften Leistung in Verbindung stehen, das sind so genannte Mangelfolgeschäden, steht dem Geschädigten sowohl bei einem BGB-Werkvertrag als auch bei einem VOB/B-Werkvertrag ein entsprechender Schadenser-

118 So BGH, Urteil vom 19.1.2017 – VII ZR 235/15 m.w.N.

119 BGH, Urteil vom 19.1.2017 – VII ZR 235/15.

120 OLG Köln, Urteil vom 10.11.2016 – 7 U 97/15.

121 OLG Köln, Urteil vom 10.11.2016 – 7 U 97/15.

satzanspruch zu. Entsprechendes gilt auch für das Kaufvertragsrecht sowie das Mietvertragsrecht.

Mangelfolgeschäden sind also all diejenigen verletzten Vermögenspositionen, die ursächlich durch den Mangel hervorgerufen wurden, inhaltlich und wertmäßig aber nicht identisch sind mit dem Mangel an der Sache selbst und den mit dessen Beseitigung verbundenen Kosten.

Während der Anspruch auf Mangelbeseitigung, das Minderungsrecht oder der Rücktritt ein Verschulden des Anspruchsgegners nicht voraussetzen, dieser muss nicht einmal um den Mangel wissen, entspricht es dem Grundprinzip des Schadensersatzrechts, dass als Voraussetzung für einen Schadensersatzanspruch neben der Pflichtverletzung auch ein Verschulden gegeben sein muss.[122]

In der Praxis stellt dieses Erfordernis jedoch keine wesentliche Hürde dar, da zum einen der Schädiger gemäß § 280 Abs. 1 Satz 2 BGB darlegen und notfalls beweisen muss, dass er die ihm zur Last gelegte Pflichtverletzung nicht zu vertreten hat. Es muss also nicht der Anspruchsteller beweisen, dass der Anspruchsgegner schuldhaft gehandelt hat, also entweder vorsätzlich oder fahrlässig gemäß § 276 Abs. 1 BGB. Vielmehr obliegt in Form einer Beweislastumkehr dem Schädiger die Aufgabe, Tatsachen vorzutragen und auch zu beweisen, aus denen sich ergibt, dass dem Schädiger weder Vorsatz noch Fahrlässigkeit zur Last gelegt werden kann.

Hinzu kommt, dass neben dieser Beweiserleichterung zu Gunsten des Geschädigten es nach der Rechtsprechung ausreichend ist, dass das Verschulden entweder bei Gefahrübergang oder während des Verlaufs der gesetzten Nachfrist vorliegt.[123]

Dabei sind die Anforderungen an den Nachweis der erforderlichen Kosten nicht so streng zu formulieren, dass dem Geschädigten im Grunde genommen ein Nachweis seines Schadens mit vertretbarem Aufwand kaum möglich ist. Während das Gericht in solchen Fällen zur Schätzung gemäß § 287 ZPO greifen kann, darf andererseits auch nicht die Schwelle zu Lasten des Schädigers zu niedrig gesetzt werden.

So hat der BGH im Zusammenhang mit Mangelbeseitigungskosten entschieden, dass es grundsätzlich keine Vermutung gibt, dass stets sämtliche von einem Drittunternehmer im Zuge einer Mängelbeseitigungsmaßnahme durchgeführten Arbeiten ausschließlich der Mängelbeseitigung dienen.[124] Und es gibt auch kein im Verhältnis zum Auftragnehmer schützenswertes Vertrauen eines Auftraggebers, dass der Drittunternehmer, der mit der Ausführung der Mangelbeseitigungsarbeiten beauftragt wurde, tatsächlich nur Arbeiten ausführt, die der Mängelbeseitigung dienen.[125]

Ob und in welchem Umfang sich der Geschädigte von seinem Schadensersatzanspruch einen Abzug „neu für alt" gefallen lassen muss, ist stets eine Frage des Einzelfalles. Das OLG Naumburg hat beispielsweise entschieden, dass ein solcher Abzug jedenfalls dann in Be-

122 Ergänzend hierzu Bauer, in: Prozesse in Bausachen, § 5 Rn. 308.

123 Walter, Die Minderung bei Grundstückskaufverträgen, S. 315 m.w.N.

124 So BGH, Urteil vom 25.6.2015 – VII ZR 220/14.

125 BGH, Urteil vom 25.6.2015 – VII ZR 220/14.

tracht kommt, wenn sich der Mangel erst verhältnismäßig spät auf das Bauwerk auswirkt und wenn dem Eigentümer des Gebäudes bis dahin keine Gebrauchsnachteile entstanden sind, die auf den Mangel zurückzuführen sind.[126] Vielmehr muss nach dieser Rechtsprechung zur Ermittlung der Höhe des Abzugs „neu für alt" die normative Lebensdauer des mangelfreien Werks zur tatsächlichen Nutzungsdauer des mangelhaften Werks ins Verhältnis gesetzt werden. So führt dann beispielsweise die Beseitigung eines Schadens bei einem mangelhaften Flachdach mit einer normativen Nutzungsdauer von 30 Jahren nach dessen zehnjähriger uneingeschränkter Nutzung zu einem Abzug „neu für alt" in Höhe von 1/3.[127]

Dadurch, dass die Rechtsprechung für ein Verschulden auch den fruchtlosen Ablauf einer gesetzten Frist zur Mangelbeseitigung ausreichen lässt, also die Pflichtverletzung daran knüpft, dass während der laufenden Frist zur Mangelbeseitigung nicht reagiert wurde,[128] sind in der Praxis kaum Fälle denkbar, in welchen sich der so in Anspruch genommene Anspruchsgegner bei einem fruchtlosen Ablauf der Mangelbeseitigungsfrist entlasten kann.

Der Schadensersatz statt der mangelhaften Leistung[129] entsprechend den §§ 280, 281 BGB umfasst diejenigen Schäden, die durch eine ordnungsgemäße Nacherfüllung hätten verhindert werden können, das sind im Wesentlichen die Kosten für die Mangelbeseitigung selbst einschließlich aller Kosten für die Vor- und Nachbereitung der Mangelbeseitigung.[130]

Nachdem ein Schadensersatzanspruch auch fiktiv abgerechnet werden kann, etwa auf der Grundlage eines Gutachtens oder eines Angebots über die Höhe der Mangelbeseitigungsaufwendungen, hat dieser Anspruch für den Anspruchsteller den Vorteil, dass er eine Entschädigung in Geld erhält, ohne dass er tatsächlich die Mängel auch beseitigen muss, und er muss hierüber auch nicht abrechnen.

Wird demgegenüber Kostenvorschuss hinsichtlich der zu erwartenden Kosten der Mangelbeseitigung geltend gemacht, muss dem Anspruchsteller klar sein, dass er nach Ablauf einer bestimmten Zeit (in der Praxis sind dies sechs Monate bis zu einem Jahr) über diesen Vorschuss Abrechnung vorlegen muss. Das bedeutet im Extremfall, dass der Anspruchsteller den erlangten Vorschuss für die Mangelbeseitigung in vollem Umfang wieder zurückzahlen muss, wenn er das Geld nicht tatsächlich für eine Mangelbeseitigung verwendet hat.[131]

Bereits im Zusammenhang mit der Darstellung des Einwands der Unverhältnismäßigkeit von Kosten der Mangelbeseitigung bzw. von Kosten der Nacherfüllung wurde darauf hingewiesen, dass entsprechend der Rechtsprechung des Bundesgerichtshofs auch bei der Geltendmachung von Schadensersatz der Schädiger dem Geschädigten diesen Einwand entgegenhalten kann.[132] Dies ergibt sich aus dem Rechtsgedanken des § 251 Abs. 2 BGB.[133]

126 OLG Naumburg, Urteil vom 19.2.2015 – 2 U 49/13.

127 OLG Naumburg, Urteil vom 19.2.2015 – 2 U 49/13.

128 Schwenker, Keine Mängelrechte vor Abnahme, NJW 2017, 1580.

129 Zu den Begriffen des so genannten kleinen und des großen Schadensersatzes siehe ergänzend Bauer, in: Prozesse in Bausachen, § 5 Rn. 310 ff.

130 Siehe Bauer, in: Prozesse in Bausachen, § 5 Rn. 309 ff.

131 Ergänzend hierzu Bauer, in: Prozesse in Bausachen, § 5 Rn. 311.

132 BGH, Urteil vom 11.10.2012 – VII ZR 179/11, oder OLG Düsseldorf, Urteil vom 14.4.2015 – 21 U 182/14.

133 Bauer, in: Prozesse in Bausachen, § 5 Rn. 312, oder Merl, in: Handbuch des privaten Baurechts, § 15, Rn. 523.

Das ist deshalb von Bedeutung, weil im Zusammenhang mit den Normen über den Schadensersatz diese betragsmäßige Beschränkung eines Zahlungsanspruchs nicht gegeben ist. Denn sowohl § 635 Abs. 3 BGB für das Werkvertragsrecht als auch § 439 Abs. 3 BGB für das Kaufrecht sehen den Einwand der Unverhältnismäßigkeit nur im Zusammenhang mit einem Nacherfüllungsverlangen und der damit im Zusammenhang stehenden Ansprüche auf Aufwendungsersatz und Vorschuss, nicht aber im Zusammenhang mit dem Anspruch auf Schadensersatz aus den §§ 280, 281 BGB.

Hat der Auftraggeber eines VOB/B-Vertrages den Auftragnehmer nach Aufforderung zur Mangelbeseitigung und Fristsetzung zum Schadensersatz wegen der Kosten der Mangelbeseitigung nach § 13 Abs. 7 VOB/B in Anspruch genommen, schließt dies das Verlangen nach einer Nachbesserung gemäß § 13 Abs. 5 VOB/B aus. Denn wird der Auftragnehmer durch den Auftraggeber mittels dessen Verlangen nach Schadensersatz selbst von der Mangelbeseitigung ausgeschlossen, kann er durch den Auftraggeber später nicht wieder auf Mangelbeseitigung in Anspruch genommen werden.[134]

1.1.3.5 Rücktritt, Kündigung

Liegt ein Mangel vor, den der Verkäufer einer Immobilie nicht beseitigt, steht dem Erwerber gemäß den §§ 437 Nr. 2, 440 BGB ein Rücktrittsrecht zu. Das führt dazu, dass die wechselseitigen Verpflichtungen aus dem Kaufvertrag rückabgewickelt werden. Vereinfacht gesagt erhält der Käufer seinen Kaufpreis zurück, während der Verkäufer die Kaufsache wieder erhält.

Von besonderer Bedeutung ist dabei, dass sowohl bei den Kosten der Mangelbeseitigung als auch beim Schadensersatz, aber auch bei der Minderung der Einwand der Unverhältnismäßigkeit aus § 439 Abs. 3 BGB die Ansprüche des Käufers beschränkt, während das Rücktrittsrecht dem Käufer ungeschmälert zusteht und insbesondere als Mängelrecht auch dann vom Käufer ausgeübt werden kann, wenn andere Mängelrechte wegen unverhältnismäßig hoher Kosten der Mangelbeseitigung in vollem Umfang nicht durchgesetzt werden können.

Und auch das Werkvertragsrecht sieht gemäß den §§ 634 Nr. 3, 636 BGB ein Rücktrittsrecht vor, das ausgeübt werden kann, wenn andere Mängelansprüche wegen des Einwands der Unverhältnismäßigkeit der Mangelbeseitigungskosten nicht mehr durchgesetzt werden können (§ 635 Abs. 3 BGB sowohl für die Mangelbeseitigung, den Anspruch auf Aufwendungsersatz für Mangelbeseitigungsarbeiten und Vorschuss, als auch für den Schadensersatzanspruch).[135] Vor der Abnahme der Werkleistung ergibt sich das Rücktrittsrecht des Auftraggebers aus § 323 Abs. 1 BGB.

Ist die Geltung der VOB/B vereinbart, gibt es wegen vorhandener Mängel allerdings kein Rücktrittsrecht für den Auftraggeber,[136] hier bleibt es lediglich bei den Möglichkeiten der Vertragskündigung für beide Vertragsparteien.[137]

134 Siehe OLG Schleswig, Urteil vom 31.3.2017 – 1U 48/16, Rn. 19.

135 Zum Rücktrittsrecht Krug, in: Handbuch des privaten Baurechts, § 2 Rn. 588.

136 Bauer, in: Prozesse in Bausachen, § 5 Rn. 283.

137 Krug, in: Handbuch des privaten Baurechts, § 2 Rn. 590.

Haben die Vertragsparteien bei Abschluss des Vertrages ein Rücktrittsrecht individualrechtlich vereinbart, richten sich die Voraussetzungen hierfür nach den Vertragsabsprachen, im Übrigen nach den allgemeinen Rechtsvorschriften über die Ausübung eines vereinbarten Rücktrittsrechts und der Rückabwicklung des Vertrages.

Dabei ist Voraussetzung für den Rücktritt sowohl beim Kaufvertrag als auch beim Werkvertrag, dass ferner die Voraussetzungen aus den §§ 323 und 326 Abs. 5 BGB gegeben sind, weil insofern wortgleich sowohl die kaufrechtliche Vorschrift des § 437 Nr. 2 BGB als auch die für das Werkvertragsrecht einschlägige Vorschrift des § 634 Nr. 3 BGB hierauf verweisen. Daraus folgt, dass sowohl beim Kaufvertrag als auch beim Werkvertrag ein Rücktritt ausgeschlossen ist, wenn mit dem Mangel eine nur unerhebliche Pflichtverletzung im Sinne des § 323 Abs. 5 Satz 2 BGB verbunden ist,[138] wenn also nur eine unwesentliche Beeinträchtigung der Gebrauchstauglichkeit oder des Wertes der Sache vorliegt.[139] Dabei besteht weitgehend Einigkeit, dass eine unwesentliche Beeinträchtigung jedenfalls dann vorliegt, wenn auch eine Abnahme der Werkleistung wegen der Geringfügigkeit dieser Beeinträchtigung nicht abgelehnt werden könnte (§ 640 Abs. 1 Satz 2 BGB).

Ist einmal die Rücktrittserklärung aufgrund eines tatsächlich bestehenden Rücktrittsrechtes dem Verkäufer oder dem Werkunternehmer gegenüber abgegeben worden, gestaltet diese das bestehende Vertragsverhältnis durch die Ausübung dieses Gestaltungsrechtes in ein Abwicklungsverhältnis um.[140] Das bedeutet, dass ein wirksam erklärter Rücktritt die Geltendmachung eines Nacherfüllungsanspruchs ausschließt, weil der Rücktritt das ursprünglich auf die wechselseitige Leistungserbringung gerichtete Vertragsverhältnis in ein Abwicklungsverhältnis umwandelt, in dessen Rahmen die ursprünglichen Primäransprüche nicht mehr geltend gemacht werden können, damit auch nicht mehr ein Anspruch auf Mangelbeseitigung.

Und im Rahmen dieses Abwicklungsverhältnisses müssen die wechselseitig empfangenen Leistungen zurück gewährt werden, es sind aber auch gezogene Nutzungen herauszugeben, wie sich aus § 346 Abs. 1 BGB ergibt. Die Rückerstattung der wechselseitig erlangten Leistungen ist dabei Zug um Zug vorzunehmen.[141] Der Käufer oder Besteller erhält seinen Kaufpreis zurück, wobei er sich gezogene Nutzungen der mangelhaften Sache anrechnen lassen muss. Der Verkäufer bzw. der Unternehmer muss dementsprechend die Sache zurücknehmen und Kaufpreis oder Werklohn gegebenenfalls gemindert um gezogene Nutzungen erstatten.

Da im Grundstücksrecht bzw. im Baurecht trotz bestehenden Rücktrittsrechtes eine Rückabwicklung erhaltener Leistungen aus tatsächlichen Gründen auch häufig alleine deshalb nicht möglich ist, weil die Bauleistung durch den Werkunternehmer auf dem Grundstück des Bestellers ausgeführt wurde und deshalb die erhaltene Leistung nicht zurückgegeben werden kann, sieht § 346 Abs. 2 BGB für diese Fälle vor, dass anstelle der Rückabwicklung der wechselseitig erhaltenen Leistungen der Käufer bzw. der Besteller Wertersatz zu leisten

138 Bauer, in: Prozesse in Bausachen, § 5 Rn. 285.

139 Hierzu Sprau, in: Palandt, Bürgerliches Gesetzbuch, § 636 Rn. 6.

140 Merl, in: Handbuch des privaten Baurechts, § 15 Rn. 432.

141 Siehe auch Bauer, in: Prozesse in Bausachen, § 5 Rn. 303.

hat, andererseits aber die mangelhafte Sache behalten kann und nicht zurückgegeben muss. Die Höhe des Wertersatzes bemisst sich dabei nach den für die Minderung geltenden Regelungen der §§ 638 Abs. 3, 441 Abs. 3 BGB.

1.2 Wirtschaftliche Folgekosten, merkantiler Minderwert

Soweit Grundstücke und insbesondere Gebäude mit Schadstoffen belastet sind, ist für denjenigen Eigentümer, der das Grundstück und das Gebäude im Privateigentum hält, primär von Bedeutung, wie diese Belastung beseitigt werden kann und ob es die Möglichkeit gibt, bezüglich der hiermit verbundenen Kosten bei einem Dritten Kostenersatz zu nehmen oder diesen direkt mit der Sanierung zu belasten.

Sind Grundstück und Gebäude demgegenüber zum Zwecke der betrieblichen Nutzung angeschafft, stellt sich die Frage, inwiefern die Beeinträchtigung des Gebäudes dazu führt, dass beispielsweise bilanzielle Wertansätze korrigiert werden müssen.

Denn unabhängig davon, ob die Beeinträchtigung des Gebäudes mit Schadstoffen beseitigt wird, wird zu prüfen sein, wie sich diese Beeinträchtigung auf den (Handels-)Bilanzwert und auf die steuerlichen Verhältnisse insgesamt auswirkt.

Ferner soll in diesem Zusammenhang der Begriff des merkantilen Minderwerts und dessen wirtschaftliche Bedeutung einer besonderen Betrachtung zugeführt werden.

1.2.1 Steuer- und bilanzrechtliche Konsequenzen

Soweit Gebäude und Grundstück Bestandteile eines bilanzierungspflichtigen Vermögens sind, müssen diese gemäß § 246 HGB als jeweils selbstständige Wirtschaftsgüter in der Bilanz erfasst und ausgewiesen werden.[142] Unerheblich für die hier zu diskutierenden Fragen ist, ob es sich dabei um Wirtschaftsgüter handelt, die als Umlaufvermögen oder als Anlagevermögen[143] zu behandeln sind, weil in beiden Fällen identische Grundsätze gelten.

Dabei sind der Höhe nach sowohl Grundstücke als auch Gebäude nach allgemeinen Grundsätzen mit ihren Anschaffungs- oder Herstellungskosten anzusetzen, wobei Abschreibungen bei Gebäuden und Gebäudeteilen mindernd zu berücksichtigen sind (§ 253 Abs. 1 i.V.m. Abs. 3 HGB), soweit im Anlagevermögen befindlich. Entsprechendes gilt auch im Steuerrecht, hier verweist § 6 EStG ebenfalls darauf, dass der Wertansatz in Höhe der Anschaffungs- oder Herstellungskosten zu erfolgen hat, vermindert um die (laufenden) Absetzungen für Abnutzung sowie die erhöhten Absetzungen und Sonderabschreibungen. Entsprechend dem sich aus § 5 Abs. 1 EStG ergebenden Prinzip der Maßgeblichkeit der handelsbilanziellen Wertansätze folgt das Steuerrecht grundsätzlich diesen Werten zum Zwecke der Besteuerung.[144]

Wird nun im laufenden Geschäftsjahr festgestellt, dass in oder an einem Gebäude Schadstoffe vorhanden sind und dass sich hieraus ein unsichtbarer oder auch sichtbarer Schaden

---

142 Siehe hierzu etwa Schubert/Waubke, in: Beck'scher Bilanz-Kommentar, § 247 Rn. 1 ff.

143 Zur Frage, wann Grundstücke und Gebäude als Anlagevermögen oder als Umlaufvermögen zu behandeln sind, siehe auch Schubert/F. Huber, in: Beck'scher Bilanz-Kommentar, § 247 Rn. 450 ff.

144 Zum Maßgeblichkeitsgrundsatz siehe Weber-Grellet, in: Schmidt, Einkommensteuergesetz, § 5 Rn. 26 ff.

am Gebäude ergibt, stellt sich die Frage, ob dieser Umstand bei der nächsten Bilanzerstellung zu berücksichtigen ist und wenn ja, in welchem Umfang. Denn gemäß § 252 Abs. 1 Nr. 3 HGB muss jeweils zum Abschlussstichtag, auf den eine Bilanz zu erstellen ist, jeder Vermögensgegenstand einzeln bewertet werden.

Dabei ergibt sich, dass bei einer Bewertung des Vermögensgegenstandes unter Berücksichtigung des erkannten Mangels durch den Schadstoff auch so genannte außerplanmäßige Abschreibungen vorgenommen werden müssen, um der dauernden[145] Wertminderung durch diese Schadstoffbelastung zum Abschlussstichtag Rechnung zu tragen (§ 253 Abs. 3 Satz 5 HGB), was für Grundstücke und Gebäude gleichermaßen gilt. Hierbei handelt es sich um eine Abwertungspflicht, einen Ermessensspielraum gibt es nicht.[146] Lediglich hinsichtlich der Höhe der außerplanmäßigen Abschreibung wird es in der Praxis einen gewissen Ermessensspielraum geben, denn der sogenannte „niedrigere Wert“, auf den in einem solchen Fall dann außerplanmäßig abgeschrieben werden muss, ist gesetzlich nicht geregelt und das Gesetz gibt auch kein zwingendes Verfahren vor, wie der Wert des Vermögensgegenstandes in einem solchen Fall zu ermitteln ist.[147] Bei abnutzbarem Anlagevermögen, also bei Gebäuden, ist die außerplanmäßige Abschreibung auf den niedrigeren Wert der Höhe nach begrenzt, wenn und soweit durch planmäßige Abschreibungen zum Bewertungsstichtag bereits der Buchwert dem niedrigeren Wert aus § 253 Abs. 3 Satz 5 HGB betragsmäßig entspricht.[148]

In steuerlicher Hinsicht entspricht diese außerplanmäßige Abschreibung der Teilwertabschreibung,[149] wobei auch steuerbilanziell diese nur zulässig ist, wenn die Wertminderung des Vermögensgegenstandes nicht nur vorübergehend, sondern dauerhaft ist. Da die Teilwertabschreibung gemäß § 6 Abs. 1 Nr. 1 Satz 2 sowie Abs. 1 Nr. 2 Satz 2 EStG nicht zwingend ist und es damit ein steuerliches Wahlrecht für die Vornahme der Teilwertabschreibung gibt,[150] kann es dazu kommen, dass Handelsbilanz und Steuerbilanz aus diesem Grunde unterschiedliche Wertansätze ausweisen. Dabei ist von einer dauerhaften Wertminderung eines Gebäudes oder eines Grundstücks, die eine außerplanmäßige Abschreibung rechtfertigt, dann auszugehen, wenn die Wertminderung aufgrund einer Prognosebetrachtung auch nach fünf oder sogar nach zehn Jahren noch bestehen wird.[151]

Die Finanzverwaltung geht bei der Inanspruchnahme einer Teilwertabschreibung davon aus, dass die Nachweispflicht für den niedrigeren Teilwert dem Steuerpflichtigen obliegt, den im Übrigen auch die Darlegungs- und Feststellungslast für eine voraussichtlich dauernde Wertminderung trifft.[152]

145 Siehe weiter zur nähernden Definition des Begriffs „dauernd“ bei Schubert/Andrejewski/Roscher, in: Beck'scher Bilanz-Kommentar, § 253 Rn. 312 ff.

146 Siehe Schubert/Andrejewski/Roscher, in: Beck'scher Bilanz-Kommentar, § 253 Rn. 300 ff.

147 Schubert/Andrejewski/Roscher, in: Beck'scher Bilanz-Kommentar, § 253 Rn. 307.

148 Schubert/Andrejewski/Roscher, in: Beck'scher Bilanz-Kommentar, § 253 Rn. 203.

149 Zum Teilwertbegriff siehe Kulosa, in: Schmidt, Einkommensteuergesetz, § 6 Rn. 231 ff.

150 Kulosa, in: Schmidt, Einkommensteuergesetz, § 6 Rn. 361.

151 Siehe Schubert/Andrejewski/Roscher, in: Beck'scher Bilanz-Kommentar, § 253 Rn. 409 m.w.N., sowie zur steuerlichen Betrachtung siehe Kulosa, in: Schmidt, Einkommensteuergesetz, § 6 Rn. 366.

152 BMF-Schreiben vom 2.9.2016, BStBl. I S. 995.

Andererseits ergibt sich aus dem sogenannten Wertaufholungsgebot des § 253 Abs. 5 Satz 1 HGB, dass die außerplanmäßige Abschreibung, die aufgrund der festgestellten Schadstoffbelastung zulässigerweise in Anspruch genommen wurde, rückgängig gemacht werden muss, wenn dieser wertmindernde Umstand nicht mehr gegeben ist.[153] Und auch hier zwingt die jährlich wiederkehrende Verpflichtung zur Bewertung eines jeden Vermögensgegenstandes zum Abschlussstichtag (§ 252 Abs. 1 Nr. 3 HGB) dazu, dass wiederkehrend geprüft wird, ob die Voraussetzungen für die in Anspruch genommene außerplanmäßige Abschreibung noch vorliegen oder ob die Gründe für den niedrigeren Wertansatz nicht mehr bestehen.[154]

Von einer dauerhaften Wertminderung wird man in diesem Zusammenhang nur dann sprechen können, wenn die Belastung eines Grundstücks oder eines Gebäudes mit Schadstoffen zu einer dauerhaften Wertminderung führt, etwa weil der festgestellte Mangel nicht beseitigt wird. Das ist insbesondere dann der Fall, wenn der betreffende Eigentümer eines Gebäudes zwar um die Beeinträchtigung des Gebäudes durch Schadstoffe weiß, diesen Umstand aber hinnimmt und keine Mangel- oder Schadensbeseitigungsarbeiten durchführen lässt und hierzu auch nicht durch öffentliche Stellen verpflichtet wurde. Das führt zu einer dauerhaften Reduzierung des Wertes des Gebäudes, was durch eine außerplanmäßige Abschreibung bilanziell nachvollzogen werden muss im Rahmen der Handelsbilanz, während die Steuerbilanz hier ein Wahlrecht zulässt.

Soweit demgegenüber die nachhaltige und folgenlose Beseitigung der Schadstoffe durch den Eigentümer oder durch einen Dritten veranlasst wird, wird regelmäßig mit Ausnahme von merkantilen Wertminderungen eine außerplanmäßige Abschreibung auf einen niedrigeren Wert ausscheiden, da im Sanierungsfall weder das Zeitmoment der „dauerhaften Wertminderung" gegeben ist noch das auslösende Moment für die Teilwertabschreibung. Denn in diesem Fall kann lediglich von einer kurzfristigen Wertminderung gesprochen werden, nämlich für den Zeitraum zwischen der Feststellung der Beeinträchtigung bis zu deren Beseitigung. Und ferner ist bei einer ordnungsgemäßen Sanierung – mit Ausnahme der Frage, ob eine merkantile Wertminderung zurückbleibt – ein Wertverlust am betreffenden Vermögensgenstand nicht gegeben.

In Höhe der voraussichtlichen Sanierungskosten kann gemäß § 249 Abs. 1 Satz 2 Nr. 1 HGB eine sogenannte Aufwandsrückstellung ertragswirksam gebildet werden, wenn die Sanierung im folgenden Geschäftsjahr innerhalb von drei Monaten durchgeführt wird.[155] Ferner kann eine Rückstellung für die Sanierungsverpflichtung gebildet werden, soweit es eine behördliche Aufforderung zur Beseitigung von Schadstoffbelastungen gibt.[156]

153 Für das Steuerrecht siehe Kulosa, in: Schmidt, Einkommensteuergesetz, § 6 Rn. 376 ff.

154 Zum Umfang der Zuschreibung siehe Schubert/Andrejewski/Roscher, in: Beck'scher Bilanz-Kommentar, § 253 Rn. 648.

155 Hierzu sowie zum Konkurrenzverhältnis zwischen der Aufwandsrückstellung gemäß § 249 HGB und der außerplanmäßigen Abschreibung auf den niedrigeren Wert gemäß § 253 Abs. 3 HGB Schubert, in: Beck'scher Bilanz-Kommentar, § 249 Rn. 101.

156 BMF-Schreiben vom 11.5.2010 zur „Bilanzsteuerrechtlichen Behandlung von schadstoffbelasteten Grundstücken".

Für die auf einem Grundstück und insbesondere an oder in einem Gebäude festgestellten Schadstoffe gilt daher zusammenfassend, dass unabhängig davon, ob sich das betreffende Wirtschaftsgut im Anlagevermögen oder im Umlaufvermögen befindet, die handelsrechtliche Verpflichtung, den jeweiligen Vermögensgegenstand außerordentlich auf den niedrigeren Wert abzuschreiben, den der Gegenstand aufgrund der festgestellten Schadstoffbelastung nun dauerhaft hat.

1.2.2 Merkantile Wertminderung

Der Wert eines Gebäudes bemisst sich, wie bei anderen Sachen auch, nach dem Verkehrswert. Dieser ist für Grundstücke und Gebäude in § 194 BauGB gesetzlich definiert:

> *„Der Verkehrswert wird durch den Preis bestimmt, der in dem Zeitpunkt, auf den sich die Ermittlung bezieht, im gewöhnlichen Geschäftsverkehr nach den rechtlichen Gegebenheiten und tatsächlichen Eigenschaften, der sonstigen Beschaffenheit und Lage des Grundstücks oder des sonstigen Gegenstands der Wertermittlung ohne Rücksicht auf ungewöhnliche oder persönliche Verhältnisse zu erzielen wäre."*

Wird nun eine Sache oder ein Gebäude beschädigt und nach der Beschädigung wieder vollständig repariert, stellt sich die Frage, ob das Gebäude nach der Reparatur, auch wenn sie umfassend, vollständig und fachgerecht ausgeführt wurde, den gleichen Wert hat, wie er vor dem Schadensereignis gegeben war.

Denn eine Wertdifferenz, die sich daraus ergibt, dass die gleiche Sache im reparierten Zustand einen geringeren Verkehrswert erzielt, wird auch als merkantiler Minderwert[157] bezeichnet.

Dieser Begriff und die Anerkennung dieser Schadensposition durch die Rechtsprechung ist beispielsweise im Fahrzeugschadensrecht unbestritten und bei der Abwicklung von Kraftfahrzeugunfällen gängige Praxis. So wird demjenigen Fahrzeugeigentümer, dessen Fahrzeug beschädigt wurde, neben dem Ersatz der Kosten, die für die fachgerechte Reparatur des Autos notwendig werden, auch ein zusätzlicher Betrag im Rahmen der Schadensregulierung zugebilligt, wenn das Fahrzeug auf dem freien Markt bei seiner Veräußerung einen geringeren Erlös alleine dadurch erzielt, weil es sich um ein Fahrzeug mit einem Schaden handelt.

Von dem merkantilen Minderwert, also dem Minderwert, der einer Sache anhaftet, obgleich diese technisch einwandfrei repariert wurde, ist die technische Wertminderung[158] zu unterscheiden. Denn eine technische Wertminderung einer Sache ist derjenige Schaden, der daraus entsteht, dass eine beschädigte Sache zwar fachgerecht repariert wird, die Sache jedoch trotz fachgerechter Reparatur in ihrer Gebrauchsfähigkeit gleichwohl beeinträchtigt ist.[159]

157 Vergleiche hierzu Bauer, in: Prozesse in Bausachen, § 5 Rn. 280.

158 Hierzu auch Walter/Korves, Der merkantile Minderwert beim Immobilienkauf, S. 1987, und Ganten/Kindereit, Typische Baumängel, S. 31.

159 Siehe hierzu Volze, Der merkantile Minderwert bei Schäden an Gebäuden, S. 25 m.w.N.

Dabei ist anerkannt, dass neben einer Minderung für den technischen Minderwert auch eine Minderung für den merkantilen Minderwert verlangt werden kann, wenn die vertragswidrige Ausführung im Vergleich zur vertragsgemäßen eine verringerte Verwertbarkeit zur Folge hat, weil die maßgeblichen Verkehrskreise ein im Vergleich zur vertragsgemäßen Ausführung geringeres Vertrauen in die Qualität des Gebäudes haben.[160]

So unstrittig die Zubilligung dieser Schadensposition dem Geschädigten eines Fahrzeugschadens gegenüber ist,[161] wird bei der Regulierung von Mängel- und Schadensersatzansprüchen nach der Reparatur eines durch Schadstoffe geschädigten Gebäudes um diesen Anspruch gestritten. Teilweise wird sogar die Auffassung vertreten, eine merkantile Wertminderung würde es bei der Beschädigung eines Gebäudes überhaupt nicht geben, während andererseits zwar der Anspruch dem Grunde nach grundsätzlich anerkannt, für die konkreten Regulierungsfälle dann aber der Höhe nach in Abrede gestellt wird.[162]

Dabei hat der Bundesgerichtshof bereits Ende der sechziger Jahre entschieden, dass bei einem mit Schwamm befallenen Haus „Eine Minderung des Verkehrswerts (. . .) auch bestehen bleiben (kann), wenn die wertmindernden Schäden in technisch einwandfreier Weise beseitigt sind".[163] Der Bundesgerichtshof führt dabei aus, dass unter Rückgriff auf eine ältere Rechtsprechung des Reichsgerichtes maßgeblich sei, ob „die Verkehrsanschauung mit der Wiederkehr des Schwammen rechnet".[164] Aus diesem Hinweis könnte zu entnehmen sein, dass Voraussetzung für die Zuerkennung eines merkantilen Minderwertes bei einem geschädigten, aber reparierten Gebäude die Tatsache ist, dass mit der Wiederkehr des Schwammbefalls gerechnet werden muss. Würde andersherum betrachtet diese Gefahr einer erneuten Beschädigung des Gebäudes beispielsweise deshalb nicht bestehen, weil die durchgeführte Sanierung dauerhaft den Schaden beseitigt hat, könnte man zu dem Ergebnis kommen, dass dann eine merkantile Wertminderung nicht verlangt werden kann.

In einer weiteren Entscheidung des Bundesgerichtshofs aus dem Jahr 1977 führt dieser dann aus:

> *„Der merkantile Minderwert liegt in der Minderung des Verkaufswertes einer Sache, die trotz völliger und ordnungsgemäßer Instandsetzung deshalb verbleibt, weil bei einem großen Teil des Publikums vor allem wegen des Verdachts verborgen gebliebener Schäden eine den Preis beeinflussende Abneigung gegen den Erwerb besteht."*[165]

Mit dieser Entscheidung stellt der Bundesgerichtshof klar, dass entgegen seiner Entscheidung aus dem Jahr 1968 es nicht darauf ankommt, dass mit der „Wiederkehr des Schadensbildes"[166] gerechnet werden muss, was also objektiv feststellbare Umstände an der konkreten Bausubstanz erfordert. Es reicht vielmehr aus, dass „ein großer Teil des Publikums" des-

160 BGH, Urteil vom 9.1.2003 – VII ZR 181/00.

161 Volze, Der merkantile Minderwert bei Schäden an Gebäuden, S. 26.

162 Zusammenfassend hierzu etwa Walter/Korves, Der merkantile Minderwert beim Immobilienkauf, NJW 2016, 1985 ff.

163 BGH, Urteil vom 20.6.1968 – III ZR 32/66.

164 BGH, Urteil vom 20.6.1968 – III ZR 32/66.

165 BGH, Urteil vom 8.12.1977 – VII ZR 60/76.

166 BGH, Urteil vom 20.6.1968 – III ZR 32/66.

wegen eine Abneigung gegen den Erwerb hat, weil der Verdacht verborgen gebliebener Schäden besteht. Damit stellte der Bundesgerichtshof maßgeblich auf das subjektive Empfinden der potenziellen Erwerbsinteressenten ab, nicht aber darauf, ob es objektiv feststellbare Gründe in der Bausubstanz gibt. Nur dann, wenn es sich um zu vernachlässigende Beschädigungen handelt, also bei Vorliegen eines Bagatellschadens, besteht kein Anspruch auf merkantile Wertminderung.[167]

Und diese subjektive Betrachtung ist auch völlig richtig.[168] Vergegenwärtigt man sich etwa den Beispielsfall, dass in einem gleichförmigen Baugebiet nebeneinander zwei Gebäude identischen Zuschnitts und identischer Ausstattung auf jeweils gleich großen Grundstücken stehen. Der einzige Unterschied zwischen den beiden Gebäuden ist, dass in dem einen Gebäude aufgrund eines Wasserschadens ein ausgeprägter Schimmelschaden aufgetreten ist, der aber vollständig und fachgerecht beseitigt wurde, während das andere Gebäude seit seiner Errichtung schadensfrei blieb.

Wenn in diesem Beispielsfall nun beide Gebäude gleichzeitig zum Verkauf anstehen, dürfte es relativ leicht nachvollziehbar sein, dass ein Großteil der potenziellen Erwerber sich eher für das unbeschädigte Gebäude entscheiden wird.[169]

Dementsprechend hat das OLG München entschieden, dass Eigentumswohnungen in einer bevorzugten Wohngegend marktgängige und verwertbare Objekte sind, bei welchen trotz ordnungsgemäßer Beseitigung von Bauschäden ein merkantiler Minderwert berücksichtigt werden muss, weil die Annahme bei den beteiligten Baukreisen zugrunde gelegt wird, dass eine Reparatur nicht die fachliche Qualität einer von vornherein richtigen Herstellung erreicht.[170]

Marktwirtschaftlichen Prinzipien folgend bedeutet also die stärkere Nachfrage nach dem unbeschädigten Gebäude, dass das beschädigte, aber sanierte Gebäude mit einem niedrigeren Preis zum Verkauf angeboten werden muss, um zu ansonsten gleichen Rahmenbedingungen ebenfalls zur Veräußerung zu kommen. Und diese Wertdifferenz bildet exakt die merkantile Wertminderung, die das geschädigte Gebäude durch den Schadensfall erfahren hat.[171]

Zwar wird in diesem Zusammenhang durchaus insbesondere von interessierter Seite eingewandt, dass die exakte Ermittlung der merkantilen Wertminderung des Gebäudes schwierig sei, weswegen eine solche nicht gegeben sein könne. Ferner wird teilweise argumentiert, dass bei Gebäuden eine merkantile Wertminderung anders als bei Fahrzeugen nicht gegeben sein könne, weil Gebäude anders als Fahrzeuge wertstabil seien.[172]

---

167 Volze, Der merkantile Minderwert bei Schäden an Gebäuden, S. 26.

168 Siehe hierzu auch Volze, Der merkantile Minderwert bei Schäden an Gebäuden, S. 27.

169 Ähnlich Merl, in: Handbuch des privaten Baurechts, § 15 Rn. 469 unter Hinweis auf LG Nürnberg-Fürth, Urteil vom 28.4.1988 – 6 O 9933/86.

170 OLG München, Urteil vom 17.12.2013 – 9 U 960/13 Bau.

171 So auch Walter, Die Minderung bei Grundstückskaufverträgen, S. 315.

172 Siehe hierzu Volze, Der merkantile Minderwert bei Schäden an Gebäuden, S. 27.

Indes kann die Tatsache, dass die Ermittlung der Wertminderung im konkreten Einzelfall schwierig ist, kein Argument dafür sein, dass es eine solche merkantile Wertminderung bei Gebäuden nicht geben kann, zum anderen ist es ohnehin so, dass die Bewertung von Gebäuden wesentlich schwieriger ist als beispielsweise die Bewertung eines Fahrzeugs. Die entsprechende Wertermittlung für das Gebäude und die Ermittlung des merkantilen Minderwertes müssen dabei in der Regel durch einen versierten Sachverständigen vorgenommen werden.[173]

Und wenn schon die Bewertung von Gebäuden im Allgemeinen schwierig ist, umso problematischer stellt sich dann natürlich die Ermittlung eines Minderwertes eines Gebäudes dar, das zwar fachgerecht saniert ist, gleichwohl aber einen Mangel bzw. einen Schaden hatte.[174] Nur weil die konkrete Ermittlung der Wertminderung aufgrund der zwangsläufig stets schwierigeren Bewertung von Gebäuden im Verhältnis zur Bewertung von Kraftfahrzeugen mit größeren Problemen behaftet ist, stellt dies sicherlich kein Kriterium dar, dem betroffenen Gebäudeeigentümer eine solche Wertminderung zu versagen.[175]

Und auch die angebliche Wertstabilität[176] von Gebäuden im Gegensatz zu Fahrzeugen kann kein Argument gegen die Zubilligung einer merkantilen Wertminderung sein, denn auch Gebäude unterliegen einem Wertverlust, wenn sie nicht gepflegt und erhalten werden, weil sie dann einen Sanierungsstau aufweisen, der auch bei der Veräußerung des Gebäudes ein Kaufpreis bildender Faktor ist.

Anzumerken ist ferner, dass Voraussetzung für einen Anspruch auf merkantile Wertminderung nicht ist, dass der geschädigte Eigentümer des Gebäudes auch konkret beabsichtigt, dieses zu verkaufen. Mit anderen Worten, der betroffene Eigentümer kann eine merkantile Wertminderung auch dann beanspruchen, wenn er die betroffene Immobilie weiter in seinem Bestand behält.[177]

Die subjektive Sicht der Verkehrskreise, die maßgeblich dafür ist, dass bei einem beschädigten, aber vollständig reparierten Gebäude eine merkantile Wertminderung verbleibt, muss dabei durch einen Sachverständigen für die Ermittlung von Verkehrswerten von Gebäuden bei der Untersuchung berücksichtigt werden, wenn es darum geht, im konkreten Fall die merkantile Wertminderung zu ermitteln und festzulegen.

Dabei wird der Sachverständige in den seltensten Fällen konkrete Anknüpfungspunkte zugrunde legen können, die es ihm mit mathematischer Genauigkeit ermöglichen würden, den Wert eines Gebäudes ohne irgendein Schadensereignis und den Wert eines Gebäudes mit einem Schadensereignis, das aber vollständig beseitigt ist, zu ermitteln. Abgesehen davon, dass die jeweilige Ermittlung des Minderwertes nicht schematisch erfolgen kann, son-

173 Volze, Der merkantile Minderwert bei Schäden an Gebäuden, S. 27.

174 Etwa Brandenburgisches OLG, Urteil vom 28.8.2008 – 5 U 28/07 bezüglich der Anforderungen an den Sachvortrag im gerichtlichen Verfahren zur Ermittlung eines merkantilen Minderwertes.

175 Hierzu auch Ganten/Kinderreit, Typische Baumängel, S. 31, wonach der merkantile Minderwert die Frage nach der ökonomischen Verwertbarkeit eines Gebäudes ist.

176 Vgl. Volze, Der merkantile Minderwert bei Schäden an Gebäuden, S. 27.

177 So auch Volze, Der merkantile Minderwert bei Schäden an Gebäuden, S. 26; Walter/Korves, Der merkantile Minderwert beim Immobilienkauf, S. 1989.

dern eine Frage des Einzelfalles bleibt, wird sowohl der Sachverständige als auch letztendlich das Gericht auf Schätzwerte zurückgreifen müssen.[178]

Während der Sachverständige dem Gericht objektiv nachvollziehbare und bewertbare Angaben machen kann und machen muss, gibt § 287 ZPO dem Gericht die Möglichkeit, auf der Grundlage der Informationen des Sachverständigen eine Schätzung vorzunehmen.[179]

Denn die Höhe eines Schadens und damit auch die Höhe einer Wertminderung kann in geeigneten Fällen durch das Gericht nach pflichtgemäßem Ermessen geschätzt werden, wenn diese Schätzung auf nachvollziehbaren und konkret fassbaren Anhaltspunkten erfolgt und sich nicht als mehr oder weniger willkürlich darstellt.[180]

Von *Volze* wird in diesem Zusammenhang eine Beurteilung vorgeschlagen, die zum einen die Lebensdauer des geschädigten Gebäudes berücksichtigt, zum anderen die Höhe der Reparaturkosten im Verhältnis zum Wert des Gebäudes insgesamt ohne den maßgeblichen Schaden.[181]

Lebensdauer (80 Jahre)	1/3 des mangelfreien Gebäudewertes als Reparaturkosten	2/3 des mangelfreien Gebäudewertes als Reparaturkosten	3/3 des mangelfreien Gebäudewertes als Reparaturkosten
20 Jahre	5 %	6 %	7 %
40 Jahre	4 %	5 %	6 %
60 Jahre	3 %	4 %	5 %
80 Jahre	0 %	0 %	0 %

Quelle: Volze, Der merkantile Minderwert bei Schäden an Gebäuden, S. 28

Dabei ergibt der jeweilige Prozentsatz multipliziert mit dem Wert des Gebäudes ohne den Mangel die Höhe des anzusetzenden merkantilen Minderwertes des Gebäudes, wobei auch bei dieser tabellarischen Betrachtung natürlich immer die konkreten Umstände des Einzelfalles Berücksichtigung finden müssen. Diese Darstellung gibt aber einen ersten konkreten Anhalt zur Berechnung der merkantilen Wertminderung bei der Beschädigung von Gebäuden oder von Gebäudeteilen.[182]

178 Siehe hierzu auch Motzke, in: Prozesse in Bausachen, § 4 Rn. 199 ff.

179 Walter/Korves, Der merkantile Minderwert beim Immobilienkauf, S. 1987, oder OLG München, Urteil vom 3.11.2015 – 9 U 2777/11.

180 Vergleiche hierzu BGH, Urteil vom 14.7.2010 – VIII ZR 45/09.

181 Volze, Der merkantile Minderwert bei Schäden an Gebäuden, S. 28.

182 Hierzu auch Walter/Korves, Der merkantile Minderwert beim Immobilienkauf, S. 1990.

2 Besondere Rechtsverhältnisse

Werden an oder in einem Gebäude Schadfaktoren festgestellt und müssen diese einschließlich aller nachteiligen Auswirkungen auf das Gebäude beseitigt werden, werden die Beteiligten stets auch die Frage zu beantworten haben, in welchem Verhältnis sie zum Gebäude, zu der Verursachung der Schadfaktoren und letztendlich auch zu der Verantwortlichkeit für die Wiederherstellung ordnungsgemäßer Zustände stehen.

So kann, muss aber nicht derjenige, der Eigentümer eines Gebäudes ist, mit demjenigen personenidentisch sein, der den Schaden im Gebäude verursacht bzw. die Ursache für den Schadfaktor gesetzt hat. Und gibt es beispielsweise eine Versicherung, die für die Regulierung des Schadens eintrittspflichtig ist, tritt ein dritter Beteiligter hinzu und es ist leicht nachvollziehbar, dass jeder dieser Beteiligten eine eigene Sichtweise bezüglich des Schadensfalles haben kann und natürlich auch eine eigene Interessenlage. Das erschwert die Beurteilung einer solchen Problemlage und insbesondere deren Regulierung mit allen finanziellen Konsequenzen. Gerade diese unterschiedlichen Interessenlagen sind dann auch häufig Anlass für Streitigkeiten, die nicht selten in gerichtlichen Auseinandersetzungen enden.

So zeigt beispielsweise die Diskussion um die Neufassung des Leitfadens zur Vorbeugung, Erfassung und Sanierung von Schimmelbefall in Gebäuden (Schimmelleitfaden), der durch das Umweltbundesamt herausgegeben wird, dass die verschiedenen Akteure, die Stellungnahmen zu dieser Neufassung abgegeben haben, aus ihrer jeweiligen Sicht versuchen, Einfluss darauf zu nehmen, ob und in welchem Umfang überhaupt ein Schimmelbefall in einem Gebäude festgestellt werden soll und insbesondere welche Maßnahmen durchgeführt werden sollen/müssen, um den so festgestellten Schimmelbefall zu beseitigen.[183]

Dieser Teil betrachtet die Besonderheiten der relevanten Rechtsverhältnisse, die typischerweise bei diesen Konstellationen angetroffen werden.

2.1 Werkvertrag

Hinsichtlich der Leistungspflicht des beauftragten Auftragnehmers eines Werkvertrages besteht die gesetzliche Besonderheit, dass der Auftragnehmer garantieähnlich für den Besteller der Leistung den Werkerfolg herbeizuführen hat, und zwar in vollem Umfang mangelfrei und auch zum vereinbarten Zeitpunkt.[184] Des Weiteren wird der Werkvertrag dadurch charakterisiert, dass der Auftragnehmer bis zur Abnahme grundsätzlich das Risiko der Verschlechterung oder des Untergangs der Sache tragen muss[185] und bis zu diesem Zeitpunkt auch gegenüber dem Auftraggeber vorleistungspflichtig ist.

Während für die Entstehung eines Schimmelschadens in einem Gebäude primär eine Bausubstanz verantwortlich sein dürfte, die nicht den allgemein anerkannten Regeln der Technik entspricht, kommt insbesondere bei modernen, energieeffizient gebauten Gebäuden

---

183 So etwa die Stellungnahme des Gesamtverbandes der Deutschen Versicherungswirtschaft gegenüber dem Umweltbundesamt vom 28.6.2016.

184 Siehe auch Krug, in: Handbuch des privaten Baurechts, § 2 Rn. 15.

185 Ergänzend Krug, in: Handbuch des privaten Baurechts, § 2, Rn. 411.

das Problem hinzu, dass bedingt durch diese Bauweise ein Luftaustausch und damit eine Belüftung der Räume kaum mehr möglich ist. Diesen Aspekt muss man im Auge behalten, wenn beurteilt werden muss, ob ein Gebäude, in welchem ein Feuchte- oder Schimmelschaden entstanden ist, fachgerecht errichtet wurde.

Dabei werden die allgemein anerkannten Regeln der Technik auch für diese Fragestellung zwar nicht ausschließlich, aber doch ganz wesentlich durch die einschlägige DIN-Vorschrift definiert.

Für Gebäude mit Wohnungen ist dabei die DIN 1946-6 „Raumlufttechnik Teil 6: Lüftung von Wohnungen" einschlägig, die sehr umfassend sowohl für die Errichtung von Neugebäuden als auch für den Umbau von Bestandsgebäuden die Forderung aufstellt, dass „Für neu zu errichtende oder zu modernisierende Gebäude mit lüftungstechnisch relevanten Änderungen (. . .) ein Lüftungskonzept zu erstellen" ist.[186] Die Vorschrift konkretisiert dabei auch für Bestandsgebäude, wann nicht nur eine kleine Umbaumaßnahme vorliegt, die für sich betrachtet noch nicht die Verpflichtung zur Erarbeitung eines Lüftungskonzepts auslöst, und wann ein Umbau im Bestand gegeben ist, der eine Lüftungskonzeption notwendig macht. Das ist dann gegeben, wenn im Rahmen des Umbaus bei einem Mehrfamilienhaus in einer Wohneinheit 1/3 aller Fenster ausgetauscht wird oder bei dem Umbau eines Einfamilienhauses ebenfalls 1/3 aller Fenster ausgetauscht wird oder mehr als 1/3 der Dachfläche abgedichtet wird.[187]

Diese Kriterien zeigen, dass es keiner besonders umfassenden Eingriffe in eine Bestandsimmobilie bedarf, um die Verpflichtung für den Planer oder den Bauunternehmer auszulösen, ein Lüftungskonzept zu erarbeiten und dem Bauherrn vorzulegen, weil sonst die Bauleistung mangelbehaftet ist. Was für Wohnräumlichkeiten in DIN 1946-6 geregelt ist, wird für Räume, die bestimmungsgemäß nicht zu Wohnzwecken genutzt werden, in der DIN EN 13 779 „Lüftung von Nichtwohngebäuden" normiert. Diese Vorschrift sieht nun auf europäischer Ebene einheitliche Maßstäbe vor, wie beispielsweise Büroräumlichkeiten gelüftet und klimatisiert werden müssen, damit eine richtige Be- und Entlüftung dieser Räume gerade im Hinblick auf die Gesundheit der Nutzer gewährleistet ist.[188]

Mit seinen Entscheidungen vom 19.1.2017 hat der Bundesgerichtshof eine lange Diskussion in Rechtsprechung und Literatur[189] zu der Frage beantwortet, ob die werkvertragsrechtlichen Mängelrechte aus § 634 BGB bereits vor der Abnahme gemäß § 640 BGB geltend gemacht werden können oder nicht.

Diese Streitfrage hat der Bundesgerichtshof nun dahingehend beantwortet, dass aus systematischen Gründen die Geltendmachung der Mängelrechte beim Werkvertrag es voraussetzen, dass der Auftraggeber die Leistung abgenommen hat.[190] Denn nach Auffassung des

186 DIN 1946-6 Raumlufttechnik – Teil 6: Lüftung von Wohnungen.

187 DIN 1946-6 Raumlufttechnik – Teil 6: Lüftung von Wohnungen.

188 DIN EN 13 779 Lüftung von Nichtwohngebäuden.

189 Merl, in: Handbuch des privaten Baurechts, § 15 Rn. 317 ff., und Schwenker, Keine Mängelrechte vor Abnahme, NJW 2017, 1579.

190 BGH, Urteil vom 19.1.2017 – VII ZR 235/15 m.w.N.; BGH, Urteil vom 19.1.2017 – VII ZR 193/15 ; BGH, Urteil vom 19.1.2017 – VII ZR 301/13. Anders aber Ganten/Kinderreit, Typische Baumängel, S. 13.

BGH führt dieses Erfordernis nicht etwa zu dem unangemessenen Ergebnis, dass der Besteller einer Leistung, von der er weiß, dass sie mangelhaft ist, diese erst abnehmen muss, um im Nachgang hierzu Mängelrechte geltend machen zu können.[191] Denn, so der BGH, der Besteller einer Leistung kann bereits vor der Abnahme seine Vertragserfüllungsansprüche geltend machen, notfalls auch vollstrecken, oder aber nach dem allgemeinen Leistungsstörungsrecht Schadensersatzansprüche aus den §§ 280 und 281 BGB geltend machen oder aber nach § 323 BGB zurücktreten sowie entsprechend § 314 BGB den Vertrag aus wichtigem Grund kündigen.[192] Und es gibt auch nicht den Zwang, nur deshalb eine Abnahme erklären zu müssen, um in den Genuss der Mängelansprüche zu kommen, denn die Abnahme kann durch den Auftraggeber unter dem Vorbehalt der Mängel erfolgen gemäß § 640 Abs. 2 BGB.

Für den VOB/B-Vertrag ergeben sich die Mängelansprüche vor der Abnahme aus § 4 Abs. 7 VOB/B,[193] wobei der Auftraggeber hier nicht übersehen darf, dass er bei einer entsprechenden Aufforderung zur Mangelbeseitigung vor Abnahme der Leistung dem Auftragnehmer gegenüber nicht nur eine Frist zur Mangelbeseitigung setzen muss. Vielmehr muss dem Auftragnehmer gegenüber auch erklärt werden, dass nach fruchtlosem Ablauf der Frist der Vertrag gekündigt wird (§ 4 Abs. 7 Satz 3 i.V.m. § 8 Abs. 3 VOB/B).[194] Der Auftraggeber kann dann nach der Kündigung die der Kündigung zugrunde liegenden Mängel im Wege der Ersatzvornahme selbst beseitigen. Der hierfür entstehende finanzielle Aufwand ist dem Auftraggeber durch den säumigen Werkunternehmer zu erstatten.[195] Soweit der Werkunternehmer den Mangel an seiner Leistung verschuldet hat, muss er ferner Schadensersatz leisten (§ 4 Abs. 7 Satz 2 VOB/B), wobei dieser Schadensersatzanspruch zu Gunsten des Auftraggebers unabhängig davon besteht, ob eine Kündigung erfolgt ist oder nicht.

Und für den Zeitraum nach der Abnahme ergeben sich bei dem VOB/B-Vertrag die Mängelrechte aus § 13 VOB/B. Dem Auftraggeber steht hier nach Ablauf einer dem Auftragnehmer gesetzten Frist zur Mangelbeseitigung das Recht zu, den Mangel im Wege der Ersatzvornahme beseitigen zu lassen, wobei die hierfür erforderlichen Kosten durch den Auftragnehmer zu erstatten sind.[196] Und unter den Voraussetzungen des § 13 Abs. 7 VOB/B, der ebenso wie die gesetzliche Regelung das Verschulden des Auftragnehmers erfordert, steht dem Auftraggeber ein Anspruch auf Schadensersatz zu.

Eine Besonderheit sieht der VOB/B-Werkvertrag in § 13 Abs. 5 Nr. 1 Satz 2 VOB/B vor, der zu einem Neubeginn der Verjährung mit einer neuen Verjährungsfrist von zwei Jahren führt, nachdem durch den Auftraggeber eine schriftliche Mängelrüge erfolgt ist.[197]

Auch der Architekten- und Ingenieurvertrag, also die Beauftragung eines Vertragspartners mit der Planung, der Ausschreibung von Arbeiten oder der Bauüberwachung im Zusammen-

191 Anders Schmidt/Senders, Das Abrechnungsverhältnis im Werkvertragsrecht, S. 476.

192 BGH, Urteil vom 19.1.2017 – VII ZR 235/15, Rn. 41.

193 Merl, in: Handbuch des privaten Baurechts, § 15 Rn. 49.

194 Siehe auch Krug, in: Handbuch des privaten Baurechts, § 2 Rn. 441 ff.

195 Weiter hierzu Merl, in: Handbuch des privaten Baurechts, § 15 Rn. 49.

196 Hierzu Merl, in: Handbuch des privaten Baurechts, § 15 Rn. 51 f.

197 Merl, in: Handbuch des privaten Baurechts, § 15 Rn. 67.

hang mit der Errichtung oder dem Umbau eines Gebäudes, ist ein Werkvertrag.[198] Dies ergibt sich daraus, weil der Architekt dem Bauherrn nicht nur eine Dienstleistung schuldet, sondern einen Erfolg, nämlich die mangelfreie Planung eines Gebäudes sowie die Durchführung der Bauüberwachung dergestalt, dass Mängel an der Werkleistung der am Bau beteiligten Unternehmen aufgrund einer sorgfältigen Bauüberwachung des beauftragten Architekten erkannt und sogleich beseitigt werden. Erfüllt ein Architekt diese Verpflichtungen nicht, ist er dem Bauherrn zum Ersatz des hieraus entstandenen Schadens verpflichtet, weil sein pflichtwidriges Verhalten dem Bauherrn einen Schadensersatzanspruch gibt, den der Bauherr neben seinen Ansprüchen gegenüber dem mangelhaft arbeitenden Werkunternehmen geltend machen kann. Auch für den Architekten- und Ingenieurvertrag hat die Rechtsprechung die Geltung des funktionalen Mangelbegriffs bestätigt.[199]

In der ab 1.1.2018 geltenden Rechtslage stellen die neuen werkvertraglichen Vorschriften der §§ 631 ff. BGB klar, dass der Architekten- und Ingenieurvertrag ein Werkvertrag ist, denn er wird als spezielle Unterart des Werkvertrags künftig in den §§ 650 p ff. BGB geregelt. Gemäß § 650 q Abs. 1 BGB finden dabei auf den Architekten- und Ingenieurvertrag grundsätzlich die allgemeinen Vorschriften über Werkverträge Anwendung und einige spezielle Vorschriften für Bauverträge (das sind die §§ 650 b, 650 e bis 650 h BGB), soweit sich aus den Sonderregelungen der §§ 650 p ff. BGB nicht etwas anderes ergibt.

Im Ergebnis führt dieses Haftungskonzept der Architekten und Ingenieure dazu, dass ein mit der Bauüberwachung beauftragter Architekt oder Ingenieur neben dem bauausführenden Unternehmen dem Bauherrn gegenüber in vollem Umfang auf die mangelfreie Bauleistung haftet. Entsprechend der Rechtsprechung des Bundesgerichtshofs ist es dabei sogar so, dass zwischen dem bauüberwachenden Architekten/Ingenieur und dem die Bauleistung ausführenden Werkunternehmen eine gesamtschuldnerische Haftung besteht, sodass es grundsätzlich dem Bauherrn freisteht, ob er das Bauunternehmen oder den bauüberwachenden Planer oder beide in Anspruch nimmt.

Dabei ist für den Bauherrn von besonderer Bedeutung, dass er bei einem vollendeten Bauwerk, das mangelbehaftet ist, gegenüber dem bauüberwachenden Planer einen auf Geld gerichteten Schadensersatzanspruch gemäß § 636 BGB hat, während gegenüber dem mangelhaft leistenden Bauunternehmen zunächst nur ein Anspruch auf Mangelbeseitigung besteht.

Regelmäßig erst nach Setzung einer Frist zur Beseitigung des Mangels wandelt sich der Anspruch auf mangelfreie Leistung auch im Wege der Nacherfüllung um in einen Kostenvorschuss-, Aufwendungsersatz- oder Schadensersatzanspruch, der dann ebenfalls in Gesamtschuld neben dem Schadensersatzanspruch gegenüber dem Architekten oder Ingenieur steht.

Eine Einschränkung dieses über Jahrzehnte hinweg bestehenden Haftungskonzepts bringt die Neuregelung des Werkvertragsrechtes mit Wirkung ab 1.1.2018, denn gemäß § 650 t BGB steht dem zum Schadensersatz verpflichteten Architekten/Ingenieur ein Leistungsver-

198 Allgemein hierzu Merl, Handbuch des privaten Baurechts, § 15 Rn. 276 ff.

199 BGH, Urteil vom 20.12.2012 – VII ZR 209/11, NJW 2013, 684.

weigerungsrecht gegenüber dem Bauherrn so lange zu, bis der Bauherr dem Werkunternehmen erfolglos eine Frist zur Mangelbeseitigung gesetzt hat.

2.2 Kaufvertrag

Während für das Werkvertragsrecht die Abnahme des Werkes gemäß § 640 BGB die wesentliche Zäsur darstellt, durch die das Erfüllungsstadium beendet wird und die Mängelhaftung beginnt, sieht das Kaufrecht in § 446 BGB eine vergleichbare Trennung vor.

Nach dem Gefahrübergang gelten die Mängelrechte aus § 437 BGB, was sich auch aus der Definition des Sachmangels gemäß § 434 Abs. 1 BGB ergibt, denn gemäß dieser Vorschrift ist eine Kaufsache dann mangelfrei, wenn sie bei Gefahrübergang die vereinbarte Beschaffenheit hat.[200]

Vor dem Gefahrübergang sind demgegenüber nur die Vorschriften des allgemeinen Leistungsstörungsrechtes gemäß den §§ 275 ff. BGB anwendbar. Nach dem Gefahrübergang kann auf diese allgemeinen Vorschriften demgegenüber nur dann zurückgegriffen werden, wenn in den speziellen Mängelvorschriften des Kaufrechtes hierauf verwiesen wird oder soweit es im Übrigen keine spezielle kaufrechtliche Mängelregelung gibt.[201]

Mit der Reform des Kauf- und Bauvertragsrechtes[202] wird zum 1.1.2018 § 439 Abs. 3 BGB n.F. bei dem Verkauf beweglicher Sachen, das dürften für die hier interessierenden Fälle namentlich Baustoffe oder Bauprodukte sein, dem Käufer ein umfassendes Recht auf Nacherfüllung zugestanden.

Dieses umfasst dann nicht nur die unmittelbaren Mängelansprüche bezüglich der mangelhaften Kaufsache selbst, sondern es erstreckt sich vielmehr auch auf alle Aufwendungen, die damit verbunden sind, die mangelhafte Sache aus dem Gebäude zu entfernen und die reparierte oder neue Kaufsache wieder fachgerecht in das Gebäude einzubauen.[203]

2.3 Miet- und Pachtvertrag

Während das Mängelrecht bei Kauf- und Werkverträgen von der Grundstruktur her betrachtet keine wesentlichen Unterschiede zum Mängelrecht bei Miet- und Pachtverträgen aufweist, gilt es insbesondere für die Frage des Umfangs der Mangelbeseitigung einen wesentlichen Unterschied zu berücksichtigen.

Bei Kauf- und bei Werkverträgen ist in der Regel derjenige, der die Mängelansprüche für ein Gebäude geltend macht, personenidentisch mit dem Eigentümer des Gebäudes. So macht der Käufer eines Gebäudes oder einer Eigentumswohnung seine Ansprüche geltend als Vollrechtsinhaber über die Kaufsache, wenn er nämlich bereits im Grundbuch als Eigentümer eingetragen ist, oder aber aus einer Rechtsposition heraus, die ihn in die Position des Eigen-

200 Weidenkaff, in: Palandt, Bürgerliches Gesetzbuch, § 434 Rn. 8.

201 Weidenkaff, in: Palandt, Bürgerliches Gesetzbuch, Überbl. vor § 433, Rn. 6.

202 Bundesrat-Drucksache 123/16 vom 11.3.2016: Entwurf eines Gesetzes zur Reform des Bauvertragsrechts und zur Änderung der kaufrechtlichen Mängelhaftung.

203 Vergleiche hierzu Woitkewitsch, Die Gewährleistung beim Kauf einer Eigentumswohnung, MDR 2017, 737.

tümers bringt, wenn der Erwerber beispielsweise im Grundbuch nur mit einer Auflassungsvormerkung eingetragen ist.

Entsprechendes gilt bei Werkverträgen, denn auch hier ist der Auftraggeber einer Baumaßnahme, die auf seinem Grundstück realisiert wird, Vollrechtseigentümer des Gebäudes. Und auch bei Abschluss eines Bauträgervertrages, bei welchem sich der Bauträger verpflichtet, sowohl das Gebäude zu errichten als auch das Grundstück gänzlich oder teilweise auf den Erwerber zu übertragen, liegen zwar kaufvertragsrechtliche Elemente und werkvertragsrechtliche Elemente in einem einheitlichen Vertrag vor, gleichwohl leitet der Erwerber einer solchen Immobilie seine Rechtsposition unter anderem daraus ab, dass er Eigentümer der Immobilie ist oder, gesichert durch eine Auflassungsvormerkung, Eigentümer wird.

Eine vergleichbare Situation besteht auch bei einem Versicherungsvertrag. Denn auch hier ist in der Regel der Anspruchsteller gegenüber einem Versicherer der Eigentümer der versicherten Sache und deshalb von seiner Interessenlage her betrachtet vergleichbar mit dem Käufer einer Immobilie oder dem Auftraggeber für ein Bauvorhaben.

Anders stellt es sich demgegenüber dar, wenn die Interessenlage eines Mieters im Verhältnis zum Vermieter beurteilt werden muss. Denn zum einen ist der Mieter nicht Eigentümer der Immobilie, vielmehr hat er diese nur im Besitz und kann sie im Rahmen der mietvertragsrechtlichen Vereinbarungen zu seinen eigenen Zwecken nutzen. Und hinzu kommt, dass das Mietverhältnis auch nur ein zeitlich befristetes, jedenfalls durch Zeitablauf oder Kündigung nur auf einen bestimmten Zeitraum angelegtes Vertragsverhältnis ist.

Dieser strukturelle Unterschied zwischen Kauf-, Werk- und Versicherungsverträgen einerseits und Miet- oder Pachtverträgen andererseits rechtfertigt es auch, den Umfang der Mängelansprüche bei mit Schadstoffen behafteten Gebäulichkeiten abweichend zu beurteilen.

Denn dem Mieter „gehört" nicht das Gebäude und dessen Bausubstanz, er kann vielmehr das Gebäude nur nutzen. Systematisch betrachtet kann aus diesem Grund der Mängelanspruch des Mieters oder des Pächters nur so weit gehen, wie er grundsätzlich zur Nutzung, und zwar zur ungehinderten und ungeschmälerten Nutzung berechtigt ist. Denn er kann hinsichtlich seiner Mängelrechte nicht bessergestellt sein bzw. kein weitergehendes Mängelrecht haben, als ihm seine Nutzungsrechte aus dem geschlossenen Mietvertrag zustehen.

Konkret bedeutet dies, dass der Mieter einer Wohnimmobilie beispielsweise verlangen kann, dass alle Schadstoffe aus seiner Wohnung nachhaltig entfernt werden, sodass seine Wohnung, natürlich auch einschließlich der Zuwegung hierzu, keine Schadstoffe in der Raumluft oder an den Oberflächen aufweist.

Da dem Mieter oder Pächter aber an der Bausubstanz selbst weder ein mietrechtlicher Anspruch noch eine sonstige Rechtsposition zusteht, kann ein solcher nur zur Nutzung eines Gebäudes Berechtigter vom Vermieter nicht verlangen, dass dieser auch alle in der Bausubstanz selbst angelegten Mangelursachen beseitigt, wenn diese sich nicht mehr nachteilig auf die Nutzung durch den Mieter auswirken.

Zwar ergibt sich aus der Grundstruktur der Mängelrechte, dass sich der Mangelbeseitigungsanspruch nicht nur auf ein Erscheinungsbild oder ein Symptom des Mangels beschränkt, vielmehr besteht der Anspruch dahingehend, dass die Ursache des Mangels beseitigt wird. Für den Bereich des Mängelrechtes bei Mietvertragsverhältnissen oder Pachtverhältnissen muss dieser Grundsatz jedoch im Lichte der Besonderheit betrachtet werden, die diesen reinen Nutzungsverhältnissen immanent sind.

Liegt beispielsweise in einer Wohnung ein Schimmelschaden vor, der nicht ausschließlich durch fehlerhafte Nutzungsgewohnheiten des Mieters verursacht ist, also jedenfalls auch aus der Sphäre des Vermieters kommt, steht dem Mieter ein Mängelanspruch gegenüber dem Vermieter dahingehend zu, dass die von ihm angemietete Wohnung sowohl bezüglich der Raumluft als auch bezüglich der Oberflächen der Wohnung an Wänden, Decken und Böden dauerhaft von Schimmel befreit wird.[204]

Anders ist der Sachverhalt dann zu beurteilen, wenn zwar ein Schimmelschaden an der Bausubstanz entstanden ist, dieser jedoch auf eine vertragswidrige Nutzung durch den Mieter ursächlich zurückgeführt werden muss. In diesem Falle hat der Mieter keine Mängelansprüche gegenüber dem Vermieter, weil zwar die Mietsache mangelhaft ist, Ursache hierfür aber das Verhalten bzw. die Nutzungsgewohnheiten des Mieters sind.[205]

Das kann durch eine fachgerechte Beseitigung des Schimmels an der Oberfläche erfolgen sowie durch die nachhaltige Verhinderung, dass der Schimmel erneut an die Oberfläche tritt, was in der Regel die vollständige Beseitigung von undichten Stellen in der Gebäudehülle mit sich bringt, damit weder Wasser von außen eindringen noch Feuchtigkeit in der Luft kondensieren kann.

Sind diese Arbeiten fachgerecht ausgeführt, besteht seitens des Mieters kein weitergehender Anspruch gegenüber dem Vermieter, etwa auch in der Bausubstanz zurückgebliebene Schimmelpilzstrukturen zu beseitigen. Denn diese beeinträchtigen nur das Gebäude bzw. die Bausubstanz, an der der Mieter jedoch weder eine Eigentümerposition noch eine sonstige Rechtsposition innehat.

2.3.1 Abgrenzung Mietvertrag zu Pachtvertrag

Häufig werden die Begrifflichkeiten Mietvertrag und Pachtvertrag undifferenziert genutzt und vielfach auch mit identischem Inhalt verstanden.

Für die im Rahmen dieses Werkes zu beantwortenden Fragestellungen sind die Antworten für den Bereich eines Mietvertrages identisch mit denjenigen eines Pachtvertrages, weil gemäß § 581 Abs. 2 BGB die hier interessierenden Vorschriften über den Mietvertrag auch auf Pachtverhältnisse Anwendung finden.

Denn in rechtlicher Hinsicht unterscheidet sich der Pachtvertrag von einem Mietvertrag im Wesentlichen dadurch, dass der Pächter die Pachtsache nicht nur nutzen darf, er ist auch zum Bezug der Früchte (§ 99 BGB) berechtigt.

204 Hierzu auch Drusche, Schimmel in Mietwohnungen, S. 28.

205 Sehr anschaulich hierzu beispielsweise die Entscheidung des LG Köln, Urteil vom 24.2.2017 – 1 S 32/15, das über einen Fall zu entscheiden hatte, in welchem in einem Bad Schimmel an den Wänden oberhalb der Badewanne entstanden ist, wobei die ursächliche Durchfeuchtung dieser Wände dadurch entstanden ist, dass der Mieter in der Badewanne stehend geduscht hat.

Und während Gegenstand eines Mietvertrages nur eine Sache sein kann, also ein körperlicher Gegenstand (§ 90 BGB), kann Gegenstand eines Pachtvertrages sowohl eine Sache sein, aber auch ein Recht oder eine Gesamtheit von Sachen sowie eine Gesamtheit von Rechten.[206]

Demgemäß ergeben sich bezüglich der Fragen, ob und in welchem Umfang eine Mietsache oder ein Pachtgegenstand mangelbehaftet sind und welche Ansprüche hieraus für Mieter und Pächter resultieren, keine unterschiedlichen Betrachtungen. In beiden Vertragsverhältnissen ergeben sich identische Rechtsfolgen.

2.3.2 Dauerstreit Heizen und Lüften im Wohnungsmietrecht

Natürlich nicht nur bei vermieteten Wohnungen, dort aber besonders signifikant, stellt sich das Problem, ob falsche Wohn- und Lüftungsgewohnheiten ursächlich dafür sind, dass in der Wohnung sichtbar oder unsichtbar Schimmel entsteht.

Denn durch die menschliche Atmung und den menschlichen Schweiß, aber auch durch die selbst reguläre Nutzung von Wohnraum durch Duschen oder Kochen entsteht in einer Wohnung in erheblichem Umfang Feuchtigkeit, die auch als „Wohnfeuchte" bezeichnet wird.

Nachdem diese Wohn- und Lüftungsgewohnheiten ausschließlich vom Nutzer der Wohnung zu beeinflussen sind, führen diese ursächlich zu dem Schimmelschaden. Hieraus folgt, dass nicht der Eigentümer oder Errichter des Gebäudes in der Verantwortung wäre, vielmehr würde diese ausschließlich den Nutzer, d.h. den Bewohner der Wohnung treffen, denn dieser kann alleine durch geänderte Wohn- und Lüftungsgewohnheiten die Ursächlichkeit für den Schimmelbefall beeinflussen. Aus diesem Grunde gibt die Rechtsprechung dem Vermieter jedenfalls dann einen Schadensersatzanspruch gegenüber dem Mieter, wenn der Mieter seine mietvertragsrechtlichen Verpflichtungen dadurch verletzt, dass er durch fehlendes oder nicht ausreichendes Lüften und Heizen der Wohnung die Bildung von Schimmel verursacht hat.

Vielfach wird in diesem Zusammenhang darauf hingewiesen, dass der Nutzer einer Wohnung durch geeignetes Lüften und stärkeres Heizen es in der Hand hat, Schimmel in seiner Wohnung zu vermeiden.

Berücksichtigt man jedoch in einem weiteren Schritt, dass zu einem falschen Wohn- und Lüftungsverhalten des Nutzers hinzu kommen muss, dass verschiedene bauphysikalisch kritische Bereiche des Gebäudes die Entstehung von Schimmel erst ermöglichen, tritt als weitere Ursache für das Entstehen von Schimmel die Gebäudesubstanz selbst hinzu, für die der Nutzer in der Regel jedoch keine Verantwortung trägt. Insbesondere im Mietrecht trägt der Vermieter die Verantwortung dafür, dass die Mietsache bei Beginn des Mietverhältnisses ordnungsgemäß ist und auch während des Mietverhältnisses bleibt.

Maßgeblich ist dabei durch den Vermieter derjenige Bauzustand entsprechend den allgemein anerkannten Regeln der Technik geschuldet, der zum Zeitpunkt der Errichtung des Gebäudes maßgeblich war.

---

206 Ergänzend Weidenkaff, in: Palandt, Bürgerliches Gesetzbuch, § 581 Rn. 3.

Sieht man diese Problemlage in der Zusammenschau, muss man feststellen, dass keineswegs monokausal dem Nutzer der Räumlichkeiten oder aber dem Eigentümer bzw. Vermieter die Verantwortung für die Entstehung von Schimmel zugeschrieben werden kann.

Im Gegenteil: Wäre die Bausubstanz in optimaler Weise errichtet, würde diese also keine bauphysikalischen Schwachstellen aufweisen, führt selbst ein falsches Wohn- und Lüftungsverhalten des Nutzers häufig zu keinem Schimmel, weil die Bausubstanz in der Lage ist, dieses zu kompensieren. Andersherum fördert eine bautechnisch falsch errichtete Konstruktion, die Wärmebrücken hat oder kritische Bereiche an Gebäudeaußenecken oder Fensteranschlüssen, das Wachstum von Schimmel, selbst wenn die Nutzer der Räumlichkeiten diese ordnungsgemäß bewohnen und belüften.

Und schließlich führt eine technisch falsch errichtete Konstruktion, die mit falschem Wohn- und Lüftungsverhalten der Nutzer zusammenfällt, zu erheblich größeren Schäden, während andersherum bauphysikalisch einwandfrei errichtete Gebäude bei ordentlichem Lüftungs- und Wohnverhalten der Nutzer dazu führen, dass die Entstehung von Schimmel nahezu ausgeschlossen ist.[207]

Immerhin muss in diesem Zusammenhang berücksichtigt werden, dass neue, sehr gut gedämmte Häuser bei welchen man von bauphysikalisch einwandfrei errichteten Gebäuden ausgehen würde, ebenso anfällig sind für Schimmel. Das hängt damit zusammen, dass diese Gebäude um ein Vielfaches dichter sind und einen Luftaustausch zwischen innen und außen nahezu unmöglich machen.[208]

In rechtlicher Hinsicht bedeutete dies, dass selbst dann, wenn feststeht, dass der Mieter einer Wohnung falsch lüftet oder unzureichend heizt oder in sonstiger Weise mit seinem Wohnverhalten jedenfalls auch klimatische Einflüsse verursacht, er nicht ohne weiteres für einen Schimmelschaden verantwortlich gemacht werden kann, jedenfalls nicht in vollem Umfang.

Ferner müssen auch bei der Beurteilung von Schäden in Wohnräumen, die vermietet werden, die Anforderungen der DIN 1946-6 berücksichtigt werden, die die Erarbeitung eines Lüftungskonzeptes vorschreiben.[209] Jedenfalls bei Neubauten und bei Bestandsgebäulichkeiten, die einen wesentlichen baulichen Eingriff erfahren, hat der Eigentümer ein Lüftungskonzept für jede einzelne Wohneinheit zu erstellen, das unabhängig von der Anwesenheit des Mieters oder Nutzers der Wohnung eine Mindestbelüftung der Räume zum Feuchteschutz auch bei dauerhaft geschlossenen Fenstern sicherstellt.

Liegt ein solches Lüftungskonzept für die betroffene Wohnung nicht vor und insbesondere keine Maßnahmen, die die Umsetzung des Lüftungskonzeptes in baulicher Hinsicht sicherstellen, ist ein etwaiger Feuchteschaden primär vom Vermieter zu vertreten, weil ihn die Verpflichtung trifft, durch ein ordnungsgemäßes Lüftungskonzept Vorsorge zu treffen.

Das bedeutet für den Mieter natürlich noch keinen Freibrief bei der Nutzung der Wohnung. Denn unabhängig davon, dass das Lüftungskonzept auf der ersten Stufe eine Feuchte-

207 Daher auch die Forderung nach einem Lüftungskonzept für Wohnräumlichkeiten entsprechend DIN 1946-6 Raumlufttechnik – Teil 6: Lüftung von Wohnungen.

208 Etwa Drusche, Schimmel in Mietwohnungen, S. 27.

209 Siehe Ganten/Kindereit, Typische Baumängel, S. 222.

schutzlüftung bei längerer Abwesenheit eines Mieters und damit Nutzung unabhängig sicherstellen soll, beinhaltet das Lüftungskonzept auf den weiteren Stufen auch Maßnahmen, die bei zeitweiser oder durchgängiger Anwesenheit des Mieters durchgeführt werden müssen.[210] Diese Verpflichtungen treffen dann auch den Mieter, und verletzt er diese, ist er für den eingetretenen Schaden zumindest auch mitverantwortlich.

Selbst wenn ein Lüftungskonzept für eine Wohnung nicht zu erstellen ist, weil es sich beispielsweise um eine Bestandswohnung handelt, die in einem unsanierten Zustand vermietet wird, ist eine differenzierte und immer auf die Ursache der Schimmelbildung abgestellte Betrachtung notwendig. Denn wenn aufgrund des Alters der Wohnung ein Lüftungskonzept gemäß DIN 1946-6 Raumlufttechnik – Teil 6: Lüftung von Wohnungen nicht erstellt werden muss, schuldet der Vermieter dem Mieter gegenüber zunächst nur eine Wohnung, deren Bausubstanz den allgemein anerkannten Regeln der Technik bei Errichtung des Gebäudes entspricht.

2.4 Versicherungsvertrag

Während Schadfaktoren an oder in einem Gebäude im Zusammenhang mit dessen erstmaliger Errichtung oder Sanierung insbesondere unter dem Blickwinkel der Ordnungsgemäßheit der Leistungserbringung bzw. der Mängelrechte zu betrachten sind, Entsprechendes gilt bei dem Erwerb neuer oder gebrauchter Immobilien, stellt das Rechtsverhältnis zu einer Versicherung nicht auf den Mangelbegriff ab, sondern darauf, ob ein versichertes Ereignis vorliegt und wenn ja, in welcher Art und in welchem Umfang die Versicherung aus dem Versicherungsvertrag zur Leistung verpflichtet ist.

Von der Struktur her ist dabei zu unterscheiden, ob es um Ansprüche geht, für die eine Versicherung des Schädigers bzw. des Verursachers eintrittspflichtig ist, wenn dieser mit dem Eigentümer nicht identisch ist. Das sind hauptsächlich die Fälle, in welchen der Gebäudeeigentümer eine Beeinträchtigung des Gebäudes hinnehmen muss und aus diesem Umstand heraus gegenüber einem Dritten, dem Schädiger, Ansprüche hat und für die der Dritte Versicherungsschutz vereinbart hat.

Davon zu unterscheiden sind diejenigen Versicherungsvertragsverhältnisse, in welchen der Gebäudeeigentümer eine von ihm selbst abgeschlossene Versicherung in Anspruch nehmen will für einen Schaden, der entweder von ihm selbst oder von einem Dritten verursacht wurde.

2.4.1 Ansprüche gegen den Versicherer eines Dritten

Soll oder muss nicht eine eigene Versicherung in Anspruch genommen werden, ist also der geschädigte Gebäudeeigentümer nicht selbst Inhaber einer Versicherung, sind zwei grundlegende Überlegungen notwendig: Zum einen stellt sich die Frage, ob und in welchem Umfang dem geschädigten Gebäudeeigentümer aus dem Schadensereignis überhaupt Ansprüche zustehen, zum anderen muss geklärt werden, ob und in welchem Umfang solche Ansprüche, wenn sie denn tatsächlich bestehen, im Rahmen des Versicherungsvertrages, die

210 Vergleiche DIN 1946-6 Raumlufttechnik – Teil 6: Lüftung von Wohnungen.

der Anspruchsgegner mit seiner Versicherung abgeschlossen hat, überhaupt versichert sind.[211]

Es leuchtet ein, dass bei dieser Konstellation die jeweiligen Vertragsverhältnisse, die einerseits zwischen dem Geschädigten und dem Schädiger bestehen und andererseits zwischen dem Schädiger und dessen Versicherung kongruent sind, häufig jedoch sowohl bezüglich Art als auch Umfang deutlich divergieren.

Dies wird deutlich am einfachen Fall einer Unterversicherung. Besteht beispielsweise für den Bauunternehmer U eine Haftpflichtversicherung mit einem Versicherungsumfang von 100.000 € bei der Haftpflichtversicherung H, steht ihm der Versicherungsschutz aus dieser Versicherung dann auch nur bis zu diesem Betrag zur Verfügung, während die Haftpflichtversicherung H den Bauunternehmer U hinsichtlich der Schäden, die die Versicherungssumme übersteigen, darauf verweisen kann, dass er hierfür selbst eintreten muss.

Ferner ist zu berücksichtigen, dass gegenüber der Versicherung eines Dritten der Geschädigte selbst unmittelbar überhaupt keinen Anspruch hat. Dies wird häufig übersehen und der Eindruck vermittelt, dass hier eine direkte Leistungsbeziehung besteht. Lediglich in ausgewählten, spezialgesetzlich geregelten Fällen besteht zwischen dem Geschädigten und dem Versicherer des Schädigers ein direktes Anspruchsverhältnis (vgl. § 115 Abs. 1 VVG), wie es beispielsweise durch das Pflichtversicherungsgesetz[212] für den Bereich der Kraftfahrzeugschäden geregelt ist. Hier kann der Geschädigte eines Kraftfahrzeugunfalls sowohl den Schädiger in Person, aber auch den Haftpflichtversicherer für das Fahrzeug unmittelbar in Anspruch nehmen.

Für alle anderen Pflichtversicherungen, bei welchen das Pflichtversicherungsgesetz nicht einschlägig ist, regelt § 115 Abs. 1 VVG einheitlich, dass eine direkte Inanspruchnahme des Versicherers durch den Geschädigten möglich ist, wenn über das Vermögen des Versicherungsnehmers das Insolvenzverfahren eröffnet oder der Eröffnungsantrag mangels Masse abgewiesen oder ein vorläufiger Insolvenzverwalter bestellt worden ist (§ 115 Abs. 1 Satz 1 Nr. 2 VVG) oder wenn der Aufenthalt des Versicherungsnehmers unbekannt ist (§ 115 Abs. 1 Satz 1 Nr. 3 VVG).

Soweit eine solche direkte Möglichkeit der Inanspruchnahme eines Versicherers gesetzlich nicht ausdrücklich geregelt ist, muss der Geschädigte seine Ansprüche unmittelbar im Verhältnis zum Schädiger geltend machen, wobei der Schädiger im Innenverhältnis natürlich die Möglichkeit hat, seine Versicherung in die Regulierung des Schadens einzubeziehen.

Häufig ist es auch so, dass nach entsprechender Anzeige eines Schadens an die eigene Versicherung diese von sich aus die Korrespondenz mit dem Geschädigten aufnimmt, in die Regulierung des Schadens eintritt und in diesem Zusammenhang auch, in rechtlich nicht zu beanstandender Weise, Art und Umfang der Schadensregulierung bestimmt. Hintergrund dessen ist, dass beispielsweise eine Haftpflichtversicherung aus dem Versicherungsvertrag nicht nur verpflichtet ist, den tatsächlich entstandenen Schaden zu begleichen und den eigenen Versicherungsnehmer diesbezüglich freizustellen (siehe § 100 VVG).

211 Hierzu etwa Bücken, in: van Büren, Handbuch Versicherungsrecht, § 9 Rn. 15 ff.

212 Gesetz über die Pflichtversicherung für Kraftfahrzeughalter (Pflichtversicherungsgesetz) vom 5.4.1965.

Vielmehr ist Teil der Leistung der Haftpflichtversicherung auch, dass sie an den eigenen Versicherungsnehmer herangetragene Schadensersatzansprüche abwehren muss, im Grunde genommen also die Rechtsverteidigung[213] (vgl. § 101 VVG) als weitere Leistung aus dem Versicherungsvertrag übernimmt.[214]

Tipp:

Mit Ausnahme des in der Praxis kaum relevanten Falls, dass durch die Nutzung eines Kraftfahrzeugs Schadstoffe ein Gebäude beeinträchtigen, wird in allen anderen Fallkonstellationen eine direkte Inanspruchnahme der Versicherung des Schädigers nicht in Betracht kommen, wenngleich natürlich gerade bei der außergerichtlichen Regulierung von Ansprüchen der betroffene Versicherer häufig mit dem Geschädigten korrespondiert und um Regulierung des Schadens bemüht ist. Eine direkte Klage gegen einen solchen Versicherer ist aber nicht möglich.[215]

Zum versicherten Risiko einer Haftpflichtversicherung und der sich hieraus ergebenden Leistungspflicht des Versicherers gehört gemäß § 100 VVG derjenige Personen- und Sachschaden einschließlich der hieraus unmittelbar resultierenden Vermögensfolgeschäden, die aufgrund des versicherten Schadensereignisses eintreten.

Von besonderer Bedeutung für die Baupraxis ist dabei die Unterscheidung zwischen denjenigen Schadenersatzansprüchen des Geschädigten, für die der Schädiger über seine Haftpflichtversicherung Versicherungsschutz nach § 1 Ziff. 1 AHB erlangen kann, das sind im Wesentlichen folgende Ansprüche:[216]

- Deliktische Ansprüche (etwa § 823 BGB)
- quasi deliktische Ansprüche (etwa § 945 ZPO)
- Ansprüche aus Gefährdungshaftung
- Amtspflichtverletzungen (§ 839 BGB)
- Beseitigungsansprüche (§ 1004 BGB)
- nachbarrechtliche Ausgleichsansprüche (§ 906 Abs. 2 BGB analog)
- Schadensersatzansprüche aus dem Eigentümer-Besitzer-Verhältnis (§§ 989, 990 BGB)
- Gesamtschuldnerausgleichsansprüche (§ 426 BGB)
- Ansprüche aus positiver Vertragsverletzung
- Ansprüche wegen Verschuldens bei Vertragsschluss

213 Vergleiche Vogelsang, in: Prozesse in Bausachen, § 11 Rn. 3.

214 Etwa Spuhl in Marlow/Spuhl, Das Neue VVG kompakt, S. 287 ff.

215 Bücken, in van Büren, Handbuch Versicherungsrecht, § 9 Rn. 115.

216 Bücken, in van Büren, Handbuch Versicherungsrecht, § 9 Rn. 25 ff.

Von diesen Schadensersatzansprüchen des Geschädigten, für die grundsätzlich im Rahmen einer bestehenden Haftpflichtversicherung des Schädigers Versicherungsschutz für den Geschädigten bestehen kann, sind strikt zu trennen diejenigen Ansprüche des Geschädigten, die als reine Erfüllungsschäden trotz einer bestehenden Haftpflichtversicherung nur gegenüber dem Schädiger selbst geltend gemacht werden können. Das sind insbesondere diejenigen Ansprüche bei einem Schadensereignis, die sich darauf beziehen, dass der Schädiger seine ursprünglichen vertraglichen Verpflichtungen gegenüber dem Geschädigten zur Erbringung einer bestimmten Leistung auch im Rahmen der Mängelansprüche bzw. der Schadensersatzverpflichtung leisten muss.

Die Kosten, die entstehen, um den reinen Erfüllungsschaden zu beseitigen, muss der Schädiger also ebenfalls tragen, für diese Schadenspositionen kann er aber keinen Rückgriff bei seiner eigenen Haftpflichtversicherung nehmen, weil diese nur die vom Schädiger an fremden Rechtsgütern verursachten Schäden abdeckt, grundsätzlich aber nicht das eigene unternehmerische Risiko des Schädigers versichert.[217]

Führt also die mangelhafte Montageleistung eines Installationsunternehmens dazu, dass der nicht ordnungsgemäß montierte Wasserhahn im Gebäude an Wänden und Böden einen Durchfeuchtungsschaden verursacht, ist der Aufwand, der dafür entsteht, den bislang falsch montierten Wasserhahn zu demontieren und ordnungsgemäß neu zu montieren, ein nicht versicherbarer Erfüllungsschaden, denn er bezieht sich unmittelbar auf den Leistungsgegenstand, den der Werkunternehmer im Rahmen des von ihm übernommenen Auftrages zu erbringen hatte.

Demgegenüber sind alle sonstigen Aufwendungen für die Beseitigung des Durchfeuchtungsschadens in den Wänden und in den Böden ein von der Haftpflichtversicherung des Unternehmens versicherter Schaden, da es sich insofern um Mangelfolgeschäden handelt. Insofern kommt es für die Abgrenzung zwischen versicherten Schadenspositionen einerseits und dem grundsätzlich nicht versicherbaren Erfüllungsinteresse aus dem geschlossenen Vertragsverhältnis andererseits darauf an, ordnungsgemäß zwischen Schadensersatzansprüchen einerseits und den vertraglichen Erfüllungsansprüchen andererseits zu unterscheiden.

Von einer Haftpflichtversicherung regelmäßig nicht abgedeckt werden folgende Ansprüche:[218]

- Neuherstellung der Leistung
- Nachbesserung der Leistung
- Schadensersatz wegen verspäteter Leistung
- Ersatzlieferungen
- Ansprüche auf Minderung
- Schadensersatz wegen Nichterfüllung
- Ersatz von Nutzungsausfall

217 Bücken, in van Büren, Handbuch Versicherungsrecht, § 9 Rn. 29.

218 Bücken, in van Büren, Handbuch Versicherungsrecht, § 9 Rn. 30.

Über einen entsprechenden Versicherungsschutz eines Haftpflichtversicherers verfügen auch Architekten, Ingenieure oder Statiker. Es handelt sich hierbei um Berufshaftpflichtversicherungen, deren Abschluss regelmäßig gegenüber der zuständigen berufsständischen Kammer nachgewiesen werden muss.[219] Aber auch hier gilt, dass der Geschädigte keinen unmittelbaren Anspruch gegenüber der Versicherung hat, wenn nicht der Ausnahmefall des § 115 VVG vorliegt. Und auch bei einer Inanspruchnahme des Architekten bzw. dessen Haftpflichtversicherung, die dem Architekten bedingungsgemäß Versicherungsschutz gewähren muss, gilt, dass der Versicherungsschutz die Pflichtverletzungen und Schadensersatzansprüche ebenso umfasst wie Schadensersatzansprüche aus der Verletzung von Nebenpflichten, aus unerlaubter Handlung und aus einer vorvertraglichen Haftung, während der reine Erfüllungsschaden nicht versicherbar ist.[220]

2.4.2 Ansprüche gegen die eigene Versicherung

Verfügt der Gebäudeeigentümer selbst über eine Versicherung, ist er also im Sinne des Versicherungsvertrages der Versicherungsnehmer, ergeben sich die Leistungen, die aus dem Versicherungsvertrag erwartet werden können, aus der Art und dem Umfang der Versicherung bzw. des versicherten Ereignisses.

So kann beispielsweise der Bauherr eines Neubaus eine Bauleistungsversicherung abschließen, mit der er das Risiko eines Schadens am Gebäude während der Bauphase absichert.[221] Welche Risiken dabei im Einzelnen abgesichert und damit vom Umfang der Versicherung umfasst sind, ergibt sich aus der Versicherungspolice. Aus dieser ergibt sich auch die Höhe der Versicherung. Teilweise wird diese Art der Versicherung auch als Bauwesenversicherung bezeichnet, wenngleich diese Begrifflichkeit überholt ist, da sich der Versicherungsschutz bei einer Bauleistungsversicherung auf die Bauleistungen und auf die Baustoffe während der Errichtung des Gebäudes bis zu dessen Fertigstellung bezieht. Die Bauleistungsversicherung ist damit eine Sachversicherung, die allerdings die Besonderheit aufweist, dass sie ihren Versicherungsschutz auch auf Baustoffe erstreckt, die für die Errichtung des Gebäudes notwendig sind, die aber noch nicht zwangsläufig im Eigentum des Bauherrn und damit des Versicherungsnehmers stehen müssen.[222] Insofern regelt die Bauleistungsversicherung mit ihrem Versicherungsschutz auch für Gegenstände, die (noch) im Eigentum eines Dritten stehen, etwa des Werkunternehmers, einen speziellen Anwendungsbereich der Sachversicherungen, die im Übrigen nur Eigentumspositionen und damit Vermögen des Versicherungsnehmers schützen.

219 Hierzu auch Vogelsang, in: Prozesse in Bausachen, § 11 Rn. 10.

220 Siehe hierzu Vogelsang, in: Prozesse in Bausachen, § 11 Rn. 13 ff.

221 Etwa Bücken, in van Büren, Handbuch Versicherungsrecht, § 22 Rn. 1 ff.

222 Bücken, in van Büren, Handbuch Versicherungsrecht, § 22 Rn. 2.

Tipp:

Gerade wenn ein Schadensfall eintritt und die Versicherung in Anspruch genommen werden muss, sind häufig die Versicherungsunterlagen nicht auffindbar. Das ist natürlich ärgerlich, aber gleichwohl besteht Versicherungsschutz unter der Voraussetzung, dass alle fälligen Prämien bezahlt sind. Der Versicherer muss auf Anforderung die vollständigen Versicherungsbedingungen einschließlich einer Kopie der Versicherungspolice dem Versicherungsnehmer aushändigen, damit dieser anhand der Unterlagen Art und Umfang seines Versicherungsschutzes selbst überprüfen kann.

Wie bei allen anderen Versicherungsverhältnissen auch ergibt sich der konkrete Umfang der Versicherung aus der Police und den vereinbarten Versicherungsbedingungen.

Für die Bauleistungsversicherung sind hier maßgeblich die Allgemeinen Bedingungen für die Bauleistungsversicherung durch Auftraggeber (ABN 2011) – Version 1.1.2011.[223]

Nach diesen Versicherungsbedingungen wird dem Bauherrn gemäß § 2 Abs. 1 Satz 1 ABN 2011 eine „Entschädigung für unvorhergesehen eintretende Beschädigungen oder Zerstörungen von versicherten Sachen" geleistet. Damit ist bei der Beeinträchtigung der Bauleistung durch Schadstoffe während der Realisierungsphase eines Bauvorhabens bis zu dessen Fertigstellung keinerlei Einschränkung oder Begrenzung bezüglich des Reparaturaufwandes verbunden.[224]

Allerdings sieht § 7 Abs. 1 ABN 2011 bezüglich des dort konkret beschriebenen Umfangs der zu leistenden Entschädigung vor, dass eine „Entschädigung in Höhe der Kosten, die aufgewendet werden müssen, um einen Zustand wieder herzustellen, der dem Zustand unmittelbar vor Eintritt des Schadens technisch gleichwertig ist".

Hieraus ergibt sich, dass der Bauherr, der eine Bauleistungsversicherung unter Vereinbarung der ABN 2011 vereinbart hat und der diese Versicherung aufgrund eines Schadensereignisses in Anspruch nehmen muss, keine vertraglichen Einschränkungen oder sonstige Beschränkungen sich entgegenhalten lassen muss. Wird also während der Bauphase das wachsende Gebäude beschädigt, namentlich durch Schadstoffe gleich welcher Art verunreinigt, sind über § 7 Abs. 1 ABN 2011 und im Rahmen der vereinbarten Versicherungssumme alle Kosten zu entschädigen, die dafür aufgewendet werden müssen, dass ein Zustand am und im Gebäude erreicht wird, der identisch ist mit demjenigen Zustand, bevor das Schadensereignis stattgefunden hat.

Zwar spricht § 7 Abs. 1 ABN 2011 nicht von der Wiederherstellung eines Zustandes, der mit dem Zustand vor Eintritt des Schadensereignisses identisch ist, denn wörtlich soll gemäß dieser Klausel ein Zustand erreicht werden, der „technisch gleichwertig" ist. Das bedeutet jedoch bei sachgerechter Auslegung dieser Klausel keine Einschränkung dahingehend, dass ein Bauherr sich mit einer Hilfskonstruktion oder einer sonstigen Reparatur zufrieden geben

223 Zitiert nach Bücken, in van Büren, Handbuch Versicherungsrecht, § 22 Rn. 152.

224 Siehe hierzu auch Krug, in: Handbuch des privaten Baurechts, § 2 Rn. 417.

muss, die in technischer Hinsicht einen Zustand erreicht, der nicht identisch ist mit dem Zustand, wie er vor dem Schadenseintritt bestanden hat.

Nichts anderes gilt im Grunde bei anderen Risiken, die über eine Versicherung versichert wurden, etwa bei Abschluss einer Leitungswasserversicherung. Hier hat die Versicherungswirtschaft für sich und freilich in rechtlicher Hinsicht nicht bindend durch die Herausgabe von Richtlinien[225] Handlungsanleitungen gegeben, wie nach Auffassung der Versicherungen bei einem solchen Schaden dann bei der Schadensanalyse, deren Dokumentation und der Schadensbeseitigung vorgegangen werden soll.

2.5 Gemischte Vertragsverhältnisse

Von (typen-)gemischten Vertragsverhältnissen[226] spricht man, wenn die vertraglichen Verpflichtungen eines einheitlichen Vertragsverhältnisses nicht einem speziellen Vertragstyp zugeordnet werden können, weil die Leistungsverpflichtungen derart miteinander verbunden sind, dass sie nur in ihrer Gesamtheit ein sinnvolles Ganzes ergeben.[227]

Dabei hat diese Beurteilung nicht nur einen in der Praxis (vermeintlich) zu vernachlässigenden akademischen Charakter, vielmehr stellt sich sehr schnell die Frage nach der rechtlichen Einstufung des Vertragsverhältnisses dann, wenn Fragen zu beantworten sind, die beispielsweise in dem schriftlichen Vertragswerk gerade nicht geregelt sind. Denn greift der Vorrang der Individualabrede nicht, liegen also keine zwischen den Parteien speziell geregelten Tatbestände vor, ist für die Klärung etwaiger Streitfragen auf das Gesetz und die dort vorhandenen Regelungen zurückzugreifen einschließlich der damit verbundenen obergerichtlichen Entscheidungen.

Haben die Parteien beispielsweise einen „Bauträgervertrag“,[228] einen „Sanierungsvertrag“ oder einen Vertrag über die Veräußerung einer Eigentumswohnung in einem Bestandsgebäude, in dem noch verschiedene Bauarbeiten im Zuge der Veräußerung ausgeführt werden sollen, geschlossen und gibt es nun Meinungsunterschiede über die Beurteilung und Beseitigung von Mängeln, stellt sich sehr schnell die Frage, nach welchem Mängelrecht dies zu beurteilen ist, wenn die vertraglichen Vereinbarungen keine vorrangige Individualabrede vorsehen.

Während inhaltlich der Mangelbegriff im Kaufrecht und im Werkvertragsrecht noch weitestgehend identisch ist, ist es beispielsweise hinsichtlich der Verjährung etwaiger Mängelansprüche von erheblicher Bedeutung, ob Kaufrecht oder Werkvertragsrecht Anwendung findet.

Denn während § 438 Abs. 2 BGB für das Kaufrecht die Verjährung beginnen lässt mit der Übergabe eines Grundstückes, ansonsten mit der Ablieferung einer Sache an den Käufer, in

225 Etwa in: Gesamtverband der Deutschen Versicherungswirtschaft e.V., Richtlinie zur Schimmelpilzsanierung nach Leitungswasserschäden (VdS 3151), 2014.

226 Hierzu auch Glöckner, in: Handbuch des privaten Baurechts, § 4 Rn. 20.

227 Grüneberg, in: Palandt, Bürgerliches Gesetzbuch, Überbl. v. § 311, Rn. 19.

228 Siehe hierzu Busz, in: Prozesse in Bausachen, § 14, Rn. 62 ff., und Glöckner, in: Handbuch des privaten Baurechts, § 4 Rn. 1 ff.

der Regel also, wenn der Erwerber in den Besitz der Sache kommt, stellt das Werkvertragsrecht auf einen anderen Zeitpunkt ab. § 634 a Abs. 2 BGB stellt nämlich für den Beginn der Verjährung im Zusammenhang mit baurechtlichen Leistungen auf die rechtsgeschäftliche Abnahme ab, und diese kann zeitlich gesehen Monate, in Einzelfällen auch Jahre nach der reinen Besitzübergabe oder Inbesitznahme liegen.

Hinzu kommt, dass bei Kaufverträgen das Rücktrittsrecht des Erwerbers und auch ganz allgemein dessen Mängelansprüche ausgeschlossen werden können,[229] während dies bei einem Bauträgervertrag oder einem reinen Werkvertrag nicht zulässig ist, jedenfalls dann nicht, wenn es sich um einen formelhaften Ausschluss der Mängelrechte auch bei einem Individualvertrag handelt.[230]

Liegt demgegenüber eine Individualvereinbarung vor, ohne dass der Ausschluss von Mängelrechten formelhaft im Vertragswerk vorgesehen wird, ist auch beim Werkvertrag der Ausschluss von Mängelansprüchen möglich.

Für den Erwerber einer mangelbehafteten Eigentumswohnung ist es deshalb von entscheidender Bedeutung, ob das zugrunde liegende Vertragsverhältnis nach Kaufrecht oder nach Werkvertragsrecht zu beurteilen ist, weil nach Kaufvertragsrecht die Ansprüche, wenn sie überhaupt bestanden haben, ohnehin schon verjährt wären, während die Anwendbarkeit des Werkvertragsrechtes mit einer zeitlich weit nach hinten geschobenen rechtsgeschäftlichen Abnahme den Erwerber noch in einen „verjährungsfreien" Zeitraum retten kann.[231]

Nachvollziehbar ist, dass es zu der Frage, wie gemischte Vertragsverhältnisse zu beurteilen sind, nach welchen Kriterien sie systematisch betrachtet werden müssen und welche rechtlichen Konsequenzen sich aus der jeweiligen Einteilung ergeben, eine außerordentlich umfangreiche und differenzierte Rechtsprechung gibt. Entsprechend vielfältig sind die Wortmeldungen hierzu in der Literatur.[232]

Dabei stellen Rechtsprechung und Literatur[233] in der Mehrzahl darauf ab, welcher Vertragstyp den rechtlichen oder wirtschaftlichen Schwerpunkt der vertraglichen Vereinbarungen wiedergibt. Dieser soll dann für das Vertragsverhältnis insgesamt maßgebend sein. Ist ein solcher (eindeutiger) Schwerpunkt nicht feststellbar, soll das Recht desjenigen Vertragstyps gelten, der dem vereinbarten Vertragszweck am nächsten kommt.[234]

Das bedeutet im Ergebnis, dass unabhängig davon, wie der Vertrag von den Parteien bezeichnet wird, da es bezüglich seiner Einstufung ausschließlich darauf ankommt, was konkret zwischen den Parteien als Leistungsinhalt vereinbart wurde, ein Bauträgervertrag, bei dem neben der Verpflichtung zur Übertragung des Eigentums an einer Eigentumswohnung auch und gerade im Schwerpunkt die Verpflichtung besteht, die Wohnung im Rahmen der

229 Zur Rechtslage beim Verkauf eines unsanierten Altbaus, für den ausschließlich Kaufvertragsrecht Anwendung findet, Glöckner, in: Handbuch des privaten Baurechts, § 4 Rn. 95.

230 BGH, Urteil vom 29.6.1989 – VII ZR 151/88.

231 Hierzu auch Ganten/Kindereit, Typische Baumängel, S. 62.

232 Vergleiche hierzu etwa Grüneberg, in: Palandt, Bürgerliches Gesetzbuch, Überbl. v. § 311, Rn. 24 ff.

233 Hierzu auch Glöckner, in: Handbuch des privaten Baurechts, § 4 Rn. 88 ff.

234 Zum Diskussionsstand Grüneberg, in: Palandt, Bürgerliches Gesetzbuch, Überbl. v. § 311 Rn. 25, aber auch Glöckner, in: Handbuch des privaten Baurechts, § 4 Rn. 2 für den Fall des sog. „Teilsanierten Altbaus".

gesamten Baumaßnahme zu errichten, Werkvertragsrecht bezüglich der Mängelansprüche bei Baumängeln Anwendung findet.[235]

Für die Ermittlung des Umfangs der Verpflichtungen des Verkäufers bzw. des Bauträgers ist dabei nicht nur von Bedeutung, was im notariellen Vertrag steht, sondern auch alle anderen Erklärungen und Beschreibungen, die der Verkäufer im Zusammenhang mit dem Gebäude gegenüber dem Erwerber abgibt unabhängig davon, ob sie schriftlich oder mündlich erfolgt sind.[236]

Ist die Eigentumswohnung völlig neu errichtet und wird diese so an den Erwerber oder Bauherrn verkauft, richten sich die Mängelansprüche des Erwerbers immer nach Werkvertragsrecht unabhängig davon, wie die Parteien den Vertrag im Einzelnen bezeichnet haben. Das gilt selbst dann, wenn eine solche Eigentumswohnung über mehrere Monate oder sogar Jahre leer stand, bis sie dann erstmalig an einen Erwerber verkauft werden kann. Auch ein solcher „Nachzüglererwerb"[237] führt zu der Anwendung von Werkvertragsrecht.[238]

Das Werkvertragsrecht ist auch dann anwendbar, wenn Gegenstand eines Vertrages zunächst der Erwerb eines Bestandsgebäudes ist, wenn der Veräußerer ergänzend hierzu Bauverpflichtungen[239] übernimmt, die Neubauarbeiten vergleichbar sind, etwa bei umfassenden Sanierungen.[240] Das kann für den Verkäufer eines solchen Gebäudes insbesondere auch insofern von erheblicher Tragweite sein, weil die Rechtsprechung die werkvertragsrechtlichen Mängelansprüche in einem solchen Fall nicht nur auf die neuen Bauleistungen anwendet, sondern auch auf die Altbausubstanz.[241]

Erreichen die im Rahmen eines solchen Vertragsverhältnisses übernommenen Verpflichtungen zur Erbringung von Bauleistungen einen solchen Umfang jedoch nicht, wird zu unterscheiden sein. Für die zu erbringenden Bauleistungen ist dann nämlich das Werkvertragsrecht anwendbar, während hinsichtlich des erworbenen Gebäudes bzw. Gebäudeteils das Kaufrecht gilt.[242]

---

235 Grüneberg, in: Palandt, Bürgerliches Gesetzbuch, Überbl v § 311 Rn. 21, und Sprau, in: Palandt, Bürgerliches Gesetzbuch, Vorb. v. § 633 Rn. 2, sowie BGH, Urteil vom 12.5.2016 – VII ZR 171/15.

236 Ganten/Kindereit, Typische Baumängel, S. 64.

237 Besondere Bedeutung hat der so genannte Nachzüglererwerb bei Wohnungseigentümergemeinschaften nach dem WEG, wenn sich Mängel am Gemeinschaftseigentum zeigen, die im Verhältnis zu allen anderen Wohnungseigentümern bereits der Einrede der Verjährung unterliegen und jetzt durch den Erwerber der letzten Eigentumswohnung oder einer der letzten Eigentumswohnungen geltend gemacht werden können, da im Verhältnis zu ihm eine Gewährleistungsfrist noch nicht abgelaufen ist. Etwa BGH, Urteil vom 25.2.2016 – VII ZR 49/15.

238 Glöckner, in: Handbuch des privaten Baurechts, § 4 Rn. 129 ff.

239 Ganten/Kindereit, Typische Baumängel, S. 63, und Bauer, in: Prozesse in Bausachen, § 5 Rn. 12.

240 Sprau, in: Palandt, Bürgerliches Gesetzbuch, Vorb. vor § 633 Rn. 3; Ganten/Kindereit, Typische Baumängel, S. 62.

241 Sprau, in: Palandt, Bürgerliches Gesetzbuch, Vorb. vor § 633 Rn. 3, und Bauer, in: Prozesse in Bausachen, § 5 Rn. 13 ff.

242 Siehe hierzu auch Bauer, in: Prozesse in Bausachen, § 5 Rn. 16.

3 Geltendmachung und Durchsetzung von Ansprüchen

Bei der Geltendmachung und noch wesentlich stärker bei der Durchsetzung von Ansprüchen im Zusammenhang mit Mängeln oder Schäden an einem Gebäude handelt es sich in der Regel um komplexe Sachverhalte mit einer Vielzahl von Facetten, die in tatsächlicher, aber auch in rechtlicher Hinsicht berücksichtigt, bewertet und bearbeitet werden müssen.

Neben der sicherlich nicht einfachen Rechtsmaterie insgesamt können sich erste Probleme bereits daraus ergeben, für wen Ansprüche geltend zu machen sind, d.h. wer Inhaber eines Anspruchs im Zusammenhang mit einem Schadensereignis ist und welche Besonderheiten sich daraus ergeben, wenn solche Ansprüche einer Mehrzahl von Personen zustehen. Und auch auf Seiten des Anspruchsgegners oder der Anspruchsgegner ergeben sich teilweise schwierige Rechtsfragen, wenn etwa zu klären ist, wer von mehreren denkbaren Anspruchsgegnern der „richtige" Anspruchsgegner ist und wie vorgegangen werden muss, wenn es mehrere „richtige" Anspruchsgegner gibt.

3.1 Außergerichtliche Geltendmachung

Unter der außergerichtlichen Geltendmachung von Ansprüchen versteht man den gesamten Bereich der Tätigkeiten und Bemühungen mit oder ohne Einschaltung von Rechtsanwälten, der in zeitlicher Hinsicht in aller Regel vor einem Gerichtsverfahren liegt und das Ziel verfolgt, alle oder jedenfalls einen Großteil der vorhandenen Ansprüche einer Klärung und Erledigung zuzuführen.

Scheitern solche Bemühungen umfänglich oder teilweise, schließt sich an die außergerichtliche Geltendmachung von Ansprüchen in der Regel dann die gerichtliche Klärung an, wobei häufig der Umfang der außergerichtlich geltend gemachten Ansprüche mit den zur gerichtlichen Klärung gestellten Ansprüchen identisch ist. Zwingend ist dies jedoch nicht, weil beispielsweise zwischen der außergerichtlichen Geltendmachung von Ansprüchen und der gerichtlichen Klärung derselben neue Erkenntnisse gewonnen werden, die Anlass sind, Ansprüche auszuweiten oder aber auch zu reduzieren. Auch taktische Erwägungen können der Hintergrund sein, warum zwischen der außergerichtlichen und der gerichtlichen Verfolgung von Ansprüchen zu differenzieren ist, und schließlich ist auch die Bonität eines Anspruchsgegners von maßgeblicher Bedeutung bei der Beurteilung der Frage, ob Ansprüche nur außergerichtlich oder auch gerichtlich geltend gemacht werden können.

Denn während bei der außergerichtlichen Geltendmachung von Ansprüchen in der Regel für den Anspruchsteller nur die Kosten des eigenen Rechtsanwalts als zusätzlicher finanzieller Aufwand neben dem eigentlichen Schaden im Raume stehen, lösen eine gerichtliche Auseinandersetzung neben den Kosten für den eigenen Rechtsanwalt auch Gerichtskosten, bei Baustreitigkeiten in der Regel auch Kosten für einen gerichtlich bestellten Sachverständigen und auch Kostenerstattungsansprüche des Prozessgegners aus, jedenfalls für den Fall, wenn das Gerichtsverfahren ganz oder teilweise verloren wird.

3.1.1 Grundlagen

Bei der Bearbeitung von Mängeln und Schäden an Gebäulichkeiten ist die außergerichtliche Geltendmachung von Ansprüchen gegenüber verschiedenen Anspruchsgegnern in der Praxis der Regelfall. Sie ergibt sich häufig bereits aus der Korrespondenz der Beteiligten im Zusammenhang mit dem Auftreten des Mangels oder des Schadens.

Dabei ist der Begriff der außergerichtlichen Geltendmachung von Ansprüchen nicht scharf definiert und schon gar nicht gesetzlich geregelt. Er beschreibt vielmehr nicht mehr und nicht weniger als den Umfang derjenigen Tätigkeiten und Vorgänge, die darauf gerichtet und damit befasst sind, Ansprüche außerhalb eines gerichtsförmigen Verfahrens tatsächlich durch Vornahme einer Handlung, durch Zahlung oder durch eine sonstige Regelung so zu befriedigen, dass ein gerichtlicher Streit hierüber entbehrlich wird.

Die außergerichtliche Regelung von Ansprüchen kann sich demnach darauf beschränken, die in Rede stehenden Ansprüche schriftlich und unter Fristsetzung geltend zu machen, um für den Fall des fruchtlosen Fristablaufs oder der Weigerung der Gegenseite, Ansprüche zu befriedigen, sogleich in das gerichtliche Verfahren überzugehen. Sie kann aber auch der Raum sein, in welchem über Monate und teilweise über Jahre hinweg außerhalb eines gerichtlichen Verfahrens Ansprüche geklärt und abgewickelt werden.

Eine solche Regelung hat auch für den oder die Anspruchsgegner einen nicht zu unterschätzenden Vorteil, denn regelmäßig führt die außergerichtliche Erledigung von Ansprüchen zu inhaltlich und insbesondere betragsmäßig abschließenden Vereinbarungen, sodass auch der so in Anspruch genommene Anspruchsgegner durch den abschließenden Charakter der Vereinbarung die Sache endgültig erledigen kann und die Sicherheit hat, in Zukunft nicht noch ein weiteres Mal mit der Angelegenheit belangt zu werden.

Sowohl materiell-rechtlich als auch zivilprozessual ist der außergerichtlichen Geltendmachung von Ansprüchen vor einer sofortigen gerichtlichen Inanspruchnahme der Vorzug zu geben. Denn wenn der Anspruchsgegner bereits aufgrund einer außergerichtlichen Aufforderung zur Zahlung oder etwa zur Abgabe einer bestimmten Erklärung veranlasst werden kann, bedarf es keiner gerichtlichen Auseinandersetzung hierüber, was auch bei allen Beteiligten zu einer erheblichen Zeit- und Kostenersparnis führt. Und in prozessualer Hinsicht kann eine verfrühte gerichtliche Inanspruchnahme eines Anspruchsgegners zu Kostennachteilen führen, etwa dann, wenn der Anspruchsgegner keinen Anlass zur Klage gegeben hat und bei einer klageweisen Inanspruchnahme durch den Anspruchsteller den so geltend gemachten Anspruch sofort anerkennt. Denn aus § 93 ZPO ergibt sich, dass in einem solchen Fall der vorschnell klagende Anspruchsteller nicht nur seinen eigenen Rechtsanwalt bezahlen muss, sondern auch für alle Gerichtskosten und die Anwaltskosten des Prozessgegners aufzukommen hat.

Nur in ganz seltenen Fällen erübrigt sich die außergerichtliche Geltendmachung von Ansprüchen, wenn etwa der Anspruchsgegner von Anfang an und klar zu erkennen gibt (was zu Beweiszwecken schriftlich dokumentiert sein sollte), dass er außerhalb eines gerichtlichen Verfahrens keinesfalls zu einer Zahlung oder zur Vornahme einer Handlung bereit sein wird. Denn dann kann der so im Rahmen einer gerichtlichen Auseinandersetzung in Anspruch genommene Anspruchsgegner ohne Kostenrisiko und ohne weiteren Zeitverlust sogleich im Rahmen eines Gerichtsverfahrens verklagt werden. Dabei steht jedoch aus der baurechtlichen Praxis heraus die Dauer eines Gerichtsverfahrens zur Klärung der streitigen Sachverhalte von bis zu mehreren Jahren alleine in der ersten Instanz in keinem Verhältnis zu dem Versuch einer außergerichtlichen Klärung der Ansprüche.

Lediglich dann, wenn der Ablauf einer Frist für Mängelansprüche zur Geltendmachung von Ansprüchen unmittelbar bevorsteht oder sonstige Ansprüche zu verjähren drohen, muss aus Gründen der Vorsicht die sofortige Klage zu den ordentlichen Gerichten in Erwägung gezogen werden.

Denn der in zeitlicher Hinsicht unmittelbar drohende Eintritt der Verjährung von etwaigen Ansprüchen muss durch den Anspruchsteller verhindert werden.[243] Denn sind Ansprüche verjährt, können sie dem Anspruchsgegner gegenüber nicht mehr erfolgreich durchgesetzt werden, weil sich dieser auf die Einrede der Verjährung berufen kann und dies in aller Regel auch tun wird. Hierzu muss man wissen, dass die Verjährung von Ansprüchen dem Anspruchsgegner das Recht gibt, sich auf diese Einrede zu berufen, die ihm gemäß § 214 Abs. 1 BGB ein dauerndes Leistungsverweigerungsrecht gibt.

Da es sich bei der Verjährungseinrede um keinen rechtlichen Automatismus handelt, denn diese muss durch den Schuldner der in Rede stehenden Leistung auch geltend gemacht werden, ist es natürlich denkbar, dass trotz Eintritt der Verjährung ein Schuldner sich hierauf nicht beruft. Hierauf sollte ein Anspruchsteller jedoch nie spekulieren, denn gerade dann, wenn zwischen dem tatsächlichen oder behaupteten Schadensereignis und dem Zeitpunkt der Geltendmachung des Schadens mehrere Monate oder sogar Jahre liegen, ist immer der denkbare Ablauf einer Verjährungsfrist eine der primär zu prüfenden Voraussetzungen.

Und in diesen Fällen kann der drohende Ablauf einer Verjährungsfrist gemäß § 204 BGB durch die Zustellung eines Mahnbescheides oder die Erhebung einer Klage gehemmt werden, während die außergerichtliche Geltendmachung eines Anspruchs entgegen einer weit verbreiteten Fehlvorstellung in keiner Weise geeignet ist, den Ablauf einer Verjährungsfrist zu unterbinden. Zwar kann auch die Führung von Verhandlungen über einen Anspruch dazu führen, dass der Ablauf der Verjährung gemäß § 203 BGB gehemmt wird, indes kann der Anspruchsteller bei einem zeitnahen Ablauf der Verjährung nie wissen, ob sich der Anspruchsgegner überhaupt auf Verhandlungen einlässt und vielmehr aus taktischen Erwägungen ihm gesetzte Fristen bewusst verstreichen lässt in der Kenntnis, dass der Eintritt der endgültigen Verjährung von Ansprüchen unmittelbar bevorsteht.[244] Dabei liegt die Darlegungs- und Beweislast dafür, dass Verhandlungen im Sinne des § 203 BGB geführt wurden und dass deshalb die Verjährung gehemmt ist, bei demjenigen, der sich hierauf berufen muss und das ist der Anspruchsteller.[245]

243 Zur Problematik der Verjährung von Ansprüchen etwa Bauer, in: Prozesse in Bausachen, § 5 Rn. 405 ff.

244 Keine Hemmung der Verjährung durch die bloße Anmeldung von Ansprüchen, vgl. Ellenberger, in: Palandt, Bürgerliches Recht, § 203 Rn. 2

245 Ellenberger, in: Palandt, Bürgerliches Recht, § 204 Rn. 55.

3.1.1.1 Anspruchsteller

Es ist einleuchtend, dass die Ansprüche, die im Zusammenhang mit Mängeln und Schäden an einem Gebäude bestehen bzw. bestehen können, durch den richtigen Anspruchsteller[246] geltend gemacht werden müssen. In der Praxis kommt es immer wieder vor, dass trotz umfangreicher Korrespondenz erst zu einem späteren Zeitpunkt, in Einzelfällen auch zu einem zu späten Zeitpunkt, festgestellt wird, dass für oder durch den falschen Anspruchsteller Ansprüche geltend gemacht wurden. Das ist von Zeit- und Kostennachteilen abgesehen dann nicht relevant, wenn die Ansprüche des tatsächlichen Anspruchstellers noch durchgesetzt werden können, namentlich wenn diese noch nicht der Einrede der Verjährung unterliegen (§ 214 BGB).

Kommt überhaupt nur ein einziger Anspruchsteller in Betracht, sind die damit verbundenen Probleme noch relativ überschaubar. So ist der Mieter von Räumlichkeiten der alleinige Anspruchsteller gegenüber dem Vermieter, wenn die Räumlichkeiten nur von einer Person gemietet und auch tatsächlich genutzt wurden.

Entsprechendes gilt, wenn eine Person den Auftrag zur Errichtung eines Gebäudes erteilt hat und sich in diesem Gebäude Mängel und Schäden zeigen. Auch hier ist klar, dass nur der entsprechende Besteller Inhaber der vertraglichen Mängelansprüche sein kann. Entsprechendes gilt bei dem Erwerb einer Immobilie durch eine Person.

Ebenso klar sind die vertraglichen Verhältnisse, wenn ein Versicherungsvertragsverhältnis zwischen einer Person einerseits und dem Versicherer andererseits besteht.

Unerheblich dabei ist, ob es sich bei dieser Person um eine natürliche Person im Sinne des Gesetzes handelt (§§ 1 ff. BGB), also um einen Menschen, oder aber um eine juristische Person gemäß den §§ 21 ff. BGB.

Selbst der Tod des Anspruchstellers führt nicht dazu, dass der Anspruch untergeht, denn der Erbe oder die Erben des Anspruchstellers rücken gemäß § 1922 BGB im Wege der Gesamtrechtsnachfolge (Universalsukzession)[247] in die Rechtsposition des Verstorbenen ein.

Größere Probleme treten häufiger dann auf und müssen auch in taktischer Hinsicht zu einem möglichst frühen Zeitpunkt angegangen und geklärt werden, wenn eine Mehrzahl von Personen als Anspruchsteller auftritt oder in Betracht kommt.

Insbesondere für den mit der Bearbeitung eines solchen Falles beauftragten Rechtsanwalt wird es wichtig sein, dass bei einer Mehrzahl von Personen, die ihm als Anspruchsteller das Mandat zu Durchsetzung der Ansprüche erteilen, Einigkeit über Inhalt und Umfang der geltend zu machenden Ansprüche besteht, und zwar nicht nur zu Beginn des Mandats, sondern auch während der gesamten Bearbeitung bis zur Beendigung des Auftrags.

Denn bei einer Mehrzahl von Personen, das ist beispielsweise bereits dann gegeben, wenn ein Ehepaar gemeinsam eine neue Eigentumswohnung erworben hat, bei der sich Mängel zeigen, besteht immer die Möglichkeit, dass entweder von Beginn an unterschiedliche Auf-

246 Zu den Parteien eines Bauvertrages ergänzend Krug, in: Handbuch des privaten Baurechts, § 2 Rn. 77 ff.

247 Hierzu etwa Weidlich, in: Palandt, Bürgerliches Gesetzbuch, § 1922 Rn. 10.

fassungen bestehen, ob und in welchem Umfang Ansprüche gegeben sind und geltend gemacht werden sollen, oder aber während der Durchsetzung ursprünglich einvernehmlich geltend gemachter Ansprüche unterschiedliche Auffassungen entstehen. Entsprechendes gilt natürlich, wenn mehrere Personen und im schlimmsten Fall ohne dass es diesbezüglich entsprechende vertragliche Abreden gibt, gemeinschaftlich Auftraggeber eines Bauvertrages sind und sich bei dem errichteten Gebäude dann Schäden zeigen.

Ähnliche Problemkonstellationen ergeben sich aus nachvollziehbaren Gründen, wenn die Anzahl der Anspruchsteller noch höher wird, wenn beispielsweise die einzelnen Eigentümer einer mehrköpfigen Wohnungseigentümergemeinschaft (unterschiedliche) Ansprüche geltend machen wollen oder wenn neben einer Wohnungseigentümergemeinschaft[248] zusätzlich noch einzelne Wohnungseigentümer als Anspruchsteller auftreten.

Hier wird teilweise empfohlen, schon zu einem sehr frühen Zeitpunkt darüber nachzudenken, ob nicht den Risiken der bestehenden oder künftigen Uneinigkeit zwischen mehreren Anspruchstellern dadurch begegnet werden kann, alle Ansprüche auf einen einzigen Anspruchsteller im Wege der Abtretung zu übertragen oder aber die materiell-rechtlich noch der Gesamtheit aller Anspruchsteller zustehenden Ansprüche nur durch einen einzigen Anspruchsteller als Prozessstandschafter geltend machen zu lassen.[249]

Aber auch hinsichtlich etwaiger Darlegungs- und Beweislastprobleme bei einer gerichtlichen Auseinandersetzung über Ansprüche sollte zu einem frühen Zeitpunkt geklärt werden, in welcher Person Ansprüche geltend gemacht werden sollen.

Denn bei einer gerichtlichen Auseinandersetzung kann als Zeuge nur vernommen werden, wer nicht Partei des Verfahrens gemäß § 50 ZPO ist. Denn derjenige, der in einem gerichtlichen Verfahren als Partei Ansprüche geltend macht, wird durch das Gericht allenfalls informatorisch angehört, nicht aber als Zeuge vernommen. Und stehen beispielsweise andere Beweismittel als der Zeugenbeweis für einen bestimmten Lebenssachverhalt nicht zur Verfügung, muss aus diesen prozesstaktischen Erwägungen die Abtretung von Ansprüchen in Betracht gezogen werden, damit überhaupt ein Zeuge zur Verfügung steht.

Zwar ist es unschädlich, bei der außergerichtlichen Geltendmachung von Ansprüchen diese noch für eine Mehrzahl von Personen geltend zu machen und erst zum Zwecke der gerichtlichen Durchsetzung der Ansprüche diese auf eine Person im Wege der Abtretung zu übertragen, damit aus der Personengruppe geeignete Zeugen gewonnen werden können. Und obwohl die Rechtsprechung einem so gewonnenen Zeugen grundsätzlich die gleiche Stellung einräumt wie jedem anderen Zeugen auch, ist es doch auch eine Frage der Glaubwürdigkeit, ob ein solcher Zeuge erst unmittelbar im Zusammenhang mit einer gerichtlichen Auseinandersetzung auftaucht oder ob bereits von Beginn der Geltendmachung von Ansprüchen an eine solche Konstellation herbeigeführt und offen kommuniziert wird.

248 Zu den Besonderheiten von Wohnungseigentümergemeinschaften siehe Busz, in: Prozesse in Bausachen, § 15 Rn. 1 ff.

249 Hierzu etwa Bauer, in: Prozesse in Bausachen, § 1 Rn. 33.

3.1.1.2 Anspruchsgegner

Gegner des Anspruchs ist in aller Regel der unmittelbare Vertragspartner. So ist der Verkäufer gegenüber dem Käufer zur Mängelbeseitigung verpflichtet, wie auch der Werkunternehmer gegenüber dem Bauherrn. Und der Vermieter schuldet dem Mieter eine mangelfreie Mietsache, während der Versicherer dem Versicherungsnehmer gegenüber aus dem geschlossenen Versicherungsvertrag zur bedingungsmäßigen Leistung verpflichtet ist.

Insbesondere in baurechtlichen Streitigkeiten ist es jedoch in der Praxis fast der Regelfall, dass neben dem Werkunternehmer auch andere am Bau beteiligte Dritte als Anspruchsgegner in Betracht kommen. Das hängt unter anderem auch damit zusammen, dass zu Beginn einer baurechtlichen Streitigkeit zwar eine Mangelerscheinung oder ein Schaden sichtbar ist, es aber nicht (mit Sicherheit) möglich ist zu bestimmen, wer hierfür ursächlich verantwortlich ist.

Aus diesen Gründen werden in baurechtlichen Streitigkeiten die Ansprüche gegenüber einer Vielzahl von Baubeteiligten geltend gemacht, was auch einer sorgfältigen Verfahrensführung entspricht.

Liegt beispielsweise ein Schimmelschaden in einem Gebäude vor, wird in der Regel vorbehaltlich einer detaillierten Untersuchung häufig erst einmal ungeklärt sein, ob die Feuchtigkeit in der Fußbodenkonstruktion auf eine unzureichende Isolierung des Gebäudes im Außenbereich, für die der Rohbauer zuständig wäre, auf einen unsachgemäß eingebrachten Estrich, für den der Estrichleger zuständig wäre, oder aber auf eine undichte Wasser- oder Heizungsleitung zurückzuführen ist, für die das Sanitärunternehmen bzw. der Heizungsbauer zuständig wäre. Hinzu kommt, dass es Fallkonstellationen gibt, in welchen mehrere Gewerke für einen Mangel ursächlich sind. Ferner kommen als weitere Anspruchsgegner eines Bauherrn noch Architekten, Statiker und sonstige Sonderfachleute in Betracht.

Und ist dann erst einmal die unmittelbare Verantwortlichkeit gegenüber dem Erwerber bzw. dem Bauherrn geklärt, schließt sich immer dann, wenn mehrere Anspruchsgegner vorhanden sind, die Frage des internen Ausgleichs zwischen mehreren Anspruchsgegnern an.[250] Denn es gibt Konstellationen, in welchen beispielsweise nur der verantwortliche Architekt durch den Bauherrn auf Schadensersatz in Anspruch genommen wird, der dann versucht, beispielsweise gegenüber den am Bau beteiligten Unternehmen, deren Werkleistung mangelhaft war, Regress gemäß § 426 BGB zu nehmen.[251]

3.1.2 Privatgutachten

Bei komplexeren Mangelerscheinungen oder Schäden wird es häufig nicht zu umgehen sein, zu einem frühen Zeitpunkt und außerhalb eines gerichtsförmigen Verfahrens einen Sachverständigen mit dem Fall zu befassen.

Denn gerade in Streitigkeiten über Bauleistungen ist es der Regelfall, dass ohne Einholung eines Gutachtens über die Bauleistung oder Teile hiervon eine Entscheidung nicht getroffen

250 Zu diesem Themenkreis auch Krusche, in: Prozesse in Bausachen, § 10 Rn. 1 ff.

251 Siehe hierzu Bauer, in: Prozesse in Bausachen, § 5 Rn. 382 ff.

werden kann. Das hängt einfach damit zusammen, dass in rechtlicher Hinsicht erheblich und auch teilweise streitentscheidend ist, ob die Bauleistung in technischer Hinsicht den vertraglichen Vereinbarungen entspricht oder nicht.

Mitunter wird behauptet, dass, von Evidenzfällen einmal abgesehen, Streitigkeiten über Mängel und Schäden an Gebäulichkeiten in Wirklichkeit nicht durch die Parteien oder durch Gerichte entschieden werden, sondern durch den oder die befassten Sachverständigen. Wer die Praxis kennt, weiß um diese Einschätzung nur zu gut.

Hinsichtlich der im Rahmen dieser Abhandlung interessierenden Themen kommen dabei im Wesentlichen die von den Industrie- und Handelskammern (IHK) oder den Handwerkskammern (HWK) öffentlich bestellten und vereidigten Sachverständigen[252] in Betracht. Dies deshalb, weil in Deutschland, wie auch in vielen anderen Ländern auch, die Bezeichnung „Sachverständiger" rechtlich nicht geschützt und inhaltlich nicht ausreichend präzise definiert ist.

Demgegenüber kann sich nur derjenige als öffentlich bestellter und vereidigter Sachverständiger bezeichnen, der neben dem Nachweis seiner besonderen Fachkunde, das deutlich über dem Niveau der den Beruf ordnungsgemäß Ausübenden liegen muss, im Rahmen eines besonderen Zulassungsverfahrens seine persönliche Eignung nachzuweisen hat und bei Erfüllung dieser Voraussetzungen dann jeweils zeitlich befristet öffentlich bestellt und vereidigt wird. Dabei ist von besonderer Bedeutung, dass der so qualifizierte Sachverständige entsprechend dem von ihm geleisteten Eid verpflichtet ist, seine Tätigkeit gewissenhaft und unparteiisch[253] zu erbringen, selbst wenn er einseitig, d.h. auf Veranlassung von einer Partei beauftragt wurde.

Gerade aufgrund der Tatsache, dass auch ein Parteigutachten, wenn es durch einen öffentlich bestellten und vereidigten Sachverständigen erstellt wurde, „unparteiisch" sein muss, ist es in baurechtlichen Auseinandersetzungen von nicht zu unterschätzender Bedeutung, wenn ein solches Gutachten vorgelegt werden kann. Und andersherum wird der Verfasser eines Parteigutachtens, wenn er über eine öffentliche Bestellung verfügt, an seine Verpflichtung zur Erstattung eines unparteiischen Gutachtens zu erinnern sein, wenn seine Feststellungen und Schlussfolgerungen erkennbar zu nahe an dem von seinem Auftraggeber gewünschten Ergebnis liegen. Denn die Verletzung der Verpflichtungen als öffentlich bestellter und vereidigter Sachverständiger kann für diesen nicht nur unmittelbar zivilrechtliche, sondern auch strafrechtliche Konsequenzen mit sich bringen.

Selbst wenn ein Privatgutachten nicht ausreichend ist, die Ansprüche im Rahmen der außergerichtlichen Geltendmachung erfolgreich durchzusetzen, ist die Bedeutung eines solchen Gutachtens in einer anschließenden gerichtlichen Auseinandersetzung nicht zu unterschätzen.

Einmal abgesehen davon, dass ein gutes Privatgutachten, das zweckmäßigerweise durch öffentlich bestellte und vereidigte Sachverständige erstellt wird, die Möglichkeit bietet, wesentlich detaillierter zu den Umständen des Sachverhalts, namentlich zu dem Umfang von Mängeln und Schäden, gegebenenfalls auch zu deren Ursachen sowie zu den Möglichkei-

252 Zur Eignung von Sachverständigen auch Jahn, in: Prozesse in Bausachen, § 2 Rn. 103.

253 Vergleiche hierzu § 5 der Richtlinie zur DIHK-Mustersachverständigenordnung (MSVO).

ten der Mangel- und Schadensbeseitigung sowie den diesbezüglichen Kosten Ausführungen zu machen, stellt ein solches Gutachten nach der Rechtsprechung so genannten „qualifizierten Parteivortrag" dar. Das bedeutet, dass die Ausführungen und Feststellungen eines solchen Gutachtens für das Gericht, sofern der Prozessgegner nicht qualifiziert widerspricht, beispielsweise Grundlage einer Schätzung durch das Gericht gemäß § 287 ZPO sein können.

Noch bedeutender ist jedoch der Umstand, dass das Gericht bei einer Entscheidung des Rechtsstreits durch Urteil sich mit einem so in das Verfahren eingeführten Parteigutachten inhaltlich auseinandersetzen muss.[254] Und insbesondere muss das Gericht die Feststellungen eines Sachverständigen, den das Gericht im Rahmen des Prozesses beauftragt hat, inhaltlich diskutieren und kritisch hinterfragen vor dem Hintergrund der Feststellungen eines Parteigutachters, wenn dieser zu abweichenden Ergebnissen kommt.

Und nicht zu unterschätzen ist die Wirkung eines qualifizierten Parteigutachtens, wenn dieses bereits zu Beginn eines selbständigen Beweisverfahrens oder eines Hauptsacheprozesses vorgelegt wird, denn jeder gerichtlich bestellte Sachverständige wird sich bei der Erstattung des eigenen Gutachtens jedenfalls auch danach orientieren, was der bereits außergerichtlich tätige Privatgutachter an Ergebnissen vorgelegt hat, um möglichst für das eigene Gutachten wenig Angriffsfläche bieten zu können.

Die Einholung eines Privatgutachtens kann auch dann sinnvoll und teilweise notwendig sein, wenn etwa im Rahmen eines Rechtsstreits durch ein Gericht die Einholung eines Sachverständigengutachtens veranlasst wird und dieses Gutachten nun zum Zwecke der inhaltlichen Auseinandersetzung mit dem Ergebnis des Gerichtsgutachters von einem externen Privatgutachter beurteilt und bewertet werden muss. Das ist insbesondere dann der Fall, wenn aufgrund der Komplexität der Fragestellung eine sachgerechte Auseinandersetzung mit dem Gutachten des gerichtlich beauftragten Sachverständigen nicht möglich ist.[255] Aber auch nicht nur für das Verständnis eines Gerichtsgutachtens kann die Einholung eines Privatgutachtens hilfreich sein. Häufig kann nur ein versierter Fachmann beurteilen, ob und in welcher Richtung Ergänzungsfragen an den Gerichtsgutachter gestellt werden müssen oder ob beispielsweise durch den Gerichtsgutachter Fehler bei der Darstellung der allgemein anerkannten Regeln der Technik gemacht wurden.

Schließlich kann der Privatgutachter einer Partei in einem anschließenden Bauprozess auch als Zeuge gehört werden, wobei der Privatgutachter prozessual betrachtet keinen Sachverständigenbeweis darstellt, er wird vielmehr gemäß § 414 ZPO als sachverständiger Zeuge gehört.[256]

3.1.3 Kostenerstattung

Die Verfolgung von eigenen Ansprüchen oder aber die Abwehr von berechtigten sowie von unberechtigten Ansprüchen, die geltend gemacht werden, kosten Zeit und Geld. Dies gilt

254 BGH, Urteil vom 27.1.2010 – VII ZR 97/08.

255 Motzke, in: Prozesse in Bausachen, § 4 Rn. 385 ff.

256 Motzke, in: Prozesse in Bausachen, § 4 Rn. 227.

insbesondere dann, wenn in diesem Zusammenhang externe Hilfe durch Sachverständige, Rechtsanwälte und sonstige Dritte in Anspruch genommen werden muss.

Regelmäßig stellt sich in diesen Fällen dann die Frage, ob und in welchem Umfang mit einer Erstattung dieser Kosten gerechnet werden kann. Denn häufig richtet sich in der Praxis der Wunsch zur Durchsetzung von Ansprüchen danach, mit welchen Kosten dies verbunden ist und ob es für diese Kosten – mit Aussicht auf Erfolg – Regressmöglichkeiten gibt. Entsprechendes gilt, wenn es darum geht, außergerichtlich geltend gemachte Ansprüche abzuwehren.

Die Ausgangslage ist dabei relativ einfach dargestellt: Grundlage für Kostenerstattungssprüche kann das Prozessrecht sein oder aber das materielle Recht.

Während ein prozessualer Kostenerstattungsanspruch voraussetzt, dass ein Prozessrechtsverhältnis begründet wird, in dessen Rahmen gemäß den §§ 91 ff. ZPO über die Kosten des Rechtsstreits entschieden wird, kann insbesondere bei einer nur außergerichtlich stattfindenden Regulierung von Ansprüchen hierauf nicht zurückgegriffen werden. Ein Erstattungsanspruch kann hier nur aus allgemeinen Rechtsgrundsätzen stattfinden, dies sind etwa Schadensersatzansprüche aus unerlaubter Handlung (§§ 823 ff. BGB) und aus Vertrag (§§ 280 ff. BGB). Insbesondere hat hier auch der Schadensersatzanspruch bei Verzug des Schuldners nach den §§ 286 ff. BGB besondere Bedeutung.

Denn während der prozessuale Kostenerstattungsanspruch jedem der Prozessbeteiligten zusteht, also sowohl dem Kläger als auch dem Beklagten und formal nur daran angeknüpft wird, wer den Prozess gewonnen oder verloren hat, gleich aus welchem Grunde und insbesondere sogar unabhängig davon, ob in Wirklichkeit der Anspruch, der nicht zuerkannt wird, vielleicht doch besteht und nur prozessual falsch geltend gemacht wurde, stehen beispielsweise demjenigen, dem außergerichtlich gegenüber Ansprüche geltend gemacht werden, die er abwehren will, solche Erstattungsansprüche erst einmal nicht zu.

Denn mangels eines Prozessrechtsverhältnisses gibt es keinen Erstattungsanspruch aus den §§ 91 ff. ZPO und beispielsweise hat derjenige Bauunternehmer, der nur die unberechtigten Ansprüche eines Bauherrn aus behaupteten Mängeln abwehren muss, von vornherein auch keinen Anspruch auf Schadensersatz aus Verzug gegenüber dem Bauherrn, über die der Bauunternehmer beispielsweise seine Kosten für Rechtsanwälte und Gutachter regressieren könnte. Denn der Bauherr ist gegenüber dem Bauunternehmer mit keiner Verpflichtung im Verzug, wenn er gegenüber dem Bauunternehmer Mängelansprüche geltend macht. Zwar wird teilweise vertreten, dass es eine Pflichtverletzung des Bauherrn gegenüber dem Bauunternehmer darstellt, wenn unberechtigterweise Mängelansprüche geltend gemacht werden, sodass dem Bauunternehmer diejenigen Kosten als Schadensersatz zu erstatten seien, die dem Bauunternehmer beispielsweise für die Abwehr der ihm gegenüber geltend gemachten Ansprüche durch die Beauftragung von Rechtsanwälten und Sachverständigen entstehen.

Ganz überwiegend wird in der Rechtsprechung jedoch die Auffassung vertreten, dass es keinen Erstattungsanspruch des zu Unrecht in Anspruch genommenen Werkunternehmers oder Verkäufers bezüglich der ihm im Zusammenhang mit der außergerichtlichen Abwehr der Ansprüche entstehenden Kosten gibt, weil es dem so in Anspruch genommenen Vertragspartner zugemutet werden kann, es bezüglich der Inanspruchnahme auf eine gerichtliche Auseinandersetzung ankommen zu lassen, um sich dort zu verteidigen. Und stellt sich dort heraus, dass der Anspruch zu Unrecht geltend gemacht wurde, trägt der Kläger im dortigen Verfahren dann gemäß § 91 ZPO als unterlegene Partei die Kosten des Verfahrens und muss dem so obsiegenden Werkunternehmer oder Verkäufer dessen Kosten erstatten.

Demgegenüber wird von der Rechtsprechung anerkannt, dass die für die außergerichtliche Geltendmachung von Ansprüchen einem Anspruchsteller entstehenden Kosten für die Einschaltung eines Rechtsanwalts erstattungsfähigen Aufwand bzw. Schaden darstellen, die unter dem Gesichtspunkt der Pflichtverletzung aus Vertrag, aus allgemeinem Schadensersatzrecht oder aus Verzug zu erstatten sind.

Erstattungsfähig ist dabei regelmäßig nur die Einschaltung eines Rechtsanwaltes, nicht mehrerer Rechtsanwälte nacheinander und auch nur, soweit es zur sachgerechten Verfolgung der Ansprüche notwendig ist. Erstattungsfähig sind ebenfalls nur die diejenigen Kosten eines Rechtsanwaltes, die auf der Grundlage einer gegenstandswertbezogenen Abrechnung gemäß RVG abrechenbar sind. Das bedeutet, dass insbesondere die Kosten, die bei Beauftragung eines Rechtsanwaltes auf Basis eines Zeithonorars entstehen, nur insoweit erstattungsfähig sind, soweit sie nicht die gesetzlichen Gebühren gemäß RVG übersteigen.

Noch schwieriger wird es, wenn um die Erstattungsfähigkeit von Kosten für Sachverständige gestritten wird, die außergerichtlich beauftragt wurden.[257] Wird ein Sachverständiger durch denjenigen beauftragt, der den ihm gegenüber geltend gemachten Anspruch abzuwehren hat, gelten die vorerwähnten Grundsätze für die Erstattungsfähigkeit von Rechtsanwaltskosten eines zu Unrecht in Anspruch genommenen Schuldners entsprechend. Regelmäßig scheiden Erstattungsansprüche aus.

Dem so in Anspruch genommenen Schuldner hilft in der Regel nur, wenn er sehr frühzeitig eine unberechtigte Inanspruchnahme etwa dadurch abwehrt, dass er sich hiergegen mit einer so genannten negativen Feststellungsklage gemäß § 256 ZPO wehrt. Diese wird auf die Feststellung gerichtet, dass die außergerichtlich behaupteten Ansprüche tatsächlich nicht bestehen und führt dann für den so zu Unrecht in Anspruch genommenen Schuldner zu einem prozessualen Kostenerstattungsanspruch, der sich allerdings nur auf diejenigen Kosten erstreckt, die für die zweckentsprechende Rechtsverteidigung im Sinne des § 91 Abs. 1 ZPO notwendig waren.

Beauftragt hingegen der Anspruchsteller bereits außergerichtlich einen Sachverständigen[258] mit der Feststellung von Tatsachen und der Erstattung eines Gutachtens, gelten für die Erstattungsfähigkeit der insofern entstehenden Kosten die gleichen Grundsätze, die für die Erstattungsfähigkeit von Kosten für die Beauftragung von Rechtsanwälten gelten.

Allerdings werden in der Praxis Erstattungsansprüche im Zusammenhang mit außergerichtlich veranlassten Gutachten häufig deshalb zurückgewiesen, weil sie durch den Anspruchsgegner als parteiisch und damit falsch beurteilt werden. Und in der Tat wären die Kosten für

257 Zu den Vorteilen und den Nachteilen eines Privatgutachtens im Verhältnis zu einem Gutachten im Rahmen eines selbständigen Beweisverfahrens siehe Jahn, in: Prozesse in Bausachen, § 2 Rn. 22 ff.

258 Siehe auch Jahn, in: Prozesse in Bausachen, § 2 Rn. 46 ff.

das Gutachten eines Sachverständigen, das inhaltlich falsch ist, nicht erstattungsfähig, da nicht notwendig.

Kommt es also im Rahmen der außergerichtlichen Geltendmachung von Ansprüchen auch unter Vorlage eines Parteigutachtens durch den Anspruchsteller nicht zu einer Regelung der Ansprüche, stellt sich im anschließenden Klageverfahren regelmäßig die Frage, ob die außergerichtlich bereits entstandenen und verauslagten Kosten für das Parteigutachten dem Kläger zu entschädigen sind. Die Rechtsprechung zu diesem Problemkreis ist nahezu unübersichtlich. Zum einen wird darüber gestritten, ob die außergerichtlich entstandenen Kosten für einen Sachverständigen nur auf der Grundlage eines materiell-rechtlichen Erstattungsanspruchs unmittelbar im Prozess als Hauptsacheforderung oder jedenfalls als Nebenforderung geltend gemacht werden müssen, oder ob diese Kosten nur im Rahmen des Kostenfestsetzungsverfahrens als prozessualer Erstattungsanspruch zur Erstattung nach gänzlichem oder teilweisem Obsiegen gemäß den §§ 91 ff. ZPO angemeldet werden können. Wieder andere vertreten, dass hinsichtlich der Kosten eines Parteigutachtens beide Vorgehensweisen parallel möglich sind.[259]

Unterschiedliche Auffassungen bestehen ferner darüber, wann die Kosten eines außergerichtlichen, besser gesagt eines vorgerichtlich eingeholten Parteigutachtens für einen Anspruchsteller überhaupt erstattungsfähig sind. Diese Präzisierung ist deshalb notwendig, weil auch Sachverhaltskonstellationen denkbar sind, in welchen während eines laufenden Gerichtsverfahrens[260] durch die Prozessbeteiligten Privatgutachten eingeholt werden. Das sind dann zwar auch Privatgutachten, die aber nicht im Vorfeld eines Prozesses und zeitlich vorgelagert erstellt werden, sondern solche, die quasi prozessbegleitend und in der Regel zusätzlich zu den durch das Gericht in Auftrag gegebenen Sachverständigengutachten auf Veranlassung einer der Prozessparteien eingeholt werden, um etwa die Feststellungen und Schlussfolgerungen aus einem gerichtlichen Gutachten zu erschüttern. Auch hier besteht eine nahezu unübersichtliche Kasuistik, nachdem es sich jeweils um Einzelfallentscheidungen handelt.

Grundsätzlich ist es so, dass dem Anspruchsteller dann ein Kostenerstattungsanspruch hinsichtlich derjenigen Kosten für einen Sachverständigen zusteht, der bereits außergerichtlich tätig war, wenn aufgrund der eigenen Möglichkeiten des Anspruchstellers und der Komplexität des Falles die Einholung eines Gutachtens aus Sicht des Anspruchstellers notwendig war, um die Ansprüche überhaupt sachgerecht bezeichnen und beziffern zu können.[261]

Und auch bei der Einholung von Privatgutachten während eines laufenden Gerichtsverfahrens gelten entsprechende Grundsätze. Ist also eine der Prozessparteien nur dann in der Lage, sachgerecht vorzutragen oder zu erwidern, insbesondere ein gerichtlich eingeholtes Gutachten eines Gerichtssachverständigen zu verstehen und Fragen hierzu zu stellen, wenn sie sich eines Privatgutachters bedienen muss, liegen erstattungsfähige Aufwendungen vor.

259 Vergleiche hierzu etwa Jahn, in: Prozesse in Bausachen, § 2 Rn. 34 ff.

260 Zu prozessbegleitenden Privatgutachten siehe auch Jahn, in: Prozesse in Bausachen, § 2 Rn. 51.

261 Weitergehend hierzu Jahn, in: Prozesse in Bausachen, § 2 Rn. 46 ff.

Da hierbei jeweils auf die individuellen Voraussetzungen der jeweiligen Prozesspartei abgestellt werden muss, verbietet sich eine schematische Betrachtung. Vereinfacht gesagt liegt für den fachlich nicht ausgebildeten Laien die Schwelle, ab der er mit einer Erstattung seiner Kosten für einen Privatgutachter rechnen darf, wesentlich niedriger als für ein Fachunternehmen, das aufgrund seiner eigenen Fachkunde erst unter wesentlich erschwerteren Voraussetzungen mit der Hoffnung auf Erstattung der Kosten einen Privatgutachter beauftragen kann.

Und ferner ist für die Erstattungsfähigkeit der Kosten für einen Privatgutachter ausschlaggebend, ob eine wirtschaftlich vernünftig denkende Prozesspartei die Kosten für ein Privatgutachten als sachdienlich ansehen durfte vor dem Horizont der Erkenntnisse, die zum Zeitpunkt der Beauftragung des Privatgutachters vorhanden waren.[262]

Da für eine Vielzahl von Rechtsstreitigkeiten eine Rechtsschutzversicherung besteht, kann in Absprache mit dem jeweiligen Rechtsschutzversicherer in der Praxis häufig erreicht werden, dass dieser anstelle der Kosten für ein selbständiges Beweisverfahren, in dessen Rahmen dann ein gerichtliches Sachverständigengutachten erstellt wird, die Kosten für einen Privatgutachter übernimmt, was für den Betroffenen einen deutlichen Zeitvorteil darstellt.

Rechtsschutzversicherer handhaben dies unterschiedlich und es muss jeweils im Einzelfall mit dem Rechtsschutzversicherer abgestimmt werden, denn nachvollziehbarerweise will ein eintrittspflichtiger Rechtsschutzversicherer die Kosten der Rechtsverfolgung, für die er eintreten muss, möglichst gering halten.

Nachdem bei einer gerichtlichen Auseinandersetzung bei streitigen Sachverhalten in der Regel ein Sachverständigengutachten über den Zustand eines Gebäudes oder den Umfang eines Mangels eingeholt werden muss und die hierfür entstehenden Kosten von der im Prozess unterlegenen Partei getragen werden müssen, wird ein Rechtsschutzversicherer einer solchen Vorgehensweise tendenziell ablehnend gegenüberstehen, weil er dann die Kosten von zwei Sachverständigengutachten zu tragen hat. Das eine Gutachten, das nämlich im Gerichtsverfahren eingeholt wurde, und das Privatgutachten, das im Vorfeld des Prozesses erstellt wurde in Vermeidung eines selbständigen Beweisverfahrens.

Geht eine außergerichtliche Streitigkeit in eine gerichtliche Auseinandersetzung über, kann der Anspruchsteller, wenn er das Prozesskostenrisiko scheut oder nicht tragen kann, überlegen, einen so genannten Prozessfinanzierer für den Fall zu interessieren. Prozessfinanzierer sind nämlich bereit, nach Prüfung der Erfolgsaussichten des Falles das Prozesskostenrisiko einer gerichtlichen Auseinandersetzung zu übernehmen gegen eine entsprechende finanzielle Beteiligung am Verfahrenserfolg. Je nach Anbieter muss man hier mit 15 % bis 25 % rechnen, die im Erfolgsfall an den Prozessfinanzierer gehen, wobei im Hinblick auf den Aufwand, der mit der Prüfung eines solchen Falles verbunden ist, in der Regel ein Mindeststreitwert von 50.000 €, bei manchen Anbietern von 100.000 €, als untere Grenze erreicht werden muss.

262 Vergleiche etwa BGH, Urteil vom 26.2.2013 – VI ZB 59/12.

Der Vollständigkeit halber ist noch anzumerken, dass es für die außergerichtliche Geltendmachung von Ansprüchen weder aufgrund der gerichtlichen Beratungshilfe noch aufgrund der Prozesskostenhilfe eine finanzielle Unterstützung des Anspruchstellers gibt. Denn die Beratungshilfe für die Geltendmachung oder Abwehr von Ansprüchen außerhalb eines gerichtlichen Verfahrens nach dem Beratungshilfegesetz (BerHG) erstreckt sich gemäß § 2 BerHG nur auf die Beratung und erforderlichenfalls auf die Vertretung durch einen Rechtsanwalt oder durch eine in § 3 BerHG sonst genannte Person und deckt damit nicht weitere Auslagen, etwa die für einen Sachverständigen, ab. Die Prozesskostenhilfe gemäß den §§ 114 ff. ZPO stellt ebenfalls keine Möglichkeit dar, die Kosten für ein Privatgutachten bevorschusst oder erstattet zu erlangen, denn Prozesskostenhilfe wird gemäß § 114 ZPO nur im Rahmen eines gerichtlichen Verfahrens gewährt und erstreckt sich gemäß § 122 ZPO auf die Gerichtskosten, die Gerichtsvollzieherkosten und auf Rechtsanwaltskosten. Nachdem die Gerichtskosten gemäß § 1 Gerichtskostengesetz (GKG) die Gerichtsgebühren, aber auch die Auslagen des Gerichtes umfassen, führt die Bewilligung von Prozesskostenhilfe im Ergebnis dazu, dass die bedürftige Partei im Gerichtsprozess für die Gerichtsgebühren und für die Kostenvorschüsse für einen Sachverständigen nicht aufkommen muss. Dies gilt aber ebenfalls nur für den gerichtlich bestellten und beauftragten Sachverständigen, nicht aber für einen Privatgutachter.

Klargestellt werden muss in diesem Zusammenhang, dass die Prozesskostenhilfe nur die von der bedürftigen Partei selbst zu leistenden Zahlungen an das Gericht betrifft. Unterliegt eine Partei, der Prozesskostenhilfe bewilligt wurde, im Prozess, ändert dies am prozessualen Kostenerstattungsanspruch der obsiegenden Partei natürlich nichts, was bei kostenintensiven Prozessen unter Einschaltung von Sachverständigen für die bedürftige Partei manchmal zu katastrophalen Folgen führen kann. Denn der Kostenerstattungsanspruch, der dann gegen die bedürftige Partei gemäß § 91 ZPO festgesetzt wird, umfasst alle Kosten und Auslagen, die die obsiegende Partei geltend machen kann, und das sind auch Vorschüsse für die gerichtlichen Sachverständigen, soweit diese durch die obsiegende Partei verauslagt wurden.

3.2 Gerichtliche Durchsetzung

Scheitert die außergerichtliche Durchsetzung von Ansprüchen und kann auch durch außergerichtliche Verhandlungen keine vergleichsweise Regelung herbeigeführt werden, bleibt dem Anspruchsteller nur noch die gerichtliche Geltendmachung seiner Ansprüche gegenüber dem Antragsgegner, wenn er nicht vollständig von der weiteren Durchsetzung seiner Ansprüche Abstand nehmen will. Werden Ansprüche in einem gerichtlichen Verfahren jedoch nicht weiter verfolgt und wird die weitere Verjährung der Ansprüche auch nicht in anderer Weise gehemmt (§§ 203 ff. BGB), droht dem Anspruchsteller der endgültige Verlust des Anspruchs durch den Eintritt der Verjährung. Zwar ist der Eintritt der Verjährung kein Umstand, der quasi automatisch dazu führt, dass der Anspruch wegfällt, weil er nur dann beachtlich ist, wenn der Anspruchsgegner sich hierauf auch beruft. Denn als Einrede gegen einen Anspruch ist die Verjährung nur dann für den Anspruchsteller hinderlich, wenn sich der Anspruchsgegner hierauf auch beruft (§ 214 BGB). Kein vernünftiger Schuldner eines Anspruchs wird jedoch auf die Einrede der Verjährung verzichten und sie dementsprechend auch immer erheben, weil bei einer durchgreifenden Verjährungseinrede alle anderen Fragen eines Falles überhaupt nicht mehr beantwortet werden müssen. Denn die durchgreifende Verjährungseinrede bringt den gesamten Anspruch zu Fall unabhängig davon, ob er nun wirklich bestanden haben sollte oder nicht, gleich in welcher Höhe.

Dabei ist es unerheblich, aus welchem Grund der Anspruchsgegner bei einer außergerichtlichen Regulierung von Ansprüchen nicht mitwirkt. In der Praxis sind hierbei die unterschiedlichsten Konstellationen festzustellen.

Während es Fälle gibt, in welchen alle Beteiligten zur Vermeidung von unnötigem Zeitverlust und Kostenaufwand zielorientiert an der außergerichtlichen Erledigung eines Schadensfalls arbeiten, sind ebenso häufig und gerade in Baustreitigkeiten anzutreffen endlose mündliche und schriftliche Auseinandersetzungen. Dabei sind die Gründe für eine zeitlich schleppende Regelung vielfältig und beginnen dabei, dass sich häufig bereits die Ermittlung des echten Sachverhaltes ausgesprochen schwierig darstellt, mindestens ebenso schwierig die Beurteilung der festgestellten Mangelerscheinung ist bis zu dem ganz trivialen Grund, dass der in Anspruch genommene Anspruchsgegner den Anspruch, dessen Berechtigung er jedenfalls intern nicht einmal bestreitet, einfach nicht bezahlen will oder aber nicht (mehr) bezahlen kann.

Die gerichtliche Durchsetzung von Ansprüchen wird deshalb immer dann als der zu bevorzugende Weg in Betracht kommen, wenn es sich abzeichnet, dass der Anspruchsgegner die (weiteren) Bemühungen um eine außergerichtliche Lösung nur dazu nutzen möchte, Zeit zu gewinnen und nicht an einer zielorientierten Aufarbeitung interessiert ist oder wenn der drohende Eintritt der Verjährung ohnehin die sofortige gerichtliche Geltendmachung von Ansprüchen erforderlich macht (§ 204 BGB).

3.2.1 Hauptsacheverfahren

Der Gerichtsprozess, d.h. die Klage vor einem ordentlichen Gericht, die in erster Instanz entweder vor einem Amtsgericht oder einem Landgericht zu führen ist, stellt den in der Praxis häufigsten Fall der gerichtlichen Auseinandersetzung dar, wenn eine außergerichtliche Klärung der Ansprüche nicht herbeigeführt werden kann.[263]

Die Frage, ob das Amtsgericht oder das Landgericht zuständig ist, beantwortet sich danach, wessen Zuständigkeit entsprechend den Regelungen des Gerichtsverfassungsgesetzes (GVG) gegeben ist. Gemäß § 23 GVG sind die Amtsgerichte zuständig für Rechtsstreitigkeiten, wenn der Zahlungsanspruch, der mit der Klage geltend gemacht werden soll, 5.000 € nicht übersteigt oder wenn unabhängig vom Streitwert aus einem Mietverhältnis über Wohnraum Streitigkeiten zu klären sind.

Demgegenüber sind gemäß § 71 Abs. 1 GVG die Landgerichte zuständig, wenn die Zuständigkeit eines Amtsgerichts nicht gegeben ist. Das ist hauptsächlich immer dann der Fall, wenn der mit der Klage geltend gemachte Anspruch den so genannten Zuständigkeitsstreit-

263 Ist Gegenstand des Rechtsstreits nur der Anspruch auf Zahlung einer bestimmten Geldsumme, kommt ergänzend das Mahnverfahren gemäß den §§ 688 ff. ZPO in Betracht, das bei Streitigkeiten in Bausachen jedoch weniger geeignet ist, wenn der mit dem Mahnbescheid geltend gemachte Anspruch durch den Antragsgegner nicht bestritten wird.

wert des Amtsgerichtes von 5.000 € übersteigt. Im Übrigen gibt es verschiedene spezielle Zuständigkeiten der Landgerichte, die für die Klärung der im Rahmen dieser Abhandlung relevanten Konstellationen jedoch ohne besondere Bedeutung sind.

Weitestgehend unschädlich ist es, eine Klage vor dem Amtsgericht zu erheben, wenn eigentlich das Landgericht zuständig ist und umgekehrt, weil jedenfalls nach entsprechendem Verweisungsantrag im Ergebnis das tatsächlich zuständige Gericht mit der Sache befasst ist (§ 281 ZPO). Entsprechendes gilt übrigens auch für den Fall, dass eine Klage vor einem zunächst örtlich nicht zuständigen Gericht erhoben wurde, denn auch hier kann die Unzuständigkeit durch den Prozessgegner gerügt werden und führt in der Praxis auch unproblematisch zu der entsprechenden Verweisung an das örtlich zuständige Gericht gemäß § 281 ZPO.

Während ein Gerichtsprozess in bürgerlichen Streitigkeiten vor dem Amtsgericht auch ohne einen Rechtsanwalt durchgeführt werden kann, besteht beim Landgericht regelmäßig der so genannte Anwaltszwang, d.h., sowohl der Kläger als auch der Beklagte müssen sich durch einen zugelassenen Rechtsanwalt vertreten lassen.[264]

Bei der Auseinandersetzung um Schäden oder Mängel an Gebäuden ergibt sich häufig bereits aus der Komplexität der Materie, den Schwierigkeiten der Beweisführung und aufgrund des Umstandes, dass häufig neben den beiden Prozessparteien auch Dritte z.B. durch Streitverkündungen in das Verfahren mit einbezogen werden müssen, dass in der Praxis auch vor den Amtsgerichten durchweg eine Vertretung durch einen Rechtsanwalt die Regel ist.

Der Begriff des Hauptsacheverfahrens versteht sich dabei als Abgrenzung zum selbständigen Beweisverfahren, aber auch zu den Verfahren des einstweiligen Rechtsschutzes.

Denn während das selbständige Beweisverfahren primär darauf gerichtet ist, tatsächliche Fragen über den Zustand einer Sache festzuhalten und zu klären und der einstweilige Rechtsschutz nur vorläufige Regelungen zur Sicherung behaupteter Ansprüche trifft, wird im Gerichtsprozess über die „Hauptsache" mit allen von der ZPO zugelassenen Beweismitteln (Augenschein, Zeugen, Sachverständige, Urkunden und Parteivernehmung) entschieden.[265]

Dieses Verfahren wird deshalb auch als Hauptsacheverfahren bezeichnet. Ist eine Abgrenzung zu einem selbständigen Beweisverfahren oder zu einem Verfahren des einstweiligen Rechtsschutzes nicht nötig, wird diese Verfahrensart häufig auch einfach als Prozess oder Gerichtsprozess bezeichnet.

Die vorliegende Abhandlung kann nicht die Einzelheiten des Gerichtsprozesses darstellen und will dies auch nicht. Hierzu muss auf die einschlägige Literatur verwiesen werden, sowohl den Gerichtsprozess im Allgemeinen betreffend als auch bezüglich der speziellen Problemkonstellationen bei Rechtsstreitigkeiten in Bausachen.[266]

264 Ausnahmen vom Anwaltszwang in Verfahren vor dem Landgericht bestehen nur in Teilbereichen eines selbständigen Beweisverfahrens.

265 Zu den verschiedenen Beweismitteln Motzke, in: Prozesse in Bausachen, § 4 Rn. 217 ff.

266 Eine Übersicht über den Ablauf eines Bauprozesses findet sich etwa bei Klose, in: Prozesse in Bausachen, § 4 Rn. 444 ff., und Siebert, in: Handbuch des privaten Baurechts, § 20 Rn. 7 ff.

Stehen Mängel an einem Gebäude oder ein damit verbundenes Schadensbild im Streit, wird über Art und Umfang der Mangelerscheinung sowie deren Herkunft und den Kostenaufwand für die Beseitigung des Mangels bzw. des Schadens bei entsprechendem prozesstaktischen Verhalten in jeder Prozesskonstellation zu verhandeln und zu entscheiden sein.

Denn wird beispielsweise durch den Werkunternehmer ausstehender Werklohn im Rahmen eines Aktivprozesses des Werkunternehmers geltend gemacht, kann der Bauherr dem Werklohnanspruch prozessual natürlich das Vorhandensein von Mängeln und Schäden am Gebäude entgegenhalten.

Umgekehrt kann der Bauherr, der ein mangelbehaftetes Gebäude errichten ließ, den Werkunternehmer auf Beseitigung der Mängel oder auf Zahlung eines Geldbetrages für die Beseitigung der Mängel in Anspruch nehmen, wobei in einem solchen Prozess der verklagte Werkunternehmer sich in der Regel nur damit verteidigen kann, dass die behaupteten Ansprüche nicht bestehen, weil ein Mangel nicht gegeben ist, wenn nicht noch irgendwelche restlichen Werklohnansprüche bestehen, mit welchen dann in einem solchen Passivprozess aus Sicht des Werkunternehmers jedenfalls hilfsweise Aufrechnung erklärt werden kann.

Und selbstverständlich ist es in beiden Konstellationen denkbar, dass die jeweils beklagte Partei ihrerseits durch eine Widerklage,[267] die gemäß § 33 ZPO bei dem Gericht erhoben werden kann, bei dem die Klage anhängig ist, aus dem Passivprozess durch die widerklagende Geltendmachung von eigenen Ansprüchen gegenüber dem Kläger bezüglich der widerklagenden Ansprüche zu einem Aktivprozess kommt.

3.2.2 Selbständiges Beweisverfahren

Neben der Einholung eines Privatgutachtens stellt die Einleitung und Durchführung einer gerichtlichen Beweissicherung im Grunde genommen die einzige Möglichkeit dar, den Zustand einer Sache oder die Ursachen für einen Mangel oder einen Schaden feststellen zu lassen.

Zwar ist im Rahmen eines selbständigen Beweisverfahrens auch die Anordnung eines Augenscheins oder die Vernehmung eines Zeugen möglich,[268] in der Regel wird jedoch durch den Antragsteller die Begutachtung durch einen Sachverständigen beantragt und seitens des Gerichtes im Rahmen des Beweisbeschlusses angeordnet.

In der Praxis wird dabei der Betroffene immer vor der Frage stehen, ob er die Begutachtung des Mangels oder des Schadens durch einen Sachverständigen außerhalb eines gerichtsförmigen Verfahrens vornehmen lassen will, wobei auch bei einer privat veranlassten Begutachtung es durchaus zulässig und auch üblich ist, den Anspruchsgegner zu dem Ortstermin mit dem Sachverständigen einzuladen. Dies alleine vor dem Hintergrund, dem naheliegenden Argument zu begegnen, man habe quasi heimlich und hinter dem Rücken des Anspruchsgegners den Sachverständigen bei seiner Tätigkeit zu beeinflussen versucht.

267 Siehe hierzu Klose, in: Prozesse in Bausachen, § 4 Rn. 120 ff.

268 Zu den Beweismitteln eines selbständigen Beweisverfahrens Praun, in: Handbuch des privaten Baurechts, § 19 Rn. 83 ff.

Dabei war es die Idee des Gesetzgebers, mit dem Instrumentarium eines selbständigen Beweisverfahrens gemäß den §§ 485 ff. ZPO ein möglichst schnelles Verfahren zur Verfügung zu stellen,[269] das beispielsweise den Zustand einer Sache, die Ursachen für einen Mangel oder aber den Aufwand für die Beseitigung eines Mangels klärt.[270] Tatsache ist jedoch, dass die gerichtliche Praxis in den vergangenen Jahren gezeigt hat, dass dieses gesetzgeberische Ziel nicht erreicht, eigentlich völlig verfehlt wurde.

Gerade in Bausachen ist es die Regel und weniger die Ausnahme, dass sich bereits die Durchführung des selbständigen Beweisverfahrens über Monate hinwegzieht, häufig sogar mehrere Jahre dauert und dass dann der eigentliche Rechtsstreit erst mit dem anschließenden Hauptsacheverfahren richtig beginnt, in dem auch die rechtlich relevanten Gesichtspunkte geklärt werden. Denn das selbständige Beweisverfahren befasst sich nicht mit der Klärung von Rechtsfragen, sondern ist nur darauf gerichtet, Tatsachen festzustellen und zu bewerten.[271]

Daher besteht nicht zu Unrecht eine breite Meinung, dass bei einer solch langen Verfahrensdauer eines selbständigen Beweisverfahrens man sogleich einen Hauptsacherechtsstreit einleiten kann, denn auch im Rahmen eines solchen Rechtsstreites würden dann durch einen Sachverständigen die Tatsachen ohne zeitlichen Verlust festgestellt werden können, die im Rahmen eines selbständigen Beweisverfahrens festgestellt werden sollen.[272]

In prozessualer Hinsicht stellt das selbständige Beweisverfahren im Rahmen der dort zur Klärung anstehenden Tatsachenfeststellungen auch die vorweggenommene Beweisaufnahme eines anschließenden Klageverfahrens dar,[273] denn in einem Klageverfahren erfolgt insofern keine erneute Beweisaufnahme durch Einholung eines Sachverständigengutachtens, soweit die im Hauptsacheverfahren streitigen Tatsachen bereits Gegenstand eines vorangegangenen selbständigen Beweisverfahrens gewesen sind (§ 493 ZPO).[274]

Dabei ist das selbständige Beweisverfahren keineswegs ein „einseitiges" Verfahren, in welchem nur Anträge und Beweisfragen des Antragstellers maßgeblich wären und bei welchen der vom Antragsteller vorgeschlagene Sachverständige zwingend beauftragt werden muss.

Einmal abgesehen davon, dass das Gericht ohnehin nicht an den namentlichen Vorschlag für die Bestellung des Gutachters seitens des Antragstellers gebunden ist, das Gericht ist hier in der Auswahl des Sachverständigen völlig frei, kann der Antragsgegner im Rahmen des ihm zu gewährenden rechtlichen Gehörs Einwendungen gegen einen vorgeschlagenen Sachverständigen führen und selbst einen Sachverständigen vorschlagen.[275]

269 Siehe hierzu Jahn, in: Prozesse in Bausachen, § 2 Rn. 11.

270 Zur Bedeutung des selbständigen Beweisverfahrens auch Praun, in: Handbuch des privaten Baurechts, § 19 Rn. 1 ff.

271 Vergleiche Motzke, in: Prozesse in Bausachen, § 4 Rn. 195.

272 Abweichend hierzu etwa Praun, in: Handbuch des privaten Baurechts, § 19 Rn. 5, der im selbständigen Beweisverfahren ein geeignetes Mittel wegen dessen schneller Durchführung sieht.

273 Allgemein hierzu Praun, in: Handbuch des privaten Baurechts, § 19 Rn. 335 ff.

274 Siehe hierzu Praun, in: Handbuch des privaten Baurechts, § 19 Rn. 111.

275 Zu den Rechtsmitteln bei der Bestimmung des Sachverständigen siehe Jahn, in: Prozesse in Bausachen, § 2 Rn. 133.

Der Antragsgegner eines selbständigen Beweisverfahrens kann auch beantragen, dass die Beweisfrage erweitert wird oder dass gegenbeweisliche Fragestellungen[276] dem Sachverständigen zur Beantwortung aufgegeben[277] werden.

Die Antragstellung in einem selbständigen Beweisverfahren und die Vornahme der meisten weiteren Prozesshandlungen sind dabei jedermann möglich, selbst vor einem Landgericht oder Oberlandesgericht, denn ein allgemeiner Anwaltszwang besteht in diesem Verfahren nicht.[278] Erst wenn eine mündliche Verhandlung im Rahmen eines selbständigen Beweisverfahrens notwendig wird, besteht vor den Landgerichten und den Oberlandesgerichten Anwaltszwang.[279]

Nachdem die Antragstellung gemäß § 486 Abs. 4 ZPO stets zu Protokoll der Geschäftsstelle erklärt werden kann, wobei in der Praxis bereits die Einleitung des Verfahrens fast ausschließlich durch Schriftsätze erfolgt, wird streitig betrachtet, ob beispielsweise die Rücknahme eines solchen Antrages bei einem Gericht, bei welchem grundsätzlich Anwaltszwang herrscht, in gleicher Weise erfolgen kann, nämlich zu Protokoll der Geschäftsstelle und ohne Rechtsanwalt, oder ob für diese Prozesshandlung dann Anwaltszwang herrscht. Die wohl herrschende Meinung vertritt die Auffassung, dass die Rücknahme des Antrages keines Anwalts bedarf, weil bereits die Stellung des Antrages ebenfalls ohne Rechtsanwalt möglich ist.[280]

Im Hinblick auf die Tragweite, die ein solches Verfahren in prozessualer, aber auch in materiell-rechtlicher Hinsicht hat, sollte vor Einleitung eines solchen Verfahrens oder vor Erwiderung in einem Verfahren, in dem man Antragsgegner ist, sachkundiger Rat eingeholt werden zur Vermeidung von Nachteilen.

Bezüglich des Aufbaus und des Inhalts eines Antrags auf Einleitung eines selbständigen Beweisverfahrens wird auf die einschlägigen Prozesshandbücher[281] und Kommentierungen hierzu verwiesen.

Von Bedeutung ist, dass im Rahmen eines selbständigen Beweisverfahrens Dritte durch Streitverkündungen (§ 72 ZPO) in das Verfahren eingebunden werden können. Ebenso sind weitere Streitverkündungen durch denjenigen zulässig, der selbst durch eine Streitverkündung in ein selbständiges Verfahren eingebunden wurde.[282]

Hinsichtlich der Gerichts- und Rechtsanwaltskosten ist dabei in aller Regel maßgeblich der durch den Sachverständigen im Rahmen des Verfahrens tatsächlich ermittelte Mangelbeseitigungsaufwand, nicht aber derjenige, den der Antragsteller bei Verfahrensbeginn angibt.[283]

---

276 Zum Gegenbeweisantrag Praun, in: Handbuch des privaten Baurechts, § 19 Rn. 99 ff.

277 Weiter hierzu Jahn, in: Prozesse in Bausachen, § 2 Rn. 55 ff.

278 Vergleiche Praun, in: Handbuch des privaten Baurechts, § 19 Rn. 52 ff.

279 Praun, in: Handbuch des privaten Baurechts, § 19 Rn. 56.

280 Zum Diskussionsstand siehe Praun, in: Handbuch des privaten Baurechts, § 19 Rn. 112.

281 Beispielshaft für viele Praun, in: Handbuch des privaten Baurechts, § 19 Rn. 64 ff.

282 Praun, in: Handbuch des privaten Baurechts, § 19 Rn. 291 ff.

283 Siehe auch Bauer, in: Prozesse in Bausachen, § 1 Rn. 70 m.w.N., und Praun, in: Handbuch des privaten Baurechts, § 19 Rn. 301 ff.

Das bedeutet, dass die Behauptung eines enorm hohen Mangelbeseitigungsaufwandes zwar vielleicht noch für die Frage von Bedeutung ist, ob das Amtsgericht oder das Landgericht für das Beweisverfahren sachlich zuständig ist. Stellt der Sachverständige aber nach Prüfung des Vorgangs fest, dass beispielsweise überhaupt kein Mangel bzw. kein Schaden vorhanden ist oder stellt er einen deutlich reduzierten Aufwand für die Beseitigung des Mangels fest, wird im Beweisverfahren nachträglich und verbindlich für die Gerichtskosten, aber auch für die Gebühren der Rechtsanwälte auf der Grundlage des RVG der Gegenstandswert des Verfahrens durch das Gericht festgesetzt, und zwar regelmäßig in der Höhe, in der der Sachverständige einen Mangelbeseitigungsaufwand feststellen konnte.

Aus diesem Grund wird insbesondere derjenige Rechtsanwalt, der durch den Antragsgegner eines Beweisverfahrens zur Abwehr der Ansprüche beauftragt wird, mit seinem Auftraggeber eine Gebührenvereinbarung treffen (müssen), etwa in Form eines Zeithonorars oder der Vereinbarung eines für das Mandatsverhältnis maßgeblichen Gegenstandswertes, weil sich sonst für den mit der erfolgreichen Abwehr der im Beweisverfahren geltend gemachten Ansprüche tätigen Rechtsanwalt das absurde Ergebnis bezüglich seines eigenen Honorars ergibt, dass je erfolgreicher die Tätigkeit ist, desto weniger Mängel festgestellt werden und desto geringer der Gegenstandswert des Verfahrens [284]wird und damit auch der Honoraranspruch des erfolgreich tätigen Rechtsanwalts.[285]

3.2.3 Einstweiliger Rechtsschutz

Nachdem gerichtliche Streitigkeiten nicht zwingend, aber doch sehr häufig lange Verfahrensdauern mit sich bringen, sind viele Konstellationen denkbar, in welchen ein möglicherweise erst in mehreren Jahren erreichtes und dann noch zu vollstreckendes Endurteil den Beteiligten keinen effektiven Rechtsschutz gewährt.[286]

Teilweise kann hier einstweiliger Rechtsschutz Abhilfe schaffen, den das Gesetz insbesondere durch einstweilige Verfügungen[287] und Arreste[288] bietet. Es handelt sich hierbei durchweg um verkürzte Verfahren, in welchen regelmäßig geringere Anforderungen an die Beweisführung gestellt werden, die besondere Eilbedürftigkeit gesetzlich unterstellt oder dargelegt sein muss und die nur eine vorläufige Regelung zur Sicherung bestimmter Umstände darstellen soll, da ein Hauptsachestreit nicht vorweggenommen werden darf bzw. soll.

Weil durch den einstweiligen Rechtsschutz und die dort geltenden beschränkten Regelungen zur Beweisführung nur eine vorläufige Regelung zur Sicherung vor nicht wieder gut zu machenden Rechtsfolgen erreicht werden soll und auch nicht ein Hauptsacheverfahren vorweggenommen werden darf, ist der Anwendungsbereich des einstweiligen Rechtsschutzes bei der Beurteilung von Mängeln und Schäden an Gebäuden vergleichsweise gering.

Denkbare Konstellationen sind etwa die Verhinderung des Einbaus von schadensverursachenden Baustoffen oder die Verhinderung einer schadensträchtigen Bauausführung, weil

284 Zum Streitwert im selbständigen Beweisverfahren Jahn, in Prozesse in Bausachen, § 2 Rn. 176 ff.

285 Bauer, in: Prozesse in Bausachen, § 1 Rn. 70.

286 Allgemein hierzu Praun, in: Handbuch des privaten Baurechts, § 21 Rn. 1 ff.

287 Vergleiche hierzu § 935 ZPO.

288 Vergleiche hierzu § 916 ZPO.

solche Verstöße eines Auftragnehmers gegen seine vertraglichen Verpflichtungen beim Bauherrn zu erheblichen und möglicherweise nicht wieder gut zu machenden Schäden führen können und ein effektiver Rechtsschutz in anderer Weise aufgrund der zeitlichen Zwänge, welchen ein Bauvorhaben unterliegt, nicht erreicht werden kann. Denkbar sind aber auch vorläufige Regelungen im Wege der einstweiligen Verfügung, wenn beispielsweise Schadstoffe in einem Gebäude zu Gesundheitsgefahren für die Nutzer des Gebäudes führen, sodass auch hier ein effektiver Rechtsschutz für diese Nutzer, beispielsweise Mieter im Gebäude, nur durch eine vorläufige Regelung denkbar ist, weil sonst möglicherweise nicht wieder gut zu machende endgültige Beeinträchtigungen der Gesundheit eintreten.

Dabei ist bei der Beantragung der einstweiligen Verfügung durch den Antragsteller der Verfügungsanspruch liquide nachzuweisen, jedenfalls glaubhaft zu machen. Der Verfügungsanspruch ist im Grunde genommen der materiell-rechtliche Anspruch, aus dem der Antragsteller seine Rechtsposition gegenüber dem Verfügungsgegner ableitet, das sind in der Regel die Ansprüche, die dem Schutz der Gesundheit, des Eigentums oder des Vermögens dienen.

Neben dem Verfügungsanspruch muss der Antragsteller eines einstweiligen Verfügungsverfahrens darüber hinaus den so genannten Verfügungsgrund nachweisen, wobei auch hier die Glaubhaftmachung ausreicht. Es muss also dargelegt und glaubhaft gemacht werden, dass zur Vermeidung von nicht reparablen nachteiligen Einwirkungen eine Regelung im Rahmen des einstweiligen Rechtsschutzes notwendig ist, um erhebliche Nachteile vom Antragsteller abzuwenden.[289]

Während durch eine einstweilige Verfügung im Rahmen des vorläufigen Rechtsschutzes Handlungen oder Unterlassungen erzwungen werden können, richtet sich der Arrest gemäß den §§ 916, 917 ZPO auf die Sicherung von Ansprüchen auf Geldforderungen oder auf solche Forderungen, die in eine Geldforderung übergehen können.

Hier sind insbesondere diejenigen Konstellationen von Bedeutung, in welchen beispielsweise die Besorgnis besteht, dass eine Schadensersatzforderung oder ein sonstiger Anspruch auf Erstattung von Mangelbeseitigungskosten droht, vereitelt zu werden, weil der Schuldner beginnt, sein Vermögen ins Ausland zu verlagern oder in sonstiger Weise beiseite zu schaffen. Insbesondere ist hier der Arrestgrund durch den Antragsteller glaubhaft zu machen, aus dem sich ergeben muss, dass der zu sichernde Anspruch gefährdet ist. Die Anforderungen sind hier in der gerichtlichen Praxis verhältnismäßig hoch, denn die schlechte Bonität des Vertragspartners reicht hierfür bei weitem nicht aus. Hinzu kommt, dass in den seltensten Fällen die Beweislage so konkret ist, dass bereits der zu sichernde Anspruch, der Arrestanspruch, durch den Antragsteller so dargelegt und auch glaubhaft gemacht werden kann, dass das Gericht einen dinglichen Arrest verhängt. Das hängt in Bausachen regelmäßig damit zusammen, dass häufig weder das Vorhandensein von Mängeln noch deren Ursachen und schon gar nicht die Art der Mangelbeseitigung sowie die hierfür erforderlichen finanziellen Aufwendungen unstreitig sind. Gerade das Gegenteil stellt die Praxis dar, sodass es einem Antragsteller häufig unmöglich wird, dem Gericht gegenüber glaubhaft zu ma-

289 Siehe Jahn, in: Prozesse in Bausachen, § 2 Rn. 259.

chen, dass der von ihm vorgetragene Sachverhalt zutrifft, während eine gegenteilige Darstellung des Antragsgegners falsch ist.

3.3 Schiedsgerichtliche Streitbeilegung, Mediation

Als Alternative zur Klärung eines Rechtsstreits vor den ordentlichen Gerichten ist immer die Möglichkeit in Betracht zu ziehen, durch Abschluss einer Schiedsgerichtsvereinbarung[290] oder einer Schiedsgutachtervereinbarung[291] sowie die Durchführung eines Mediationsverfahrens die Nachteile zu vermeiden, die ein „normales" Gerichtsverfahren mit sich bringt.

Dabei sind sowohl das Schiedsgerichtsverfahren als auch das Schiedsgutachtensverfahren als Alternativen zur gerichtlichen Erledigung eines Rechtsstreits darauf angelegt, dass eine der Parteien als Ergebnis des Verfahrens unterliegt, die andere Partei obsiegt, während die Beurteilung hierüber dem Schiedsgericht oder aber dem Schiedsgutachter übertragen wird. Denn schließlich ist das Schiedsgericht nichts anderes als ein Gericht vor der ordentlichen Gerichtsbarkeit mit dem Unterschied, dass ein Prozess vor einem ordentlichen Gericht auch gegen den Willen der anderen Partei erzwungen werden kann, während die Durchführung eines Schiedsgerichtsverfahrens immer die Zustimmung der betroffenen Parteien erfordert. Diese Zustimmungserklärungen werden im Rahmen der zwischen den Parteien abzuschließenden Schiedsvereinbarung abgegeben (§ 1031 ZPO).

Geht es demgegenüber nur um die Beurteilung von Tatsachen oder aber um die Bewertung einer Sache oder eines Vorgangs, können die Parteien die verbindliche Klärung dieser Frage durch ein Schiedsgutachten vereinbaren. Gesetzlich ist die Vereinbarung eines Schiedsgutachtens, die Schiedsgutachterabrede, nicht geregelt. Sie erfolgt auf der Grundlage der zwischen den Parteien individuell getroffenen Absprachen, die sich sowohl auf die Parteien der Absprache, den durch den Gutachter zu bewertenden Sachverhalt, aber auch häufig auf die Art und Weise, wie die Begutachtung vorzunehmen ist, beziehen. Wichtig ist natürlich, dass Kern der Vereinbarung sein muss, dass die vom Schiedsgutachter getroffene Entscheidung für die Parteien der Schiedsgutachtenabrede verbindlich ist.

Geht es bei einem Konflikt nicht um Rechtsfragen, sondern darum, ob eine technische Voraussetzung in einem Gebäude erfüllt ist oder nicht oder was in technischer Hinsicht am vorteilhaftesten ist, einen erkannten Mangel bzw. Schaden zu beseitigen, kann auch parallel zu einem Rechtsstreit vor einem ordentlichen Gericht dieser so abgegrenzte Bereich durch einen Schiedsgutachter mit verbindlicher Wirkung für die Beteiligten untersucht und entschieden werden.[292]

Je nach Sachverhaltskonstellation ist dann die Entscheidung des Schiedsgutachters bereits die endgültige Entscheidung der Streitigkeit zwischen den Parteien, oder aber das Ergebnis der Begutachtung durch den Schiedsgutachter ist beispielsweise in technischer Hinsicht ein Baustein, der als Vorfrage zur Entscheidung einer komplexeren rechtlichen Streitigkeit insgesamt vorgreiflich zu klären war.

---

290 Siehe hierzu auch Motzke, in: Prozesse in Bausachen, § 4 Rn. 726 ff.

291 Siehe hierzu auch Motzke, in: Prozesse in Bausachen, § 4 Rn. 748 ff.

292 Krug, in: Handbuch des privaten Baurechts, § 2 Rn. 468 ff.

Demgegenüber hat die Mediation einen völlig anderen Ausgangspunkt, denn sie hat zum Ziel, dass die Parteien eines Rechtsstreits selbst unter Einbindung ihrer Rechtsbeistände und unter Anleitung des Mediators eine Konfliktlösung erarbeiten, nicht aber, dass der Mediator den Parteien den Rechtsstreit entscheidet.

Denn während Gerichtsstreitigkeiten vor den ordentlichen Gerichten in der Regel stets öffentlich ausgetragen werden, d.h. dass jede beliebige Person beispielsweise eine mündliche Verhandlung vor einem Gericht (aus dem Zuschauerraum) mitverfolgen kann, finden Mediationsverfahren oder Schiedsgerichtsverhandlungen unter Ausschluss der Öffentlichkeit und nur unter Beteiligung der Parteien, deren Rechtsanwälte sowie des Schiedsgerichts oder des Mediators statt.

Spielt die hypothetische Öffentlichkeitswirksamkeit eines Gerichtsverfahrens vor den ordentlichen Gerichten keine Rolle, ist jedoch die Verfahrensdauer ein Argument, sich einer solch alternativen Streitbeilegung zu öffnen. Denn allzu häufig dauern Rechtsstreitigkeiten vor den ordentlichen Gerichten, zumal wenn Sachverständigengutachten eingeholt werden müssen, mehrere Jahre und dies nur in einer Instanz. Und abhängig von dem Erreichen der entsprechenden Streitwerte[293] folgt einer ersten Instanz häufig auch ein Berufungsverfahren vor dem Berufungsgericht und manchmal sogar in dritter Instanz dann das Revisionsgericht.[294]

Und schließlich ist auch der Kostenaspekt eines der Argumente, das jedenfalls bei höheren Streitwerten mit in die Überlegungen einbezogen werden sollte, ob einem Gerichtsverfahren vor einem ordentlichen Gericht mit der Möglichkeit mehrerer Instanzen und jahrelangen Streitigkeiten nicht eine andere Art der Streitbeilegung vorgezogen werden sollte.

Dabei ist zu beachten, dass Schiedsgerichtsverfahren oder Schiedsgutachtervereinbarungen auch vor der Entstehung eines Rechtsstreites zwischen den Parteien abgesprochen werden können, was in der Praxis noch relativ einfach möglich ist. Eine entsprechende alternative Streitbeilegung kann aber auch (noch) dann zwischen den Parteien vereinbart werden, wenn der Konflikt schon offenbar ist, wenngleich es dann häufig ungleich schwerer ist, die erforderlichen Zustimmungen der Konfliktparteien zu einem solchen Verfahren zu erhalten.

Kritiker von alternativen Streitbeilegungsmodellen wenden dagegen ein, dass die Kostenersparnis zwischen einem Gerichtsprozess und einem Schiedsgerichtsverfahren nicht so bedeutend sind, nachdem die Rechtsanwaltskosten im Grunde genommen gleich bleiben und auch gerade ein mit namhaften Persönlichkeiten besetztes Schiedsgericht nicht unerhebliche Kosten verursacht. Und außerdem würde man sich die Möglichkeit nehmen, ein in erster Instanz ergangenes nachteiliges Urteil in der Berufungsinstanz zur Überprüfung zu stellen,

---

293 Gemäß § 511 ZPO ist die Berufung gegen ein erstinstanzliches Urteil, gleich ob Amtsgericht oder Landgericht, zulässig, wenn die Berufung im Urteil entweder direkt zugelassen wird oder aber der so genannte Beschwerdegegenstand mindestens 600 € erreicht. Das ist in der Regel dann der Fall, wenn einer der Verfahrensbeteiligten in der Hauptsache mit mindestens 600 € „unterlegen" ist.

294 Gemäß § 542 ZPO ist die Revision gegen Urteile der Berufungsinstanz (eine Ausnahme stellt hier nur die Sprungrevision nach § 566 ZPO dar) zulässig unabhängig vom Beschwerdewert, wenn das Berufungsgericht die Revision bereits im Rahmen des Berufungsurteils zulässt oder das Revisionsgericht nach entsprechender Nichtzulassungsbeschwerde die Revision nachträglich zulässt.

weil ein Schiedsgerichtsverfahren grundsätzlich nur eine Instanz hat und mit Verkündung des Schiedsspruchs dann auch beendet ist. Die Verfechter des Schiedsgerichtsverfahrens wiederum weisen darauf hin, dass die Chance der Überprüfung eines erstinstanzlichen Urteils in der Berufungsinstanz oder gar der Revisionsinstanz zwar grundsätzlich gegeben ist, indes die wesentlich kürzeren Verfahrensdauern der Schiedsgerichtsverfahren diesen Nachteil aber mehr als kompensieren und außerdem allen Beteiligten wesentlich schneller Rechtssicherheit geben.

4 Literatur

[1] Blei, M.: Technisches Merkblatt für die Bewertung von feuchtegeschädigten Dämmstoffen im Hochbau, 2014

[2] Böhmer, H.: Untersuchung der Erforderlichkeit einer Verlängerung der Verjährungsfrist für Mängelansprüche bei Bauwerken, Hrsg. Institut für Bauforschung e.V., 2016

[3] Byrd, B. Sharon/Lehmann, Matthias Zitierfibel für Juristen, 2. Aufl. 2016

[4] Deutsche Gesetzliche Unfallversicherung: Handlungsanleitung Gesundheitsgefährdungen durch biologische Arbeitsstoffe bei der Gebäudesanierung (DGUV Information 201-028), 2006

[5] Drusche, V.: Schimmel in Mietwohnung, Bauen +, 2015, 27 ff.

[6] Ebner, Winfried: Gesundheitliche Bewertung von Schimmelpilzen in Innenräumen, Hrsg. Landesgesundheitsamt Baden-Württemberg, 2016

[7] Ganten, H./ Kindereit, E.: Typische Baumängel, 2. Aufl. 2014

[8] Gesamtverband der Deutschen Versicherungswirtschaft e.V.: Richtlinie zur Schimmelpilzsanierung nach Leitungswasserschäden (VdS 3151), 2014

[9] Haun, P.: Schimmelpilzschäden an Eichenholzfenstern, Der Bausachverständige, 2016, 33 ff.

[10] Keine-Möller, N./ Merl, H./ Glöckner, J.:Handbuch des privaten Baurechts, 5. Aufl. 2014

[11] Grottel, B./ Schmidt, S./ u.a.: Beckscher Bilanz- Kommentar, 10. Aufl. 2016

[12] Landesgesundheitsamt Baden-Württemberg : Maßnahmen zur Erfolgskontrolle einer fachgerechten Schimmelpilzsanierung, 2016

[13] Marlow, S./ Spuhl, U.: Das Neue VVG kompakt, 4. Aufl. 2010

[14] Motzke, G./ Bauer, G./Seewald, T.: Prozesse in Bausachen, 2. Aufl. 2014

[15] Palandt: Bürgerliches Gesetzbuch, 76. Aufl. 2017

[16] Schmid, P./ Senders, J.: Das Abrechnungsverhältnis im Werkvertragsrecht, NZBau 2016, 474 ff.

[17] Schmidt, L.: Einkommensteuergesetz, 36. Aufl. 2017

[18] Schwenker, H.C.: Keine Mängelrechte vor Abnahme, NJW 2017, 1579

[19] Umweltbundesamt: Leitfaden zur Vorbeugung, Untersuchung, Bewertung und Sanierung von Schimmelpilzwachstum in Innenräumen, 2002

[20] Umweltbundesamt: Handlungsempfehlung zur Beurteilung von Feuchteschäden in Fußböden, 2013

[21] Umweltbundesamt: Schimmel im Haus, 2014

[22] van Bühren, H.: Handbuch Versicherungsrecht, 5. Aufl. 2012

[23] Verband privater Bauherren e.V.: Gesund Bauen und Wohnen. Ein Leitfaden zur gesundheitlichen Beurteilung der eigenen vier Wände, 2005

[24] Volze, H.: Der merkantile Minderwert bei Schäden an Gebäuden, DS 2015, 25 ff.

[25] Walter, F./ Korves, R.: Der merkantile Minderwert beim Immobilienkauf, NJW 2016, 1985 ff.

[26] Walter, F.: Die Minderung bei Grundstückskaufverträgen, MDR 2017, 315 ff.

[27] Woitkewitsch, C.: Die Gewährleistung beim Kauf einer Eigentumswohnung, MDR 2017, 733

[28] Weltgesundheitsorganisation: Fachliche und politische Empfehlungen zur Verringerung von Gesundheitsrisiken durch Feuchtigkeit und Schimmel, 2010

Stichwortverzeichnis

β

β-Glucane 132
ß-Glucane 116
ß-Glucane 160

1

1-Octen-3-ol 139

2

2,4,5-Trichloranisol 248
2,4,6-Trichloranisol 246
2-Ethyl-1-hexanol 239
2-stufige Filterfunktion 220
2-stufige Filtersystem 219

3

3-Methyl-1-butanol 139
3-Methylfuran 139
3-Octanon 139

A

Abbruch von Gebäuden 252
Abdichten der Gebäude 229
Abdichtung 93
abgehängte Decke 91
Abgeschlagenheit 30
Abnahme 22, 70
Absaugvorrichtung 185
Abschottung 166, 268
Abschreibungen 344
Abspänen 268
Abwicklungsverhältnis 343
Abzug neu für alt 340
Acremonium 160
Addition 154
Adsorbens 188, 224, 237
Adsorptionsmittel 224
Ad-hoc-Arbeitsgruppe 265
Aggregatzustand 94
AgBB 279
Aktinomyzeten 38, 100, 122, 161, 174
Aktivkohle 237
Aldehyde 260, 269
Alkalische Produkteigenschaft 284
Alkohole 116
Allergene 125
allergenes Potential 126
Allergien 29, 38
allergische Potenziale 177
allergische Reaktionen 30
Allergiepass 279
allgemeines Unwohlsein 36
allgemein anerkannte Regeln der Technik 305
Allgemeinarzt 15
Altbauten 236
ältere Gebäude 93
Altlasten 254, 270
Altschäden 156, 194
Aluminiumfolie 226
Amöben 116
Ameisen 115
Anhydritestriche 59
Anknüpfungstatsachen 98
Anlagevermögen 344
Anmachwasser 54
Anpresslatte 92
Anschlussfugen von Fenstern und Türzargen 276
Anspruchsgegner 370, 375
Antibiotikum 120
Antriebslosigkeit 30
Anwaltskosten 371
Anwaltszwang 384
Apgar-Test 25
Arbeitsplatzsicherheit 315
Arbeitsschutz 268
Arbeitsschutzmaßnahmen 166, 183
Arbeitsstättenverordnung 264
Arbeits- und Materialschutz 22
Architekten 32

Architektenhaftpflichtversicherung 232
Architekten- und Ingenieurvertrag 354
Architekt 50, 232, 253
Arrest 388
Artenspektrum 83, 137, 138
Arthropoden 119
aromatische und aliphatische Kohlenwasserstoffe 84
Art und Güte 177
Art 100
Artdifferenzierung 156
Asbest 251, 315
Asbestrichtlinie 28
Ascosporen 116
Asphaltestriche 236, 273
Aspergillus flavus 35
Aspergillus versicolor 38, 100, 160
Asthma 29, 36
asthmatische Beschwerden 30
Atemnot 33
Atemwegserkrankungen 30, 35, 36, 39
Atopiker 38
ATP (= Adenosintriphosphat) 160
Außendämmung 88
Außenwanddämmung 85
Augenschutz 199
Autoindustrie 23
Automobilbranche 15
Aufprallbereich 79
Aufwandsrückstellung 346
Ausbildung 22
Ausblühung 95
ausgekühltes Treppenhaus 85
Ausgleichsfeuchte 74
Ausgleichs- bzw. Gleichgewichtsfeuchte 96
Auslaufmodelle 28
Ausprägung 150
Ausschlussdiagnose 207
Ausschlusswahrscheinlichkeit 146
Ausschreibungswesen 26
Ausschuss für Innenraumrichtwerte 265

B

Bagatellschäden 80, 100, 173, 349
bakterielle Belastung 165
Bakterien 100, 174, 245
Bakteriengifte 116
Bakterienwachstum 51
Balkonplatte 87
Bauüberwachung 354
Bauablauf 54
Bauablaufstörung 56, 205
Baufehler 15
Bauforschung 68
Baujuristen 28, 32
Baukultur 15, 286
Bauleistungsversicherung 365
Baumängel 15
Baumaterialien 311
bauphysikalisch 148
Bauphysik 215
Bauproduktengesetz 310
Bausachverständiger 54, 122, 150, 222
Bauschadenssachverständigen 32
Baustellenhygiene 127
Baustoffauswahl 282
bautechnischer Hintergrund 178
Bauteilöffnung 72, 107, 224
Bauträger 21, 235
Bauträgervertrag 367
Bauwerksbewegungen 92
Bauwirtschaft 15
Bayerische Bauordnung 15
Bebrütungszeit 137
Befallsentfernung 202
Befindlichkeitsstörungen 29
Befundtatsachen 92
Beklagte 150
Beleuchtung 278
Beratungspflichten 252
Beratungspflicht des Planers 49
Berufshaftpflichtversicherungen 365
Berufskleidung 23
Beschaffenheit 177, 305
Beschichtungssysteme 268
Bestandsgebäude 242, 369
Bestandsimmobilie 309

bestimmungswidrige Freisetzung von Leitungswasser 170
Betondecken 65
betriebswirtschaftliche Risiken 264
Bewegungsfugen 276
Beweisbeschlüsse 151
Beweisfrage 98, 387
Beweislast umgekehrt 70, 236
Beweislastumkehr 340
Beweissicherungsverfahren 271
Bewertung von Bauprodukten 279
Bewertung 345
Bewertungsmatrix 161
Benzin 84
BGB 17
Bilanzwert 344
Bioaerosole 116
(bio-)chemisch 133
Biofilm 119
Bioindikatoren 131, 135, 162
Biomasse 122
Biomethylierung 247
Biomoleküle 123
Biostoffe 315
Biostoffverordnung 185, 315
Biozide 45, 175
Biozidbehandlung 176
Biozideinsätze 176
Blower-Door-Maschine 202
Bodenplatte 62, 93
Bodenwasser 95
Brandschutzanstriche 236
brennende Augen 36
Bronchialasthma 126
Bronchitis 36
Bundesimmissionsschutzgesetz 335
Bund der Versicherten 23
Burn out 252
Bürgerliches Gesetzbuch 17
Bürokomplexe 234
Butanolen 239

C

Calcium-Carbid-Methode 96
Carbolineum 273
Carbonylgruppe 260
CE-Kennzeichnung 321
Chaetomium-Arten 160
Chemikaliengesetz 313
Chemikalienverbotsverordnung 246
chemische Analytik 163
Chemie 15
chemisch-analytische Bestandsaufnahme 43
chemisch-physikalische Eigenschaften 260
Checkliste für Bauherren 282
Chlorbenzolen 247
Chlorphenolen 247
Chloranisolbildung 247
Chloranisole 246
chronische Erkrankung 41
Cladosporium 133
Conidien 116
Copeognathen 127

D

Dachkonstruktion 66, 153
Dämmebenen 52
Dämmorgien 230
Dämmstoffebene 152
Dampfbremse 49
dampfdichte Verpackung 63
Dampfdruck 258
Dampfsperren 66
Daueraufenthaltsräume 185
DBP 239
DDT 270
Deckendurchdringungen 225
Dekontamination 177
Decklacke 268
DEHP 239
Desinfektion 23
Desinfektionsmaßnahmen 22, 158, 333
Desinfektionsmittel 167
Desinfektionsmitteleinsatz 177
Desinfektionsmittelrückstände 167
Dibutylphthalat 239

Dichlofluanid 246, 276
dielektrisches Verfahren 96
Dimethylsulfid 139
Dioxine 41
Direktmikroskopie 156
Dispersionsfarben 249, 251
Di(2-ethylhexyl)phthalat 239
Dichtungsbahn 62
Dieselkraftstoffen 84
Dieldrin 270
Differenzdruckmessung mit Leckageortung 93
Differenzdruckmessung 66, 68, 153
diffusionsoffenes Estrichfugensystem 179
Diffusionsoffen 284
Diffusionsströmungen 95
Diffusionsstrom 94
diffusiver Feuchtetransport 76
DIN 1946 353
DIN EN 13779 353
Doppelboden 197
Druckdifferenzen 197
Druckwellen 226
Dudelsackspieler 34
Durchdringungen 91, 92

E

effektive Mikroorgansimen 23
Eigentumswohnung 368
Einbaufeuchte des Estrichs 66
Eingangskontrolle 63
Einzeller 119
Einzelverbindungen 140
Einstweilige Verfügung 388
Einstweiliger Rechtsschutz 388
elastische Fugenmassen 276
elastisches Fugenmaterial 186
Elektrischer Strom 277
elektromagnetische Faktoren 43
elektromagnetische Umweltverschmutzung 277
Elektrosmog 277
Emissionen 138
Endosulfan 276
Endotoxine 116, 132
energetische Sanierungen 222
energetische Sanierung 49, 181
Energieeffizienz 229
Energieeinsparung 49
Enterokokken 82
Entlastungsschlaufe 92
erhöhte Feuchtegehalte 96
Ermittlung des Minderwertes 350
Erstickungsängste 33
Erwerb eines Gebäudes 306
Erstbesiedler 122
Erzgebirge 273
Ester 116
Escherichia coli 82
Estrich 57
Estrichfugensystem 189
Estrichwasserschaden 145
Ether 116
Europäisches Patentamt 156
Evolution 18
Expansionsbestreben 91
Exposition 267
Expositionsaussetzung 40
expositionsmindernde Maßnahmen 40
Expositionszeit 259
Expositions- und Risikoabschätzung 136
exogen-allergische Alveolitis 34
exotisch 147

F

Faserbelastungen 43
Faserplatten 60
fachgerechte Sanierung 69, 83,167, 246
Fachgutachter 246
Fachkompetenz 165
Fachkundige 167
fachliche Begleitung 22, 167
Fäkalien 82
Fäkalienschaden 177
Fallbeispiel 204
Falschsanierung 46, 166
Fallstricke 145
Farbpartikel 156

Faserbelastungen 43
Faserplatten 60
Fehleinschätzung 174
Fehlzeiten 230
Feinreinigung 22, 47, 165, 268, 271
Feinstaub 102, 265
Feinstaubfilter 189
Feinstaubpartikel 249
Fertighäuser 246
feucht gelagertes Dämmmaterial 64
feuchte Baumaterialien 69
Feuchte-/Schimmelschaden 37
Feuchteanzeichen 234
Feuchtearten 52
Feuchteaufnahme 94
Feuchtefolgeschaden 98
Feuchtegleichgewicht 75
feuchteinduziert 164
Feuchtemanagement 51, 174, 235, 213
Feuchtemessungen 96, 147
Feuchtenachschub 79
Feuchteniveaus 77
Feuchtequelle 52
Feuchteschaden 35, 114, 175
Feuchteschutz 214
Feuchtestatus 98
Feuchtetransportprozesse 77
Feuchteursachen 51, 165
Feuchteverteilung 77
Feuchtezustände 77, 98
Feuchtigkeit 50, 165
Feuchtigkeitsmessung 51, 152
Feuchtigkeitsvorkommen 241
Fichtelgebirge 273
Filterstufe 189
Flachdach 231
Flammschutzmittel 40, 43, 230
Fließestriche 59
Fluch des Pharao 35
flüchtige organische Verbindungen 45
Flüchtigkeit 258
Flugzeug 269
Fluoreszenzmarkierung 158
Flüssigdichtstoff 92
Fogging 133
fogging-aktive Verbindungen 249
Fogging-Effekt 102, 103, 249
Folgekosten 230
Folienkontakte 156
Folienkontaktprobe 134
Folienwanne 59
Formaldehyd 41, 43, 259, 269
Formaldehydkonzentrationen 271
Forschungsbedarf 145, 236
Fortbildungen 22
fortpflanzungsfähige Einheiten 116
Fraßschäden 128
Freigabe 185
Frontbericht 26
Frostsprengung 95
Fußbodenaufbau 141, 145
Fußbodenheizung 60
Fußbodenkleber 236
Fußbodenkonstruktion 52, 58, 135, 149
Fußbodenökosysteme 120
Fugenmassen 236
Fundament 93, 151
fungizide Farbe 175
Fungizide 236
funktionaler Mangelbegriff 322
Funktionstauglichkeit der Bauleistung 322
Furane 41, 116
Furmecyclox 276

G

Gallmücken 115
Gamma-Strahlen 96
gaschromatografisch 237
gasdichte Folien 268
Gase 139
gasförmig 133
gasförmige Emissionen 38, 91, 239
gasförmige Schimmelemissionen 175
Gasphase 77
Gattung Gamasina 126
Gattung 100
Gattungsschuld 330

Gebäude-Gesundheits-Check 259
Gebäudebedingte Erkrankungen 30, 40, 46, 254
gebäudebedingte Feuchteursachen 99
Gebäudetrennfugen 276
Gedächtnisstörungen 36
Gedankenlosigkeit 16
Gefährdungsbeurteilung 22
Gefährdungseinschätzung 166
Gefährdungsklasse 185
Gefahrenabwehr 252
Gefahrenzeichen 24
Gefahrstoffverordnung 313
Gefahrübergang 356
Geldschneider 24
Gemeinschaftseigentum 70, 208
Gemischte Vertragsverhältnisse 367
Gene 18
Generalsanierung 163
Genpool 18
Gericht 18
Gerichtskosten 371
Gerichtssaal 23
Gerichtssachverständige 164
geruchsaktive Stoffwechselprodukte 91
geruchsaktive Verbindungen 84, 91
geruchsauffällige Dämmmaterialien 224
Geruchsauffälligkeiten 38, 46, 234, 240
Geruchsbelastung 167, 245
Geruchsneutralität 196
Geruchsprüfung 152
Geruchsqualität 168, 224
Geruchsschwelle 246
Geruchssinn 224
Gesamtrechtsnachfolge 373
Gesamtzellzahlmethode 158
Gesichtsfelder 158
Gesichtsverlust 20
gesunder Menschenverstand 22, 108
Gesundheit 30, 38
gesundheitliche Beschwerden 49, 170, 194, 245
gesundheitliche Gefährdungspotentiale 170
gesundheitliches Risikopotenzial 170
Gewährleistung 172, 208, 222, 232
Gewährleistungsanspruch 28, 170
Gewährleistungszeitraum 20
Gipskarton 71
Gleichgewichtsfeuchtemessung 96
Gliederfüßer 115, 119
Glucane 38
Glykolderivate 251
Glykole 251
granulös 158
gravimetrische Verfahren 96
Grenzwertdiskussion 302
Großschäden 80
Grundgesetz 268
Grundlagenermittlung 233
Gutachten 375

H

Haftpflichtschaden 180
Haftpflichtversicherung 23, 233, 246, 362
Haftung 222
Haftungsanspruch 170
haftungsrechtliche Gesichtspunkte 172
haftungsrelevant 171
Haftungsrelevanz 150
Haftungsrisiko 268
händisches Lüften 54
Handschuhe 199
Handwerker 22, 50, 285
Handwerkstradition 283
Hauptindikatoren 139
Hauskauf 20
Hausschwamm 95
Hautirritationen 126
Hautreizungen 29
Hautschuppen 125
Hefepilze 100, 116
Heizöl 84
Heizölgeruch 84
Heiz-/Lüftungsverhalten 81
Heizen 359
HEPA = High Efficiency Particulate Air filter 183

HEPA-Luftfilter 183
Heuschnupfen 29
Hintergrundbelastung 138, 325
Hintergrundkonzentrationen 117, 138, 160
Hintergrundwert 156
Hitliste für Schadstoffe 43
Hochleistungssauger 185
Hochschulausbildung 212
Hochwasser 240
Hochwasserschäden 83
Höhendifferenz 76
Höhenunterschiede 76
Hohlräume 52, 144
Hohlraumkonstruktion 205
Holzschutzmittel 40, 47, 245
Holzschutzmittelanstriche 236
Holzschutzmittelbehandlung 245
Holzschutzmittelprozess 254
Holzschutzmittelwirkstoffe 245
holzzerstörende Pilze 67
Hundertfüßer 120, 130, 210
Husten 36
hygroskopisch 77, 284
Hyphen 116

I

identifizieren 147
Ignoranz 22
IHK-Sachverständiger 376
Illusionskünstler 27
Immobilien Due Diligence 251
Immobilienerwerber 16
Immunsystem 29, 279
Induktions-Verfahren 96
Infektanfälligkeit 36
Infektionsgefahr 82
Infrarot-Verfahren 96
Infraschall 278
Innendämmung 88
Innenraumanalytik 285
Innenraumanalytiker 285
Innenraumanamnese 278
Innenraumcheck 43, 242, 259, 270
Innenraumhygiene 32, 233, 264
Innenraumhygieniker 285
innenraumhygienisch 138
innenraumhygienische Aspekte 178
innenraumhygienische Auffälligkeiten 264
Innenraumquelle 138
Innenraumschadstoffe 47
Insekten 100, 116
Insektizide 236
Insolvenz 47
interdisziplinäres Vorgehen 211
interpretieren 148
Investitionssumme 232, 287
Isocyanatasthma 283
Isocyanate 283
Isolierfolien 268
Isoliertapeten 268
Ist-Zustand 168

K

Kabeldurchführungen 92
Kalk 251
Kalkfarbe 284
kalter Keller 85
Kammerjäger 254
kapillare Sauggeschwindigkeit 94
kapillare Steighöhe 94
kapillare Wasseraufstiegshöhe 79
Kapillarleitung 94
Kapillarströmungen 95
Kaufrecht 306
Kaufvertrag 356
keimfähige Biomasse 158
Kellerasseln 120, 129, 135, 236
Kerzenabbrand 251
Ketone 116
Kindersterblichkeit 24
Kläger 151
Klebstoffmengen 92
kleinflächige Verfärbungen 46
Kleinschäden 98
Kleinstpartikeln 226
Kleinststrukturen 123

Kognitionspsychologie 24
Kohlendioxid 265
Kohlenmonoxid 265
KolonieBildende Einheiten (KBE) 137
Kommunalinvestitionsprogramm 232
Kompetenzillusion 24
Komplettrückbau 172, 248
Komplexitätsreduktion 27
Kondensatfeuchte 95
Kondensation 95
Kondensationsfeuchte 51, 235
Kondensationsfeuchtigkeit 85
Kondenswasserbildung 181
Konformitätserklärung 321
Konjunkturpaket II 229
Konjunkturprogramme 49
konkludente Vereinbarung 308
Konsequenzen 144
Konsistenz 162
Kontamination 114, 168
kontaminierte Oberflächen 202
kontrollierten Be- und Entlüftungsanlage 268
Kontrolluntersuchung 199
Konvektionsströmung 249
konvektiver Feuchtetransport 76
Konzentrationsschwäche 36
Konzentrationsschwankungen 282
Konzentrationsschwierigkeiten 30
Konzentrationsunterschiede 223, 227
Konzept 145
Kopfschmerzen 30, 36
Korrosionen 164
Kostendruck 173
Kostenersatz 327
Kostenersparnis 230
Kostenerstattung 377
Kostenerstattungsanspruch 370, 378
Kostenexplosion 49
Kostenrisiko 178, 372
Kostenschätzung 83, 232
Kostensicherheit 230, 285
Kostenvorschuss 327, 341
Kotbällchen 125
krankheitsübertragende Mücken 270
krankheitsbedingte Ausfallzeiten 46
Krankheitsbild 273
Krankheitshäufigkeit 39
Krankheitsursache 282
Krebstiere 100
Kreißsaal 25
Krieg 20
Kristalle 101
Kristallisation 95
Kristallisations- und Hydratationsdruck 95
Kristallwasser 54
Krustenbildung 95
Kugelspinnen 115
kultivierbar 156
Kultivierung 137
kultivierungstechnisch 133
kultivierungstechnische Untersuchungsmethode 114
Kündigung 342
Künstlichen Mineralfasern 112
Kunststoffcontainer 60
Kurzatmigkeit 36
kurze Bauzeiten 56

L

Laboranalyse 151
laboranalytisch 147
Labormethoden 167
Labormikrobiologen 122
Laboruntersuchung 19
Lactophenolblaulösung 160
laminare Durchströmung 74
Landesbauordnung 318
Lärm 278
Lasioseius penicilliger 126
Lebenszykluskosten 286
Leckagen 67, 90, 109, 154
Leckageortung 68, 153
Leckstellen 153
Ledersofa 270
Lehmputze 33
Lehmstreichputz 251
Leichengase 122

Leichtbauweisen 71
leichtflüchtige organische Verbindungen 230
Leistungsstörungsrecht 354
Leistungsverweigerungsrecht 151, 326
Leitfähigkeitsmessung 96
Leitungswasserschäden 70, 175
Leitungswasserversicherung 367
Leitwerte 265
Lepisma saccharina 128
levitierte Silberkugeln 23
Lindan 246, 276
Lizenz 156
Lizenzgebühr 156
Lizenznehmer 156
Lizenzvereinbarung 156
Lobby 26
Lobbyisten 18
lokal 149
Lokalisieren 144
Lösemittel 40, 230, 254
Luftaufnahmepfad 30
Luftautobahnen 74
Luftballon 223
Luftbewegung 249
luftchemische Reaktionen 284
luftchemische Vorgänge 281
Luftdichtheit 49, 66
Luftdichtigkeitsebene 67, 90, 91, 109, 134, 154, 235
Luftdichtigkeitsmessungen 98, 147
Luftdruck 91
Lüften 99, 359
Luftkeimsammlungen 144
Luftströme 81
Luftströmung 152, 185
Luftundichtigkeiten 272
Lüftungsanlagen 99, 230
Lüftungskonzept 353, 360
Lüftungssystem 236
Luftwalze 103
Luftwechsel 183, 199
Luftwechselrate 66
Lungengängiger Staub 30
Lungenkrebs 273

M

MAK-Werte 264
Makromoleküle 116
Mängelansprüche 17, 306
Mangelbeseitigung 180
Mangelbeseitigungskosten 331, 340
Mangelfolgeschäden 339
Mannane 160
Märchenstunde 27
Markierungsverhalten 147, 225
massenspektrometrisch 237
Materialfeuchte 52
Materialschutz 101
Mauerfeuchtigkeit 95
Mauerkronen 64, 213
Mauermörtel 83
Mauerwerksfeuchte 101
Maximale Arbeitsplatz-Konzentrationen 264
Mediation 390
Mehrkosten 230
Membran 191
Merkantile Wertminderung 347
merkantiler Minderwert 178, 337, 344, 344, 347
Messinstrument 146
Messinstrumentarien 135
messtechnische Begleitung 268
Methode 150
Methodik 140
Methoxi-Gruppe 248
Microbial Volatile Organic Compounds 139
Miet- und Pachtvertrag 356
Mietausfall 178
Miete 21
Mieter-Vermieter-Auseinandersetzung 98
Mietminderung 178
Mietminderungsrecht 325
Mietrecht 307
mikrobielle Aktivität 100
mikrobielle Belastung 61

mikrobielle Besiedelung 159
mikrobielle Bestandteile 72
Mikrobiologie 15
mikrobiologische Bestandsaufnahme 33, 49, 98, 230
Mikrofeinstaub 249
Mikrokosmos 130
Mikroorganismen 18, 50, 156, 159
Mikroorganismenkonzentrationen 156
Mikroskop 137
mikroskopische Methoden 177
mikroskopische Untersuchungen 125
Mikrowellen-Verfahren 96
Milben 119, 160
Milbenkot 131, 133
milbenspezifische Allergene 126
Minderung 336
Minderwert 145
Mindestbelüftung 360
Mindeststandard einer Werkausführung 317
Mineralfasern 278
Mineralwolle-Dämmungen 245
Mobilfunk 277
Modergeruch 127
Modernisierungsmaßnahme 233
Modernisierungsmaßnahmen 241
Monofilamentlage 76
Montageschäume 283
mosaikartige Feuchtesituation 77
Müdigkeit 36
Muschelkalk 273
Museumskäfer 115
Musterwohnungen 280
MVOC 38, 237
MVOC-Messungen 224
Mycotoxinbestimmung 160
Mycotoxine 38, 116, 132
Myzel 116, 157
Myzelbruchstücke 198
Myzelteile 116

N

Nähr- und Sammelmedien 136
Nährböden 137
Nährlösung 159
Nährmedien 133
Nacharbeiten 200
Nachbesserungsmaßnahme 219
Nacherfüllung 327
nachstoßende Feuchtigkeit 64
Nachweisgrenze 156, 158, 159
Nahrungskette 131
Nahrungspyramide 119
Nanopartikel 116
nanopartikelartige Gebilde 160
Nasennebenhöhlenentzündung 36
negativer Befund 112
Neuaufbau 199
Neubau 56
Neubaufeuchte 22, 51, 69, 181
Neubauphase 22
Neubauten 56, 69
Neurodermitis 29, 241
Neutronen-Strahlen 96
nicht sichtbare Schimmelschäden 56
Nivellement 76
Normalwert 152
Normalzustand 154, 175
Notar 20
notarielle Beurkundung 308
Nutzerverhalten 28
Nutzungsaussetzung 178, 245
nutzungsbedingte Wasserfreisetzung 99
Nutzungssimulation 277

O

Oberflächen 153
Oberflächenbeschichtungen 102
Oberflächenschimmel 173
Oberflächenuntersuchungen 107
Oberflächenwasser 213
OCDD 245
Octachlordibenzo-p-dioxine 245
Offenporige Materialien 83
offensichtliche Schimmelschäden 100
OKK-Regel 266
olfaktorische Überprüfungen 224

organische Phosphorsäureester 283
Organismen 132
Oxidationsmittel 176

P

Pachtvertrag 358
PAK 230
PAK-Belastung 274
PAK-Hinweise 274
Papierfischchen 128
Parallelwelten 27
Parfüm 263
partikelartig 139
partikelartige Bestandteile 190
partikelartige Strukturen 239
partikelartige Strukturen 38
Passivsammler 137
Patent 156
patentiert 151
patentierte Lehre 156
Patentinhaber 156
Patentrecht 156
Patentsystem 156
PCA 249
PCB 236, 251, 276
PCB-Quellen 277
PCB-Richtlinie 251
PCP 41, 245
PCP-Richtlinie 251, 271
Penicillin 120
Penicillium 247
Pentachloranisol 249
Pentachlorphenol 41, 245
Permethrin 269
Personenschutzmaßnahmen 183
Pflichtverletzung 340
Pfusch 16
pH-Wert 50, 284
phasenweise 135, 147
Phenolen 247
Phospholipomannane 120
phthalathaltige Weichmacher 239
Phthalsäureester 240
physikalisch 133
physikalisch-chemische Eigenschaften 268
Pilzmycel 156
Politik 18
polychlorierte Biphenyle 236,. 251
Polystyrol-Schaumdämmung 58, 112, 150
Polystyrol-Schaumstoff 77
Polystyrolkügelchen 156
Polyvinylchlorid 239
POM 260
Porenabständen 94
Porenbetonsteine 83
Porengröße 94
Porenstruktur 94
Porosität 94
Prädisposition 38
präpariert 156
Prävention 71, 212
präventive Fugenabdichtung 221
Prüfkammern 279
Primäransprüche 343
Primärbelastung 199
Primärquelle 267, 275
Prinzip der Maßgeblichkeit 344
Privatgutachten 375
Probensuspension 158
Probesanierung 92, 268
Probewohnen 282
prognostiziert 150, 164
Propiconazol 276
Proteinanhänge 116
Protozoen 116
Prozess 148
Prozesskostenhilfe 382
Pumpeffekt 226
Putzmaschine 21
Putzmittel 241
PVC 239
PVC-Bodenbeläge 249
PVC-Fußboden 240
Pyrethroid-Geschädigte 270

Pyrethroide 230, 259, 276

Q

qualifizierter Parteivortrag 377
Qualifizierung 147
Qualitätskontrolle 185
Qualitätssicherung 15
Qualitätssicherungssystem 285
Quantifizierung 147
Quellbereich 152

R

radioaktives Edelgas 273
Radon 273
Radonvorkommen in Gebäuden 273
Randdämmstreifen 144, 189
Randfuge 142, 150, 186, 222
Randfugensäge 189
rasche Ermüdbarkeit 30
Rasierwässer 263
Raubmilben 120
Rauchen 251
Raumluft 358
Raumluftfilter 266
Raumluftkonzentrationen 225
Raumluftqualität 230
Raumlufttechnik 353
Raumluftuntersuchung 70, 137, 167
Raumqualität 170
Realitätsverdrehung 27
Rechtsanwälte 70
Rechtsberatung 170
Rechtsmängel 306
rechtsverbindlich 165
Rechtsverfolgung 150
Referenzmessung 202
regelkonformes Bauen 235
Regenwassereintrag 174
Reinigungserfolg 184
Reinigungsmittel 239
Reizungen der Haut 30
Reizungen von Augen, Nase und Rachen 30
relevantes Markierungsverhalten 195
Restfeuchte 175, 187, 222
rezidivierende Sinusitis 36
Rhinitis 126
Richtwert I 265
Richtwert II 265
Richtwerte 265
Riechorgan 224
Risikoanalyse 234
Robert-Koch-Institut 265
Rohbau 54
Rohbetondecke 62
Rohbetonfußboden 62
Rückübertragung 152
Rückabwicklung 21
Rückbau der Fußbodenkonstruktion 171
Rücktritt 342
Rückzahlungsraten 21
rudimentär 164
RW I 265
RW II 265

S

Sachaufwandträgers 232
Sachmangel 356
Sachverständige für Schimmelpilze 173
Sachverständige 70
Sachverständigenbeweis 377
Sachverständigenkosten 178
Sachverstand 28
Salzausblühungen 95, 101, 133
Salze 95, 156
Salzlösung 95
Sandstein 273
Sanierung der Sanierung 241
Sanierung im Bestand 174
Sanierungsalternative 179
Sanierungsanstriche 268
Sanierungsbereich 185
Sanierungserfolg 167, 268
Sanierungsfehler 173
Sanierungskontrolle 166, 201, 224
Sanierungskonzept 83, 85, 145, 168, 268
Sanierungskosten 71
Sanierungsplanung 184

Sanierungsunternehmen 167
Sanierungsvertrag 367
Sanierungsvorschriften 182
Sanierungsziel 145, 185, 268
Sanierungszielwert 265
Sättigungskonzentration 223
Sättigungswert 78
Säuglingssterblichkeit 25
Schätzung 340
Schätzwerte 351
Schadenersatz 28
Schadensalter 101
Schadensbeseitigungskosten 21
Schadensbild 79, 98, 204
Schadensersatz 339
Schadensfall 236
schadensfrei 171
Schadenskategorien 104
Schadensort 180
Schadenspotenzial 180
Schadensprävention 211
Schadensumfang 180
Schadensursache 165
Schadfaktor 178
Schadinsekten 246
schadstoffübergreifende Gesamtanalyse 248
Schadstoffe 29
Schadstofferfassung 253
Schadstofffreiheit 304
Schallentkoppelung 142
Schematischer Fußbodenaufbau 141
Schiedsgericht 390
Schiedsgerichtliche Streitbeilegung 390
Schiedsgutachter 390
Schimmel im Neubau 222
Schimmelbiomasse 22, 175, 236
Schimmelfolgeschaden 52
Schimmelfresser 125
Schimmelgeist 227
Schimmelgerüche 190
schimmelige Wohnungen 39
Schimmelleitfaden 36
Schimmelmycel 156
Schimmelpilz-Leitfaden 324
Schimmelpilzbelastung 151
Schimmelpilze 40, 100, 245, 302
Schimmelpilzgifte 116
Schimmelpilzleitfaden 144
Schimmelpilzsporen 136
Schimmelquelle 138
Schimmelrasen 127
Schimmelrisiko 236
Schimmelsachverständige 122
Schimmelsanierung 165, 167
Schimmelschäden 43, 50
Schimmelschadensbilder 98
Schimmelschleudern 230
Schimmelspürhund 125, 146, 194, 224
Schimmelsporen 33, 70
SCHIMMELSTOPP 190, 219
Schimmelsymptome 99
Schimmelwachstum 62
schlafendes Risiko 222
Schlafstörungen 30
Schlechtleistung 233
Schmerzensgeld 204
Schmuddelthemen 18
Schmutzwassereintrag 127
Schnelltestungen 84
Schott 217
Schulgebäude 231
Schutzmaßnahmen 35
Schutzstufe 185
Schwarze Wohnungen 249
Schwarzstaubablagerungen 102, 249
schwerflüchtige organische Verbindungen 249
Schwerkraft 143
schwimmend verlegter Estrich 61, 88, 175
Screening-Verfahren 260
Sedimentation 183
Sedimentationsgestein 273
Sekundärbelastungen 28
Sekundärkontaminationen 22,199, 246, 268
Sekundärmetabolite 123
Sekundärquelle 246, 267, 275

selbständiges Beweisverfahren 381
sensorisch 136, 164
sensorische Überprüfung 202
Sensorsystemen 153
Sicherheitsanforderungen 311
sichtbarer Schaden 52, 98, 324
sichtbares Schimmelwachstum 234
Sichtprüfung 93
Sick Building Syndrom 252
Sick-Building-Syndrom 29
Siedepunkt 251, 258
Silberfischchen 119, 120, 135, 210, 236
Silikatfarben 251
Simulationsversuche 60
Sockelleiste 88
Sofortmaßnahmen 266
Soll-Zustand 168
Sonderabschreibungen 344
Sowiesokosten 253
Spezialmaschinen 22
Spezialstaubsauger 166
Spezialwerkzeuge 22
Spinnentiere 116
Sporangiosporen 116
Sporen oder Myzelbruchstücke/m^3 138
Sporen 116, 239
Sporenarten 116
Sporenebene 167
Sporenkonzentrationen 136
Sporenpakete 225
Sporenuntersuchungen 239
Spurensicherung 210
Ständerwände 53, 205
Ständerwandkonstruktion 271
Stachybotrys chartarum 123, 225
standardisierten 151
Staubablagerungen 201
staubarm 180
staubarmes Arbeiten 22, 166
Staubläuse 119, 135, 210, 236
Staublausvorkommen 164
Staubmaske 199
staubneutral 184
Staubsaugen 251
stehendes Wasser 72
Steighöhe 94
stichprobenartig 148
Stockflecken 117
Stoffemissionen 279
stoffliche Sanierung 49, 232
Stoffwanderung 227
Stoffwechsel 100
Stoffwechselprodukte 133, 141, 175, 224
Strömungsebene 76
Streitverkündung 387
Strukturen 138, 156
Styrol 265
Sukzession 120
Summe an flüchtigen organischen Verbindungen 265
Summenparameter 160
Supergau 23
Suspension 158
SVOC 249
Symbiose 126
Symptom schlechte Luft 266
Symptome 321
Symptomrechtsprechung 323
System Schimmel 116, 227

T

Taupunkt 85
Tausendfüßer 119, 120, 129
Tauwasseranfall 67
TCA 246, 249
TCP 245
Tebuconazol 276
TeCA 249
technische Trocknung 235
technische Wertminderung 347
technischer Minderwert 337
Teerklebstoffe 273
Teilwertabschreibung 345
Tenax-Röhrchen 237
Terpene 116
Testlabor 282
Tetrachloranisol 249
Tetrachlorphenol 245

Therapieversuche 47
thermisch getrennte Balkonplatte 87
Thermografien 98, 147
Tiefpunkte 77
Tierexkremente 82
tierische Bioindikatoren 108, 236
Toxine 228
toxische Potenziale 177, 179
Transportvorgänge 94
Trapezblech 91
TRBA 82
Trichlorphenol 247
Trichoderma virgatum 247
Trichoderma 247
trocknende Luftströme 74
Trocknungen 72
Trocknungsindustrie 85
Trocknungskontrolle 72
Trocknungsprozesse 69
Trocknungszeiten 54, 153, 235
tropfender Baustellenwasserhahn 63
Tutanchamun 35
TVOC 265
TVOC-Konzentration 282

U

Umbaumaßnahme 353
umgeschütteter Wassereimer 63
Umlaufvermögen 344
umweltbedingt Erkrankte 31
Umweltbundesamt 26, 69, 138, 265
Umweltmediziner 32
unbeheizte Tiefgarage 85
Unebenheiten der Oberfläche 76
ungedämmter Spitzboden 67
Unparteilichkeit des Gutachtens 376
unspezifische Symptome 31, 32, 41
Unterdruck 184
Unterdruckhaltung 179
Unterspannbahn 68
Unverhältnismäßigkeit 330
Ursachen 321

V

Ventilationsschicht 76
veränderte Wandoberflächenstrukturen 79
Verdünnungsreihen 159
Verdeckte Schimmelschäden 32, 170
verdeckte, nicht sichtbare Feuchte-/Schimmelschäden 69
Verdunstung 79
Vergütungsanspruch 151
Vergleichsmessungen 97
Verjährung 372
Verkeimungsgrade 83
Verlustaversion 26
Vermögensfolgeschäden 363
verrostete Metallteile 243
Verschleppung 199
Verschwiegenheit 26
Verseifungsreaktion 240
Versicherer 174
Versicherungsschutz 233
Versicherungsvertrag 357, 361
verstopfte/laufende Nase 36
Versuchscontainer 61
Versuchsstand 75
Verunreinigungen 145
Verursacher 174
visuell 159
VOB/A 316
VOB/B 316
VOB/C 316
VOC 45
VOC-Emissionen 279
Volksweisheit 27
Volldeklaration der Inhaltsstoffe 251
Vorsatzschalen 150
Vortestsystem 131, 236
Vorwandinstallationen 53

W

VVOC 259
Wärmebrücken 85, 132
Wärmedämmung 49, 235

Wärmedämmverbundsystem 92
Wärmefluss 86
Wärmeleitfähigkeit 95
Wärmeleitfähigkeitsmessung 96
Wärmeströme 102
Wahrscheinlichkeitstest 25
Wanderungsbewegung 223
Wandfuß 50, 107, 143
wasserablaufartige Verfärbungen 243
Wasserdampf 58, 77
Wasserdampfkondensation 92
Wassereinbrüche 132
Wassereinträge 132, 272
Wasserhochzüge 136, 192
Wasserschaden 51, 172, 181
Wasserverteilungen 79
Weckruf 27
Weichmacher 43, 251, 254
Weingeruch 246
welindo GmbH 191
Weltgesundheitsorganisation 36, 271
Werklohn 17
Werkvertrag 304, 352
Werkvertragsrecht 151, 205
Wertaufholungsgebot 346
Wertverlust 178
WHO 271
Widerklage 385
Winddruck 91
Winterbau 21
wirtschaftliche Bedeutung 28
wirtschaftliche Folgekosten 71, 85
wirtschaftlicher Schaden 170
wirtschaftlicher Totalschaden 84
Wirtschaftsnobelpreis 24
Wissenslücken 26
Witterung 54
Witterungseinflüsse 54, 69, 132, 235
Wohngesundheit 268
Wohnraumlüftung 267
Wohnumwelt 236
Wohnungsbewirtschafter 16
Wohnungseigentümergemeinschaft 374
Wohnungsstudie 35, 103
WTA-Merkblatt 201

Z

Zeigerorganismen 131, 236
zeitliche Veränderungen von Stoffkonzentrationen 281
Zellbestandteile 228
Zellinhaltsstoffe 122
zelltoxisches Potenzial 160
Zellwandbruchstücke 116, 199
Zellzahl 158
Zementestrich 75, 241
Zeremonialgewänder 23
Zersetzungsreaktion 239
Zeugenbeweis 374
Ziegelmauerwerk 95
Ziegelsteine 64
Zivilisationskrankheiten 252
Zuckergast 128
Zug um Zug 327, 343
zugesicherte Eigenschaft 308
Zurückbehaltungsrecht 326
Zuzahlung auf die Mangelbeseitigungskosten 336
Zwischensparrendämmung 155